国家出版基金项目

"十四五"国家重点出版物出版规划项目

中国耕地土壤论著系列

中华人民共和国农业农村部　组编

中国砂姜黑土

Chinese
Shajiang Black Soils

郭熙盛 ◆ 主编

中国农业出版社

北 京

图书在版编目（CIP）数据

中国砂姜黑土 / 郭熙盛主编. -- 北京：中国农业
出版社，2024. 6. --（中国耕地土壤论著系列）.
ISBN 978-7-109-32047-5

Ⅰ. S155.5

中国国家版本馆 CIP 数据核字第 2024L5C496 号

中国砂姜黑土
ZHONGGUO SHAJIANG HEITU

中国农业出版社出版
地址：北京市朝阳区麦子店街 18 号楼
邮编：100125
责任编辑：刘　伟　廖　宁　　文字编辑：张田萌
版式设计：王　晨　　责任校对：吴丽婷
印刷：北京通州皇家印刷厂
版次：2024 年 6 月第 1 版
印次：2024 年 6 月北京第 1 次印刷
发行：新华书店北京发行所
开本：889mm×1194mm　1/16
印张：26　　插页：4
字数：710 千字
定价：298.00 元

耕地是农业发展之基、农民安身之本，也是乡村振兴的物质基础。习近平总书记强调，"我国人多地少的基本国情，决定了我们必须把关系十几亿人吃饭大事的耕地保护好，绝不能有闪失"。加强耕地保护的前提是保证耕地数量的稳定，更重要的是要通过耕地质量评价，摸清质量家底，有针对性地开展耕地质量保护和建设，让退化的耕地得到治理，土壤内在质量得到提高、产出能力得到提升。

新中国成立以来，我国开展过两次土壤普查工作。2002年，农业部启动全国耕地地力调查与质量评价工作，于2012年以县域为单位完成了全国2 498个县的耕地地力调查与质量评价工作；2017年，结合第三次全国国土调查，农业部组织开展了第二轮全国耕地地力调查与质量评价工作，并于2019年以农业农村部公报形式公布了评价结果。这些工作积累了海量的耕地质量相关数据、图件，建立了一整套科学的耕地质量评价方法，摸清了全国耕地质量主要性状和存在的障碍因素，提出了有针对性的对策措施与建议，形成了一系列专题成果报告。

土壤分类是土壤科学的基础。每一种土壤类型都是具有相似土壤形态特征及理化性状、生物特性的集合体。编辑出版"中国耕地土壤论著系列"（以下简称"论著系列"），按照耕地土壤性状的差异，分土壤类型论述耕地土壤的形成、分布、理化性状、主要障碍因素、改良利用途径，既是对前两次土壤普查和两轮耕地地力调查与质量评价成果的系统梳理，也是对土壤学科的有效传承，将为全面分析相关土壤类型耕地质量家底，有针对性地加强耕地质量保护与建设，因地制宜地开展耕地土壤培肥改良与治理修复、合理布局作物生产、指导科学施肥提供重要依据，对提升耕地综合生产能力、促进耕地资源永续利用、保障国家粮食安全具有十分重要的意义，也将为当前正在开展的第三次全国土壤普查工作提供重要的基础资料和有效指导。

相信"论著系列"的出版，将为新时代全面推进乡村振兴、加快农业农村现代化、实现农业强国提供有力支撑，为落实最严格的耕地保护制度，深入实施"藏粮于地、藏粮于技"战略发挥重要作用，作出应有贡献。

中华人民共和国农业农村部副部长　张兴旺

耕地土壤是最宝贵的农业资源和重要的生产要素,是人类赖以生存和发展的物质基础。耕地质量不仅决定农产品的产量,而且直接影响农产品的品质,关系到农民增收和国民身体健康,关系到国家粮食安全和农业可持续发展。

"中国耕地土壤论著系列"系统总结了多年以来对耕地土壤数据收集和改良的科研成果,全面阐述了各类型耕地土壤质量主要性状特征、存在的主要障碍因素及改良实践,实现了文化传承、科技传承和土壤传承。本丛书将为摸清土壤环境质量、编制耕地土壤污染防治计划、实施耕地土壤修复工程和加强耕地土壤环境监管等工作提供理论支撑,有利于科学提出耕地土壤改良与培肥技术措施、提升耕地综合生产能力、保障我国主要农产品有效供给,从而确保土壤健康、粮食安全、食品安全及农业可持续发展,给后人留下一方生存的沃土。

"中国耕地土壤论著系列"按十大主要类型耕地土壤分别出版,其内容的系统性、全面性和权威性都是很高的。它汇集了"十二五"及之前的理论与实践成果,融入了"十三五"以来的攻坚成果,结合第二次全国土壤普查和全国耕地地力调查与质量评价工作的成果,实现了理论与实践的完美结合,符合"稳产能、调结构、转方式"的政策需求,是理论研究与实践探索相结合的理想范本。我相信,本丛书是中国耕地土壤学界重要的理论巨著,可成为各级耕地保护从业人员进行生产活动的重要指导。

中 国 工 程 院 院 士
中国科学院南京土壤研究所研究员

　　耕地是珍贵的土壤资源，也是重要的农业资源和关键的生产要素，是粮食生产和粮食安全的"命根子"。保护耕地是保障国家粮食安全和生态安全，实施"藏粮于地、藏粮于技"战略，促进农业绿色可持续发展，提升农产品竞争力的迫切需要。长期以来，我国土地利用强度大，轮作休耕难，资源投入不平衡，耕地土壤质量和健康状况恶化。我国曾组织过两次全国土壤普查工作。21世纪以来，由农业部组织开展的两轮全国耕地地力调查与质量评价工作取得了大量的基础数据和一手资料。最近十多年来，全国测土配方施肥行动覆盖了2 498个农业县，获得了一批可贵的数据资料。科研工作者在这些资料的基础上做了很多探索和研究，获得了许多科研成果。

　　"中国耕地土壤论著系列"是对两次土壤普查和耕地地力调查与质量评价成果的系统梳理，并大量汇集在此基础上的研究成果，按照耕地土壤性状的差异，分土壤类型逐一论述耕地土壤的形成、分布、理化性状、主要障碍因素和改良利用途径等，对传承土壤学科、推动成果直接为农业生产服务具有重要意义。

　　以往同类图书都是单册出版，编写内容和风格各不相同。本丛书按照统一结构和主题进行编写，可为读者提供全面系统的资料。本丛书内容丰富、适用性强，编写团队力量强大，由农业农村部牵头组织，由行业内经验丰富的权威专家负责各分册的编写，更确保了本丛书的编写质量。

　　相信本丛书的出版，可以有效加强耕地质量保护、有针对性地开展耕地土壤改良与培肥、合理布局作物生产、指导科学施肥，进而提升耕地生产能力，实现耕地资源的永续利用。

中国工程院院士
中国农业大学教授　张福锁

　　砂姜黑土是我国面积较大的隐域性土壤，广布于黄淮平原南部及淮河沿岸，散见于鲁、冀等地。因多处于低洼平原，属南暖温带季风气候，水热条件优越，故砂姜黑土土体深厚、适宜农耕，数千年来一直是我国主要农耕土壤，为中华农业文明作出了重要贡献。但砂姜黑土不良的物理性质、较弱的固水持水保水性、障碍的砂姜层、局部的盐化碱化，以及所处区域的频繁灾害，严重制约了砂姜黑土区农业的发展。故长期以来，以安徽省淮北平原为代表的砂姜黑土集中分布区是我国闻名的低产区和贫困区，砂姜黑土也是安徽乃至全国的主要低产土壤。

　　为彻底改变黄淮南部及淮河沿岸砂姜黑土区低产面貌，充分利用砂姜黑土区丰富的土、水、光、热资源，提高粮食产量和农业综合生产能力，新中国成立以来，我国开展了大规模的土壤普查和耕地地力调查与质量评价。同时，中国科学院、安徽省农业科学院等单位也不间断地开展了部分砂姜黑土重点区域的土壤专项调查，并建立了一批长期定位试验研究点。通过长期试验研究，逐步对砂姜黑土的类型分布、形态特征、物理性状、养分丰缺、保水持水特性、障碍因子有了较系统的认识，揭示了"瘦、僵、黏、旱、涝、渍"等多种障碍因子叠加是砂姜黑土低产的重要原因。针对低产原因，土壤科技工作者开展了系列研究、试验示范及大规模治水改土。经过长期努力，尤其是改革开放40多年来的持续研究，土壤科技工作者逐步探索总结出"排灌结合、农田林网、增施有机肥、秸秆还田、深耕深松、配方施肥、结构调整、节水灌溉"等综合配套是改造砂姜黑土、提升地力的关键技术。通过技术综合配套，耕地地力得到较大提升，低产面貌得到改善，粮食产量和农业综合生产能力有了大幅度提高。人们对砂姜黑土的认识也有了质的飞跃，砂姜黑土耕地已逐步摆脱了低产田帽子，而成为皖北等地的高产田。

　　砂姜黑土作为国家重要粮仓黄淮地区的主要农耕土壤，承载着持续提高粮食产量和农业综合生产能力、保障国家粮食安全的重任，进一步提升砂姜黑土地力水平是我国土壤肥料科技工作者义不容辞的神圣职责。砂姜黑土改造治理成功经验表明，持续土壤肥料科学研究和技术集成是砂姜黑土改造、提升地力的可靠保证。面临农业发展方式转变和绿色、环保、高质量发展要求，进一步提升砂姜黑土耕地粮食产量和农业综合生产能力，必须要有丰富的土壤肥料科学研究成果作为支撑。《中国砂姜黑土》一书基于我国土壤科技工作者几十年来呕心沥血的研究成果，首次系统总结了砂姜黑土的形态特征、中域微域分布规律、发生过程、分类演变及命名归属、养分状况及变异、矿物学特征、理化性状及纵向横向变化、耕地地力变化及等级分布、低产障碍因素，集成了砂姜黑土性质改善、地力提升和农业综合生产能力不断提高的关键技术。本书的出版不仅将进一步丰富我国土壤科学宝库，而且也将为砂姜黑土区农业可持续发展提供更强的科技支撑。

中国科学院院士　赵其国

     耕地是人类赖以生存的基础和保障，加强耕地质量管理对提高耕地产能、保障粮食安全、促进社会经济可持续发展具有十分重要的意义。2019 年，农业农村部决定选择我国十大典型耕地土壤类型，联合组织开展"中国耕地土壤论著系列"编撰，《中国砂姜黑土》是该论著系列的一个重要分册。

     砂姜黑土广泛分布于安徽、河南、山东、河北、江苏等省份，是我国一种古老的耕作土壤，也是我国中低产农田的一种主要土壤类型。本书搜集整理的资料，既包括 20 世纪 60 年代有关砂姜黑土研究成果、20 世纪 80 年代第二次全国土壤普查成果、砂姜黑土综合治理研究成果，又包括《中国土系志》的最新成果、测土配方施肥最新技术、耕地质量监测最新数据，还包括最新的砂姜黑土研究成果等，较为全面和系统地论述了砂姜黑土耕地质量的性状特征、存在的障碍因素，科学提出砂姜黑土耕地土壤培肥改良技术措施，可为提升耕地综合生产能力、保障国家粮食安全和主要农产品有效供给、推进农业绿色发展提供有力支撑。

     本书共分 16 章，较为详细地描述了砂姜黑土成土过程与成土因素的关系和特点，典型土壤剖面形态，亚类、土属的分布特点和基本特征；阐述了砂姜黑土物理性质、化学性质、生物学性质，砂姜黑土有机质、氮、磷、钾和中微量元素的含量分布与变化趋势，测土配方施肥技术及应用；总结了长期不同施肥处理下典型砂姜黑土肥力演变规律与肥力提升技术；介绍了砂姜黑土区农业资源与生态环境状况和污染防控修复技术；划分了砂姜黑土耕地质量等级；探讨了砂姜黑土耕地主要障碍因子与改良技术，以及土壤信息技术在砂姜黑土上的应用等。本书第一章砂姜黑土形成和分布、第二章砂姜黑土分类与形态特征，由郭熙盛、李德成、钱国平编写；第三章砂姜黑土物理性质，由王道中、李保国、谷丰、魏翠兰编写；第四章砂姜黑土化学性质，由郭熙盛、李德成、余忠编写；第五章砂姜黑土生物学性质，由郭志彬、褚海燕编写；第六章砂姜黑土有机质，由花可可编写；第七章砂姜黑土氮素，由李保国、花可可、谷丰编写；第八章砂姜黑土磷素，由郭志彬编写；第九章砂姜黑土钾素，由花可可编写；第十章砂姜黑土中微量元素，由章力干、郭熙盛编写；第十一章砂姜黑土肥力演变，由王道中、张永春、寇长林编写；第十二章砂姜黑土区农业资源与生态环境，由王静、郭熙盛编写；第十三章砂姜黑土耕地质量等级，由程道全、胡娜、王绪奎、钱国平编写；第十四章砂姜黑土施肥技术及应用，由孙义祥、袁嫚嫚、郭世伟、叶优良编写；第十五章砂姜黑土耕地主要障碍因子与改良，由武际、韩上编写；第十六章土壤信息技术在砂姜黑土上的应用，由马友华、王强编写。

感谢农业农村部耕地质量监测保护中心在本书编撰和定稿过程中的悉心指导！感谢扬州市耕地质量保护站、河南省土壤肥料站、安徽省土壤肥料总站、江苏省耕地质量与农业环境保护站、安徽省农业科学院土壤肥料研究所和养分循环与资源环境安徽重点实验室、中国农业大学农业农村部华北耕地保育重点实验室等单位给予的关心和支持！感谢参与编撰的中国科学院南京土壤研究所、南京农业大学、江苏省农业科学院、河南农业大学、河南省农业科学院、安徽农业大学专家同仁的温馨合作和热情指导！感谢河北省农林科学院、北京市农林科学院、湖北省农业农村厅同仁给予的支持和帮助！

由于编者水平有限，加上时间仓促，书中疏漏之处在所难免，敬请读者给予指正。

编　者

第一章 | 砂姜黑土形成和分布 >>>

第一节 自然地理特点

砂姜黑土广泛分布于淮北平原（安徽省北部和江苏省北部）、河南省西南部、山东半岛西部和北部的沂沭河流域、河北省中南部和湖北省北部的南阳盆地等区域，既是我国黄淮海平原南部的一种古老耕作土壤，也是我国中低产农田的一种主要土壤类型。砂姜黑土从黄土性冲积物发育成为具有腐泥状黑土层和潜育砂姜层的暗色土壤，是外界环境条件影响与内部物质变化的综合反映，与自然成土因素和人类生产活动联系紧密。

一、气候条件

气候条件是土壤形成的主要因素之一。成土过程的水、热状况，不仅直接参与和影响成土母质的风化过程和物质的淋溶淀积过程，而且还通过植物及微生物等影响土壤形成的生物过程，最为重要的是影响土壤有机质的积累和分解。气候条件及其时空变化的复杂性，决定着土壤形成过程中养分元素大小循环的速度和范围，进而引起土壤的地球化学分异，便导致成土过程与土壤类型的多样性。

砂姜黑土区，晚更新世晚期的古气候为冷、暖波动，温湿、干凉交替；晚期末为气候转暖。全新世为暖、凉波动，气候转暖，温湿状况和当代相仿，属于干湿季节交替明显的暖温带南部季风区。

安徽省淮河以北砂姜黑土区，季风气候显著，四季分明。日照时数 2 200～2 400 h，年太阳辐射总量 4 400～4 700 MJ/m²。年平均气温在 15 ℃以下，多年平均极端最低气温在 −12 ℃以下，≥0 ℃积温为 5 100～5 500 ℃，≥10 ℃积温为 4 600～4 800 ℃，无霜期 210 d 左右。年降水量为 750～900 mm，自北向南递增；年际和年内降水分布不均，年际最大降水量与最小降水量比值达 3～4，年内降水则主要集中在 6—9 月汛期，其间降水量占全年总降水量的 60%～70%。平均蒸发量为 1 000～1 200 mm，自北向南递减。相对湿度在 70%～75%。

江苏省北部砂姜黑土区的气候温暖湿润，年平均气温 15 ℃左右，年降水量 700～900 mm，降水多集中于夏季，而春、秋、冬三季降水量分别占全年降水量的 21.9%、15.9%、8.1%，年降水量季节分布不均。

河南省分北亚热带、暖温带 2 个气候带，8 个气候区。砂姜黑土主要分布在暖温带的淮北平原温和半湿润、春雨适中、夏秋易涝区，以及豫东平原温和半湿润、春季多旱、夏秋旱涝交错区 2 个气候区。暖温带平均年太阳辐射总量 4 560～5 110 MJ/m²，日照时数在 2 200 h 以上，≥10 ℃积温 4 300～

4 700 ℃，无霜期为 200～220 d。淮北平原区和豫东平原区年平均气温 14～15 ℃，最热月平均气温 28 ℃左右，≥10 ℃积温 4 600～4 900 ℃，无霜期为 210～220 d；年降水量 600～900 mm，年湿润系数 0.7～1.0。亚热带的南阳盆地温热半湿润、夏季多旱涝区，砂姜黑土面积较小。

山东省西部和北部砂姜黑土分布区年平均气温 14 ℃左右，≥10 ℃有效积温在 4 500 ℃以上，无霜期为 180 d 左右，年降水量为 700～900 mm。降水量分布不均，7—9 月降水量占全年降水量的 60%～70%，年蒸发量（1 500 mm）远大于降水量。鲁中南山地丘陵区南部与北部的气候存在一定差异。

河北省砂姜黑土区，春季干旱多风，夏季炎热多雨，秋季天高气爽，冬季寒冷少雪，四季分明，年平均气温 10.8～11.9 ℃。年降水量 550～710 mm，降水季节分布不均，多集中在夏季，6—8 月降水量一般可达全年总降水量的 70%～80%。无霜期为 190 d。

湖北省北部砂姜黑土区为亚热带北缘或暖温带南部的半湿润气候条件，年均降水量 850 mm 左右，分布不均，近一半集中在 6—8 月；年均蒸发量在 1 500 mm 以上，以 6—8 月最大，可达 600 mm 及以上，年蒸发量大于年降水量。年平均气温 15.5 ℃左右，≥10 ℃的活动积温约 4 900 ℃，相对湿度 70%～75%，干燥度<1。夏季炎热多雨，冬季寒冷干燥，季节性干湿交替变化。

二、地形地貌

地形地貌在成土过程中的作用十分重要。这种作用主要体现在影响母质在地表进行再分配，土壤与母质接受光热条件的差异，以及接受降水在地表的重新分配等方面。

安徽省砂姜黑土主要分布于平原，地形开阔、平坦。该地区在大地构造上属华北陆台南部，东为山东台背斜，西为河淮台向斜。晚更新世，沿淮河断裂带发生了反向掀斜运动，在东南倾斜的古黄河冲积扇与原向西北倾斜的淮阳山前平原的交接地带，以及沿淮河断裂带，发育了近东西向的积水湖沼洼地。进入全新世，因地壳急促轻度抬升，淮河各支流下切，形成由上更新统组成的河间阶地，后发育成为目前广大的河间低平原，构成了现代黄泛平原特殊的地貌景观。平原海拔介于 15～46 m，地形坡降为 1/(5 000～10 000)，近距离高差不明显，肉眼很难察觉。

河南省砂姜黑土分布区为古河湖积平原、山前交接洼地和南阳盆地中心的湖坡洼地等地貌单元。其特点是地势低平，海拔 35～60 m，坡降 1/(4 000～10 000)；但也有地势比较高的，如南阳盆地中心的湖坡洼地海拔 80～100 m，坡降 1/(1 000～2 000)；安阳、焦作等市的山前洪积扇与平原交接的洼地海拔 60～80 m，坡降 1/(2 000～3 000)。砂姜黑土分布在这些高低不同、形状各异、大小不等的河间洼地、湖坡洼地和山前交接洼地、岗间洼地。

山东省砂姜黑土集中分布在鲁中南山地丘陵区周围的几个大型洼地和鲁东丘陵区西南部的莱阳、即墨盆地之中。具体分布：东部胶莱河谷平原洼地，小清河以南鲁中南山地丘陵区北侧扇缘交接洼地，西部的汶泗河平原洼地及南四湖滨湖涝洼地，东南部的沂沭河谷平原洼地。

三、水文特征

砂姜黑土的水系主要有淮河水系、黄河水系和海河水系。地表水对平原地区的土壤形成和性状的影响，尤以河流的影响最为显著。由于流水速度对沉积物进行了严格筛选，主流带沉积多沙性母质，漫流带沉积壤性母质，静水区沉积黏性母质。冲积物覆盖于砂姜黑土上可形成覆盖砂姜黑土。地表水下渗，土体中的黏粒和碳酸钙的淋溶淀积作用较明显，出现黏化和积钙作用。地下水沿毛管上升达地表，可改变土壤水分状况。由于蒸发量大于降水量，地下水强烈蒸发，使可溶性盐在土体表层积聚，使土壤发生盐化和碱化过程；地下水位长期下降到一定深度，土壤发生轻度淋溶过程——黏粒和可溶性盐及碳酸钙发生的淋溶淀积过程。

（一）淮河

淮河干流发源于河南省桐柏县桐柏山主峰太白顶西北侧河谷，自西向东流经河南、湖北、安徽和江苏 4 省。

河南省淮河水系除淮河干流外，南岸支流主要有游河、浉河、竹竿河、潢河、白鹭河、史灌河，北岸支流主要有洪汝河、沙颍河、涡惠河、包浍河、沱河及南四湖水系的黄蔡河与黄河故道等。境内流域面积约 8.83×10^4 km²，约占河南省总面积的 52.8%。安徽省淮河水系属淮河中游段，长约 430 km，两岸支流多且不对称。北岸支流多而长，具有平原河流特征，自西向东依次有洪河、谷河、润河、泉河、颍河、西淝河、芡河、涡河、澥河、浍河、沱河、濉河等，其中颍河最大，涡河次之。淮河下游水分三路：主流通过三河闸，出三河，经宝应湖、高邮湖在三江营入长江，是入江水道，至此全长约 1 000 km；第二路在洪泽湖东岸出高良涧闸，经苏北灌溉总渠在扁担港入黄海，全长 168 km；第三路在洪泽湖东北岸出二河闸，经淮沭河北上连云港市，经临洪口注入海州湾。

（二）黄河

黄河全长约 5 464 km，流域面积约 7.95×10^5 km²。自西向东分别流经青海、四川、甘肃、宁夏、内蒙古、陕西、山西、河南及山东 9 个省份，汇集了 40 多条主要支流和 1 000 多条溪川，跨越青藏高原、黄土高原和黄淮海平原，在山东利津附近流入渤海。平均年径流总量仅 5.8×10^{10} m³，平均含沙量达 35 kg/m³，年产 1.6×10^9 t 泥沙，其中有 1.2×10^9 t 流入大海，剩下 4×10^8 t 长年留在黄河下游，形成冲积平原。

（三）海河

海河全长 1 050 km。海河流域（海滦河流域）东临渤海，南界黄河，西起太行山，北倚内蒙古高原南缘，地跨北京、天津、河北、山西、山东、河南、辽宁、内蒙古 8 个省份，流域总面积 31.8×10^4 km²。海河水系支流众多，各支流河床上宽下窄，进入平原后，又因纵坡减缓、河床淤塞，河道泄洪能力大减，每逢雨季，地表水无出路；常积而成沥，因沥而涝，因涝而碱。洪水季节，河堤也易溃决，河北平原也就成了洪、涝、旱、碱经常发生的地区。

（四）水资源

淮河流域年平均地表水资源为 6.21×10^{10} m³，浅层地下水资源为 3.74×10^{10} m³，扣除两者相互补给的重复部分，水资源总量为 8.54×10^{10} m³，人均占有量为 450 m³。淮河流域地表水地区分布总的趋势是南部大、北部小，同纬度地区是山区大、平原小，平原地区则是沿海大、内陆小。

安徽省淮北地区多年平均水资源总量为 1.282×10^{10} m³，其中地表水资源为 7.72×10^9 m³，地下水资源为 6.85×10^9 m³，人均水资源量为 571 m³。按国际人均占有量 500~1 000 m³、开发利用程度 25%~50% 属于水资源紧缺的标准，该区属于水资源紧缺区（水资源开发利用程度为 40% 左右）。

（五）地下水

第四系孔隙水主要分布于黄淮海平原、山地丘陵地区的山间盆地、河谷平原及山前洪积倾斜平原。由于第四系较发育，尤其是黄淮海平原和其他河流附近第四系松散堆积物较厚，并有沙、沙砾石含水层次，蓄存的地下水为孔隙水。所含地下水一般可分为潜水和承压水。地下水位除山前倾斜平原外，水位均较高。但近年来，由于工农业发展，地下水开采量过大，地下水位普遍降低。

安徽省淮北平原地下有多层的含水结构，蕴藏了丰富的地下水资源。其浅部（0~40 m）为孔隙水；深部（40~90 m）为层间水，其水质主要为低矿化度的重碳酸盐型水，但其 SO_4^{2-}、Cl^-、Na^+ 及矿化度高于浅部地下水。淮北平原的水文地质条件是典型的渗入蒸发型，潜水的补给来源是降水的入渗。地下水的矿化度为 0.5~1.0 g/L。

河南省地下水化学成分以重碳酸盐低矿化的淡水为主，从山区到平原，阴离子组成有 $HCO_3^- \rightarrow HCO_3^- - SO_4^{2-} \rightarrow HCO_3^- - Cl^-$（或 $HCO_3^- - SO_4^{2-}$）及 $SO_4^{2-} - Cl^-$ 的渐变关系。黄河以南的豫东平原，开封以东、陇海铁路以南及兰考以东的黄河故道为 $HCO_3SO_4 - Na^+ - Mg^{2+}$ 型水，其余地区以 $HCO_3Cl - Na^+ - Mg^{2+} - Ca^{2+}$ 型水为主。淮北砂姜黑土分布区地下水流向与河水流向基本一致，多自西北而东南呈羽状流注入淮河干流。地下水排泄不畅，且埋藏较浅，一般为 1~1.5 m，雨季可上升到 1 m 以内或接近地表，在低洼中心部位甚至有短期积水现象。该区为浅层地下水富水区，主要含水层为沙、沙砾石及砂卵石层，含水层厚度为 15~20 m，单井出水量 60 t/h，水质较好，为重碳酸钙镁型水，矿化度为 0.5~0.8 g/L。

山东省鲁中南山地丘陵西侧的湖东洪冲积扇平原地带，潜水埋深自东向西变小，由大于 6 m 降至 2~4 m，水质良好，为重碳酸钙型水，矿化度为 0.5 g/L 左右。临郯苍平原区，潜水埋深北部为 3~5 m、南部为 1~3 m。由于鲁南一带地表水与潜水水力联系活跃，水质与地表水无甚差异，基本为重碳酸钙镁型水，矿化度为 0.5~1.0 g/L。

河南省南阳地区的砂姜黑土分布区都在唐白河中下游盆地中心平原洼地和湖坡洼地，海拔 80~100 m，地面坡降 1/(1 000~2 000)。地下水埋深通常 1~2 m，雨季可上升到 1 m 以内或接近地表，在洼地中心部位甚至有短期积水现象。主要含水层为沙砾岩、砂岩及鹅卵石层，含水层总厚度 20~30 m，大部分为浅层富水区，小部分为弱承压水，单井出水量为 60~80 t/h。地下水质良好，为重碳酸钙镁型水，矿化度为 0.2 g/L。

四、植被特征

植物对成土过程有多方面的影响。通过生物吸收，特别是高等植物庞大的根系吸收，风化体或母质中的营养元素转变成为有机体组成成分呈相对集中的状态，使土壤养分元素不断富集起来；绿色植物的旺盛生长，枯枝落叶和根系更新，极大地提高了土壤有机质的生成量；不同的植被因生物量大小和根系类型的不同对土壤发育的影响也存在一定的差异。

晚更新统有关钻孔孢粉组合分析表明（王长荣 等，1995），砂姜黑土区植被状况，晚更新世末期属以针叶林为主的针阔林草原景观，木本植物占 52%，草本植物占 40%，蕨类占 8%；晚更新世中期为疏林草原景观，木本植物占 25%，草本植物占 61%，蕨类占 13%；晚更新世初期属以针叶林为主的针阔混交林草原景观，木本植物占 67%，草本植物占 28%，蕨类占 5%。全新世气候变暖，植物生长茂盛，呈现大片湖沼草甸景观。全新世初、中期是以针叶林为主的草原景观，初期木本植物占

24.7%，草本植物占 57.5%，蕨类占 17.8%；全新世中期末木本植物占 23.4%，草本植物占 53.6%，蕨类占 23.1%；全新世中期，地壳抬升、气候转暖，湖泊沼泽发育，为喜湿性植物创造了生长条件；全新世末期为针阔混交林草原景观。

砂姜黑土区地带性植被类型为落叶阔叶林，并有一些针叶林和针阔混交林。主要阔叶林树种有青檀、黄檀、栓皮栎、白栎、椴、五角枫、黄连木、枫香、乌桕、刺楸、化香树、盐肤木、茅栗、苦楝、檞树、朴树、榔榆、香椿、臭椿、泡桐、榆、槐、刺槐、旱柳、桑、小叶杨、毛白杨，以及淡竹、甜竹、斑竹、筠竹、变竹和乌哺鸡竹等。灌木有荆条、酸枣、枸杞、达呼里胡枝子、紫穗槐、杞柳等耐旱灌木丛，扁担杆、皱叶鼠李、茶条、野蔷薇、牡荆、山胡椒、野山楂，以及常绿灌木小叶女贞和刚竹等。藤本植物有木通、菝葜、葛、木防己、海金沙、爬山虎、南蛇藤和常绿藤本络石等。草本植物有马唐、鸡眼草、异叶天南星、半夏、狗牙根、狗尾草、益母草、刺蓟、牛筋草、藜藜、知风草、阿尔泰狗娃花、白茅、胖竹、蒿类、小藜、白羊草、毛茛、小蓟、蒲公英、苍耳、灰蓼等。

人工植被有大官杨、加拿大杨、意大利杨。砂姜黑土区是我国的古老农业地区之一，早在 2 000～3 000 年前已开始开垦种植旱作。自然植被绝大部分不复存在，代之以连片的农业植被，主要作物有粮食作物、油料作物及经济作物等。农作物以小麦和玉米为主，其次有大豆、甘薯、谷子、高粱、芝麻、棉花、烟草、花生及蔬菜、瓜果类等作物。常见的果树有梨、柿、桃、苹果、枣树、葡萄、石榴、杏、山楂、李等。药用植物的栽培历史悠久。

沙生植被有马唐、虫实、达呼里胡枝子、沙蓬、尖头叶藜、异刺鹤虱、白茅、苍耳、旱柳、小蓬草、黄鼠草、狗牙根、狗尾草、砂引草、单麻黄、罗布麻、碱蓬、萹蓄、虎尾草、西伯利亚蓼和莎草等。

沼泽植被有牛毛毡、酸模叶蓼、芦苇、香蒲、小灯芯草、荆三棱、莎草和两歧飘拂草等。

水生植被有菱、芡实、浮萍、满江红、黑藻、金鱼藻和狐尾藻等。

盐生植被以藜科、柽柳科、蓼科及夹竹桃科为主，有柽柳、白蜡树、狗牙根、白茅、隐花草、莎草和碱茅；在较湿润的环境，有碱蓬、猪毛菜、骆驼蓬、罗布麻、灰绿藜、萹蓄、苍耳和单子麻黄等；还有筛草、滨藜、灰蓼、白刺和木贼等组成的盐碱植物群落。

五、成土母质

成土母质是土壤的物质基础，也是植物矿质养分元素的最初来源。因为土壤是在母质不断地同动植物界与大气进行物质和能量交换过程中产生的，所以母质的某些性质往往被土壤继承下来，土壤同母质存在着"血缘"关系。不同母质在成土过程中对土壤性状有较深刻的影响，直接或间接地影响土壤的理化性质、耕作性能及肥力特性等。

砂姜黑土区位于黄淮海平原南部，自第四纪以来，地壳长期缓慢下沉，广大平原堆积了较厚的第四纪松散沉积物。晚更新世末期，地壳继续下沉，堆积了以灰黄色、黄灰色或土黄色为主的黄土性冲积物（亦称黄土性古河流沉积物），从而成为砂姜黑土发育的物质基础。该种沉积物来源为富含碳酸钙的黄土性物质，在距今 4 000～10 000 年的年代中形成，呈带状分布于各河流之间的浅平河间洼地。土体上部多为浅灰黑色粉沙黏壤土至粉沙黏土，垂直裂隙发育，土块较破碎，偶含小石灰结核（小砂姜），此层段保留着古沼泽化有机质表层的残余特征；下部为灰黄色粉沙黏壤土至粉沙黏土，含有石灰结核（砂姜），垂直裂隙较发育，裂隙面上有黑色铁锰质斑纹淀积。

河南省淮北平原砂姜黑土的母质属于第四系上更新统新蔡组与南阳盆地的新野组湖相沉积，为灰黑色亚黏土和灰黄色亚黏土互层，呈薄层水平分布。这些沉积物中含有较多的游离碳酸钙，特别是砂姜黑土分布区地势低洼，不但是冲刷物质的沉积区，而且是地下水中 HCO_3^- 和 Ca^{2+} 的富集区，为砂姜黑土的形成提供了丰富的物质基础。据《河南省地层典》介绍，淮北平原的砂姜黑土母质属淮河流域区上更新统新蔡组，岩性为黑色亚黏土和灰黄色亚黏土互层，呈薄层水平分布，其中富含淡水螺蚌、有机物和南北过渡型动物化石，鉴定为河湖沉积物，并以湖相沉积为主；南阳盆地新野组岩性为湖积的黑色亚黏土、黄色亚黏土和沙的互层，厚 10～20 m。

第二节　主要成土过程

腐泥状黑土层和脱潜性砂姜层是砂姜黑土的显著特征。受母质条件、地下水和人为耕作熟化的影响，其土壤形成经历了生物积累、氧化还原、淋溶淀积等过程。腐泥状黑土层的形成与植被生物积累、草甸的潜育和脱潜育密切相关；脱潜性砂姜层的形成则与沉积物母质含有较多的游离碳酸钙、地下水富集 HCO_3^- 和 Ca^{2+} 的淋溶淀积密不可分。

一、生物积累过程

全新世气候转暖，植物生长茂盛，呈现大片湖沼草甸景观。全新世末期为针阔混交林草原景观，木本植物占 33.1%，草本植物占 46.7%，蕨类占 20.3%。全新世中期淮北地区为碟形盆地，河流携带泥沙淤积于此，加之海侵影响，造成大面积河湖相沉积物分布，湖泊沼泽发育，为喜湿性植物创造了良好条件，生长茂盛（表 1-1）。黑土层的形成与生物积累作用的关系表现在：①黑土层的厚度一般是 30～40 cm，受侵蚀地方的黑土层厚度要薄一点，这种深度相当于植物根系的主要活动层深度。②黑土层下限随地形起伏而变化，不是水平状，这合乎生物积累规律，而不合乎地质沉积规律。③黑土层具有腐殖质累积层的特点，向下面的砂姜黄土层过渡呈舌状，黑色逐渐渗入棕黄色土层中。④黑土层颜色深浅不一，垦殖时期长的黑土层颜色要淡一些。从有机质分析结果表明，尽管有机质含量绝对值并不很高，但颜色深者，其有机质含量稍高。⑤黑土层如用过氧化氢消除其有机质，黑色即消退，土壤呈灰黄色，可见其黑色并非土壤中黑色矿物的颜色，而与有机质含量和渍水有关。

表 1-1　全新世淮北平原（萧县黄口）钻孔孢粉组合（王长荣 等，1995）

地层时代 （距今万年）	钻孔深度/ m	孢粉组合类型	植被特征
全新世末期 （0.25）	0～0.25	木本植物占 33.1%（松 12.4%、栗 8.3%、栎 5.4%、柳 4.0%，还有冷杉、麻黄等） 草本植物占 46.7%（蒿 19.8%、藜 15.3%、禾本科 4.6%，还有菊、莎草等） 蕨类占 20.3%（凤尾蕨 15.7%，还有里白、石松、水龙骨等）	针阔混交林草原景观
全新世中期末 （0.25～0.5）	3.45～7.1	木本植物占 23.4%（松 13.8%、栗 2.6%，还有栎、铁杉、罗汉松、榆、柳、云杉、桦、麻黄等） 草本植物占 53.6%（蒿 25.5%、藜 17.3%、禾本科 3.1%、莎草 2.7%、菊 2.0%） 蕨类占 23.1%（凤尾蕨 10.0%、石松 4.9%、卷柏 2.8%，还有水龙骨、阴地蕨等）	以针叶林为主的草原景观

（续）

地层时代 （距今万年）	钻孔深度/ m	孢粉组合类型	植被特征
全新世中期初 （0.5～0.75）	7.5～8.4	木本植物占 32.0%（松 13.6%、栗 5.8%、栎 4.9%，还有柳、铁杉、桦、麻黄、榛、桃金娘、罗汉松等） 草本植物占 62.0%（蒿 25.9%、藜 24.9%、酢浆草 3.0%，还有禾本科、莎草等） 蕨类占 6.0%（凤尾蕨 2.5%，还有石松、卷柏、水龙骨、海金沙等）	针阔混交林草原景观
全新世初期 （0.75～12）	8.5～11.2	木本植物占 24.7%（松 17.9%、栎 1.5%，还有柳、栗、云杉、铁杉、柏、罗汉松、榆、麻黄等） 草本植物占 57.5%（蒿 28.6%、藜 17.1%、蓼 4.7%，还有香蒲、莎草等） 蕨类占 17.8%（凤尾蕨 7.7%、卷柏 3.6%、石松 2.4%、紫萁 2.4%，还有阴地蕨、水龙骨等）	以针叶林为主的草原景观

二、氧化还原过程

草甸潜育和脱潜育是在水分的作用下植被残体的氧化还原过程的直接反映。砂姜黑土是暖温带平原洼地的半水成土。当全新世这些植被死亡之后，在暖湿的嫌气性条件下腐烂分解，积累有机质，暗色胶体腐殖质易被土粒所吸附，使土壤染色变黑，成为形成砂姜黑土腐泥状黑土层的重要因素。土壤普查和地质资料查阅的结果是，在淮北平原尚未发现有泥炭层。黑土层中腐殖质的芳构化程度高，以极其稳定的胡敏素为主，并且与土粒紧密结合成为稳定的有机-无机复合体，呈高度分散状态，即使较少的量也足以使土壤浸染为暗黑色。因为沼泽化过程中应有泥炭的积累，所以砂姜黑土区的前期系草原潜育化过程，而非草原沼泽化过程。在地形低洼、排水不良的条件下所形成的黑土层，是数千年前草甸潜育化过程的产物。

黑土层形成以后，由于气候由湿润半湿润向半湿润半干旱的演变，砂姜黑土出现脱潜育化特征。当干旱季节来临，湖洼地水分消耗，土壤中好气性分解加强，积累的有机质遭到消耗。年复一年的干湿季节转换，氧化-还原反应过程交替，导致上部土体的氧化还原电位升高，潜育度减轻，潜育土层的部位降低。尤其是黑土层出现季节性的干湿交替及氧化还原交替，土壤发育呈灰黑色或暗灰色。

黑土层的形成于距今 3 200～7 000 年，虽颜色黑，但有机质含量并不高，一般在 10 g/kg 左右，个别的达到 15 g/kg，或者更高一些，说明黑土层的形成与过去的生物作用和渍水作用有关。非碱化的砂姜黑土的黑土层，有的明显，有的不明显，说明生物作用的程度高于渍水作用。

砂姜黑土多分布在低平洼地上。地下水位较高，内外排水不良，且无出路，地下水埋深一般为 1 m 左右。在长期潜水的层面，土壤中的铁、锰等易变价元素还原为亚氧化物，从而在土体中形成具有蓝灰色或青灰色特点的"潜育层"，即潜育化过程。垦殖之后，由于排水条件得到某种程度的改善，地下水位下降，原来的潜育层经历了脱潜育化过程，使灰蓝色的潜育层出现浅黄棕色的斑块。砂姜黑土地下水位在 1 m 土体内升降频繁，造成土体中氧化还原作用强烈，出现了比其他剖面中更多的铁锰结核和锈纹锈斑。而且土体中的钙质结核也大多被铁锰氧化物所包被而呈现黄棕色，钙质结核的内部也含有较多铁子和铁锰斑。在氧化还原交替较快的条件下，铁锰结核形成体积较大的非同心圆构造型；在氧化还原交替较慢的条件下，铁锰结核则形成体积较小的同心圆构造型。砂姜黑土中同心圆构造型的铁锰结核较多，说明砂姜黑土地下水位的升降频度较低，干湿交替相对较为稳定。

三、淋溶淀积过程

砂姜黑土以其含姜状钙质结核（砂姜）而命名为砂姜土（图1-1）。砂姜一般呈黄白色、灰色，个体粒径大的可达30 cm及以上，最小的不及1 cm，具有不规则的蛋形外貌，呈姜状、核状或浑圆状。按砂姜的形态和发育程度，可分为面砂姜（雏形钙质结核）、刚砂姜（完形钙质结核）和砂姜盘（钙质硬盘）3种。面砂姜是分散碳酸盐在硅酸、二氧化物、三氧化物、铁和锰等物质的参与下与土胶结而成的细碎小颗粒，质脆易碎，与周围的土体渐次过渡，一般在70 cm深处出现；刚砂姜除含隐晶质和微晶质碳酸盐基质外，有的包裹着石英、长石、方解石等颗粒和铁、锰结核，孔洞附近出现再结晶的方解石，在外力作用下固化而成，结核紧密且质地较坚硬，与周围的土体过渡明显，形似单个生姜状，一般在1 m深处左右出现；砂姜盘是在富含$HCO_3^- - Ca^{2+} - Mg^{2+}$型地下水长期作用下，碳酸盐与砾石、土及动物化石胶结、固化而呈水平层状分布，质地坚硬，一般在3 m深处左右出现。

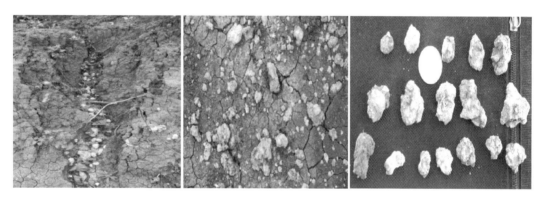

图1-1 砂姜黑土钙质结核（李德诚 提供）

砂姜的全量化学组成和碳酸盐含量变化幅度较大（表1-2），面砂姜、刚砂姜和砂姜盘的SiO_2含量依次分别为474.4 g/kg、243.3～315.3 g/kg和184.6 g/kg，CaO含量分别为165.4 g/kg、205.0～346.2 g/kg和367.3 g/kg，$CaCO_3$含量分别为286.3 g/kg、507.9～604.5 g/kg和655.5 g/kg，存在SiO_2含量不断降低，CaO和$CaCO_3$含量逐渐增加的趋势；而周围土壤的SiO_2、CaO和$CaCO_3$含量分别为（632±63）g/kg、（41±40）g/kg和（58±69）g/kg，与砂姜相比，显然土壤的SiO_2含量高，而CaO和$CaCO_3$含量低。不同地区地下水类型和土壤环境条件的不同也是导致钙质结核化学成分含量分异的因素。

表1-2 砂姜黑土钙质结核年龄与发育程度、化学成分之间关系（刘良梧 等，1988）

钙质结核形态	SiO_2/ g/kg	TiO_2/ g/kg	CaO/ g/kg	$CaCO_3+MgCO_3$/ g/kg	$CaCO_3$/ g/kg	距今年龄/ 年
面砂姜	474.4	4.8	165.4	313.9	286.4	6 221
刚砂姜	243.3～315.3	2.4～3.2	205.0～346.2	519.1～633.3	506.9～603.5	6 892～18 194
砂姜盘	184.6	2.2	367.3	683.0	655.5	＞40 000

20世纪70年代初，开挖茨淮新河，在安徽省怀远县境内4～5 m深处，砂姜盘层深度附近发现较多数量的鹿、野牛、诺氏古菱齿象、鸵鸟蛋等食草类动物化石，为砂姜盘层提供了地质年代的参考

依据。诺氏古菱齿象长约 4 m，形态完整，据挖河民工反映，这些象牙化石多出现在砂姜盘层下面的淤泥或细沙土层中，而且化石也不是一根两根，多呈窝状。采用 ^{14}C 法年龄测定的结果，面砂姜年龄距今为 6 000 多年，剖面上部钙质结核年龄为 4 000～7 000 年、下部钙质结核年龄 14 000～30 000 年，砂姜盘层年龄为 16 000～40 000 年。

Thorp（1936）认为，姜状钙质结核（砂姜）碳酸钙并非全自表土而来，亦有来自地下水之沉积者，因砂姜位于地下水变动线下，故其中的碳酸钙可由水中而沉淀。黄淮海平原是地下水资源的宝库。它不仅拥有广泛的浅层地下水，还有大量的中、深层地下水。淮北平原拥有数层第四纪含水层（30 m 范围内），这些冲积性粉沙质、细沙质承压孔隙地下水层之间又无明显的连续隔水层，故各层间水彼此畅通，并且地下水为 $HCO_3^- - Ca^{2+} - Mg^{2+}$ 型（表 1-3）。钙质结核中碳酸钙的来源主要是富含 $HCO_3^- - Ca^{2+}$ 的浅层地下水，而钙质结核的大小和形态与地下水保持在这一层位的时间长短及蒸发量有关。无疑，这种含水结构层次是钙质硬盘水平间隔分布的原因。钙质结核既可形成于海水东退、干寒的上部冰期气候阶段，也可形成于温湿、海水入侵的中部间冰期气候阶段和大西洋气候等时期。在干寒的气候条件下，地下水强烈蒸发，导致水分向上运行，碳酸钙淀积，形成钙质结核。而在气候温和、海水入侵时期，地下水位被抬升，地下水埋深变小，蒸发量却相应有所增加，这对钙质结核的形成同样起促进作用。淮北平原地区年蒸发量（1 330～1 500 mm）远远大于年降水量（750～900 mm），大气降水补给地下水后主要消耗于蒸发，而蒸发的主要形式则是地下水蒸发。雨季地下水蒸发量少，一旦旱季来临蒸发量增大，地下水埋深越小，地下水蒸发量越大。同时，在多层承压下水分运动方向也是由下往上运行，并与毛管相连。在地下水上升过程中二氧化碳分压减小，溶液浓度增大，重碳酸钙迅速转变为碳酸钙沉淀。砂姜黑土钙质结核位于地下水变动范围内，故其中的碳酸钙可由地下水而来。正是在这种干干湿湿的气候变化和地下水营力作用的环境中形成了钙质结核层。砂姜黑土钙质结核层的上限与裂隙深度的下限相衔接。有时在以完形钙质结核为主的层次中也还夹杂着少量的雏形钙质结核。

表 1-3　砂姜黑土区地下水组成（张俊民 等，1988）

土壤类型	离子组成/mg/L							水质类型
	CO_3^{2-}	HCO_3^-	Cl^-	SO_4^{2-}	Ca^{2+}	Mg^{2+}	$K^+ + Na^+$	
砂姜黑土	0.00	284.87	4.62	8.16	46.80	12.00	101.06	$HCO_3^- - SO_4^{2-} - Ca^{2+} - Na^+$
碱化砂姜黑土	28.20	425.78	43.31	48.48	66.00	6.00	393.70	$HCO_3^- - Cl^- - Na^+ - Ca^{2+}$

钙质结核属于一种土壤新生体，不但常见于某些土壤类型中，而且也常出现在某些第四纪沉积物中。20 世纪 70 年代，张俊民等归纳了 3 种形态砂姜的碳酸钙来源。砂姜黑土区沉积了较厚的富含碳酸钙的粉土、粉质黏土的河湖沼相沉积物。钙质结核的形成，地下水是主导因素，也与土壤淋溶淀积有一定的关系，即钙质结核在富含 $HCO_3^- - Ca^{2+}$ 的地下水作用下土壤淋溶淀积而成。剖面上部砂姜的形成，就是与富含碳酸钙的母质（晚更新世黄土物质）有关。生物作用产生的二氧化碳在土壤中与水作用形成碳酸，加大了土壤上层碳酸钙的溶解度，使其成为水溶性的重碳酸钙向下淋溶，从而增加地下水中重碳酸钙的浓度。

砂姜黑土风化淋溶作用和成土作用较弱。砂姜黑土黏粒的硅铝率为 3.5～3.8，硅铁铝率在 2.7～2.9，与黄褐土等邻近土壤类型接近，并且剖面分异不明显。季节性干湿交替，造成地下水升降活动频繁。在低水位期间，地下水以上的土层为氧化层；在高水位期间，全部或大部分土层为水分所饱和，产生还原过程；在毛管上升水与饱和水交替的土层中，氧化还原过程进行强烈，这种作用影响着土壤中物质特别是铁锰氧化物的溶解、移动和聚积，并在该土层形成明显的锈纹锈斑和铁锰结核。由于地下水的升降在不同年份和季节可变动在土体的各个土层，因此，砂姜黑土的大多数土层中可产生数量不等、大小不一的铁锰结核。铁锰结核中大量富集的元素是铁和锰，铁的平均含量高于土壤 $3 \sim 5$ 倍，而锰的平均含量则高出土壤几十倍；虽然含量上铁高于锰，但首先是锰的富集，结核 MnO/Fe_2O_3 值是土壤的约 20 倍。锰比铁在砂姜黑土 pH 较高的条件下更易迁移，因此，锰在剖面中的垂直变化比铁更为明显。

四、耕作熟化过程

耕作熟化过程主要是指在人类生产活动影响下的土壤熟化过程。人为活动是一个独特的成土因素，给予土壤形成、演化的影响十分强烈。土壤是农业生产的基本资料，在人类生产发展过程中，合理的耕作、施肥、管理和兴修水利都是有目的的改造、培肥土壤的有力措施。人口、土壤资源和环境问题密切关联和相互影响，在生物圈内随着时间的推移，人类利用对土壤的影响和改造作用越来越大。

砂姜黑土所处地形平坦，气温、日照、雨量等自然条件有利于农业垦殖，因而是我国较早开发的农业区之一。出土文物可以证明，早在 3 000 年之前，淮北平原和淮南平洼地的砂姜黑土区就有农业活动。数千年的垦殖历史，土壤出现了以脱潜育化为特点的旱耕熟化过程。

黑土层形成以后，由于气候由湿润半湿润向半湿润半干旱的演变，砂姜黑土出现脱潜育化特征，表现出上部土体的氧化还原电位升高，潜育度减轻，潜育土层的部位降低，尤其是黑土层出现季节性的干湿交替及氧化还原交替。

人为的耕作、施肥、排水、灌水、轮作等生产活动日益频繁，对砂姜黑土性状的演变有着极其深刻的影响。在草甸潜育土的基础上开发农业，采用排水、耕作、施肥和种植等一系列旱作熟化措施，使土壤形态特性相应地发生变化。

首先，随着潜育程度和潜育层段部位降低，草甸化过程中所形成的"腐泥状黑土层"在好气性细菌活动加强的情况下，其颜色变淡，上部暗灰颜色变淡，并随着耕作活动而分化为耕作层、压实层和底土层（埋藏黑土层）。潜育化程度的减轻和潜育层部位的下降，又分化出一层"脱潜层"。

其次，土壤的物理性质明显发生变化。耕作层的质地变轻，黏粒含量明显低于黑土层，其线胀系数也明显小于黑土层，而且容重降低、孔隙度增加、通气透水性增强；压实层则相反，容重不仅比耕作层大，同时也略大于底土层，孔隙度减少（表 1-4）。施肥和种植活动使土壤养分状况也有所变化，尤其是速效养分的含量随着熟化程度的提高而显著增加。马丽等（1993）研究结果表明，耕作层的全氮、碱解氮、有效磷和有效锌含量都明显高于残余黑土层（表 1-5）。从有机质含量来看，虽然耕作层颜色变淡，但其含量仍高于黑土层，并且活性腐殖质含量增加。

表 1-4　砂姜黑土不同土层的物理特性

地点	土层名称	容重/ g/cm^3	密度/ g/cm^3	孔隙度/%	
				总孔隙度	通气孔隙度
安徽省 颍上县耿圩	耕作层	1.31	2.69	57.30	13.82
	压实层	1.57	2.69	41.64	3.85
	底土层	1.44	2.70	46.67	8.34

（续）

地点	土层名称	容重/ g/cm³	密度/ g/cm³	孔隙度/%	
				总孔隙度	通气孔隙度
安徽省 固镇县沱河	耕作层	1.33	2.70	50.63	15.46
	压实层	1.52	2.72	43.90	1.90
	底土层	1.48	2.72	45.59	4.59

表 1-5 砂姜黑土耕作层与残余黑土层理化性质

土壤层次	有机质/ g/kg	全氮（N）/ g/kg	全磷（P）/ g/kg	碱解氮（N）/ mg/kg	有效磷（P）/ mg/kg	速效钾（K）/ mg/kg	有效锌（Zn）/ mg/kg	有效铜（Cu）/ mg/kg
耕作层	14.6	0.98	0.67	66.6	3.0	111.2	0.55	1.05
残余黑土层	11.0	0.60	0.67	42.7	1.9	106.6	0.36	0.96

由于耕种熟化的结果，砂姜黑土肥力不断提高，有一部分变为高度熟化的高产田（表1-6）。另外，也有一部分熟化程度低的砂姜黑土，其有机质含量并不低，且有较高的阳离子交换量（CEC）和潜在养分，只是地势低洼、季节性排水不良造成了土壤潜在肥力得不到发挥。

表 1-6 砂姜黑土不同熟化阶段养分含量变化

熟化阶段	土层深度/ cm	有机质/ g/kg	全氮（N）/ g/kg	碳氮比	全磷（P）/ g/kg	有效磷（P）/ mg/kg	全钾（K）/ g/kg	速效钾（K）/ mg/kg
低度熟化	0～19	23.0	1.25	10.7	0.57	微量	14.86	137.8
高度熟化	0～15	13.9	1.43	5.36	0.52	2.0	15.69	185.9

注：低度熟化，十年生茴草地，开垦后多种一熟小麦；高度熟化，能种三年五熟旱作。

五、碱化过程和复石灰过程

碱化过程是在砂姜黑土前期的"腐泥状黑土层"和"脱潜性砂姜层"形成以后的附加过程。碱化砂姜黑土除表层0～20 cm的碱化层与非碱化砂姜黑土表层有明显区别以外，其余各相应土层两者均一致。碱化层颜色发白，质地偏轻，为粉沙含量较多的壤土，pH在9.5左右，高者甚至达10.2，交换性 Na^+ 含量为322.0～669.3 mg/kg（土），碱化度为50%左右。关于碱化砂姜黑土的碱化层物质来源和质地偏轻的认识有两种不同的意见：其一认为是早期的黄泛母质覆盖，与现在黄泛区土壤中的沙碱土、瓦碱土成因一致；其二认为是不同于黄泛母质，仍是黄土性古河流沉积物。 Na^+ 主要来源于地下水汇集渗入-蒸发的浓缩，周围可溶盐类不断聚积， Na^+ 吸附在土壤胶体。经过土壤普查野外观察和资料分析，安徽省碱化砂姜黑土与黄泛区土壤之间没有必然的联系，而且大多数碱化砂姜黑土区均远离黄泛区的影响范围，常与白姜土（白墡土）构成连片的复区。因此，可以认为砂姜黑土碱化过程的第二种意见较妥，碱化过程必然造成强化分散，黏粒淋洗造成质地偏轻只是结果而已。

砂姜黑土的复石灰过程，一般见于砂姜黑土区的石灰岩残丘附近及邻近黄泛区，是长时期受到石灰岩残丘的石灰水或土杂肥中带有黄泛母质的物质影响所致。砂姜黑土成土母质中的碳酸钙，在成土过程中已充分淋洗并汇集于地下水中，在季节性干湿交替气候条件下形成各种形态的砂姜，土体中一一般没有碳酸盐反应。但在复石灰作用后，土壤耕作层内有中、弱石灰反应，此即为复石灰作用或称复钙作用。

第三节　分布情况

砂姜黑土的土壤分布状况既受生物气候条件的制约，也受地貌、地质及水文条件的影响，同时还受人为因素的干预。砂姜黑土区地处半湿润半干旱暖温带南部季风区，虽然地形简单，成土母质单一，但农耕历史悠久。因此，砂姜黑土在水平地带分布的差异明显，还有多种多样的区域和中域、微域土壤分布特点。

一、行政区域分布及面积

第二次全国土壤普查数据显示，砂姜黑土总面积为 371.97 万 hm²，主要分布在暖温带，其中 2/3 在黄淮海平原，其余 1/3 在胶莱平原、沂沭河平原及南阳盆地等。安徽省砂姜黑土耕地面积为 164.74 万 hm²，占全国砂姜黑土总面积 44.29%，占全省土壤总面积的 15.91%、全省旱地面积的 43.24%；其主要分布在淮北平原的中南部及其平原延伸的淮河以南的平洼地（彩图 1）。河南省砂姜黑土耕地面积为 125.99 万 hm²，是面积较大的土类，占全国砂姜黑土总面积 33.87%；其主要分布在黄淮平原、南阳盆地的湖坡洼地，大别山、桐柏山、伏牛山、太行山山前的交接洼地也有零星分布（彩图 2、彩图 3）。山东省砂姜黑土耕地面积为 48.58 万 hm²，占全国砂姜黑土总面积 13.06%；其集中分布在鲁中南山地丘陵区周围的几个大型洼地和鲁东丘陵区西南部的莱阳、即墨盆地之中（彩图 4）。江苏省砂姜黑土耕地面积为 25.90 万 hm²，占全国砂姜黑土总面积 6.96%；其分布在淮河以北的淮阴、连云港及徐州三地（彩图 5）。河北省砂姜黑土耕地面积为 6.07 万 hm²，主要分布在唐山、廊坊、保定、邢台等的 16 个县（市、区）山麓冲积平原的扇缘洼地（彩图 6）。湖北省砂姜黑土耕地面积为 0.51 万 hm²，集中分布于襄阳市和枣阳市的"三北岗地"的秦集—薛集—石桥—故驿—程河—罗岗—杨垱—唐子山一线以北的漫岗平原地区。广西壮族自治区砂姜黑土耕地面积为 0.18 万 hm²，主要分布于广西右江河谷的百色、田阳、田东、平果等县（市）地势较低的阶地。值得一提的是，北京地区的砂姜潮土特征与淮北的砂姜黑土近似，分布面积有 5.05 万 hm²。天津市将由湖相沉积物发育而成且具有砂姜黑土特征的土壤划分在湿潮土和潮湿土中，初步统计面积约为 3.0 万 hm²。

二、水平分布

土壤水平地带性指不同土壤在水平方向上随着生物气候带演替而相应分布的规律。水热条件不同，故形成各种土壤在水平分布上的差异。

砂姜黑土分布在河间平原上，没有或较少受黄泛或淮泛影响，母质是全新世中期黄土状沉积物。由于地处浅洼平原，并具有一定的倾斜度，故砂姜黑土受草甸潜育化过程影响较大。如在安徽省砂姜黑土区，由于地面的微度起伏，草甸潜育化程度的强弱也有区别，在较低洼处多出现黑姜土，较高处因潜育化过程较弱，多发育成黄姜土；微倾斜地上有漂洗淋失现象，故发育成白姜土（青白土）；受黄泛影响的地区，则出现（薄、厚）淤黑姜土。

三、区域分布

土壤区域分布是中小地形、成土母质、水文地质条件及人为因素的干预等引起的土壤在地域上的变化。砂姜黑土分布仍然呈现出依次更替、重复出现的规律，形成相应的土壤组合和模式。

安徽省淮北黄泛平原，由于属黄淮海平原南部，土地辽阔，地面坡降一般在 $1/(7\,500\sim12\,000)$。由于地面形态和沉积物的不同，在安徽省淮北黄泛平原的汴堤以南为砂姜黑土区，以北为潮土区。汴堤（渠）又称隋堤，是隋朝开掘的人工河，即埇桥（区）—永（城）公路两侧的带状高地，高出平地 $1\sim3\,m$，横穿泗县、灵璧县、埇桥区、淮北市中部，是历次阻挡黄水南泛的屏障。淮北河间平原砂姜黑土分布在阜阳、宿州两市及蚌埠市、淮北市、淮南市所属20多个县（市、区），是淮北平原砂姜黑土面积最大的地区。河流间的浅洼地区主要土壤类型为砂姜黑土。土壤的分布规律：黄姜土—青白土—黑姜土—淤黑姜土。一般黄姜土多出现在地形略高处，受草甸潜育化作用较浅；青白土多分布在具有一定倾斜度的缓坡上，有一定的漂洗现象，表层质地变轻，土色变白；黑姜土则多分布在河间较洼的部位，有"黄土岗、黑土洼"的分布规律；淤黑姜土是受黄泛淤积影响，土体上部覆盖有一层黄泛冲积物，则形成异源母质的过渡类型土壤。碱化砂姜黑土则分布在河间平原中部洼地，但从微地形看则是在洼地稍高处，一般多和白姜土构成复区，呈零星斑状夹杂其间，面积较小。沿淮湾地土壤分布包括淮南、淮北沿淮岗湾地区，呈带状分布于淮河两岸，主要地貌类型是河漫滩、河口洼地及沿淮河的自然堤（防洪堤），一般海拔 $20\sim24\,m$，分布范围离淮河两岸 $20\,km$ 左右。母质由于来源不同，可分为黄泛沉积与淮泛沉积两种。在颍河以东，从阜南到江口、河溜、新马桥一线以南，多发育成潮马肝土—黄白土—复潮马肝土—两合土—淤土—黄姜土—黑姜土。

河南省南阳、信阳、驻马店等地区的砂姜黑土常和黄褐土、黄棕壤呈复区交错分布；许昌、漯河、平顶山、洛阳、周口、商丘、新乡、焦作、安阳等地区的砂姜黑土多与潮土、褐土呈复区分布。豫西南南阳地区，区内包括山地、丘陵垄岗、盆地与河流两岸带状平原等地貌类型，主要土壤有棕壤、黄棕壤、黄褐土、粗骨土、石质土、砂姜黑土等土类。该地区海拔 $1\,300\,m$ 以上为棕壤与棕壤性土，$400\sim1\,300\,m$ 为黄棕壤与黄棕壤性土，在坡度较陡、植被稀疏处有大面积的石质土与粗骨土，$400\,m$ 以下的丘陵岗坡分布着黄褐土，在盆地中心广泛分布着砂姜黑土，大的河流两侧带状冲积平原分布着灰潮土。

山东省砂姜黑土分布的区域特点是，砂姜黑土亚类分布在莱阳、即墨盆地及胶莱河谷平原的东部、沂沭河谷平原洼地。在胶莱河谷平原西部、临郯苍平原南部、汶泗河平原及滨湖洼地，砂姜黑土亚类常与石灰性砂姜黑土亚类呈复区分布。砂姜黑土亚类分布区由于多次受到河流泛滥的影响，表层多有冲积物覆盖。洼地边缘地带的砂姜黑土亚类，覆盖层较厚，呈无或微弱石灰反应，黑土层掩埋较深，一般出现在 $30\sim60\,cm$ 范围内，而在洼地中心部位的砂姜黑土亚类，黑土层被覆盖较浅或出露地表。石灰性砂姜黑土亚类主要分布在鲁中南山地北侧山前平原下缘与小清河相接的交接洼地，以及胶莱河谷平原西部的洼地。其母质是富含碳酸钙的石灰岩风化物或黄土，洼地边缘多有次生黄土或石灰性冲积物覆盖。

四、微域分布

土壤中域分布是在同一生物气候土壤带内，由于地形、成土母质及水文状况等地域条件的改变，引起土壤发生类型及其在空间分布上有规律的变化，从而构成各种土壤组合分布。类似的土壤组合可以重复出现，组合中土壤成分的结构系列是一致的，但土壤个体数量的比例常有差异。土壤微域分布是在小地貌单元范围内成土母质一致的情况下，由于地形的起伏或坡向和水热条件的变化，引起土壤个性状况的变化，从而构成的土壤复区分布。

在安徽省淮北中部与南部河间平原地区，凡是受黄泛影响的河段，微地貌从低到高向坡岸过渡，出现黄泛沉积物覆盖在砂姜黑土上的厚薄演变规律，出现淤土—厚淤黑姜土—薄淤黑姜土—砂姜黑土。在河间平原北部靠近黄泛平原处也多有这种异源物质覆盖情况，其规律是近黄泛区多出现厚淤黑姜土，远离黄泛区的则为薄淤黑姜土逐渐向砂姜黑土过渡。

对于河南省砂姜黑土，在同一片区域内，（石灰性）砂姜黑土地势最高，漂白砂姜黑土次之，（石灰性）覆盖砂姜黑土再次之，（石灰性）青黑土为最低。（石灰性）青黑土通体无砂姜或砂姜含量少，而越接近洼地边缘，地势相对较高，故干湿交替明显，钙淀积作用强，形成砂姜或砂姜盘；洼地边缘至中心的缓坡上，由于地形倾斜，易形成漂白砂姜黑土；在洼地中心附近会积累坡积物或洪积物等，进而形成（石灰性）覆盖砂姜黑土。

山东省砂姜黑土分布在山地丘陵区周围低洼处，深受当地河流冲积物的影响，与其他土类的组合分布要比淮北平原复杂得多，常与潮土、褐土、棕壤等土类构成复区。组合分布的特点是，砂姜黑土亚类常与非石灰性河潮土和潮棕壤组合分布，而石灰性砂姜黑土亚类常与石灰性河潮土和石灰性潮褐土组合分布。地形通过影响碎屑物质与水的迁移和聚集、地下水位高低，间接影响排水条件，从而深刻影响土壤的发育。

人为作用对土壤的影响比较深刻，尤其是耕种施肥、轮作换茬、水利建设等，对土壤发生发育的影响尤为突出。安徽省砂姜黑土旱作土壤的微域分布，在淮北多呈同心圆状复区分布。凡是靠近村庄的，因精耕细作方便、施肥较多，大部分是油黑姜土，这是砂姜黑土肥力较高的土种；而瘦黑姜土与瘦黄姜土则多分布于远离村庄、施肥较少、耕作粗放的远湖薄地，熟化程度低、肥力差。

1949 年后，大量挖掘人工河道和修筑台条田，将底土大量翻压到地表，打乱了土层，呈带状翻压在挖掘河岸两旁和台条田沟边，尤以人工河两岸明显。将底土翻压到表层，造成表层生土、砂姜增多，使其成为低产土壤，现多作为淮北平原绿化造林的场所。

第四节　资源优劣势分析

砂姜黑土是由黄土性古河湖沉积物发育形成的，是数千年的沼泽草甸土经过脱沼泽过程和旱作熟化过程形成的，是一种古老的耕作土壤。多种不同农业生产措施的开发应用，土壤形态特性分化为耕作层、压实层（犁底层）和底土层；土壤物理性质明显发生变化，如耕层土壤容重降低，孔隙度增加，土壤养分的有效性有所提高。砂姜黑土区作为一个传统农耕区，既具有资源丰富的有利条件，农作物生产和增产潜力很大，又因为土壤固有的物理化学性质，存在不少障碍因子，肥力水平低，限制了农业生产的高产高效和可持续发展。

一、优势

（一）光、热、水资源丰富

砂姜黑土主要分布于黄淮海平原南部，年均太阳辐射总量在 4 400 MJ/m² 以上，低于北部地区，却高于淮河以南地区。多年平均气温在 15 ℃左右，≥10 ℃积温在 4 800 ℃左右，无霜期为 200～220 d，自然条件优越，适宜种植的作物种类多，热量可满足农作物一年两熟的需要。

砂姜黑土区多年平均降水量在 850 mm 左右，而且还有水质良好的地下水可以开发利用。以安徽省淮北地区为例，淮北地区多年平均水资源总量 128.2 亿 m^3，其中地表水资源 77.2 亿 m^3，地下水资源 68.5 亿 m^3，人均水资源 571 m^3。淮北地区的水资源供需平衡分析结果表明，满足 75％保证率条件下经济社会发展的用水需求时缺水有限，但地下水含量比较丰富，覆盖全区，其中浅层地下水开采模数可达 18 万～23 万 $m^3/(km^2 \cdot 年)$，水质较好，矿化度一般小于 1.0 g/L，适用于农田灌溉和人畜饮用。

砂姜黑土区作物布局以旱作为主，农作物以小麦、大豆、甘薯、烤烟、高粱、玉米、芝麻、棉花、花生等为主。耕作制度多为两年三熟，也有较大部分一年两熟和三年五熟，远田薄地多实行一年一熟，复种指数 180％左右。

(二) 地形平坦，适合现代农业和机械化耕作

土地平整度指地表凹凸不平的程度，与灌溉、地表径流、土壤水分入渗速率、地表积水等息息相关，是农业节水过程中一项非常重要的指标。砂姜黑土主要分布于平原或低平洼地，地形开阔、平坦，地形坡降为 1/(5 000～10 000)，近距离高差不明显，肉眼很难察觉，十分有利于农业现代化和机械化耕作及高标准农田建设；农田表面微地形状况变化幅度小，可大幅度提高农田灌溉效率。

(三) 酸碱适中，保肥力强

1. 土壤 pH　第二次全国土壤普查时，砂姜黑土一般呈中性至微碱性反应，pH 7.2～8.2。最新监测结果显示，砂姜黑土区的土壤 pH 为 4.0～8.9，平均值为 6.7。pH 5.0～6.5 的土壤面积占比达到 40.33％，pH 6.5～7.5 占比为 35.82％。元素和养分的活性适宜，适宜于多种作物生长。

2. 土壤阳离子交换量　肥沃丰产的土壤必须具备较高的阳离子交换量。通常认为，土壤阳离子交换量大于 20 cmol（＋）/kg 为保肥力强的土壤，一方面有利于养分的蓄积和保存，另一方面在大量施肥情况下，也不致因养分过多而引起"烧苗""倒伏"等现象，同时也不会将蓄积的养分固定，妨碍作物吸收。第二次全国土壤普查时，砂姜黑土阳离子交换量平均值为 21.5 cmol（＋）/kg。除山东省和河北省外，其他省份的砂姜黑土阳离子交换量平均值都大于 20 cmol（＋）/kg，因此，砂姜黑土为保肥力强的土壤。

(四) 国家重要的农产品生产基地，增粮潜力大

砂姜黑土区是我国重要的粮、棉、油、烟、麻、果产区。以安徽省为例，据初步统计，砂姜黑土耕地面积占全省耕地面积 29.70％，砂姜黑土旱作区粮食作物种植比例为 85.9％，经济作物蔬菜、瓜果类比重为 12.3％，可种植粮食作物 141.51 万 hm^2，按每公顷生产粮食 5.57 t，复种指数 1.8 测算，粮食生产总量为 1 418 万 t 左右，为 2018 年安徽省粮食总产量的 35％左右；可种植经济作物 23.23 万 hm^2，按每公顷生产 24.65 t，复种指数 2.0 测算，蔬菜、瓜果类经济作物生产总量达到 1 145 万t 左右，接近 2018 年安徽省蔬菜、瓜果类经济作物总产量的 50％。

砂姜黑土区也是我国优质小麦主产区，其种植的强筋小麦，籽粒饱满、色泽好、蛋白质含量和容重高，品质好，产量高。

我国第二粮仓增粮空间巨大，是未来粮食安全的"希望工程"之一。砂姜黑土是中低产土壤，砂

姜黑土区作为我国第二粮仓的重要组成，在国家大力支持下，针对砂姜黑土存在的问题，经过多年的实践探索，已研发了一系列有效措施加以解决或缓解。未来通过加大中低产田的改造规模和力度，可以进一步提升增粮空间，为保障国家粮食安全作出更大贡献。

二、劣势

(一) 土体构型不良、质地黏重，结构性差

1. 耕层浅薄 第二次全国土壤普查数据显示，砂姜黑土耕层厚度范围为 10～30 cm，平均值为 19.5 cm，耕层厚度≥25 cm 的面积占 9.4%，<20 cm 的面积占 68.7%，属中等偏低水平。农业农村部耕地质量监测保护中心（2020）提供的数据统计显示，耕层厚度≥25 cm 的样本数占总样本数 2.5%，20～25 cm 的样本数占 54.9%，<20 cm 的样本数占 42.5%，属中低等水平。土壤颗粒为屑状结构，水稳性差，尤其经冬冻后，土壤被冻成带棱角的粒状，土层更为松散。遇水土壤膨胀呈糊状，干时坚硬，耙不碎，砸不烂。

2. 亚表层 犁底层土壤颗粒为坚实、坚硬的块状结构，厚 8～10 cm，透水性差。底土层土壤颗粒为棱柱状结构，土壤干旱时，变成棱块状。

3. 质地黏重 全剖面多为重壤土，少数土壤如青白土耕层为中壤土，黏粒含量较高，一般在 300 g/kg 左右，粉沙含量也高，所以遇水泥泞。

4. 容重大 除耕层稍松外，犁底层和底土层（黑土层）均较坚实，土壤容重大于 1.5 g/cm³，影响作物根系生长。

(二) 土壤有机质含量低，养分贫乏

1. 有机质与大量元素 第二次全国土壤普查数据显示，砂姜黑土耕层土壤有机质含量 4.8～19.8 g/kg，平均值为 12.7 g/kg；全氮含量 0.35～1.20 g/kg，平均值为 0.84 g/kg；全磷含量与平均值分别为 0.22～1.00 g/kg 和 0.45 g/kg，有效磷含量与平均值为 1.7～7.9 mg/kg 和 5.0 mg/kg；全钾平均含量和速效钾含量分别为 17.24 g/kg 和 144.8 mg/kg。有机质含量为中等偏低水平，氮含量为较低水平，全磷含量为较低水平，而有效磷含量为低水平，钾含量为中等水平。

2. 微量元素 谢连庆等（1988）研究表明，安徽省和山东省砂姜黑土耕层土壤有效铁、锰、铜、锌、钼、硼平均含量分别为 10.4 mg/kg、10.1 mg/kg、0.46 mg/kg、0.21 mg/kg、0.08 mg/kg、0.18 mg/kg；贺家媛（1988）的研究结果表明，河南省砂姜黑土耕层土壤有效铁、锰、铜、锌、钼、硼平均含量分别为 10.2 mg/kg、15.9 mg/kg、1.36 mg/kg、0.41 mg/kg、0.04 mg/kg、0.20 mg/kg。砂姜黑土有效锌、硼和钼含量总体上严重不足。

(三) 降雨集中，排水不畅，易涝渍

1. 降雨 降雨强度大，阴雨持续时间长。淮北地区全年降水量（872.4 mm）的 60%～70% 集中在 6—9 月，且多以暴雨形式降落。涝灾造成了粮食单产不稳定，粮食产量年际变幅较大。

2. 农田基础设施 地势低平，地表和地下径流滞缓，水利工程不配套，排水标准偏低；资料显示，农田水利基础设施相对薄弱，致使河道水位涨落急转，涝灾频繁发生，涝灾受灾面积占耕地面积 50%、30%、15% 和 8% 以上的概率分别为 11 年一遇、7 年两遇、7 年三遇和 3 年两遇。

3. 土壤特性 砂姜黑土土质黏重，结构性能差，土壤吸水膨胀，裂缝闭合，湿胀性强，雨水很

难下渗。土壤蓄水量小，不能容蓄较多的雨水，在排水不畅的情况下，容易造成涝渍。

在上述诸多因素共同作用下，极易造成土壤的明涝暗渍。

(四) 季节性干旱频发

1. 降水不均 据蒙城县40年平均值，春、秋、冬三季的降水量，分别只占全年降水量（872.4 mm）的 20.8%、18.1%和 7.9%，多数年份不能满足作物需水要求。据蒙城县气象资料分析：干旱一年四季都可发生，有春旱、初夏旱、伏旱、夹秋旱、秋旱、冬旱和秋冬连旱，其中以冬旱、秋冬连旱、秋旱和初夏旱发生最多，分别占 1949 年以来的 62.5%、33.3%、20.9%和 16.7%。

2. 土体构型 耕层浅，土壤结构差，蒸发强度大，加之下层棱块状结构发达，干时产生裂缝，切断结构单位之间的毛管联系，使地下水不能补充上层土壤水分的亏缺，致使作物受旱。

3. 灌溉条件差 农业生产对灌溉的依赖性有所增加，由于水资源供需矛盾不断加剧，多数地方农田水利工程配套不全，建设了渠首水源工程或干、支渠，毛渠道等没有按照设计标准建设，发生重大旱情时不能正常发挥作用，无法灌溉或灌溉不及时，农作物旱灾相对突出。资料表明，干旱也是威胁砂姜黑土区农业生产的主要灾害之一，旱灾面积占耕地面积 90%、60%、30%的概率分别为 50 年一遇、15 年一遇和 3 年一遇。

"旱、涝、渍、瘦、僵"是砂姜黑土的主要低产原因。通过兴修水利，沟、路、桥、涵配套，使"旱、涝、渍"得到了有效控制，土地生产力有了明显提高，但"瘦、僵"仍未得到根本解决。"瘦"不仅表现在土壤肥力低下，而且又出现了养分失衡等新问题。由于长期偏施氮磷肥，忽视钾肥施用，微量元素基本不施，造成了砂姜黑土氮、钾含量下降，磷含量上升，微量元素缺乏等现状。"僵"仍表现为干时结块，湿时泥泞，适耕期短，耕作阻力大，耕作质量差，团粒含量少。

第二章 砂姜黑土分类与形态特征 >>>

第一节 分　类

一、发生层段特征

砂姜黑土剖面中因其具有"腐泥状黑土层"和"脱潜性砂姜层"两个发生层段，1978年在全国土壤分类学术交流会上，决定采用砂姜黑土名称，将其作为一个独立的土类，其诊断层为黑土层、脱潜层和砂姜层。黑土层一般厚20～40 cm，常出现在地面下20 cm左右。脱潜层常与砂姜层同时存在，砂姜层一般在60 cm上下出现，但上有覆盖者，分布较深；受侵蚀者，出现较浅，甚至接近或出露地表。砂姜黑土质地黏重，胀缩性强，故旱季常裂大缝，失墒快，并使地面高低不平。从土体构型上看，砂姜黑土土体深厚，剖面自上而下又大致可分为黑土层（分异为耕作层、压实层、底土层3个层次）和砂姜层（分异为脱潜性砂姜层和砂姜层2个层次）。耕作层多屑粒状与碎屑状结构；黑土层多棱块状与块状结构，结构面上往往有光滑的黑色与棕黑色胶膜（或称滑擦面），并有大量铁子与零星砂姜；底土层尤其黏重，多呈块状结构，有大量砂姜出现。

（一）黑土层

黑土层形成是因为大量植物残体腐烂分解，暗色胶体腐殖质为土粒所吸附，使土壤带有黑色，在氧化还原性环境的成土作用下，土壤发育呈现灰黑色或暗灰色，但有机质含量不高。黑土层的厚度一般是30～40 cm，侵蚀和垦种强度与时间不同可引起土层的厚薄与颜色深浅的变化。黑土层下限为非水平状态，随地形起伏变化；黑土层向下层砂姜黄土层呈舌状过渡，黑色逐渐渗入棕黄土层中；黑土层颜色深的，土壤有机质含量相对稍高。

（二）脱潜性砂姜层

脱潜性砂姜层中，因地下水系 $HCO_3^- - Ca^{2+} - Mg^{2+}$ 型，受气候变化影响，土壤水分移动和二氧化碳分压变化导致重碳酸钙迅速转变为碳酸钙沉淀析出，在土壤颗粒表面形成碳酸钙沉积，并逐渐形成砂姜（碳酸钙结核）。砂姜按其形态和发育程度，可分为面砂姜（雏形钙质结核）、刚砂姜（完形钙质结核）和砂姜盘（钙质硬盘）3种。砂姜黑土中砂姜出现的深度，一般是在50～70 cm，如表层受到的侵蚀程度越重，砂姜出露越浅，甚至裸露在地表。土层深度为1～2 m时，多数仅出现一个砂姜层，少数地方可见到断续间隔的多层砂姜分布。面砂姜颗粒小而细碎，质脆易碎，与周围的土体渐次过渡。刚砂姜（完形钙质结核）在灰黑土层中的分布量少、个小，甚至出现缺失现象。砂姜盘距地表一般在 3~4 m，它是砂姜黑土区地下水的第一个含水层的顶板，穿透此层次就可取得第一层地下水。

^{14}C 断代结果表明，不同地区砂姜黑土的层次形成的年代存在一定差异，表土层和黑土层的形成年代为 Q_4^3（全新世）地质时期，而砂姜层的形成年代为 Q_4^3（晚更新世）和 Q_4^2 地质时期。

二、第二次全国土壤普查分类

砂姜黑土在我国 20 世纪 30 年代的土壤学文献中称"砂姜土"，并主要依据分布的地形部位区分为高地砂姜土、湖地砂姜土、掩埋砂姜土。20 世纪 50 年代中期，因其与褐土交错分布，加之下部土体由于淹水具有潜育特征，定名为"潜育褐土"，作为褐土的一个亚类。在全国第一次土壤普查（1958—1960 年）的土壤分类中，因其土体颜色偏黑，与潮土成土环境类似和交错分布，又称为"青黑土"或"青黑潮土"。但在砂姜黑土分布区，因土体中有砂姜，且土体颜色偏暗，故当地农民一直习惯称之为砂姜黑土。砂姜黑土这一名称不仅概括了砂姜黑土土类的两个典型的发生层段"黑土层"和"砂姜层"，而且又有广泛的群众基础。1978 年在江苏省江宁县召开的全国土壤分类学术交流会上，考虑到土类命名的科学性和群众性，因此决定采用砂姜黑土这一名称。之后开展的第二次全国土壤普查（1979—1985 年）继续采用了"砂姜黑土"，并沿用至今。

砂姜黑土与草甸土、潮土等相似，是在平原地区受地下水上下迁移影响而发育形成的土壤，归属于半水成土纲；因地下水位略深，土体颜色略淡，归类到淡半水成土亚纲；再根据土层组合、主要土壤属性相同，划分为砂姜黑土土类。亚类划分主要依据其他附加的成土过程相同情况，如河南省、山东省为砂姜黑土与石灰性砂姜黑土两个亚类，安徽省为砂姜黑土和碱化砂姜黑土两个亚类，江苏省为砂姜黑土和盐化砂姜黑土两个亚类，河北省为砂姜黑土、石灰性砂姜黑土与盐化砂姜黑土三个亚类，湖北省为砂姜黑土一个亚类，广西壮族自治区为黑黏土一个亚类。土属是以成土母质、岩性和水分条件相同情况进行划分，如河南省依据砂姜、覆盖层、漂白特征、洪积特征的有无细分；山东省依据覆盖层有无细分；安徽省根据土体颜色黑黄白三色、上覆淤积层及其石灰性有无细分；江苏省按照分布在岗地上的和分布在湖边的加以细分；湖北省和广西壮族自治区则没有再细分。土种的划分主要依据土体厚度、有机质层厚度、砾质度、特征土层的颜色和部位、特殊土层、酸碱度、质地及构型、盐渍度、碱化度等指标，如山东省是以砂姜出现的位置高低、覆盖层的颜色和质地；安徽省按肥力高低、颜色、淤积层厚度和碱化程度；江苏省依据砂姜出现的位置等划分。第二次全国土壤普查各省份砂姜黑土土类分类情况见表 2-1~表 2-6。

表 2-1　安徽省砂姜黑土土类分类

亚类	土属	土种
砂姜黑土	黑姜土	黑姜土、油黑姜土、瘦黑姜土
	黄姜土	黄姜土、瘦黄姜土
	白姜土	白姜土、姜白淌土
	淤黑土	薄淤黑姜土、厚淤黑姜土、覆两合黑姜土
	覆泥黑姜土	覆泥黑姜土
碱化砂姜黑土	碱化黑姜土	轻碱化黑姜土、重碱化黑姜土

表 2-2 河南省砂姜黑土土类分类

亚类	土属	土种
砂姜黑土	砂姜黑土	砂姜黑土、浅位少量砂姜黑土、浅位多量砂姜黑土、少姜底砂姜黑土、多姜底砂姜黑土、钙盘砂姜黑土、钙盘底砂姜黑土
	青黑土	青黑土、浅位砾层青黑土、深位砾层青黑土
	黑老土	壤质黑老土、黏质黑老土
石灰性砂姜黑土	活黑姜土	浅位少姜复石灰黑土、少姜底复石灰黑土、浅位多量砂姜石灰性黑土、多姜底石灰性黑土、钙盘底复石灰黑土
	活青黑土	复石灰青黑土
	活黑老土	黏质石灰性黑老土、壤质石灰性黑老土

注:《河南土壤》砂姜黑土亚类中还有漂白砂姜黑土土属,石灰性砂姜黑土亚类中有洪积石灰性砂姜黑土土属。

表 2-3 山东省砂姜黑土土类分类

亚类	土属	土种
砂姜黑土	砂姜黑土	鸭屎土(黏壤质砂姜黑土)、砂姜心鸭屎土(黏壤质浅砂姜层砂姜黑土)、砂姜底鸭屎土(黏壤质深砂姜层砂姜黑土)、黏鸭屎土(黏质砂姜黑土)、砂姜底黏鸭屎土(黏质深砂姜层砂姜黑土)
	覆盖砂姜黑土	砂盖黄鸭屎土(沙质黏壤覆盖砂姜黑土)、盖黄鸭屎土(黏壤覆盖砂姜黑土)
石灰性砂姜黑土	石灰性砂姜黑土	石灰性鸭屎土(黏壤质石灰性砂姜黑土)、砂姜心石灰性鸭屎土(黏壤质浅砂姜层石灰性砂姜黑土)、砂姜底石灰性鸭屎土(黏壤质深砂姜层石灰性砂姜黑土)、黏石灰性鸭屎土(黏质石灰性砂姜黑土)、砂姜底黏石灰性鸭屎土(黏质深砂姜层石灰性砂姜黑土)
	覆盖石灰性砂姜黑土	砂盖黄石灰性鸭屎土(沙质黏壤覆盖石灰性砂姜黑土)、盖黄石灰性鸭屎土(黏壤覆盖石灰性砂姜黑土)、黏盖黄石灰性鸭屎土(黏质覆盖石灰性砂姜黑土)

表 2-4 江苏省砂姜黑土土类分类

亚类	土属	土种
砂姜黑土	岗黑土	岗黑土、姜底岗黑土(包括姜心)
	湖黑土	湖黑土、姜底湖黑土
	板黑土	板黑土
盐化砂姜黑土	盐黑土	盐黑土

表 2-5 河北省砂姜黑土土类分类

亚类	土属	土种
砂姜黑土	壤性砂姜黑土	底姜土(壤质深位砂姜黑土)、腰姜土(黏壤质中位砂姜黑土)、紧壤底姜土(黏壤质深位砂姜黑土)
	黏质砂姜黑土	黏腰姜土(黏质中位砂姜黑土)、黏底姜土(黏质深位砂姜黑土)
石灰性砂姜黑土	壤质石灰性砂姜黑土	腰灰姜土(沙壤质中位石灰性砂姜黑土)、底灰姜土(壤质深位石灰性砂姜黑土)
	黏质石灰性砂姜黑土	黏底灰姜土(黏质深位石灰性砂姜黑土)

（续）

亚类	土属	土种
盐化 砂姜黑土	硫酸盐盐化砂姜黑土	轻硝姜土（壤质轻度硫酸盐盐化砂姜黑土）、中硝姜土（壤质中度硫酸盐盐化砂姜黑土）
	氯化物盐化砂姜黑土	轻卤姜土（黏质轻度氯化物盐化砂姜黑土）、中卤姜土（黏质中度氯化物盐化砂姜黑土）

表 2-6　湖北省、广西壮族自治区砂姜黑土土类分类

省份	亚类	土属	土种
湖北	砂姜黑土	姜黑土	枣阳姜黑土
广西	黑黏土	黑泥土	黑黏土、黑黏泥土

三、《中国土种志》中分类

由于砂姜黑土的分类是各省（自治区）独立完成，因此不同地区在亚类、土属和土种的分类原则不一，名称多样。据统计，砂姜黑土的土属合计有 28 个，土种则达到了 71 个。同名异土、同土异名的现象较为普遍，给国家层面的砂姜黑土分类系统化、标准化和定量化造成了很大困难。为此，在第二次全国土壤普查的基础上，土壤学界的老前辈们依据各省（自治区）划分的土种类型多少，按照适当取舍的原则，利用土壤剖面纸盒标本、剖面照片、剖面性状描述和理化属性测定结果，通过全面系统地比土、评土，对各省（自治区）提供资料较为完整的土种进行挑选，确定了国家层面的砂姜黑土的土种划分及相应的土属以上的分类。

依据《中国土种志》，砂姜黑土的土属为 7 个，土种为 23 个，比各省（自治区）统计结果分别减少了 21 个和 48 个。但需要指出的是，由于当时经济和技术条件限制，一些土种没有彩色照片，无法直观清晰认识和鉴别，有时只能依据形态描述的文字去判断，因此可能会影响到归并后的土属和土种的可靠性，如盐化砂姜黑土亚类没有被纳入，就值得商榷（表 2-7）。

表 2-7　《中国土种志》砂姜黑土土类分类

亚类	土属	土种
砂姜黑土	黑姜土	山淤黑姜土、黄姜土、白姜土、黑姜土、宁阳鸭屎土、姜底鸭屎土、姜底黑姜土、少姜底黑姜土、黏鸭屎土、丰润黑姜土
	淤黑姜土	砂盖鸭屎土
	姜黑土	枣阳姜黑土
石灰性砂姜黑土	灰黑姜土	黏灰鸭屎土、姜底灰鸭屎土、姜底黏灰鸭屎土、少姜底灰黑姜土、姜盘底灰黑姜土、姜底灰姜土
	淤灰黑姜土	黏盖灰鸭屎土、黄盖灰鸭屎土、姜底黏灰姜土
碱化砂姜黑土	碱黑姜土	轻碱黑姜土
黑黏土	黑泥土	钙黑黏泥

四、《中国土壤分类与代码》（GB/T 17296—2009）分类

为了更好地满足实际应用的需要、方便农业与环境等领域的用户开发和利用土壤资源信息、规范

土壤数据的实践应用及土壤资源信息的共享与交换，由中国农业科学院农业资源与农业区划研究所、全国农业技术推广服务中心、中国标准化研究院共同制定颁布了《中国土壤分类与代码》（GB/T 17296—2009），代替《中国土壤分类与代码》（GB/T 17296—2000）（表 2 - 8）。在 GB/T 17296—2009 中，结合《中国土种志》和砂姜黑土区各省（自治区）第二次全国土壤普查的砂姜黑土土种志资料，既全部沿用了《中国土种志》的相关土种，又增加其他土种（如其他黑姜土、其他黄姜土等），还对土属进行了较大幅度的调整，科学性和实用性进一步增强。然而，在实际工作中如何将各省（自治区）砂姜黑土的土种与之对照，并没有给予明确的说明，存在操作性不强的问题。

表 2 - 8　《中国土壤分类与代码》（GB/T 17296—2009）砂姜黑土分类

亚类	土属	土种
典型砂姜黑土	黑姜土	丰润黑姜土、涡阳黑姜土、姜底黑姜土、少姜底黑姜土、枣阳黑姜土、其他黑姜土
	黄姜土	宁阳鸭屎土、姜底鸭屎土、蒙城黄姜土、白姜土、其他黄姜土
	覆泥黑姜土	黏鸭屎土、砂盖鸭屎土、山淤黑姜土、其他覆泥黑姜土
石灰性砂姜黑土	灰黑姜土	姜底灰姜土、姜底黏灰姜土、黏灰鸭屎土、姜底黏灰鸭屎土、姜底灰鸭屎土、少姜底灰黑姜土、姜盘灰黑姜土、其他灰黑姜土
	覆淤黑姜土	黏盖灰鸭屎土、黄盖灰鸭屎土、其他覆淤黑姜土
盐化砂姜黑土	氯化物盐化砂姜黑土	盐黑姜土、其他氯化物盐化砂姜黑土
碱化砂姜黑土	碱黑姜土	轻碱黑姜土、其他碱黑姜土
黑黏土	黑泥土	钙黑黏泥、其他黑泥土

五、砂姜黑土分类的相同性及相似性归类与说明

（一）与国家标准相同性及相似性归类

根据各省（自治区）现有的砂姜黑土土种资料，以《中国土种志》及《中国土壤分类与代码》（GB/T 17296—2009）中砂姜黑土的相关内容为标准，将砂姜黑土区各地众多砂姜黑土土属和土种按相同性和相似性进行归类，达到更为全面、客观、系统和准确的分类目的，也为砂姜黑土数据共享和交换的便捷提供基础（表 2 - 9）。

表 2 - 9　砂姜黑土亚类、土属和土种与国家标准相同性及相似性归类

亚类	土属	土种	第二次全国土壤普查各省份砂姜黑土土种
典型砂姜黑土	黑姜土	涡阳黑姜土	安徽：黑姜土、油黑姜土、瘦黑姜土 河南：砂姜黑土、浅位少量砂姜黑土、浅位多量砂姜黑土 江苏：湖黑土
		姜底黑姜土	河南：多姜底砂姜黑土、钙盘砂姜黑土、钙盘底砂姜黑土 江苏：姜底湖黑土 河北：底姜土、紧壤底姜土
		少姜底黑姜土	河南：少姜底砂姜黑土
		枣阳黑姜土	湖北：枣阳黑姜土
		丰润黑姜土	河北：腰姜土、黏腰姜土
		其他黑姜土	河南：青黑土、浅位砾层青黑土、深位砾层青黑土

（续）

亚类	土属	土种	第二次全国土壤普查各省份砂姜黑土土种
典型砂姜黑土	黄姜土	蒙城黄姜土	安徽：黄姜土、瘦黄姜土 江苏：岗黑土、姜底岗黑土
		白姜土	安徽：白姜土、姜白淌土 河南：漂白砂姜黑土土属*
		宁阳鸭屎土	山东：鸭屎土、砂姜心鸭屎土、黏鸭屎土
		姜底鸭屎土	山东：砂姜底鸭屎土、砂姜底黏鸭屎土
		其他黄姜土	
	覆泥黑姜土	黏鸭屎土	
		砂盖鸭屎土	山东：砂盖黄鸭屎土
		山淤黑姜土	安徽：覆泥黑姜土 江苏：板黑土
		其他覆泥黑姜土	河南：壤质黑老土、黏质黑老土 山东：盖黄鸭屎土
石灰性砂姜黑土	灰黑姜土	姜底灰姜土	河北：黏底姜土
		姜底黏灰姜土	河北：黏底灰姜土、腰灰姜土、底灰姜土
		黏灰鸭屎土	山东：石灰性鸭屎土、砂姜心石灰性鸭屎土、黏石灰性鸭屎土
		姜底黏灰鸭屎土	山东：砂姜底黏石灰性鸭屎土
		姜底灰鸭屎土	山东：砂姜底石灰性鸭屎土
		少姜底灰黑姜土	河南：少姜底复石灰黑土、浅位多量砂姜石灰性黑土、多姜底石灰性黑土
		姜盘底灰黑姜土	河南：钙盘底复石灰黑土
		其他灰黑姜土	河南：浅位少姜复石灰黑土、复石灰青黑土
	覆淤黑姜土	黏盖灰鸭屎土	安徽：薄淤黑姜土、厚淤黑姜土 河南：黏质石灰性黑老土 山东：黏盖黄石灰性鸭屎土
		黄盖灰鸭屎土	安徽：覆两合黑姜土 河南：壤质石灰性黑老土，洪积石灰性砂姜黑土土属* 山东：砂盖黄石灰性鸭屎土、盖黄石灰性鸭屎土
		其他覆淤黑姜土	
盐化砂姜黑土	氯化物盐化砂姜黑土	盐黑土	江苏：盐黑土 河北：轻硝姜土、中硝姜土
		其他氯化物盐化砂姜黑土	河北：轻卤姜土、中卤姜土
碱化砂姜黑土	碱黑姜土	轻碱黑姜土	安徽：轻碱化黑姜土、重碱化黑姜土
		其他碱黑姜土	
黑黏土	黑泥土	钙黑黏泥	广西：黑黏土、黑黏泥土
		其他黑泥土	

* 《河南土壤》中土属内容，但《河南土种志》无相关表述。

（二）土属和土种进行相同性和相似性归类说明

1. 涡阳黑姜土 在《中国土种志》中该土种为黑姜土，典型剖面在安徽省的涡阳县，在《中国土壤分类与代码》（GB/T 17296—2009）中表述为涡阳黑姜土。安徽省的黑姜土与之相同，而油黑姜土、瘦黑姜土与之相似；河南省的砂姜黑土、浅位少量砂姜黑土、浅位多量砂姜黑土与黑姜土的差异主要在砂姜出现的深度，与之有较大的相似性；江苏省的湖黑土与黑姜土的相同性高。

2. 姜底黑姜土 在《中国土种志》中该土种的典型剖面采自河南省项城市，但在《河南土种志》中未见相应的文字描述。但多姜底砂姜黑土、钙盘砂姜黑土、钙盘底砂姜黑土，以及河北的底姜土、紧壤底姜土与之相似性较大。

3. 丰润黑姜土 在《中国土种志》中的丰润黑姜土实为《河北土种志》的腰姜土，典型剖面采自河北省丰润区，故名丰润黑姜土；黏腰姜土上两层土壤为黏土，与丰润黑姜土的黏壤土有些差异，因此按照相似性归类。

4. 其他黑姜土 《中国土种志》与《中国土壤分类与代码》（GB/T 17296—2009）有不同之处。河南省的青黑土、浅位砾层青黑土、深位砾层青黑土，土体中没有砂姜但有砾石层。通常来讲，"其他×××土种"，主要是把难以确定归属的土种或可能是新发现的土种归于此类。

5. 蒙城黄姜土 在《中国土种志》中该土种为黄姜土，典型剖面采自安徽省蒙城县，故按此命名。安徽省的黄姜土与之相同，瘦黄姜土与之相似；黄姜土所处地势较高，与江苏省的岗黑土相同，因此归类于蒙城黄姜土。

6. 宁阳鸭屎土 在《中国土种志》中该土种的典型剖面采自山东省宁阳县，实为山东省的鸭屎土；砂姜心鸭屎土与宁阳鸭屎土的差异体现在砂姜埋藏深度，与之相似性较大。黏鸭屎土在《中国土种志》中归属于黑姜土土属，而在《中国土壤分类与代码》（GB/T 17296—2009）中则划分为覆泥黑姜土土属。黏鸭屎土土种母质为浅湖沼相沉积物，黑土层深厚，无异源母质覆盖，上部土层颜色灰黄棕色，故由覆泥黑姜土土属调整归类到黄姜土土属宁阳鸭屎土土种里。

7. 山淤黑姜土 在《中国土种志》中该土种的典型剖面为《安徽土种》的覆泥黑姜土土种的典型剖面，位于安徽省泗县马厂乡（现为黑塔镇马厂村），其是在黑姜土上覆盖了一层厚度小于 50 cm 的无石灰性的黄土物质。江苏省的板黑土与之相似，是在河湖相沉积物上覆盖了一层从岭上冲下的细土和粉沙。

8. 黏灰鸭屎土 在《中国土种志》中该土种的典型剖面实为山东省的黏石灰性鸭屎土土种的典型剖面，石灰性鸭屎土和砂姜心石灰性鸭屎土与之相似。

9. 少姜底灰黑姜土 在《中国土种志》中该土种的典型剖面实为河南省的少姜底复石灰黑土土种的典型剖面，浅位多量砂姜石灰性黑土、多姜底石灰性黑土与之相似性较大，共同特点为土体中有砂姜，土体石灰性。

10. 其他灰黑姜土 河南省的浅位少姜复石灰黑土，表层土壤 pH 为 8，石灰反应弱；复石灰青黑土全剖面无砂姜，难以判断，故归类于此土种。

11. 黏盖灰鸭屎土 安徽省的厚淤黑姜土和薄淤黑姜土，土体表层有覆盖厚度小于 25 cm 和 25～50 cm 的黏质黄泛冲积物，强石灰反应，与之相同。

12. 黄盖灰鸭屎土 安徽省的覆两合黑姜土，土体表层有覆盖厚度 25～50 cm 的黄泛壤质冲积物，强石灰反应，与之相同。

13. 盐化砂姜黑土 河北省的轻硝姜土、中硝姜土的盐分类型以硫酸盐为主，可在盐化砂姜黑土亚类中增设一个硫酸盐盐化砂姜黑土土属。

14. 其他 《河南土壤》砂姜黑土亚类中有漂白砂姜黑土土属，石灰性砂姜黑土亚类中有洪积石灰性砂姜黑土土属，但《河南土种志》无相关表述。河南省的漂白砂姜黑土土属为湖相沉积物发育而成的土壤，表层土壤经长期淋溶漂洗作用，质地变轻，颜色变白，与安徽省的白姜土土属的姜白淌土土种相同，故归类于白姜土土种。洪积石灰性砂姜黑土土属成土母质为洪积物，不具明显的典型湖相沉积物的特点，故暂归类于黄盖黑鸭屎土土种。

土种的相似性存在着或多或少的不确定性，仍需要进一步研究，重新确认和划分出新的土种。

本书的砂姜黑土分类按照《中国土壤分类与代码》（GB/T 17296—2009），将第二次全国土壤普查砂姜黑土区各省份的71个土种（包括河南省的2个土属），通过土种的相同性和相似性比较，分别归属于典型砂姜黑土、石灰性砂姜黑土、盐化砂姜黑土、碱化砂姜黑土、黑黏土5个亚类，黑姜土、黄姜土、覆泥黑姜土、灰黑姜土、覆淤黑姜土、氯化物盐化砂姜黑土、碱黑姜土、黑泥土8个土属，涡阳黑姜土、蒙城黄姜土、砂盖鸭屎、姜底灰姜土、黏盖灰鸭屎土、盐黑土、轻碱黑姜土和钙黑黏泥等27个土种。经统计，典型砂姜黑土、石灰性砂姜黑土、盐化砂姜黑土、碱化砂姜黑土和黑黏土5个亚类面积分别为284.87万hm²、84.71万hm²、1.45万hm²、0.77万hm²和0.18万hm²，分别占砂姜黑土土类总面积的76.58%、22.77%、0.39%、0.21%和0.05%。

第二节 典型砂姜黑土亚类

典型砂姜黑土亚类包括黑姜土、黄姜土、覆泥黑姜土3个土属，13个土种（表2-10）。13个土种包括了第二次全国土壤普查砂姜黑土区各省份的38个土种相同性与相似性归类（河南省的漂白砂姜黑土土属）。典型砂姜黑土亚类总面积284.87万hm²，占砂姜黑土土类总面积的76.58%。其中，黑姜土、黄姜土和覆泥黑姜土土属面积分别为99.10万hm²、135.83万hm²和49.95万hm²，分别占典型砂姜黑土亚类面积的34.79%、47.68%和17.53%。典型砂姜黑土亚类面积安徽省为128.72万hm²，河南省为93.10万hm²，山东省为34.59万hm²，江苏省为25.24万hm²，河北省为2.70万hm²，湖北省为0.51万hm²，分别占典型砂姜黑土土类总面积的45.19%、32.68%、12.14%、8.86%、0.95%和0.18%，分别占各省砂姜黑土土类面积的78.14%、73.90%、71.20%、97.45%、44.48%和100%。

表2-10 典型砂姜黑土亚类土属、土种

GB/T 17296—2009		第二次全国土壤普查各省份土种相同性与相似性归类
土属	土种	
黑姜土	涡阳黑姜土、姜底黑姜土、少姜底黑姜土、枣阳黑姜土、丰润黑姜土、其他黑姜土	安徽：黑姜土、油黑姜土、瘦黑姜土 河南：砂姜黑土、浅位少量砂姜黑土、浅位多量砂姜黑土、多姜底砂姜黑土、钙盘砂姜黑土、钙盘底砂姜黑土、少姜底砂姜黑土、青黑土、浅位砾层青黑土、深位砾层青黑土 江苏：湖黑土、姜底湖黑土 河北：底姜土、紧壤底姜土、腰姜土、黏腰姜土 湖北：枣阳黑姜土
黄姜土	蒙城黄姜土、白姜土、宁阳鸭屎土、姜底鸭屎土	安徽：黄姜土、瘦黄姜土、白姜土、姜白淌土 河南：漂白砂姜黑土土属 山东：鸭屎土、砂姜心鸭屎土、黏鸭屎土、砂姜底鸭屎土、砂姜底黏鸭屎土 江苏：岗黑土、姜底岗黑土

（续）

GB/T 17296—2009		第二次全国土壤普查各省份土种相同性与相似性归类
土属	土种	
覆泥黑姜土	砂盖鸭屎土、山淤黑姜土、其他覆泥黑姜土	安徽：覆泥黑姜土 河南：壤质黑老土、黏质黑老土 山东：砂盖黄鸭屎土、盖黄鸭屎土 江苏：板黑土

一、黑姜土

黑姜土土属有涡阳黑姜土、姜底黑姜土、少姜底黑姜土、枣阳黑姜土、丰润黑姜土、其他黑姜土6个土种（第二次全国土壤普查砂姜黑土区各省份的 20 个土种相同性与相似性归类）。

（一）面积与分布

黑姜土土属总面积为 99.10 万 hm²，占典型砂姜黑土亚类面积的 34.79%。其中，安徽省黑姜土面积 46.04 万 hm²，占该土属总面积的 46.46%；河南省黑姜土面积 40.69 万 hm²，占该土属总面积的41.06%；江苏省黑姜土面积 9.15 万 hm²，占该土属总面积的 9.24%；河北省黑姜土面积 2.70 万 hm²，占该土属总面积的 2.72%；湖北省黑姜土面积 0.51 万 hm²，占该土属总面积的 0.52%。安徽省的黑姜土土属主要分布在阜阳、宿州、滁州、蚌埠等市，多位于淮北平原中南部的河间平原低洼处、洼地及沿淮南部浅平洼地；河南省黑姜土土属主要分布在南阳、驻马店、周口、漯河、信阳、平顶山等市的平洼地和湖坡洼地等；江苏省黑姜土土属主要分布于徐州、淮阴、连云港三地的近河、湖低田和岗间洼地、湖荡及岗洼区；河北省黑姜土土属主要分布在三河、香河、大厂、玉田、丰润、丰南等市（县、区）地势比较平坦的冲积扇下部洼地、地势低平的扇缘洼地；湖北省黑姜土土属主要分布于襄阳市的北部，大地貌为漫岗平原，微地貌为低凹平地。

（二）典型剖面与理化性质

1. 典型剖面-1 安徽省黑姜土典型剖面（表 2-11～表 2-13），于 1984 年 5 月采自亳州市涡阳县新兴镇魏园东南。

表 2-11 安徽省黑姜土典型剖面形态特征

土层	深度/cm	土体剖面特征
A₁₁	0～16	浅灰色（5Y6/1），壤黏土，屑粒状结构，稍紧，植物根系中量，无石灰反应，pH 8.2
A₁₂	16～24	浅灰色（5Y6/1），壤黏土，小块状结构，稍紧，植物根系中量，无石灰反应，pH 8.3
AC	24～53	53 cm 以上都是黑土层，暗灰色（10Y5/1），壤黏土，棱块状结构，紧实，植物根系少量，无石灰反应，pH 7.9
Cₖ	53～120	灰棕黄色（10Y7/6），壤黏土，棱块状结构，紧实，72 cm 处开始出现较多面砂姜，植物根系很少，有弱石灰反应，pH 8.5

资料来源：《中国土种志》，1993。

注：A₁₁，旱耕层；A₁₂，亚耕层；AC，块状结构或棱块状结构，结构体面上有暗色胶膜；C，母质层；Cₖ，有砂姜、无斑纹的母质层。下同。

表2-12　安徽省黑姜土典型剖面的物理性质

深度/ cm	各粒径颗粒组成/g/kg				质地
	0.2～2 mm	0.02～0.2 mm	0.002～0.02 mm	<0.002 mm	
0～16	0.0	249.7	400.2	350.0	壤黏土
16～24	7.6	275.6	358.9	357.9	壤黏土
24～53	1.2	254.5	307.5	436.8	壤黏土
53～120	3.2	357.0	289.7	350.2	壤黏土

表2-13　安徽省黑姜土典型剖面的化学性质

深度/ cm	pH	有机质/ g/kg	全氮 (N)/ g/kg	全磷 (P)/ g/kg	全钾 (K)/ g/kg	有效磷 (P)/ mg/kg	速效钾 (K)/ mg/kg	CEC/ cmol (+)/kg
0～16	8.2	13.0	0.84	0.50	20.9	5	325	26.7
16～24	8.3	13.0	0.85	0.58	20.1	3	268	25.3
24～53	7.9	9.5	0.70	0.46	19.0	1	224	28.3
53～120	8.5	4.3	0.36	0.44	16.9	2	128	15.2

安徽省黑姜土有机质含量低，质地黏重。该土壤湿耕起条、耙不碎，干耕成大坷垃、耕不动。但土壤保肥性较好，地下水位较高，一般在1～1.5 m，量丰，质高。由于所处地形低洼，涝、渍、旱等各种自然灾害频繁，产量低而不稳，多为三年五熟，即小麦-大豆（或玉米）-小麦（或油菜）-山芋-休闲-玉米（或春播作物），小麦单产为3 000 kg/hm²，大豆单产为1 800 kg/hm²，玉米单产为3 750 kg/hm²，山芋单产在15 000 kg/hm²左右。

2. 典型剖面-2　河南省砂姜黑土典型剖面（表2-14～表2-16），于1983年3月采自驻马店市新蔡县十里铺村周庄东，地形平坦，地下水位变幅为12 m，成土母质为湖相沉积物。

表2-14　河南省砂姜黑土典型剖面形态特征

土层	深度/cm	土体剖面特征
A₁₁	0～20	暗灰色（5Y4.5/1，干），壤质黏土，碎屑状结构，植物根系多，稍散，有少量铁锰结核，无石灰反应，pH 6.4
AC	20～51	灰黑色（5Y3/1，干），黏土，棱块状结构，植物根系较多，紧实，有少量铁锰结核和褐色胶膜，无石灰反应，pH 7.4
Cₖ	51～100	棕灰色（7.5YR5/1，干），壤质黏土，块状结构，植物根系少，紧实，有明显铁锰胶膜和少量较大的铁锰结核，硬砂姜含量在30%以上，无石灰反应，pH 7.9

表2-15　河南省砂姜黑土典型剖面的物理性质

深度/ cm	各粒径颗粒组成/g/kg				质地
	0.2～2 mm	0.02～0.2 mm	0.002～0.02 mm	<0.002 mm	
0～20	8.4	236.5	340.6	414.5	壤质黏土

（续）

深度/ cm	各粒径颗粒组成/g/kg				质地
	0.2～2 mm	0.02～0.2 mm	0.002～0.02 mm	<0.002 mm	
20～51	4.6	147.5	382.5	465.4	黏土
51～100	12.2	216.9	348.1	422.8	壤质黏土

表 2-16 河南省砂姜黑土典型剖面的化学性质

深度/ cm	pH	有机质/ g/kg	全氮 (N)/ g/kg	全磷 (P)/ g/kg	全钾 (K)/ g/kg	有效磷 (P)/ mg/kg	速效钾 (K)/ mg/kg	CEC/ cmol (+)/kg
0～20	6.4	16.0	1.03	0.44	—	4.0	130	27.0
20～51	7.4	11.5	0.69	0.31	—	—	—	37.5
51～100	7.9	6.9	0.66	0.39	—	—	—	28.4

河南省砂姜黑土质地黏重，适耕期短，耕作困难。通透性差，所处地域地势低洼，地下水位高，内、外排水不良，不保墒，易旱易涝。土体除速效钾外的其余养分含量较低，尤其是有效磷含量极为缺乏，属低产土壤类型。多以小麦-玉米和小麦-大豆轮作，粮食年单产在 4 500 kg/hm² 左右。

3. 典型剖面-3 江苏省湖黑土典型剖面（表 2-17～表 2-19），采自徐州市新沂市新店镇红旗村，海拔 23 m，古洪积母质。

表 2-17 江苏省湖黑土典型剖面形态特征

土层	深度/cm	土体剖面特征
A₁₁	0～13	灰棕色（10YR4/1，润），壤质黏土，小块状结构
A₁₂	13～26	灰棕色（10YR3.5/1，润），壤质黏土，小块状结构，紧实
AC	26～47	黑棕色（10YR3/1，润），壤质黏土，棱块状结构，有少量铁锰结核、不明显的胶膜
C	47～70	黄棕色（10YR4/3，润），壤质黏土，小块状结构，较紧
Cₖ	70～100	棕色（10YR4/4，润），壤质黏土，小块状结构，有少量砂姜结核，紧

表 2-18 江苏省湖黑土典型剖面的物理性质

深度/ cm	各粒径颗粒组成/g/kg				质地	容重/ g/cm³
	0.2～2 mm	0.02～0.2 mm	0.002～0.02 mm	<0.002 mm		
0～13	107	326	231	336	壤质黏土	1.41
13～26	76	305	262	357	壤质黏土	1.38
26～47	107	326	218	349	壤质黏土	1.45
47～70	156	324	207	313	壤质黏土	1.43
70～100	124	301	240	335	壤质黏土	1.55

表 2-19　江苏省湖黑土典型剖面的化学性质

深度/cm	pH	有机质/g/kg	全氮（N）/g/kg	全磷（P）/g/kg	全钾（K）/g/kg	有效磷（P）/mg/kg	速效钾（K）/mg/kg	CEC/cmol（+）/kg
0～13	7.3	32.1	1.73	0.42	15.3	—	—	59.3
13～26	8.1	15.8	0.90	0.35	15.2	—	—	35.9
26～47	7.8	13.1	0.67	0.32	15.9	—	—	38.5
47～70	8.2	6.4	0.40	0.27	17.0	—	—	31.0
70～100	8.4	3.9	0.28	0.29	17.6	—	—	31.1

江苏省湖黑土通透性不佳。利用方式有小麦-玉米、小麦-大豆等多种轮作形式。常年粮食产量在 11 250 kg/hm² 左右。

4. 典型剖面-4　河北省黏腰姜土典型剖面（表 2-20～表 2-22），采自唐山市丰润区小张各庄镇南坨村二队渠北大桥东低洼地。

表 2-20　河北省黏腰姜土典型剖面形态特征

土层	深度/cm	土体剖面特征
A_{11}	0～30	浅黑褐色（7.5YR3/4），黏土，碎块状结构，疏松，植物根系多
C_1	30～65	黑褐色（7.5YR3/4），黏土，碎块状结构，较紧
C_k	65～80	灰褐色（7.5YR5/2），黏壤土，碎块状结构，较紧，有大量砂姜
C_2	80～120	灰棕褐色，黏壤土，碎块状结构，较紧

注：C_1 为心土层，C_2 为底土层。

表 2-21　河北省黏腰姜土典型剖面的化学性质

深度/cm	pH	有机质/g/kg	全氮（N）/g/kg	全磷（P）/g/kg	全钾（K）/g/kg	有效磷（P）/mg/kg	速效钾（K）/mg/kg	CEC/cmol（+）/kg
0～30	7.7	18.7	—	0.40	14.5	2	217	25.0
30～65	7.6	22.8	—	0.38	15.0	3	101	26.5
65～80	7.9	10.5	—	0.30	17.3	2	100	28.0
80～120	8.0	6.5	—	0.39	19.5	2	98	23.9

表 2-22　河北省黏腰姜土典型剖面的物理性质*

深度/cm	各粒径颗粒组成/g/kg				质地
	0.2～2 mm	0.02～0.2 mm	0.002～0.02 mm	<0.002 mm	
0～22	110	252	243	395	壤黏土
22～41	80	262	248	410	壤黏土
41～76	82	148	318	452	黏土
76～100	87	143	290	480	黏土

* 河北省玉田县陈家铺乡甘石桥庄北偏西 40°200 m。

河北省黏腰姜土主要种植玉米、高粱，一年一作，施有机肥约 15 000 kg/hm²、氮肥 600 kg/hm²，全年单产在 4 500 kg/hm² 左右。土壤有机质含量较高，有效磷极缺。土壤代换量较高，有利于保水保肥。主要问题是质地黏重，结构不良，通透性能差，耕性不良，适耕期短，耕后易起坷垃，漏风失墒，影响作物出苗生长；地势低洼易涝；中位砂姜层对植物根系生长也有一定影响。

（三）黑姜土土属的理化性质

1. 物理性质 黑姜土土属耕层厚度都在 15 cm 以上，耕层厚度≥20 cm 的面积占 10.79%，耕层厚度 15～20 cm 的面积占 89.21%。土壤质地为壤质黏土占 99.19%、黏壤土占 0.81%（表 2-23）。

表 2-23 黑姜土物理性质（第二次全国土壤普查数据）

项目	厚度/cm	各粒径颗粒组成/g/kg			
		0.2～2 mm	0.02～0.2 mm	0.002～0.02 mm	<0.002 mm
最小值	15.0	0.0	184.3	200.0	242.0
最大值	24.0	260.0	343.3	414.0	419.5
平均值	18.9	—	—	—	—

2. 大量元素含量 第二次全国土壤普查数据结果表明（表 2-24），黑姜土土属的土壤有机质、全氮、全磷、全钾、有效磷和速效钾含量平均值分别为 13.0 g/kg、0.86 g/kg、0.42 g/kg、17.0 g/kg、5.0 mg/kg 和 144.4 mg/kg。有机质、全氮和全磷含量较低，有效磷含量低，全钾和速效钾含量中等。农业农村部耕地质量监测保护中心（2020）提供的数据显示（表 2-25），黑姜土土属的土壤有机质、全氮、有效磷和速效钾含量达到中等水平。土壤有机质、全氮和有效磷含量，比 20 世纪 80 年代第二次全国土壤普查的含量分别提高了 45.4%、26.7% 和 364.0%。

表 2-24 黑姜土大量元素含量（第二次全国土壤普查数据）

项目	有机质	全氮（N）	全磷（P）	全钾（K）	有效磷（P）	速效钾（K）
样本数/个	17 465	15 425	1 029	354	17 342	16 845
范围	7.2～19.8 g/kg	0.53～1.13 g/kg	0.37～0.63 g/kg	14.0～22.6 g/kg	1.7～7.3 mg/kg	78.7～187.5 mg/kg
平均值	13.0 g/kg	0.86 g/kg	0.42 g/kg	17.0 g/kg	5.0 mg/kg	144.4 mg/kg

表 2-25 黑姜土大量元素含量（农业农村部耕地质量监测保护中心，2020）

项目	有机质	全氮（N）	有效磷（P）	速效钾（K）	缓效钾（K）
样本数/个	1 842	1 807	1 839	1 839	1 673
范围	5.1～50.0 g/kg	0.44～3.01 g/kg	1.7～338.4 mg/kg	36.0～625.0 mg/kg	162.0～1 460.0 mg/kg
平均值	18.9 g/kg	1.09 g/kg	23.2 mg/kg	148.3 mg/kg	592.8 mg/kg

3. 中微量元素含量 黑姜土中的微量元素铁和锰平均含量丰富，铜和钼含量较高，锌、硼和硫含量中等（表 2-26）。

表 2-26　黑姜土中微量元素含量（农业农村部耕地质量监测保护中心，2020）

项目	铁 （Fe）	锰 （Mn）	铜 （Cu）	锌 （Zn）	钼 （Mo）	硼 （B）	硫 （S）
样本数/个	1 134	1 052	1 050	1 047	1 005	1 053	1 015
最小值/mg/kg	0.79	0.20	0.11	0.11	0.01	0.03	2.22
最大值/mg/kg	397.00	319.00	18.20	15.90	0.97	6.07	198.30
平均值/mg/kg	51.90	34.71	1.66	1.17	0.19	0.63	31.31

二、黄姜土

黄姜土分为蒙城黄姜土、白姜土、宁阳鸭屎土、姜底鸭屎土 4 个土种（第二次全国土壤普查砂姜黑土区各省份的 12 个土种、河南省的漂白砂姜黑土土属相同性与相似性归类）。

（一）面积与分布

黄姜土土属总面积为 135.83 万 hm²，占典型砂姜黑土亚类面积的 47.68%。其中，安徽省黄姜土面积 80.93 万 hm²，占该土属总面积的 59.58%；山东省黄姜土面积 30.30 万 hm²，占该土属总面积的 22.31%；江苏省黄姜土面积 13.82 万 hm²，占该土属总面积的 10.17%；河南省黄姜土面积 10.78 万 hm²，占该土属总面积的 7.94%。安徽省黄姜土土属与黑姜土土属交错分布，主要分布在阜阳、亳州、宿州、蚌埠、淮南等市的河间平原中地势微斜略高处，地势相对高于黑姜土土属；漂白型的土壤多位于河间平原中部洼地边缘。山东省黄姜土土属主要分布在青岛、临沂、潍坊、枣庄、济宁、泰安、烟台等市的山前平原交接洼地、河谷平原洼地、局部洼地及滨湖洼地上。河南省黄姜土土属主要分布在信阳和驻马店等县（市、区）地势稍有倾斜的地形部位上；由于表层土壤风化较彻底，经长期淋溶漂洗作用，质地变轻，颜色变白。江苏省黄姜土土属分布于徐州、淮阴、连云港等地，在位置较高的低岗地貌、地势平缓岗间低洼平原上。

（二）典型剖面特征与理化性质

1. 典型剖面-1　安徽省黄姜土典型剖面（表 2-27～表 2-29），于 1986 年 8 月采自亳州市蒙城县岳坊镇于庙村北。

表 2-27　安徽省黄姜土典型剖面形态特征

土层	深度/cm	土体剖面特征
A₁₁	0～17	干时黄褐色（2.5Y7/3），润时灰黄色（2.5Y7/1），壤黏土，屑粒状结构，疏松，植物根系多量，无石灰反应，pH 7.4
A₁₂	17～25	黄黑土层，颜色和质地均同上层，小块状结构，稍紧，植物根系多量，无石灰反应，pH 7.6
C	25～38	干时黄褐色（2.5Y5/4），润时褐色（2.5Y4/4），壤黏土，块状结构，稍紧，有少量小砂姜和铁锰结核，植物根系中量，无石灰反应，pH 7.9
Cₖ	38～100	颜色和质地同上层，棱柱状结构，结构面胶体明显，紧实，有少量砂姜和铁锰结核，植物根系少，pH 8.0

表 2-28　安徽省黄姜土典型剖面的物理性质

深度/ cm	各粒径颗粒组成/g/kg				质地
	0.2～2 mm	0.02～0.2 mm	0.002～0.02 mm	＜0.002 mm	
0～17	0.0	298.6	288.8	412.6	壤黏土
17～25	0.0	253.8	366.3	379.9	壤黏土
25～38	0.0	186.9	343.4	469.7	壤黏土
38～100	0.0	244.6	384.6	370.9	壤黏土

表 2-29　安徽省黄姜土典型剖面的化学性质

深度/ cm	pH	有机质/ g/kg	全氮(N)/ g/kg	全磷(P)/ g/kg	全钾(K)/ g/kg	有效磷(P)/ mg/kg	速效钾(K)/ mg/kg	CEC/ cmol(+)/kg
0～17	7.4	8.9	0.68	0.32	16.7	7	142	20.4
17～25	7.6	9.4	0.68	0.47	16.6	5	125	22.5
25～38	7.9	8.0	0.75	0.22	19.0	痕迹	166	24.7
38～100	8.0	4.4	0.37	0.33	19.5	痕迹	131	14.5

　　该土种排水条件好，雨后较洼地先晾墒，可提前 2～4 d 耕作。土壤黏重，土壤物理性质差，适耕期仅 4 d 左右，如遇旱情，地表常开裂缝。

　　2. 典型剖面-2　山东省砂姜底鸭屎土典型剖面（表 2-30～表 2-32），于 1985 年 11 月采自烟台市莱州市沙河镇前屯里村正北，地形为洼地，母质为浅湖沼相沉积物。

表 2-30　山东省砂姜底鸭屎土典型剖面形态特征

土层	深度/cm	土体剖面特征
A$_{11}$	0～24	灰棕色（7.5YR5/2，干），屑粒状结构，沙质黏壤土（砾质轻壤土），植物根系很多，弱石灰反应
AC	24～62	灰黄棕色（10YR4/2，干），块状结构，壤质黏土（中壤土），紧实，植物根系较多，弱石灰反应
C$_k$	62～102	黄棕色（5Y7/1，干），块状结构，小砂姜及 1～3 mm 砾石较多，紧实，植物根系较少，有铁锈斑纹，强石灰反应
C$_1$	102～122	淡灰色（5Y7/2，干），无明显结构，铁锰结核和砾石较多，由钙质胶结为一体，无植物根系，强石灰反应
C$_2$	122 以下	橄榄黄色（2.5Y6/4，干），块状结构，中壤质砾石土，1～10 mm 砾石 35.6%，紧实，中度石灰反应

表 2-31　山东省砂姜底鸭屎土典型剖面的物理性质

深度/cm	各粒径颗粒组成/g/kg				质地
	0.2～2 mm	0.02～0.2 mm	0.002～0.02 mm	＜0.002 mm	
0～24	238.4	421.8	144.1	252.0	沙质黏壤土
24～62	153.6	367.6	190.0	387.0	壤质黏土
62～102			砂姜层		

表 2-32 山东省砂姜底鸭屎土典型剖面的化学性质

深度/ cm	pH	有机质/ g/kg	全氮（N）/ g/kg	全磷（P）/ g/kg	全钾（K）/ g/kg	有效磷（P）/ mg/kg	速效钾（K）/ mg/kg	CEC/ cmol（+）/kg
0～24	7.6	8.5	0.54	0.13	23.2	4.4	52	27.1
24～62	7.6	7.8	0.45	0.06	21.7	1.0	60	24.4
62～102	7.7	3.1	0.18	0.04	20.0	0.9	40	—
102～122	7.6	1.0	0.07	0.02	20.1	0.7	21	—
122 以下	7.7	0.7	0.07	0.02	24.0	1.6	44	19.5

　　该土种排灌条件较好，农业利用方式以小麦、玉米为主，一年两作。土壤质地较黏重，适耕期短，耕性一般，缺磷严重，有机质含量虽较高，但活性部分少，丰水期易受涝害，旱季又易受旱害的威胁。

　　3. 典型剖面-3　江苏省岗黑土典型剖面（表 2-33～表 2-35），采自连云港市东海县石湖乡大娄村，低岗地貌，海拔 35 m，古洪积母质；种植小麦、花生、甘薯等，旱作。

表 2-33 江苏省岗黑土典型剖面形态特征

土层	深度/cm	土体剖面特征
A_{11}	0～14	褐灰色（7.5YR4/1），壤质黏土，屑粒状至碎块状结构，有中量钙质与铁锰结核
C_1	14～50	黑褐色（7.5YR3/1），壤质黏土，小块状结构，少量结核，植物根系少
C_2	50～77	褐色（10Y4/6），壤质黏土，小块状结构，有较多的灰色网纹
C_k	77～100	褐色（10YR4/6），壤质黏土，大块状结构，有少量砂姜

表 2-34 江苏省岗黑土典型剖面的物理性质

深度/ cm	各粒径颗粒组成/g/kg				质地	容重/ g/cm³
	0.2～2 mm	0.02～0.2 mm	0.002～0.02 mm	<0.002 mm		
0～14	132	330	216	322	壤质黏土	1.15
14～50	105	316	231	348	壤质黏土	1.38
50～77	2	261	232	405	壤质黏土	1.08
77～100	100	280	311	309	壤质黏土	—

表 2-35 江苏省岗黑土典型剖面的化学性质

深度/ cm	pH	有机质/ g/kg	全氮（N）/ g/kg	全磷（P）/ g/kg	全钾（K）/ g/kg	有效磷（P）/ mg/kg	速效钾（K）/ mg/kg	CEC/ cmol（+）/kg
0～14	7.5	27.5	1.47	0.69	—			32.23
14～50	8.1	14.5	0.87	0.73	—			73.27
50～77	8.3	2.9	0.26	0.55	—			80.68
77～100	8.2	2.4	0.18	0.57	—			122.75

4. 典型剖面-4 河南省漂白砂姜黑土典型剖面（表2-36～表2-38），于1983年采自信阳市固始县泉河乡张岗村万楼，分布地形为稍有倾斜的平原，地下水位1.56 m。农业利用以种植小麦、大豆或小麦、水稻一年两熟制为主。

表2-36 河南省漂白砂姜黑土典型剖面形态特征

土层	深度/cm	土体剖面特征
A$_{11}$	0～17	灰白色（5Y7/1，干），粉沙质黏壤土，碎块状结构，疏松，有大量作物根系，有少量铁锰胶膜和锈斑，无石灰反应，pH 7.3
C	17～56	暗灰色（5Y4/1，干），粉沙质黏壤土，块状结构，紧，作物根系较多，有较多大颗粒铁锰结核，无石灰反应，pH 7.1
AC	56～100	灰黄色（2.5Y7/3，干），粉沙质黏土，棱块状结构，紧，作物根系少，有明显的铁锰胶膜，有铁锰结核、铁锈斑纹，无石灰反应，pH 6.3

表2-37 河南省漂白砂姜黑土典型剖面的物理性质

深度/cm	各粒径颗粒组成/g/kg				质地
	0.2～2 mm	0.02～0.2 mm	0.002～0.02 mm	<0.002 mm	
0～17	9.1	339.5	486.4	165.0	粉沙质黏壤土
17～56	8.4	336.8	458.8	196.0	粉沙质黏壤土
56～100	14.0	116.8	567.0	302.2	粉沙质黏土

表2-38 河南省漂白砂姜黑土典型剖面的化学性质

深度/cm	pH	有机质/g/kg	全氮（N）/g/kg	全磷（P）/g/kg	全钾（K）/g/kg	有效磷（P）/mg/kg	速效钾（K）/mg/kg	CEC/cmol（+）/kg
0～17	7.3	13.8	0.56	0.11	—	4.9	52	18.6
17～56	7.1	7.4	0.56	0.36	—	10.3	72	24.6
56～100	6.3	6.8	0.46	0.30	—	14.7	26	18.5

（三）黄姜土土属的理化性质

1. 物理性质 黄姜土耕层平均厚度为17.6 cm，耕层厚度≥20 cm的面积占19.92%，耕层厚度为15～20 cm的面积占72.81%，耕层厚度<15 cm的占7.27%。土壤质地为壤质黏土占58.17%、黏壤土占22.92%、沙质黏壤土占10.58%、粉沙壤土占8.33%（表2-39）。

表2-39 黄姜土物理性质（第二次全国土壤普查数据）

项目	厚度/cm	各粒径颗粒组成/g/kg			
		0.2～2 mm	0.02～0.2 mm	0.002～0.02 mm	<0.002 mm
最小值	14.0	0.0	184.3	144.1	121.9
最大值	21.0	319.0	426.4	460.3	712.6
平均值	17.6	—	—	—	—

2. 大量元素含量 第二次全国土壤普查数据结果表明（表2-40），黄姜土土属的土壤有机质、全氮、全磷、全钾、有效磷和速效钾含量平均值分别为9.7 g/kg、0.81 g/kg、0.48 g/kg、16.4 g/kg、5.2 mg/kg和122.3 mg/kg。土壤有机质和有效磷含量低，全氮、全磷含量较低，全钾和速效钾含量中等。农业农村部耕地质量监测保护中心（2020）提供的数据显示（表2-41），土壤有机质、全氮和有效磷含量比20世纪80年代第二次全国土壤普查的含量分别提高了95.9%、58.0%和484.6%。土壤全氮、有效磷和速效钾含量水平较高，有机质含量中等，缓效钾含量较低。

表2-40 黄姜土大量元素含量（第二次全国土壤普查数据）

项目	有机质	全氮（N）	全磷（P）	全钾（K）	有效磷（P）	速效钾（K）
样本数/个	8 423	7 905	1 080	82	8 367	7 692
范围	9.7～13.7 g/kg	0.62～0.91 g/kg	0.32～0.60 g/kg	14.4～26.1 g/kg	3.8～5.8 mg/kg	87.9～149.9 mg/kg
平均值	9.7 g/kg	0.81 g/kg	0.48 g/kg	16.4 g/kg	5.2 mg/kg	122.3 mg/kg

表2-41 黄姜土大量元素含量（农业农村部耕地质量监测保护中心，2020）

项目	有机质	全氮（N）	有效磷（P）	速效钾（K）	缓效钾（K）
样本数/个	1 565	1 264	1 568	1 560	1 042
范围	4.8～51.0 g/kg	0.56～6.07 g/kg	1.8～420.0 mg/kg	30.0～806.0 mg/kg	114.0～1 471.0 mg/kg
平均值	19.0 g/kg	1.28 g/kg	30.4 mg/kg	156.0 mg/kg	476.6 mg/kg

3. 中微量元素含量 黄姜土中的微量元素铁和锰平均含量丰富，铜和钼含量较高，锌、硼和硫含量中等（表2-42）。

表2-42 黄姜土中微量元素含量（农业农村部耕地质量监测保护中心，2020）

项目	铁（Fe）	锰（Mn）	铜（Cu）	锌（Zn）	钼（Mo）	硼（B）	硫（S）
样本数/个	1 046	1 052	1 050	1 047	1 005	1 053	1 015
最小值/mg/kg	0.97	0.20	0.11	0.11	0.01	0.03	2.22
最大值/mg/kg	397.00	319.00	18.20	15.90	0.97	6.07	198.30
平均值/mg/kg	47.65	34.71	1.66	1.17	0.19	0.63	31.31

三、覆泥黑姜土

覆泥黑姜土土属分为砂盖鸭屎土、山淤黑姜土、其他覆泥黑姜土3个土种（第二次全国土壤普查砂姜黑土区各省份的6个土种相同性与相似性归类）。

（一）面积与分布

覆泥黑姜土土属总面积为49.95万hm²，占典型砂姜黑土亚类面积的17.53%。其中，河南省覆泥黑姜土面积41.63万hm²，占覆泥黑姜土土属总面积的83.35%；山东省覆泥黑姜土面积4.29万hm²，占覆泥黑姜土土属总面积的8.59%；江苏省覆泥黑姜土面积2.27万hm²，占覆泥黑姜土土属总面积的 4.55%；安徽省覆泥黑姜土面积 1.75 万 hm²，占覆泥黑姜土土属总面积的 3.51%。河南省覆泥黑姜土土属发育于异源母质上，上层为厚薄不同的近代洪冲积物，下层为湖相沉积物，主要分布在南阳、驻马店、信阳、周口、漯河、平顶山等市。山东省覆泥黑姜土土属主要分布在鲁东丘陵区及鲁中南山地丘陵区济宁、潍坊、枣庄、青岛、泰安等市的交接洼地和河谷平原洼地上。江苏省覆泥黑姜土土属的上层是承受岭上冲下来的细土和粉沙，下层则为古老沉积物，具有砂姜黑土的特征，主要分布于徐州、淮阴、连云港三地的岭下坡地，棕壤土与砂姜黑土的过渡地带。安徽省覆泥黑姜土土属主要分布于亳州市和宿州市，零星分布在石灰岩残丘外围缓坡处。

（二）典型剖面形态与理化性质

1. 典型剖面-1 河南省壤质黑老土典型剖面（表 2-43～表 2-45），采自驻马店市西平县二郎镇农场农地，地貌为平原，海拔 60 m；母质上部为洪冲积物、下部为湖积物。

表 2-43 河南省壤质黑老土典型剖面形态特征

土层	深度/cm	土体剖面特征
A₁₁	0～11	干时浊黄橙色（10YR6/4），润时橙色（7.5YR4/6），黏壤土，团粒状结构，散，植物根系多，有少量铁锰结核，无石灰反应，pH 6.9
A₁₂	11～24	干时浊黄橙色（10YR6/4），润时橙色（7.5YR4/6），黏壤土，小块状结构，较紧，植物根系较多，有少量铁锰结核，无石灰反应，pH 7.0
C₁	24～47	干时亮黄棕色（10YR6/6），润时橙色（7.5YR4/6），黏壤土，块状结构，紧，植物根系少，有少量铁锰结核，无石灰反应，pH 7.3
C₂	47～90	干时暗灰黄色（2.5Y4/2），润时黑红色（10YR3/2），壤质黏土，块状结构，紧，植物根系少，有少量铁锰结核，无石灰反应，pH 7.3
C₃	90～100	干时浊黄棕色（10YR5/4），润时浊棕色（7.5YR5/3），壤质黏土，块状结构，有少量铁锰结核，无石灰反应，pH 7.5

表 2-44 河南省壤质黑老土典型剖面的物理性质

深度/cm	各粒径颗粒组成/g/kg				质地
	0.2～2 mm	0.02～0.2 mm	0.002～0.02 mm	<0.002 mm	
0～11	20	446	353	181	黏壤土
11～24	9	445	351	195	黏壤土
24～47	11	405	362	223	黏壤土
47～90	17	320	338	325	壤质黏土
90～100	32	360	327	281	壤质黏土

表 2-45 河南省壤质黑老土典型剖面的化学性质

深度/cm	pH	有机质/g/kg	全氮（N）/g/kg	全磷（P）/g/kg	全钾（K）/g/kg	有效磷（P）/mg/kg	速效钾（K）/mg/kg	CEC/cmol（+）/kg
0～11	6.9	7.7	0.67	0.35	15.4	3.8	80	12.5

（续）

深度/ cm	pH	有机质/ g/kg	全氮（N）/ g/kg	全磷（P）/ g/kg	全钾（K）/ g/kg	有效磷（P）/ mg/kg	速效钾（K）/ mg/kg	CEC/ cmol（+）/kg
11～24	7.0	4.5	0.48	0.32	15.5	1.8	73	21.1
24～47	7.3	3.7	0.42	0.31	15.6	2.3	91	14.5
47～90	7.3	5.6	0.53	0.34	16.6	0.6	121	24.3
90～100	7.5	3.3	0.41	0.41	17.1	—	123	19.5

该土种质地黏壤土（轻壤土至中壤土），沙黏适中，易耕作，适耕期长，通透状况好。下层湖积物质地黏重，托水托肥，因而为高产土体构型。多种植小麦、玉米，一年两熟。生产中的主要问题是该土种分布区人少地多，管理粗放，施肥量少，用多管少，养分储量低，严重缺磷，土壤生产潜力无充分发挥；同时，由于地形低洼，雨季易溃、涝。

2. 典型剖面-2 山东省盖黄鸭屎土典型剖面（表 2-46～表 2-48），于 1985 年 5 月采自泰安市新泰市果都镇太平庄村南，地形为交接洼地，表土为后期覆盖物，下层为浅湖沼相沉积物，海拔 156 m，排灌条件一般，潜水埋深 6 m，水质为淡水。

表 2-46 山东省盖黄鸭屎土典型剖面形态特征

土层	深度/cm	土体剖面特征
A_{11}	0～20	干时灰黄棕色（10YR5/2，干），黏壤土（中壤土），碎块状结构，松，较多孔隙、植物根系和动物穴，少量砾石，无石灰反应
A_{12}	20～45	干时灰黄棕色（10YR5/2，干），黏壤土（中壤土），碎块状结构，稍紧，少量铁锰结核，中量孔隙、植物根系和动物穴，少量砾石，无石灰反应
AC_1	45～70	干时棕黑色（10YR2/2，干），壤质黏土（重壤土），块状结构，少量黏粒胶膜和铁锰结核，紧，少量孔隙和植物根系，无石灰反应
AC_2	70～150	干时棕黑色（10YR3/1，干），壤质黏土（重壤土），块状结构，紧，中量黏粒胶膜和铁锰结核，极少孔隙和植物根系，弱石灰反应

表 2-47 山东省盖黄鸭屎土典型剖面的物理性质

深度/ cm	各粒径颗粒组成/g/kg				质地
	0.2～2 mm	0.02～0.2 mm	0.002～0.02 mm	<0.002 mm	
0～20	280.0	257.2	235.1	227.7	黏壤土
20～45	238.8	205.9	310.0	245.3	黏壤土
45～70	169.1	18.42	301.9	344.8	壤质黏土
70～150	172.1	230.8	270.8	326.3	壤质黏土

表 2-48 山东省盖黄鸭屎土典型剖面的化学性质

深度/ cm	pH	有机质/ g/kg	全氮（N）/ g/kg	全磷（P）/ g/kg	全钾（K）/ g/kg	有效磷（P）/ mg/kg	速效钾（K）/ mg/kg
0～20	7.1	7.7	0.70	0.23	21.2	1.8	85

(续)

深度/ cm	pH	有机质/ g/kg	全氮（N）/ g/kg	全磷（P）/ g/kg	全钾（K）/ g/kg	有效磷（P）/ mg/kg	速效钾（K）/ mg/kg
20～45	7.2	7.6	0.63	0.26	20.6	1.0	89
45～70	7.2	8.8	0.71	0.23	20.7	0.5	125
70～150	7.2	3.4	0.29	0.16	26.4	0.5	78

该土种农业利用方式为一年两作或一年一作，种植小麦、玉米、甘薯。质地适中，耕性良好，适耕期较长。覆盖层及黑土层交换性能较好，且黑土层质地黏重、紧实，土壤的保肥保水性能较好。

（三）覆泥黑姜土土属的理化性质

1. 物理性质　覆泥黑姜土耕层平均厚度为 22.3 cm，耕层厚度≥20 cm 的面积占 91.81%，耕层厚度<20 cm 的面积占 8.19%。土壤质地为壤质黏土占 47.19%、黏壤土占 52.81%（表 2 - 49）。

表 2 - 49　覆泥黑姜土物理性质（第二次全国土壤普查数据）

项目	厚度/ cm	各粒径颗粒组成/g/kg			
		0.2～2 mm	0.02～0.2 mm	0.002～0.02 mm	<0.002 mm
最小值	15.0	0.9	257.2	210.3	219.4
最大值	33.0	280.0	424.5	379.0	357.1
平均值	22.3	—	—	—	—

2. 大量元素含量　第二次全国土壤普查数据结果表明（表 2 - 50），覆泥黑姜土土属的土壤有机质、全氮、全磷、全钾、有效磷和速效钾含量平均值分别为 12.5 g/kg、0.84 g/kg、0.38 g/kg、17.1 g/kg、5.0 mg/kg 和 146.4 mg/kg。土壤有机质和全氮含量较低，全磷和有效磷含量低，全钾和速效钾含量中等。农业农村部耕地质量监测保护中心（2020）提供的数据显示（表 2 - 51），土壤有机质含量中等，全氮、速效钾含量水平较高，有效磷含量丰富，缓效钾含量中等。土壤有机质、全氮和有效磷比 20 世纪 80 年代第二次全国土壤普查的含量分别提高了 59.2%、69.1% 和 816.0%。

表 2 - 50　覆泥黑姜土大量元素含量（第二次全国土壤普查数据）

项目	有机质	全氮（N）	全磷（P）	全钾（K）	有效磷（P）	速效钾（K）
样本数/个	4 900	4 238	388	123	4 901	4 658
范围	10.4～14.7 g/kg	0.64～0.94 g/kg	0.27～0.46 g/kg	13.6～20.1 g/kg	2.6～7.8 mg/kg	76.0～146.7 mg/kg
平均值	12.5 g/kg	0.84 g/kg	0.38 g/kg	17.1 g/kg	5.0 mg/kg	146.4 mg/kg

表 2 - 51　覆泥黑姜土大量元素含量（农业农村部耕地质量监测保护中心，2020）

项目	有机质	全氮（N）	有效磷（P）	速效钾（K）	缓效钾（K）
样本数/个	112	58	113	114	55
范围	6.7～40.9 g/kg	0.80～10.90 g/kg	2.0～294.2 mg/kg	46.0～691.0 mg/kg	192.0～1 170.0 mg/kg
平均值	19.9 g/kg	1.42 g/kg	45.8 mg/kg	172.9 mg/kg	629.3 mg/kg

3. 中微量元素含量 覆泥黑姜土中的微量元素铁和锰平均含量丰富，铜和钼含量较高，锌含量中等，硼和硫含量较低（表2-52）。

表2-52 覆泥黑姜土微量元素含量（农业农村部耕地质量监测保护中心，2020）

项目	铁 （Fe）	锰 （Mn）	铜 （Cu）	锌 （Zn）	钼 （Mo）	硼 （B）	硫 （S）
样本数/个	31	28	27	31	27	31	28
最小值/mg/kg	3.00	10.00	0.13	0.25	0.05	0.18	4.60
最大值/mg/kg	154.60	153.70	3.40	17.20	0.59	2.01	70.16
平均值/mg/kg	46.25	40.23	1.69	1.88	0.18	0.49	25.62

第三节 石灰性砂姜黑土亚类

石灰性砂姜黑土亚类分为灰黑姜土、覆淤黑姜土2个土属，10个土种（第二次全国土壤普查砂姜黑土区各省份的23个土种、河南省的1个土属相同性与相似性归类）（表2-53）。石灰性砂姜黑土亚类总面积84.71万hm²，占砂姜黑土土类面积22.77%。其中，灰黑姜土土属面积19.33万hm²，占石灰性砂姜黑土亚类面积22.82%；覆淤黑姜土土属面积65.38万hm²，占石灰性砂姜黑土亚类面积77.18%。安徽省石灰性砂姜黑土亚类面积35.25万hm²，河南省32.89万hm²，山东省13.99万hm²，河北省面积2.58万hm²，分别占砂姜黑土土类总面积9.48%、8.84%、3.76%和0.69%，占各省相应砂姜黑土土类总面积21.40%、26.11%、28.80%和42.50%。

表2-53 石灰性砂姜黑土亚类土属与土种

GB/T 17296—2009		第二次全国土壤普查各省份土种相同性与相似性归类
土属	土种	
灰黑姜土	姜底灰姜土、姜底黏灰姜土、黏灰鸭屎土、姜底黏灰鸭屎土、姜底灰鸭屎土、少姜底灰黑姜土、姜盘底灰黑姜土、其他灰黑姜土	河南：少姜底复石灰黑土、浅位多量砂姜石灰性黑土、多姜底石灰性黑土、钙盘底复石灰黑土、浅位少姜复石灰黑土、复石灰青黑土 山东：石灰性鸭屎土、砂姜心石灰性鸭屎土、黏石灰性鸭屎土、砂姜底黏石灰性鸭屎土、砂姜底石灰性鸭屎土 河北：黏底姜土、黏底灰姜土、腰灰姜土、底灰姜土
覆淤黑姜土	黏盖灰鸭屎土、黄盖灰鸭屎土	安徽：薄淤黑姜土、厚淤黑姜土、覆两合黑姜土 河南：黏质石灰性黑老土、壤质石灰性黑老土、洪积石灰性砂姜黑土土属 山东：黏盖黄石灰性鸭屎土、砂盖黄石灰性鸭屎土、盖黄石灰性鸭屎土

一、灰黑姜土

灰黑姜土土属分为姜底灰姜土、姜底黏灰姜土、黏灰鸭屎土、姜底黏灰鸭屎土、姜底灰鸭屎土、少姜底灰黑姜土、姜盘底灰黑姜土、其他灰黑姜土8个土种（第二次全国土壤普查砂姜黑土区各省份的15个土种相同性与相似性归类）。

（一）面积与分布

灰黑姜土土属总面积为 19.33 万 hm²，占石灰性砂姜黑土亚类面积 22.82%。其中，河南省灰黑姜土面积 9.07 万 hm²，占灰黑姜土土属面积 46.92%；山东省灰黑姜土面积 7.69 万 hm²，占灰黑姜土土属面积 39.76%；河北省灰黑姜土面积 2.58 万 hm²，占灰黑姜土土属面积 13.32%。河南省灰黑姜土土属主要分布于周口、平顶山、漯河、许昌、商丘、驻马店等市的湖积平原凹平地、湖平洼地、浅平洼地、浅平洼地的洼底、湖坡洼地。山东省灰黑姜土土属主要分布在潍坊、淄博、临沂、泰安、青岛、济南、枣庄、烟台、东营等市的山前平原交接洼地、河谷平原洼地和一些局部洼地。河北省灰黑姜土土属主要分布在玉田、定兴、丰润、三河等县（市、区）的低洼地、冲积平原的交接洼地及山麓平原的扇缘洼地。

（二）典型剖面形态与理化性质

1. 典型剖面-1 河南省少姜底复石灰黑土典型剖面（表 2-54～表 2-56），采自周口市项城市永丰镇栗营村西平洼地农田，海拔 40.5 m，地下水位 1.2 m。

表 2-54 河南省少姜底复石灰黑土典型剖面形态特征

土层	深度/cm	土体剖面特征
A_{11}	0～20	干时黑棕色（10YR3/2），润时黑棕色（10YR2/2），壤质黏土，团粒状结构，散，植物根系多，有蜗牛、煤渣和少量小软砂姜，石灰反应强，pH 8.3
A_{12}	20～27	干时黑色（10YR2/1），润时黑色（10YR1.7/1），壤质黏土，小棱块状结构，紧，植物根系较多，有煤渣、蜗牛和少量小软砂姜，石灰反应弱，pH 8.2
AC	27～41	干时棕灰色（10YR4/1），润时黄灰色（2.5Y4/1），壤质黏土，棱块状结构，紧，植物根系少，有少量小软砂姜，石灰反应弱，pH 8.1
C_{k1}	41～56	干时浅灰色（2.5Y7/1），润时棕灰色（10YR5/1），壤质黏土，小棱块状结构，紧，植物根系少，有少量直径<5 cm 左右的硬砂姜，石灰反应强，pH 8.5
C_{k2}	56～101	干时灰黄色（2.5Y7/2），润时暗灰黄色（2.5Y5/2），壤质黏土，棱块状结构，紧，有20%直径1.5～2 cm 的外软内硬砂姜和大量的铁锈斑纹，石灰反应强，pH 8.6

表 2-55 河南省少姜底复石灰黑土典型剖面的物理性质

深度/cm	各粒径颗粒组成/g/kg				质地
	0.2～2 mm	0.02～0.2 mm	0.002～0.02 mm	<0.002 mm	
0～20	1	313	296	390	壤质黏土
20～27	0	270	334	396	壤质黏土
27～41	0	327	305	368	壤质黏土
41～56	0	384	321	295	壤质黏土
56～101	0	432	284	284	壤质黏土

表 2-56   河南省少姜底复石灰黑土典型剖面的化学性质

深度/cm	pH	有机质/g/kg	全氮 (N)/g/kg	全磷 (P)/g/kg	全钾 (K)/g/kg	有效磷 (P)/mg/kg	速效钾 (K)/mg/kg	CEC/cmol (+)/kg	CaCO₃/g/kg
0~20	8.3	15.8	1.07	0.74	18.3	5.8	186	27.0	37.9
20~27	8.2	16.2	0.92	0.72	—	0.5	127	32.1	2.7
27~41	8.1	10.5	0.64	0.66	13.7	0.5	120	24.9	5.2
41~56	8.5	6.0	0.30	0.59	14.0	2.6	89	15.5	186.4
56~101	8.6	3.2	0.24	0.76	14.1	—	83	11.5	236.6

该土种质地黏重，耕性差，适耕期短，结构不良，水分难以下渗，怕旱怕涝，多无排灌设施，旱、涝时有发生。虽土体潜在养分含量高，但水、肥、气、热不协调，养分转化慢，发老苗不发小苗。虽土体中有砂姜层，但出现在 50 cm 以下，对作物生长影响不大。多麦-豆轮作，一年两熟。该土种属于低产土壤类型，有效磷含量低，相当一部分地块极缺磷。旱、涝是农业生产中的主要障碍因素。

2. 典型剖面-2　山东省砂姜心石灰性鸭屎土典型剖面（表 2-57～表 2-59），于 1980 年 6 月采自潍坊市高密市康庄镇雷家村，地形为平原洼地，海拔 12 m。农业利用两年三作，多种植小麦、玉米、大豆等。

表 2-57   山东省砂姜心石灰性鸭屎土典型剖面形态特征

土层	深度/cm	土体剖面特征
A₁₁	0~26	干时灰黄棕色（10YR5/2），沙质黏壤土（中壤土），小块状结构，较松，少量植物根系，强石灰反应
A₁₂	26~47	干时灰黄棕色（10YR5/2），沙质黏壤土（中壤土），小块状结构，较紧，少量植物根系，强石灰反应
Cₖ	47~105	干时浊黄橙色（10YR7/2），沙质黏壤土（轻壤土），多量面砂姜，有铁锈斑纹，紧实，强石灰反应
C	105 以下	出现潜水

表 2-58   山东省砂姜心石灰性鸭屎土典型剖面的物理性质

深度/cm	各粒径颗粒组成/g/kg				质地
	0.2~2 mm	0.02~0.2 mm	0.002~0.02 mm	<0.002 mm	
0~26	37.9	525.8	195.3	241.0	沙质黏壤土
26~47	47.3	549.2	161.3	242.2	沙质黏壤土
47~105	40.3	591.2	176.6	191.9	沙质黏壤土

表 2-59   山东省砂姜心石灰性鸭屎土典型剖面的化学性质

深度/cm	pH	有机质/g/kg	全氮 (N)/g/kg	全磷 (P)/g/kg	全钾 (K)/g/kg	有效磷 (P)/mg/kg	速效钾 (K)/mg/kg	CEC/cmol (+)/kg	CaCO₃/g/kg
0~26	8.1	13.9	0.79	0.45	15.4	3	80	15.4	89.9
26~47	8.2	9.2	0.73	0.42	15.6	1	85	17.0	50.7
47~105	8.4	2.9	0.13	0.34	14.6	1	60	10.0	180.0

该土种黑土层较薄，黑土层以下有土壤结构差、养分贫瘠的砂姜层，严重影响了作物根系的下扎和养分的吸收，耕层也多夹有砂姜。耕性差，适耕期短，粮食产量低。

3. 典型剖面-3　河北省底灰姜土典型剖面（表 2-60～表 2-62），采自保定市容城县城关镇午方西庄村，地势低洼，地下水埋深 2 m，水质淡。

表 2-60　河北省底灰姜土典型剖面形态特征

土层	深度/cm	土体剖面特征
A$_{11}$	0～23	灰棕色（5YR5/2），沙黏壤土，屑粒状结构，疏松
A$_{12}$	23～38	浅棕色（7.5YR5/6），沙黏壤土，片状结构，较松
AC	38～69	灰黑色（7.5GY3/1），壤黏土，块状结构，紧实，有锈纹锈斑
C	69～80	沙黏壤土，碎块状结构，紧实，有锈纹锈斑和铁子
C$_k$	80～150	浅棕色（7.5YR5/6），黏壤土，碎块状结构，有砂姜、锈纹锈斑和铁子

表 2-61　河北省底灰姜土典型剖面的物理性质

深度/cm	各粒径颗粒组成/g/kg				质地	容重/g/cm³
	0.2～2 mm	0.02～0.2 mm	0.002～0.02 mm	<0.002 mm		
0～23	59.3	522.8	252.6	165.3	沙黏壤土	1.35
23～38	51.6	511.2	269.1	168.1	沙黏壤土	1.39
38～69	0.0	327.4	405.7	266.9	壤黏土	1.42
69～80	56.6	519.9	254.9	168.6	沙黏壤土	1.52
80～150	42.7	505.4	290.9	161.0	黏壤土	1.52

表 2-62　河北省底灰姜土典型剖面的化学性质

深度/cm	pH	有机质/g/kg	全氮（N）/g/kg	全磷（P）/g/kg	全钾（K）/g/kg	有效磷（P）/mg/kg	速效钾（K）/mg/kg	CEC/cmol（+）/kg	CaCO₃/g/kg
0～23	8.1	6.8	0.48	0.62	15.9	10	104	9.4	51
23～38	8.1	4.2	0.36	0.62	17.4	6	103	10.3	54
38～69	8.2	6.7	0.42	0.52	16.1	3	101	16.3	16
69～80	8.3	4.4	0.29	0.58	15.7	2	97	8.1	51
80～150	8.2	2.9	0.42	0.56	15.7	2	92	10.8	108

该土种表土质地适中，适种性广，主要种植玉米、小麦、高粱等作物，粮食产量不高。有的剖面在 40 cm 左右出现黏土层，有利于保水保肥。主要问题是土壤养分含量低，表土有机质含量仅在 9.1 g/kg左右，有效磷含量大多在 5 mg/kg 以下。所处地势低洼、排水不畅，易发生涝灾，砂姜层一般在 65 cm 左右出现，对作物根系生长影响不大。

（三）灰黑姜土土属的理化性质

1. 物理性质　灰黑姜土耕层平均厚度为 20.2 cm，耕层厚度≥20 cm 的面积占 81.22%，耕层厚度<20 cm 的面积占 18.78%。土壤质地为壤质黏土占 67.99%、黏壤土占 11.62%、沙质黏壤土占 18.92%、沙壤土占 1.47%。第二次全国土壤普查时该土属物理性质见表 2-63。

表 2-63 灰黑姜土物理性质（第二次全国土壤普查数据）

项目	耕层厚度/cm	各粒径颗粒组成/g/kg			
		0.2~2 mm	0.02~0.2 mm	0.002~0.02 mm	<0.002 mm
最小值	16.0	11.3	120.0	174.7	107.7
最大值	26.0	212.3	525.8	465.0	403.0

2. 大量元素含量 第二次全国土壤普查数据结果表明（表 2-64），灰黑姜土土属的土壤有机质、全氮、全磷、全钾、有效磷和速效钾含量平均值分别为 12.9 g/kg、0.86 g/kg、0.54 g/kg、18.4 g/kg、5.1 mg/kg 和 187.8 mg/kg。土壤有机质含量较低，全氮和全磷含量较低，有效磷含量低，全钾含量中等，速效钾含量较高。农业农村部耕地质量监测保护中心（2020）提供的数据显示（表 2-65），土壤有机质、全氮和有效磷含量中等，缓效钾和速效钾含量水平较高。土壤有机质、全氮和有效磷平均含量比 20 世纪 80 年代第二次全国土壤普查的含量分别提高了 51.2%、33.7% 和 323.5%。

表 2-64 灰黑姜土大量元素含量（第二次全国土壤普查数据）

项目	有机质	全氮（N）	全磷（P）	全钾（K）	有效磷（P）	速效钾（K）
样本数/个	4 157	1 826	220	110	4 073	3 252
范围	8.7~18.7 g/kg	0.61~1.09 g/kg	0.27~0.79 g/kg	13.7~20.9 g/kg	2.5~7.9 mg/kg	68.0~215.0 mg/kg
平均值	12.9 g/kg	0.86 g/kg	0.54 g/kg	18.4 g/kg	5.1 mg/kg	187.8 mg/kg

表 2-65 灰黑姜土大量元素含量（农业农村部耕地质量监测保护中心，2020）

项目	有机质	全氮（N）	有效磷（P）	速效钾（K）	缓效钾（K）
样本数/个	317	301	316	317	299
范围	9.4~40.6 g/kg	0.53~2.01 g/kg	1.8~164.5 mg/kg	62.0~544.0 mg/kg	168.0~1 338.0 mg/kg
平均值	19.5 g/kg	1.15 g/kg	21.6 mg/kg	158.2 mg/kg	810.3 mg/kg

3. 中微量元素含量 灰黑姜土中的微量元素铁、锰和铜平均含量丰富，锌、钼和硼平均含量中等，硫平均含量较低（表 2-66）。

表 2-66 灰黑姜土微量元素含量（农业农村部耕地质量监测保护中心，2020）

项目	铁（Fe）	锰（Mn）	铜（Cu）	锌（Zn）	钼（Mo）	硼（B）	硫（S）
样本数/个	57	57	57	53	37	37	37
最小值/mg/kg	3.16	1.40	0.58	0.23	0.01	0.04	4.35
最大值/mg/kg	130.30	131.00	5.73	14.18	0.29	1.81	129.40
平均值 mg/kg	34.62	30.04	1.86	1.44	0.10	0.56	26.62

二、覆淤黑姜土

覆淤黑姜土土属分为黏盖灰鸭屎土、黄盖灰鸭屎土 2 个土种（第二次全国土壤普查砂姜黑土区各省份的 8 个土种和河南省的洪积石灰性砂姜黑土土属）。

（一）面积与分布

覆淤黑姜土土属总面积为 65.38 万 hm^2，占石灰性砂姜黑土亚类面积 77.18%。其中，安徽省覆淤黑姜土面积 35.24 万 hm^2，占覆淤黑姜土土属总面积 53.91%；河南省覆淤黑姜土面积 23.83 万 hm^2，占覆淤黑姜土土属总面积 36.44%；山东省覆淤黑姜土面积 6.31 万 hm^2，占覆淤黑姜土土属总面积 9.65%。安徽省覆淤黑姜土土属主要呈条带状分布在黄泛侵夺的濉河、颍河、涡河两侧及黄泛区的南缘；多处于砂姜黑土与黄潮土交界的地势低洼地段，受黄泛沉积的河流两侧，与黄潮土中的淤土属接壤；行政区域以阜阳、亳州、宿州等市的面积较大。河南省覆淤黑姜土土属主要分布于河湖积平原湖坡洼地外围的二坡地，对应的行政区域为商丘、平顶山、漯河、许昌、周口、驻马店及黄泛区农场等地，还分布于湖积平原湖坡洼地的相对较高处，对应的行政区域为平顶山、漯河、许昌、周口、驻马店等地；洪积石灰性砂姜黑土主要分布在新乡市的辉县市和洛阳市的汝阳、宜阳两县。山东省覆淤黑姜土土属分布在鲁中南山地丘陵区及鲁东丘陵区的交接洼地上，鲁中北部洪冲积平原与黄泛平原交接洼地也有分布，对应的行政区域为淄博、临沂、枣庄、潍坊、东营、济南、惠民、青岛等市（县）。

（二）典型剖面形态与理化性质

1. 典型剖面-1　安徽省厚淤黑姜土典型剖面（表 2-67～表 2-69），于 1981 年 9 月采自蚌埠市怀远县魏庄镇胡巷村东北河底汲家，地势平坦，稍向南斜，地下水位 1 m 左右。

表 2-67　安徽省厚淤黑姜土典型剖面形态特征

土层	深度/cm	土体剖面特征
A_{11}	0～13	浅灰棕色（10YR5/2，润），黏土，小块状结构，疏松，强石灰反应，pH 8.4
A_{12}	13～19	浅灰棕色（10YR5/2，润），壤黏土，块状结构，稍紧，强石灰反应，pH 8.7
C_1	19～28	浅灰棕色（10YR5/2，润），黏土，块状结构，紧实，中石灰反应，pH 8.7
C_2	28～103	黄灰色（5Y5/1），黏土，块状结构，紧实，无石灰反应，pH 8.6

表 2-68　安徽省厚淤黑姜土典型剖面的物理性质

深度/cm	各粒径颗粒组成/g/kg				质地
	0.2～2 mm	0.02～0.2 mm	0.002～0.02 mm	<0.002 mm	
0～13	3.4	167.0	319.4	510.1	黏土
13～19	67.1	268.9	238.5	425.5	壤黏土
19～28	14.9	212.1	310.6	462.3	黏土
28～103	0.0	223.0	292.8	484.2	黏土
103～150	13.5	299.2	274.8	412.5	壤黏土

表 2-69　安徽省厚淤黑姜土典型剖面的化学性质

深度/cm	pH	有机质/g/kg	全氮（N）/g/kg	全磷（P）/g/kg	全钾（K）/g/kg	有效磷（P）/mg/kg	速效钾（K）/mg/kg	CEC/cmol（+）/kg
0～13	8.4	11.9	1.06	1.42	17.0	7	263	28.3

（续）

深度/ cm	pH	有机质/ g/kg	全氮（N）/ g/kg	全磷（P）/ g/kg	全钾（K）/ g/kg	有效磷（P）/ mg/kg	速效钾（K）/ mg/kg	CEC/ cmol（+）/kg
13～19	8.7	9.0	0.94	0.99	17.4	5	208	27.0
19～28	8.7	5.7	0.56	1.21	17.9	2	178	30.5
28～103	8.6	6.0	0.59	0.73	16.0	5	145	29.4
103～150	8.2	1.9	0.35	0.99	16.8	2	145	25.6

该土种质地黏重，耕作困难，但有机质等养分含量较高，土壤保肥能力强。目前多为一年两熟或三年五熟，适种小麦、大豆、玉米、山芋、棉花、花生、烟草等旱作物。

2. 典型剖面-2 河南省黏质石灰性黑老土典型剖面（表2-70～表2-72），采自周口市沈丘县新安集镇老邢庄西湖坡洼地外围二坡地农田；海拔38 m，母质土体上部为冲积物、下部为湖相沉积物。

表2-70 河南省黏质石灰性黑老土典型剖面形态特征

土层	深度/cm	土体剖面特征
A$_{11}$	0～22	干时浊黄色（2.5Y6/3），润时暗灰黄色（2.5Y5/2），粉沙质黏土（重壤土），团粒状结构，散，植物根系多，强石灰反应，pH 8.3
C	22～54	干时淡黄色（2.5Y7/4），润时黄棕色（2.5Y5/4），粉沙质黏土（轻黏土），块状结构，紧，植物根系多，强石灰反应，pH 8.2
AC$_1$	54～76	干时灰色（5Y6/1），润时橄榄黑色（5Y3/1），壤质黏土（重壤土），棱块状结构，紧，植物根系少，有少量铁锈斑纹、结核，中石灰反应，pH 8.3
AC$_2$	76～100	干时淡黄色（2.5Y7/3），润时浊黄色（2.5Y6/3），壤质黏土（重壤土），棱块状结构，植物根系少，有铁锈斑纹，中石灰反应，pH 8.0

表2-71 河南省黏质石灰性黑老土典型剖面的物理性质

深度/ cm	各粒径颗粒组成/g/kg				质地	容重/ g/cm³
	0.2～2 mm	0.02～0.2 mm	0.002～0.02 mm	<0.002 mm		
0～22	4	228	506	262	粉沙质黏土	1.21
22～54	9	157	454	380	粉沙质黏土	1.31
54～76	11	284	356	349	壤质黏土	—
76～100	17	313	302	368	壤质黏土	—

表2-72 河南省黏质石灰性黑老土典型剖面的化学性质

深度/ cm	pH	有机质/ g/kg	全氮（N）/ g/kg	全磷（P）/ g/kg	全钾（K）/ g/kg	有效磷（P）/ mg/kg	速效钾（K）/ mg/kg	CEC/ cmol（+）/kg
0～22	8.3	13.7	0.82	0.54	—	6.1	140.6	20.5
22～54	8.2	3.0	0.26	0.54	—	—	—	24.8

(续)

深度/ cm	pH	有机质/ g/kg	全氮（N）/ g/kg	全磷（P）/ g/kg	全钾（K）/ g/kg	有效磷（P）/ mg/kg	速效钾（K）/ mg/kg	CEC/ cmol（＋）/kg
54～76	8.3	6.2	0.66	0.47	—	—	—	23.2
76～100	8.0	5.8	0.57	0.44	—	—	—	23.4

该土种农业利用方式多为小麦、玉米轮作，一年两熟。耕层有机质含量较高，一般为 13.0 g/kg 左右；土壤代换量在 21 cmol（＋）/kg 以上，保肥能力好。主要存在问题是质地黏重；通透性、耕性、供水供肥性能差；有效磷缺乏；排灌设施标准低，易涝旱。

3. 典型剖面-3　山东省盖黄石灰性鸭屎土典型剖面（表 2 - 73～表 2 - 75），于 1985 年采自济南市章丘区龙山街道西沟头村南，地形为洼地。

表 2 - 73　山东省盖黄石灰性鸭屎土典型剖面形态特征

土层	深度/cm	土体剖面特征
A₁₁	0～20	干时浊黄棕色（10YR5/3），黏壤土（中壤土），屑粒状结构，松，多量孔隙、植物根系和动物穴，强石灰反应
A₁₂	20～45	干时灰黄棕色（10YR5/2），壤质黏土（重壤土），屑粒状结构，多量假菌丝，较松，多量孔隙、植物根系和动物穴，强石灰反应
AC₁	45～68	干时棕黑色（10YR2/2），壤质黏土（轻黏土），碎块状结构，少量假菌丝，较多黏粒胶膜，稍紧，少量孔隙和动物穴，较多植物根系，少量螺蛳残骸，强石灰反应
AC₂	68～100	干时棕黑色（10YR2/2），黏土（轻黏土），碎块状结构，较多黏粒胶膜，紧，少量螺蛳残骸，强石灰反应

表 2 - 74　山东省盖黄石灰性鸭屎土典型剖面的物理性质

深度/ cm	各粒径颗粒组成/g/kg				质地
	0.2～2 mm	0.02～0.2 mm	0.002～0.02 mm	＜0.002 mm	
0～20	43.7	296.7	413.8	245.8	黏壤土
20～45	8.5	298.2	388.5	304.8	壤质黏土
45～68	10.7	178.8	443.1	367.4	壤质黏土
68～100	11.4	161.3	336.4	490.9	黏土

表 2 - 75　山东省盖黄石灰性鸭屎土典型剖面的化学性质

深度/ cm	pH	有机质/ g/kg	全氮（N）/ g/kg	全磷（P）/ g/kg	有效磷（P）/ mg/kg	速效钾（K）/ mg/kg
0～20	8.1	13.1	0.79	0.47	2.0	112
20～45	7.9	8.7	0.47	0.37	2.0	108
45～68	7.8	15.6	0.69	0.50	1.6	125
68～100	7.8	17.9	0.67	0.49	2.0	130

该土种耕层质地为黏壤土，质地适中，耕性良好，适耕期较长。心土层、底土层土质黏重，土壤的保肥保水性能较好。

（三）覆淤黑姜土土属的理化性质

1. 物理性质 覆淤黑姜土耕层平均厚度为 20.5 cm，耕层厚度≥20 cm 的面积占 19.46%，耕层厚度为 15～20 cm 的面积占 42.83%，耕层厚度为 13～15 cm 的面积占 37.71%。土壤质地为黏土占 55.54%、壤质黏土占 27.66%、黏壤土占 14.70%、沙质黏壤土占 2.10%。第二次全国土壤普查时该土属物理性质见表 2-76。

表 2-76　覆淤黑姜土物理性质（第二次全国土壤普查数据）

项目	耕层厚度/cm	各粒径颗粒组成/g/kg			
		0.2～2 mm	0.02～0.2 mm	0.002～0.02 mm	<0.002 mm
最小值	13.0	3.4	155.3	224.3	199.3
最大值	30.0	43.7	534.9	413.8	531.7
平均值	20.5	—	—	—	—

2. 大量元素含量 第二次全国土壤普查数据结果表明（表 2-77），覆淤黑姜土土属的土壤有机质、全氮、全磷、全钾、有效磷和速效钾含量平均值分别为 11.9 g/kg、0.81 g/kg、0.52 g/kg、18.9 g/kg、5.4 mg/kg 和 168.9 mg/kg。土壤有机质、全氮和全磷含量较低，有效磷含量低，全钾含量中等，速效钾含量较高。农业农村部耕地质量监测保护中心（2020）提供的数据显示（表 2-78），土壤有机质含量较高，全氮、有效磷和缓效钾含量中等，速效钾含量水平较高。土壤有机质、全氮和有效磷比 20 世纪 80 年代第二次全国土壤普查的含量分别提高了 73.9%、51.9% 和 281.5%。

表 2-77　覆淤黑姜土大量元素含量（第二次全国土壤普查数据）

项目	有机质	全氮（N）	全磷（P）	全钾（K）	有效磷（P）	速效钾（K）
样本数/个	1 264	1 268	78	35	1 261	1 157
范围	9.2～13.9 g/kg	0.65～0.94 g/kg	0.41～0.88 g/kg	15.4～19.6 g/kg	2.9～6.0 mg/kg	100.0～207.0 mg/kg
平均值	11.9 g/kg	0.81 g/kg	0.52 g/kg	18.9 g/kg	5.4 mg/kg	168.9 mg/kg

表 2-78　覆淤黑姜土大量元素含量（农业农村部耕地质量监测保护中心，2020）

项目	有机质	全氮（N）	有效磷（P）	速效钾（K）	缓效钾（K）
样本数/个	196	196	196	196	196
范围	5.9～41.2 g/kg	0.44～2.60 g/kg	1.6～84.1 mg/kg	64.0～365.0 mg/kg	136.0～1 309.0 mg/kg
平均值	20.7 g/kg	1.23 g/kg	20.6 mg/kg	158.1 mg/kg	770.4 mg/kg

3. 中微量元素含量 覆淤黑姜土中的微量元素铁和锰平均含量丰富，铜和钼含量较高，锌、硼含量中等，硫含量低（表 2-79）。

表 2-79　覆淤黑姜土中微量元素含量（农业农村部耕地质量监测保护中心，2020）

项目	铁(Fe)	锰(Mn)	铜(Cu)	锌(Zn)	钼(Mo)	硼(B)	硫(S)
样本数/个	17	17	17	17	16	16	3
最小值/mg/kg	3.14	29.50	0.90	0.05	0.04	0.18	12.90
最大值/mg/kg	84.80	88.10	2.97	3.11	0.32	0.83	24.80
平均值/mg/kg	56.47	71.23	1.60	1.69	0.19	0.52	18.10

第四节　盐化砂姜黑土亚类

盐化砂姜黑土亚类包括氯化物盐化砂姜黑土 1 个土属，盐黑土、其他氯化物盐化砂姜黑土 2 个土种（第二次全国土壤普查的江苏省的盐黑土，河北省的轻硝姜土、中硝姜土、轻卤姜土、中卤姜土 5 个土种相同性与相似性归类）。

一、面积与分布

氯化物盐化砂姜黑土土属面积为 1.45 万 hm²。其中，河北省氯化物盐化砂姜黑土 0.79 万 hm²，主要分布在大厂、丰南和丰润等县（市、区）的冲积扇下部的扇缘洼地、平原洼地和低平洼地。江苏省氯化物盐化砂姜黑土 0.66 万 hm²，主要分布于连云港市平原地势低洼、地下水位高、内外排水不畅的一些地方，以东海县和连云港市郊分布面积较大。

二、典型剖面形态与理化性质

1. 典型剖面-1　江苏省盐黑土典型剖面（表 2-80～表 2-82），采自连云港市海州区浦南镇下禾村后薛庄北平原田块，海拔 3.5 m，地下水位 70 cm。

表 2-80　江苏省盐黑土典型剖面形态特征

土层	深度/cm	土体剖面特征
A₁₁	0～14	褐灰色（10YR4/1），黏土，团块状结构，稍紧，有锈纹，表层积附有薄层可溶盐结晶细粒，尝后觉以碱味为主、很少苦味，pH 7.6
A₁₂	14～22	暗青灰色（10GY3/1），壤质黏土，小团块状结构，稍紧，有锈斑锈纹，pH 7.5
AC₁	22～54	暗灰色（N3/0），黏土，块状结构，紧，有黄色锈斑，pH 7.9
AC₂	54～100	浊黄褐色（10YR4/3），黏土，块状结构，紧，有少量锈斑，pH 7.8

表 2-81　江苏省盐黑土典型剖面的物理性质

深度/cm	各粒径颗粒组成/g/kg				质地
	0.2～2 mm	0.02～0.2 mm	0.002～0.02 mm	<0.002 mm	
0～14	43	183	304	470	黏土

（续）

深度/ cm	各粒径颗粒组成/g/kg				质地
	0.2~2 mm	0.02~0.2 mm	0.002~0.02 mm	<0.002 mm	
14~22	29	198	322	431	壤质黏土
22~54	26	178	270	526	黏土
54~100	37	215	225	523	黏土

表 2-82　江苏省盐黑土典型剖面的化学性质

深度/ cm	pH	有机质/ g/kg	全氮（N）/ g/kg	全磷（P）/ g/kg	全钾（K）/ g/kg	有效磷（P）/ mg/kg	速效钾（K）/ mg/kg	CEC/ cmol（+）/kg	全盐量/ g/kg
0~14	7.6	16.7	1.19	0.39	—	4	290	30.4	3.1
14~22	7.5	10.9	0.79	0.31	—	3	193	26.6	2.9
22~54	7.9	5.3	0.49	0.30	—	2	206	26.9	2.5
54~100	7.8	4.2	0.35	0.16	—	0	233	29.0	2.0

该土种所处地势低洼，质地黏重，土性僵冷，干旱季节由于水分蒸发，盐分在地表积聚成白色盐斑，表层颜色较浅，呈灰白色，加之土壤物理性质不良，作物立苗困难，严重的常年撂荒。

2. 典型剖面-2　河北省黏质中度氯化物盐化砂姜黑土典型剖面（表 2-83~表 2-85），采自唐山市丰南区南孙庄乡赵新庄村条田，低平地。

表 2-83　河北省黏质中度氯化物盐化砂姜黑土典型剖面形态特征

土层	深度/cm	土体剖面特征
A₁₁	0~22	暗灰色（5Y4/1），壤黏土，碎块状结构，较疏松，有贝壳
A₁₂	22~45	黑色（5Y2/1），黏土，碎块状结构，疏松，有锈纹锈斑和铁锰结核
C_{k1}	45~70	黄灰棕色（7.5YR5/6），黏土，碎块状结构，较松，有大量砂姜和锈纹锈斑
C_{k2}	70~95	浅灰棕色（5YR5/2），黏土，块状结构，较紧，有灰蓝色斑、锈纹锈斑和砂姜
C_{k3}	95~120	浅灰色（5YR6/1），黏土，块状结构，紧实，有灰蓝色斑块、锈纹锈斑，结构面有胶膜，有砂姜

表 2-84　河北省黏质中度氯化物盐化砂姜黑土典型剖面*的物理性质

深度/ cm	各粒径颗粒组成/g/kg				质地
	0.2~2 mm	0.02~0.2 mm	0.002~0.02 mm	<0.002 mm	
0~23	125	220	233	422	壤黏土
23~35	82	213	242	463	黏土
35~47	80	195	253	472	黏土
47~68	80	188	162	570	黏土
68 以下	50	115	210	625	黏土

* 采自河北省唐山市丰南区曹庄子乡正方。

表 2 - 85　河北省黏质中度氯化物盐化砂姜黑土典型剖面的化学性质

深度/ cm	pH	有机质/ g/kg	全氮（N）/ g/kg	全磷（P）/ g/kg	全钾（K）/ g/kg	有效磷（P）/ mg/kg	速效钾（K）/ mg/kg	CEC/ cmol（＋）/kg	含盐量/ g/kg
0～22	8.0	21.8	1.32	0.22	12.4	5	324	13.3	4.0
22～45	8.1	18.7	1.13	0.31	13.4	4	240	13.1	—
45～70	9.1	10.3	0.70	0.53	13.6	4	276	11.7	—
70～95	8.2	9.9	0.65	0.06	19.2	6	372	13.9	—
95～120	8.0	10.1	0.70	0.01	20.7	7	376	15.1	—

　　黏质中度氯化物盐化砂姜黑土主要种植小麦、玉米、高粱等，该土壤养分含量较高，只有有效磷含量较低。主要问题是土壤质地黏重，通透性差，耕性不良，适耕期短，雨后易起硬结皮而闷苗，供肥性差。表土积盐，中度盐碱危害。砂姜在 30 cm 左右出现，对作物生长发育有一定影响。

三、盐化砂姜黑土的理化性质

　　1. 物理性质　盐化砂姜黑土耕层平均厚度为 20.4 cm，耕层厚度≥20 cm 的面积占 99.94％，耕层厚度＜20 cm 的面积占 0.06％；土壤质地为黏土占 47.43％、壤质黏土占 51.77％、沙质黏壤土和黏壤土占 0.80％（表 2 - 86）。

表 2 - 86　盐化砂姜黑土物理性质（第二次全国土壤普查数据）

项目	厚度/ cm	各粒径颗粒组成/g/kg			
		0.2～2 mm	0.02～0.2 mm	0.002～0.02 mm	＜0.002 mm
最小值	17.0	46.0	137.0	157.0	230.0
最大值	22.0	268.0	345.0	354.0	463.0
平均值	20.4	—	—	—	—

　　2. 大量元素含量　第二次全国土壤普查数据结果表明（表 2 - 87），盐化砂姜黑土的土壤有机质、全氮、全磷、全钾、有效磷和速效钾含量平均值分别为 13.0 g/kg、0.96 g/kg、0.51 g/kg、20.8 g/kg、5.5 mg/kg 和 274.7 mg/kg。土壤有机质含量较低，全氮和全磷含量较低，有效磷含量低，全钾含量较高，速效钾含量丰富。

表 2 - 87　盐化砂姜黑土大量元素含量（第二次全国土壤普查数据）

项目	有机质	全氮（N）	全磷（P）	全钾（K）	有效磷（P）	速效钾（K）
样本数/个	45	45	20	10	41	35
范围	4.8～16.6 g/kg	0.35～1.20 g/kg	0.22～1.00 g/kg	12.4～27.2 g/kg	3.9～7.1 mg/kg	48.0～343.7 mg/kg
平均值	13.0 g/kg	0.96 g/kg	0.51 g/kg	20.8 g/kg	5.5 mg/kg	274.7 mg/kg

第五节　碱化砂姜黑土亚类

　　碱化砂姜黑土亚类包括碱黑姜土 1 个土属，轻碱黑姜土 1 个土种（第二次全国土壤普查的安徽省轻碱化黑姜土、重碱化黑姜土 2 个土种相同性与相似性归类）。

一、面积与分布

碱黑姜土土属面积 0.77 万 hm²，所处地形为河间平原中的封闭洼地，零星分布在河间平原洼地中心；主要分布在安徽省，以颍河以东，阜阳、太和一线以南和宿州至泗县的公路南部，沿淮岗地以北，以涡阳、利辛、蒙城、怀远、固镇、宿州、灵璧及泗县等地面积较大。

二、典型剖面形态与理化性质

安徽省轻碱化黑姜土典型剖面（表 2-88～表 2-90），于 1982 年 12 月采自宿州市泗县黑塔镇马厂村丁庄西北湖，地下水位 2 m，海拔 20 m。

表 2-88 安徽省轻碱化黑姜土典型剖面形态特征

土层	深度/cm	土体剖面特征
A_{11}	0～18	干时灰白色（5Y7/1），黏壤土，较松，有极薄的海绵状结皮，弱石灰反应，pH 8.9
A_{12}	18～26	干时淡灰色（5Y6/1），黏壤土，块状结构，稍紧，弱石灰反应，pH 8.8
AC	26～66	干时灰黄色（10YR5/8），粉沙质黏壤土，棱块状结构，结构体表面有灰色胶膜，弱石灰反应，pH 8.7
C_k	66～100	干时淡灰色（5Y6/1），粉质黏土，棱块状结构，70 cm 处见面砂姜，无石灰反应，pH 8.9

表 2-89 安徽省轻碱化黑姜土典型剖面的物理性质

深度/cm	各粒径颗粒组成/g/kg				质地
	0.2～2 mm	0.02～0.2 mm	0.002～0.02 mm	<0.002 mm	
0～18	25.4	395.3	351.6	227.7	黏壤土
18～26	65.4	307.8	394.4	232.4	黏壤土
26～66	0.0	250.4	548.0	201.5	粉沙质黏壤土
66～100	36.7	1.0	699.0	263.4	粉质黏土

表 2-90 安徽省轻碱化黑姜土典型剖面的化学性质

深度/cm	pH	有机质/g/kg	全氮（N）/g/kg	全磷（P）/g/kg	全钾（K）/g/kg	有效磷（P）/mg/kg	速效钾（K）/mg/kg	CEC/cmol（+）/kg	碱化度/%
0～18	8.9	9.1	0.32	0.38	15.6	4.2	165	12.4	34.10
18～26	8.8	9.5	0.51	0.32	14.5	1.1	146	20.3	33.38
26～66	8.7	5.0	0.35	0.43	17.7	3.1	235	—	25.52
66～100	8.9	3.9	0.15	0.44	18.3	—	136	—	23.37

该土种耕层质地轻，易耕耙。但雨后地表板结，易造成闷种缺苗。该土种土性凉，碱性大，应掌握土壤温度和墒情，适时播种，争取全苗，春播宜迟，秋播宜早，比其他土种早播或迟播 7～10 d。一般为两年三熟（小麦-大豆或红芋，绿豆-冬闲-春红芋或高粱、玉米）。小麦单产 1 800 kg/hm²，大

豆单产 1 200 kg/hm²，鲜红芋单产 9 000 kg/hm²。

三、碱黑姜土的理化性质

1. 物理性质 碱黑姜土耕层厚度平均值为 14.0 cm，耕层厚度为 18 cm 的面积占 90.44%。土壤质地为黏壤土面积占 90.44%，壤土占 9.56%（表 2 - 91）。

表 2 - 91　碱黑姜土物理性质（第二次全国土壤普查数据）

项目	厚度/cm	各粒径颗粒组成/g/kg			
		0.2～2 mm	0.02～0.2 mm	0.002～0.02 mm	<0.002 mm
最小值	10.0	4.6	395.3	351.6	132.9
最大值	18.0	25.4	462.6	400.0	227.7
平均值	14.0	—	—	—	—

2. 大量元素含量 第二次全国土壤普查数据结果表明（表 2 - 92），碱黑姜土的土壤有机质、全氮、全磷、全钾、有效磷和速效钾含量平均值分别为 9.1 g/kg、0.59 g/kg、0.42 g/kg、14.9 g/kg、3.8 mg/kg 和 125.6 mg/kg。土壤有机质、全氮和有效磷含量低，全磷和全钾含量较低，速效钾含量中等。

表 2 - 92　碱黑姜土大量元素含量（第二次全国土壤普查数据）

项目	有机质	全氮（N）	全磷（P）	全钾（K）	有效磷（P）	速效钾（K）
样本数/个	58	58	16	13	52	37
范围	9.0～9.8 g/kg	0.51～0.62 g/kg	0.41～0.44 g/kg	14.7～15.0 g/kg	3.0～3.9 mg/kg	123.4～140.0 mg/kg
平均值	9.1 g/kg	0.59 g/kg	0.42 g/kg	14.9 g/kg	3.8 mg/kg	125.6 mg/kg

第六节　黑黏土亚类

黑黏土亚类全部分布在广西壮族自治区，仅有黑泥土 1 个土属，钙黑黏泥 1 个土种（第二次全国土壤普查的广西壮族自治区的黑黏土、黑黏泥土 2 个土种相同性与相似性归类）。

一、面积与分布

钙黑黏泥面积为 0.18 万 hm²，主要分布于广西壮族自治区右江河谷的百色及田阳、田东、平果等县（市、区）地势较低的阶地。

二、典型剖面形态与理化性质

黑黏泥土典型剖面（表 2 - 93～表 2 - 95），采自广西壮族自治区百色市右江区四塘镇新民村低丘缓坡，成土母质为第三纪泥岩，历史上曾是浅湖，后抬升为低山丘陵。

表 2-93　黑黏泥土典型剖面形态特征

土层	深度/cm	土体剖面特征
A₁₁	0～15	灰黄色（2.5YR6/3），黏土，核粒状结构，疏松，有石灰结核，植物根系多，容重1.39 g/cm³
Cₖ	15～33	灰色（5YR4/1），间有少量淡黄棕色（10YR7/6）条纹，黏土，块状结构，紧实，少量小裂隙，有石灰结核，植物根系少
AC₁	33～57	黄棕色（10YR5/8）间杂暗黄色（2.5YR6/3），黏土，棱块状结构，结构面有灰色有机胶膜，有少量石灰结核，植物根系少
AC₂	57～69	黄棕色（10YR5/8），黏土，块状结构，坚实，有少量有机胶膜，有中量石灰结核，植物根系极少
C	69～100	黄棕色（10YR5/8），黏土，块状结构，坚实，裂隙与上层相连接，无植物根系

表 2-94　黑黏泥土典型剖面的物理性质

深度/cm	各粒径颗粒组成/g/kg					质地
	>1 mm	0.2～2 mm	0.02～0.2 mm	0.002～0.02 mm	<0.002 mm	
0～15	18	26	91	331	522	黏土
15～33	8	44	50	333	573	黏土
33～57	2	16	11	406	567	黏土
57～69	2	18	11	422	549	黏土
69～100	—	8	4	419	569	黏土

表 2-95　黑黏泥土典型剖面的化学性质

深度/cm	pH	有机质/g/kg	全氮（N）/g/kg	全磷（P）/g/kg	全钾（K）/g/kg	有效磷（P）/mg/kg	速效钾（K）/mg/kg	CEC/cmol（+）/kg	CaCO₃/g/kg
0～15	8.4	29.1	1.87	0.30	12.2	3.1	88	40.6	84.0
15～33	8.4	26.7	1.82	0.30	12.7	2.1	70	38.1	94.9
33～57	8.6	9.8	1.49	0.27	12.8	0.5	47	32.9	328.7
57～69	8.5	7.1	1.36	0.28	10.4	0.2	39	25.8	257.5
69～100	8.6	5.1	1.19	0.27	10.8	0.2	37	23.8	237.9

该土种质地黏重，犁耙困难，且碱性强，钙质与黏粒胶结呈团核状，不易分散，耕性和宜种性受限，有机质含量较高，但有效磷和速效钾含量低，花生、甘薯、玉米产量低。

第七节　与土壤系统分类体系的参比

砂姜黑土气候干湿交替明显，质地黏重，黏粒含量一般在30%左右，黏土矿物以胀缩性强的蒙脱石为主。较高的黏粒含量、富含蒙脱石及明显的干湿交替导致砂姜黑土土体容易开裂，开裂是变性土重要的一个成土过程。干时开裂和湿时闭合的多次交替一方面使砂姜黑土的土壤剖面均一化，另一方面在土体中形成了滑擦面和楔形结构，从而具有美国土壤系统分类中变性土纲的特征。1979年以来，国内有土壤学者从变性土的角度对砂姜黑土进行了研究，说明了其如果按照土壤系统分类，应归入潮湿变性土亚纲，但也发现有些砂姜黑土没有变性特征，只能划分为潮湿雏形土。

一、砂姜黑土的系统分类归属

李德成等（2011）依据第二次全国土壤普查获取的安徽、河南、山东、江苏和湖北 5 个省合计 54 个砂姜黑土土种（安徽 13 个、河南 20 个、江苏 6 个和山东 15 个）的信息，根据对资料的分析，认为砂姜黑土的所有土种均满足《中国土壤系统分类》（第三版）中的变性土定义的无石质接触面，均包含变性特征条件黏粒含量的信息。但一些土种缺乏变性特征条件裂隙宽度的信息，绝大部分土种缺乏条件滑擦面的信息，所有土种均缺乏条件自吞特征的信息。其原因可能包括：①剖面调查时不是在旱季进行，土体开裂现象没有表现出来；②长期耕作和施肥等人为活动的影响或土壤淹水的影响，抑制或减缓了砂姜黑土的某些形态学特征，致使其变性土特征难以表现出来。

其研究结果为，在 54 个砂姜黑土土种中，有 33 个土种可以划归为变性土（安徽 7 个、河南 16 个、江苏 5 个和山东 5 个）。其中，26 个土种为砂姜钙积潮湿变性土，7 个土种属于其他类型的钙积潮湿变性土。而不属变性土的砂姜黑土土种则可能属于砂姜潮湿雏形土或潮湿碱积盐成土（表 2-96）。因为上述对砂姜黑土每个土种的系统分类诊断的结果是初步的，所以更精确的诊断还需进行规模性的系统调查和分析以进一步补充变性土诊断指标的信息。

表 2-96　砂姜黑土在土壤系统分类归属判别结果

系统分类	省份及土种
砂姜钙积潮湿变性土	安徽：黑姜土、瘦黑姜土、黄姜土、瘦黄姜土、薄淤黑姜土、覆泥黑姜土 河南：砂姜黑土、浅位少量砂姜黑土、浅位多量砂姜黑土、少姜底砂姜黑土、多姜底砂姜黑土、钙盘砂姜黑土、钙盘底砂姜黑土、浅位少姜复石灰黑土、少姜底复石灰黑土、浅位多量砂姜石灰性黑土、多姜底石灰性黑土、钙盘底石灰黑土 山东：黏鸭屎土、砂姜底黏鸭屎土、黏石灰性鸭屎土、砂姜底黏石灰性鸭屎土 江苏：岗黑土、姜底岗黑土、湖黑土、姜底湖黑土
砂姜潮湿雏形土	安徽：油黑姜土、白姜土、姜白淌土、覆两合黑姜土 河南：浅位砾层青黑土、深位砾层青黑土、壤质黑老土、壤质石灰性黑老土 山东：鸭屎土、砂姜心鸭屎土、砂姜底鸭屎土、砂盖黄鸭屎土、盖黄鸭屎土、石灰性鸭屎土、砂姜心石灰性鸭屎土、砂姜底石灰性鸭屎土、砂盖黄石灰性鸭屎土、盖黄石灰性鸭屎土 江苏：板黑土
钙积潮湿变性土	安徽：厚淤黑姜土 河南：青黑土、黏质黑老土、复石灰青黑土、黏质石灰性黑老土 山东：黏盖黄石灰性鸭屎土 江苏：盐黑土
潮湿碱积盐成土	安徽：轻碱化黑姜土、重碱化黑姜土

二、《中国土系志》中涉及砂姜黑土的土系

2009—2018 年，科学技术部组织开展了全国土系调查工作，其中安徽省、河南省、山东省建立的土系中有 37 个土系来自发生分类的砂姜黑土（表 2-97），涉及变性土和雏形土 2 个土纲，其中 3 个土系属于变性土，34 个土系属于雏形土。据了解，在开展中国农田碳库研究时砂姜黑土集中分布区安徽省蒙城县成了典型县，调查了 22 个有代表性的农田剖面，其中至少一半是砂姜黑土，因此，

其建立的与砂姜黑土有关的土系数量远多于河南省和山东省。至于雏形土土系远多于变性土土系，这与调查的有代表性的农田有关，较多的农田或是土体较为潮湿，或是剖面上部为后期覆盖的黄泛物，导致没有变性特征。

表 2-97　砂姜黑土土系情况

系统分类土纲	系统分类亚类	土系个数	土系名称（省份）
变性土	砂姜钙积潮湿变性土	3	安徽：大苑系、双桥系 山东：台儿庄系
雏形土	变性砂姜潮湿雏形土	4	安徽：李寨系 河南：官路营系 山东：瓦屋屯系、西南杨系
雏形土	普通砂姜潮湿雏形土	29	安徽：刘油系、曹店系、陈桥系、贾寨系、前胡系、魏庄系、新城寨系、于庙系、中袁系、邹圩系、官山系 河南：栗盘系、曾家系、大冀系、郭关庙系、权寨系、张林系、老君系、惠河系 山东：周庄系、前墩系、徐家楼系、许家庄系、张而系、万家系、于庄系 江苏：潼阳系、茆圩系、凤云系
	水耕砂姜潮湿雏形土	1	江苏：小新庄系

（一）砂姜钙积潮湿变性土

1. 大苑系

土族：黏质蒙脱石混合型热性-砂姜钙积潮湿变性土。

分布与环境条件：分布于淮北平原低洼地区缓坡地段，海拔 20~30 m，成土母质为古黄土性河湖相沉积物，旱地，小麦-玉米/豆类轮作。暖温带半湿润季风气候区，年均日照时数 2 300~2 400 h，气温 14.5~15.0 ℃，降水量 800~900 mm，无霜期 210~220 d。

土系特征与变幅：诊断层包括淡薄表层、雏形层和钙积层；诊断特性包括热性土壤温度状况、潮湿土壤水分状况、变性特征和氧化还原特征。土体深厚，pH 5.7~7.4，黏壤土-黏土，耕层以下土体为棱柱状结构，干时产生多条裂隙，具有变性特征。钙积层出现上界约在 60 cm 深，体积含量 10%~15%。

代表性单个土体：位于安徽省亳州市蒙城县板桥集镇大苑村东北，33°20′54.3″N、116°39′41.2″E，海拔 25 m，低缓坡地，成土母质为古黄土性河湖相沉积物，旱地，小麦-玉米/豆类轮作。50 cm 深度土壤温度 16.3 ℃。

利用性能综述：质地黏，通透性和耕性差，物理性质不良，排水条件差，易涝，有机质、氮、钾含量低，磷含量较高（表 2-98~表 2-100）。应改善排灌条件，增施有机肥和实行秸秆还田，增施钾肥。

表 2-98　大苑系代表性单个土体剖面形态特征

土层*	深度/cm	土体剖面特征
Ap1	0~15	淡黄色（5Y7/4，干），灰橄榄色（5Y5/2，润），黏壤土，发育强的直径 1~3 mm 粒状结构，松散，向下层平滑清晰过渡

（续）

土层 *	深度/cm	土体剖面特征
A_{p2}	15～30	淡黄色（5Y7/3，干），灰橄榄色（5Y5/2，润），黏土，发育强的直径10～20 mm棱柱状结构，稍硬，向下层平滑清晰过渡
B_{v1}	30～60	橄榄黄色（5Y6/3，干），灰色（5Y4/1，润），黏土，发育强的直径20～50 mm棱柱状结构，稍硬，土体中10条直径5～20 mm裂隙，向下层波状渐变过渡
B_{kvr1}	60～90	灰橄榄色（5Y5/2，干），灰色（5Y4/1，润），黏土，发育强的直径20～50 mm棱柱状结构，稍硬，土体中10%左右不规则黄白色稍硬碳酸钙中结核，8条直径5～10 mm裂隙，向下层波状渐变过渡
B_{kvr2}	90～120	灰橄榄色（5Y5/2，干），灰色（5Y4/1，润），黏土，发育强的直径20～50 mm棱柱状结构，稍硬，土体中15%左右不规则黄白色稍硬碳酸钙，6条直径3～10 mm裂隙

* 引自李德成等，2017。耕层，A_{p1}、A_{p2}。有变性特征的B层，①无斑纹、无砂姜，B_{v1}、B_{v2}……②有砂姜，B_{kvr1}、B_{kvr2}……（根据经验，一般情况下，有r的层次，由于土体潮湿，基本没有v）无变性特征的B层，①有砂姜、无斑纹，B_k；②有斑纹、无砂姜，B_r；③有斑纹和砂姜，B_{kr}。有斑纹、无砂姜的母质层，C_r；有砂姜、无斑纹的母质层，C_k；有斑纹和砂姜的母质层，C_{kr}。下同。

表 2 - 99　大苑系代表性单个土体物理性质

土层	深度/cm	>2 mm砾石（体积分数）/%	各粒径颗粒组成/g/kg			质地	容重/g/cm³
			0.05～2 mm	0.002～0.05 mm	<0.002 mm		
A_p	0～15	—	275	401	324	黏壤土	1.31
A_{p2}	15～30	—	271	286	443	黏土	1.57
B_{v1}	30～60	—	238	271	491	黏土	1.46
B_{kvr1}	60～90	10	237	286	477	黏土	1.62
B_{kvr2}	90～120	15	275	301	424	黏土	1.68

表 2 - 100　大苑系代表性单个土体化学性质

层次/cm	pH	有机质/g/kg	全氮（N）/g/kg	全磷（P）/g/kg	全钾（K）/g/kg	CEC/cmol（+）/kg
0～15	5.7	17.3	1.24	1.19	13.5	21.9
15～30	7.4	6.0	0.68	0.88	11.9	26.1
30～60	8.3	4.0	0.49	0.99	13.4	28.3
60～90	8.6	0.9	0.31	1.14	14.5	23.0
90～120	8.6	1.9	0.21	0.95	13.1	23.7

2. 台儿庄系

土族：黏壤质盖粗骨质混合型温性-砂姜钙积潮湿变性土。

分布与环境条件：主要分布在山东省枣庄市辖区、临沂市辖区、苍山、临沭等地。地形为湖积平原，海拔25～60 m，母质为第四纪浅湖沼相沉积物，旱地，以小麦-玉米轮作为主，也种植蔬菜等。暖温带季风区半湿润大陆性气候，年平均气温13.5～14.0 ℃，年降水量750～800 mm，年日照时数2 200～2 450 h。

土系特征与变幅：诊断层包括淡薄表层、钙积层和超钙积层；诊断特性包括潮湿土壤水分状况、温性土壤温度状况、变性特征和氧化还原特征。土体厚度90 cm以上，黏壤土质地，pH 7.1～7.8。

土体下部大量碳酸钙结核（砂姜），变性层次呈棱块状结构，有大量滑擦面。通体具有铁锰结核，下部有较多铁锰斑纹。

代表性单个土体：位于山东省枣庄市台儿庄区泥沟镇腰里徐村西北，34°42′5.1″N、117°44′33.3″E。湖积平原，海拔 25 m，母质为湖积物，旱地，小麦-玉米轮作。

利用性能综述：土壤质地黏重，耕性差，发苗晚，保水保肥能力强，产量较高。地势低洼，丰水季节易滞涝，旱季坚实，容易开裂。氮、磷、钾含量中等（表 2 - 101～表 2 - 103）。关注土壤物理性质改良，增施有机物料和肥料，砂姜层出现较深，对农作无多大影响。

表 2 - 101　台儿庄系代表性单个土体剖面形态特征

土层	深度/cm	土体剖面特征
A$_{p1}$	0～10	暗灰黄色（2.5Y4/2，干），暗橄榄棕色（2.5Y3/2，润），粉质黏壤土，强发育小块状结构，稍硬，有不连续的 0.5 cm 左右裂隙，有少量很小的铁锰结核，少量砖、瓦碎屑，向下模糊平滑过渡
A$_{p2}$	10～22	橄榄棕色（2.5Y4/3，干），暗橄榄棕色（2.5Y3/2，润），粉质黏壤土，强发育小块状结构，稍硬，有少量较小的球状黑色铁锰结核，向下清晰波状过渡
B$_v$	22～60	暗灰黄色（2.5Y4/3，干），黑棕色（2.5Y3/2，润），粉质黏壤土，强发育棱块状结构，坚实，很多滑擦面，有少量较小的黑色铁锰结核，向下平滑清晰过渡
B$_{kr}$	60～88	橄榄棕色（2.5Y4/6，干），橄榄棕色（2.5Y3/4，润），粉壤土，强发育块状结构，坚实，结构面上多铁锰斑纹，有较多 2 mm 左右的黑色铁锰结核，中量直径 3～5 cm 的砂姜结核，强石灰反应，向下平滑清晰过渡
C$_{kr}$	88～110	灰棕色（7.5YR4/2，润），粉壤土，大量砂姜结核，部分砂姜粉末，可见铁锰胶膜与铁锰结核，强石灰反应

表 2 - 102　台儿庄系代表性单个土体物理性质

深度/cm	>2 mm 砾石（体积分数）/%	各粒径颗粒组成/g/kg			质地	容重/g/cm³
		0.05～2 mm	0.002～0.05 mm	<0.002 mm		
0～10	5	113	570	317	粉质黏壤土	1.41
10～22	5	86	615	299	粉质黏壤土	1.43
22～60	0	121	540	339	粉质黏壤土	1.45
60～88	20	277	533	190	粉壤土	1.43
88～110	85	270	555	175	粉壤土	—

表 2 - 103　台儿庄系代表性单个土体化学性质

深度/cm	pH	有机质/g/kg	全氮（N）/g/kg	全磷（P）/g/kg	全钾（K）/g/kg	碳酸钙/g/kg
0～10	7.1	12.0	0.98	0.78	16.6	0.7
10～22	7.3	8.6	0.88	0.82	18.2	0.8
22～60	7.5	9.4	0.70	0.76	14.7	1.6
60～88	7.8	2.5	0.30	0.82	13.0	55.7
88～110	7.8	1.3	0.15	0.80	11.0	75.7

（二）砂姜潮湿雏形土

1. 刘油系

土族：黏质蒙脱石混合型温性-普通砂姜潮湿雏形土。

分布与环境条件：分布于淮北平原地势低洼地段，海拔一般在 10～40 m，成土母质为古黄土性河湖相沉积物，旱地，小麦-玉米轮作。暖温带半湿润季风气候，年均日照时数 2 300～2 500 h，气温 14.5～15.0 ℃，降水量 800～900 mm，无霜期 200～220 d。

土系特征与变幅：诊断层包括暗沃表层、钙积层和雏形层；诊断特性包括热性土壤温度状况、潮湿土壤水分状况和氧化还原特征。处于地势低洼地段，土体厚度 1 m 以上，通体黏壤土，有石灰反应，无变性现象。淡薄表层厚度 15～18 cm，钙积层出现在 75 cm 以下，有 20％左右铁锰结核，10％左右碳酸钙结核（砂姜）。

代表性单个土体：位于安徽省亳州市涡阳县丹城镇刘油村北，33°42′48.4″N、116°15′37.7″E，海拔 34 m，河间平原地势低洼地段。旱地，种植小麦。

利用性能综述：地势较低，排水条件较差，质地黏，通透性和耕性差，有机质、氮、磷、钾含量低（表 2-104～表 2-106）。应改善排灌条件，增施有机肥和实行秸秆还田，增施磷肥和钾肥。

表 2-104　刘油系代表性单个土体剖面形态特征

土层	深度/cm	土体剖面特征
A_{p1}	0～18	黄灰色（2.5Y6/1，干），黄灰色（2.5Y4/1，润），黏壤土，发育强的直径 1～3 mm 粒状结构，松散，土体中有 3 条蚯蚓通道，内有球形蚯蚓粪便，向下层波状渐变过渡
A_{p2}	18～32	黄灰色（2.5Y5/1，干），黄灰色（2.5Y4/1，润），黏壤土，发育强的直径 10～20 mm 块状结构，疏松，土体中有 3 条蚯蚓通道，内有球形蚯蚓粪便，向下层波状渐变过渡
B_r	32～78	黄灰色（2.5Y4/1，干），黑棕色（2.5Y3/1，润），黏壤土，发育强的直径 10～20 mm 棱块状结构，稍坚实，土体中有 2 条直径 1～3 mm 裂隙，3 条蚯蚓通道，内有球形蚯蚓粪便，向下层平滑清晰过渡
B_{kr}	78～120	淡黄色（2.5Y7/3，干），黄灰色（2.5Y5/1，润），黏壤土，发育中等的直径 10～20 mm 棱块状结构，稍坚实，结构面上 2％左右铁锰斑纹，土体中 2％左右直径≤3 mm 球形褐色软铁锰结核，10％左右不规则黄白色稍硬碳酸钙结核，2 条直径 1～3 mm 裂隙，强石灰反应

表 2-105　刘油系代表性单个土体物理性质

土层	深度/cm	>2 mm 砾石/%	各粒径颗粒组成/g/kg			质地	容重/g/cm³
			0.05～2 mm	0.002～0.05 mm	<0.002 mm		
A_{p1}	0～18	—	335	312	353	黏壤土	1.49
A_{p2}	18～32	—	276	332	392	黏壤土	1.51
B_r	32～78	—	239	375	386	黏壤土	1.46
B_{kr}	78～120	12	232	414	354	黏壤土	1.62

表 2-106　刘油系代表性单个土体化学性质

层次/cm	pH	有机质/g/kg	全氮（N）/g/kg	全磷（P）/g/kg	全钾（K）/g/kg	CEC/cmol（+）/kg	碳酸钙/g/kg
0～18	8.3	20.5	0.84	0.61	14.9	27.4	23.1

（续）

层次/cm	pH	有机质/g/kg	全氮（N）/g/kg	全磷（P）/g/kg	全钾（K）/g/kg	CEC/cmol（+）/kg	碳酸钙/g/kg
18～32	8.4	10.3	0.73	0.36	15.7	23.3	20.2
32～78	8.5	7.0	0.51	0.25	15.4	27.7	59.2
78～120	8.5	4.6	0.38	0.30	14.3	22.8	79.1

2. 大冀系

土族：黏壤质混合型非酸性热性-普通砂姜潮湿雏形土。

分布与环境条件：主要分布于湖积平原的洼坡地，内、外排水不良，母质为河湖相沉积物，暖温带向北亚热带过渡气候，年均气温为 14.9℃，年均降水量约 872 mm，地下水埋深 2～4 m。

土系特征与变幅：诊断层有淡薄表层、钙积层和雏形层，诊断特性包括氧化还原特征、潮湿土壤水分状况和热性土壤温度状况；质地黏重，通透性差，土体厚度一般在 1.2 m 以上，Ap 层容重 1.21 g/cm³，其他层次容重 1.30～1.60 g/cm³；黏粒含量多在 130～300 g/kg，CEC 在 25～35 cmol（+）/kg。残余黑土层干时为灰黄色、暗灰黄色至黑棕色，润时黑棕色、黑色至橄榄黑色，胀缩性较强，干时可出现裂隙；40 cm 以下由于地下水位的升降导致干湿交替频繁，氧化还原特征明显，有多量明显的铁锰斑纹和中等铁锰结核；70 cm 以下有多量黄白色不规则碳酸钙结核（砂姜）；pH 中性偏碱性，通体细土物质无石灰反应。

代表性单个土体：剖面采自河南省驻马店市汝南县留盆镇大冀村，33°7′9″N、114°23′9″E，海拔约 55 m。湖积平原，母质为河湖相沉积物，旱地，种植小麦（表 2-107～表 2-109）。

表 2-107　大冀系代表性单个土体剖面形态特征

土层	深度/cm	土体剖面特征
Ap	0～19	灰黄棕色（10YR4/2，干），暗棕色（10YR3/4，润），粉沙质黏土，块状结构，大量植物根系，pH 7.3，向下层清晰平滑过渡
AB	19～40	暗灰黄色（2.5Y4/2，干），黑色（10YR2/1，润），粉沙质黏土，棱块状结构，pH 8.2，向下层清晰平滑过渡
Br	40～70	暗灰黄色（2.5Y5/2，干），棕色（10YR4/4，润），粉沙质黏土，棱块状结构，25%左右的铁锰斑纹，pH 7.5，向下层清晰平滑过渡
Brk1	70～120	暗灰黄色（10YR7/2，干），黄棕色（2.5Y5/3，润），块状结构，35%左右的铁锰斑纹，10%～15%的石灰结核，pH 8.2，向下层清晰平滑过渡
Brk2	120～150	浊黄橙色（10YR7/3，干），浊黄棕色（10YR5/4，润），粉沙质黏壤土，块状结构，超过35%的铁锰斑纹，10%～15%的石灰结核，pH 8.6

表 2-108　大冀系代表性单个土体物理性质

深度/cm	各粒径颗粒组成/g/kg			质地	容重/g/cm³
	0.05～2 mm	0.002～0.05 mm	<0.002 mm		
0～19	126	570	304	粉沙质黏土	1.21
19～40	120	605	275	粉沙质黏土	1.36

（续）

| 深度/ | 各粒径颗粒组成/g/kg | | | 质地 | 容重/ |
cm	0.05~2 mm	0.002~0.05 mm	<0.002 mm		g/cm³
40~70	192	544	264	粉沙质黏土	1.50
70~120	233	576	191	粉沙质黏壤土	1.63
120~150	206	612	182	粉沙质黏壤土	1.61

表 2-109 大冀系代表性单个土体养分状况与化学性质

深度/ cm	pH (H_2O)	有机碳/ g/kg	全氮 (N)/ g/kg	全磷 (P)/ g/kg	全钾 (K)/ g/kg	CEC/ cmol (+)/kg	碳酸钙/ g/kg
0~19	7.3	13.48	0.40	0.53	19.9	33.84	1.2
19~40	8.2	10.62	1.07	0.61	21.6	32.33	1.9
40~70	7.5	3.91	0.55	0.42	19.7	32.55	1.2
70~120	8.2	2.15	0.61	0.48	20.8	23.06	3.0
120~150	8.6	2.09	0.24	0.42	19.6	8.20	27.1

3. 周庄系

土族：黏壤质混合型温性-普通砂姜潮湿雏形土。

分布与环境条件：主要分布在山东省临沭、河东、苍山、郯城等地，河湖相冲积平原，海拔40~60 m，母质为河湖相沉积物，旱地，多为小麦-玉米轮作。暖温带半湿润大陆性气候区，年均气温13.5~14.0 ℃，年均降水量750~850 mm，年日照时数2 300~2 450 h。

土系特征与变幅：诊断层包括淡薄表层和钙积层；诊断特性包括温性土壤的温度状况、潮湿土壤的水分状况和氧化还原特征。土体厚度大于100 cm，壤土-粉壤质地构型，黏粒含量120~280 g/kg，砂姜结核出现在90 cm以下，体积含量30%。pH 7.3~8.1。

代表性单个土体：位于山东省临沂市临沭县临沭街道周庄，34°53′17.685″N、118°38′41.172″E，海拔59 m，湖积、冲积平原，母质为湖积物上覆冲积物母质。

利用性能综述：质地适中，耕性良好，排水等级良好，外排水类型平衡，土体下部有砂姜出现，但不构成限制。有机质和养分含量中等，速效钾含量很低（表2-110~表2-112）。农业生产注意加强水利设施配套工程、合理施肥、增施有机肥、加强秸秆还田、增施钾肥。

表 2-110 周庄系代表性单个土体剖面形态特征

土层	深度/cm	土体剖面特征
A_{p1}	0~15	浊黄棕色（10YR5/3，干），浊黄棕色（10YR4/3，润），壤土，强发育粒状结构，疏松，无石灰反应，向下渐变平滑过渡
A_{p2}	15~26	浊黄橙色（10YR6/3，干），浊黄棕色（10YR5/3，润），壤土，碎块状结构，疏松，少量铁锰斑纹，中量直径4 mm以下的铁锰结核，无石灰反应，向下清晰平滑过渡
B_{r1}	26~60	灰黄棕色（10YR5/2，干），浊黄棕色（10YR4/3，润），壤土，强发育中块状结构，紧实，多量铁锰斑纹，少量铁锰结核，无石灰反应，向下清晰平滑过渡

（续）

土层	深度/cm	土体剖面特征
B_{r2}	60~90	浊黄橙色（10YR6/3，干），浊黄棕色（10YR5/3，润），壤土，强发育中块状结构，坚实，多量铁锰斑纹，大量直径5 mm以下的铁锰结核，无石灰反应，向下清晰平滑过渡
C_{kr}	90~110	浅淡红橙色（2.5YR7/3，干），浊黄棕色（10YR5/3，润），粉壤土，弱发育中块状结构，坚实，大量铁锰斑纹，中量铁锰结核，多大块砂姜体，中度石灰反应

表 2-111 周庄系代表性单个土体物理性质

深度/cm	>2 mm 砾石（体积分数）/%	各粒径颗粒组成/g/kg			质地	容重/g/cm³
		0.05~2 mm	0.002~0.05 mm	<0.002 mm		
0~15	<2	297	471	232	壤土	1.30
15~26	<2	313	455	232	壤土	1.55
26~60	<2	256	480	264	壤土	1.60
60~90	3	435	331	234	壤土	1.64
90~110	30	265	611	124	粉壤土	—

表 2-112 周庄系代表性单个土体化学性质

深度/cm	pH	有机碳/g/kg	全氮（N）/g/kg	全磷（P）/g/kg	全钾（K）/g/kg	碳酸钙/g/kg
0~15	7.3	10.2	1.70	0.71	20.5	0.9
15~26	7.6	6.3	0.71	0.50	23.0	0.8
26~60	7.8	5.8	0.77	0.59	20.0	0.8
60~90	7.9	2.1	0.45	0.59	24.2	1.2
90~110	8.1	1.4	0.25	0.68	13.9	14.5

第三章 砂姜黑土物理性质 >>>

第一节　土壤颗粒与质地

土壤是由形状不同、大小不均的固体颗粒及孔隙按照一定排列形式构成的多孔介质。土壤大小颗粒的分布是重要的土壤物理性质，对土壤水、气、热传导特性有着显著的影响。土壤的质地与结构由土壤中固体颗粒的大小、数量、形状及其结合方式决定，从而影响土壤物理基本性质。

一、颗粒组成

土壤颗粒包括矿质颗粒、有机颗粒和有机-无机复合颗粒。在一般土壤中，矿质颗粒约占土壤固相质量的95%以上，因此土壤颗粒主要指矿质颗粒。国际制土壤颗粒分级标准中，按照颗粒有效直径大小，分为砾（＞2 mm）、粗沙（0.2～2.0 mm）、细沙（0.02～0.2 mm）、粉粒（0.002～0.02 mm）和黏粒（＜0.002 mm）。砂姜黑土是由古湖沼相沉积物发育的土壤，颗粒组成中其黏粒和粉粒含量较高，细沙含量较少，粗沙含量极微。

典型剖面测定结果，砂姜黑土颗粒组成中沙粒（＞0.02 mm）含量为116.7～533.0 g/kg，平均值为（265.2±98.4）g/kg；粉粒（0.002～0.02 mm）含量为268.0～520.0 g/kg，平均值为（326.7±49.5）g/kg；黏粒（＜0.002 mm）含量为93～577 g/kg，平均值为（406.8±79.4）g/kg，总体上表现出黏粒含量高于粉粒、粉粒含量高于沙粒（表3-1）。

表 3-1　砂姜黑土颗粒组成（第二次全国土壤普查数据）

土属（种）	层次	颗粒组成/g/kg				质地
		0.2～2.0 mm	0.02～0.2 mm	0.002～0.02 mm	＜0.002 mm	
黑姜土	1	0.0	305.8	352.0	342.2	壤黏土
	2	0.0	296.0	358.7	345.3	壤黏土
	3	0.0	299.1	318.9	382.0	壤黏土
	4	0.0	309.0	354.9	336.1	壤黏土
黄姜土	1	0.0	352.8	369.1	278.1	壤黏土
	2	0.0	355.2	362.9	281.9	壤黏土
	3	0.0	388.5	336.6	354.9	壤黏土

（续）

土属（种）	层次	颗粒组成/g/kg				质地
		0.2~2.0 mm	0.02~0.2 mm	0.002~0.02 mm	<0.002 mm	
黄姜土	4	0.0	290.0	339.7	369.5	壤黏土
覆泥黑姜土	1	0.0	166.2	340.7	493.1	黏土
	2	0.0	156.9	336.8	506.4	黏土
	3	0.0	162.7	386.2	451.1	黏土
	4	0.0	116.7	429.3	454.0	黏土
灰黑姜土	1	1.0	320.0	291.0	388.0	壤黏土
	2	0.0	263.0	235.0	502.0	黏土
	3	0.0	143.0	349.0	508.0	黏土
	4	0.0	533.0	199.0	268.0	壤黏土
覆淤黑姜土	1	3.4	167.0	319.4	510.1	黏土
	2	3.4	174.9	301.7	520.0	黏土
	3	14.9	212.1	310.6	462.3	黏土
	4	0.0	221.3	293.5	485.2	黏土
	5	13.6	299.1	274.8	412.6	壤黏土

　　成土母质影响土壤颗粒组成，单一黄土性古河湖相沉积物发育的砂姜黑土，土体各层次的黏粒含量都比较高，层间质地等级基本接近或相同，多为壤黏土或黏土。而异源母质叠加的砂姜黑土如近代黄泛沉积物覆盖的砂姜黑土，其覆盖层颗粒组成和质地受地形和水流的分选作用影响，细沙含量由河床到低平洼地明显降低，黏粒含量由河床到低平洼地明显提高。覆泥黑姜土土属中，山东省的砂盖黄鸭屎土上部覆盖物厚度30~50 cm，覆盖层0.02~0.2 mm土壤颗粒（细沙）含量达到424.5 g/kg，质地为沙质黏壤土；山东省的盖黄鸭屎土覆盖层0.002~0.02 mm及<0.002 mm的土壤颗粒含量比砂盖黄鸭屎土要高，质地为黏壤土；与盖黄鸭屎土属于同一个土种的河南省壤质黑老土上层覆盖物为近代洪冲积物，表层土壤粉粒含量较高，质地为黏壤土（表3-2）；但异源母质叠加的安徽省覆泥黑姜土，其覆盖物为石灰岩残丘的黄土阶地冲刷物和石灰岩风化物，0.002~0.02 mm及<0.002 mm颗粒含量较高，全剖面质地黏重，以黏土为主。但石灰性砂姜黑土亚类覆淤黑姜土，其表层土壤<0.002 mm的黏粒含量高达400 g/kg以上，质地为黏土。

表3-2　覆泥黑姜土颗粒组成

土种	层次	颗粒组成/g/kg				质地
		0.2~2.0 mm	0.02~0.2 mm	0.002~0.02 mm	<0.002 mm	
覆泥黑姜土（河南省壤质黑老土）	1	6.8	433.3	353.4	206.5	黏壤土
	2	14.7	387.0	395.9	202.4	黏壤土
	3	8.4	367.9	406.2	217.5	黏壤土
	4	11.6	245.7	414.2	328.5	壤黏土

地形特征也影响砂姜黑土颗粒组成。黄姜土属中的白姜土和漂白砂姜黑土多分布于河间平原地势微斜略高处，长期处于较强的漂洗作用条件，逐渐演化为漂洗土壤；由于表层黏粒被漂洗流失，土色变浅，出现白土层，剖面内上、中、下各层的黏粒含量发生变化。如安徽省的漂洗型砂姜黑土白姜土和河南省的漂白砂姜黑土，漂洗层质地变轻（表3-3）。

土壤颗粒组成与土壤有机质关系密切。随着土壤颗粒变小，土壤有机质含量逐步增加。其原因主要是土壤不同大小颗粒含量显著影响土壤有机质的累积与分解，土壤黏粒通过各种作用力与土壤有机质结合形成有机-无机复合体，降低了土壤有机质矿化速度，有利于其积累；土壤沙粒与有机质结合形成有机-无机复合体能力弱，有机质矿化分解较快，导致土壤有机质含量较低。

表 3-3 白姜土和漂白砂姜黑土颗粒组成

土种	层次	颗粒组成/g/kg				质地
		0.2～2.0 mm	0.02～0.2 mm	0.002～0.02 mm	<0.002 mm	
白姜土	1	6.3	388.7	365.7	239.3	黏壤土
	2	20.9	392.0	349.1	238.0	黏壤土
	3	16.0	306.5	320.9	356.7	壤黏土
	4	0.0	246.3	356.4	390.9	壤黏土
漂白砂姜黑土	1	14.2	381.0	410.8	194.0	黏壤土
	2	19.5	376.5	358.2	245.8	黏壤土
	3	13.7	285.0	334.6	366.7	壤黏土
	4	12.6	308.9	357.4	321.1	壤黏土

第二次全国土壤普查显示，砂姜黑土区典型代表剖面土壤黏粒（粒径<0.002 mm）含量与有机质含量呈正相关关系，关系方程为 $y=0.014\,1x+8.856\,3$（$R^2=0.208\,1$，$n=62$），即土壤黏粒含量每增加 100 g/kg，土壤有机质含量则增加 1.4 g/kg（图3-1A）。进一步分析还可看出，土壤黏粒（粒径<0.002 mm）含量在 100～300 g/kg 时，土壤有机质平均含量为 12.2 g/kg，土壤黏粒（粒径<0.002 mm）含量与有机质含量的正相关关系更为明显，关系方程为 $y=0.040\,6x+2.904\,5$（$R^2=0.301\,7$，$n=62$），即土壤黏粒含量每增加 100 g/kg，土壤有机质含量则增加 4.0 g/kg（图3-1B）。土壤黏粒（粒径<0.002 mm）含量大于 300 g/kg 后，土壤有机质平均含量为 14.1 g/kg，较黏粒含量在 100～300 g/kg 范围的土壤高 1.9 g/kg，土壤黏粒含量增加，土壤有机质含量无增加趋势。

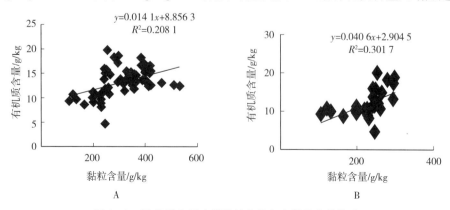

图 3-1 砂姜黑土区土壤黏粒含量与有机质含量关系

二、质地

土壤中不同大小矿物质颗粒的组合比例称为土壤质地。土壤质地的类别和特点主要继承了成土母质的类别和特点。土壤质地一般可分为沙土、壤土、黏土三大类，由于某一质地的颗粒组成均有一定的变化范围，因而又可以细分为若干质地。

土壤质地是土壤较为重要的物理特性之一，一方面，土壤质地可直接影响土壤的孔隙状况，进而影响土壤的透光性和通气性；另一方面，土壤质地还会影响土壤的养分状况和水分含量，从而影响作物出苗、扎根难易及后期生长。通常，沙质土蓄水力弱，养分含量少，保肥力较差，土温变化较快，通气性和透水性良好，容易耕作；黏质土保水力和保肥力强，养分含量丰富，土温比较稳定，但通气透水性差，耕作、排水比较困难；壤质土是介于沙质土和黏质土之间的一种土壤，就颗粒组成而言，这种土壤同时含有适量的沙粒、粉粒和黏粒，性质上兼有沙土和黏土的优点，对一般农业生产是较理想的土壤，有些地方群众所称的"四沙六泥"或"三沙七泥"的土壤大致就相当于壤质土。

砂姜黑土黏粒（粒径<0.002 mm）含量多高于 250 g/kg，部分发生层甚至高于 500 g/kg，质地黏重，黑姜土、黄姜土、覆泥黑姜土、灰黑姜土和覆淤黑姜土全剖面为壤黏土或黏土。黏质砂姜黑土，固、液、气三相比例不协调，有效含水量低，结持力强，耕性不良，适耕期短。黄姜土属中的白姜土、漂白砂姜黑土因水流漂洗，上层土壤黏粒含量低于 250 g/kg，质地为黏壤土；覆淤黑姜土中的黄盖灰鸭屎土因覆盖层黏粒含量低于 250 g/kg，质地亦为黏壤土。

土壤沙黏性与土壤肥力的关系非常密切，过沙或过黏的土壤都会对作物生长产生不利的影响。因此，改良土壤的沙黏性是改善土壤肥力状况必不可少的重要步骤之一。土壤质地调节的主要方法就是客土和增施有机肥。其中，客土是改良土壤沙黏性最有效的措施，可从根本上改变土壤的沙黏性。客土要因地制宜，就地取材，逐年进行。20 世纪 70 年代末，山东省砂姜黑土区多点的客土掺沙改良砂姜黑土黏性效果十分明显（表 3 - 4）。

表 3 - 4　砂姜黑土压沙改黏试验效果（山东省昌邑县，1978—1980 年）

处理	土壤容重/ g/cm³	总孔隙度/ %	通气孔隙/ %	透水率/ mm/h	田间持水量/ %	有效含水量/ %	棉花出苗率/%	棉花平均产量/kg/亩
连续 3 年压沙 3 万 kg/亩	1.27	52.1	12.6	26.8	24.5	15.3	90	65.0
不压沙	1.42	46.4	6.0	17.2	28.7	14.5	71	51.5

增施有机肥是改良土壤质地的有效办法，既改良了砂姜黑土黏质土壤的结构，改善其对水分、空气的通透性，减少耕作阻力，又可逐年加厚耕层，改变土壤的颗粒组成，进而使土壤的理化性质得到改善。

砂姜黑土区安徽省农业科学院马店试验站不同有机物料培肥改土近 40 年长期定位试验结果表明，长期不施肥、撂荒和单施无机肥处理土壤<0.002 mm 黏粒含量均在 400 g/kg 以上。施用牛粪和猪粪可显著提高 0.2～2.0 mm 粗沙颗粒含量，其沙粒含量主要由牛粪和猪粪带入。秸秆还田和使用猪粪可减少<0.002 mm 黏粒含量，提高 0.002～0.02 mm 粉粒含量，但差异并不显著。增施有机物料培

肥改良砂姜黑土，主要效应在于改善其结构性状和水分物理性质。

第二节　砂姜的分布

一、农田尺度

在砂姜黑土长期成土过程中干湿交替的作用下，地下水中的碳酸盐和成土母质中的碳酸钙淋溶与凝结逐渐形成了钙质结核（砂姜）。作为粒径较大的粗粒介质（＞2 mm），砂姜的存在导致了土壤的非均质性，从而影响土壤结构、胀缩性和保水导水特征、入渗蒸发等水力性质。

典型砂姜黑土（安徽省临泉县）的研究结果表明（表3-5），随着土层深度的增加，砂姜含量呈现上升趋势。表层0～20 cm土壤中的砂姜含量极低，60～80 cm土层中的砂姜含量约为3.73％，80～100 cm土层中的砂姜含量高达11.42％。砂姜主要分布于60 cm以下的土壤中。60～100 cm土壤中各粒径砂姜的含量均最高，尤其是在80～100 cm土层，大颗粒（8～30 mm）砂姜的含量达8.04％。农田尺度水平分布上，砂姜在不同土层均呈现斑块化分布，具有很大的随机性（图3-2）。

表3-5　典型砂姜黑土不同深度土壤剖面砂姜含量（谷丰 等，2021）

深度/ cm	不同粒径砂姜含量/％			砂姜总含量/ ％
	2～5 mm	5～8 mm	8～30 mm	
0～20	0.02±0.01B	0.00±0.00C	0.00±0.00B	0.02±0.01C
20～40	0.28±0.38B	0.34±0.47BC	1.18±1.74B	1.79±2.59BC
40～60	0.27±0.12B	0.30±0.14C	0.00±0.00B	0.58±0.24C
60～80	1.05±0.32A	1.26±0.22B	1.42±1.23B	3.73±1.32B
80～100	1.59±0.20A	1.78±0.74A	8.04±1.74A	11.42±1.67A

注：表中字母不同代表不同深度土壤中砂姜含量差异显著（$P<0.05$）。

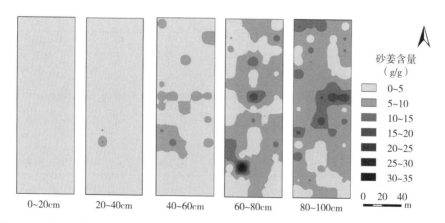

图3-2　农田尺度上砂姜黑土不同深度砂姜含量空间分布特征（谷丰 等，2021）

二、区域尺度

在区域尺度上，砂姜的分布呈现一定的空间变异规律。陈月明等（2020）在砂姜黑土主要分布地区布设东西和南北两条样带。南北样带北起河南省鹿邑县，南至安徽省怀远县，全长 195 km，以约 6.5 km 为间隔布设 29 个样点；东西样带西起河南省上蔡县，东至安徽省泗县，全长 360 km，以约 10 km 为间隔布设 35 个样点。砂姜黑土区域尺度分布结果表明（图 3-3），东西样带从西向东砂姜含量逐渐增多，南北样带从北到南砂姜含量也明显增加，埋藏深度逐渐变浅。从局部来看，东西和南北两条样带的砂姜含量分布呈现出小区域聚集的特点。东西样带的砂姜主要集中分布在 3 个区域：西部 60~120 km 区域，砂姜层埋深在 70 cm 土层以下；中部 150~200 km 区域，从表层到底层均有砂姜出现，但 60 cm 土层以下含量较多；东部 230~350 km 区域，此区域内砂姜埋深变化范围大，从表层至 60 cm 土层不等，20~40 cm 土层砂姜分布最为集中。南北样带的砂姜分布同样集中在 3 个区域：北部 13~52 km 区域，砂姜埋深 50~70 cm 土层不等，80~100 cm 土层也有较多砂姜；中部 65~130 km 及南部 130~188.5 km 区域，砂姜多分布于 40~50 cm 土层及以下，表层土壤也有大量砂姜分布。从西北到东南砂姜含量逐渐增多，埋深由深变浅，与土壤性质、地形及气象因素变化规律吻合。淮北平原的地形、气候条件及土壤性质在空间分布上存在不均匀和差异性，导致了砂姜形成与发育的条件不同，促使淮北平原砂姜空间分布格局的形成。其中，地形及气候条件是砂姜空间格局形成的主要驱动力。

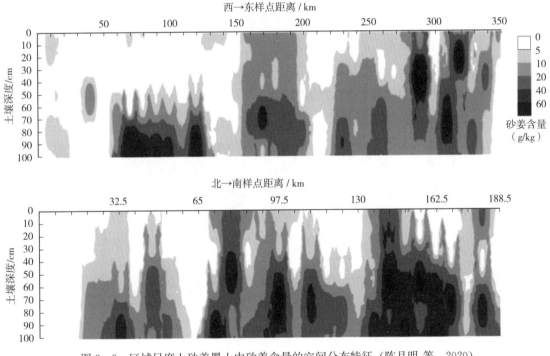

图 3-3　区域尺度上砂姜黑土中砂姜含量的空间分布特征（陈月明 等，2020）

第三节　土　壤　结　构

土壤结构一词实际上包含两方面的含义，一是指各种不同结构体的形态特性，即土壤结构体；二是泛指具有调节土壤物理性质的"结构性"，即土壤结构性。土壤结构是由土壤颗粒相互排列的形式及其所产生的综合性质，不仅影响植物生长所需要的水分和养分的供应，而且左右着土壤中的物质交换、能量平衡及微生物活动等过程，是评价土壤肥力的重要指标之一。

一、结构体

土壤颗粒很少呈单粒存在，它们经常是相互作用聚积形成大小不同、形状各异的团聚体，这些团聚体的排列组合称为土壤结构。土壤结构体实际上是土壤颗粒按照不同的排列方式堆积、复合而形成的土壤团聚体。

在田间鉴别时，土壤结构体通常指那些不同形态和大小且能彼此分开的结构体。土壤结构是成土过程或利用过程中由物理的、化学的和生物的多种因素综合作用而形成，按形状可分为粒状、块状、片状和柱状四大类型；按其大小、发育程度和稳定性等，再分为团粒状、团块状、块状、棱块状、柱状和片状等结构。

典型砂姜黑土和石灰性砂姜黑土耕作层土壤较松散，多为粒状结构或屑粒状结构，部分土种呈碎块状结构；犁底层多为块状结构；犁底层以下为棱块状结构，干后可进一步裂解为脊椎状。碱化砂姜黑土表层结构较弱或无结构。

微形态观察表明，砂姜黑土耕作层土壤结构形态多呈棱角明显的单粒、碎屑状或由这些碎屑集合而成的块状、碎块状。结构发育较好的砂姜黑土，雏形团聚体较多，也有二级团聚体组成的复合团聚体。团聚体发育较好的部位可见生长在一起的连生团聚体，有分解、半分解和未分解的有机残体参与。犁底层小团粒数量急剧减少，已看不出明显的团粒结构，大团块多呈边缘较为平直的板块状，内部有机形成物很少，但孔隙仍较多。犁底层以下，垂直裂隙特别发育，与上两层显著不同，团块多呈棱块状、长条状，团块内微裂隙较丰富，形似龟纹，但较上层均为少，偶见较大植物残根，已明显腐殖化（图3-4）。

种过水稻的土壤耕作层中碎屑状结构　　新耕地耕作层土壤中碎屑状结构　　棱块状结构实体　　脊椎状结构实体

图3-4　砂姜黑土结构体（费振文，1988）

不同形态的结构体在土壤中的存在状况影响土壤的孔隙状况，进而影响土壤的肥力和耕性，也会影响土壤不同功能的发挥。团粒结构体外形圆润，棱角小，表面粗糙度大，有较多裂痕，直径在0.5～3.0 mm，其中交织有根系，土粒排列松散，是较为理想的结构体。而块状、柱状、片状结构体内部致密，孔隙细小，有效水分少，且结构体间有较大的裂隙，大小孔隙数量比例和空间分布失调，是肥力性能较差的结构体。

土壤结构体数量、稳定性也影响其功能的发挥，在农学上，常用>0.25 mm水稳性团聚体含量作为评价土壤结构性能的指标。大量>0.25 mm水稳性团聚体的形成，是土壤具有较高肥力的标志。砂姜黑土耕作层土壤>0.25 mm水稳性团聚体含量多少与肥力的高低有着相应的关系。肥力较高的砂姜黑土，其中>0.25 mm水稳性团聚体含量也高，其他物理指标如容重、孔隙度等也随之改善

（表3-6）。

表3-6　砂姜黑土水稳性团聚体含量和土壤肥力的关系

肥力水平	>0.25 mm 水稳性团聚体含量/%	容重/g/cm³	总孔隙度/%	有机质/g/kg
高	28.1	1.18	56.0	13.0
中	20.5	1.32	50.8	11.7
低	18.0	1.42	46.6	8.8

二、土壤结构对水分、养分的影响

土壤结构性是由土壤结构体的种类、数量及结构体内外的孔隙状况等产生的综合性质，土壤结构的好坏主要指土壤结构性的好坏。

土壤团聚体的数量分布和空间排列方式决定了土壤孔隙的分布和连续性，进而决定了土壤的水力性质和通透性能，并影响土壤生物的活动和养分的保持与供应。因此，团聚体组成在协调土壤水、肥、气、热方面起着重要作用。砂姜黑土耕作层碎屑状或由这些碎屑集合而成的块状、碎块状结构较多，犁底层及以下层次块状、棱块状结构发达，严重影响水分供应。

（一）对持水性能的影响

土壤的持水性能好坏取决于土壤的结构性。砂姜黑土的结构性较差，耕作层水稳性团聚体较少，耕作层以下为稳定的棱柱状和块状结构，结构体较为密实，且表面被覆着胶膜。据测定，砂姜黑土1 m土层内能够保持的最大水量一般为350 mm左右，而其中能够供作物吸收利用的有效水分不过150 mm左右，而且低吸力段（<100 kPa）所占比例较小，仅占30%左右（孙怀文，1993）。

另外，砂姜黑土由于土体中含有较多的砂姜，占据了一定的空间，也影响到土壤的持水性能。其中，砂姜减少了土壤颗粒之间的连接，进而减少了土壤中小孔隙的形成，增加了土壤大孔隙的产生，从而加快了水分的流失。研究表明，与不含砂姜的土壤相比，当土壤中的砂姜含量分别为4%、6%、8%、10%及12%时，最大吸力下土壤含水量分别降低了5.55%、7.92%、16.85%、18.66%及25.97%（图3-5）。砂姜黑土质地较为黏重，结构不良可对持水性能造成不利影响。

（二）对透水性能的影响

砂姜黑土区地势低平，大部分降水主要通过入渗而蓄积于土壤和地下水中。在雨季降水比较集中，特别是遇暴雨时，就会超过其容蓄能力，使土壤表层的含水量超过田间持水量，甚至达到饱和，耕作层碎屑状结构体吸水崩解，心土层棱柱状结构体吸水膨胀，裂隙闭合，阻碍水分下渗，导致地面积水，造成渍涝。

（三）对供水性能的影响

在砂姜黑土区降雨较少的春秋季，常因地下水不能及时补充上层水分的损耗而致作物受旱。产生上述现象的原因主要是，耕作层和犁底层质地黏重，土壤结构性差，蒸发强度大；而下部土层则由于棱块状结构发达，干时产生裂缝，切断了结构单位之间的毛管联系；同时，结构体表面胶膜和砂姜的

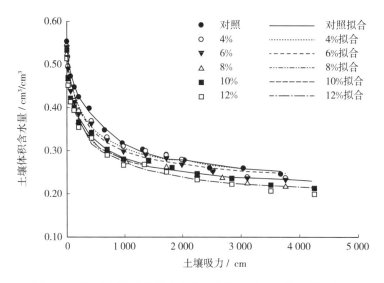

图 3-5　砂姜含量对砂姜黑土水分特征的影响（魏翠兰 等，2017）

存在对毛细管孔隙有一定的阻隔作用，从而导致水分运行极为缓慢，下层水向上补充困难。

（四）对养分有效性的影响

土壤结构影响土壤中磷、钾的有效性。Lawton 在艾奥瓦州试验场研究表明，虽然土壤中含有大量的代换性钾，但要使作物高产，每年还需施用大量钾肥，其原因是土壤结构差，通气不好，水分过多，紧实度大，从而降低了钾的有效性；团聚体的大小与磷固定密切相关，大团聚体能降低磷的固定率。

三、结构改良

绝大多数农作物的生长、发育、稳产和高产都需要有良好的土壤结构状况，以便能调节水气矛盾，协调肥水供应，并有利于根系在土体中穿插。除成土因素外，耕作、施肥等常常破坏土壤团粒结构。因此，必须进行合理的土壤结构管理，以保持和恢复良好的结构状况。

（一）增施有机物料

1. 有机肥　有机肥除能提供作物生长多种营养元素外，其分解产物多糖等及重新合成的腐殖物质是土壤颗粒的良好团聚剂，有利于促进土壤团粒结构形成及改善不同粒级团聚体结构组成。在砂姜黑土上连续施用有机肥 4 年后，有机肥处理＞0.25 mm 水稳性团聚体含量较单施化肥处理提高85.6%（阎晓明 等，2000）。潮土、红壤上的短期田间试验（高焕平 等，2018；周芸 等，2019）均表明，施用有机肥能显著提高土壤＞0.25 mm 水稳性团聚体含量。

长期施用有机肥可显著促进 0～5 cm 土层 0.25～1 mm 团聚体（干筛）的形成，且以高量氮肥下有机肥和化肥配施处理的促进效果最为显著，而长期单施化肥并未能显著促进各粒级干筛团聚体的形成；有机肥施用对 5～10 cm 土层的干筛微团聚体形成有显著促进作用。而长期施用有机肥对水稳性团聚体含量影响则表现出不同的结果，砂姜黑土水稳性团聚体以＜0.25 mm 微团聚体为主，该团聚体含量明显高于其他粒径团聚体，长期施用有机肥对不同粒级水稳性团聚体含量组成无显著影响，但长期有机肥施用对砂姜黑土中团聚体形成和团聚体水稳性有积极作用（图 3-6）。

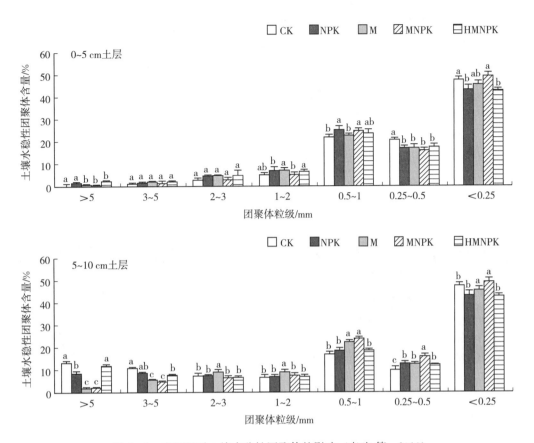

图 3-6 有机肥对土壤水稳性团聚体的影响（李玮 等，2019）

注：CK 为不施肥，NPK 为单施化肥，M 为单施有机肥，MNPK 为有机肥与化肥配施，HMNPK 为高量氮肥下有机肥与化肥配施。图中不同字母代表差异显著（$P<0.05$）。

2. 秸秆还田　在秸秆还田腐解过程中，秸秆中有机酸等胶结物质的释放，亦有利于土壤团粒结构的形成。施用麦秸秆处理，干筛法中 1～10 mm 团聚体含量都比对照处理高，增加数量为 8.08%，而 1 mm 以下团聚体含量则有所减少。在粒径的分布上，以 5～7 mm 和 3～5 mm 的团聚体含量增加最多，分别为 2.82% 和 4.16%；1 mm 以下的团聚体，施用麦秸秆处理，以 0.25～0.5 mm 的团聚体减少最多，为 29.07%。施用麦秸秆的土壤水稳性团聚体总质量占土样质量的百分数比对照小区的增加 10.84%，以 0.5～1 mm 和 2～5 mm 粒径的水稳性团聚体增加最多，分别为 4.34% 和 3.78%；从各级水稳性团聚体占＞0.25 mm 水稳性团聚体的百分数看，2～5 mm 这一粒级团聚体含量，施用麦秸秆处理的比对照增加 5.20%；而 1～2 mm 和 0.25～0.5 mm 这两粒级的团聚体含量分别减少了 4.31% 和 3.83%（表 3-7）。这说明施用秸秆对砂姜黑土团聚体的形成有明显的促进作用，不仅增加了由小粒级形成大粒级团聚体的百分数，而且在团聚体质量的方面也有提高。

3. 生物质炭　生物质炭为疏松的多孔介质，对土壤容重、孔隙结构、团聚体等物理性质有着重要的影响。与不添加的对照比较，加入 5%、10% 及 15%（质量百分数）的生物质炭处理，经过多次干湿交替后，砂姜黑土的土壤形态出现明显差别（图 3-7），土壤容重分别降低了 21.8%、31.2% 及 36.2%。添加生物质炭也显著降低了土壤中＜0.053 mm 的团聚体含量，＞0.25 mm 的团聚体含量有增加的趋势（表 3-8）。

表 3-7　秸秆对砂姜黑土团聚体影响（郭熙盛 等，1992）

处理	干筛团聚体含量/%							湿筛团聚体含量*/%										
	>10 mm	7~10 mm	5~7 mm	3~5 mm	1~3 mm	0.5~1 mm	0.25~0.5mm	T	>5 mm		2~5 mm		1~2 mm		0.5~1 mm		0.25~0.5 mm	
									A	B	A	B	A	B	A	B	A	B
对照	34.18	10.63	6.02	12.19	16.80	14.23	30.70	38.38	2.92	7.61	4.30	11.20	7.18	18.71	12.60	32.88	11.38	29.65
秸秆	35.18	11.13	8.84	16.35	17.40	7.39	1.63	49.22	3.54	7.19	8.08	16.40	7.94	14.40	16.94	34.89	12.72	25.82

* 湿筛法中，T 为水稳性团聚体总质量占土样质量的百分数，A 为水稳性团聚体质量占土样质量的百分数，B 为水稳性团聚体质量占＞0.25 mm 水稳性团聚体质量的百分数。

图 3-7　生物质炭对砂姜黑土形态的影响（魏翠兰，2017）

表 3-8　生物质炭对砂姜黑土团聚体的影响（魏翠兰，2017）

处理	不同粒径团聚体所占比例/%			
	>2 mm	0.25~2 mm	0.053~0.25 mm	<0.053 mm
对照	1.52a	36.91a	19.64a	41.93a
5%	2.09a	39.02a	19.69a	39.21b
10%	2.13a	40.80a	19.00a	38.07b
15%	3.17a	38.09a	20.86a	37.89b

注：表中不同字母代表不同处理团聚体所占比例差异显著（$P<0.05$）。

（二）合理耕作

耕作措施影响土壤结构，适耕期耕作可以减少对土壤结构的破坏。耕作方式对土壤结构影响明显，李锡锋等（2020）在小麦上的研究结果显示，砂姜黑土不同土层水稳性团聚体粒径均主要集中在 0.25~0.5 mm 和 0.5~1 mm。部分土层水稳性团聚体含量受耕作措施影响显著，旋耕、少耕、深松处理 20~30 cm 土层＞0.25 mm 水稳性团聚体含量显著高于深耕处理，分别高 22.15%、28.34%、23.70%；少耕处理 30~40 cm 土层＞0.25 mm 水稳性团聚体含量比深耕处理显著高 24.29%。与深耕处理相比，0~10 cm 土层少耕处理 2~5 mm 水稳性团聚体含量显著增加 87.18%；10~20 cm 土层旋耕、少耕、深松处理 2~5 mm 水稳性团聚体含量增加 132.25%、110.95%、191.12%，深松处理 1~2 mm 水稳性团聚体含量显著增加 64.47%，深松处理 0.25~0.5 mm 水稳性团聚体含量显著下降 32.77%。30~40 cm 土层少耕处理 1~2 mm 水稳性团聚体含量显著高于旋耕、深耕、深松，分别高

72

108.84％、115.17％、59.86％（表3-9）。以上结果表明，深松对浅耕层水稳性团聚体有显著促进作用，因此，砂姜黑土麦玉农田应结合深松采取合理的轮耕方式以提高土壤各层团聚体的稳定性。

表3-9 耕作措施对土壤水稳性团聚体的影响（李锡锋 等，2020）

土层	处理	水稳性团聚体含量/％					
		>5 mm	2～5 mm	1～2 mm	0.5～1 mm	0.25～0.5 mm	>0.25 mm
0～10 cm	旋耕	4.38	4.93	9.71	23.33	26.39	68.73
	少耕	6.20	8.76	16.57	17.50	23.04	72.06
	深耕	6.28	4.68	11.21	24.09	22.59	68.85
	深松	4.81	6.43	12.19	22.18	26.62	72.22
10～20 cm	旋耕	4.87	7.85	11.28	21.40	24.86	70.26
	少耕	9.13	7.13	9.88	20.43	25.89	72.46
	深耕	5.88	3.38	8.95	22.07	30.55	70.83
	深松	7.83	9.84	14.72	25.39	20.54	78.31
20～30 cm	旋耕	2.73	4.22	8.64	23.86	32.35	71.80
	少耕	3.20	2.45	7.19	27.26	35.33	75.44
	深耕	2.53	2.76	8.30	19.94	25.25	58.78
	深松	3.88	8.44	8.41	22.47	29.51	72.71
30～40 cm	旋耕	2.48	2.71	6.79	19.56	32.32	63.86
	少耕	5.03	6.54	14.18	28.21	21.93	75.89
	深耕	0.89	3.05	6.59	19.93	30.59	61.06
	深松	2.86	2.21	8.87	24.70	32.06	70.71

粉垄是近年来出现的一种全新耕作技术，最大特点是钻头垂直深旋耕，土壤被横切粉碎、颗粒状、不乱土层、一次性完成整地任务，土壤粉碎自然成垄。王世佳等（2019）研究了粉垄耕作对砂姜黑土水稳定性团聚体的影响，同一土层2～3 mm粒径团聚体分布中，深耕处理显著大于粉垄和深松处理（$P<0.05$），而在0.5～1 mm和0.25～0.5 mm粒径团聚体中，粉垄处理显著大于深松和深耕处理（$P<0.05$）；<0.25 mm粒径团聚体中，深松处理大于粉垄和深耕处理，达显著差异水平（$P<0.05$）。不同耕作方式下，结构体破坏率在同一土层中表现为深松>粉垄>深耕，即砂姜黑土结构体在深耕下最稳定，深松最不稳定（表3-10）。

表3-10 粉垄对团聚体含量的影响（王世佳 等，2019）

处理	团聚体含量/％					
	>3 mm	2～3 mm	1～2 mm	0.5～1 mm	0.25～0.5 mm	>0.25 mm
粉垄	51.07	6.14	13.18	7.77	6.37	84.53
深松	50.15	10.29	9.71	5.76	3.34	79.25
深耕	44.39	19.51	13.46	5.07	3.32	85.75

不同耕作方式下砂姜黑土团聚体微形态特征（SEM扫描尺度）如图3-8所示，通过扫描电子显

微镜（SEM）将砂姜黑土放大 1 000 倍观察，能够直观看出不同耕作方式下土壤的微形态；土壤微结构呈现三维图像，立体感强，能够准确区分结构体和颗粒体、土壤微结构类型及微孔隙类型等。粉垄（FL20）处理较深耕和深松处理，土壤表面细颗粒体较为粗糙和疏松，但不松散；深松和深耕处理土壤表面颗粒体排列紧密、紧实，且深松处理表现最为突出；同时，深松和深耕处理形成的单个独立微团聚体较少，微孔隙丰富度低于粉垄（FL20）处理。粉垄耕作 0～20 cm 土层土壤所形成的絮凝状微团聚体为游离骨骼颗粒，粉垄耕作 20～40 cm 土层土壤所形成的团聚体为连生骨骼颗粒且排列具有一定的垂直定向性。以上结果说明，与其他耕作方式相比，粉垄耕作显著增加了粒径＜2 mm 的机械稳定性团聚体及 0.5～1 mm 和 0.25～0.5 mm 粒径的水稳性团聚体，使大团聚体向小团聚体转变明显；同时，粉垄耕作下土壤微形态表现为表面骨骼颗粒粗糙、疏松和孔隙丰富等特点。因此，粉垄耕作可显著改善砂姜黑土结构。

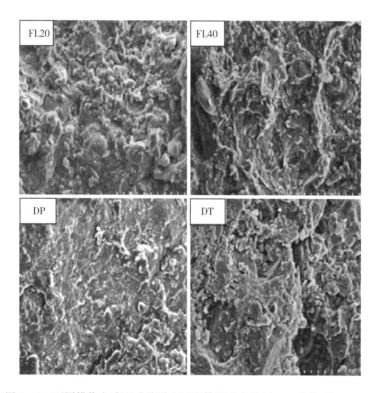

图 3-8　不同耕作方式下砂姜黑土团聚体微形态特征（王世佳 等，2019）

注：FL20 为粉垄耕作 0～20 cm 土层土壤，FL40 为粉垄耕作 20～40 cm 土层土壤，DP 为深松 0～20 cm 土层土壤，DT 为深翻 0～20 cm 土层土壤。

（三）施用土壤结构改良剂

土壤结构改良剂是改善和稳定土壤结构的制剂，包括天然土壤结构改良剂和人工合成土壤结构改良剂两种。高分子化合物在中低产土壤改良中应用较多，其机理是利用这些高分子化合物的强黏结性，将分散的土粒胶结起来，形成团粒结构。高分子改良剂苗乐宝能明显提高砂姜黑土＞0.25 mm 水稳性团聚体含量，比对照（CK）增加 103.5%，其后顺序为变性淀粉、HP-1，分别比对照增加 64.4%、59.5%；对＞1 mm 水稳性大团聚体影响也是苗乐宝＞变性淀粉＞HP-1，分别比对照增加 17.2 倍、15.8 倍、15.5 倍（表 3-11）。

表 3-11 改良剂对砂姜黑土水稳性团聚体影响（李道林 等，2000）

处理	水稳性团聚体含量/%					
	>5 mm	2～5 mm	1～2 mm	0.5～1 mm	0.25～0.5 mm	>0.25 mm
CK	0.0	0.0	1.7	9.4	17.3	28.4
苗乐宝	12.1	6.0	12.8	18.1	8.8	57.8
HP-1	20.0	4.3	4.2	9.0	7.8	45.3
变性淀粉	18.1	5.1	4.8	11.0	7.7	46.7

注：苗乐宝、HP-1 主要成分为高分子化合物。

第四节　土壤孔隙性

　　土粒与土粒、结构体与结构体之间的空间称为土壤孔隙。土壤孔隙在单位容积土壤中所占的百分比，称为土壤孔隙度。土壤孔隙的数量、大小分布、形状和三维空间构型称为土壤的孔隙性。土壤孔隙性决定了土壤的水分供应和保持能力，是决定土壤提供植物所需氧气及土壤空气和大气交换的重要因素，也是土壤生物、微生物运动的通道和"生活"的场所。良好的孔隙状况必须保证作物对水分和空气的需要，有利于根系的伸展和活动，要求土壤中孔隙的容积要较多、大小孔隙的搭配和分布较为恰当。

一、容重

（一）容重总体情况

　　土壤容重是田间自然状态下单位容积土体的质量，反映土壤的紧实情况。一般来说，作物生长需要一个合适的土壤容重范围，土壤容重过大和过小都不利于作物生长。对耕作土壤来说，较为适宜的土壤容重是 $1.1～1.3 \text{ g/cm}^3$。第二次全国土壤普查数据显示，安徽、河南、山东、江苏 4 个省砂姜黑土表层容重平均值均在 $1.30～1.40 \text{ g/cm}^3$，总体平均值为 1.35 g/cm^3；心土层容重平均值均在 $1.44～1.53 \text{ g/cm}^3$，总体平均值为 1.49 g/cm^3（表 3-12）。

表 3-12 砂姜黑土容重（第二次全国土壤普查数据）

项目	安徽	河南	山东	江苏	平均值
样本数/个	6	4	19	52	81
表层容重/g/cm³	1.33	1.35	1.40	1.30	1.35
心土层容重/g/cm³	1.51	1.49	1.53	1.44	1.49

　　而据安徽、河南、山东、江苏 4 个省耕地土壤 28 个质量监测点 2018 年数据显示，耕作层土壤容重为 $1.04～1.57 \text{ g/cm}^3$、平均值为 1.34 g/cm^3，可以看出，30 年来耕作层土壤容重几乎没有变化，可能是多方面因素综合作用的结果。一方面，土壤容重与土壤有机质含量呈正相关关系，第二次全国土壤普查以来，砂姜黑土区土壤有机质含量明显提升，特别是 2010 年以来，随着秸秆还田的推广普

及，砂姜黑土区土壤有机质含量上升趋势更为明显，这些均可降低土壤容重；另一方面，机械耕种、收获已成为当前主要生产方式，土壤受机械外力的挤压，导致土壤颗粒排列紧密，土壤容重增大，其中表层土壤压实最为明显。

（二）土壤不同发生层容重

不同发生层土壤容重差异较大，表层土壤熟化度较高，有机质含量最高，加之团聚体以粒状和碎屑状为主，故表层容重相对较小；犁底层由于受耕作机械压力及降水、灌溉使黏粒沉积的影响，土壤紧实，容重较大，黑姜土、黄姜土、覆淤黑姜土和湖黑土这 4 个土壤剖面样本表层容重分别为 1.21 g/cm³、1.43 g/cm³、1.30 g/cm³ 和 1.25 g/cm³，而犁底层容重分别为 1.61 g/cm³、1.79 g/cm³、1.43 g/cm³ 和 1.43 g/cm³，较表层分别增加 33.06％、25.17％、10.00％和 5.71％；心土层、低土层棱柱、棱块状结构发达，容重也明显高于耕作层（表 3-13）。

表 3-13　不同发生层土壤容重（第二次全国土壤普查数据）

土属	发生层	深度/cm	容重/g·cm³	土属	发生层	深度/cm	容重/g·cm³
黑姜土	1	0～22	1.21	黄姜土	1	0～18	1.43
	2	22～33	1.61		2	18～30	1.79
	3	33～66	1.53		3	30～55	1.56
	4	66～100	1.65		4	55～80	1.69
覆淤黑姜土	1	0～18	1.30	湖黑土	1	0～15	1.25
	2	18～34	1.43		2	15～40	1.43
	3	34～85	1.51		3	40～60	1.42
	4	85～100	1.55		4	60～100	1.51

（三）土壤容重影响因素

耕作层土壤容重受土壤质地、有机质含量、地形地势、耕作管理方式等诸多因素的影响。通常沙质土壤容重大于壤质土壤容重，而壤质土壤容重大于黏质土壤容重。同一土属的土壤，土壤容重与有机质含量成反比，瘦黑姜土容重明显大于油黑姜土。地形分布也影响土壤容重，以江苏省岗黑土和湖黑土较为典型，岗黑土容重较湖黑土容重平均高 0.03 g/cm³；黄姜土土属分布地形部位略高于黑姜土土属，黄姜土土属通气条件较好、有机质含量较低，其土壤容重大于黑姜土土属。耕作方式逐渐成为影响土壤容重的重要因素，农业机械作业引起的土壤机械压实已经成为一个世界性的土壤环境问题。

二、孔隙度

（一）孔隙度总体情况

土壤总孔隙度与土壤容重成反比。容重越大，土壤总孔隙度越小；容重越小，土壤总孔隙度越大。第二次全国土壤普查数据显示，安徽、河南、山东、江苏 4 个省砂姜黑土表层总孔隙度平均值在 47.17％～50.94％，总体平均值为 49.06％；心土层总孔隙度平均值在 42.26％～45.66％，总体平均值为43.77%（表3-14）。2018年数据显示，安徽、河南、江苏、山东4个省耕地28个质量监测点砂姜黑土孔隙度为40.75%～60.75%，平均值为50.57%。

表3-14 砂姜黑土孔隙度（第二次全国土壤普查数据）

土层	安徽	河南	山东	江苏	平均值
样本数/个	6	4	19	52	81
表层孔隙度/%	49.81	49.06	47.17	50.94	49.06
心土层孔隙度/%	43.02	43.77	42.26	45.66	43.77

（二）土壤不同发生层孔隙度情况

黑姜土、黄姜土、覆淤黑姜土和湖黑土4个土壤剖面样本表层孔隙度最大；犁底层、心土层和底土层或受机械压实，或受土壤结构影响，孔隙度较小，部分发生层孔隙度甚至低于40%。对耕作土壤来说，犁底层过厚、过坚实，通气透水较差，影响物质的转移和能量的传递，抑制作物根系下伸（表3-15）。

表3-15 不同发生层土壤孔隙度（第二次全国土壤普查数据）

土属	发生层	深度/cm	孔隙度/%	土属	发生层	深度/cm	孔隙度/%
黑姜土	1	0～22	54.34	黄姜土	1	0～18	46.04
	2	22～33	39.25		2	18～30	32.45
	3	33～66	42.26		3	30～55	41.13
	4	66～100	37.74		4	55～80	36.23
覆淤黑姜土	1	0～18	50.94	湖黑土	1	0～15	52.83
	2	18～34	46.04		2	15～40	46.04
	3	34～85	43.02		3	40～60	46.42
	4	85～100	41.51		4	60～100	43.02

（三）土壤孔隙分布特征

土壤孔隙性能不仅与总孔隙度、毛管孔隙度、非毛管孔隙度、通气孔隙度有关，还取决于孔隙的形状、大小分布、连通性和曲折度。土壤孔隙结构定量化、可视化的信息研究技术为土壤孔隙性能研究提供了新的视角。

不同施肥管理方式可影响砂姜黑土孔隙结构（蔡太义 等，2017）：鸡粪处理土壤孔隙数量最多（35～93个），尤其是在10～20 mm土层最多（85～93个），其次是秸秆处理（孔隙数量为23～84个），无机肥处理整个剖面的土壤孔隙数量平均最少（3～24个），且表层土壤孔隙数量与底层无明显差异，表明长期施用化肥易造成砂姜黑土结构板结，施用有机肥则明显增加了土壤孔隙数量。从剖面孔隙分布来看，秸秆与鸡粪处理土壤孔隙数量均表现出先增加后逐渐减少的变化趋势。从孔隙度看，鸡粪处理土壤孔隙度最大，秸秆处理次之，无机肥处理最小。无机肥处理土壤平均孔隙最小，秸秆处理次之，鸡粪处理的平均土壤孔隙最大，原因可能是秸秆还田或有机肥能增加土壤有机质，形成良好的土壤团粒结构，进而改善土壤孔隙结构（图3-9）。

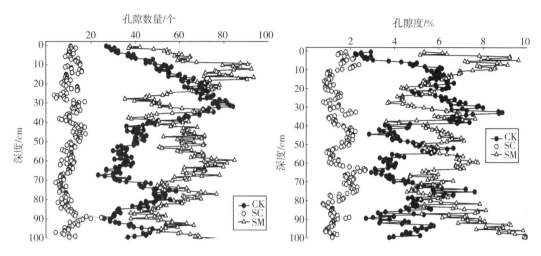

图3-9　不同处理对砂姜黑土孔隙数量和孔隙度的影响（蔡太义 等，2017）

注：CK 为秸秆处理，SC 为无机肥处理，SM 为鸡粪处理。

（四）土壤孔隙分形特征

砂姜黑土大孔隙结构具有分形特征，土壤微形态分析能够深入阐明各土壤孔隙微结构特征，土壤孔隙分形维数越高，土壤孔隙结构越复杂越稳定，土壤孔隙性能越好。鸡粪处理分形维数最高，秸秆处理次之，无机肥处理最低，说明秸秆和鸡粪处理下孔隙结构较复杂，而无机肥处理孔隙结构趋向均一，孔隙类型趋向简单（表3-16）。

表3-16　不同处理土柱孔隙基本结构参数（蔡太义 等，2017）

处理	孔隙数量/个	总孔隙度/m^3/m^3	欧拉值	分形维数
CK	1 373.6±9.2a	0.2±0.082b	1 090.1±15.2a	2.3±0.2b
SC	254.7±6.3c	0.1±0.017c	402.3±14.1b	1.7±0.4c
SM	517.8±6.1b	0.4±0.091a	102.4±11.6c	2.5±0.4a

注：表中不同字母代表不同处理参数差异显著（$P<0.05$）。

（五）土壤孔隙调控

砂姜黑土容重高、总孔隙度低，不利根系的生长发育，降低土壤容重、增大土壤孔隙度是改善其理化性质的重要内容。

1. 施用有机物料　投入土壤中的有机物料，在分解过程中形成了中间产物土壤腐殖质，腐殖质胶体的聚合物网或聚合物链能够使大量的黏土颗粒相互联结，或者它能覆盖在若干个相互邻接的黏团的表面上，引起土壤结构的一系列变化，使土壤容重降低、孔隙度增加。在砂姜黑土上连续4年施用有机肥，可使土壤容重减少0.11 g/cm³、土壤总孔隙度增加4.1%（叶世娟 等，1997）。室内试验表明，添加不同用量的生物质炭，经过多次的干湿交替培养，砂姜黑土的土壤孔隙度可提高10.44%～28.36%（Wei et al.，2018）。

2. 增施土壤改良剂　表3-17结果显示，施用粉煤灰的土壤与对照相比，其容重降低、孔隙度增加。土壤容重与土壤孔隙度的变化与煤灰用量存在显著的相关性，相关系数分别为－0.968 9与0.968，随着粉煤灰用量的增加，土壤容重降低，土壤孔隙度增加（马新明 等，1998）。高分子改良剂通过提高土壤团粒含量从而降低土壤容重、提高土壤总孔隙度，且通气孔隙度明显提高，较对照提高近1倍（何传龙 等，1997）。施用有机肥可使土壤总孔隙度增加、容重降低，还可使土壤不良通透性和僵硬性状得到改善，与对照相比，有机物料处理的土壤总孔隙度增加4.0～8.9个百分点，以牛粪处理综合改良效果最好，既可明显增加毛管孔隙，又可适度增加非毛管孔隙（詹其厚 等，2003）。

表3-17 不同改良物质对土壤孔隙度的影响

（何传龙 等，1997；马新明 等，1998；詹其厚 等，2003）

处理	容重/g/cm³	总孔隙度/%	毛管孔隙度/%	非毛管孔隙度/%	通气孔隙度/%
CK	1.31	50.5	—	—	—
粉煤灰	1.21	54.2	—	—	—
CK	1.32	50.2	—	—	8.5
高分子改良剂	1.20	54.4	—	—	17.4
CK	1.35	49.4	37.0	12.0	—
秸秆	1.08	58.3	35.0	23.3	—
堆肥	1.23	53.4	36.0	17.4	—
牛粪	1.21	54.0	39.0	15.0	—

3. 合理耕作 王玥凯等（2019）在玉米上的研究结果表明，玉米不同生育阶段、不同耕作方式对不同深度土壤容重的影响存在差异：玉米苗期深松0～10 cm土层容重（1.44 g/cm³）显著低于旋耕与深翻处理，与免耕处理间无显著差异。灌浆期免耕处理0～10 cm土层土壤容重（1.57 g/cm³）显著高于其他耕作处理（$P<0.05$）；旋耕10～20 cm土层容重（1.52 g/cm³）较免耕（1.58 g/cm³）和深松（1.59 g/cm³）有所降低；深翻显著降低10～20 cm和20～40 cm土层土壤容重（1.47 g/cm³和1.46 g/cm³）。玉米收获时在0～10 cm土层，免耕处理下土壤容重（1.48 g/cm³）显著高于其他三种耕作处理（1.35～1.39 g/cm³）（$P<0.05$）；在10～20 cm土层，深翻处理下土壤容重（1.39 g/cm³）显著低于其他处理（$P<0.05$）；而在20～40 cm处，不同耕作处理之间的土壤容重无差异（表3-18）。

表3-18 不同生育阶段、耕作方式对土壤容重的影响（王玥凯 等，2019）

生育期	深度/cm	土壤容重/g/cm³			
		免耕	旋耕	深松	深翻
苗期	0～10	1.50ab	1.54a	1.44b	1.52a
	10～20	1.55a	1.56a	1.55a	1.51a
	20～40	1.55a	1.60a	1.54a	1.60a
灌浆期	0～10	1.57a	1.47b	1.43b	1.43b
	10～20	1.58a	1.52b	1.59a	1.47c
	20～40	1.62a	1.60a	1.60a	1.46b
收获期	0～10	1.48a	1.39b	1.39b	1.35b
	10～20	1.54a	1.52a	1.50a	1.39b
	20～40	1.57a	1.58a	1.56a	1.52a

注：表中不同字母代表不同处理土壤容重差异显著（$P<0.05$）。

第五节　土　壤　水　分

一、水文特点

(一) 降雨

从全国范围看，砂姜黑土主要分布于黄淮海平原，处于暖温带向亚热带过渡季风气候区，季风盛行，冬季风从大陆吹向海洋、气候寒冷干燥；夏季风从海洋吹向大陆，气候炎热湿润。季风强弱和来去时间不稳定引起降水量在年内分布不均和年际变化悬殊。据气象资料统计分析，该区多年平均年降水量，基本介于 700～1 000 mm，以南部稍多、北部略少。从降水的年际变化来看，丰水年与枯水年相差极大，安徽省亳州市在丰水年降水量达到 1 473 mm（1963 年），而枯水年只有 473 mm（1978年）。从降水量的年内分布来看，夏季 6—8 月占全年的 50%～55%，春季 3—5 月占全年的 19%～23%，秋季 9—11 月占全年的 17%～20%，冬季 12 月至翌年 2 月占全年的 6%～8%。降雨日均分布不匀，从极端降雨看，最大一日暴雨量大部分地区可达 200 mm 以上，安徽省界首市最大一日暴雨量为 470.8 mm；从暴雨集中程度看，本区有 90% 左右的暴雨出现在 6—9 月，其中尤以 7 月、8 月最多。

由于降水量的年际变化和年内分布不均，淮北地区旱涝灾害概率较高，据安徽省淮北地区 1951—1998 年统计资料显示，水灾重现期为 7～9 年，旱灾重现期为 2～3 年，总体上旱灾多于涝灾。进入 21 世纪后，淮北地区的极值雨量出现概率变大，降水量年际变化更为悬殊，旱涝灾害更为频繁。另据多年降水资料的统计分析，结果表明这一地区发生干旱的概率高。秋旱影响小麦等越冬作物播种出苗的概率约为四年一遇，冬旱影响小麦分蘖的概率为两年一遇，春旱影响成穗的概率为五年一遇。此外，在小麦等夏收作物灌浆期常有西南干热风的危害，在夏播作物生长期内因初夏季节雨水不足而直接影响作物适期播种的概率为三至四年一遇，遭受伏旱的概率约为五年一遇，夏播作物灌浆期受旱的概率约为六年一遇。

降水量少的时段往往是作物需水多的关键时段，如 3—5 月上旬是小麦生长需水旺盛期，10 月上中旬是作物播种期，这 2 个时段的降水量均较少，而作物的需水量又多，所以易发生旱灾。6 月是玉米、大豆、水稻等作物的主要播种期，8 月上中旬是玉米、大豆等主要旱作物的生育关键需水期，这 2 个时段的降水量较多，但由于温度高、蒸发量大，作物的需水量也很大，也易发生旱灾。

(二) 径流

砂姜黑土区年径流的地区分布与年降水量的地区分布基本相一致，总趋势是由北向南递增，多年平均径流在 100～200 mm，年径流系数在 0.11～0.30，大部分地区年径流系数在 0.25 左右。

径流特征受降雨和地形地貌条件制约，砂姜黑土区河流多为雨源型，即河川径流多来源于降雨，因而径流的时空分布与降雨的时空分布大体相一致，但年内分配更为集中，6—9 月径流量占年径流量的 70% 以上，其中 50% 以上集中在 7—8 月，非汛期的 8 个月径流量仅占全年径流量的 25% 左右。在中小水年份，全年径流量几乎都集中在汛期，甚至产生于汛期的几场乃至一两场暴雨。径流量的年际变化大于降水量，据安徽省淮北地区统计资料，最大年径流量与最小年径流量可相差 20 倍（表 3 - 19）。

表 3-19　淮北地区代表站 1956—1990 年径流量月分配表（李家年 等，1999）

单位：%

站名	1 月	2 月	3 月	4 月	5 月	6 月	7 月	8 月	9 月	10 月	11 月	12 月	全年	6—9 月
阜阳	3.5	4.2	3.1	3.2	5.5	8.8	35.2	15.1	11.5	4.7	2.0	3.1	100	70.7
涡阳	1.7	2.3	2.7	3.8	6.1	6.4	29.1	21.8	13.7	5.0	3.9	3.5	100	71.0
蒙城	1.5	1.0	2.1	3.1	6.0	5.9	35.9	21.2	10.4	5.0	5.1	2.7	100	73.4
王市集	1.7	2.1	3.2	4.4	6.0	10.6	34.7	19.8	8.9	3.1	2.8	2.1	100	74.0
浍塘沟	0.4	1.0	1.3	3.3	7.5	8.6	34.2	28.2	10.6	2.4	1.5	1.1	100	81.6

（三）蒸发

植物所需要的水分，主要是靠植物根系从土壤中吸收的。土壤水分的含量及其变化，对农业生产及农作物正常生长发育具有特别重要的意义。在不考虑地下水补给的情况下，降水和灌溉是土壤水分的主要收入项，土壤水分的蒸发和植物吸收利用则是支出项，土壤水分的变化主要取决于降水的补充量和蒸发的消耗量。

土壤水分的蒸发，是土壤水通过毛细管的作用输送至表层，表层的水分汽化和向大气中扩散的过程。蒸发量是在一定时段内水分经蒸发而散布到空中的量，通常用蒸发掉的水层厚度的毫米数表示，水面或土壤的水分蒸发量分别用不同的蒸发器测定。第二次全国土壤普查资料显示，河南、山东、河北 3 个省砂姜黑土分布区年均蒸发量在 1 500 mm 以上；安徽省蒙城县 40 年资料显示，年均蒸发量为 1 643.1 mm；总体趋势由南向北蒸发量逐渐增大。在耕作条件下，田间土壤水的运动，近似上下垂直运动，即向下渗透或向上蒸散；通常情况下，耕层土壤含水量的消退是在快速增长和缓慢消退交替中进行的。研究表明，耕层土壤含水量增减量与基期耕层土壤含水量、期间降水量和蒸发量呈极显著多元直线相关关系。其中，耕层土壤含水量增加量主要受基期土壤含水量的高低和降水量多少的影响；土壤含水量减少量主要取决于蒸发量多少和基期土壤含水量的高低。土壤的机械组成对土壤蒸发有较大的影响。土质越黏，土粒越小，毛细管亦越小，蒸发量越大。砂姜黑土的蒸发量较同类型区其他土壤高。

干旱指数为可能年蒸发量与平均年降水量的比值，用 γ 表示。它能反映一个地区的气候干湿程度，当 $\gamma > 1.00$ 时，即蒸发能力超过降水量，说明该地区偏于干燥，γ 越大，即蒸发能力超过降水量越多，干燥程度就越严重。当 $\gamma < 1.00$ 时，表示该区域蒸发能力小于降水量，该地区为湿润气候。安徽省淮北地区北部 γ 在 1.25～1.28，中部 γ 在 1.20～1.24，南部 γ 在 1.00～1.18。

（四）地下水资源

砂姜黑土区地下水资源较为丰富。据计算，安徽省砂姜黑土区浅层地下水总储量达 18.82 亿 m³（詹其厚 等，2006），埋藏深度一般为 1～3 m，埋藏较浅，宜开采。该区地下水一般以碳酸盐型为主，矿化度小于 0.5 g/L，宜于饮用和农业灌溉。

该区地下水是城镇居民生活、工业及农业用水的主要水源，随着城市发展、居民生活水平提高，对地下水的需求量在逐渐增加。据安徽省皖北地区 69 个地下水位站的 1980—2006 年平均埋深资料分析，皖北地区多年平均地下水埋深为 2.33 m；1980—1990 年各地下水年均埋深较浅、变幅较小，1990 年以后地下水埋深变幅加大，且埋深有明显的加深趋势（表 3-20）。

表 3-20　不同时段皖北地区各主要行政区地下水埋深

时段	地下水埋深/m					
（年）	蚌埠市	亳州市	阜阳市	淮北市	宿州市	皖北地区
1980—2006	1.87	2.51	2.02	2.55	2.53	2.33
1980—1989	1.98	2.24	1.84	2.26	2.26	2.13
1990—1999	1.77	2.80	2.15	2.58	2.63	2.45
2000—2006	1.87	2.47	2.13	2.96	2.81	2.47

二、水分物理性质

（一）持水性能

土壤的持水性能取决于土壤的结构性。砂姜黑土的结构性较差，耕层团聚体含量低，耕层以下为稳定的棱柱状和棱块状结构，结构体较为密实，且表面被覆着胶膜。另外，砂姜黑土由于土体中含有较多的砂姜，占据了一定的空间，也影响到土壤的持水性能，所以砂姜黑土虽然质地较为黏重，但其持水性能却不强。据测定，砂姜黑土1 m 土层内能够保持的最大水量一般为350 mm 左右，而其中能够供作物吸收利用的有效水分不过150 mm 左右，而且低吸力段（<10 kPa）所占比例较小，仅占30%左右。

土壤有效含水量可定量反映土壤蓄水性能，从表3-21可以看出，砂姜黑土田间持水量在230 g/kg以上，但有效含水量低于135 g/kg。在垂直变化方面，耕层有效含水量最高，随着深度增加，有效含水量逐渐降低。有效含水量与田间持水量的比例除耕层外均低于50%，随着田间持水量的降低，比例也随之降低。

表 3-21　砂姜黑土持水性能（詹其厚 等，2006；白由路 等，1993）

采样地点	深度/cm	田间持水量/g/kg	凋萎含水量/g/kg	有效含水量/g/kg	有效含水量/田间持水量/%
安徽怀远	0~22	260.6	127.5	133.1	51.07
	22~44	254.7	137.4	117.3	46.05
	44~65	247.7	142.4	105.3	42.51
	65~100	238.7	155.0	83.7	35.06
河南汝南	0~13	279.8	161.7	118.1	42.21
	13~20	256.7	152.6	104.1	40.55
	20~35	280.0	172.4	107.6	38.43
	35~65	273.4	162.5	110.9	40.56
	65~100	268.9	178.4	90.5	33.66

砂姜黑土蓄水容量较小，不能蓄积较多的雨水，降雨稍大时，就很容易使土壤含水量超过田间持水量，甚至达到饱和，而造成涝渍危害。另外，其黑土层的黏粒中有50%以上的蒙脱石，在湿润时

由于底层比表层膨胀得快而多，因此底层的孔隙往往先被堵塞，再加上表层膨胀与分散的胶粒流入下层，进一步堵塞传导孔隙和储藏孔隙，阻止水分下渗，形成托水层，使砂姜黑土易形成"哑巴涝"。

（二）保水供水性能

土壤水分对植物的有效程度最终取决于水势的高低，而不是含水量，土壤水分特征曲线可更好地反映土壤的保水或持水和供水性能。砂姜黑土水分特征曲线如图 3-10A 所示，在<100 kPa 时其含水量下降迅速，高于 600 kPa 后其含水量变化比较平缓，说明在低吸力阶段随着吸力增加而释出的水分较少。

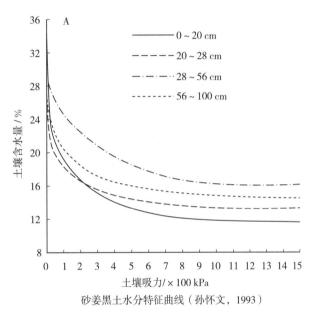

砂姜黑土水分特征曲线（孙怀文，1993）

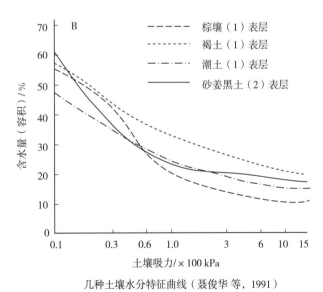

几种土壤水分特征曲线（聂俊华 等，1991）

图 3-10 砂姜黑土水分特征曲线

不同土壤发生层次间，砂姜黑土的持水性存在着差异。在相同吸力下，耕层的持水能力均低于下层土壤，这样就使得在干旱到来时，虽然心土层中有较多的水分，但作物也不能吸收而缺水；当灌溉或降雨时，心土层中没有更多的储水空间，使土壤产生积水或径流，所以在灌溉时必须考虑心土层对土壤水分的影响，不能以心土层的含水量作为灌水的指标。

山东省几种土壤耕层水分特征曲线表明（图 3 - 10B），低吸力阶段（10 kPa），土壤容积含水量以砂姜黑土最高，高于褐土、棕壤和潮土；高吸力阶段（300 kPa 以上），土壤容积含水量则为褐土＞砂姜黑土＞潮土＞棕壤。砂姜黑土的表层速效水含量为 10.80％～12.22％，褐土的表层速效水含量为 11.19％～14.67％，棕壤的表层速效水含量为 13.55％～20.72％，潮土的表层速效水含量为 10.74％～15.45％，砂姜黑土的速效水含量比较低。所以，干旱季节土壤在强烈的蒸发蒸腾作用下，土表层水分损失较快，速效水含量较低，而使作物受旱。

土壤水分的有效性还可用持水曲线的斜率即比水容量来表示，它反映了当土壤吸力增加相同幅度时，高吸力下植物所能吸收的水量要比低吸力下吸到的少。其大小说明不同吸力阶段植物吸收同样的水量所耗费的能量不同。比水容量越大，植物吸水耗能越少，水分对植物的有效性越大，反之则越小。砂姜黑土不同吸力阶段的比水容量如表 3 - 22 所示，耕层土壤吸力在 2～10 kPa 时，比水容量为 5.96×10^{-6} mol/(g·Pa)；吸力从 10 kPa 增加到 30 kPa 时，比水容量急剧下降。

表 3 - 22　砂姜黑土不同吸力阶段的比水容量（孙怀文，1993）

土层深度/cm	不同吸力阶段的比水容量/mol/(g·Pa)							
	2～10 kPa	10～30 kPa	30～50 kPa	50～70 kPa	70～100 kPa	100～300 kPa	300～800 kPa	800～1 500 kPa
0～20	5.96×10^{-6}	9.51×10^{-7}	4.15×10^{-7}	3.35×10^{-7}	3.07×10^{-7}	2.21×10^{-7}	5.56×10^{-8}	9.00×10^{-8}
20～28	2.56×10^{-6}	7.15×10^{-7}	3.75×10^{-7}	2.55×10^{-7}	2.30×10^{-7}	1.34×10^{-7}	4.04×10^{-8}	7.29×10^{-8}
28～56	2.85×10^{-6}	6.18×10^{-7}	2.50×10^{-7}	2.00×10^{-7}	1.83×10^{-7}	1.77×10^{-7}	8.68×10^{-8}	9.86×10^{-8}
56～100	2.16×10^{-6}	3.95×10^{-7}	3.35×10^{-7}	2.85×10^{-7}	2.30×10^{-7}	1.52×10^{-7}	4.54×10^{-8}	9.43×10^{-8}

注：低吸力阶段的比水容量是根据原状土持水曲线求得。

上述说明了砂姜黑土随着吸力的增加，水分的有效性呈现出快速下降的特点，特别是在低吸力阶段，从而使土壤对作物的供水在低吸力阶段就已较早地产生困难。砂姜黑土与其他土壤相比，如红壤、棕壤及淮北地区的潮棕壤等，在有效水分范围内同一吸力下的比水容量一般要减少到十分之一到十分之几，尤其在低吸力阶段相差更大。这说明砂姜黑土的供水能力较低，抗旱性能较弱。

（三）砂姜对土壤持水性能的影响

砂姜黑土中大量砂姜的存在，直接影响土壤的耕作性能，同时严重限制作物根系的生长、发育，对土壤持水、蓄水能力也产生不良影响，限制了土壤水分调蓄功能（詹其厚 等，2006）。

1. 砂姜的持水特性　随着砂姜粒径的增加，其容重（密度）逐渐升高，饱和含水量逐渐降低。van Genuchten 模型和 Brooks - Corey 模型拟合的决定系数 R^2 均大于 0.94，均能够较好地模拟细土和砂姜的水分特征曲线。而 van Genuchten 模型拟合的决定系数略大于 Brooks - Corey 模型，拟合效果更好。2～5 mm 粒径砂姜水分特征曲线进气值（$1/\alpha$）小于 5～8 mm，8～30 mm 砂姜进气值最大（表 3 - 23）。随着砂姜粒径的增大，砂姜的饱和含水量（θ_s）降低。砂姜粒径 2～8 mm 范围内，粒径增大，砂姜的残余含水量（θ_r）增大，当粒径大于 8 mm 后，砂姜的残余含水量降低。这主要是与砂姜的形成发育过程有关，即砂姜是土壤溶液逐渐凝结而成，小粒径砂姜的结晶度较低导致其容重较低，孔隙度较高，可以容留更多水分（谷丰，2018）。

表 3-23 不同粒径砂姜的水分特征曲线 van Genuchten 模型和 Brooks-Corey 模型拟合参数（谷丰，2018）

模型	模型参数	细土	砂姜		
			2~5 mm	5~8 mm	8~30 mm
van Genuchten	α/cm^{-1}	0.005	0.008	0.007	0.002
	n	1.157	1.854	2.022	1.130
	$\theta_r/\text{cm}^3/\text{cm}^3$	0.099	0.131	0.145	0.007
	$\theta_s/\text{cm}^3/\text{cm}^3$	0.431	0.251	0.220	0.196
	R^2	0.999	0.982	0.963	0.966
Brooks-Corey	α/cm^{-1}	0.012	0.018	0.016	0.006
	λ	0.090	0.337	0.448	0.086
	$\theta_r/\text{cm}^3/\text{cm}^3$	0.000	0.102	0.134	0.000
	$\theta_s/\text{cm}^3/\text{cm}^3$	0.431	0.251	0.220	0.196
	R^2	0.990	0.971	0.954	0.942
	容重/g/cm³	1.500	2.009	2.211	2.231

注：饱和含水量为实测值。

砂姜与细土的水分特征曲线差异较大，相同吸力下细土可保存更多的水分，且水分特征曲线形状也有明显差异。细土和砂姜水分特征曲线形状的不同可导致不同吸力下砂姜-细土混合样品含水量在砂姜和细土中的分配比例不同。与低吸力阶段相比，在高吸力阶段，砂姜含水量变化较细土缓慢，但细土中的含水量仍远高于砂姜（图 3-11）。一般来看，小粒径砂姜的含水量大于大粒径砂姜的含水量，这主要是小粒径砂姜的容重小于大粒径砂姜的容重，孔隙度较大，能够保持更多的水分。

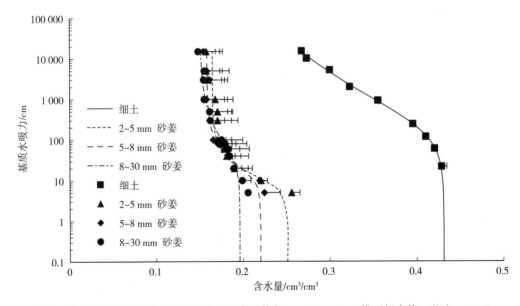

图 3-11 不同粒径砂姜水分特征曲线的实测值与 van Genuchten 模型拟合值（谷丰，2018）

2. 砂姜对土壤持水性的影响 砂姜-细土混合样品饱和含水量随砂姜含量的增大而降低，这主要是由于砂姜的加入增大了土壤容重，降低了土壤孔隙度。随着砂姜含量的增大，无论是 van Genuchten 模型或 Brooks-Corey 模型，其拟合参数中的 α 呈现增大的趋势，说明混合样品水分特征曲线的进气值（$1/\alpha$）随着砂姜含量的增大而减小。这可能是由于砂姜的混入增加了混合样品中的大孔隙数量。

而 van Genuchten 模型拟合参数 n 随着砂姜含量的增大先增大后减小，Brooks - Corey 模型拟合参数 λ 则没有明显的规律（表 3 - 24）。随着砂姜含量的增大，砂姜-细土混合样品的饱和含水量逐渐降低，残余含水量变化无明显规律。

表 3 - 24   不同砂姜粒径、含量的砂姜细土混合样品水分特征曲线 van Genuchten
模型和 Brooks - Corey 模型拟合结果（谷丰，2018）

模型	模型参数	细土	砂姜-细土混合样品											
			2～5 mm				5～8 mm				8～30 mm			
			5%	10%	15%	30%	5%	10%	15%	30%	5%	10%	15%	30%
van Genuchten	α/cm^{-1}	0.005	0.005	0.005	0.006	0.029	0.007	0.009	0.007	0.023	0.008	0.006	0.007	0.012
	n	1.157	1.233	1.326	1.278	1.106	1.104	1.107	1.182	1.115	1.198	1.225	1.174	1.172
	$\theta_r/\mathrm{cm}^3/\mathrm{cm}^3$	0.099	0.164	0.196	0.176	0.000	0.000	0.000	0.119	0.000	0.137	0.155	0.106	0.073
	$\theta_s/\mathrm{cm}^3/\mathrm{cm}^3$	0.431	0.426	0.422	0.417	0.404	0.427	0.413	0.406	0.392	0.429	0.418	0.407	0.390
	R^2	0.999	0.999	0.998	0.998	0.994	0.997	1.000	1.000	0.996	0.997	0.999	0.997	0.996
Brooks - Corey	α/cm^{-1}	0.012	0.017	0.018	0.019	0.060	0.019	0.020	0.018	0.053	0.016	0.018	0.014	0.036
	λ	0.090	0.088	0.094	0.094	0.090	0.080	0.088	0.089	0.095	0.098	0.091	0.099	0.098
	$\theta_r/\mathrm{cm}^3/\mathrm{cm}^3$	0.000	0.000	0.000	0.000	0.000	0.000	0.000	0.000	0.000	0.000	0.000	0.000	0.000
	$\theta_s/\mathrm{cm}^3/\mathrm{cm}^3$	0.431	0.426	0.422	0.417	0.404	0.427	0.413	0.406	0.392	0.429	0.418	0.407	0.390
	R^2	0.990	0.988	0.990	0.985	0.973	0.977	0.991	0.992	0.974	0.986	0.990	0.994	0.971

不同砂姜粒径、含量下混合样品水分特征曲线的研究结果表明（图 3 - 12），砂姜对于混合样品水分特征曲线呈现多方面的影响。第一，由于粗制介质与细土的性质不同，砂姜的混入可以在砂姜细土界面上创造一些大孔隙，从而增加混合样品的大孔隙数量；变性土中粗制介质的加入，土壤中裂隙或大孔隙数量增多，粗制介质在土壤裂隙发育过程中可能充当了触发点的角色。第二，粗制介质可以作为土壤"骨架"提高其附近土壤抵抗压实的能力，从而可能改变压实土壤中的孔隙分布状况。第三，砂姜特别是小粒径砂姜，可以保存相当数量的水分，但其孔隙分布状况与细土又截然不同。与细土相比，在高吸力状况下砂姜含水量的变化相对平缓，但在低吸力下，随着水吸力的增大，砂姜含水量迅速降低。因此，砂姜与细土水分特征曲线的差异可能导致混合样品水分特征曲线参数的变化。

土壤有效含水量（AWC）是土壤田间持水量与萎蔫含水量的差值，是指导灌溉措施的重要参数。通常情况下将 15 000 cm 水吸力下的含水量作为萎蔫含水量，而将水吸力在 100 cm（沙质土壤）或 330 cm（黏质土壤）下的土壤含水量作为田间持水量。砂姜黑土为黏质壤土，330 cm 与 15 000 cm 水吸力下的土壤含水量分别作为土壤的田间持水量和萎蔫含水量。

砂姜-细土混合样品有效含水量，不同情景下砂姜对土壤有效含水量的影响有明显差异。

情景 1：不考虑砂姜含量，即将混合样品当作细土处理。

$$AWC_1 = \theta_{f,330\,\mathrm{cm}} - \theta_{f,15\,000\,\mathrm{cm}}$$

式中：$\theta_{f,330\,\mathrm{cm}}$ 和 $\theta_{f,15\,000\,\mathrm{cm}}$ 为细土在 330 cm 和 15 000 cm 水吸力下的体积含水量（$\mathrm{cm}^3/\mathrm{cm}^3$），通过拟合最佳的水分特征曲线模型获得。

情景 2：只考虑砂姜含量，但忽略砂姜的含水量。

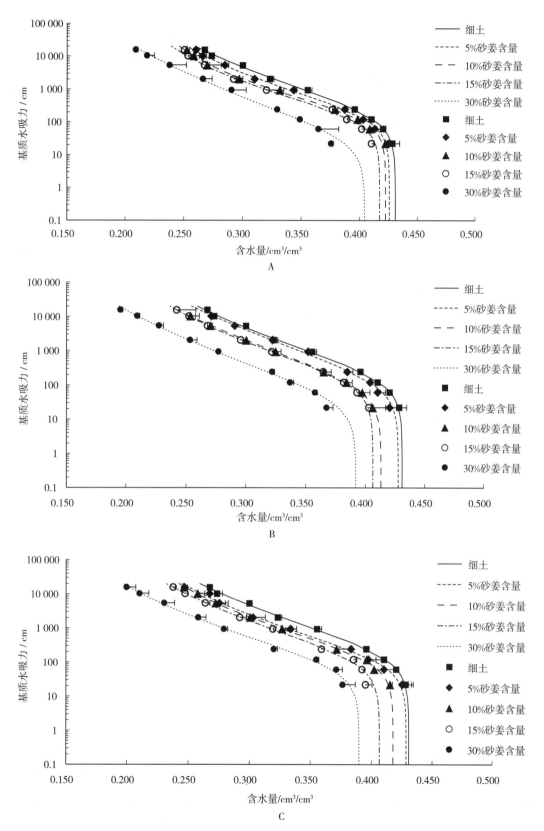

图 3-12 不同砂姜粒径、含量的砂姜-细土混合样品水分特征曲线实测值与 van Genuchten
模型拟合值（谷丰，2018）

注：A 为 2～5 mm 砂姜，B 为 5～8 mm 砂姜，C 为 8～30 mm 砂姜。

$$AWC_2 = \left(1 - C_m \times \frac{BD_C}{BD}\right)\theta_{f,330\,cm} - \left(1 - C_m \times \frac{BD_C}{BD}\right)\theta_{f,15\,000\,cm}$$

式中：C_m 为砂姜的质量含量（g/g）；BD_C 和 BD 为砂姜及砂姜-细土混合样品的容重（g/cm³）。

情景 3：同时考虑砂姜的含量和含水量，即实测的砂姜-细土混合样品的有效含水量。

$$AWC_3 = \theta_{330\,cm} - \theta_{15\,000\,cm}$$

式中：$\theta_{330\,cm}$ 和 $\theta_{15\,000\,cm}$ 分别为砂姜-细土混合样品在 330 cm 和 15 000 cm 水吸力下的体积含水量（cm³/cm³），通过拟合最佳的水分特征曲线模型获得。

随着砂姜含量的增大，土壤有效含水量呈现直线下降的趋势（图 3-13）。当砂姜含量为 30％时，有效水量降低了 9.2％～14.4％，说明砂姜含量高的土壤更不容易保存水分，其上种植的作物更容易受到干旱影响而减产。如果不考虑砂姜含量（情景 1），将会高估土壤的有效含水量，从而导致灌溉不及时而导致作物受到干旱影响。砂姜含量越高，土壤有效水量估计值会越偏离实际值。由于砂姜本身可以保存一定数量的有效水，如果仅仅考虑砂姜含量却不考虑其含水量（情景 2），混合样品有效含水量则会被低估且偏差随着砂姜含量的增多而增大。在砂姜含量为 30％时，有效含水量低估 11.2％～17.2％。

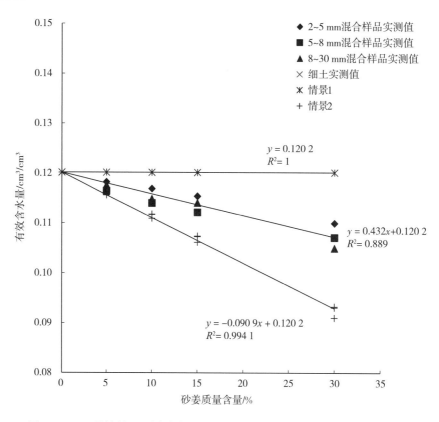

图 3-13　三种情景下不同砂姜含量下混合样品的有效含水量（谷丰，2018）

综上，无论是忽略砂姜含量还是忽略砂姜的含水量，都有可能导致灌溉措施的低效。忽略混合样品中的砂姜含量而使有效含水量高估，此时的灌溉措施可能导致作物遭受水分胁迫；若忽略砂姜的含水量，低效的灌溉措施可能会导致水分的浪费。

（四）导水性能

土壤导水性能的强弱决定着土壤水分的移动速度，在非饱和水条件下则为土壤的供水强度，通常用非饱和导水率来表示。在 100 kPa 土壤吸力范围内，耕层的非饱和导水率明显大于以下各土层；犁底层非饱和导水率不仅明显小于耕层，而且在<60 kPa 范围以内，也明显小于犁底层下的土层。非饱和导水率随着土壤吸力增大而降低，其降低的趋势明显是以 30 kPa 为转折点，<30 kPa 时非饱和导水率随着土壤吸力减少而急剧增高，>30 kPa 时非饱和导水率则较低，这对土壤的及时供水影响很大。对一般旱作物来说，30~100 kPa 吸力范围内的水分是有效度较大的水分，这部分水分移动缓慢，不能及时满足作物吸水，是造成作物容易受旱的重要原因。

砂姜黑土之所以导水性能较弱，主要是因为土壤孔隙性和结构性不良。它不仅总孔隙度不高，而且微孔隙所占比例较大，尤以犁底层和心土层更为显著。砂姜黑土心土层棱柱状和棱块状结构发达，且富含胀缩性强的黏土矿物蒙脱石，胀缩系数大，干时收缩开裂，湿时膨胀。随着土壤含水量的降低，土体急剧收缩。在干旱季节，由于土体迅速收缩而产生大量裂隙，裂缝宽可达 2 cm 左右，深达 50~60 cm，切断了结构单位之间的毛管联系，水分向上运行迟缓，不能及时弥补上层土壤的水分散失，而导致作物受旱。

（五）土壤蒸发性能

土壤蒸发性能反映土壤的保水能力，其性能越强，土壤水分的非生产性消耗越大，反之则越小。砂姜黑土的水分蒸发性能如表 3-25 所示，在强烈蒸发条件下，土层上部水分损失很快，而下部则损失很慢。从田间持水量开始，耕层 0~20 cm，蒸发 5 d，土壤水分损失 19.9 mm，有效水分损失一半以上；蒸发 10 d，土壤水分损失 23.5 mm，占有效水分 69.5%；蒸发 30 d，土壤水分损失 35.3 mm，有效水分已全部损失殆尽。随着耕层水分的迅速损失，干土层不断加厚，蒸发 30 d 后，0~40 cm 土层的水分损失达 41.9 mm，占有效水分 68.5%。这样，在田间条件下，如果地下水位降至距地面 1 m以下，则会因下层水分向上运行缓慢，地下水不能及时补充上层水分的损耗而致作物受旱。

表 3-25　不同蒸发历时下砂姜黑土原状土柱中水分的丢失（孙怀文，1993）

土层深度/cm	原始储水量/mm	有效水储量/mm	蒸发累积量/mm				占原始储水量/%				占有效水储量/%			
			5 d	10 d	30 d	60 d	5 d	10 d	30 d	60 d	5 d	10 d	30 d	60 d
0~20	64.3	33.8	19.9	23.5	35.3	37.2	30.9	36.5	54.9	57.9	58.9	69.5	104.4	110.1
0~40	136.4	61.2	21.8	26.8	41.9	45.1	16.0	19.6	30.7	33.1	35.6	43.8	68.5	73.7
40~100	226.8	90.8	0.3	0.5	2.8	4.7	0.1	0.2	1.2	2.1	0.3	0.6	3.1	5.2
0~100	363.2	152.0	22.1	27.3	44.7	49.8	6.1	7.5	12.3	13.7	14.5	18.0	29.4	32.8

产生上述现象的原因，主要是砂姜黑土质地黏重，结构性差，蒸发强度大。在脱水过程中，当土壤含水量在 180~220 g/kg 时，土体开始出现裂缝，随着土壤含水量继续下降，裂缝变宽变深，切断了结构单位之间的毛管联系，使地下水上升受阻；同时，结构体表面胶膜和砂姜的存在对毛细管孔隙有一定的阻隔作用，而致水分运行极为缓慢。

综上所述，砂姜黑土持水性能较差，有效水分不仅含量较低，而且低吸力段所占比例较小；比水容量随吸力增大而急剧减少，土壤吸力大于 30 kPa 后水分移动极其缓慢，说明土壤的供水容量和供水强度均较小，不利于对作物的及时供水；土壤毛管水上升速度缓慢，上升高度小，不利于作物对地下水的利用；土壤上部土层蒸发强度大，不利于保水；下部土层毛管性能微弱，水分运行缓慢，虽有利于保水，但不能及时补充根层所需的作物供水。

三、水分物理性质改良

深耕深松土壤、破除犁底层、加厚熟土层、提高土壤有机质含量、改善土壤结构等均能改善土壤的孔隙状况，提高土壤的蓄水保墒和通气透水的能力，改善砂姜黑土水分物理性质。

（一）耕作措施

通过深耕、深松等，可以打破犁底层，使耕作层土壤疏松，加厚熟土层，改善土壤松紧状况。这样不仅可以提高土壤的透水能力，减少地表径流，而且可以将降水和灌溉水有效保蓄起来，以供作物利用。同时，深耕、深松增加了大孔隙，因此也大大加强了土壤的通气状况，从而改善土壤水分状况。

不同耕作方式影响土壤含水量（表 3-26），在小麦苗期，3 种耕作方式处理在 0～20 cm 和 20～40 cm 土层土壤含水量无显著差异；深耕处理的土壤含水量在小麦越冬期显著大于免耕和旋耕处理；拔节期 0～20 cm 土层土壤含水量各处理间无明显差异，20～40 cm 土层土壤含水量深耕处理显著高于免耕和旋耕处理；成熟期 20～40 cm 土层土壤含水量免耕与旋耕处理差异不显著，但两者均显著低于深耕处理。可见与免耕、旋耕处理相比，深耕处理可显著提高小麦生育后期土壤含水量。

表 3-26　不同耕作方式对土壤含水量的影响（李太魁 等，2017）

单位：%

处理	苗期		越冬期		拔节期		成熟期	
	0～20 cm	20～40 cm	0～20 cm	20～40 cm	0～20 cm	20～40 cm	0～20 cm	20～40 cm
免耕	15.87a	15.73a	14.16b	14.35b	15.15a	15.92b	16.18b	16.81b
旋耕	15.19a	15.89a	13.98b	14.61b	14.08a	14.32c	15.92c	16.22b
深耕	15.36a	16.14a	15.16a	16.06a	16.23a	17.16a	17.34a	18.06a

注：表中不同字母代表不同处理土壤含水量差异显著（$P<0.05$）。

小麦-玉米轮作是砂姜黑土区的主要种植方式之一。秸秆全量还田下周年轮作方式影响土壤水分性状。免耕-深耕、深松-旋耕和深松-免耕处理能够增加夏玉米收获期 0～20 cm 土层土壤储水量；深松-免耕处理增加夏玉米-冬小麦整个周年内 20～40 cm 土层土壤含水量（靳海洋，2016）。

（二）秸秆还田

淮北平原砂姜黑土地区，玉米收获后实施秸秆粉碎后深埋直接还田，对后季小麦土壤含水量有明显影响。小麦拔节期，与秸秆不还田的对照相比，实施 1 500～6 000 kg/hm² 玉米秸秆粉碎深埋还田后，0～10 cm 和 10～20 cm 土层土壤含水量分别增加 0.10～1.73 个百分点和 0.18～2.29 个百分点，相对提高 0.62%～10.64% 和 1.41%～17.93%，平均提高 5.66% 和 9.24%。孕穗期，与对照相比，0～10 cm 和 10～20 cm 土层土壤含水量分别增加 0.78～1.91 个百分点和 0.24～1.10 个百分点，分别提高 8.07%～19.77% 和 2.00%～9.18%，平均提高 13.33% 和 5.30%。开花期，与对照相比，0～10 cm 和 10～20 cm 土层土壤含水量分别增加 0.92～1.20 个百分点和 0.68～1.42 个百分点，分别提高 11.26%～14.69% 和 7.14%～14.90%，平均提高 12.76% 和 9.65%，0～10 cm 土层土壤含水量也随秸秆还田量的增加而增加，与对照间的差异均达 0.05 的显著水平（表 3-27）。

表 3-27 秸秆还田对不同时期土壤含水量影响（李录久 等，2017）

单位：%

处理	拔节期			孕穗期			开花期		
	0～10 cm	10～20 cm	0～20 cm	0～10 cm	10～20 cm	0～20 cm	0～10 cm	10～20 cm	0～20 cm
CK	16.26b	12.77b	14.51a	9.66b	11.98a	10.82b	8.17b	9.53b	8.85b
$S_{1\,500}$	17.99a	12.95ab	15.18a	11.18a	12.22a	11.17ab	9.09a	10.22ab	9.65ab
$S_{3\,000}$	17.65ab	13.66ab	15.66a	11.57a	12.23a	11.90a	9.10a	10.21ab	9.64ab
$S_{4\,500}$	16.72ab	14.13a	15.42a	10.60ab	13.08a	11.84ab	9.29a	10.95a	10.12a
$S_{6\,000}$	16.36b	15.06a	15.41a	10.44ab	12.93a	11.69ab	9.37a	10.42ab	9.90a

注：CK 即秸秆不还田处理，$S_{1\,500}$～$S_{6\,000}$ 即秸秆还田处理，下标数字为还田数量（kg/hm²）。不同字母代表差异显著（$P<0.05$）。

实施玉米秸秆粉碎直接还田能有效提高后季小麦拔节期、孕穗期和开花期等主要生育时期 0～10 cm 和 10～20 cm 土层土壤含水量，为小麦生长发育创造适宜的土壤水分条件。总体上，3 000 kg/hm² 秸秆还田处理土壤水分含量较高，有利于小麦生长发育。

金友前等（2013）研究结果，玉米秸秆还田后，通过降低冬小麦萎蔫含水量，该土壤水分状况得以改善，土壤最大有效库容较秸秆不还田处理显著增加，增幅达 8.07%，使小麦可利用的有效水分得以提升；秸秆还田能提高土壤稳定入渗速率和土壤持水能力，土壤水分入渗量提高 3.55 倍；秸秆还田使更多的土壤有效水分被小麦吸收，进而促进小麦蒸腾，增加水分的有效利用量，水分利用效率提高 30.8%。

（三）增施有机肥

有机质能促进良好团粒结构的形成，提高水分入渗性能，有利于减缓水分在土壤中的移动，降低土壤水分蒸发速度，提高土壤抗旱性。研究结果表明，土壤田间持水量，无肥区为 38.34%，两个有机肥处理分别为 45.30% 和 47.54%；土壤有效水的最大储量显著增加，无肥区为 23.30%，有机肥区分别为 30.00% 和 32.04%，分别增加了 6.70 个百分点和 8.74 个百分点，这对提高砂姜黑土的抗旱能力有极为重要的作用。而单施化肥的处理，土壤水分指标都与无肥区相近。土壤持水曲线分析结果表明，在相同的土壤吸力下，施有机肥的处理土壤持水量较高，也说明增施有机肥提高了土壤的保水供水能力，有机肥区与无肥区和单施化肥区相比，作物消耗同样的能量，前者可以吸收利用的土壤水分较多（表 3-28）。

表 3-28 不同处理土壤水分常数（王绍中，1992）

单位：%

处理	萎蔫含水量	田间持水量	有效水最大储量	毛管持水量	饱和含水量
CK	15.04	38.34	23.30	41.90	42.99
化肥	15.30	38.70	23.60	40.10	42.64
有机肥	15.30	45.30	30.00	49.72	55.02
高量有机肥	15.50	47.54	32.04	50.56	52.30

（四）改良剂

施用粉煤灰能改善砂姜黑土孔隙性状，水分渗透系数随粉煤灰施用量的增加而增加，增幅为

27.1%～142.3%（丁军 等，2001）。施用土壤改良剂能明显改善砂姜黑土的不良水分性状（表3-29），HP-1、苗乐宝、变性淀粉使土壤田间持水量比对照提高10.4%、9.5%、9.2%，饱和含水量提高14.0%、11.4%、10.3%，水分渗透系数提高356.7%、328.8%、290.4%。施用土壤改良剂使土壤透水率提高数倍，土体持水能力得以增强，使雨水、灌溉水渗入土体加快，减少地表径流，提高了抗旱能力，其作用为HP-1＞苗乐宝＞变性淀粉。土壤改良剂使砂姜黑土保水能力提高。表3-30中数据是浇充足水后用张力计连续观测8 d所得，到4月23日时，张力计读数已有明显差异，施用土壤改良剂处理土壤水吸力低于对照，其作用为HP-1＞变性淀粉＞苗乐宝。

表3-29 土壤改良剂对砂姜黑土水分性状的影响（土培试验）（李道林 等，2000）

单位：%

处理	田间持水量	田间持水量较CK增加的比例	饱和含水量	饱和含水量较CK增加的比例	水分渗透系数	水分渗透系数较CK增加的比例
CK	33.8	—	37.8	—	1.04	—
苗乐宝	37.0	9.5	42.1	11.4	4.46	328.8
HP-1	37.3	10.4	43.1	14.0	4.75	356.7
变性淀粉	36.9	9.2	41.7	10.3	4.06	290.4

表3-30 土壤改良剂对砂姜黑土水吸力的影响（土培试验）（李道林 等，2000）

单位：kPa

处理	取样日期（月/日）				
	4/15	4/17	4/19	4/21	4/23
CK	0	2.0	6.0	16.0	24.0
苗乐宝	0	3.0	6.2	12.0	21.0
HP-1	0	3.0	5.0	10.0	19.0
变性淀粉	0	2.0	6.0	13.0	20.5

土壤改良剂还能明显影响砂姜黑土水分蒸发，在水分过饱和（土壤含水量为350 g/kg）时，土壤改良剂处理有利于土壤水分蒸发，使土体水分迅速下降，从而减轻渍害；当土壤含水量下降到300 g/kg以下时，蒸发量又迅速减少，低于对照处理，在蒸发14 d后，HP-1、变性淀粉、苗乐宝处理土壤含水量比对照提高80.3%、70.4%、56.3%（表3-31）。

表3-31 土壤改良剂对砂姜黑土含水量的影响（土培试验）（李道林 等，2000）

单位：g/kg

处理	取样日期（月/日）								
	3/20	3/23	3/24	3/27	3/28	3/29	3/30	4/2	4/3
CK	350	300	274	216	177	141	105	88	71
苗乐宝	350	288	267	228	199	172	141	126	111
HP-1	350	293	274	239	211	188	159	141	128
变性淀粉	350	291	273	237	216	190	153	147	121

第六节　土　壤　温　度

土壤温度影响植物的生长、发育和土壤的形成。土壤中各种物理、化学、生物学过程都受土壤温度的影响。决定土壤温度的主要因素是太阳辐射，土壤不同组成、性质及利用状况等也影响土壤温度。

一、土壤温度变化规律

安徽省农业科学院蒙城马店试验站 2008—2010 年观测数据显示，1—7 月不同土层（0、5 cm、10 cm、15 cm）的土壤温度呈逐渐增高趋势，8—12 月呈逐渐降低趋势。各土层最高温度出现在 7 月，其次为 8 月；最低温度出现在 1 月，其次出现在 12 月。1 月、2 月、11 月、12 月，不同土层变化趋势相一致，随土层深度的增加，土壤温度呈增高趋势；其他月份正相反，随土层深度的增加，土壤温度呈降低趋势（表 3 - 32）。

表 3 - 32　不同深度土壤温度

单位：℃

月份	0	5 cm	10 cm	15 cm
1	2.6	2.8	3.7	4.4
2	6.8	6.4	6.6	6.9
3	9.9	9.6	9.8	9.6
4	19.9	17.8	17.2	16.6
5	25.6	23.7	22.8	21.8
6	29.6	27.0	26.1	26.0
7	32.2	30.4	29.8	29.1
8	30.6	29.4	28.9	28.4
9	28.0	26.2	28.2	25.4
10	21.0	19.7	20.1	19.4
11	12.4	12.4	13.0	13.5
12	5.4	5.7	6.3	6.4

二、土壤温度调节

土壤温度影响根系的生长与分布。在一定的温度范围内，适当提高土壤温度，能促进种子发芽和出苗，还能促进根系伸长。而温度的剧烈波动以及持续的低温不利于冬春季作物的生长，因此生产上常通过一些外界管理措施减缓温度剧烈波动和过低温度对作物生长的负面影响。

（一）合理灌溉

秋冬时节，一般结合施肥，推行冬前灌水，以减轻作物冻害；早春寒潮期间多灌水、灌深水，避免土壤温度骤然下降，增强幼苗抵御低温能力；夏季以增强土壤散热为主，采取短期灌深水和经常性的灌水露田相结合，达到散热、通气、供水的目的。

砂姜黑土冬季降水量少，土壤水分含量低影响冬季作物生长。冬灌不仅能改善水分状况，而且能提高土壤温度，促进作物生长发育。据观测，冬灌麦田的土壤温度要比未冬灌的高 1～2 ℃（周守明，1985），冬灌后的麦田土壤疏松，较未冬灌的小麦扎根深，有效分蘖多。冬灌时要因地制宜，严格掌握灌水时间和浇水方式及灌水量。冬灌时间以"日消夜冻"为宜，一般在 11 月下旬小雪节气前后，灌水量为土壤水分达田间持水量左右即可，一般在 450～600 m³/hm²。如果灌水时间过晚，或浇水方式不当，会伤害麦苗，导致减产。

（二）秸秆覆盖

秸秆覆盖可以阻止太阳直接辐射和减少土壤热量向外散射，使土壤温度变化缓和。秸秆覆盖能平缓土壤温度的日变化，减小土壤温度的日较差。越冬前和越冬期间白天秸秆覆盖 5 cm 深度的土壤温度低于对照，而晚上秸秆覆盖的土壤温度高于对照。越冬后秸秆覆盖的土壤温度全天基本上都低于对照。

冬小麦越冬前后覆盖处理下土壤温度的日振幅都低于对照。秸秆覆盖后表层土壤温度越冬前、越冬期间和越冬后日振幅比对照分别降低 5.05 ℃、7.60 ℃和 6.50 ℃，最低温度比对照分别高 2.37 ℃、3.18 ℃和 1.68 ℃，最高温度比对照分别低 2.68 ℃、4.40 ℃和 4.82 ℃。秸秆覆盖后 5 cm 土壤温度越冬前和越冬期间日振幅比对照分别降低 1.10 ℃和 2.03 ℃，最低温度比对照分别高 0.57 ℃和 1.28 ℃，最高温度比对照分别低 0.54 ℃和 0.75 ℃；而返青后覆盖比对照日振幅降低 1.96 ℃，最低温度高 0.34 ℃，最高温度低 1.85 ℃。以上结果表明秸秆覆盖在冬小麦越冬间有保温效应，而越冬至拔节期间秸秆覆盖下土壤升温比没有覆盖的对照慢（刘秀位 等，2012）。

夏秋高温干旱期间，采用稻草或其他作物秸秆覆盖地面，有遮阳防晒、降低土壤温度的作用，同时，还能减少水分蒸发和消灭杂草。

（三）土壤改良物质

施用生物炭和粉煤灰等可通过影响土壤热性质进而影响土壤温度，大多研究表明生物炭、粉煤灰等对表层土壤温度具有削峰填谷的作用；冬季低温时施用生物炭处理的土壤温度较对照处理增高，夏季高温时施用生物炭处理的土壤温度较对照处理则降低。小麦生产的越冬前、越冬期及返青期，粉煤灰能显著提高 5 cm 土壤温度，其次是 10 cm 土壤温度，对于小麦早出苗、早分蘖、形成壮苗有一定的实践意义。另外，进入小麦灌浆后期，砂姜黑土地区常有干热风危害，而粉煤灰处理又有一定的抑温作用，可在一定程度上缓解高温危害，有利于保持后期根系活力（表 3 - 33）。此外，地膜覆盖、镇压、垄作松土、风障、防风林、熏烟等，均可调节土壤温度，可以因地制宜进行应用。

表 3 - 33 粉煤灰改良砂姜黑土对土壤温度的影响（马新明 等，2001）

单位：℃

处理	越冬前				越冬期				返青期				拔节期				灌浆成熟期			
	5 cm	10 cm	15 cm	20 cm	5 cm	10 cm	15 cm	20 cm	5 cm	10 cm	15 cm	20 cm	5 cm	10 cm	15 cm	20 cm	5 cm	10 cm	15 cm	20 cm
T₀	11.4	11.9	11.8	12.4	3.8	4.3	4.0	5.0	8.5	10.0	8.0	8.9	17.2	17.6	15.0	14.9	23.0	23.1	22.2	21.3
T₁	11.5	12.0	11.9	12.3	3.9	4.3	4.2	4.6	8.7	10.1	8.0	8.8	17.3	17.8	14.7	15.0	22.9	23.2	22.0	21.3

（续）

处理	越冬前				越冬期				返青期				拔节期				灌浆成熟期			
	5 cm	10 cm	15 cm	20 cm	5 cm	10 cm	15 cm	20 cm	5 cm	10 cm	15 cm	20 cm	5 cm	10 cm	15 cm	20 cm	5 cm	10 cm	15 cm	20 cm
T_2	11.8	12.2	11.9	12.1	4.4	4.5	4.2	4.4	9.0	10.3	8.2	8.4	17.8	17.6	14.9	14.8	22.9	23.2	22.2	20.9
T_3	11.8	12.2	12.0	12.3	4.5	4.4	4.6	4.6	8.7	9.8	8.1	8.8	17.9	17.6	14.7	14.3	23.1	23.4	21.6	21.3

注：T_0、T_1、T_2、T_3 分别为施粉煤灰 0、60 t/hm²、120 t/hm²、180 t/hm²。

第七节 土壤力学及耕性

一、胀缩开裂性

（一）胀缩开裂特征

土壤水分蒸发导致土壤体积减小及开裂是收缩的具体表现。引起土壤收缩的主要原因是在土壤含水量较高时，土壤颗粒之间形成一层水化膜，水化膜加大了土壤颗粒间的距离，在水分蒸发时土壤水化膜变薄，在吸力的作用下土壤颗粒慢慢靠近间距减小，且可能发生重新排列，使得孔隙度减小，宏观表现为土壤体积减小或开裂。砂姜黑土的胀缩开裂特征（图 3 - 14）对土壤质量造成影响的主要原因在于：较高的黏粒含量及裂缝的发育使得土壤结构体中有效孔隙减少，导致了棱状结构的发育，土壤变得坚硬，僵块增多，影响了土壤的耕作性能；此外，土壤开裂一方面使得土壤耕作层中水分向上蒸发加快，另一方面加快了水分向下入渗，在干旱季节，使得作物可获得的有效含水量减小，导致了作物缺水；而在含水量较高的田间条件下，砂姜黑土膨胀性较强，毛管孔隙易堵塞，水分不易入渗，这会导致土壤渍害的发生，影响作物产量。

安徽砂姜黑土剖面开裂

安徽砂姜黑土地面开裂

图 3 - 14 砂姜黑土开裂状

在土壤收缩不发生开裂的情况下，收缩强度的大小用线胀系数（COLE）来表示，主要是用土壤长度表征收缩变化。土壤胀缩开裂特征作为土壤自身的一种特性，受到多种其他因素的影响，包括土壤含水量、粒径分配、黏粒含量、孔隙度、化学性质等。宗玉统（2013）在砂姜黑土上的研究表明，耕作层黏粒含量与COLE呈极显著的正相关关系，相关系数 $r=0.824$；另据李卫东等（1993）的研究数据进行相关分析，COLE与土壤有机质、黏粒含量和蒙皂石含量呈显著或极显著正相关关系，相关系数 r 分别为0.465、0.925和0.838。变性土上的其他研究表明，黏土矿物组成对表层土壤膨胀收缩有决定性作用（仇荣亮 等，1994；张佩佩 等，2017）。另外，在土壤收缩开裂的过程中，土壤颗粒不断发生重组，土壤结构也不断发生变化，初始条件下的土壤条件（紧实程度、含水量高低）也对土壤收缩造成影响。根据砂姜黑土类型不同，COLE范围在0.09～0.56（全国土壤普查办公室，2006）。从表3-34可看出，不同采样点的COLE不相同，变化范围为0.044～0.124。此外，不同区域土壤的COLE差异也很大，但是从总体上来看，大部土样的COLE>0.06。根据Schafer等（1976）变性土分级和危害等级划分，COLE>0.09为极严重危害，占样本数的55.9%；COLE 0.06～0.09为严重危害，占样本数的38.2%；COLE在0.03～0.06为中度危害，占样本数的5.9%。根据魏翠兰等（2017）的研究，典型砂姜黑土农田不同土壤层（0～10 cm、10～20 cm、20～30 cm及30～40 cm）COLE分别为0.223、0.216、0.220及0.219，通过拍照技术获得原状土的开裂面积达到了9.12%（图3-15）。

表3-34 砂姜黑土线胀系数、抗压强度（宗玉统，2013）

样品编号	COLE	抗压强度/kPa	液限（LL）/%	塑限（PL）/%	塑性指数（PI）/%
JS-01	0.108	3 292.5	47.0	31.8	15.2
JS-02	0.124	900.5	48.4	34.6	13.8
JS-03	0.115	2 949.4	53.3	33.7	19.6
JS-04	0.101	2 563.6	53.9	27.3	26.6
JS-05	0.115	1 149.5	43.0	30.6	12.4
JS-06	0.044	390.3	28.6	16.4	12.2
JS-07	0.086	1 054.4	37.4	28.2	9.2
AH-01	0.051	596.3	—	—	—
AH-02	0.065	2 132.1	37.6	24.0	13.6
AH-03	0.115	1 965.2	50.6	17.9	32.7
AH-04	0.074	1 292.8	39.2	25.3	13.9
AH-05	0.090	3 213.6	41.8	27.7	14.1
AH-06	0.097	2 915.9	42.7	28.6	14.1
AH-07	0.119	3 401.9	63.5	33.2	30.3
AH-08	0.113	3 377.3	48.6	29.2	19.4
AH-09	0.095	3 822.4	41.4	28.9	12.5
AH-10	0.116	2 481.4	50.7	28.0	22.7
AH-11	0.067	1 855.9	43.1	25.6	17.5
AH-12	0.108	4 422.2	55.3	27.1	28.2

（续）

样品编号	COLE	抗压强度/ kPa	液限（LL）/ %	塑限（PL）/ %	塑性指数（PI）/ %
AH－13	0.093	3 183.7	40.5	25.8	14.7
AH－14	0.063	1 891.6	—	—	—
AH－15	0.089	2 944.5	52.0	28.6	23.4
HN－01	0.076	3 321.2	38.1	24.0	14.1
HN－02	0.081	2 055.4	38.7	25.8	12.9
HN－03	0.067	1 577.9	36.7	24.1	12.6
HN－04	0.082	3 300.9	36.0	25.3	10.7
HN－05	0.082	1 849.3	34.1	24.4	9.7
HN－06	0.087	2 915.8	38.0	30.2	7.8
HN－07	0.095	4 188.0	44.3	28.5	15.8
HN－08	0.088	1 981.5	42.7	26.9	15.8
HN－09	0.075	2 527.3	36.6	25.8	10.8
HN－10	0.090	3 221.0	—	—	—
HN－11	0.070	2 098.9	35.8	24.2	11.6
SD－01	0.073	1 224.1	43.5	18.9	24.6
SD－02	0.045	363.1	31.2	22.5	8.7
SD－03	0.065	919.1	37.2	25.8	11.4

图 3-15　砂姜黑土不同土层开裂状况（魏翠兰 等，2017）

（二）胀缩开裂改良

安徽省农业科学院蒙城长期定位试验结果，砂姜黑土 COLE 在 0.06～0.09，表明供试土壤膨胀收缩能力较强，对作物生长可能产生严重危害。长期不同施肥处理显著影响土壤 COLE，长期不施肥处理（CK$_0$）土壤 COLE 最大，与 NPK＋LS（化肥＋低量秸秆）、NPK＋S（化肥＋高量秸秆）、NPK＋PM（化肥＋猪粪）、NPK＋CM（化肥＋牛粪）处理间的差异均达显著水平，表明施肥能降低土壤 COLE。与单施化肥处理（NPK）相比，秸秆、猪粪或牛粪等有机物料与化学肥料配施均能降低土壤 COLE，降幅为 11.5%～17.6%。上述分析结果表明，长期有机肥和无机肥配施能降低砂姜黑土膨胀收缩能力，从而减轻因土壤膨胀收缩引发的易旱、易涝等对作物生长的危害（表 3-35）。

表 3-35   长期不同施肥情况下砂姜黑土相关指标

处理	Lm/cm	Ld/cm	COLE
CK_0	10.52	9.73	0.801a
CK	10.38	9.63	0.779ab
NPK	10.23	9.51	0.757abc
NPK+LS	9.87	9.25	0.670bc
NPK+S	10.56	9.94	0.624c
NPK+PM	10.16	9.54	0.650bc
NPK+CM	10.44	9.82	0.631c

注：Lm 即湿土条的长度，Ld 即干土条的长度，COLE 即线胀系数。

魏翠兰等（2018）的室内培养结果表明，不添加生物质炭的砂姜黑土，COLE 为 0.23；在 10% 和 15% 的生物质炭处理下，COLE 分别下降了 41.45% 及 45.54%；添加 5% 的生物质炭对其影响较小，COLE 为 0.22。土壤收缩特征曲线定义为土壤在失水过程中土壤孔隙比（纵坐标）和湿度比（横坐标）之间的关系，可用来表征土壤水分变化中体积的动态变化过程。各处理收缩特征曲线结果表明，随着生物质炭含量的增加，土壤收缩曲线变得更为平缓（图 3-16A）；根据不同处理下土壤收缩曲线的拐点值结果，在不添加生物质炭处理下，土壤孔隙度随着含水量的下降其最大斜率接近 1，这表明含水量的下降带来了完全的收缩；而随着生物质炭含量的增加，最大拐点值呈现递减趋势（图 3-16B），进一步表明了生物炭对砂姜黑土胀缩性的改善作用。

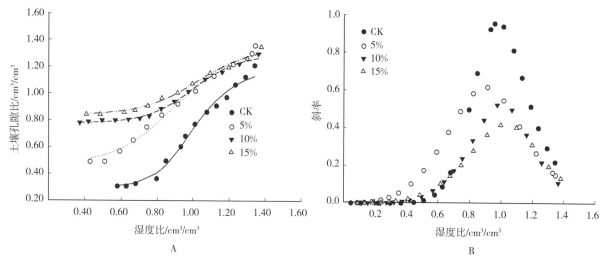

图 3-16   生物质炭对砂姜黑土收缩特征曲线的影响（魏翠兰 等，2018）

由于收缩时裂缝形态特征复杂无序，裂缝研究起初都是以"裂缝可见""开裂较粗""裂缝较密集"等进行粗略定性说明，随着技术及研究水平的进步与完善，裂缝特征常用土壤裂缝长度比例 Lc（%）、周长比例 P（%）、面积比例 Dc（%）等表示。随着生物质炭含量增加，在含水量相近的情况下，土壤开裂减弱，且添加生物质炭使得土壤开裂过程减短，土壤开裂面积减小。在干湿交替次数及培养时间增加的情况下，生物质炭对开裂减弱效果明显：不添加生物质炭处理的土壤 Dc 变化较小，在5%和10%生物质炭处理下，土壤Dc分别下降了28.23%和33.91%，经过三次以后，Dc分别下降了33.82%和52.11%；15%生物质炭处理下开裂面积最小，在经过两次干湿循环后，土壤Dc变化不大，经过三次循环以后，土壤的开裂面积下降了2.25%（图3-17）。

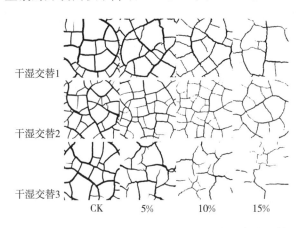

图3-17 生物质炭对砂姜黑土开裂特征的影响（魏翠兰 等，2018）

二、可塑性

土壤液限与塑限含水量之差称为塑性值，也叫塑性指数（plastic index）。塑性指数大的土壤可塑性范围大、可塑性强。宗玉统（2013）在砂姜黑土上的研究表明，塑性指数大于15%的样本数量占总样本数的39.4%，塑性指数为10%~15%的占样本总数的48.5%，塑性指数小于10%的占样本总数的12.1%。而史福刚等（2017）的研究结果，从总体上看，不同类型砂姜黑土耕作层土壤塑性指数均高于同类型区的其他土壤，黑姜土液限、塑限均显著高于其他类型砂姜黑土。塑限和缩限之间的含水量范围为土壤适合耕作的含水量范围，此时土壤表现为脆性固态或半固态，耕作阻力较小，并且土块容易松散。虽然砂姜黑土适合耕作的含水量范围较大，但砂姜黑土萎蔫系数较高，砂姜黑土含水量处于塑限和缩限之间时水分有效性较低，因此，砂姜黑土最适合耕作并且利于播种后种子发芽及幼苗生长的含水量应当为接近且不大于塑限含水量（表3-36）。

表3-36 砂姜黑土土属界限含水量（史福刚 等，2017）

单位：%

土壤类型	液限	塑限	塑性指数	缩限	萎蔫系数
黑姜土	41.51	24.16	17.35	11.67	9.25
黄姜土	35.49	21.47	14.02	16.22	6.76
覆淤黑姜土	36.19	22.27	13.92	14.08	6.92
灰黑姜土	37.64	22.48	15.16	12.57	7.93
其他土壤	34.27	21.18	13.09	14.39	6.25

相关分析表明，有机碳含量、吸湿水含量、最大吸湿量、黏粒含量均与塑性指数和收缩指数呈极显著正相关关系，相反地，与缩限呈显著或极显著负相关关系。不同类型土壤的液限、塑限含水量与土壤的黏粒含量呈正相关关系，表明砂姜黑土可塑性、胀缩性的强弱主要取决于其黏粒含量，黏粒含量高的土壤有较强的可塑性及胀缩性。

三、压实

土壤压实狭义上是指在荷载、碾压或振动等外力作用下，导致的土壤容重增加、孔隙度降低，特别是大孔隙减少和硬度上升的现象。耕作、农业机械行走等人为因素及降水、自然沉降、干燥收缩和动物踩踏等自然因素都会使土壤压实发生。

砂姜黑土容重较大，耕作层容重在 1.30 g/cm³ 以上。自 20 世纪 80 年代，旋耕机具的引进推广，虽然大大提高了耕作效率，但旋耕深度一般在 15 cm 左右，有的甚至在 10 cm 左右，比过去的耕翻深度浅 8～10 cm，造成耕作层变浅、犁底层上移、加厚，土壤压实严重。土壤压实增加了土壤容重和机械阻力，同时降低了土壤孔隙度、团聚体稳定指数、含水量和有效养分含量，最终通过减少地上生长和根系生长而降低作物生产性能。近年来，土壤压实胁迫已成为作物减产的主要因素之一。

耕作方式影响土壤压实程度。王玥凯等（2019）研究结果表明，土壤穿透阻力在 0～10 cm 深度范围随土壤深度增加而迅速上升。玉米苗期免耕处理下 10～30 cm 深度范围土壤穿透阻力均显著高于其他三种耕作处理（$P<0.05$）；玉米灌浆期免耕处理下 5～15 cm 深度范围穿透阻力显著高于其他处理，深翻显著降低 10～30 cm 深度范围土壤平均穿透阻力至 725 kPa，其他三种耕作处理平均穿透阻力在 938～1 092 kPa；玉米收获期，在 0～10 cm 深度范围，免耕处理下土壤穿透阻力高于其他耕作处理，在 10～30 cm 土层，土壤平均穿透阻力由低至高依次为深翻（764 kPa）、深松（930 kPa）、旋耕（1 061 kPa）、免耕（1 158 kPa），在 30～40 cm 处，各耕作处理之间土壤穿透阻力无明显差异（图 3 - 18）。

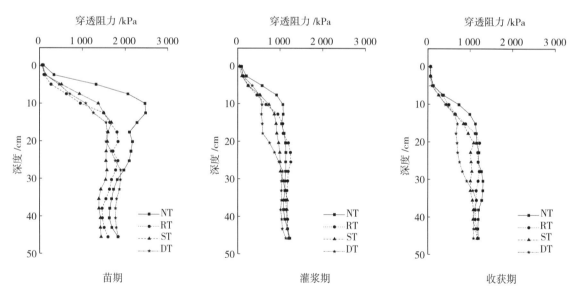

图 3 - 18 不同耕作方式下玉米田砂姜黑土穿透阻力（王玥凯 等，2019）

注：NT 为免耕，RT 为旋耕，ST 为深松，DT 为深翻。

根长密度随土壤容重和穿透阻力增加而显著降低，土壤紧实程度的增加极显著地抑制根系生长。除玉米苗期土壤穿透阻力和容重与根系发育相关性未达到显著水平外，其余采样时期土壤穿透阻力和容重均与根长密度呈显著负相关关系（$P<0.05$）。全生育期土壤平均穿透阻力和平均容重与根长密度间均呈极显著负相关关系（$r=-0.74$ 和 $r=-0.73$，$P<0.01$）。

压实显著增加了砂姜黑土 0～30 cm 土层容重，增加了 0～27.5 cm 土层和 37.5～45.0 cm 土层土壤穿透阻力，同时破坏了土壤结构，改变了 0～20 cm 土层土壤收缩特性；压实降低了苜蓿、油菜、萝卜＋毛苕子 3 种种植模式下覆盖作物的根干重密度和根体积密度，但增加了根比表面积，萝卜＋毛苕子混合种植较单一的苜蓿或油菜种植能更好地适应压实的土壤，具有较好的缓解土壤压实的潜力（严磊 等，2019）。

四、耕性

土壤耕性指土壤在耕作过程中表现出来的特性，是土壤物理机械性能的综合表现。土壤耕性的好坏一般从耕作的难易程度、耕作质量的好坏以及宜（适）耕期的长短 3 个方面评定。耕性良好的土壤要求耕作阻力小，耕后土壤疏松、细碎、孔隙状况适中，有利于种子出土及幼苗生长，而且适于耕作的时间要长。

（一）适耕期

砂姜黑土塑性指数较高，亦即液限与塑限含水量差值较大。当土壤处于可塑性范围时，土壤颗粒间由于水膜的连接易发生相对滑动，受外力作用时土壤团聚体可改变形状，使团聚体结构受到破坏，孔隙结构恶化，形成无结构的堡块，这一含水量范围内不适宜耕作。因此，塑性指数较高，含水量间距越宽，不适合耕作的时间越长。

当土壤呈现半固体状态，即含水量界于塑限和缩限之间，土壤中包含弱结合水和部分强结合水，呈半固体状态，此时土壤酥脆松散，凝聚力较小，可塑性与黏着力不显现，机耕时对机引犁的摩擦力小，穿透阻力即抗剪强度变小，犁易入土，耕后质量好，且机耕速度快、效率高。砂姜黑土塑限与缩限含水量间距较宽，但由于砂姜黑土萎蔫系数较高，当土壤含水量低于塑限含水量时，土壤水分主要保持在层状硅酸盐矿物颗粒的层间，此时土壤水分大部分为无效态。因而砂姜黑土处于塑限和缩限范围时水分有效性较低，致使砂姜黑土的适耕期较短。砂姜黑土适耕期短的另一主要原因是水分物理性质不良，保水、透水性能力差。在适宜耕作的含水量范围内，遇干旱天气，砂姜黑土耕作层水分散失快；雨水天气，砂姜黑土耕作层水分含量极易达塑限以上。

（二）耕性改良

砂姜黑土耕性不良的土壤原因：一是适耕期短，二是土壤黏结性、黏着性、结持性强造成耕作阻力大。通过秸秆还田或增施有机肥料、粉煤灰、生物质炭、炉灰等，均可改善土壤的透水性、蓄水性能，提高水分有效性，延长适耕期，还可以减小土壤容重、内聚力、黏着力、穿透阻力等，从而减小耕作阻力。砂姜黑土质地黏重，掺细沙也可改良其耕性。但需要注意的是，有机质含量低的砂姜黑土，在掺沙的同时，必须增施有机肥，否则会加大土壤耕作阻力。

（三）结皮现象

土壤结皮是表层土壤在雨水的打击下，土壤团聚体破碎形成的致密层，厚度不等。结皮层强度较大，孔隙较细，严重地影响土壤的透气性和透水性，阻碍了种子的发芽和出苗。吴发启等（2003）、陈林（2016）、Ghildyal 等（1973）在其他土壤上的研究均表明，土壤结皮影响小麦、玉米、大豆出苗，易造成作物缺苗或出苗期延长，最终导致作物产量下降。

土壤有机质含量低、粉粒含量高的土壤更容易形成结皮。此外，土壤团聚体的大小影响土壤结皮的形成，团聚体越小，越容易形成结皮。砂姜黑土有机质含量低，黏粒、粉粒含量较高，土壤黏重，大豆、玉米播种正值多雨季节，播种后极易因土壤结皮影响出苗，造成缺苗断垄。

聚乙烯醇和聚丙烯酰胺是很好的土壤结构改良剂，有利于大团聚体形成，从而抑制土壤结皮形成。近年来，随着秸秆还田的普及推广，夏播作物玉米、大豆等因土壤结皮导致的缺苗断垄现象已很少发生。

第四章 砂姜黑土化学性质 >>>

第一节 土壤化学组成与黏土矿物

一、化学组成

（一）土体化学组成特点

从安徽省砂姜黑土的土体化学组成可看出（表4-1），一定深度土壤的 CaO 和 MgO 有向下增加的趋势，特别是 CaO 在深层可达 100 g/kg 以上。Al_2O_3 和 Fe_2O_3 的含量范围分别为 105.2～150.5 g/kg 和 30.1～60.5 g/kg，平均含量分别为 137.9 g/kg 和 51.6 g/kg。除 375～400 cm 层次外，土体的 Fe_2O_3 和 Al_2O_3 的含量变化幅度不大。土体的 Fe_2O_3 和 MnO 也呈现出向下增加的趋势。上层土体盐基淋失不明显，淋溶作用过程较弱。

表4-1 安徽省砂姜黑土的土体化学组成（张俊民，过兴度，1988）

深度/ cm	烧失量/ g/kg	化学组成/g/kg（灼烧土）									
		SiO_2	Al_2O_3	Fe_2O_3	CaO	MgO	TiO_2	MnO	K_2O	Na_2O	P_2O_5
0～15	45.2	754.4	130.0	44.2	13.7	13.5	7.4	0.74	19.0	15.9	0.69
15～50	49.6	722.0	147.2	55.3	14.0	16.9	7.7	1.01	20.6	14.3	0.83
50～90	78.8	670.2	144.4	54.6	62.3	20.1	6.9	0.97	22.0	16.9	1.01
90～170	48.3	708.7	142.9	52.9	26.3	19.8	7.0	0.90	22.9	16.5	0.89
170～250	46.7	696.7	150.5	59.5	19.9	24.5	7.1	1.68	23.4	15.2	0.99
250～330	148.2	550.8	141.5	58.4	177.0	21.7	6.6	1.21	22.5	18.7	1.39
330～355	150.8	537.4	147.2	60.5	180.3	23.1	6.0	1.24	23.4	18.6	1.72
355～375	83.8	663.2	132.6	48.5	82.4	22.9	6.1	0.70	21.7	18.4	2.52
375～400	43.1	767.4	105.2	30.1	40.9	7.8	4.4	0.36	21.0	21.9	0.83
平均值	77.2	674.6	137.9	51.6	68.5	18.9	6.6	0.98	21.8	17.4	1.21

河南省砂姜黑土土体化学组成显示（表4-2），土体的 SiO_2、Al_2O_3 和 Fe_2O_3 的含量上下层无明显差异，平均值分别为 726.1 g/kg、141.6 g/kg 和 49.5 g/kg。CaO 和 MgO 的含量上层无差异，底层有增加趋势，平均值为 16.7 g/kg 和 15.3 g/kg。与地带性土壤黄棕壤、黄褐土相比，SiO_2 含量较高，而 Al_2O_3 和 Fe_2O_3 含量较低，CaO 和 MgO 含量较高。

江苏省砂姜黑土土体 SiO_2、Al_2O_3、Fe_2O_3 和 MnO 含量平均值为 712.3 g/kg、145.8 g/kg、65.4 g/kg 和 3.5 g/kg（表 4-3）。Fe_2O_3 和 MnO 的含量上层较下层低。CaO 含量下层有增加的趋势。说明土体存在一定程度的淋溶迁移。

表 4-2　河南省砂姜黑土土体化学组成

深度/cm	烧失量/g/kg	化学组成/g/kg（灼烧土）									
		SiO_2	Al_2O_3	Fe_2O_3	CaO	MgO	TiO_2	MnO	K_2O	Na_2O	P_2O_5
0～13	49.6	741.0	138.3	47.7	12.2	13.2	7.0	0.56	21.1	17.7	1.09
13～20	48.8	742.5	137.4	47.4	12.1	13.1	6.9	0.54	20.6	17.7	1.19
20～36	50.4	735.6	142.2	49.9	12.0	13.4	6.9	0.42	19.3	19.0	1.12
36～70	45.6	727.3	145.6	50.1	12.0	13.1	6.9	0.43	20.9	21.9	1.47
70～108	38.7	712.8	146.6	53.5	14.0	19.1	6.7	0.40	22.9	22.3	1.58
108～136	64.8	690.2	137.9	48.0	49.5	19.5	6.4	1.00	23.3	22.1	1.43
平均值	49.7	726.1	141.6	49.6	16.7	15.3	6.8	0.57	21.4	20.2	1.32

表 4-3　江苏省砂姜黑土土体化学组成

深度/cm	烧失量/g/kg	化学组成/g/kg（灼烧土）									
		SiO_2	Al_2O_3	Fe_2O_3	CaO	MgO	TiO_2	MnO	K_2O	Na_2O	P_2O_5
0～13	67.4	719.8	144.5	62.3	15.5	13.3	7.4	2.58	19.8	13.6	1.03
13～26	54.8	733.1	139.4	56.9	15.2	12.5	7.1	2.23	19.4	12.5	0.86
26～47	51.1	723.8	145.3	59.6	14.1	13.3	7.3	2.78	20.2	12.5	0.77
47～70	51.8	694.5	153.3	71.2	15.6	17.8	7.1	4.60	21.5	13.6	0.64
70～100	53.9	690.4	146.8	77.1	20.2	17.1	6.8	5.10	22.4	13.2	0.70
平均值	55.8	712.3	145.8	65.4	16.1	14.8	7.1	3.5	20.6	13.1	0.80

表 4-4 结果显示，山东省砂姜黑土不同土层的土体 SiO_2 含量基本无差异，但上层土体的 Al_2O_3、Fe_2O_3 含量高于下层。下层的 CaO 含量明显增加。

表 4-4　山东省砂姜黑土土体化学组成

深度/cm	烧失量/g/kg	化学组成/g/kg（灼烧土）									
		SiO_2	Al_2O_3	Fe_2O_3	CaO	MgO	TiO_2	MnO	K_2O	Na_2O	P_2O_5
0～20	56.8	698.8	160.1	56.2	22.3	14.4	4.8	1.06	23.7	17	1.45
20～35	69.1	642.1	186.7	73.6	19.9	27.6	8.6	1.62	24.9	13.6	1.36
35～82	60.3	693.4	164	58.9	17.4	21.9	6.7	0.53	21.1	15.1	0.89
82～103	63.8	697.6	133.6	42.6	51.4	22.8	5.1	0.51	26	18.9	0.87
103～150	107.3	656.2	116.1	37.6	125.8	17.6	5.1	0.95	20.9	18.9	0.73
平均值	71.46	677.6	152.1	53.8	47.3	20.8	6.1	0.93	23.3	16.7	1.06

综合安徽、河南、江苏和山东 4 个省砂姜黑土的土体化学组成来看，土体上下层土壤中的 TiO_2

含量差异不大，而且省际土体的平均含量在 $6.1\sim6.8$ g/kg，变化幅度小；全剖面上下土层和区域间 TiO_2 的含量差异不大的趋势，说明了砂姜黑土的成土母质存在明显的一致性。土体的 SiO_2 平均含量在 $674.6\sim726.1$ g/kg，Al_2O_3 平均含量在 $137.9\sim152.1$ g/kg，Fe_2O_3 平均含量在 $49.6\sim65.4$ g/kg，变化幅度较小。

（二）土壤黏粒化学组成

安徽省砂姜黑土剖面黏粒 SiO_2、Al_2O_3 和 Fe_2O_3 的含量上下层无差异（表 4-5），平均含量分别为 539.3 g/kg、260.4 g/kg 和 125.9 g/kg；在 $0\sim355$ cm 土层内，MgO 和 K_2O 的含量随着土层深度增加而提高。与土体的化学组成相比，Fe_2O_3、Al_2O_3、MgO、K_2O 的含量显著增加，其余成分相对减少。硅铝铁率（SiO_2/R_2O_3）和硅铝率（SiO_2/Al_2O_3）的平均值都较高，前者为 2.69，后者为 3.53，与褐土的风化度相近，且弱于棕壤。

表 4-5 安徽省砂姜黑土黏粒化学组成

深度/cm	烧失量/g/kg	化学组成/g/kg（灼烧土）							分子率		
		SiO_2	Al_2O_3	Fe_2O_3	CaO	MgO	K_2O	Na_2O	硅铝铁率	硅铝率	硅铁率
$0\sim15$	82.2	555.2	263.0	122.9	0	22.7	26.4	2.7	2.76	3.59	12.00
$15\sim50$	95.5	542.0	268.0	127.0	0.49	24.5	28.5	3.3	2.64	3.43	11.33
$50\sim90$	90.8	545.5	260.0	120.8	0	25.7	32.0	2.8	2.75	3.56	11.99
$90\sim170$	87.9	545.0	256.1	129.6	0.23	28.5	32.7	2.8	2.73	3.62	11.17
$170\sim250$	86.8	535.8	262.6	126.1	0.80	27.3	32.9	3.1	2.66	3.47	11.28
$250\sim330$	83.1	533.4	261.4	128.2	0.45	32.7	36.0	3.1	2.65	3.47	11.05
$330\sim355$	84.1	530.0	259.0	129.3	0	33.5	37.6	4.0	2.64	3.48	10.89
$355\sim375$	85.9	533.9	255.7	132.3	0	33.4	36.4	4.0	2.66	3.55	10.72
$375\sim400$	84.3	532.6	258.2	116.8	0	30.5	36.8	3.7	2.72	3.51	12.11
平均值	86.9	539.3	260.2	125.9	0.22	28.8	33.3	3.3	2.69	3.53	11.37

河南省砂姜黑土黏粒 SiO_2、Al_2O_3 和 Fe_2O_3 的含量上下层无差异，平均含量分别为 556.4 g/kg、245.9 g/kg 和 111.7 g/kg。剖面土壤的硅铝铁率和硅铝率平均值分别为 2.85 和 3.85，均高于地带性土壤黄褐土，比黄棕壤更高（表 4-6）。

表 4-6 河南省砂姜黑土黏粒化学组成

深度/cm	烧失量/g/kg	化学组成/g/kg（灼烧土）							分子率		
		SiO_2	Al_2O_3	Fe_2O_3	CaO	MgO	K_2O	Na_2O	硅铝铁率	硅铝率	硅铁率
$0\sim18$	89.2	565.4	248.7	107.7	4.3	23.7	34.8	3.0	3.03	3.87	14.00
$29\sim45$	101.1	573.9	244.6	111.1	2.0	21.4	28.5	1.9	3.09	3.99	13.78
$83\sim132$	83.0	547.5	245.3	113.4	2.3	29.3	40.8	2.3	2.93	3.79	12.87
平均值	88.7	556.4	245.9	111.7	2.7	26.3	34.1	2.4	2.85	3.85	13.29

从江苏省砂姜黑土黏粒部分的分析结果（表4-7）同样可以看到，剖面土壤黏粒 Al_2O_3 和 Fe_2O_3 平均含量为214.9 g/kg和106.4 g/kg。黏粒的硅铝铁率和硅铝率上下层分异不大，只是随地形变化硅铝率大小略有差异，地势高的岗黑土为上高下低，地势低洼的湖黑土则是上低下高。砂姜黑土全铁和游离铁测定结果表明（$n=4$），表土层全铁含量为59.2 g/kg，游离铁含量为18.7 g/kg，游离度为31.59%；亚表层全铁含量为60.7 g/kg，游离铁含量为19.7 g/kg，游离度为32.45%；心土层全铁含量为63.7 g/kg，游离铁含量为20.2 g/kg，游离度为31.71%。硅铁率上高下低，以及全铁和游离铁含量呈现上低下高的趋势，与铁的移动有明显的关系。

表4-7 江苏省砂姜黑土黏粒化学组成

深度/cm	化学组成/g/kg（灼烧土）			分子率		
	SiO_2	Al_2O_3	Fe_2O_3	硅铝铁率	硅铝率	硅铁率
0~16	496.9	225.8	98.1	2.94	3.75	13.50
16~30	492.0	221.1	104.4	2.90	3.78	12.57
30~55	498.0	207.3	110.1	3.05	4.08	12.06
55~100	483.4	205.2	113.1	2.96	4.00	11.40
平均值	492.6	214.9	106.4	2.96	3.90	12.38

山东省砂姜黑土与地带性土壤棕壤、褐土相比，其黏粒的硅铝铁率和硅铝率较大，上下土层差异不明显。砂姜黑土黏粒的分子率低于石灰性砂姜黑土，主要是由两者的矿物组成不同所致。因为钙主要以游离碳酸盐形态存在，所以黏粒中 CaO 含量比土体中 CaO 含量低（表4-8）。

表4-8 山东省砂姜黑土黏粒化学组成

深度/cm	烧失量/g/kg	化学组成/g/kg（灼烧土）							分子率		
		SiO_3	Al_2O_3	Fe_2O_3	CaO	MgO	K_2O	Na_2O	硅铝铁率	硅铝率	硅铁率
0~20	78.7	619.9	253.6	68.2	4.8	12.2	29.4	4.1	3.55	4.16	24.24
20~35	86.7	607.0	241.3	84.8	1.5	16.2	29.4	3.8	3.49	4.28	19.09
35~82	90.6	613.1	255.6	71.6	2.3	16.2	24.9	4.2	3.46	4.08	22.83
82~103	79.2	631.0	244.5	65.3	1.7	17.8	27.0	4.0	3.75	4.39	25.77
103~150	76.4	635.7	247.4	60.6	1.9	14.4	32.9	4.0	3.78	4.37	27.97
平均值	82.3	621.3	248.5	70.1	2.4	15.4	28.7	4.0	3.61	4.26	23.98

二、土壤黏土矿物

（一）土体与黏粒的化学组成分析

砂姜黑土的黏土矿物类型受沉积物基本属性的制约。利用实测黏粒的阳离子交换量（CEC）则可定量计算蒙脱石类型的矿物含量。黏粒中的 K_2O 主要存在于水云母类矿物中，利用其含量可以定量推算水云母占黏粒的百分含量（水云母含量＝K_2O 含量×11%）。

张俊民等在20世纪60年代以来对淮北平原砂姜黑土的研究表明，黏粒的 CEC 较高，为60~

70 cmol（＋）/kg，说明蒙脱石含量较高；同时，K_2O 的含量也较高，说明水云母含量也不低，砂姜黑土黏土矿物以蒙脱石为主，反映了水成土的特点，亦是区别于黄褐土的主要特征。砂姜黑土元素全量分析结果表明，黑土层 K_2O 含量低于其上下土层，黑土层黏粒矿物中蒙脱石含量低于上土层，而水云母含量低于上下土层（表 4-9）。

表 4-9　山东省砂姜黑土黏粒（0.002 mm）游离铁含量及黏粒矿物组成

深度/ cm	全铁/ g/kg	游离铁/ g/kg	铁游 离度/ %	化学方法定量				X 射线衍射及透射电镜	
				$K_2O/$ %	CEC/ cmol （＋）/kg	Sm/ %	HM/ %	主要矿物、次要矿物	黏粒矿物类型
0～20	52.8	26.4	42.0	2.71	55.62	48.2	29.8	Sm 和 HM 为主；KL 较多，Q 一定量	蒙脱-水云母混合型
35～82	55.1	22.8	35.0	2.25	52.24	54.5	24.9	Sm 为主；HM 多量，KL 较多，Q 一定量	蒙脱型
103～158	55.0	25.3	45.1	3.02	51.02	43.8	33.2	Sm 和 HM 为主；KL 较多，Q 一定量	蒙脱-水云母混合型

注：Sm 为蒙脱石，HM 为水云母，KL 为高岭石，Q 为石英。

砂姜黑土的黏粒矿物组成特点：以蒙脱石为主，水云母含量次之，并含少量的高岭石和绿泥石。研究表明，蒙脱石类矿物可来自母质，又可由水云母、蛭石等矿物转变而来，也可由土壤溶液中的溶解物与非晶质物质合成。水流停滞的静水沉积物，常含较多的蒙脱石，可能是分选作用使其含较多细黏粒的结果。当土壤溶液中富含盐基，特别是镁离子和亚铁离子多时，如果硅酸超过临界浓度，亦有利于蒙脱石的形成。黑土层质地黏重，雨季时能吸收和保持更多的水分，有时还可能造成上层滞水，能维持比其他土层更为长期的还原条件，有利于镁离子、亚铁离子的存在及硅酸的活化，更有利于水云母、蛭石等黏粒矿物向蒙脱石转化。

许多研究表明，蒙脱石主要存在于细黏粒（<0.000 1 mm）中，其衍射峰强度与其结晶程度有关。与砂姜黑土小于 0.001 mm 黏粒的 X 射线衍射峰相比，小于 0.002 mm 黏粒蒙脱石的衍射峰强度要弱得多，可能与粗黏粒中含较多细石英颗粒有关。

（二）X 射线衍射图谱分析

X 射线衍射图谱表明（图 4-1），砂姜黑土的黏土矿物全剖面基本一致，以蒙脱石和水云母较多，只有微量的绿泥石、高岭石和石英。砂姜黑土黏粒的 X 射线衍射图谱峰宽和衍射强度也表明，黑土层蒙脱石含量高于砂姜层，而水云母含量则低于砂姜层。

石灰性砂姜黑土黏土矿物的 X 射线衍射图谱（图 4-2）表明，其蒙脱石的衍射峰比典型砂姜黑土弱，而水云母的衍射峰则较强。实测石灰性砂姜黑土黏粒阳离子交换量也比典型砂姜黑土低，而黏粒中 K_2O 含量较高，说明石灰性砂姜黑土黏粒中蒙脱石含量低于典型砂姜黑土，而水云母含量则高于典型砂姜黑土，属蒙脱-水云母混合型。

覆盖石灰性砂姜黑土差热曲线表明（图 4-3），覆盖石灰性砂姜黑土的黑土层黏土矿物中蒙脱石的含量较覆盖层高，差热曲线的吸热谷谷形也是黑土层高于上层覆盖层，进一步说明了砂姜黑土的黏土矿物以蒙脱石为主。根据胶体矿质含量分析，覆盖石灰性砂姜黑土的覆盖层与洪冲积性褐土（黄土状母质）相似，仅铁的含量稍有增高，SiO_2 的含量下降，K_2O 的含量高，说明黏土矿物以伊利石为主，充分反映了异源母质的特征。这与地带性土类黄棕壤、黄褐土在黏土矿物组成上有很大差异，其中含有较多的蒙脱石为其主要特征。

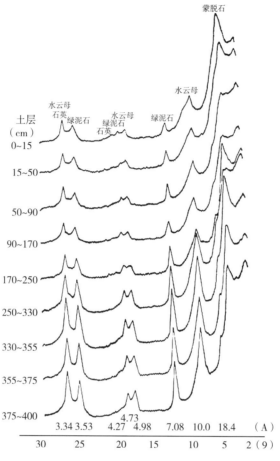

图 4-1 砂姜黑土黏土矿物 X 射线衍射图谱

据蒋剑敏等（1988）研究，黑土层蒙脱石的含量最高达 64.4%，耕作层略少为 40.6%，碱化层最少含量为 26.3%（表 4-10），由于碱化过程中交替受到钠的分散和黏粒的流失，胶体组成也发生了变化，易膨胀和易分散的蒙脱石显著减少。

表 4-10 砂姜黑土胶体中蒙脱石含量估算（蒋剑敏 等，1988）

土壤名称	深度/cm	蒙脱石 001 峰高*/%	蒙脱石相对含量/%
砂姜黑土	0~20	32.5	40.6
（宿县紫芦湖）	20~30	51.5	64.4
碱化砂姜黑土	1~18	21.0	26.3
（宿县紫芦湖）	18~32	42.0	52.5

* 以记录纸满刻度为 100% 计，以辽宁省锦西较纯的斑脱土 X 射线衍射峰高为标准。

综上，砂姜黑土黏粒矿物以蒙脱石为主，所以它具有强烈的吸水性，胀缩性弱，变性特征明显，土壤阳离子交换量大，造成了与其他土类明显不同的理化性质。

（三）砂姜黑土的黏粒矿物组成和蒙皂石来源

砂姜黑土的黏粒矿物组成与邻近土壤类型的不同之处，就在于其高含量的蒙皂石。一般认为，砂姜黑土中蒙皂石主要来源于母质，并有部分在成土过程中由伊利石转化而成。虽然砂姜黑土土壤环境

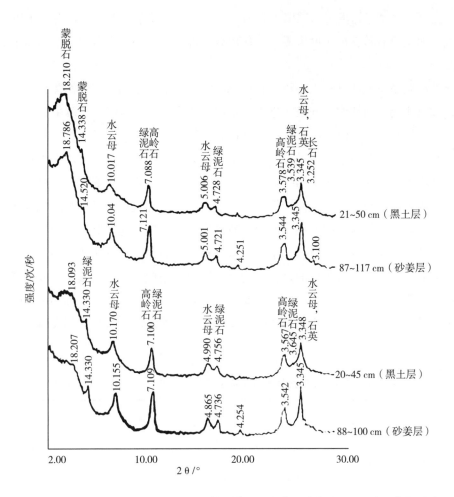

图 4 - 2　石灰性砂姜黑土黏土矿物 X 射线衍射图谱（上为典型砂姜黑土，下为石灰性砂姜黑土）

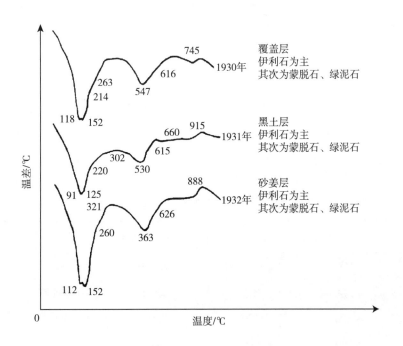

图 4 - 3　覆盖石灰性砂姜黑土差热曲线

如 pH 偏碱，交换性盐基以钙离子、镁离子为主，钾离子少，盐基高度饱和，有利于伊利石向蒙皂石转化，但伊利石向蒙皂石转化的速度极慢，转化形成的部分不多（蒙皂石在土壤剖面中的分异较小且无明显规律）。

砂姜黑土的母质系洪积或（和）冲积-湖沼（或河湖）相沉积型，母质来源于邻近的和相距不太远的土壤类型和沉积物，由流水分选搬运进入浅水湖沼所形成。由于邻近土壤中大多含有一定量的蒙皂石（表 4-11、表 4-12），偶尔也有富含蒙皂石的地质层次出露（枣阳、信阳等地均有蒙皂土矿），因这种矿物颗粒极细，吸附性强，在洪水、河水中均不易沉淀，使其悬浮于水中并相对富集；进入湖泊后，在静水环境中，与湖水中丰富的盐基离子（来自石灰性母质和地下水的钙离子、镁离子）产生絮凝作用，以及因浓缩和重力作用，便慢慢沉淀下来。它的来源范围比粗骨颗粒部分相对广泛得多，即使缓慢的流水也能将其携来，因而在湖泊中不断富集，最终形成高蒙皂石含量的湖沼相沉积物。由于砂姜黑土发育缓慢，土壤内在环境有利于维护原有蒙皂石的存在并可能还有部分新生，从而形成了如今的砂姜黑土迥异于邻近土壤类型的黏粒矿物组合及独特的理化性质。因此，砂姜黑土中可能有部分蒙皂石在成土过程中由伊利石转化而成，主要是流水悬浮而来，在湖泊静水环境中沉淀富集而成，即在砂姜黑土母质沉淀形成之时，作为母质的一种主要成分外源迁移而来，其来源范围比粗骨颗粒部分要广泛得多。

表 4-11　砂姜黑土的土壤黏粒矿物组成和相对含量（李卫东 等，1994）

| 地点 | 土壤类型 | 深度/cm | 黏粒矿物组成和含量/% | | | | | 矿物类型 |
			蒙皂石	伊利石	高岭石	蛭石	绿泥石	
湖北枣阳	典型砂姜黑土	0~20	52.8	25.5	10.4	11.2	0.0	蒙皂型
		29~44	56.0	22.3	9.5	12.2	0.0	
		62~100	52.6	19.6	13.7	14.1	0.0	
河南唐河	典型砂姜黑土	20~50	52.3	30.0	7.6	10.1	0.0	蒙皂型
山东高密	石灰性砂姜黑土	0~17	44.9	18.9	12.8	23.4	痕量	蒙皂型
		42~70	56.5	9.2	13.9	20.4	痕量	
		70~200	41.5	21.0	13.3	14.2	9.7	
江苏东海	盐化砂姜黑土	20~35	30.3	51.1	11.5	7.1	0.0	蒙皂-伊利型
安徽宿县	碱化砂姜黑土	18~43	52.3	20.6	13.5	13.6	0.0	蒙皂型

表 4-12　砂姜黑土与毗邻土壤的黏粒矿物组合（李卫东 等，1994）

土壤类型	黏粒矿物组合				
砂姜黑土	蒙皂石	伊利石（云母）	高岭石	蛭石	
黄褐土	水云母	蛭石	高岭石	蒙皂石	
棕壤	水云母	蛭石	高岭石	蒙皂石	
褐土	水云母	蛭石	蒙皂石	绿泥石	高岭石
潮土	水云母	蒙皂石	高岭石	蛭石	

第二节　土壤酸碱性

土壤酸碱性是由土壤形成过程中母质、生物、气候、水文及人为作用等多种因子的综合作用所产生的，是土壤重要的基本性质之一。它对土壤中的一系列肥力性质具有深刻的影响。无论是土壤中微生物的活动，有机质的合成与分解，或是氮、磷等营养元素的转化与释放，微量元素的有效性，以及土壤发生形成中元素的迁移和养分的保持，都与土壤的酸碱性密切相关。除此之外，各种植物的生长，也都有其最适宜的酸碱范围，当土壤 pH 一旦变更时，生长发育即会受到影响。

一、土壤酸碱性的概况

（一）土壤酸碱性的分级

按照《中国土壤》中我国耕层土壤的酸碱性分级标准，pH<5.0 的为强酸性土壤，pH 5.0～6.5 的为酸性土壤，pH 6.5～7.5 的为中性土壤，pH 7.5～8.5 的为碱性土壤，pH>8.5 的为强碱性土壤。第二次全国土壤普查结果表明，砂姜黑土 pH 6.7～9.9，平均值为 7.9。砂姜黑土 pH 6.5～7.5 的面积占其总面积 44.26%，pH 7.5～8.5 占 55.54%，pH>8.5 仅占 0.20%，无 pH<5.0 和 pH 5.0～6.5，砂姜黑土整体上属于中性和碱性土壤。

（二）土壤酸碱性的分布

从第二次全国土壤普查砂姜黑土 pH 和各等级占砂姜黑土总面积的比例来看（表 4-13），不同土属土壤酸碱性有较大的差异。黑姜土、灰黑姜土、覆淤黑姜土和氯化物盐化砂姜黑土土属，pH 7.5～8.5 土壤占比分别达到了 97% 以上，属于碱性土壤；碱黑姜土土属则属于强碱性土壤；而覆泥黑姜土土属 pH 6.5～7.5 土壤占比为 96.13%，属于中性土壤；黄姜土土属属于中性偏碱性土壤。典型砂姜黑土亚类（黑姜土、黄姜土和覆泥黑姜土 3 个土属）面积占砂姜黑土土类总面积 76.58%，中性土壤和碱性土壤占比分别为 49.04% 和 50.06%，与砂姜黑土区的土壤酸碱性基本一致；石灰性砂姜黑土亚类（灰黑姜土和覆淤黑姜土土属）以及盐化砂姜黑土亚类 pH 7.5～8.5 土壤占比在 97% 以上，属于碱性土壤；碱化砂姜黑土亚类（碱黑姜土土属）属于强碱性土壤。

表 4-13　第二次全国土壤普查砂姜黑土不同土属 pH 的分布

土属	pH		占砂姜黑土总面积的比例/%		
	范围	平均值	pH 6.5～7.5	pH 7.5～8.5	pH>8.5
黑姜土	7.4～8.3	7.9	0.01	99.99	0.00
黄姜土	7.0～8.1	7.6	68.95	31.05	0.00
覆泥黑姜土	6.7～8.0	7.3	96.13	3.87	0.00
灰黑姜土	7.9～8.3	8.1	0.00	100.00	0.00
覆淤黑姜土	7.4～8.4	8.2	2.25	97.75	0.00
盐黑土*	7.9～8.4	8.1	0.00	100.00	0.00
碱黑姜土	9.0～9.9	9.5	0.00	0.00	100.00

* 盐黑土为氯化物盐化砂姜黑土。

111

不同省份的砂姜黑土酸碱性也有明显的差异（表4-14），河北省、江苏省的砂姜黑土属于碱性土壤，安徽省的砂姜黑土为中性偏碱性土壤，而河南省和山东省的砂姜黑土则以中性土壤比例较高，碱性土壤比例较低。

表4-14　第二次全国土壤普查不同省份砂姜黑土 pH 的分布

省份	pH		占省份砂姜黑土总面积的比例/%		
	范围	平均值	pH 6.5~7.5	pH 7.5~8.5	pH>8.5
安徽	7.4~9.9	8.2	33.23	66.30	0.47
河南	7.1~8.3	7.9	59.50	40.50	0.00
山东	7.0~8.1	7.7	76.15	23.85	0.00
江苏	6.7~7.9	7.5	8.92	91.08	0.00
河北	7.7~8.1	8.1	0.00	100.00	0.00

二、土壤酸碱性演变与影响因素

（一）酸碱性演变

李德成等（2017）对砂姜黑土土系研究结果（样本数＝37个）表明，砂姜黑土的耕层 pH 为5.1~8.5，平均值为7.0；pH 5.0~6.5的酸性土壤占比37.84%，pH 6.5~7.5的中性土壤占比27.03%，pH 7.5~8.5的碱性土壤占比35.13%。与第二次全国土壤普查数据结果比较，砂姜黑土 pH 范围降低了1.5个单位左右，平均值降低了0.9个单位。pH 6.5~7.5的中性土壤占砂姜黑土总面积比例下降17.23个百分点，pH 7.5~8.5的碱性土壤占比下降20.41个百分点，pH 5.0~6.5的酸性土壤占比从0增加到了37.84%。中性和碱性土壤占优势，演变成为酸性土壤、中性土壤、碱性土壤约各占1/3。

耕地质量监测结果（$n=4\,042$）（农业农村部耕地质量监测保护中心，2020）表明（表4-15），砂姜黑土区的土壤 pH 为4.0~8.9，平均值为6.7，pH 5.0~6.5酸性土壤面积占比达到40.33%，pH 6.5~7.5中性土壤占比为35.82%。与第二次全国土壤普查时的结果相比，土壤 pH 出现了最低值4.0，下降2.7个单位，pH 平均值也从7.9降到6.7，pH 7.5~8.5碱性土壤占比从55.54%降至19.00%。砂姜黑土的酸碱性有了非常明显的变化，整体上从原来的中性偏碱性土壤演变成中性偏酸性土壤。

表4-15　耕地质量监测砂姜黑土不同土属 pH 的分布

土属	土壤 pH		占砂姜黑土各土属总面积的比例/%				
	范围	平均值	pH<5.0	pH 5.0~6.5	pH 6.5~7.5	pH 7.5~8.5	pH>8.5
砂姜黑土区	4.0~8.9	6.7	3.81	40.33	35.82	19.00	1.04
黑姜土	4.1~8.8	6.4	5.57	50.99	33.68	11.03	0.22
黄姜土	4.0~8.9	6.7	2.42	37.37	45.92	12.88	1.40
覆泥黑姜土	4.4~8.6	6.5	6.14	49.12	28.95	14.91	0.88
灰黑姜土	4.8~8.8	7.6	2.52	11.99	20.82	59.94	4.73
覆淤黑姜土	6.0~8.5	7.9	0.00	10.20	8.67	81.12	0.00

不同砂姜黑土土属的土壤酸碱性分布结果表明，黑姜土、覆泥黑姜土土属的酸性土壤面积所占比例较大，黄姜土土属的中性土壤面积所占比例较大，石灰性砂姜黑土亚类的灰黑姜土和覆淤黑姜土两个土属的碱性土壤面积所占比例较大。与第二次全国土壤普查时的结果相比，土壤 pH 最低值下降了 2.7 个单位，平均值降低了 0.3～1.5 个单位，特别是黑姜土和黄姜土土属，降幅为 1.5 个单位。黑姜土从碱性土壤向酸性土壤和中性土壤发展，黄姜土和覆泥黑姜土从中性土壤向酸性土壤发展，石灰性砂姜黑土亚类仍以碱性土壤为主，但也有 20% 以上的面积发展成中性和酸性土壤。

不同省份砂姜黑土酸碱性的分布结果显示（表 4 - 16），砂姜黑土 pH 范围和平均值没有明显差异，各省份的 pH 5.0～6.5 酸性土壤、pH 6.5～7.5 中性土壤面积所占比例高于 pH 7.5～8.5 碱性土壤。安徽省的酸性土壤面积和中性土壤面积占比较高且基本相同，均大于 42%；河南省的酸性土壤面积占比也达 40% 以上；江苏省酸性土壤面积和中性土壤面积相当；山东省的中性土壤面积和碱性土壤面积占比相当，但酸性土壤面积占比略高。与第二次全国土壤普查的结果相比，砂姜黑土 pH 范围和平均值降幅较为明显。安徽省和江苏省的碱性土壤面积所占比例分别降低近 55 个百分点和 73 个百分点；河南省和山东省的中性土壤面积所占比例分别降低近 30 个百分点和 48 个百分点。

表 4 - 16　耕地质量监测不同省份砂姜黑土 pH 的分布

省份	土壤 pH		占各省砂姜黑土总面积的比例/%				
	范围	平均值	pH<5.0	pH 5.0～6.5	pH 6.5～7.5	pH 7.5～8.5	pH>8.5
安徽	4.0～8.8	6.6	2.29	42.35	43.70	11.55	0.12
河南	4.5～8.8	6.7	4.99	40.29	29.07	24.62	1.03
江苏	4.5～8.8	6.7	5.97	37.31	37.61	17.91	1.19
山东	4.4～8.9	6.8	4.10	35.82	27.99	28.17	3.92

（二）影响因素

1. 碳酸钙　碱性土壤的碱性物质主要是钙、镁、钠的碳酸盐和重碳酸盐，以及胶体表面吸附的交换性钠。形成碱性反应的主要机理是碱性物质的水解反应。

砂姜黑土区沉积了较厚的富含碳酸钙的粉土、粉质黏土的河湖沼相沉积物。在石灰性土壤和交换性钙占优势的土壤中，碳酸钙、土壤空气中的二氧化碳分压和土壤水处于同一平衡体系。碳酸钙可通过水解作用产生 OH^-，使得土壤呈碱性反应。土壤因下行水流发生强烈淋洗作用，造成土壤游离碳酸盐大部分从剖面中消失，导致土壤碳酸钙含量很低，甚至等于零，导致土壤 pH 发生变化。第二次全国土壤普查砂姜黑土土种数据统计表明，无石灰反应的耕层土壤 pH 为 6.7～8.2，平均值为 7.7；有或强石灰反应的耕层土壤 pH 为 7.1～8.4，平均值为 8.1，一定程度上说明了碳酸钙与土壤高 pH 的关系。土壤中碳酸钙含量与 pH 之间，虽然经常表现为土壤碳酸钙含量高、pH 也高，碳酸钙低、pH 也低，但碳酸钙含量与 pH 之间并不呈显著正相关关系。

2. 长期施肥的影响　30 年的长期定位试验结果表明（Guo et al.，2018），单施化肥及化肥＋小麦秸秆还田处理的土壤 pH 分别降低了 0.8 个单位和 1.2～1.3 个单位。不施肥处理的土壤 pH 年降幅为 0.02 个单位，单施化肥处理土壤 pH 的年降幅为 0.05 个单位，化肥＋小麦秸秆还田土壤 pH 的年降幅则为 0.06 个单位（图 4 - 4）。还有试验结果显示，因为牛粪中含有钙镁元素的数量较作物秸秆多，所有化肥配施牛粪的土壤 pH 无变化。

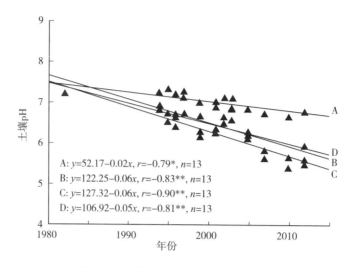

图 4-4　长期定位试验土壤 pH 的变化

注：A 为完全不施肥，B 为化肥＋小麦秸秆半量还田，C 为化肥＋小麦秸秆全量还田，D 为单施化肥。＊表示在 $P<0.05$ 水平上相关性显著，＊＊表示在 $P<0.01$ 水平上相关性极显著。下同。

第三节　土壤离子交换作用

砂姜黑土的成土母质为河湖相沉积物，土壤黏粒含量较高，质地较为黏重。砂姜黑土的土壤胶体的表面结构、表面性质及所带的电荷，使其具有较强的离子交换作用。砂姜黑土的主要黏土矿物为 2∶1 型的蒙脱石，其单位晶片是由八面体铝氧片夹在两层硅氧四面体中间所组成，可形成硅氧烷型表面，其总表面积为 $700\sim850\ m^2/g$，远高于其他类型的黏土矿物，具有极高的土壤胶体表面反应活性。土壤胶体表面的电荷来源于断键和硅-铝的同晶置换而产生的电荷，蒙脱石型土壤胶体的阳离子交换量在 $70\sim85\ cmol（＋）/kg$，这些电荷影响着离子在土壤中的移动和扩散、吸附离子数量高低和吸附的牢固程度。

一、土壤阳离子交换量

土壤阳离子交换量指土壤所能吸附和交换的阳离子的容量。第二次全国土壤普查砂姜黑土阳离子交换量数据统计结果表明，广西壮族自治区的钙黑黏泥土种阳离子交换量最高，为 $40.6\ cmol（＋）/kg$；河北省的腰灰姜土土种阳离子交换量最低，为 $9.1\ cmol（＋）/kg$。阳离子交换量最低的土种或土属分别是河北省的腰灰姜土、山东省的砂盖黄石灰性鸭屎土、安徽省的重碱化黑姜土、河南省的漂白砂姜黑土土属和江苏省的板黑土（表 4-17），全国砂姜黑土阳离子交换量平均值为 $21.5\ cmol（＋）/kg$。除山东省和河北省外，其他省份的砂姜黑土阳离子交换量平均值均大于 $20\ cmol（＋）/kg$。阳离子交换量是土壤的一个重要的化学性质，是衡量土壤保肥、供肥能力的指标。通常认为，阳离子交换量＞$20\ cmol（＋）/kg$ 为保肥力强的土壤，$10\sim20\ cmol（＋）/kg$ 为保肥力中等的土壤，$<10\ cmol（＋）/kg$ 为保肥力弱的土壤。砂姜黑土阳离子交换量＞$20\ cmol（＋）/kg$ 的样本数占总样本数的比例达 73.8%，≤$20\ cmol（＋）/kg$ 的比例为仅 26.2%。除山东省外，其他省份阳离子交换量＞$20\ cmol（＋）/kg$ 的砂姜黑土占总样本面积的比例在 68.0% 以上，说明砂姜黑土区阳离子交换量处

于上等水平，为保肥力强的土壤。

表 4-17　砂姜黑土阳离子交换量

区域	CEC/cmol（+）/kg			占总样本面积比例/%	
	最大值	最小值	平均值	>20 cmol（+）/kg	≤20 cmol（+）/kg
砂姜黑土区	40.6	9.1	21.5	73.8	26.2
安徽省	30.2	11.7	21.5	83.6	16.4
河南省	28.2	13.6	22.6	68.6	31.4
江苏省	30.5	16.7	24.9	91.1	8.9
山东省	24.2	10.8	18.3	36.4	63.6
河北省	30.9	9.1	18.8	78.3	21.7

　　不同砂姜黑土土属阳离子交换量（表 4-18）表明，阳离子交换量高低顺序为黑姜土土属＞灰黑姜土、覆泥黑姜土土属＞黄姜土土属＞覆淤黑姜土、盐化砂姜黑土土属＞碱化砂姜黑土土属。阳离子交换量＞20 cmol（+）/kg 占总样本面积比例 60% 以上的有黑姜土、覆淤黑姜土、灰黑姜土及盐化砂姜黑土等土属。在典型砂姜黑土亚类中，黑姜土土属阳离子交换量最高，保肥性能最强；石灰性砂姜黑土亚类中，灰黑姜土土属阳离子交换量高于覆淤黑姜土，保肥能力相对较高。典型砂姜黑土亚类阳离子交换量水平高于石灰性砂姜黑土亚类。

表 4-18　不同砂姜黑土土属阳离子交换量

土属[①]	土种数量[②]	面积/万 hm²	CEC/cmol（+）/kg			占总样本面积比例/%	
			最大值	最小值	平均值	>20 cmol（+）/kg	≤20 cmol（+）/kg
黑姜土	20	99.10	34.3	14.0	26.3	99.97	0.03
黄姜土[③]	12	135.83	24.2	12.6	19.3	59.00	41.00
覆泥黑姜土	5	49.95	30.2	12.6	20.5	45.50	54.50
灰黑姜土	14	19.33	30.9	9.1	20.9	69.50	30.50
覆淤黑姜土	6	65.38	22.9	10.8	18.5	86.80	13.20
盐化砂姜黑土	5	1.45	28.9	11.7	18.3	92.50	7.50
碱化砂姜黑土	2	0.77	12.2	11.7	12.0	0.00	100.00

　　注：①《中国土壤分类与代码》（GB/T 17296—2009）中的砂姜黑土土属。②砂姜黑土区各省份土种志中的土种数量。③不包括河南土壤中的漂白砂姜黑土土属。

　　一般阳离子交换量高的土壤，在施肥后土壤溶液中的离子被土壤胶体吸附，并与溶液达成平衡，不但能将养分充分保蓄储存，并且能将所蓄积的养分源源不断地供给作物吸收利用。同时，当离子的组成和浓度发生变化时，土壤胶体表面吸附的离子重新归还溶液中直至建立新的平衡，土壤溶液中离子的浓度也能维持在比较稳定的范围内，不会因施肥而造成植物根际养分剧烈变动。反之，阳离子交换量低的土壤，保肥供肥性能差，施入的肥料易于流失挥发，肥料利用率低，同时根际离子浓度波动剧烈，不利植物生长。因此，阳离子交换量也是合理施肥的重要依据之一。利用土壤离子交换作用，可通过施肥等管理措施恢复和提高土壤肥力，控制阳离子交换反应的方向，达到防治土壤酸化退化、培肥土壤、提高土壤生产力的目的。

二、影响土壤阳离子交换量的因素

由于土壤所带负电荷数量决定着土壤阳离子交换量的大小，因此影响土壤阳离子交换量的因素有所带电荷数量不同的土壤胶体类型、土壤有机质与 pH。

（一）土壤胶体类型

1. 黏土矿物　砂姜黑土黏土矿物以蒙脱石为主，土壤阳离子交换量一定程度上受蒙脱石含量多少的影响。江苏省岗黑土的表层蒙脱石含量从微量到中量，阳离子交换量为 23.5 cmol（＋）/kg；湖黑土的表层蒙脱石含量从少量到中量，阳离子交换量为 28.9 cmol（＋）/kg，亚表层的蒙脱石含量高于表层，阳离子交换量高于 30.0 cmol（＋）/kg。安徽省砂姜黑土的表层和亚表层阳离子交换量（$n=22$）分别为 27.7 cmol（＋）/kg 和 29.9 cmol（＋）/kg。河南省砂姜黑土土种代表性剖面的表层和亚表层阳离子交换量则分别为 27.0 cmol（＋）/kg 和 34.5 cmol（＋）/kg。砂姜黑土表层和亚表层阳离子交换量差异与黏粒中蒙脱石相对含量有关。

2. 黏粒含量　土壤中带电荷的颗粒主要是土壤胶体即黏粒部分（<0.002 mm，下同），砂姜黑土黏粒的阳离子交换量达 64.78 cmol（＋）/kg，土壤黏粒含量高，土壤负电荷量越多，土壤的阳离子交换量越高。从土种的理化性质来看，河南省砂姜黑土土种代表剖面的黏粒含量为 414.5 g/kg，土壤阳离子交换量为 27.0 cmol（＋）/kg；而漂白砂姜黑土经长期淋溶漂洗，质地变轻，颜色发白，黏粒含量为 165.0 g/kg，土壤阳离子交换量为 18.6 cmol（＋）/kg。相较于砂姜黑土，漂白砂姜黑土的黏粒含量低了 249.5 g/kg，土壤阳离子交换量相应地也低了 8.4 cmol（＋）/kg。同样，安徽省砂姜黑土亚类白姜土土属中，白姜土的黏粒含量为 239.3 g/kg，土壤阳离子交换量为 18.2 cmol（＋）/kg；而姜白淌土耕层受漂洗，黏粒含量减少，黏粒含量为 121.9 g/kg，土壤阳离子交换量为 11.7 cmol（＋）/kg。相较于白姜土，姜白淌土的黏粒含量低了 117.4 g/kg，土壤阳离子交换量也低了 6.5 cmol（＋）/kg。

从区域尺度来看，河南省周口地区（砂姜黑土面积占总土壤面积的 21.7%）的 812 个代表剖面的统计结果表明，阳离子交换量（y）与黏粒含量（x）呈显著的线性正相关关系（$y=3.378+0.089x$，$r=0.9245$），即黏粒含量每增加 10 g/kg，土壤阳离子交换量增加 0.89 cmol（＋）/kg。而安阳市（砂姜黑土面积占总土壤面积的 0.17%）的 123 个代表剖面的统计分析结果表明，阳离子交换量（y）与土壤物理性黏粒含量（x）呈极显著线性正相关关系（$y=0.5231+0.0382x$，$r=0.8382$），即土壤物理性黏粒含量每增加 10 g/kg，土壤阳离子交换量将增加 0.38 cmol（＋）/kg。

就砂姜黑土分布全区来说，第二次全国土壤普查砂姜黑土不同土种理化性质统计数据表明（图 4-5），土壤黏粒含量最小值为 108 g/kg，最大值为 419 g/kg，平均值为 310.6 g/kg。土壤阳离子交换量（y）与黏粒含量（x）呈显著的线性正相关关系（$y=0.0514x+6.6423$，$R^2=0.5754$），即黏粒含量增加 10 g/kg，土壤阳离子交换量可增加 0.51 cmol（＋）/kg。

这些都说明了土壤颗粒组成和质地与阳离子交换量的关系十分密切，当土壤黏粒含量增加、质地由沙变黏时，阳离子交换量则依次增加。尤其是阳离子交换量与黏粒含量的正相关性更为显著。

（二）土壤有机质

土壤有机质具有较大的表面，主要由胡敏酸（HA）、富里酸（FA）和胡敏素等物质组成，这些物

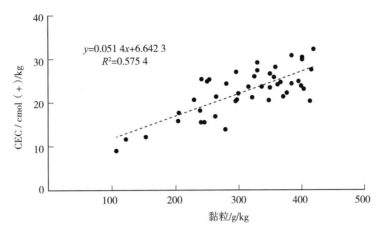

图 4-5 砂姜黑土的阳离子交换量与黏粒含量相关性

质具有可离解 H^+ 或缔合 H^+ 而使表面带电荷的羧基（—COOH）、羟基（—OH）、醛基（—CHO）、甲氧基（—OCH$_3$）和氨基（—NH$_2$）等活性基团。腐殖质的阳离子交换量可达 200 cmol（+）/kg，土壤有机质含量越高，其阳离子交换量就越大。

第二次全国土壤普查结果显示，河南省砂姜黑土阳离子交换量（y）和有机质含量（x）呈显著的线性正相关关系（$y=8.813+1.132\,4x$, $r=0.637\,3$, $n=32$），有机质含量（x）的最大适应区间为 4～18 g/kg，该方程说明有机质含量每增加 1 g/kg，阳离子交换量将增加 1.13 cmol（+）/kg。

第二次全国土壤普查砂姜黑土不同土种理化性质统计数据表明（图 4-6），土壤有机质含量最低值为 8.1 g/kg，最高值为 20.7 g/kg，平均值为 13.3 g/kg。阳离子交换量（y）与有机质含量（x）呈显著的正相关关系（$y=0.923\,7x+9.887\,1$, $R^2=0.295\,4$），即有机质含量每增加 1 g/kg，阳离子交换量可提高 0.92 cmol（+）/kg。

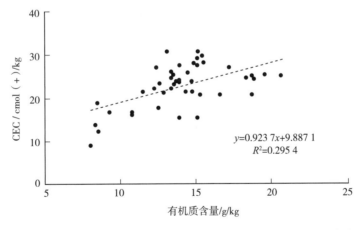

图 4-6 砂姜黑土的阳离子交换量和有机质含量相关性（全国第二次土壤普查数据）

郭熙盛等（1992）对砂姜黑土有机培肥定位试验的研究结果也表明（图 4-7），使用有机肥和秸秆还田在提高土壤有机质含量的同时，也提高了土壤阳离子交换量。阳离子交换量（y）与有机质含量（x）呈显著线性正相关关系（$y=0.257\,5x+17.811$, $R^2=0.923\,8$），即每增加土壤有机质含量 1 g/kg，土壤阳离子交换量可提高 0.26 cmol（+）/kg。

另外，当土壤有机质含量增加时，土壤有机-无机复合体的形成及土壤的分散、絮凝、膨胀、收缩等性质也都会受到明显影响。

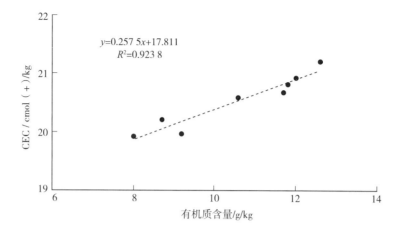

图 4-7　砂姜黑土的阳离子交换量与有机质含量相关性（郭熙盛 等，1992）

（三）土壤 pH

pH 是影响可变电荷的重要因素。第二次全国土壤普查的砂姜黑土（不包括外源冲积物覆盖、盐化和碱化的砂姜黑土类型）pH 最小值为 6.7，最大值为 8.3，平均值为 7.8。砂姜黑土 pH 与阳离子交换量关系不明显（图 4-8）。一般来讲，土壤 pH 的改变，会导致土壤阳离子交换量的变化。但近年的耕地质量监测数据表明，砂姜黑土的 pH 明显降低，是否对阳离子交换量产生影响及影响程度，需要进一步研究和探讨。

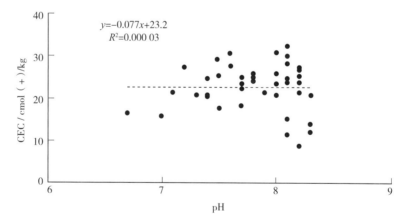

图 4-8　砂姜黑土的阳离子交换量与 pH 相关性

第五章 砂姜黑土生物学性质 >>>

　　土壤生物是指土壤中活的有机体，可分为土壤微生物和土壤动物两大类。其中，土壤微生物是土壤生物中数量最多的一类，主要指土壤中不能被肉眼看见或看不清楚的微小生物的总称，包括细菌、放线菌、真菌、原生动物和藻类五大类群。它们的个体一般以微米（μm）或纳米（nm）来计算，通常 1 g 土壤中有几亿个到几百亿个，其种类和数量随成土环境及其土层深度的不同而变化。大部分微生物在土壤中营腐生生活，靠土壤中已有的有机物获取能量和营养成分，主要通过氧化、硝化、氨化、固氮等过程，促进有机质的分解和参与土壤养分循环。此外，微生物在土壤中的作用还表现在参与土壤的形成和发育，通过同化作用合成多糖和其他复杂有机物质影响土壤的结构和耕性，参与土壤中的碳循环、氮循环和其他矿物循环，促进植物营养元素的有效性等。

　　砂姜黑土是淮北平原地区典型的中低产土壤。为了提高砂姜黑土区农作物产量，化肥被广泛施用。虽然施肥是农业生产中提高土壤肥力、增加作物产量的主要途径，但是随着化肥过量投入，农业生态环境出现了如土壤退化、环境污染等问题。由于土壤微生物数量众多、种类丰富，其在维持土壤生态功能方面有着重要的作用，同时由于其对环境变化的敏感性，微生物群落的改变可以从一定程度上反映土壤生态功能的变化。

第一节　土壤微生物及其多样性

一、细菌及其多样性

（一）细菌群落组成

　　土壤微生物是反映土壤质量的重要生物指标，是土壤养分循环的关键参与者。不同省份砂姜黑土的微生物群落组成基本相似。在苏北平原砂姜黑土分布区研究发现，土壤细菌中变形菌门（Proteobacteria）、酸杆菌门（Acidobacteria）、放线菌门（Actinobacteria）和绿弯菌门（Chloroflexi）相对丰度较高，且变形菌门（22.00%）＞绿弯菌门（9.31%）＞酸杆菌门（8.18%）＞放线菌门（8.04%）（表 5 - 1）。在科的水平上，砂姜黑土中黄单胞菌科（6.54%）、Gaiellaceae（2.96%）、酸杆菌科（2.77%）、Koribacteraceae（2.52%）、微球菌科（2.31%）、生丝微菌科（1.63%）、丛毛单胞菌科（1.60%）、红螺菌科（1.46%）及中华杆菌科（1.14%）9 个细菌类群相对丰度较高，且其多数属于变形菌门（李敬王 等，2019）。

表 5-1　苏北平原砂姜黑土微生物群落结构（李敬王 等，2019）

门	纲	目	科	相对丰度/%
变形菌门	丙型变形菌纲	黄单胞菌目	黄单胞菌科	6.54
			中华杆菌科	1.14
	β变形菌纲	伯克霍尔德氏菌目	丛毛单胞菌科	1.60
		其他	—	3.66
	δ变形菌纲	—	—	4.44
	α变形菌纲	根瘤菌目	生丝微菌科	1.63
		红螺菌目	红螺菌科	1.46
		其他		1.53
放线菌门	嗜热油菌纲	其他	Gaiellaceae	2.96
	放线菌纲	放线菌目	微球菌科	2.31
酸杆菌门	拟杆菌纲	拟杆菌目	—	3.38
	酸杆菌纲	其他	Koribacteraceae	2.52
	酸杆菌纲-6	—	—	2.28
绿弯菌门	绿弯菌纲	—	—	3.96
	纤线杆菌纲	—	—	1.39
	厌氧绳菌纲	—	—	3.96
其他	其他	—		52.47

王伏伟 等（2015）和孙瑞波等（2015）的研究发现，安徽省淮北平原砂姜黑土微生物群落与江苏省砂姜黑土在门水平上基本相似，即优势门（相对丰度＞10%）为变形菌门、酸杆菌门、放线菌门和拟杆菌门（Bacteroidetes）（图 5-1A 和彩图 7A）。同时，在纲水平上，王伏伟等（2015）的研究进一步指出，优势纲（相对丰度＞10%）为α变形菌纲、β变形菌纲、酸杆菌纲、鞘脂杆菌纲和γ变形菌纲（图 5-1B）。相对丰度最大的门、纲和属分别是变形菌门（38.7%～43.1%）、α变形菌纲（14.5%～18.1%）和鞘氨醇单胞菌属（4.6%～7.7%）。

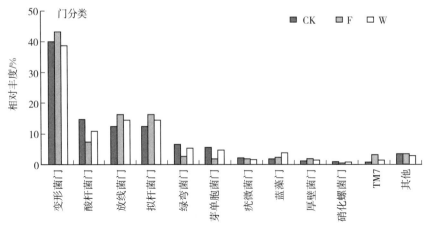

A

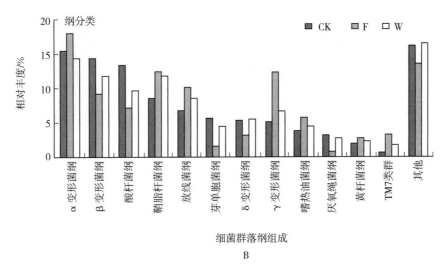

图 5-1　不同处理砂姜黑土细菌类群比较（王伏伟 等，2015）

注：CK、F、W 分别指不施化肥秸秆不还田、施化肥秸秆不还田以及不施化肥秸秆还田。

（二）农田土壤细菌多样性影响因素

农田施肥管理模式是影响土壤细菌多样性的主要因素。农田施肥管理主要是通过改变土壤物理性状、化学性状和养分输入间接影响土壤细菌多样性。孙瑞波等（2015）研究发现，砂姜黑土长期施用化肥导致土壤酸化，进而显著影响了土壤细菌群落多样性。在施肥模式方面，秸秆还田虽然有利于土壤肥力的提高，但并未缓解化肥对土壤细菌群落产生的不利影响，长期的秸秆还田没有对细菌多样性的恢复有显著帮助（彩图7B）。相较之下，长期有机无机肥配施则保持较高的细菌群落多样性。此外，平衡施肥对细菌群落多样性也具有显著影响。相比氮磷钾平衡施肥，马垒等（2018）指出，在氮钾肥施用的基础上，磷肥用量从低至高过程中土壤细菌 α 多样性显著增加，且细菌 α 多样性与土壤中全磷含量呈显著正相关关系（图 5-2）。

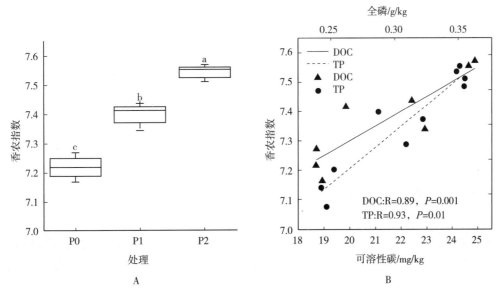

图 5-2　三种磷肥施用梯度下砂姜黑土细菌群落 α 多样性的变化（马垒 等，2018）

注：图中 P0、P1 和 P2 分别为氮钾肥＋不施磷肥、氮钾肥＋P_2O_5 45 kg/hm^2 和氮钾肥＋P_2O_5 90 kg/hm^2。

秸秆还田是农业培肥土壤的重要方式，也是当前国家主推的农业措施。然而，不同秸秆还田模式对土壤微生物性状产生不同影响。相比传统的秸秆表层还田，当采用秸秆深施还田方式时，0～20 cm土层的土壤微生物量和生物活性均得到显著改善（图 5-3 和彩图 8）。

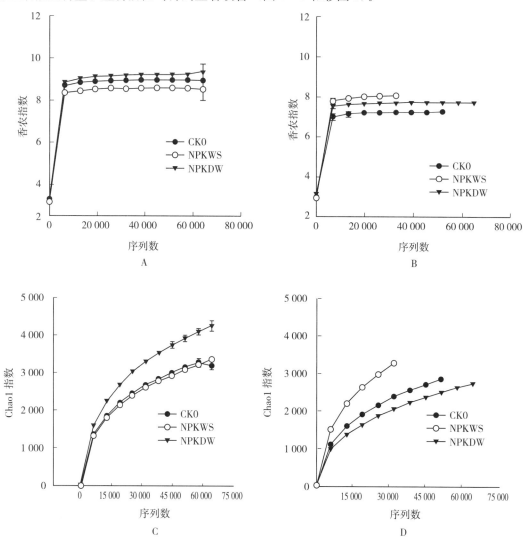

图 5-3　秸秆深施还田后土壤细菌多样性变化（Guo et al.，2017）

注：A 和 B 为不同施肥处理下 0～15 cm 土层和 15～30 cm 土层土壤香农指数变化，C 和 D 为 0～15 cm 土层和 15～30 cm 土层土壤 Chao1 指数变化。图中 CK0 为单施无机肥，NPKWS 为常规无机肥＋秸秆表层还田，NPKDW 为常规无机肥＋秸秆深施还田。

二、真菌组成及其多样性

农业施肥管理措施同样是驱动土壤真菌群落结构和组成变化的主要因素（表 5-2 和彩图 9）。其中，相比长期施用无机肥处理，无机肥配施猪粪能够显著提高土壤真菌 Chao1 丰富度指数，无机肥配施秸秆还田和牛粪均能提高土壤真菌 Chao1 丰富度指数（Sun et al.，2016）。在土壤真菌群落组成方面，砂姜黑土真菌群落主要由子囊菌门（Ascomycota）、担子菌门（Basidiomycota）和接合菌门（Zygomycota）组成，其中子囊菌门占真菌所有序列片段的 80.7%，担子菌门和接合菌门分别占

13.8%和3.1%。

表 5-2　不同施肥处理的真菌多样性指数（Sun et al.，2016）

处理	Chao1 丰富度指数	Heip's 均匀度指数	Good's 覆盖度
空白	300 (13) c	0.134 (0.021) a	0.997 (0.000) a
无机肥	313 (33) bc	0.105 (0.013) ab	0.997 (0.001) ab
无机肥＋半量秸秆	348 (50) ab	0.102 (0.018) ab	0.996 (0.001) c
无机肥＋全量秸秆	380 (45) ab	0.12 (0.02) a	0.996 (0.001) c
无机肥＋猪粪	388 (22) a	0.08 (0.02) b	0.995 (0.000) d
无机肥＋牛粪	344 (11) b	0.124 (0.009) a	0.997 (0.000) b
猪粪	284	0.098	0.998
牛粪	193	0.009	0.998

注：多样性指数是基于每个样品随机选择 20 000 个序列计算获得，其中平均数是 4 个重复。括号内数值为标准误。同一栏中不同处理之间字母相同的数值代表基于 Mann - Whitney U 检验结果不显著（$P \geqslant 0.05$）。

三、土壤微生物群落结构与农业生态环境

（一）群落结构

土壤微生物群落是在生物和非生物因素的综合调控作用下，一定面积或体积的土壤中病毒、细菌、放线菌和土壤藻类等构成的生物群体。其区系组成、种群数量、生物活性等与土壤类型、植被、气候等密切相关。在自然条件下，土壤微生物的主体和最活跃的组成部分是细菌和真菌，因此，微生物群落结构与环境因素相关性的研究中主要涉及土壤细菌和真菌。农业生态环境是人类为获得食物来源而发展起来的、受人类活动显著影响的人工环境，它主要指直接或者间接影响农业生存和发展的土地资源、水资源、气候资源和生物资源等各种要素的总称，是农业生存和发展的前提，是人类社会生产发展最重要的物质基础。在农业生态系统中，微生物是保障土壤养分在作物、土壤、水等生物圈循环的关键调控者，微生物群落结构的变化直接决定了农业生态环境的发展方向。因此，良好的农业生态环境必须保持土壤微生物群落的健康发展。

（二）影响因素

土壤微生物群落结构受到多种因素影响，如季节变化、作物种类、作物生长等。过去的研究表明，在砂姜黑土区作物轮作条件下，土壤细菌和真菌群落不仅受施肥模式影响，同样受作物生长影响（图 5-4）。然而，施肥模式对土壤微生物群落结构的影响要大于作物生长的影响。施肥模式对土壤微生物群落结构的影响主要是通过施肥改变土壤的理化性质，进而改变微生物群落结构。例如，前期相关研究发现，施肥导致的土壤变化可以解释细菌群落结构差异的20.59%、真菌群落结构变异的17.16%（彩图 10）。

除此之外，输入农田土壤的有机物料种类也是影响砂姜黑土真菌群落结构的重要原因。相关研究发现，有机物料种类可以解释土壤真菌群落结构变异的16.8%（彩图 11）。与此同时，不施肥的对照

处理和单施化肥的处理中发现了较多致病真菌，而添加有机物料的处理中致病真菌较少，且有益真菌的比例升高，这意味着不施肥和单施化肥处理中作物有较高的患病风险，添加有机物料更利于保持土壤的健康（孙瑞波 等，2015）。不过，有机物料本身含有的微生物对输入有机物料之后土壤中的真菌群落组成贡献不大，其中，猪粪和牛粪中的真菌对其各自还田后的土壤真菌群落贡献分别为 17.62％和 0.54％（彩图 12）。

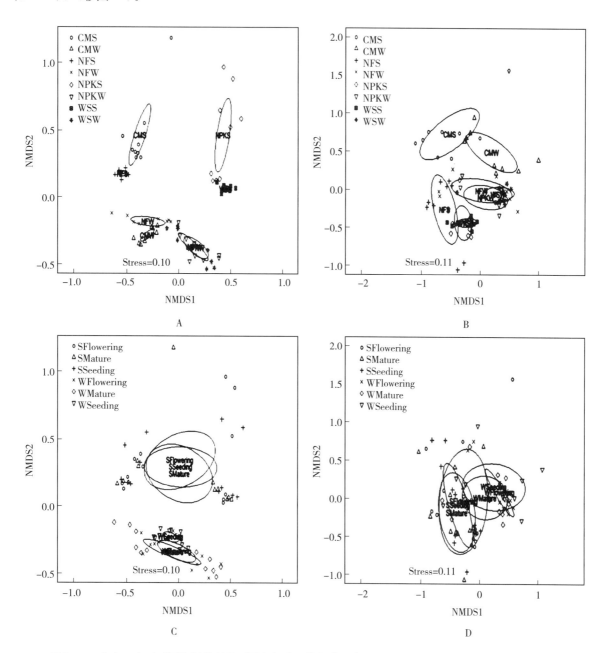

图 5-4　小麦、大豆不同施肥处理及不同生长季土壤细菌和真菌群落的非度量多维尺度分析（NMDS）
（Guo et al.，2020）

A. 不同施肥处理下土壤细菌群落　B. 不同施肥处理下土壤真菌群落
C. 不同生长季土壤细菌群落　D. 不同生长季土壤真菌群落

注：图中的圆圈为 95％的置信区间。小麦苗期、花期、成熟期分别为 WSeedling、WFlowering、WMature，大豆苗期、花期、成熟期分别为 SSeedling、SFlowering、SMature。图中处理为不施肥（NF）、化肥配施秸秆还田（WS）、化肥配施牛粪（CM）和单施化肥（NPK），其小麦对应处理为 NFW、WSW、CMW、NPKW，大豆对应处理为 NFS、WSS、CMS、NPKS。

第二节 土壤酶及其活性

土壤酶是土壤中具有生物催化能力的一些特殊蛋白质化合物的总称，主要来自土壤微生物和高等植物。目前，在已知生物体内的近 2 000 种酶中，约 40 种存在于土壤，其中研究较多的主要有氧化还原酶、转化酶、水解酶等。土壤酶主要以游离态和吸附态的形式存在，它们积极参与土壤中腐殖质的分解与合成，动植物残体和微生物残体的分解，合成有机化合物的水解与转化，以及特定无机化合物的氧化、还原反应。可以说，酶的活性大致反映某一种土壤生态状况下生物化学过程的相对强度，测定酶的活性能够间接了解某种物质在土壤中的转化情况。

在土壤生态系统中，蔗糖酶、纤维素酶、脲酶、蛋白酶、脱氢酶、过氧化氢酶、磷酸酶等因与土壤养分循环和物质转化紧密相关而备受关注。影响土壤酶活性的因素很多，但总体上可以分为土壤物理化学性质、农业技术措施及重金属、农药、工业废渣和废水等有害物质。其中，农业技术措施主要包括施肥、耕作、灌溉、轮作等能引起土壤理化性质较大改变的农业管理措施，从而使土壤-微生物-作物这一复杂的、相互联系的整体发生变化并建立起新的动态平衡。

一、主要土壤酶的相关分析

砂姜黑土不同土壤酶之间普遍存在显著相关关系。表 5-3 结果表明：无论是小麦收获期还是玉米收获期，脲酶与过氧化氢酶、脲酶与蔗糖酶、酸性磷酸酶与中性磷酸酶、过氧化氢酶与蔗糖酶之间的正相关关系，以及中性磷酸酶与过氧化氢酶之间的负相关关系均达极显著水平。此外，季节变化对砂姜黑土脲酶、酸性磷酸酶和中性磷酸酶、过氧化氢酶及蔗糖酶活性的影响因施肥不同而不同（表 5-3）。

表 5-3 作物收获期长期定位施肥土壤酶活性相关性分析（陈欢 等，2014）

作物	土壤酶	脲酶	酸性磷酸酶	中性磷酸酶	过氧化氢酶	蔗糖酶
小麦	脲酶	1				
	酸性磷酸酶	−0.157	1			
	中性磷酸酶	−0.468*	0.906**	1		
	过氧化氢酶	0.753**	−0.367	−0.663**	1	
	蔗糖酶	0.767**	−0.319	−0.636**	0.930**	1
玉米	脲酶	1				
	酸性磷酸酶	−0.036	1			
	中性磷酸酶	−0.390	0.817**	1		
	过氧化氢酶	0.720**	−0.577**	−0.828**	1	
	蔗糖酶	0.845**	0.106	−0.490*	0.798**	1

注：* 代表不同酶活性差异显著（$P<0.05$）；** 代表不同酶活性差异极显著（$P<0.01$）。

二、农业管理措施与土壤酶活性

砂姜黑土是典型的中低产土壤，虽然长期施用化肥能提升作物产量，但不利于土壤质量的提高。

因此，为了保证粮食生产的安全和农业的可持续发展，一些利于土壤质量改良的农业管理措施如深耕、秸秆还田等开始受到广泛关注。

在耕作方式上，与传统的旋耕相比，农田深耕不仅利于作物产量提升，同时还能改变土壤酶活性。杜聪阳等（2017）的研究指出，相比旋耕处理，深耕配施氮肥不仅能够提高土壤微生物碳氮含量，同时还能显著提高 15～25 cm 土层的土壤脲酶、过氧化氢酶的活性（图 5-5）。不同耕作措施配合秸秆还田处理下，0～20 cm 土层秸秆还田处理的土壤蔗糖酶活性高于秸秆不还田处理的土壤蔗糖酶活性；在秸秆还田处理中，旋耕土壤的蔗糖酶活性高于深耕土壤；秸秆还田对 0～20 cm 土层和 20～40 cm 土层的土壤脲酶活性和碱性磷酸酶活性也均有增强的作用，深耕秸秆还田的效果更为明显（图 5-6）。土壤酶活性受耕作方式影响均显著（表 5-4）。与对照相比，深松和深耕方式下土壤脲酶

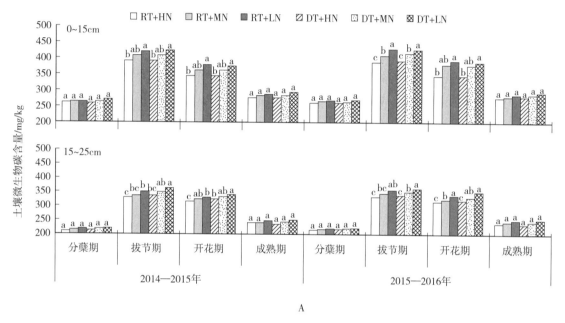

A

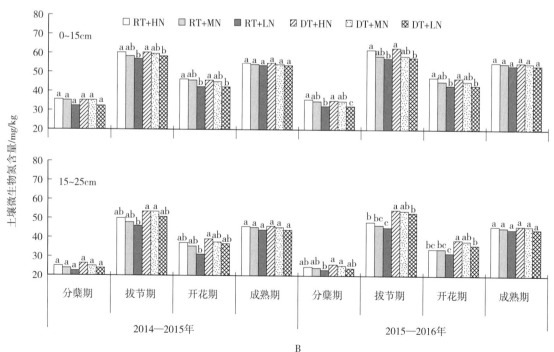

B

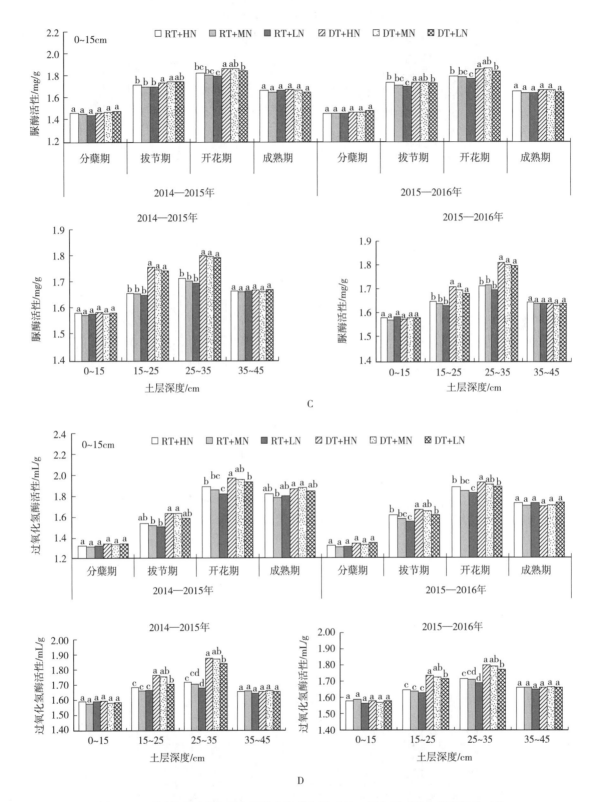

图 5-5 不同处理对小麦季土壤微生物碳含量（A）、氮含量（B）、脲酶活性（C）
和过氧化氢酶活性（D）的影响（杜聪阳 等，2017）

注：RT+HN、RT+MN、RT+LN、DT+HN、DT+MN 和 DT+LN 分别代表旋耕高氮、旋耕中氮、旋耕低氮、深耕高氮、深耕中氮、深耕低氮处理。

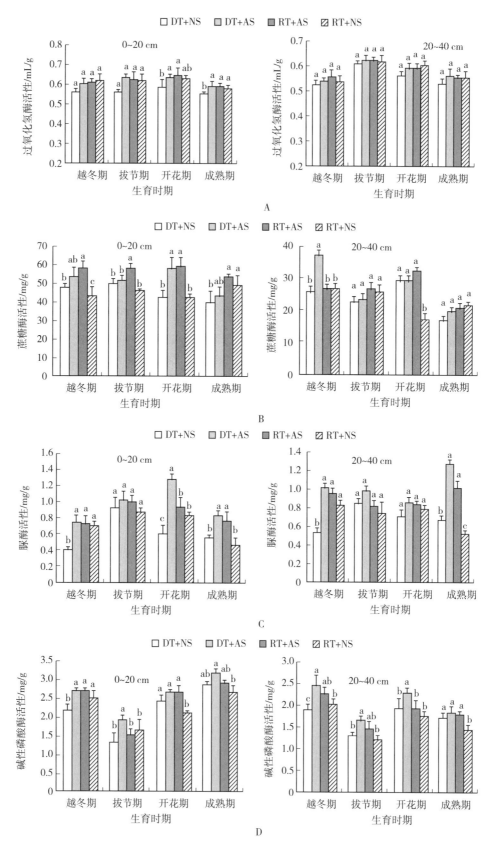

图 5-6　不同耕作方式和秸秆还田处理对小麦季土壤（0～20 cm 和 20～40 cm）过氧化氢酶（A）、
蔗糖酶（B）、脲酶（C）、碱性磷酸酶（D）活性的影响（孟庆阳 等，2016）

注：DT＋NS、DT＋AS、RT＋NS、RT＋AS 分别代表深耕秸秆不还田、深耕秸秆还田、旋耕秸秆不还田、旋耕秸秆还田。

活性均显著增加，分别增加 65.4% 和 53.8%。免耕方式的土壤蔗糖酶活性低于对照 43.1%，深松方式的土壤蔗糖酶活性与对照间差异不显著。土壤过氧化氢酶活性受耕作方式影响不显著。

表 5-4　小麦季不同耕作方式对玉米灌浆中期土壤酶活性的影响（刘淑梅 等，2018）

处理	脲酶/ mg/g	蔗糖酶/ mg/g	过氧化氢酶/ mL/g
CK（旋耕）	0.26b	44.19a	4.23a
免耕	0.31b	25.15b	3.83a
深松	0.43a	33.88ab	3.86a
深耕	0.40a	43.65a	4.22a

注：不同小写字母代表差异显著（$P<0.05$），下同。

在施肥模式上，与不施肥相比，撂荒提高了土壤酸性磷酸酶、芳基硫酸酯酶活性；秸秆还田则提高了土壤酸性磷酸酶活性，但秸秆半量还田降低土壤芳基硫酸酯酶活性，全量秸秆还田降低了土壤碱性磷酸酶和蔗糖酶活性；单施化肥降低土壤蔗糖酶和芳基硫酸酯酶活性；施用猪粪可提高土壤酸性磷酸酶和芳基硫酸酯酶活性，降低土壤碱性磷酸酶和蔗糖酶的活性，牛粪还田则对全部土壤酶活性均有提高或显著提高（图 5-7）。还有研究表明，长期施用化肥可显著抑制砂姜黑土脲酶、过氧化氢酶和蔗糖酶的活性，对砂姜黑土磷酸酶活性有显著的促进作用；施用有机肥可增强砂姜黑土脲酶、过氧化氢酶和蔗糖酶的活性，但不能有效提高砂姜黑土磷酸酶的活性；有机无机肥配施降低了化肥对砂姜黑土脲酶、过氧化氢酶和蔗糖酶的抑制作用（图 5-8）。

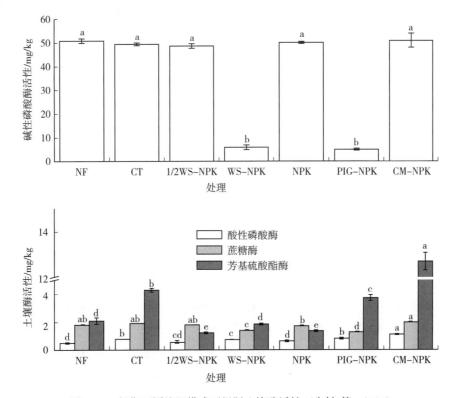

图 5-7　长期不同施肥模式下根际土壤酶活性（朱敏 等，2014）

注：NF 为不施肥，CT 为撂荒，1/2WS-NPK 为无机肥配施小麦秸秆半量还田，WS-NPK 为无机肥配施秸秆全量还田，NPK 为单施无机肥，PIG-NPK 为无机肥配施猪粪，CM-NPK 为无机肥配施牛粪。

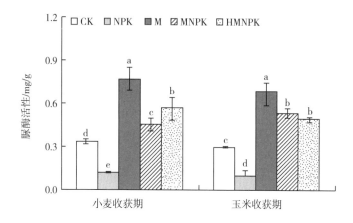

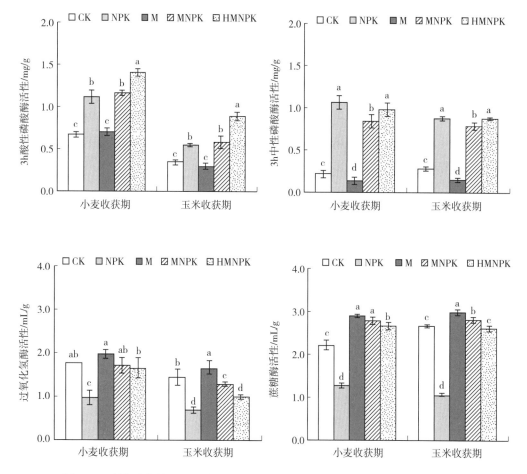

图 5-8 长期定位施肥对砂姜黑土脲酶、酸性磷酸酶、中性磷酸酶、过氧化氢酶
和蔗糖酶活性的影响（陈欢 等，2014）

注：CK 为不施肥处理，NPK 为单施化肥，M 为单施有机肥，MNPK 为有机肥配施化肥（等氮），HMNPK 为有机肥配施
化肥（高氮）。

　　此外，随着磷肥施用量增加，所测砂姜黑土 β-葡糖苷酶、蛋白酶、酸性磷酸酶和脱氢酶 4 种酶
活性均有增加的趋势，但只有蛋白酶和脱氢酶活性在不同磷肥施用梯度间达到统计学上的差异显著水
平（图 5-9）。

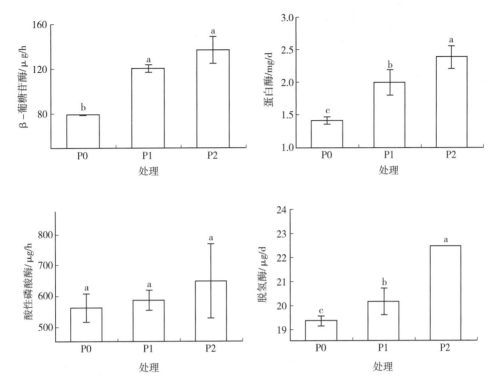

图 5-9　3 种磷肥施用梯度下砂姜黑土 β-葡萄苷酶、蛋白酶、酸性磷酸酶和
脱氢酶活性的变化（马垒 等，2018）

注：P0、P1、P2 分别为氮钾肥＋不施磷肥、氮钾肥＋P₂O₅ 45 kg/hm²、氮钾肥＋P₂O₅ 90 kg/hm²。

第三节　人为管理对微生物生态系统及功能的影响

农业是国家的根本，粮食生产是关系国计民生的重大工程。在农业生产中，所有的管理措施都是围绕农业粮食生产开展的，提高农田土壤肥力水平是粮食高产和稳产的保障。化肥施用、秸秆还田、有机肥还田等均可以改善土壤肥力。由于土壤微生物是土壤养分循环的守门者，因此，农业管理措施首先影响微生物群落结构和功能。

一、农业管理措施对土壤碳相关微生物的影响

砂姜黑土是淮北平原中低产土壤，这与砂姜黑土微生物碳利用率紧密相关。研究表明，砂姜黑土微生物碳利用率普遍较低，其微生物碳利用率在 0.07～0.20，平均值为 0.14（表 5-5）。可以说，较低的微生物碳利用率、较低的碳转化菌群组成比例制约了砂姜黑土有机质的形成与提升（图 5-10）。

表 5-5　苏北平原砂姜黑土微生物碳利用率（李敬王 等，2019）

指标	平均值±标准偏差	最小值	最大值	变异系数	样本数/个
¹³C 含量/mg/kg	1.43±0.07	0.40	2.43	32	40
¹³C 矿化量/mg/kg	30.18±1.29	8.35	37.15	27	40
微生物碳利用率	0.14±0.005	0.07	0.20	21	40

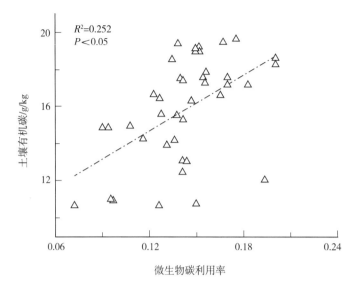

图 5-10　砂姜黑土有机碳含量与微生物碳利用率的相关关系（李敬王 等，2019）

施肥模式的选择改变砂姜黑土微生物碳利用率，这是因为施肥模式的改变影响土壤固碳细菌类群的组成（图 5-11A 和 C）。香农指数分析表明，施氮磷钾肥＋秸秆还田和单施氮磷钾肥均能显著提高土壤固碳细菌多样性；Pielou 指数结果表明，单施氮磷钾肥显著增加了土壤固碳细菌均匀度，施氮磷钾肥＋秸秆还田则显著降低了土壤固碳细菌均匀度；Simpson 指数分析表明，不施肥和秸秆还田处理的土壤固碳细菌优势度较大，单施氮磷钾肥和施氮磷钾肥＋秸秆还田处理的土壤固碳细菌优势度较小。施氮磷钾肥＋秸秆还田和单施氮磷钾肥对土壤固碳细菌 cbbL 基因丰度产生显著影响（图 5-11B 和 D）。其中，相比秸秆还田，施用氮磷钾肥对土壤固碳细菌数量、多样性和群落结构的影响更大。

二、人为管理技术与土壤氮循环相关微生物的影响

氮是农田生态系统中最重要的元素之一，通常也是农业生产的主要限制因素，作物产量很大程度上取决于土壤氮供应能力和作物的氮需求。土壤氮循环包含一系列不同形态的氮化合物转化过程，且主要由土壤微生物驱动。可以这样说，氮循环过程中微生物丰度的变化在一定程度上反映氮循环过程的改变。目前，关于施肥对土壤氮循环微生物影响的研究很多。

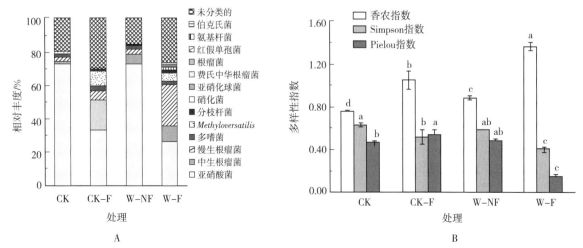

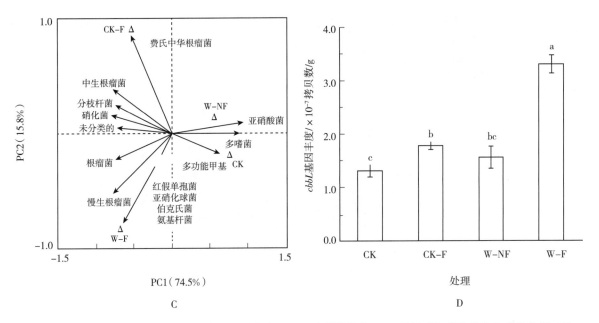

C

D

图 5-11 不同处理下土壤固碳细菌类群相对丰度（A）、多样性指数（B）及固碳细菌物种的主成分分析（C）
和固碳细菌 cbbL 基因丰度（D）（王伏伟 等，2015）。

注：CK、CK-F、W-NF 和 W-F 依次为不施肥、单施氮磷钾肥、秸秆还田和施氮磷钾肥＋秸秆还田处理。

在砂姜黑土区，孙瑞波等（2015）开展了大量关于施肥措施对土壤氮循环微生物影响的研究，并发现所有种植作物处理中，与不施肥的对照相比，单施无机肥提高了亚硝酸还原酶基因 $nirK$、N_2O 还原酶基因 $nosZ$ 和细菌氨单加氧酶基因 $amoA$ 的丰度，但降低了古细菌氨单加氧酶基因 $amoA$ 丰度，对固氮酶铁蛋白基因 $nifH$ 和亚硝酸还原酶基因 $nirS$ 基因丰度无显著影响。此外，与单施无机肥相比，无机肥配施粪肥提高了所有基因的丰度，但无机肥配施秸秆的影响较小（图 5-12）。同时，研究还发现 $amoA$ 丰度的变化是处理间功能基因丰度差异的主要贡献者，其相较于固氮基因和反硝化过程功能基因对于施肥的反应更为敏感（表 5-6）。

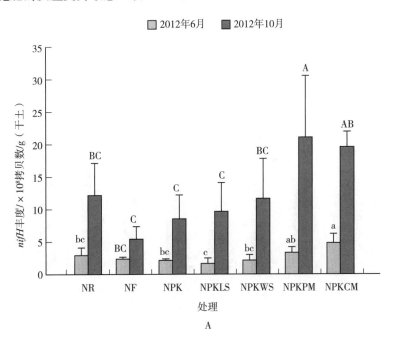

A

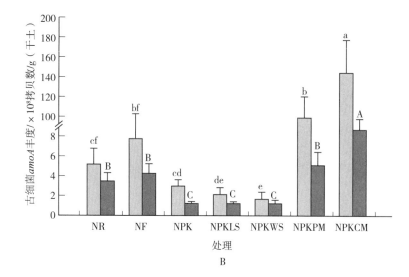

B

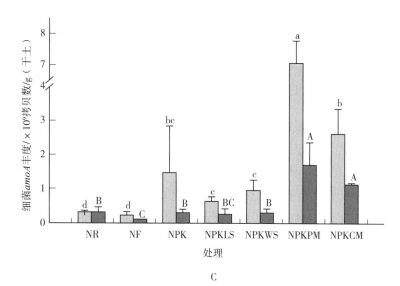

C

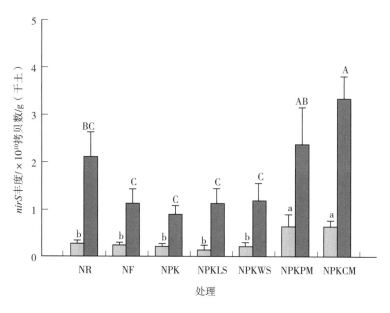

D

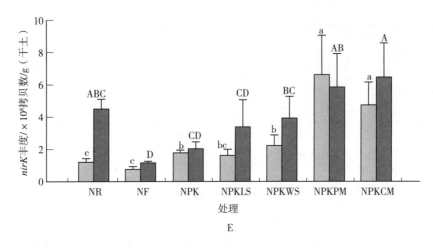

E

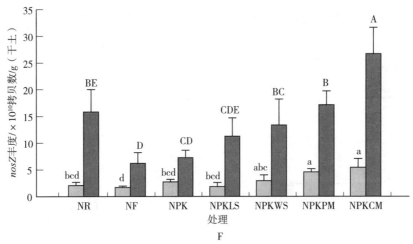

F

图 5-12　不同处理、不同季节氮循环功能基因丰度（孙瑞波 等，2015）

注：NR 为撂荒，NF 为不施肥，NPK 为单施无机肥，NPKWLS 为无机肥＋半量秸秆还田，NPKWS 为无机肥＋全量秸秆还田，NPKPM 为无机肥＋猪粪，NPKCM 为无机肥＋牛粪。$nifH$ 为固氮酶铁蛋白基因，$amoA$ 为氨单加氧酶基因，$nirS$、$nirK$ 为亚硝酸还原酶基因，$nosZ$ 为 N_2O 还原酶基因。

表 5-6　各功能基因丰度对整体群落差异的贡献率（孙瑞波 等，2015）

时间	处理	差异贡献率/%					
		$nifH$	古细菌 $amoA$	细菌 $amoA$	$nirK$	$nirS$	$nosZ$
2012 年 6 月	NR vs NF	15.2	22.5	14.2	19.6	11.7	16.9
	NPK vs NF	2.0	23.5	37.1	19.6	6.1	11.9
	NPKLS vs NF	13.9	26.9	20.4	14.1	13.7	10.9
	NPKWS vs NF	5.6	29.6	27.7	20.6	7.3	9.3
	NPKPM vs NF	3.9	4.5	41.9	25.1	12.4	12.2
	NPKCM vs NF	8.6	8.5	31.5	22.9	13.3	15.2
2012 年 10 月	NR vs NF	14.9	5.7	23.8	26.1	11.9	17.6
	NPK vs NF	11.5	30.4	30.3	13.7	6.9	7.2
	NPKLS vs NF	13.1	26.3	21.9	20.3	5.9	12.6
	NPKWS vs NF	13.8	22.4	22.3	22.6	5.4	13.7

（续）

时间	处理	差异贡献率/%					
		$nifH$	古细菌 $amoA$	细菌 $amoA$	$nirK$	$nirS$	$nosZ$
2012年 10月	NPKPM vs NF	16.4	3.6	37.6	20.4	9.1	13.0
	NPKCM vs NF	14.6	8.3	29.1	19.1	12.3	16.6

注：NR、NF、NPK、NPKLS、NPKWS、NPKPM、NPKCM 分别代表撂荒、不施肥、单施无机肥、无机肥＋半量秸秆还田、无机肥＋全量秸秆还田、无机肥＋猪粪、无机肥＋牛粪处理。$nifH$ 为固氮酶铁蛋白基因，$amoA$ 为氨单加氧酶基因，$nirS$、$nirK$ 为亚硝酸还原酶基因，$nosZ$ 为 N_2O 还原酶基因。

不过，长期施肥也可能不利于氮素固定和特定的固氮类群。相关研究结果表明，连续 40 年的施肥将显著降低固氮速率（下降 50%）（图 5-13A），且非根际土壤比根际土壤下降更明显。这是因为氮固定和某些固氮类群（例如土壤杆菌和厌氧杆菌）在越来越肥沃的土壤中受到很大程度的抑制，进而对土壤微生物多样性、生态系统氮固定功能产生影响（图 5-13B、C）。

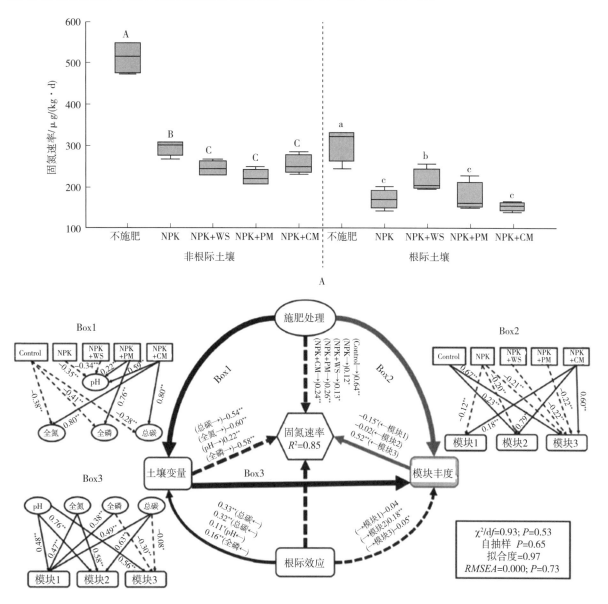

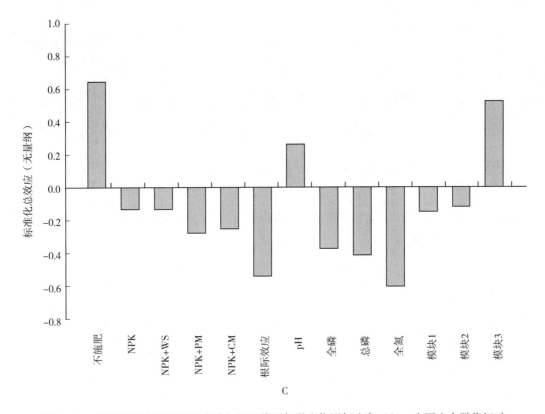

图 5-13   不同施肥处理的根际与非根际土壤固氮微生物固氮速率（A）、主要生态群落相对
丰度对固氮速率影响（B）及结构方程模型的标准化总效应（C）（Fan et al.，2019）

注：NPK 为氮磷钾无机肥，NPK＋WS 为氮磷钾无机肥＋麦秸；NPK＋PM 为氮磷钾无机肥＋猪粪，NPK＋CM 为氮磷钾无机肥＋牛粪。B图中标记箭头线的数字表示相关性，＊代表 $P<0.05$，＊＊代表 $P<0.01$。

三、农业施肥管理与土壤微生物生态系统稳定性

微生物是反映土壤质量的生物指标，微生物生态系统的稳定与土壤养分循环及作物生长环境的稳定紧密相关。在农业生态系统中，农业管理措施特别是施肥管理影响土壤微生物生态系统稳定性。在砂姜黑土区，相关研究对微生物群落组成进行生态聚类，发现不同施肥模式下土壤微生物群落对养分施肥管理的抵御力调控着植物生产力升降，其中长期无机肥配施牛粪是提高微生物抵御力和植物生产力的最有效手段（彩图 13）。此外，研究还发现拥有较强抵御力的微生物群落经常与土壤较高的养分有效性、较低的潜在植物病害及较高的植物生产力紧密相关（图 5-14）。

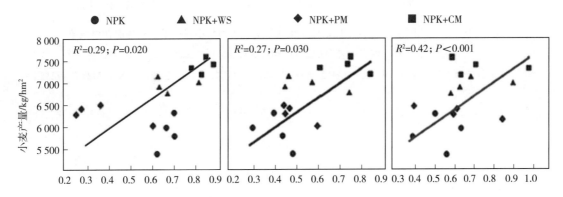

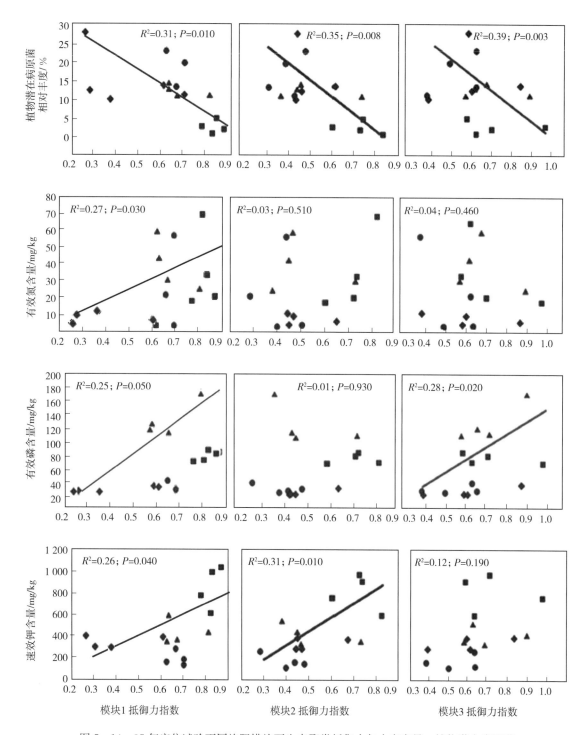

图 5 - 14　35 年定位试验不同施肥措施下生态聚类抵御力与小麦产量、植物潜在病原菌

相对丰度及土壤有效养分的回归分析（Fan et al.，2020）

注：NPK 代表氮磷钾无机肥，NPK＋WS 代表无机肥＋秸秆，NPK＋PM 代表无机肥＋猪粪，NPK＋CM 代表无机肥＋牛粪。

第六章 砂姜黑土有机质 >>>

土壤有机质是物质生物循环中的一个重要环节，是伴随着土壤的发育过程和人类活动逐步积累起来的，因此，它在土壤中的存在状况，是土壤发生和生物积累的主要标志，也是区别不同土壤类型的特征之一。同时，有机质是土壤的重要组成部分，是土壤肥力和良田的核心。土壤有机质可为作物和微生物生长提供所需的营养物质，具有活性的有机胶体能促进土壤团粒结构的形成、改善土壤的通气性、提高土壤对养分的保存能力等，对土壤的理化性质及植物的生长具有重要影响，在改善土壤营养条件与生物、物理环境等方面均有重大作用。因此，土壤有机质含量是衡量土壤肥力高低的重要指标之一。

第一节　土壤有机质含量与变化

一、含量

20 世纪 80 年代第二次全国土壤普查结果表明，砂姜黑土有机质含量加权算术平均值为 12.7 g/kg。其中，安徽省砂姜黑土的有机质含量为 9.0～13.2 g/kg，平均值为 12.6 g/kg（$n=9\,446$）；土壤有机质含量等级在 10～15 g/kg 范围内的比例为 64.2%，15～20 g/kg 和 8～10 g/kg 的占比分别为 10.3% 和 11.6%，3 个等级占比总和达 86.1%，砂姜黑土是全省土壤有机质含量最低的土壤。河南省砂姜黑土的有机质含量平均值为 12.6 g/kg，标准差（S）为 2.5 g/kg，变异系数（CV）为 19.84%（$n=14\,578$），在全省主要土壤类型的有机质含量中处于中等水平；砂姜黑土与石灰性砂姜黑土（亚类）有机质含量相同，但石灰性砂姜黑土有机质含量的标准差和变异系数高于砂姜黑土。山东省砂姜黑土的有机质含量平均值为 11.2 g/kg，标准差为 2.9 g/kg，变异系数为 25.95%（$n=1\,747$），在 11 个主要土壤类型中，含量水平仅低于水稻土和石质土。江苏省砂姜黑土的有机质含量平均值为 14.0 g/kg，标准差为 3.7 g/kg，变异系数为 26.33%（$n=3\,290$），在 13 个主要土壤类型中，含量水平处于中低水平；盐化砂姜黑土的土壤有机质含量为 13.1 g/kg。

农业农村部耕地质量监测保护中心 2020 年的耕地质量监测数据表明，砂姜黑土有机质含量为 19.1 g/kg（$n=4\,033$），较 20 世纪 80 年代第二次全国土壤普查时的含量高 6.4 g/kg，增加了 50.39%。安徽省砂姜黑土的有机质含量平均值为 17.9 g/kg，比第二次全国土壤普查时的 12.6 g/kg 增加了 5.3 g/kg（42.06%），河南省、山东省和江苏省砂姜黑土的有机质含量为 18.40 g/kg、20.83 g/kg 和 25.47 g/kg，分别比第二次全国土壤普查时增加了 5.8 g/kg（46.03%）、9.63 g/kg（85.98%）和 11.47 g/kg（81.93%）。安徽省砂姜黑土的有机质含量等级 <10 g/kg、10～15 g/kg、

15～20 g/kg、20～25 g/kg 和＞25 g/kg 的比例分别为 1.00％、17.48％、51.61％、24.87％、3.34％，与第二次全国土壤普查相比较，含量 10～15 g/kg 的比例减少了 46.7 个百分点，而 15～20 g/kg 的比例增加了 41.3 个百分点，20～25 g/kg 的比例增加了 18.0 个百分点。

二、含量变化

(一) 化肥施用

安徽省蒙城砂姜黑土 33 年长期定位试验结果表明，不施肥（CK）的土壤有机质含量不是单一递增或递减，而是随时间的推移围绕其平均值上下波动，整体土壤有机质含量有所下降，但下降幅度不大，下降速率约为 0.08 g/(kg·年)，此时土壤有机质含量处于较低水平的平衡（图 6-1）。相比而言，常规施肥（NPK）的土壤有机质含量随施肥时间增加而稳步增加，增加速率约为 0.14 g/(kg·年)，土壤有机质的腐殖化量大于矿化量，有机质含量呈现缓慢上升。

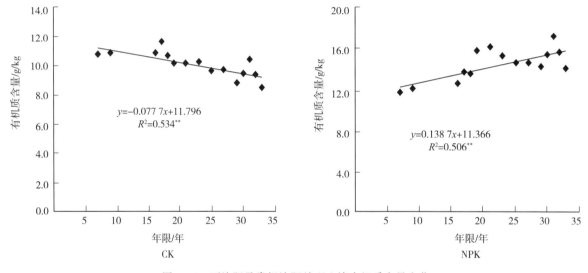

图 6-1　不施肥及常规施肥处理土壤有机质含量变化

(二) 有机肥施用

施用秸秆或农家肥处理的土壤有机质含量均呈现显著上升的趋势（图 6-2），施用秸秆各处理土壤有机质含量增加速率分别为 0.22 g/(kg·年)（NPK＋LS，常规施肥＋低量小麦秸秆）和 0.36 g/(kg·年)（NPK＋S，常规施肥＋高量小麦秸秆），施用农家肥处理土壤有机质含量增加速率分别为 0.37 g/(kg·年)（NPK＋PM，常规施肥＋猪粪）和 0.42 g/(kg·年)（NPK＋CM，常规施肥＋牛粪）。增施有机肥对提升土壤有机质含量的效果明显好于化肥。不同施肥措施下土壤有机质含量的变化呈现出阶段性，施用化肥的土壤有机质含量整体表现为前期缓慢上升（1983—2003 年），后期平稳，可能达到平衡态。经过 33 年施肥，增施秸秆处理的土壤有机质含量（2013—2015 年平均值）分别为 NPK＋LS 18.8 g/kg 和 NPK＋S 22.1 g/kg，分别较化肥处理（NPK 15.7 g/kg）上升 19.75％和 40.76％。施用农家肥各处理的土壤有机质含量（2013—2015 年平均值）分别为 NPK＋PM 23.8 g/kg 和 NPK＋CM 35.7 g/kg，分别较化肥处理（NPK 15.7 g/kg）上升 51.59％和 127.39％。增施秸秆或农家肥是有效增加土壤有机质含量的重要措施。

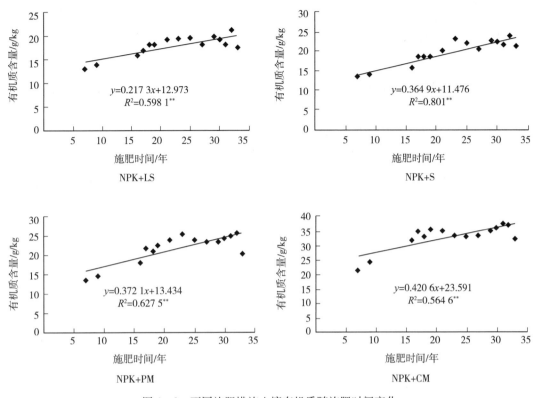

图 6-2　不同施肥措施土壤有机质随施肥时间变化

（三）土壤有机质含量变化的产量效应

土壤有机质含量水平决定作物高产稳产。国内外大量试验证明，当有机质含量低的时候，增加施肥量，产量不会提高；作物高产和稳产性均随土壤有机质含量的增加而显著增加。通过对小麦和大豆产量与土壤有机质含量的统计分析，确定了有机质与作物产量的关系符合线性增长模型（图 6-3）。根据安徽省蒙城长期定位试验，计算得出砂姜黑土有机碳含量每提升 1.0 g/kg，小麦和大豆产量最多可增加 227.0 kg/hm² 和 87.7 kg/hm²。

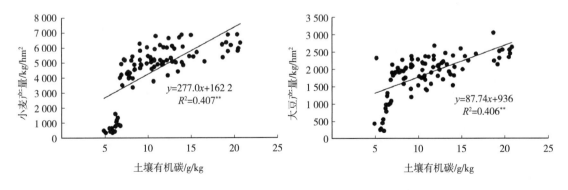

图 6-3　小麦及大豆产量与土壤有机碳关系

注：∗∗ 表示在 $P<0.01$ 水平上相关性极显著。

大量统计结果显示，土壤有机质与作物产量之间存在"线性-平台"关系（Zhang et al.，2016），据此可确定区域土壤有机质阈值（90%最大产量时的土壤有机质含量），作为培肥目标、确定培肥模式（有机质快速提升、有机质稳步提升、有机质稳定维持）。对照砂姜黑土33年的长期施肥试验，该土壤有机质仍处于快速提升阶段，需要增施有机肥、普及秸秆还田，快速提升土壤有机质含量等肥力水平，促进作物增产和稳产。

三、土壤腐殖质组成与特征

土壤腐殖质为土壤有机质的主体，是一类相对稳定的大分子、具有多功能团的特殊物质，其组成和特性在很大程度上反映了土壤的成土条件和人工定向培肥土壤的熟化程度。

李卫东等（1996）研究认为，胡敏酸（HA）中主要是HA-2，即黑色胡敏酸，HA-3（与黏粒和稳定性三氧化物结合的）含量次之，而HA-1（棕色胡敏酸）仅在耕层含有少许。HA-2在黑土层中表现出相对富集的特点。HA-2高度芳构化，HA-3次之，二者在黑土层中的芳构化度高于其他层次。砂姜黑土腐殖质主要是母质形成时的遗留产物，即古腐殖质。但仅存在于表（耕）层中的HA-1则显然是后来的有机物腐殖化所形成的。

过兴度（1988）研究显示，砂姜黑土活性腐殖酸的含量相对极低，一般仅占总碳量的1.82%～5.32%；腐殖酸的含量相对较低，腐殖酸碳占总碳量的17.64%～37.23%；残渣碳含量相对较高，占总碳量的62.77%～82.36%。腐殖质中以难分解的胡敏素等为主，碱化砂姜黑土中胡敏素类物质含量最高，达80%；腐殖质中的胡敏酸/富里酸比值较大，耕层一般在1.00左右（表6-1）；腐殖质中胡敏酸光密度比值（E_4/E_6）较小，一般在4.15～4.60，表明砂姜黑土胡敏酸的芳构化度较高。

表6-1　砂姜黑土腐殖质组成与特性（20世纪80年代）

省份	总碳/g/kg	占总碳的比例/%			胡敏酸/富里酸	n
		胡敏酸碳	富里酸碳	残渣碳		
安徽	2.1～7.9	7.35～14.04	10.29～15.19	70.89～82.36	0.71～1.14	9
山东	5.52～12.12	12.50～15.95	10.75～13.79	70.65～73.31	0.91～1.48	5
江苏	13.94～18.62	13.39～18.26	13.25～19.13	—	0.70～1.38	4

影响土壤腐殖质的因素有母质、水热条件、植被类型、黏土矿物和耕作措施等。就同区域、同土壤类型而言，耕作措施所产生的影响最为显著。不同肥力水平的砂姜黑土，肥力水平较高的，其土壤有机质含量较高，腐殖酸碳的含量也较高，而残渣碳量却较低，腐殖质组成中胡敏酸/富里酸比值较高，活性胡敏酸的含量也相应较高（表6-2）。

表6-2　不同肥力水平的砂姜黑土腐殖质组成与特性（20世纪80年代）

肥力水平	总碳/g/kg	占总碳的比例/%			胡敏酸/富里酸
		胡敏酸碳	富里酸碳	残渣碳	
高肥	7.4	12.16	14.86	72.97	0.82
中肥	6.3	11.20	14.37	74.43	0.86
低肥	5.3	9.62	13.46	76.92	0.71

方世经等（1988）研究表明，由不同有机物料形成的腐殖质组分和瘠薄砂姜黑土的腐殖质比较，土壤有机碳明显增加，增幅达到80%，牛粪处理的高达128%；胡敏酸碳和胡敏素碳的含量提高，特别是胡敏素增加12%～15%（牛粪、猪粪处理），胡敏酸/富里酸比值提高19%～38%。

第二节　土壤腐殖质结合形态

一、长期施肥

长期施肥对土壤轻组有机碳含量有明显影响（王道中，2008）。不施肥处理，轻组有机碳的含量及占总有机碳的比例较休闲处理均有明显下降，两者轻组有机碳含量差异达显著水平。长期施用有机肥处理，轻组有机碳的含量及其占总有机碳的比例均有明显提高，与休闲、不施肥和长期单施化肥处理间的差异均达极显著或显著水平（表6-3）。不施肥处理原土复合量较休闲处理的下降了，差异达极显著水平；单施化肥或化肥与有机肥配施都可明显地提高原土复合量，其差异均达到了极显著水平。化肥与有机肥配施较单施化肥处理原土复合量也有明显的提高，不同有机肥处理间原土复合量的增量从大到小依次为牛粪、猪粪和秸秆。

砂姜黑土腐殖质以紧结态为主，占总结合碳的50%～60%，松结态和稳结态分别占15%～30%和20%左右（表6-4）。长期不施肥处理，重组有机碳及三种结合态有机碳的含量都有所降低，重组有机碳、松结态有机碳和稳结态有机碳的含量与休闲处理间的差异均达到显著水平；长期施用有机肥的处理，土壤的松结态、稳结态和紧结态有机碳的含量较休闲、不施肥和单施化肥处理都有明显增加，其中厩肥的增量大于秸秆。增施有机肥，松结态腐殖质占腐殖质总量的比例明显提高，与休闲、不施肥和单施化肥处理间的差异均达极显著水平。与休闲和不施肥处理相比，单施化肥也增加了松结态、稳结态和紧结态腐殖质的绝对数量，但松结态、稳结态和紧结态腐殖质占腐殖质总量的比例变化不大。

表6-3　长期施肥对轻组有机碳含量及其复合度的影响（王道中，2008）

处理	总有机碳/ g/kg	轻组有机碳/ g/kg	轻组有机碳占 总有机碳/%	原土复合量/ g/kg	原土复合度/ %	追加复合量/ g/kg	追加复合度/ %
休闲	6.90fF	0.57fEF	8.26bA	6.33fF	91.74aA	—	—
不施肥	5.97gG	0.47gEF	7.87bA	5.50gG	94.50aA	—	—
单施化肥	9.57eE	0.76eE	7.94bA	8.81eE	92.06aA	2.48	92.88
低量麦秸＋化肥	12.06dD	2.50dD	20.73aA	9.56dD	79.27bB	3.23	62.60
高量麦秸＋化肥	13.46cC	2.77cC	20.58aA	10.69cC	79.42bB	4.32	65.85
猪粪＋化肥	14.79bB	3.25bB	21.97aA	11.54bB	78.03bB	5.21	66.03
牛粪＋化肥	19.61aA	4.16aA	21.21aA	15.45aA	78.79bB	9.12	71.75

注：小写字母不同表示不同处理之间差异达到显著水平（$P<0.05$），大写字母不同表示不同处理之间差异达到极显著水平（$P<0.01$）。下同。

表6-4　长期施肥对腐殖质结合形态的影响（王道中，2008）

处　理	重组 有机碳/ g/kg	松结态 含量/ g/kg	松结态 占结合碳/ %	稳结态 含量/ g/kg	稳结态 占结合碳/ %	紧结态 含量/ g/kg	紧结态 占结合碳/ %	松结态/ 稳结态	松结态/ 紧结态
休闲	6.54fE	1.07fF	16.36cC	1.50fE	22.94aA	3.97dC	60.70abAB	0.71dD	0.27cC

（续）

处理	重组有机碳/g/kg	松结态含量/g/kg	松结态占结合碳/%	稳结态含量/g/kg	稳结态占结合碳/%	紧结态含量/g/kg	紧结态占结合碳/%	松结态/稳结态	松结态/紧结态
不施肥	5.53gE	0.82 gF	14.83cC	1.08 gF	19.53bA	3.63dC	65.64aA	0.76 dD	0.23cC
单施化肥	9.08eD	1.87eE	20.59bB	1.90eD	20.93abA	5.31cB	58.48bABC	0.99cC	0.35bcBc
低量麦秸+化肥	10.22dCD	2.75 dD	26.91aA	2.17dC	21.23abA	5.30cB	51.86cBCD	1.27bB	0.52bcBC
高量麦秸+化肥	11.25cBC	3.14cC	27.91aA	2.42cC	21.51abA	5.69bcB	50.58cCD	1.30bB	0.55abABC
猪粪+化肥	12.35bB	3.55bB	28.75aA	2.81bB	22.75aA	5.99bB	48.50cCD	1.26bB	0.59aAB
牛粪+化肥	16.35aA	4.73aA	28.93aA	3.13aA	19.14bA	8.49aA	51.93cBCD	1.51aA	0.56aA

砂姜黑土中松结态腐殖质和稳结态腐殖质的组成有明显的不同，松结态腐殖质以富里酸为主，占松结态总腐殖酸的 59.60%～68.98%，胡敏酸只占 31.02%～40.40%；而稳结态腐殖质以胡敏酸为主，占稳结态总腐殖酸的 46.00%～74.12%，富里酸只占 25.88%～54.00%（表6-5）。不施肥处理稳结态、松结态+稳结态胡敏酸和富里酸的含量较休闲处理明显下降，差异达极显著水平，松结态的含量差异不显著；所有施肥处理胡敏酸和富里酸的含量都有明显提高，与不施肥、休闲处理间的差异，均达到极显著水平，而增施有机肥处理的胡敏酸和富里酸的含量增幅大于单施化肥处理。不同有机肥处理间松结态+稳结态胡敏酸和富里酸的含量增幅为牛粪＞猪粪＞高量麦秸＞低量麦秸。长期施用有机肥对不同结合形态腐殖酸含量的影响不一。对松结态腐殖质而言，长期施肥所新增的腐殖酸中富里酸占 56.29%～69.23%，胡敏酸占 30.77%～43.71%；对稳结态腐殖质而言，长期施肥所新增的腐殖酸中富里酸和胡敏酸占比则分别为 13.72%～51.85% 和 48.15%～86.28%，而总腐殖酸分配比例约各占 50%。与休闲处理相比，不施肥处理下降的腐殖酸中富里酸占 67.69%，胡敏酸占 32.31%。

表6-5　长期施肥对腐殖质组成的影响（王道中，2008）

处理	松结态				稳结态				松结态+稳结态			
	HA/g/kg	FA/g/kg	PQ/%	HA/FA	HA/g/kg	FA/g/kg	PQ/%	HA/FA	HA/g/kg	FA/g/kg	PQ/%	HA/FA
休闲	0.34fE	0.73feE	31.78dD	0.47dD	0.69fG	0.81cC	46.00eD	0.85eD	1.03fF	1.54fF	40.08dC	0.67dD
不施肥	0.26fE	0.57fE	31.33dDE	0.46dD	0.56gF	0.53dD	51.38dD	1.06dD	0.82gG	1.10gG	42.71cC	0.75cC
单施化肥	0.58eD	1.29dD	31.02eE	0.45dD	0.95eE	0.95bB	50.00dDE	1.00dDE	1.53eE	2.24eE	40.58cdC	0.68dD
低量麦秸+化肥	0.99dC	1.77cC	35.87bcBC	0.56bcBC	1.30dD	0.87bcBC	59.91cC	1.49cC	2.29dD	2.64dD	46.45bB	0.87bB
高量麦秸+化肥	1.10cC	2.03bB	35.14cC	0.54cC	1.50cC	0.91bcBC	62.24bcBC	1.65bcBC	2.60cC	2.94cC	46.93bB	0.88bB
猪粪+化肥	1.43bB	2.11bB	40.40aA	0.68aA	1.60bB	1.21aA	56.94bB	1.32bB	3.03bB	3.32bB	47.72bB	0.91bB
牛粪+化肥	1.79aA	2.94aA	37.84bB	0.61bB	2.32aA	0.81cC	74.12aA	2.86aA	4.11aA	3.75aA	52.29aA	1.10aA

注：HA 为胡敏酸，FA 为富里酸，PQ 为胡敏酸占胡敏酸和富里酸之和的比例。

二、秸秆还田

依据有机矿质复合体的形成机制，可将土壤有机质划分为轻组、钙镁结合态、铁铝结合态和紧密结合态有机质。砂姜黑土有机质以紧密结合态为主，约 12.36 g/kg，占其总量的 64.41% 左右；其次为铁铝结合态有机质（24.19%）和轻组有机质（9.00%）；钙镁结合态有机质含量较低，平均值为 0.05 g/kg，不超过土壤有机质总量的 0.50%。秸秆还田处理，土壤紧密结合态有机质累积量约为 2.09 g/kg，明显高于铁铝结合态有机质累积量（1.17 g/kg）；钙镁结合态有机质含量较低，对土壤有机质的累积无明显贡献（王擎运 等，2019）。轻组、钙镁结合态、铁铝结合态和紧密结合态有机质均与土壤有机质总量呈正相关关系，尤其铁铝结合态和紧密结合态有机质与有机质总量的关系达到显著正相关（表 6-6）。土壤有机质累积受到铁铝结合态和紧密结合态有机质尤其是后者的影响较大。

表 6-6　金属氧化物与土壤有机矿质复合胶体的相关性（王擎运 等，2019）

有机质形态	与有机质总量相关性
轻组	0.49
钙镁结合态	0.47
铁铝结合态	0.79**
紧密结合态	0.61*

三、水旱轮作

随着水利条件的改善，改旱作制为水旱轮作制，对促进土壤有机质积累、改善土壤性状、进一步提高农田生产力有重要意义。何方等（1994）研究结果表明，旱改水使得表层土壤重组有机质含量和有机无机复合量提高，随着改水年限增加，表层土壤重组有机质含量和有机无机复合量也增加。旱改水后，表土有机无机复合量有所降低，而下层土壤则呈相反的趋势。这说明旱改水虽然增加了表土重组腐殖质，但轻组有机质增加得更多，因而导致复合度下降。旱地土壤复合体中松结态腐殖质含量高于水旱轮作土壤，松结态和紧结态有机碳含量相当，松结态有机碳/紧结态有机碳值接近 1。水旱轮作田，紧结态腐殖质含量增加，而松结态腐殖质含量有所减少；改制 20 年的土壤与旱地比较，表土松结态有机碳相对含量降低了 12.1%。旱改水初期，复合体中可提取腐殖质的胡敏酸组分明显减少，富里酸增加，胡敏酸/富里酸比值降低；但随着改制时间延长，胡敏酸又增加，富里酸减少，胡敏酸/富里酸比值升高。

四、腐殖质形态特征与土壤性质的关系

相关分析表明，土壤总氮、有机磷、有效磷含量与松结态碳含量呈显著的正相关；速效氮含量与松结态碳含量呈正相关，但未达到显著水平（表 6-7）。土壤总氮、速效氮、有机磷、有效磷含量与稳结态碳和紧结态碳含量呈显著的负相关关系。土壤总氮、速效氮、有机磷、有效磷含量与松结态碳和紧结态碳含量之比呈显著的正相关，且相关系数大于土壤总氮、速效氮、有机磷、有效磷与松结态碳含量的相关系数。松结态、紧结态的腐殖质在不同的农业利用、农作措施下差异较大，两态数量多

少、比值的高低以及品质的好坏直接影响到土壤肥力的高低，所以松结态腐殖质在土壤肥力中起着重要的作用。松结态/紧结态腐殖质比值可以作为衡量土壤熟化程度、肥力高低的重要指标（袁东海 等，1997）。

表 6-7　土壤养分含量与有机质组成状况的相关分析（袁东海 等，1997）

项目	有机质	易氧化有机质	松结态碳	稳结态碳	紧结态碳	松结态碳/紧结态碳
总氮	0.891 2*	0.918 9*	0.648 8*	−0.667 6*	−0.949 2*	0.948 8*
速效氮	0.785 1*	0.820 8*	0.590 5	−0.811 4*	−0.826 7*	0.858 2*
有机磷	0.944 3*	0.948 0*	0.839 7**	−0.851 9*	−0.877 4*	0.957 6*
有效磷	0.829 5*	0.860 5*	0.633 9*	−0.808 9*	−0.868 5*	0.916 7*

注：* 表示在 $P<0.05$ 水平上相关性显著，** 表示在 $P<0.01$ 水平上相关性极显著。

第三节　有机物料的分解速率和腐殖化系数

一、分解速率与腐殖化系数

吴文荣等（1985）研究发现，在砂姜黑土地区的水、热条件和不同耕作轮作制度下，不同有机物料由于化学成分不同，它们的分解速率也有很大的差异。其分解速率和碳氮比明显相关，碳氮比小的分解速度快，反之则慢。埋土后 30 d，不同有机物料分解速率的顺序是猪粪＞绿肥＞牛粪＞麦秸＞稻草。90 d 的分解速率，水旱轮作和旱作轮作有所不同，总的趋势是前者比后者小，水旱轮作分解速率的顺序是绿肥＞猪粪＞牛粪＞稻草＞麦秸，而旱作轮作是猪粪＞牛粪＞绿肥＞麦秸＞稻草。绿肥的分解速率，除了和水热条件有关外，还和绿肥掩青时期的木质化程度有关。几种不同有机物料在 90 d 内，分解快者，消失率在 65％以上的为猪粪、牛粪和绿肥；分解慢者，消失率在 45％以下的为麦秸、稻草，前者比后者大 40％以上。在高碳氮比的麦秸、稻草中，由于加入绿肥，降低其碳氮比，分解速率也随之增加。

在水旱轮作和旱作轮作的条件下，不同有机物料的分解残留碳量，以牛粪最高，猪粪、稻草次之，绿肥最少，第一年水旱轮作分别为加入碳量的 43.33％、29.33％和 26.67％，旱作轮作分别为 32.67％、27.33％和 24.67％。不同有机物料的腐殖化系数大小的顺序是牛粪＞猪粪和稻草＞麦秸＞绿肥，第一年分别为 40.67％～44.00％、28.00％～28.67％、26.67％～31.31％和 21.33％～22.00％，第二年分别为 28.00％～33.33％、19.33％～22.00％、22.67％～24.00％和 16.67％。绿肥＋秸秆的有机物料腐殖化系数比单施绿肥的高，两年之后，水旱轮作箭筈豌豆和旱作轮作田菁的腐殖化系数都为 16.67％，而水旱轮作箭筈豌豆＋稻草的腐殖化系数为 22.00％，旱作轮作田菁＋稻草的腐殖化系数为 20.00％，分别比单施绿肥的箭筈豌豆和田菁提高 31.97％和 19.98％。

二、影响因素

（一）施用量

夏海勇等（2014）研究结果表明，小麦秸秆在土壤中培养 3 个月和 1 年时的分解率分别为 37.2％～

46.9%和65.4%~75.7%，秸秆碳分解速率受添加量的影响并不明显。培养1年后，砂姜黑土中的有机物料分解率随添加秸秆量的增加而提高，有机物料分解率与其添加量间呈极显著正相关关系，Pearson 相关系数 $r=0.933$（$n=14$，$P<0.01$）。小麦秸秆碳腐殖化系数同秸秆添加量间均呈极显著线性负相关关系，Pearson 相关系数 $r=-0.933$（$n=14$，$P<0.001$）。砂姜黑土中平均腐殖化系数为28.9%。秸秆施用后腐殖化系数同土壤碳库活度间呈极显著线性负相关关系（$R^2=0.655$，$n=29$，$P<0.01$），这说明碳库活度越高，则施入土壤中的秸秆越容易分解，有机物料腐殖化系数越低。

（二）温度

张丽娟（2010）研究认为，在砂姜黑土玉米秸秆还田240 d 的培养期内，一级动力学方程均较好地描述了不同处理条件下土壤有机碳的矿化量累积的动态变化。总的看来，同一温度条件下，土壤有机碳的潜在矿化量 C_0 随秸秆还田量的增加而升高，趋势明显。秸秆低量还田时，20 ℃温度条件下土壤有机碳的矿化速率常数 k 较 10 ℃、30 ℃大；而在秸秆中量和高量还田的情况下，k 随温度升高而增大，这可能与两者的交互作用效应有关。

（三）氮肥用量

小麦秸秆分解常数随氮肥用量的增加呈增加趋势，玉米秸秆呈降低趋势；小麦和玉米秸秆碳释放量在砂姜黑土上均随氮肥用量的增加呈降低趋势，氮释放量也呈降低趋势（张学林 等，2019）。

（四）还田深度

秸秆还田深度显著影响小麦秸秆分解常数及其碳、氮、磷养分释放量，其中 20 cm 处理的小麦秸秆分解常数及其养分释放量均显著高于地表处理。随氮肥用量增加，地表处理小麦秸秆分解常数和碳释放量逐渐降低，而 20 cm 处理秸秆分解常数及碳、氮、磷释放量均呈增加趋势。秸秆还田深埋入土能够显著促进小麦和玉米秸秆的分解及其养分释放（张学林 等，2019）。

第四节　土壤团聚体有机碳

存在于土壤中的所有含碳的有机物质，包括土壤中各种动植物残体、微生物体及其分解合成的各种有机物质，是土壤固相的重要组成部分。土壤有机质组成的主要元素包括碳、氢、氧、氮，平均分别占 52%~58%、34%~39%、3.3%~4.8%、3.7%~4.1%，其次是磷、硫等元素（吴伟祥 等，2015）。土壤团聚体是有机质转化和累积的关键场所，土壤团聚体和有机碳之间通常有着密切的联系，其形成与稳定被认为是土壤碳库稳定的重要机制，团聚体形成和有机碳固持的相互作用对于促进土壤固碳具有重要意义。

一、化肥与有机肥

李玮等（2019）研究结果显示，0~10 cm 土层土壤干筛团聚体中的有机碳主要分布在>10 mm 粒级团聚体中。0~5 cm 土层，施肥提高了 0.5~1 mm 和 0.25~0.5 mm 团聚体中有机碳含量，较不施肥（CK）处理有机碳含量分别平均提高了 38.0%和 41.0%；其中，MNPK（有机肥与化肥配施）和 HMNPK（高量氮肥下有机肥与化肥配施）表现出显著差异，HMNPK 的增幅最高，增幅分别为

75.1％和 67.7％。在 10～15 cm 土层内，施肥降低了＞10 mm 大团聚体有机碳含量，较不施肥处理显著降低了 38.4％～52.9％，但增加了其他各粒级土壤团聚体有机碳含量，平均增幅为 165.5％，其中 0.5～1 mm 粒级的增幅最高。

0～15 cm 土层的土壤水稳性团聚体有机碳含量在不同粒级中的分布较均匀。不同土层，M（单施有机肥）、MNPK 和 HMNPK 处理均提高了 3～5 mm、2～3 mm、1～2 mm、0.5～1 mm、0.25～0.5 mm、＜0.25 mm 土壤水稳性团聚体有机碳含量。其中，＜0.25 mm 粒级土壤水稳性团聚体有机碳含量的增幅最高，较不施肥处理耕层土壤平均增幅为 182.6％，较 NPK（单施化肥）处理其平均增幅为 190.7％。0.25～0.5 mm 和＜0.25 mm 土壤水稳性团聚体在不同土层均表现为 M 处理有机碳含量最高，与 MNPK 和 HMNPK 处理差异达显著水平。可见，施用有机肥有提高水稳性小粒级大团聚体和微团聚体有机碳含量的趋势，单施有机肥较有机无机肥配施的效果显著。

施肥提高了耕层土壤＜5 mm 水稳性大团聚体和微团聚体有机碳含量，尤其是有机肥施用，且以单施有机肥效果最明显。这表明长期施用有机肥对砂姜黑土中团聚体形成和团聚体水稳性有积极作用，同时可显著提高团聚体有机碳含量。

二、生物炭和玉米秸秆

侯晓娜等（2015）研究结果表明，砂姜黑土不同粒级间以＜0.25 mm 微团聚体的有机碳含量较低。CK（不施有机物料）处理随土壤团聚体粒级增大，有机碳含量呈现出逐渐增加的趋势。而加有生物炭的处理随土壤粒级的增大，有机碳含量呈现先减少后增加的 V 形趋势。与 CK 处理比较，B（单施生物炭）处理 0.5～1 mm 粒级团聚体有机碳含量增幅最大，达 253％，其次为 1～2 mm 粒级团聚体，增幅为 222％。随着粒级增大，S 处理 1～2 mm、0.5～1 mm、0.25～0.5 mm、0.053～0.25 mm 和＜0.053 mm 粒级团聚体有机碳含量分别比 CK 处理提高 62％、81％、67％、74％和 54％，＞2 mm 粒级增加了 16.94 g/kg。3 种添加有机物料的处理比较，BS（生物炭与秸秆配施）处理 1～2 mm 和 0.5～1 mm 粒级团聚体有机碳含量显著低于 B 处理，分别降低 20％和 32％，＜0.5 mm 各粒级团聚体有机碳含量显著高于 B 处理，以＜0.053 mm 粒级提高最多，提高了 49％。BS 处理各级团聚体有机碳含量显著高于 S 处理，比 S 处理高 21％～129％，其中＜0.053 mm 粒级提高最多（表 6 - 8）。

表 6 - 8　不同处理土壤各粒级团聚体的有机碳含量（侯晓娜 等，2015）

处理	各粒级团聚体的有机碳含量/g/kg					
	＞2 mm	1～2 mm	0.5～1 mm	0.25～0.5 mm	0.053～0.25 mm	＜0.053 mm
CK	0.00	10.61±0.05d	9.92±0.33d	9.84±0.07d	8.86±0.26d	8.46±0.10d
B	0.00	34.15±0.45a	35.06±0.06a	18.67±0.61b	16.66±0.40b	19.90±0.51b
S	16.94±0.80b	17.20±0.41c	17.93±0.28c	16.39±0.32c	15.40±0.54c	13.01±0.32c
BS	29.65±0.39a	27.97±0.42b	23.84±0.60b	22.71±0.27a	18.56±0.06a	29.73±0.81a

在不同有机物料添加方式下，大团聚体有机碳的贡献率表现为 S 处理＞BS 处理＞CK 处理＞B 处理，微团聚体则表现出相反的规律。总体上看，有机碳主要分布在 0.5～1 mm 的中团聚体上，＞1 mm 的大团聚体中分布较少。与 CK 处理比较，B 处理和 S 处理 0.5～1 mm 团聚体有机碳贡献率显著提高，分别提高了 42％和 51％，B 处理 0.25～0.5 mm 团聚体有机碳贡献率显著降低，降低了

36％，S处理<0.5 mm各粒级有机碳贡献率都显著降低；BS处理1～2 mm和0.5～1 mm团聚体对土壤有机碳的贡献率都有所提高，分别提高了44％和21％，且差异达到显著水平。

三、水稻秸秆

添加水稻秸秆后，通过土壤微生物和酶进行腐解，从而使砂姜黑土试验组水稳性团聚体发生了显著变化，>2 000 μm和250～2 000 μm水稳性团聚体含量都呈显著增加趋势，53～250 μm和<53 μm水稳性微团聚体含量都显著减少（$P<0.05$）；培养到120 d的时候，>2 000 μm、250～2 000 μm粒级团聚体分别比对照组增加了265.5％、16.0％，53～250 μm、<53 μm粒级团聚体分别比对照组减少了26.0％、20.7％，水稳性大团聚体质量分数达到63.28％，成为优势粒级（刘哲 等，2017）。

不同培养时期，在4种粒级团聚体中，水稳性团聚体有机碳的分布由高到低的顺序为53～250 μm、<53 μm、250～2 000 μm、>2 000 μm（60 d对照的250～2 000 μm水稳性团聚体有机碳含量高于<53 μm），微团聚体有机碳含量相对较高，秸秆添加后砂姜黑土水稳性微团聚体有机碳增加幅度明显大于水稳性大团聚体（表6-9）。以250～2 000 μm粒级团聚体有机碳贡献率最高，53～250 μm与<53 μm粒级团聚体有机碳贡献率居中，差异不是很显著，>2 000 μm团聚体有机碳贡献率最低（表6-10）。虽然53～250 μm与<53 μm粒级团聚体有机碳含量相对比较高，但却以250～2 000 μm粒级团聚体有机碳贡献率最高。添加水稻秸秆后的试验组>2 000 μm与250～2 000 μm粒级团聚体有机碳贡献率显著增加，53～250 μm与<53 μm粒级团聚体有机碳贡献率显著减少（$P<0.05$）。这可能是添加秸秆后促进了微团聚体向大团聚体的团聚，大团聚体分配比例显著增加的结果。

表6-9 不同培养天数土壤团聚体有机碳含量（刘哲 等，2017）

培养天数/d	处理	全土	不同粒级团聚体有机碳含量/g/kg				回收率/%
			>2 000 μm	250～2 000 μm	53～250 μm	<53 μm	
15	对照	11.36±0.08bA	9.14±0.06cA	9.80±0.70bcB	11.77±0.10aA	10.12±0.10bB	97
	试验	15.24±0.09aA	11.10±0.46bA	12.29±0.38abA	15.86±1.22aA	15.17±1.60aA	96
60	对照	10.85±0.13bB	8.64±0.21bAB	10.81±0.14abA	12.51±1.76aA	10.70±1.53aA	97
	试验	12.86±0.12aB	10.27±0.21bAB	10.87±0.77bB	15.02±1.60aA	12.02±0.91bA	98
120	对照	10.06±0.21bC	7.88±0.62cB	9.33±0.28bB	10.65±0.50aA	10.57±0.88aA	104
	试验	12.48±0.19aC	9.45±0.62cB	10.65±0.10bB	14.06±0.11aA	11.46±0.63bA	99

注：不同小写字母表示同处理相同培养天数全土及不同粒级间团聚体有机碳含量差异显著（$P<0.05$）；不同大写字母表示不同培养天数同处理全土及同粒级间团聚体有机碳含量差异显著（$P<0.05$）。

表6-10 土壤水稳性团聚体中有机碳对土壤有机碳的贡献率（刘哲 等，2017）

培养天数/d	处理	不同粒级团聚体有机碳贡献率/%			
		>2 000 μm	250～2 000 μm	53～250 μm	<53 μm
15	对照	1.63±0.21cAB	36.82±2.63aB	28.07±2.63bAB	33.46±2.93abA
	试验	3.96±0.53cA	47.34±4.78aA	24.96±3.84bA	23.74±1.68bA
60	对照	2.38±0.24cA	36.76±2.69aB	30.79±2.59bA	30.06±3.27bA
	试验	4.68±0.49cA	41.27±3.05aB	27.47±3.75bA	26.58±2.27bA

（续）

培养天数/d	处理	不同粒级团聚体有机碳贡献率/%			
		>2 000 μm	250~2 000 μm	53~250 μm	<53 μm
120	对照	0.87±0.06cB	48.05±2.56aA	24.27±1.47bB	26.82±1.94bB
	试验	3.40±0.30cA	55.67±3.36aA	20.77±1.54bA	20.16±1.66bB

注：不同小写字母表示同处理相同培养天数不同粒级间团聚体有机碳贡献率差异显著（$P<0.05$）；不同大写字母表示不同培养天数同粒级同处理间团聚体有机碳贡献率差异显著（$P<0.05$）。

来自水稻秸秆的外源新碳的分配递减顺序为53~250 μm、<53 μm、>2 000 μm、250~2 000 μm，表明外源新碳主要分配进入微团聚体中（表6-11）。培养到15 d时外源新碳分配进入>2 000 μm、250~2 000 μm、53~250 μm、<53 μm粒级团聚体中的比例分别为19%、15%、38%、28%，微团聚体中外源新碳的分配比例明显高于大团聚体。随着培养时间的延长，外源新碳在各粒级团聚体中分布量均逐渐减少，到120 d时，>2 000 μm、53~250 μm、<53 μm粒级团聚体外源新碳较60 d时下降幅度分别为5.5%、24.6%、10.0%，250~2 000 μm粒级外源新碳有微弱增加；总体上，外源新碳在大团聚体中的下降速度小于微团聚体，逐渐趋于稳定，说明水稻秸秆加入土壤培养一段时间后，由于生物、化学、环境等因素的影响，水稳性大团聚体中初期不稳定的新有机碳更快更容易分解，120 d时已经快降解完，微团聚体中的初期新有机碳相对比较稳定，还在逐步分解。培养到120 d时，方差分析进一步表明，与不同粒级外源新碳残留量相比，土壤中原有机碳残留量与初始量差别不大，说明新进入土壤中的有机碳分解转化很快，而土壤中原有机碳降解较慢。水稻秸秆的添加促进了砂姜黑土各粒级团聚体有机碳的累积，提升了土壤碳水平，而且对原水稳性大团聚体有机碳分解的影响程度整体强于微团聚体。

表6-11 土壤不同粒级团聚体有机碳的来源（刘哲 等，2017）

培养天数/d	处理	不同粒级团聚体有机碳来源/g/kg							
		>2 000 μm		250~2 000 μm		53~250 μm		<53 μm	
		新碳	原有机碳	新碳	原有机碳	新碳	原有机碳	新碳	原有机碳
15	对照	0	9.14±0.06cA	0	9.80±0.70bcB	0	11.77±0.10aA	0	10.12±0.10bB
	试验	2.13±0.15cA	8.97±0.33bA	1.68±0.07cA	10.61±0.34abA	4.26±0.76aA	11.60±1.11aA	3.15±0.63bA	12.02±1.98aA
60	对照	0	8.64±0.21bAB	0	10.81±0.14aA	0	12.51±1.76aA	0	10.70±1.53aA
	试验	1.46±0.20cB	8.80±0.15bAB	0.66±0.02 dB	10.22±0.77bA	3.05±0.39aB	11.97±1.23aA	2.00±0.21bAB	10.02±0.70bB
120	对照	0	7.88±0.62cA	0	9.33±0.28bB	0	10.65±0.50aA	0	10.57±0.88aA
	试验	1.38±0.12cB	8.08±0.53cA	0.67±0.02 dB	9.98±0.12bA	2.30±0.20aC	11.76±0.26aA	1.80±0.14bA	9.66±0.58bB

注：不同小写字母表示同处理相同培养天数不同粒级间团聚体有机碳差异显著（$P<0.05$）；不同大写字母表示不同培养天数同处理同粒级间团聚体有机碳差异显著（$P<0.05$）。

表6-12表明，>2 000 μm、250~2 000 μm、53~250 μm粒级团聚体有机碳与团聚体D值（团聚体的分形维数）呈显著负相关关系（$P<0.05$），<53 μm粒级团聚体有机碳与D值关系不显著；MWD（平均质量直径）、GMD（几何平均直径）、$R_{0.25}$（水稳性大团聚体）与250~2 000 μm、53~250 μm粒级团聚体有机碳呈极显著正相关关系（$P<0.01$），与>2 000 μm粒级团聚体有机碳呈显著正相关关系（$P<0.05$），与<53 μm粒级团聚体有机碳关系不显著。以上结果说明团聚体稳定性与团聚体有机碳关系密切，较大粒级的水稳性团聚体有机碳含量越高，水稳性大团聚体含量越高，团聚

体稳定性越高，砂姜黑土结构和有机碳稳定性越高。

表 6-12　不同粒级团聚体有机碳与团聚体稳定性指标之间的相关分析（刘哲 等，2017）

指标	D	MWD	GMD	R₀.₂₅
>2 000 μm	−0.899 8*	0.811 2*	0.778 8*	0.761 8*
250～2 000 μm	−0.826 3*	0.942 5**	0.939 1**	0.937 5**
53～250 μm	−0.892 2*	0.966 4**	0.939 0**	0.955 8**
<53 μm	−0.291 6	0.461 0	0.505 0	0.480 2

注：* 表示在 $P<0.05$ 水平上相关性显著，** 表示在 $P<0.01$ 水平上相关性极显著。

四、耕作措施

深耕有利于增加小麦季 20～40 cm 土层各粒径团聚体有机碳含量。其中，20～30 cm 土层 2～5 mm、30～40 cm 土层>0.5 mm 粒径团聚体有机碳含量明显增加；而少耕、深松均不同程度地增加玉米季 0～20 cm 土层各粒径团聚体有机碳含量（表 6-13）。无论小麦季还是玉米季，总体上水稳性团聚体含量与团聚体有机碳含量呈显著负相关关系，秸秆还田下小麦季长期深耕虽然能显著增加小麦季深耕层土壤团聚体有机碳，但不利于水稳性大团聚体形成；而深松对浅耕层水稳性团聚体含量及团聚体有机碳含量均有明显促进作用（李锡锋 等，2020）。

表 6-13　不同耕作方式下土壤团聚体有机碳含量（李锡锋 等，2020）

土层/cm	处理	有机碳含量/g/kg 小麦季					有机碳含量/g/kg 玉米季				
		>5 mm	2～5 mm	1～2 mm	0.5～1 mm	0.25～0.5 mm	>5 mm	2～5 mm	1～2 mm	0.5～1 mm	0.25～0.5 mm
0～10	旋耕	12.61	13.17	14.33	14.32	13.37	10.46	12.54	12.11	11.80	12.22
	少耕	10.46	12.10	11.85	11.75	13.09	13.42	12.78	15.69	16.88	19.67
	深耕	11.82	12.44	11.22	11.43	12.16	10.30	10.40	12.25	12.45	13.05
	深松	14.95	16.18	15.91	14.87	15.77	13.76	13.12	15.03	16.38	15.02
10～20	旋耕	8.08	10.92	10.33	8.61	10.88	9.17	9.20	10.23	11.36	12.21
	少耕	8.93	8.99	8.71	9.23	9.30	12.31	12.47	13.11	15.42	17.66
	深耕	11.22	11.42	12.31	11.21	12.35	11.20	11.27	12.46	13.15	13.15
	深松	12.89	13.99	14.10	14.19	13.51	14.23	12.95	13.70	16.01	19.87
20～30	旋耕	7.24	8.22	8.43	10.01	10.42	5.45	5.91	4.87	6.07	5.95
	少耕	3.47	4.12	4.57	5.18	5.69	8.07	6.97	7.26	8.24	8.62
	深耕	11.13	11.85	11.68	11.58	10.90	9.74	8.86	10.40	9.68	12.58
	深松	7.95	7.41	9.54	8.25	12.17	5.55	7.32	7.82	10.20	10.95

（续）

土层/cm	处理	有机碳含量/g/kg									
		小麦季					玉米季				
		>5 mm	2~5 mm	1~2 mm	0.5~1 mm	0.25~0.5 mm	>5 mm	2~5 mm	1~2 mm	0.5~1 mm	0.25~0.5 mm
30~40	旋耕	5.09	5.54	6.72	5.58	7.30	6.66	5.45	4.53	6.74	5.15
	少耕	5.69	6.32	5.38	5.49	6.02	6.26	5.28	6.24	5.61	5.96
	深耕	11.41	11.05	10.70	10.49	10.35	6.05	6.68	7.35	7.90	8.51
	深松	8.65	8.36	9.68	9.81	9.50	5.40	5.24	6.54	5.85	6.33

第五节　土壤有机质组分与碳库管理指数

农业生产措施（如土壤耕作管理、化肥施用、植物残体或有机物料还田等）直接或者间接地调控土壤有机质的输入，一定程度上影响土壤有机质的累积和矿化，易分解、矿化的活性炭部分是引起土壤碳库最初变化的有机质组分。土壤有机碳库管理指数（CMI）结合了土壤碳库指标和土壤碳库活度指标，既可反映外界管理措施对土壤有机质总量的影响，也能反映土壤有机质组分的变化情况，碳库管理指数上升表明农业措施对土壤肥力有促进作用，反之则表明抑制土壤肥力的提高。

一、化肥

砂姜黑土 4 年施氮量 [0 kg/hm²、360 kg/hm²、450 kg/hm²、540 kg/hm²、630 kg/hm²、720 kg/hm²（以 N 计），玉米季占 55%] 的施肥定位试验结果表明：施用化学氮肥有利于提高土壤总有机质质量分数和活性有机质质量分数，变化幅度分别为 17.49~19.46 g/kg 和 3.10~3.52 g/kg，化肥施用水平之间差异不显著；相比不施肥，施肥土壤的总有机质质量分数增加 1.53~3.53 g/kg、活性有机质质量分数增加 0.10~0.52 g/kg、稳定态有机质质量分数增加 1.02~4.30 g/kg。处理间高活性有机质质量分数变化范围为 0.46~0.62 g/kg，施用化肥后降低，高量氮肥与不施肥处理间差异显著（$P<0.05$）；中活性有机质质量分数在 2.21~3.25 g/kg，且与氮肥施用水平有关，年施氮量（以 N 计）高于 540 kg/hm² 时其值增加，但各施用水平间无显著差异（$P \geqslant 0.05$）。施氮对碳库管理指数的影响不显著，土壤总有机质增加的主要为稳定性有机质（李玮 等，2014）。

活性有机质组分与总有机质和玉米产量的相关性分析结果显示：3 种活性有机质之间，惰活性有机质和高活性有机质相关性最高，关系最为密切；碳库管理指数与惰活性有机质含量呈显著正相关关系，相关系数为 0.910；总有机质含量与惰活性有机质含量呈显著正相关关系（$P<0.05$），与碳库管理指数无显著相关性；玉米产量与总有机质含量、惰活性有机质含量呈显著、极显著正相关关系，与碳库管理指数呈显著相关关系（$P<0.05$）（表 6-14）。

表 6-14　活性有机质组分与总有机质和玉米产量的相关性（李玮 等，2014）

项目	产量	总有机质	惰活性有机质	中活性有机质	高活性有机质	碳库管理指数
产量	1					

（续）

项目	产量	总有机质	惰活性有机质	中活性有机质	高活性有机质	碳库管理指数
总有机质	0.898*	1				
惰活性有机质	0.780**	0.723*	1			
中活性有机质	0.321	0.102	−0.04	1		
高活性有机质	−0.952**	−0.838*	−0.929**	−0.192	1	
碳库管理指数	0.524*	0.409	0.910*	−0.264	−0.751	1

注：** 表示在 $P<0.01$ 水平上相关性极显著，* 表示在 $P<0.05$ 水平上相关性显著。

二、秸秆还田

砂姜黑土活性有机质主要由中活性有机质组成，其含量为 $1.64\sim2.75$ g/kg，分别占活性有机质总量和总有机质含量的 $43.3\%\sim63.4\%$ 和 $10.3\%\sim13.7\%$。高活性有机质和惰活性有机质含量均小于中活性有机质含量，分别为 $0.36\sim0.62$ g/kg 和 $0.74\sim2.18$ g/kg，占活性有机质总量的 $8.0\%\sim20.7\%$ 和 $24.6\%\sim48.7\%$，占总有机质含量的 $1.9\%\sim3.9\%$ 和 $4.6\%\sim11.4\%$。秸秆还田（秸秆全量还田处理年还田量为 15 t/hm²，其中小麦 6 t/hm²、玉米 9 t/hm²）配施氮肥，降低了耕层土壤的高活性有机质含量，增加了土壤中活性有机质含量和惰活性有机质含量。秸秆还田配施氮肥处理组碳库活度、碳库活度指数、碳库指数和碳库管理指数均显著高于对照和不施氮肥的处理（$P<0.05$）（李玮 等，2014）。

三、耕作措施

土壤耕作和秸秆还田措施是影响农田土壤碳库周转、土壤肥力和作物产量的关键因素。耕作方式和秸秆还田措施对沿淮砂姜黑土总有机碳含量、活性有机碳组分、碳库管理指数及小麦-玉米周年生产力均产生显著影响；耕作方式和秸秆还田措施有效的组合搭配是不同土层土壤碳库变化的主要作用力（叶新新 等，2019）。

（一）土壤中总有机碳含量

在 $0\sim10$ cm 土层，玉米季秸秆免耕覆盖还田＋小麦季秸秆免耕覆盖还田（NS）处理土壤中总有机碳（TOC）含量显著高于玉米季秸秆免耕覆盖还田＋小麦季秸秆深耕还田（DS）处理、玉米季免耕＋小麦季免耕秸秆不还田（N）处理、玉米季深耕＋小麦季深耕秸秆不还田（D）处理（$P<0.05$）。在 $10\sim30$ cm 土层，玉米季秸秆免耕覆盖还田＋小麦季秸秆深耕还田处理土壤总有机碳含量最高，玉米季秸秆免耕覆盖还田＋小麦季秸秆免耕覆盖还田处理土壤总有机碳含量明显降低。在 $10\sim20$ cm 土层，玉米季秸秆免耕覆盖还田＋小麦季秸秆深耕还田处理土壤总有机碳含量分别比玉米季免耕＋小麦季免耕秸秆不还田、玉米季深耕＋小麦季深耕秸秆不还田和玉米季秸秆免耕覆盖还田＋小麦季秸秆免耕覆盖还田处理高 22.3%、26.3% 和 27.8%；在 $20\sim30$ cm 土层，相应的值分别为 31.9%、25.4% 和 28.9%。在 $40\sim60$ cm 土层，4 个处理的土壤总有机碳含量没有显著差异。

（二）土壤颗粒态碳含量

土壤颗粒态碳（POC）含量受耕作方式和秸秆还田的影响显著。在 0～10 cm 土层，秸秆还田处理（玉米季秸秆免耕覆盖还田＋小麦季秸秆免耕覆盖还田、玉米季秸秆免耕覆盖还田＋小麦季秸秆深耕还田）土壤颗粒态碳含量显著高于秸秆不还田处理（玉米季免耕＋小麦季免耕秸秆不还田和玉米季深耕＋小麦季深耕秸秆不还田）。土壤颗粒态碳含量随深度增加而减少，玉米季秸秆免耕覆盖还田＋小麦季秸秆免耕覆盖还田处理更显著。在 10～20 cm 土层，玉米季秸秆免耕覆盖还田＋小麦季秸秆深耕还田处理具有最高的颗粒态碳含量，其次是玉米季免耕＋小麦季免耕秸秆不还田处理，最后是玉米季秸秆免耕覆盖还田＋小麦季秸秆免耕覆盖还田和玉米季深耕＋小麦季深耕秸秆不还田处理。在 20～30 cm 土层，玉米季秸秆免耕覆盖还田＋小麦季秸秆深耕还田处理具有最高的颗粒态碳含量，其含量较玉米季免耕＋小麦季免耕秸秆不还田、玉米季深耕＋小麦季深耕秸秆不还田和玉米季秸秆免耕覆盖还田＋小麦季秸秆免耕覆盖还田处理分别增加了 44.1%、29.3% 和 24.1%。然而，在 40～60 cm 土层，4 个处理的土壤颗粒态碳含量差异均未达到显著水平。

（三）土壤中 $KMnO_4 - C$ 含量

在 0～10 cm 土层，玉米季秸秆免耕覆盖还田＋小麦季秸秆免耕覆盖还田处理土壤中 $KMnO_4 - C$ 含量最高，比玉米季免耕＋小麦季免耕秸秆不还田、玉米季深耕＋小麦季深耕秸秆不还田和玉米季秸秆免耕覆盖还田＋小麦季秸秆深耕还田处理分别增加了 51.6%、74.1% 和 20.5%。在 10～30 cm 土层，玉米季秸秆免耕覆盖还田＋小麦季秸秆深耕还田处理的 $KMnO_4 - C$ 含量显著高于其他 3 个处理，并且这 3 个处理间 $KMnO_4 - C$ 含量无显著差异。在 40～60 cm 土层，4 个处理的 $KMnO_4 - C$ 含量没有出现显著性差异。

（四）土壤微生物碳含量

在 0～30 cm 土层，耕作和秸秆还田措施显著影响土壤微生物碳（MBC）含量。在 0～20 cm 土层，秸秆还田处理土壤 MBC 含量显著高于秸秆不还田处理；在 20～30 cm 土层，耕作处理（玉米季秸秆免耕覆盖还田＋小麦季秸秆深耕还田和玉米季深耕＋小麦季深耕秸秆不还田）土壤 MBC 含量显著高于免耕处理（玉米季秸秆免耕覆盖还田＋小麦季秸秆免耕覆盖还田、玉米季免耕＋小麦季免耕秸秆不还田）。

（五）土壤碳库管理指数

表 6-15 结果表明，玉米季秸秆免耕覆盖还田＋小麦季秸秆免耕覆盖还田处理显著提高了 0～10 cm 土层土壤碳库管理指数，其值较玉米季免耕＋小麦季免耕秸秆不还田、玉米季深耕＋小麦季深耕秸秆不还田和玉米季秸秆免耕覆盖还田＋小麦季秸秆深耕还田处理提高 65.6%、90.5% 和 23.9%；在 10～30 cm 土层，玉米季秸秆免耕覆盖还田＋小麦季秸秆深耕还田处理的碳库管理指数最高，其次是玉米季深耕＋小麦季深耕秸秆不还田处理，最后是玉米季免耕＋小麦季免耕秸秆不还田和玉米季秸秆免耕覆盖还田＋小麦季秸秆免耕覆盖还田处理。这表明玉米季秸秆免耕覆盖还田＋小麦季秸秆免耕覆盖还田处理主要提高的是 0～10 cm 土层土壤碳库管理指数，而玉米季秸秆免耕覆盖还田＋小麦季秸秆深耕还田处理主要提高 10～30 cm 土层土壤碳库管理指数。

表 6-15　不同处理 0～30 cm 土层中土壤碳库管理指数（叶新新 等，2019）

土层	处理	碳库活度	碳库活度指数	碳库指数	碳库管理指数
0～10 cm	N	0.32b	1.00c	1.00c	100.00c
	D	0.32b	0.99c	0.88d	86.92d
	NS	0.45a	1.38a	1.20a	165.59a
	DS	0.41a	1.25b	1.07b	133.66b
10～20 cm	N	0.25b	1.00c	1.00b	100.00c
	D	0.35a	1.41ab	0.97b	136.57b
	NS	0.33a	1.35b	0.96b	106.48c
	DS	0.36a	1.45a	1.22a	177.78a
20～30 cm	N	0.31b	1.00b	1.00b	100.00c
	D	0.39a	1.24a	1.05b	130.69b
	NS	0.33b	1.05b	1.02b	107.06c
	DS	0.40a	1.29a	1.32a	169.72a

注：不同字母代表不同处理碳库管理指数差异显著（$P < 0.05$）。

四、生物炭

史思伟（2019）研究结果表明，对于田间表层砂姜黑土（0～7.5 cm 和 7.5～15 cm），相比对照处理，施用生物炭 4.5 t/(hm²·年) 和 9.0 t/(hm²·年) 处理的土壤无机碳（SIC）含量显著提高 3.3%～19.5%，土壤粗颗粒有机碳（cPOC）、细颗粒有机碳（fPOC）、微团聚体有机碳（iPOC）组分及总有机碳含量分别提高了 18.4%～292.8%、28.6%～150.1%、65.2%～107.3% 及 15.7%～87.1%，而土壤粉粒黏粒结合态有机碳（SCOC）显著降低了 2.0%～28.4%；0～15 cm 土层，土壤总有机碳含量、无机碳含量及总碳储量分别提高了 0.6%～6.5%、19.9%～53.5% 及 14.5%～43.1%。施用生物炭之后，在 0～100 cm 土层，剖面土壤总有机碳含量均有显著提高（2.4%～109.9%）；0～15 cm 土层（表层），剖面土壤水溶性有机碳（DOC）含量显著提高了 25.3%～75.8%，而表层以下的 15～100 cm 土层中，剖面土壤水溶性有机碳含量降低了 3.9%～54.2%。连续施用生物炭能够显著增加土壤无机碳、总有机碳及总碳含量和储量。在施用生物炭之后的农田土壤中，无机碳也对土壤固碳作出了重要贡献。

施用生物炭之后，土壤颗粒有机碳含量显著增加，而土壤粉粒黏粒结合态有机碳组分含量有降低的趋势，生物炭可能主要富集在 >53 μm 粒级的土壤颗粒组分中。长期施用生物炭显著提升了表层土壤有机碳、无机碳和总碳的含量及碳储量，表现出明显的固碳作用。在生物炭连续施用下，无机碳的积累对于生物炭的固碳作用具有一定的贡献，有机碳的积累主要发生在较大粒径的有机碳组分，较小粒径的有机碳组分显著减少，生物炭对土壤原有机碳可能存在正激发效应。室内培养试验条件的局限性可能导致其结果低估了生物炭的田间实际激发效应。

第六节　土壤固碳与土壤有机碳储量

一、土壤有机碳化学结构与固碳效率

　　探索土壤有机碳化学结构变化特征对深入剖析砂姜黑土碳固持机理有重要意义。Hua 等（2017）利用[13]C 核磁共振的方法对砂姜黑土长期不同施肥措施下有机碳的结构及转化效率进行了系统研究。结果表明，小麦秸秆、猪粪和牛粪 3 种外源有机物料化学结构有较大差异（图 6 - 4）。小麦秸秆、猪粪和牛粪烷基碳比例分别为 10.3%、42.4% 和 14.5%，烷氧碳比例分别为 82.1%、41.5% 和 69.1%，芳香碳比例分别为 6.0%、6.8% 和 11.7%，羧基碳比例分别为 1.6%、9.3% 和 4.7%；与猪粪相比，小麦秸秆和牛粪有较高的烷氧碳比例。Hua 等（2018）研究结果显示，砂姜黑土颗粒态有机碳以烷氧碳为主，含量在 45.9%～75.3%，土壤颗粒态有机碳提升的主要机制在于芳香碳和羧基碳比例的提高，烷基碳向更为稳定的碳转化（表 6 - 16）。

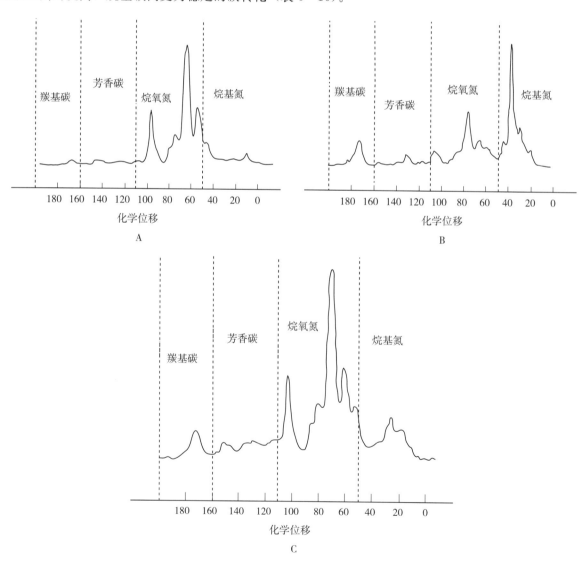

图 6 - 4　不同有机物料[13]C 核磁共振图谱（Hua et al.，2017）

A. 小麦秸秆　B. 猪粪　C. 牛粪

表 6-16　长期施肥对土壤颗粒态有机碳化学结构的影响（Hua et al.，2018）

处理	烷基碳/%	烷氧碳/%	芳香碳/%	羧基碳/%
不施肥	1.5	75.3	0.5	22.7
常规化肥	11.4	75.2	0.7	12.7
化肥＋低量麦秸	16.2	63.8	7.8	12.2
化肥＋高量麦秸	14.6	74.1	0.7	10.6
化肥＋猪粪	14.6	45.9	14.8	24.6
化肥＋牛粪	13.9	44.7	14.8	26.6

砂姜黑土固碳速率与年均碳投入量呈显著的线性关系，小麦秸秆、猪粪和牛粪 3 种典型有机物料的固碳速率分别为 11%～17%、15% 和 19%，这可能与秸秆、猪粪和牛粪有机物料中芳香碳含量较高有关，土壤综合固碳速率为 16%（图 6-5），说明砂姜黑土具有较高的固碳速率与固碳潜力。长期施用猪粪、牛粪或小麦秸秆是高效的土壤固碳措施，并且外源有机物料的碳转化效率随时间的变化而呈递减的趋势（图 6-6）。

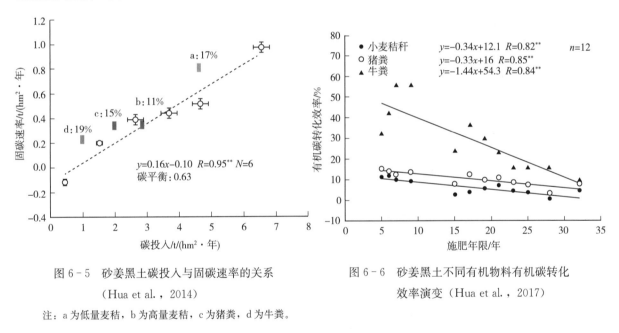

图 6-5　砂姜黑土碳投入与固碳速率的关系　　　图 6-6　砂姜黑土不同有机物料有机碳转化
（Hua et al.，2014）　　　　　　　　　　　　效率演变（Hua et al.，2017）

注：a 为低量麦秸，b 为高量麦秸，c 为猪粪，d 为牛粪。

二、土壤有机碳储量变化与累积碳投入量的响应关系

增加有机物料的投入数量，通常能增加土壤有机碳的含量，但土壤固碳量和碳投入量的关系复杂。土壤中有机物料来源数量和质量的变化，必然影响土壤的肥力和固碳速率。长期定位试验结果表明，1982 年初始砂姜黑土有机碳含量为 5.86 g/kg、容重为 1.45 g/cm³，0～20 cm 土层有机碳储量为 16.99 t/hm²。经过 33 年的不同处理，CK（不施肥）处理的土壤有机碳储量均下降，降低 7.4 t/hm²；其他施肥处理的土壤有机碳储量均有所增加，增加量分别为 NPK（常规化肥）12.7 t/hm²、NPK＋LS（化肥＋低量麦秸）18.8 t/hm²、NPK＋S（化肥＋高量麦秸）30.7 t/hm²、NPK＋PM（化肥＋猪粪）31.3 t/hm²、NPK＋CM（化肥＋牛粪）33.9 t/hm²。各处理土壤中有机物料的来源存在差异：CK 和 NPK 处理土壤中的有机物料全部来源于作物残茬的生物量投入；NPK＋LS 和 NPK＋S 处理土

壤中的有机物料来源于作物残茬的生物量投入和秸秆还田量；NPK＋PM 和 NPK＋CM 处理土壤中的有机物料来源于作物残茬的生物量投入和粪肥投入。

各处理土壤中有机物料数量存在差异：33 年处理后，CK 处理的累积有机碳投入量达到 13.5 t/hm²，碳投入量较低；NPK、NPK＋LS 和 NPK＋S 处理累积有机碳投入量分别为 48.0 t/hm²、84.9 t/hm² 和 118.7 t/hm²；NPK＋PM 和 NPK＋CM 处理累积有机碳投入量达到 151.0 t/hm²（NPK＋PM）和 213.1 t/hm²（NPK＋CM），而累积有机碳投入量的显著差异主要是由外源有机肥或秸秆投入量的差异造成。由图 6-7 可以看出，土壤有机碳储量变化与累积外源有机碳投入量呈显著渐进相关关系（$P<0.01$），即土壤固碳储量随着碳投入量的增加先显著增加，后缓慢增加。当有机碳储量变化量（y）为 0 时，维持初始有机碳水平的最小累积碳投入量 C_{min} 为 21.5 t/hm²。结果表明，在目前的粪肥投入水平下，土壤有机碳的固持已经达到平衡态。

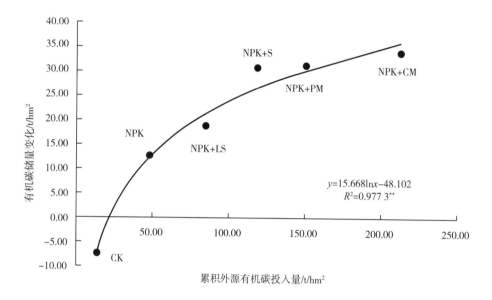

图 6-7　不同处理有机碳储量变化与累积外源有机碳投入响应关系

注：CK 为不施肥，NPK 为常规化肥，NPK＋LS 为化肥＋低量麦秸，NPK＋S 为化肥＋高量麦秸，NPK＋PM 为化肥＋猪粪，NPK＋CM 为化肥＋牛粪。下同。

三、不同有机碳投入范围土壤有机碳储量变化

一般而言，土壤有机碳含量随着外源有机碳投入量的增加而增加，而单位外源有机碳输入下土壤有机碳的变化量即为土壤固碳效率。但是根据碳饱和理论，土壤的固碳量不会无限增加，而是最终会趋于饱和值。投入一定碳量，当距离碳饱和值较远时，土壤有机碳增量会较多（固碳效率较高）；而当距离饱和值较近时，土壤有机碳的增量会较低（固碳效率较低）。从图 6-8 可以看出，当年有机碳的投入量小于等于 3.33 t/hm²（即 33 年累计投入量小于等于 110 t/hm²）时，有机碳储量变化速率为 0.91 t/（hm²·年），土壤的固碳效率为 36%；而当碳投入量大于 3.33 t/hm²（即 33 年累计投入量大于 110 t/hm²）时，由于有机碳储量数值显著增大，距离饱和值更近，因此，固碳效率显著下降，仅为 4%。这也表明土壤固碳效率并不随碳投入量增加而维持不变，而是当有机碳投入量增加到一定水平后，固碳效率相比低有机碳水平阶段降低，呈现出"线性＋平台"趋势。

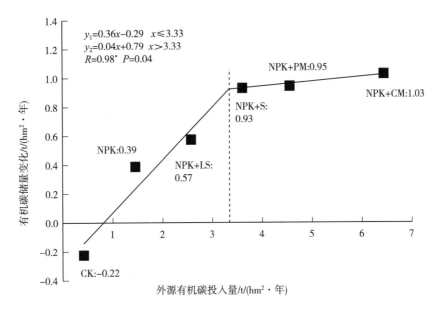

图 6-8　不同有机碳投入范围与有机碳储量变化的关系（安徽省蒙城长期试验点）

四、长期不同施肥措施土壤剖面有机碳储量变化

通过不同管理措施调控表层土壤有机碳含量来提升砂姜黑土肥力已有部分研究（Hua et al.，2014），但剖面碳循环特征对于了解土壤可持续生产能力也具有重要影响。通过对砂姜黑土旱地施肥 31 年后（2013 年剖面）0～100 cm 剖面及各层（每层 20 cm）有机碳储量的分析，探讨有机碳储量的剖面变化特征及施肥方式的影响，以期为该区域砂姜黑土培肥和合理化利用提供科学依据。

（一）不同施肥措施下剖面 0～100 cm 有机碳储量变化

本试验条件下通过 31 年不同施肥措施显著改变 0～100 cm 土体有机碳储量（图 6-9），其中 NPK＋CM（化肥＋牛粪）处理 0～100 cm 土体有机碳储量最高，为 126.5 t/hm²（以 C 计），比试验初始提高 112％；而 CK（不施肥）处理 0～100 cm 土体有机碳储量平均比试验初始稍有增加，增幅为 14％，可能与作物生长根系和分泌物的有机碳输入有关。NPK＋PM（化肥＋牛粪）、NPK＋S（化肥＋麦秸）、NPK＋LS（化肥＋低量麦秸）和 NPK（常规化肥）处理 0～100 cm 土体有机碳储量分别比试验初始提高 84.3％、65.3％、38.4％和 39.8％，NPK＋PM 与 NPK＋S 处理显著高于 NPK 处理，而 NPK＋LS 与 NPK 处理间无显著差异。

（二）不同施肥措施下剖面 0～100 cm 各层有机碳储量的变化

长期的施肥处理可显著提高作物产量，主要因增加作物的生物量及根系分泌物碳的输入，增加相应层次外源碳的输入，从而提升相应层次的有机碳储量。与试验初始（1982 年）相比，除 CK 处理外，各施肥处理在 0～20 cm、20～40 cm、40～60 cm、60～80 cm 和 80～100 cm 土层有机碳储量均有所增加。与 CK 处理相比，长期施用化肥（NPK）显著提高 0～20 cm 土层有机碳储量，提高的比例为 53.7％，而对其他层次基本无显著影响。与 NPK 处理相比，长期增施小麦秸秆和农家肥处理（NPK＋LS、NPK＋PM 和 NPK＋CM）对 0～100 cm 剖面各层次有机碳储量均有显著影响。例如，

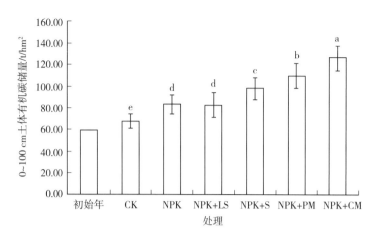

图 6-9　长期不同施肥措施下 0～100 cm 土体有机碳储量

0～20 cm 土层，NPK+LS、NPK+PM 和 NPK+CM 处理有机碳储量分别较 NPK 处理提高 26.0%、47.9% 和 90.7%，20～40 cm 土层分别提高 23.9%、20.9% 和 35.3%，40～60 cm 土层分别提高 28.4%、21.9% 和 47.5%，NPK+PM、NPK+CM 处理 20～40 cm 土层和 40～60 cm 土层增幅均小于 0～20 cm 土层。

农田土壤有机碳储量是碳输入（施肥、根茬及根分泌物）与碳输出（土壤有机碳的分解和微生物呼吸）间平衡的结果。增施有机肥处理增加 0～100 cm 土体有机碳储量，且主要发生在 0～20 cm 土层，增加幅度大于化肥和化肥加秸秆。有机肥带入更多养分，增加作物归还，且外源碳加速土壤团聚化，进而提高有机碳物理保护性，有利于土壤有机碳的累积。有机无机配施能不同程度提高 0～100 cm 土体及各层有机碳储量，且施用农家肥措施提升效果显著优于其他处理，是砂姜黑土培肥和合理化利用的较优管理措施。

五、砂姜黑土有机质提高技术及其应用

（一）长期增施有机肥对提高土壤有机质作用显著

长期增施有机肥能显著提高土壤有机质含量。砂姜黑土旱地连续 33 年施肥管理下，由 1982 年的低肥力土壤（有机质含量 9.9 g/kg）到 2015 年均变为高肥力土壤（施用牛粪的土壤有机质含量平均达到 35.7 g/kg）。有机肥增加土壤有机质的效果优于化肥，长期增施秸秆或农家肥是增加土壤有机质的有效且重要的措施。长期增施有机肥均能不同程度提高 0～100 cm 土体及各层有机碳储量，且增施牛粪措施其提升效果显著优于其他处理，是砂姜黑土培肥的较优管理措施。

（二）根据砂姜黑土有机碳含量和有机碳投入量的关系求算提高和维持有机碳水平的外源有机物料投入量

砂姜黑土长期定位试验各处理有机碳储量增加量与其相应的累积碳投入量呈"线性+平台"关系。由不同累积碳投入阶段的有机碳转化效率可知，在低碳投入水平（累积碳投入量≤110 t/hm²），有机碳含量较低的土壤低肥力阶段，土壤的固碳效率为 36%，即每投入 100 t 碳，有 36 t 碳固持在土壤中。在低肥力阶段，砂姜黑土有机碳储量提升 5%，需再额外每年累积投入外源碳 0.72 t/hm²（折合为小麦秸秆 1.80 t/hm²、干猪粪 1.96 t/hm² 和干牛粪 1.94 t/hm²）；同理，若土壤有机碳储量升高 10%，需每年投入干猪粪 2.15 t/hm²（干牛粪 2.14 t/hm² 或者小麦秸秆 1.98 t/hm²）。而在较高碳投

入水平下（累积碳投入量＞110 t/hm²），此时有 39.6 t 外源碳转化为有机碳，土壤高肥力阶段（有机碳储量＝56.5 t/hm²），土壤固碳效率维持在 4%，处于维持肥力阶段，需每年投入干猪粪 83.50 t/hm²（或牛粪 82.83 t/hm²，或小麦秸秆 76.60 t/hm²）（表 6-17）。

表 6-17　不同肥力水平阶段土壤有机碳提高或维持所需外源有机物料投入量

肥力水平		有机碳储量/t/hm²	每年提升有机碳储量值/t/hm²	固碳效率/%	每年所需外源碳投入量/t/hm²	每年需投入有机肥/t/hm²（干基）		
						麦秸	猪粪	牛粪
起始		16.99	0		0.65	1.63	1.77	1.75
低肥力阶段	有机碳提升 5%	17.75	0.026	36	0.72	1.80	1.96	1.94
	有机碳提升 10%	18.59	0.052	36	0.79	1.98	2.15	2.14
高肥力阶段	有机碳维持	56.50	1.20	4	30.65	76.60	83.50	82.83

注：麦秸、猪粪和牛粪含碳量分别为 399.9 g/kg、367 g/kg 和 370 g/kg。

第七章 砂姜黑土氮素 >>>

第一节　全氮区域分布特征

全国砂姜黑土表层全氮含量平均值为 0.84 g/kg，属于低肥力土壤。不同省份砂姜黑土表层全氮含量略有差异，其中，河北省土壤全氮含量最高为 0.99 g/kg，山东省最低为 0.73 g/kg，安徽省和河南省接近全区平均水平（表 7-1）。从不同土属来看，覆泥黑姜土与黄姜土全氮含量较高，分别为 1.42 g/kg 和 1.28 g/kg（表 7-2）。

表 7-1　全国不同省份砂姜黑土全氮含量状况

	项目	全区	安徽	河南	山东	江苏	河北
	样本数/个	30 751	9 458	19 192	1 244	350	507
全氮	范围/g/kg	0.35~1.20	0.59~0.94	0.65~1.13	0.62~0.92	0.67~1.20	0.35~1.07
	平均值/g/kg	0.84	0.89	0.82	0.73	0.91	0.99

表 7-2　不同土属砂姜黑土全氮分布情况

土属	平均值/g/kg	最小值/g/kg	最大值/g/kg	样本数/个
覆泥黑姜土	1.42	0.80	10.90	58
覆淤黑姜土	1.23	0.44	2.60	196
黑姜土	1.19	0.44	3.01	1 807
黄姜土	1.28	0.56	6.07	1 264
灰黑姜土	1.15	0.53	2.01	301

全国砂姜黑土表层碳氮比平均值为 8.7；不同省份砂姜黑土表层碳氮比略有差异，其中，河北省碳氮比最高为 9.4，安徽省最低为 8.2，江苏省和河南省接近全区平均水平（图 7-1）。从不同土属来看，灰黑姜土碳氮比最高为 9.8，覆泥黑姜土最低为 8.1，不同土属砂姜黑土碳氮比差异较大，这主要与气候、地形、母质和人为管理因素有关（图 7-2）。

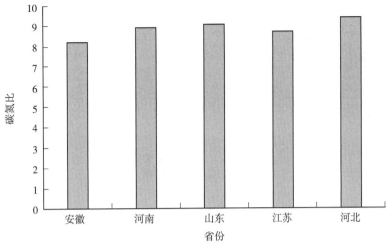

图 7-1　全国不同省份砂姜黑土碳氮比

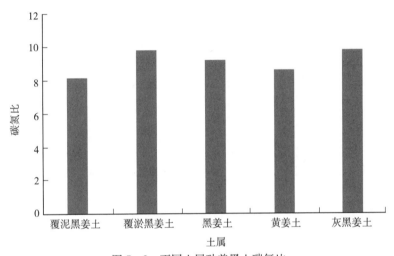

图 7-2　不同土属砂姜黑土碳氮比

第二节　土壤硝态氮的动态变化

土壤硝态氮是作物直接吸收利用合成自身组织的土壤氮源,其含量直接关系到作物的生长发育。图 7-3 表明:与底层相比,表层土壤硝态氮含量变化更为剧烈。施氮肥后,土壤硝态氮含量迅速升高,夏玉米季无秸秆覆盖处理试验田 1 和试验田 2 表层土壤硝态氮含量达到 57.43 mg/kg 和 32.87 mg/kg;高强度降水后,土壤硝态氮随降水向下运移,其含量迅速降低;随着作物的生长,土壤硝态氮含量逐渐下降。试验田 1 和试验田 2 土壤有机质等养分含量有所差异,但两块试验田硝态氮含量并无显著差异,可能是土壤有机质含量高的试验田 1 作物生长状况较好,其硝态氮吸收量也较大所致。秸秆覆盖在不同的时期对砂姜黑土硝态氮的影响不尽一致。2014—2015 年秸秆覆盖处理 0~40 cm 土层土壤硝态氮含量低于无秸秆覆盖处理,而 2015—2016 年秸秆覆盖处理 0~40 cm 土层土壤硝态氮含量逐渐与无秸秆覆盖处理相同,甚至到 2016 年 3 月和 4 月高于无秸秆覆盖处理。这说明在秸秆覆盖早期,秸秆本身具有较高的碳氮比,土壤微生物在分解秸秆时会大量利用土壤中的无机氮作为氮源,从而导致土壤无机氮含量降低;而在秸秆覆盖后期,随着土壤微生物的代谢和死亡,富集在微生物体内的氮逐渐进入土体从而使土壤剖面无机氮含量增高。

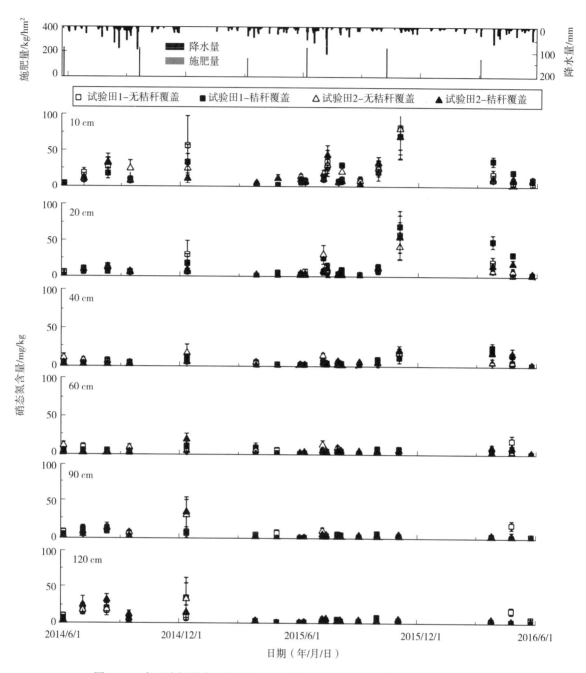

图 7-3　有无秸秆覆盖下砂姜黑土农田硝态氮含量动态变化特征（谷丰，2018）

第三节　氮平衡及氮肥利用效率

氮平衡为农田系统在给定时间段（一季或一年）内详细的氮输入与输出的关系（巨晓棠 等，2017），而氮肥利用效率为农田系统产量与氮输入的比率。氮平衡和氮肥利用效率均是衡量不同尺度或管理体系氮管理优劣的重要指标。

一、氮平衡

经参数率定的根区水质模型（Root Zone Water Quality Model，RZWQM）能够较为准确地模拟砂姜黑土水氮运移及作物生长状况（谷丰，2018）。应用 RZWQM 获取的作物吸氮量及土壤反硝化氮量、氨挥发氮量、矿化氮量、淋洗氮量和氮储量变化等氮平衡数据见表 7-3。

表 7-3　砂姜黑土试验田 2014—2016 年平均剖面氮平衡（谷丰，2018）

单位：kg/hm²

处理		矿化氮量	淋洗氮量	氨挥发氮量	反硝化氮量	作物吸氮量
试验田 1	无秸秆覆盖	184.3	19.8	0.4	2.4	442.9
	秸秆覆盖	212.5	22.0	0.4	4.3	446.7
试验田 2	无秸秆覆盖	211.4	29.8	0.6	3.3	454.6
	秸秆覆盖	255.0	31.2	0.6	4.1	458.6

（一）氮矿化

土壤矿化氮量在 184.3～255.0 kg/hm²。土壤有机质含量高的试验田 2 矿化氮积累速率显著高于土壤有机质含量低的试验田 1；人为地向农田投入了大量有机物料的秸秆覆盖处理的土壤矿化氮积累量大于无秸秆覆盖处理。氮矿化速率主要与土壤中有机质含量及土壤矿化条件有关。

（二）氮损失

农田土壤中氮损失的主要途径包括氮淋洗、反硝化和氨挥发损失。试验田 1 无秸秆覆盖和秸秆覆盖处理、试验田 2 无秸秆覆盖和秸秆覆盖处理年损失氮量分别为 22.6 kg/hm² 和 26.7 kg/hm²、33.6 kg/hm² 和 35.8 kg/hm²。

1. 氮淋洗　氮淋洗是农田土壤氮主要的损失途径。氮不同处理下农田淋洗速率和水分深层渗漏速率类似，说明淋洗是伴随着水分的深层渗漏发生的。年平均淋洗氮量从高到低依次为试验田 2 秸秆覆盖、试验田 2 无秸秆覆盖、试验田 1 秸秆覆盖和试验田 1 无秸秆覆盖，分别为 31.2 kg/hm²、29.8 kg/hm²、22.0 kg/hm² 和 19.8 kg/hm²，占年损失氮量的 82.4%～88.4%。由于剖面无机氮总量较大且夏季降水量较高，氮肥容易随水分的渗漏淋失，2014—2015 年玉米季氮淋洗量最大。

2. 氮反硝化　反硝化氮累积量由高到低依次为试验田 1 秸秆覆盖、试验田 2 秸秆覆盖、试验田 2 无秸秆覆盖和试验田 1 无秸秆覆盖，年平均反硝化氮量分别为 4.3 kg/hm²、4.1 kg/hm²、3.3 kg/hm² 和 2.4 kg/hm²。反硝化作用主要发生在土壤硝态氮含量较高的施肥初期。秸秆覆盖可增加土壤中的碳源，从而增加土壤微生物的活性，促进土壤反硝化作用的进行。土壤无机氮水平高，氮的反硝化损失量就大。

3. 氨挥发　年平均氨挥发氮量为 0.4～0.6 kg/hm²，氨挥发主要发生在施肥后的一段时间。基肥沟施和旋耕施入、追肥降水前撒施，可减少铵态氮在土壤表层的停留时间，从而降低了氮肥的挥发损失。

施肥是影响土壤氨挥发的重要原因。尿素等化学氮肥在进入土壤后，在脲酶的作用下会迅速水解，使土壤矿质氮含量升高，加速土壤氨挥发损失。pH 越高的土壤，施肥后氨挥发损失越严重（Chen et al.，2013）。砂姜黑土 pH 为 6.0～8.0，多为碱性土壤，土壤氨挥发应引起关注。张水清等（2021）研究发现，在华北平原砂姜黑土中生物炭与化肥配施是一种有效缓解土壤氨挥发的施肥方式，可减少18％左右的氨挥发损失（图7-4）。生物炭与化肥混合施用可显著降低土壤矿质态氮（铵态氮和硝态氮）含量，是缓解土壤 N_2O 排放的有效措施（张秀玲 等，2019）。

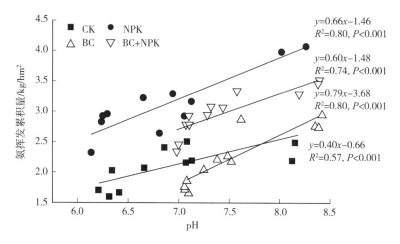

图 7-4　土壤 pH 与氨挥发累积量的相关性（张水清 等，2021）

注：CK 为不施肥，NPK 为常规化肥，BC 为只施生物炭，BC＋NPK 为生物炭与化肥配施。

（三）作物氮吸收

从表7-3可以看出，试验田2秸秆覆盖、试验田2无秸秆覆盖、试验田1秸秆覆盖和试验田1无秸秆覆盖的年平均作物吸氮量分别为 458.6 kg/hm²、454.6 kg/hm²、446.7 kg/hm² 和 442.9 kg/hm²。作物吸氮量在不同年份表现不同，与土壤无机氮含量、土壤墒情、干旱及作物生长状况密切相关。

（四）无机氮库

不同作物生长时期砂姜黑土剖面无机氮库变化剧烈，如图7-5所示。在施肥初期，土壤剖面无机氮含量迅速增大；在作物生长中期，土壤剖面无机氮含量随着作物的吸收和水分的淋洗不断下降；

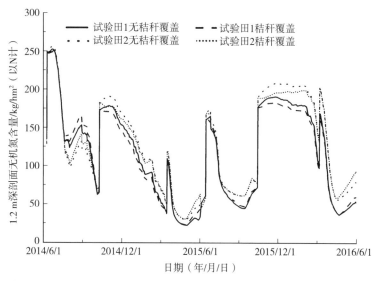

图 7-5　试验田 2014—2016 年砂姜黑土剖面无机氮含量（谷丰，2018）

而在作物生长后期，随着作物地上部和根部生物量的死亡，土壤剖面无机氮含量小幅升高。秸秆覆盖对砂姜黑土无机氮具有显著的影响，秸秆腐解过程中氮养分的释放具有先富集再释放的特征。

二、氮肥利用效率

表 7-4 显示，砂姜黑土冬小麦-夏玉米轮作农业系统年均氮肥利用效率（氮肥利用效率＝产量/作物氮吸收量＋农田氮损失量）为 26.7～28.3 kg/kg，生产单位粮食吸收氮量（N_{up}/产量）为 32.94～35.32 g/kg，生产单位粮食损失氮量（N_{loss}/产量）为 1.79～2.60 g/kg。不同处理的氮肥利用效率、单位产量 N_{up} 和 N_{loss}，一方面表明了土壤有效含水量较高，良好的水氮配合有利于作物的生长，相同吸氮量时的作物产量更高，但土壤大孔隙率较大、导水率较高，导致其氮淋洗量大，生产单位粮食损失氮量增加；另一方面表明了秸秆覆盖初期土壤硝态氮含量降低，作物生长受到氮胁迫，以及秸秆覆盖下土壤水分渗漏增加，增大氮淋洗量，秸秆覆盖处理的作物氮肥利用效率将比无秸秆覆盖处理略低，而生产单位粮食损失氮量高于无秸秆覆盖处理。

表 7-4 2014—2016 年砂姜黑土试验田氮肥利用效率构成（谷丰，2018）

处理	施肥/ kg/hm²	N_{up}/产量/ g/kg	N_{loss}/产量/ g/kg	NUE/ kg/kg	模拟产量/ kg/hm²
试验田 1 无秸秆覆盖	294.0	35.11	1.79	27.1	12 615
试验田 1 秸秆覆盖	294.0	35.32	2.11	26.7	12 648
试验田 2 无秸秆覆盖	294.0	32.94	2.44	28.3	13 801
试验田 2 秸秆覆盖	294.0	33.28	2.60	27.9	13 780

注：N_{up} 表示作物吸氮量，N_{loss} 表示通过反硝化、淋洗和氨挥发损失的氮，NUE 表示氮肥利用效率。

三、大孔隙对砂姜黑土水氮运移的影响

干湿交替、冻融交替、植物根系下扎和虫孔等在土壤基质中创造了各种大孔隙，从而引发土壤中优先流过程。砂姜黑土具有强烈的胀缩性，裂隙是土壤剖面的重要特征。当土壤含水量较高时，变性土膨胀，砂姜黑土土体中将不存在裂缝等大孔隙；而当土壤含水量较低时，裂缝有时会延伸至 1 m 左右深度，整个土壤剖面中均存在裂缝等大孔隙。大孔隙可以允许水流通过重力流的方式相对快速地通过土壤基质。应用 RZWQM 假设 5 种不同情景，说明砂姜黑土中裂缝等大孔隙对水氮运动和平衡状况的影响。

（一）大孔隙

情景 1：无大孔隙，砂姜黑土剖面中不存在裂隙，大孔隙率为 0，水分仅以达西流的形式向下运动。

情景 2：0～50 cm 土层或 0～55 cm 土层土壤剖面中存在大孔隙，而深层土体中不存在大孔隙。

情景 3：裂隙延伸至 1.2 m 剖面底层，整个土体中均存在大孔隙。

情景 4：裂隙延伸至 1.2 m 剖面底层，整个土体中均存在大孔隙，但孔隙度是情景 3 的 1/2。

情景 5：裂隙延伸至 1.2 m 剖面底层，整个土体中均存在大孔隙，但孔隙度是情景 3 的 2 倍。

保持模型其他参数不变，5 种情景中模型输入的大孔隙参数如表 7-5 所示。

表 7-5　砂姜黑土试验田 5 种裂隙情景中的大孔隙率（谷丰，2018）

深度/cm	试验田 1 大孔隙率/cm³/cm³					深度/cm	试验田 2 大孔隙率/cm³/cm³				
	情景 1	情景 2	情景 3	情景 4	情景 5		情景 1	情景 2	情景 3	情景 4	情景 5
10	0	0.018 38	0.018 38	0.009 19	0.036 76	15	0	0.004 17	0.004 17	0.002 09	0.008 34
20	0	0.000 41	0.000 41	0.000 21	0.000 82	30	0	0.003 16	0.003 16	0.001 58	0.006 32
50	0	0.000 75	0.000 75	0.000 38	0.001 50	55	0	0.003 69	0.003 69	0.001 84	0.007 37
80	0	0	0.001 55	0.000 78	0.003 10	70	0	0	0.002 73	0.001 36	0.005 45
100	0	0	0.000 60	0.000 30	0.001 20	100	0	0	0.002 17	0.001 09	0.004 35
120	0	0	0.000 60	0.000 30	0.001 20	120	0	0	0.002 17	0.001 09	0.004 35

（二）水分平衡

5 种情景下，常规种植处理中试验田 1.2 m 土壤剖面的水分平衡情况：

情景 1：作物的水分利用效率（WUE）最高。

情景 2：试验田 1 年平均地表径流量从 163.8 mm 降至 131.2 mm，降低了 19.9%；而年平均入渗量从 762.4 mm 增至 795.1 mm，增加了 4.3%；年平均深层渗漏量从 75.6 mm 增加至 96.7 mm。试验田 2 年平均地表径流量从 89.5 mm 降至 74.6 mm，降低了 16.6%；年平均入渗量从 836.7 mm 增至 851.6 mm，增加了 1.8%；年平均深层渗漏量从 118.7 mm 增至 128.2 mm，增加了 8.0%。

情景 3：试验田 1 年平均地表径流量从 163.8 mm 降至 4.56 mm，降低了 97.2%；而年平均入渗量从 762.4 mm 增至 921.7 mm，增加了 20.9%。试验田 2 年平均地表径流量从无大孔隙的 89.5 mm 降至 2.72 mm，降低了 97.0%；年平均入渗量从 836.7 mm 增至 923.5 mm，增加了 10.4%，年平均深层渗漏量从 118.7 mm 增至 197.1 mm，增加了 66.0%。

情景 4 和情景 5：深层渗漏量、径流量和水分利用效率变化不大。

（三）氮利用

1. 淋洗氮量　5 种情景下的土壤淋洗氮量的差别明显，是决定氮肥利用率高低的重要因素。情景 2：RZWQM 模拟的试验田 1 年平均淋洗氮量从情景 1 的 14.6 kg/hm² 增至 19.8 kg/hm²，增加了 35.6%。情景 3 的年平均淋洗氮量增加到 46.1 kg/hm²，增加了 215.8%。与情景 3 相比，情景 4 和情景 5 的年平均淋洗氮量分别降低和升高，这主要是由于土壤大孔隙率的增大能增加土壤基质域无机氮和大孔隙域的交换，反之亦然。试验田 2 的模拟结果与试验田 1 类似（表 7-6）。

表 7-6　裂隙情景下砂姜黑土试验田氮平衡（谷丰，2018）

单位：kg/hm²

试验田	大孔隙状况	施氮量	吸氮量	反硝化氮	氨挥发氮	矿化氮	淋洗氮
	情景 1	294.0	453.7	2.5	0.4	186.2	14.6
	情景 2	294.0	442.9	2.4	0.4	184.3	19.8
试验田 1	情景 3	294.0	441.5	2.4	0.4	184.0	46.1
	情景 4	294.0	448.8	2.4	0.4	181.9	37.2
	情景 5	294.0	445.2	2.3	0.4	184.3	46.0

（续）

试验田	大孔隙状况	施氮量	吸氮量	反硝化氮	氨挥发氮	矿化氮	淋洗氮
	情景1	294.0	465.9	3.5	0.6	210.4	27.0
	情景2	294.0	454.6	3.3	0.6	211.4	29.8
试验田2	情景3	294.0	455.0	3.3	0.6	212.9	50.9
	情景4	294.0	453.0	3.3	0.6	209.7	50.5
	情景5	294.0	453.7	3.1	0.6	215.3	55.8

2. 单位产量的氮吸收量　情景2：试验田1的单位产量 N_{up} 从 35.60 g/kg 降至 35.11 g/kg，降低了 1.38%。情景3：试验田1的单位产量 N_{up} 降低至 34.61 g/kg，降低了 2.78%。情景4：试验田1的单位产量 N_{up} 降低至 34.94 g/kg。情景5：试验田1的单位产量 N_{up} 降低至 34.77 g/kg。一方面，这可能是由于当土壤中无大孔隙存在时，土壤氮损失量降低，土壤无机氮含量较高，从而使作物有一些氮吸收。另一方面，由于 RZWQM 未考虑土壤大孔隙对蒸发过程的影响，土壤剖面中的裂隙增大了降水入渗量，提高了剖面土壤的含水量，从而使有裂隙的土壤水分供应状况较好，提高了作物对氮素的利用效率。RZWQM 对 5 种裂隙情景下的试验田2模拟结果与试验田1类似。

3. 单位产量的氮损失量

（1）试验田1。情景2：单位产量的 N_{loss} 从 1.37 g/kg 增至 1.79 g/kg，增加了 30.7%。情景3：单位产量 N_{loss} 增至 3.83 g/kg，增加了 179.6%。情景4：单位产量 N_{loss} 增至 3.12 g/kg。情景5：单位产量 N_{loss} 增至 3.81 g/kg（表7-7）。

表 7-7　5 种裂隙情景下砂姜黑土试验田 NUE 构成（谷丰，2018）

试验田	大孔隙状况	施氮量/ kg/hm²	N_{up}/产量/ g/kg	N_{loss}/产量/ g/kg	模拟 NUE/ kg/kg	模拟产量/ kg/hm²
	情景1	294.0	35.60	1.37	27.0	12 744
	情景2	294.0	35.11	1.79	27.1	12 615
1	情景3	294.0	34.61	3.83	26.0	12 756
	情景4	294.0	34.94	3.12	26.3	12 846
	情景5	294.0	34.77	3.81	25.9	12 804
	情景1	294.0	33.34	2.23	28.1	13 973
	情景2	294.0	32.94	2.44	28.3	13 801
2	情景3	294.0	32.92	3.96	27.1	13 823
	情景4	294.0	33.15	3.98	26.9	13 664
	情景5	294.0	33.25	4.40	26.6	13 645

注：N_{up} 表示作物吸氮量，N_{loss} 表示通过反硝化、淋洗和氨挥发损失的氮。

（2）试验田2。5 种情景对单位产量 N_{loss} 的影响与试验田1类似。情景2：单位产量 N_{loss} 从 2.23 g/kg 增至 2.44 g/kg，增加了 9.4%。情景3：单位产量 N_{loss} 增至 3.96 g/kg，增加了 77.6%。情景4：单位产量 N_{loss} 增至 3.98 g/kg。情景5：单位产量 N_{loss} 增至 4.40 g/kg。这说明由于土壤中存在的大孔隙极大地增大了水分深层渗漏量，致使氮素淋洗量也随之增大，而且土壤大孔隙率的增大能增加土壤基质域无机氮和大孔隙域的交换，从而增大氮素淋洗量。因此，在有裂隙的情况下，砂姜黑土生产单位质量粮食所损失的氮素高于无裂隙的情况。

第四节　长期施肥对土壤氮素的影响

一、长期施肥对土壤全氮含量的影响

安徽省蒙城砂姜黑土长期定位试验数据显示，耕层（0～20 cm）土壤全氮含量多年演变规律如图 7-6 所示。CK（不施肥）处理土壤全氮含量逐年下降，变化范围为 630～870 mg/kg，平均值为 749.2 mg/kg。NPK（常规化肥）、SNPK（秸秆＋化肥）和 PMNPK（猪粪＋化肥）处理土壤全氮含量总体波动上升，平均值分别为 1 048.3 mg/kg、1 190.8 mg/kg 和 1 330.8 mg/kg；与 CK 处理相比，NPK 处理土壤全氮含量提升了 39.9%（$P<0.05$），SNPK 和 PMNPK 处理较 NPK 处理提升 13.6% 和 26.9%，差异显著（$P<0.05$），其中 PMNPK 处理显著高于 SNPK 处理。

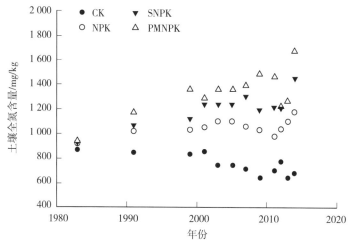

图 7-6　不同施肥处理耕层（0～20 cm）土壤全氮含量演变（$n=12$）
注：CK 为不施肥，NPK 为常规化肥，SNPK 为秸秆＋化肥，PMNPK 为猪粪＋化肥。下同。

二、长期施肥对作物产量和氮素吸收量的影响

小麦和大豆各施肥处理多年平均产量及年际变异系数如表 7-8 所示。与 CK 处理相比，NPK 处理小麦和大豆产量增加 4.7 倍和 1.5 倍，SNPK 和 PMNPK 处理小麦、大豆产量较 NPK 处理增加 8.6%、12.7% 和 13.9%、22.9%，差异显著（$P<0.05$），SNPK 和 PMNPK 处理无显著差异。小麦和大豆产量年际变异系数为 15.7%～54.2% 和 15.6%～54.8%；与 NPK 处理相比，SNPK 和 PMN-PK 处理变异系数均显著降低，说明长期增施有机肥可保障作物的高产与稳产。小麦籽粒和秸秆氮含量分别在 17.4～19.6 g/kg 和 5.0～6.3 g/kg（表 7-9）。与 CK 处理相比，NPK 处理可显著降低小麦籽粒和秸秆氮含量（$P<0.05$），增施有机物料（SNPK 和 PMNPK）处理与 NPK 处理间无显著差异。施肥方式对大豆籽粒和秸秆氮含量的影响与小麦显著不同，施肥对大豆籽粒和秸秆氮含量均无显著影响（$P\geqslant0.05$）。

表7-8 不同施肥处理小麦和大豆年产量与变异

处理	小麦			大豆		
	年均产量/ kg/hm²	标准差/ kg/hm²	变异系数/ %	年均产量/ kg/hm²	标准差/ kg/hm²	变异系数/ %
CK	858c	465	54.2	669c	366	54.8
NPK	4 862b	939	19.3	1 687b	347	20.6
SNPK	5 281a	872	16.5	1 923a	349	18.2
PMNPK	5 481a	863	15.7	2 075a	323	15.6

注：平均值（$n=4$），小麦和大豆产量为1983年、1991年、1999年、2001年、2003年、2005年、2007年、2009年、2011—2014年的平均值。

表7-9 不同施肥处理作物籽粒和秸秆氮含量

单位：g/kg

处理	小麦		大豆	
	籽粒	秸秆	籽粒	秸秆
CK	19.6±0.19a	6.3±0.06a	28.1±0.12a	6.9±0.04a
NPK	17.4±0.17b	5.0±0.05b	27.9±0.19a	6.5±0.06a
SNPK	18.1±0.18b	5.5±0.05b	28.7±0.17a	7.4±0.08a
PMNPK	18.8±0.19b	5.9±0.06b	28.7±0.16a	7.0±0.06a

注：平均值±平均偏差（$n=4$），小麦籽粒和秸秆氮含量为1995年、2000年、2005年、2011年与2013年的平均值，大豆籽粒和秸秆氮含量为2013年测定值。

小麦和大豆地上部分氮素吸收量动态变化如图7-7所示。CK处理作物氮素吸收量随时间的推进呈下降趋势，而各施肥处理作物氮素吸收量随产量的增加呈稳步上升的趋势。整个试验期，CK、NPK、SNPK、PMNPK处理小麦和大豆地上部分多年平均氮素吸收量在20.0～156.9 kg/(hm²·年)和5.7～18.2 kg/(hm²·年)，作物氮素吸收量（小麦与大豆之和）分别为25.8 kg/(hm²·年)、112.1 kg/(hm²·年)、129.3 kg/(hm²·年)、175.1 kg/(hm²·年)。与CK处理相比，NPK处理作物年均氮素吸收量提升了334.5%，差异达到极显著水平（$P<0.01$）；SNPK和PMNPK处理较NPK处理提升15.3%和56.2%，差异显著（$P<0.05$），其中PMNPK处理显著高于SNPK处理。

三、长期施肥对作物氮肥回收率的影响

不同施肥方式下的作物氮肥回收率（小麦与大豆回收率之和）随时间变化数值各有不同，总体作物氮肥回收率随施肥年限的增加而逐渐升高（图7-8）。NPK、SNPK和PMNPK处理作物氮肥回收率分别为22.2%～70.8%、27.7%～71.8%和33.9%～83.4%，平均值分别为47.9%、49.9%和64.3%；SNPK和PMNPK处理较NPK处理提高4.2%和34.2%，3种施肥处理以PMNPK处理最高、NPK处理最低。施肥年份（x）与对应作物氮肥回收率（y）线性回归关系表明，NPK、SNPK和PMNPK处理作物氮肥回收率年提升速率（斜率）分别为1.3、1.4和1.6，说明长期增施有机肥对作物氮肥回收率有良好的提升效果。

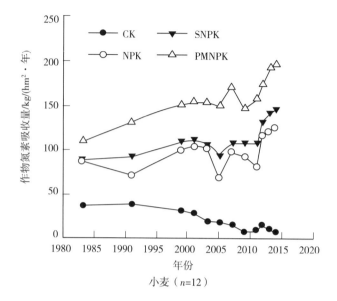

小麦（n=12）

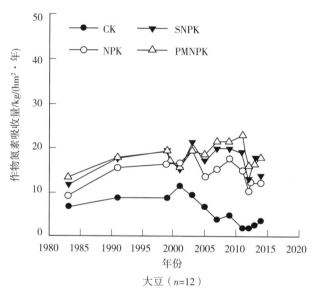

大豆（n=12）

图 7-7　不同施肥处理小麦和大豆氮素吸收量演变

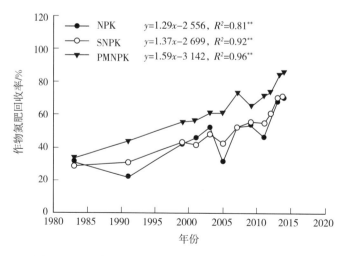

图 7-8　不同施肥处理作物氮肥回收率演变特征（n=12）

32 年的长期定位试验表明，小麦-大豆轮作体系长期施肥处理，作物氮肥回收率多年平均值为 48%～64%，高于全国氮肥平均利用率 35%，接近国际氮肥利用率平均值 51%（张福锁 等，2008），可能与定位试验点大豆生长期不施用氮肥有关。肥料的施用对作物氮肥回收率的影响会因肥料的种类、施肥量的不同而差异显著，因施肥方式会直接影响土壤外源氮的投入量，影响作物产量和氮素吸收量。长期增施有机肥（秸秆和猪粪）对作物氮肥回收率有显著的提升作用，因为长期施用有机肥提高了土壤有机质含量，促进了土壤氮素活化和增强氮素的有效性（鲁艳红 等，2015），降低作物对肥料的依赖，提高氮肥利用率。施用有机肥可增加外源氮的输入量，加快微生物对外源氮的分解转化过程，促进土壤全氮和碱解氮的形成，可显著增加土壤尤其是耕层土壤氮素养分（巨晓棠 等，2004；韩晓日 等，2007；赵云英 等，2009），是土壤培肥的有效途径。

四、土壤全氮与外源氮投入量的响应关系

土壤全氮与外源氮累积投入量之间的线性回归分析表明：3 种施肥处理（NPK、SNPK 和 PMN-PK），土壤全氮含量随外源氮投入量的增加而增大，但增长幅度有一定差异（图 7-9）。每投入外源氮 100 kg/hm²，NPK、SNPK 和 PMNPK 处理土壤全氮含量分别增加 2.6 mg/kg、5.0 mg/kg 和 6.3 mg/kg，增长幅度的顺序为 PMNPK>SNPK>NPK，其中 SNPK 和 PMNPK 处理增幅较 NPK 处理增长 92.3% 和 142.3%，这表明长期增施有机物料可增强外源投入氮向土壤全氮的转化能力，且猪粪效果优于秸秆。

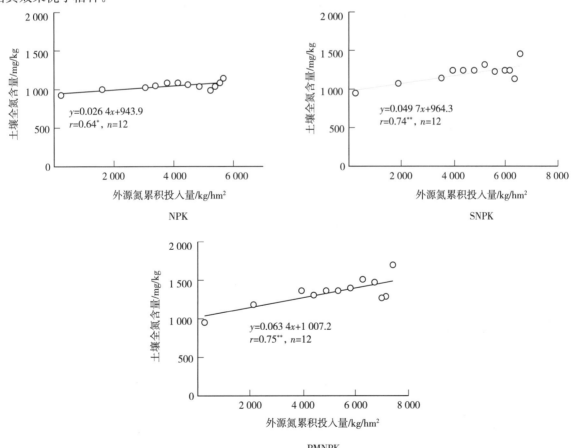

图 7-9 0～20 cm 耕层土壤全氮与外源氮累积投入量的响应关系

五、长期施肥对外源氮向土壤氮转化能力的影响

施肥方式通过影响外源氮的输入状况（数量和质量）与土壤-作物系统氮的收支平衡，进而影响土壤氮盈亏和有效性。常规化肥施用，每投入外源氮 100 kg/hm²，土壤全氮含量增加 2.6 mg/kg，而增施猪粪和秸秆处理土壤全氮含量的增幅分别较常规化肥处理增加 92.3% 和 142.3%，长期增施有机肥（猪粪和秸秆）的土壤氮供应能力比常规化肥更有优势。一方面，长期施用有机肥通过改善土壤氮的同化-矿化循环过程，提高土壤的氮供应能力（Huygens et al.，2008）。有机肥含有大量微生物可利用的有效碳源，可大幅度提高其生物量和活性，促进微生物同化更多的铵态氮进入土壤有机氮库，长期施用可提高微生物利用铵态氮向有机氮的转化能力，从而使更多的有效态氮被微生物同化至土壤有机氮库而储存起来（Murphy et al.，2003）。而长期施用化肥仅仅通过提高作物根茬和凋落物的还田量增加土壤有机碳含量，提供的有效碳源相对有限，微生物对土壤铵态氮同化速率的能力也就弱于施入有机肥（王敬 等，2016）。另一方面，长期施用有机肥可有效改善土壤活性有机氮组分的含量及其对土壤全氮的贡献，增强土壤氮的有效性。与化肥相比，长期施用有机肥可显著提高了土壤颗粒有机氮、可溶性有机氮、微生物量氮和轻组有机氮的含量和贡献率，以及可显著提高酸解有机氮、酸解铵态氮、氨基酸态氮、非酸解有机氮的含量，增强对土壤氮供应的能力。

每投入外源氮 100 kg/hm²，长期增施秸秆和猪粪处理土壤全氮分别增加 5.0 mg/kg、6.3 mg/kg，这说明长期增施秸秆和猪粪处理土壤外源氮向全氮、碱解氮的转化能力有显著差异，且增施猪粪的效果显著优于秸秆，这主要与有机物料投入的类型和物质组成有关。猪粪等农家肥本身还含有大量的易降解的有机氮和无机氮化合物（孙万里 等，2010），而作物秸秆则含有如木质素、纤维素和半纤维素等较稳定的有机氮化合物。长期增施猪粪处理土壤肥力水平和微生物性状（酶活性、微生物群落结构多样性）均显著高于增施秸秆处理，从而加速了土壤微生物对氮的同化-矿化循环过程，增加氮的有效性。

长期增施有机肥可增强外源氮向土壤氮的转化过程，利于土壤氮的保持和利用，其中以增施猪粪效果最好，秸秆次之，说明有机物料类型是影响农田土壤氮高效利用的重要调控措施。在外源氮投入量相同的情况下，适量增施猪粪和秸秆等有机肥均可显著改善土壤氮养分状况，其中以猪粪效果最好，是黄淮海平原砂姜黑土区小麦-大豆轮作体系改善氮养分的优化施肥方式。

砂姜黑土磷素 >>>

磷（P）是植物生长发育必需的元素，土壤磷素的丰缺状况是衡量土壤肥力水平高低的标志之一。由于土壤中的磷主要来自母岩中的含磷矿物、土壤有机质和施用的含磷肥料，因此，土壤的形成发育及人为耕垦活动对土壤磷含量及有效性产生深刻的影响。

第一节　土壤磷含量

一、全磷

土壤全磷是土壤各种形态磷的总和。虽然磷在土壤中的移动性很小，但砂姜黑土所分布的各省份植物、气候、地形及耕作管理等差异较大，造成砂姜黑土分布区各区域间的磷含量有较大差异。

（一）含量

20 世纪 80 年代之前，砂姜黑土严重缺磷，是限制农业生产的主要因素，也是砂姜黑土综合治理中需解决的主要问题。

20 世纪 80 年代的第二次全国土壤普查结果显示，砂姜黑土耕层的全磷含量在 0.32～0.52 g/kg，变异系数在 27.91%～49.34%（表 8-1）。以山东省砂姜黑土全磷含量最高，其次为安徽省和河南省，含量最低为江苏省砂姜黑土。按照全国土壤全磷养分分为 6 个等级标准，砂姜黑土区土壤全磷平均含量为 0.44 g/kg，属于Ⅳ级（0.40～0.60 g/kg）。其中，安徽、山东和河南 3 个省砂姜黑土全磷含量为Ⅳ级，江苏省砂姜黑土全磷含量为Ⅴ级（0.20～0.40 g/kg）。

表 8-1　第二次全国土壤普查砂姜黑土全磷含量

省份	平均值/g/kg	标准差/g/kg	变异系数/%	n
安徽	0.46	0.15	32.60	77
河南	0.43	0.12	27.91	255
山东	0.52	0.25	49.34	827
江苏	0.32	0.11	33.33	960

（二）土壤全磷含量分级面积频率分布

安徽省砂姜黑土全磷含量主要集中在 0.20～0.60 g/kg。全磷含量在 0.20～0.40 g/kg 范围内的砂姜黑土面积占砂姜黑土总面积的 32.4%，0.40～0.60 g/kg 范围内的砂姜黑土面积占 45.1%，0.60～0.80 g/kg 范围内的砂姜黑土面积占 16.8%。砂姜黑土全磷含量低的区域规模较大。

（三）不同母质与土壤类型的影响

土壤磷含量主要受土壤母质、成土过程和耕作施肥等方面的影响，成土母质磷含量的影响较大。砂姜黑土的成土母质是黄土性古河湖相沉积物，是草甸潜育土经脱潜育化过程而发育成的具有早耕熟化特点的古老耕作土壤，就其母质来看，本身磷含量就不高。河南省潮土（冲积物母质）全磷含量（0.60 g/kg）高于砂姜黑土（湖相沉积物）的全磷含量（0.43 g/kg）。安徽省砂姜黑土区受黄泛淤积影响，砂姜黑土土体上部覆盖有一层黄泛冲积物，则形成异源母质的过渡类型土壤——淤黑姜土。薄淤黑姜土和厚淤黑姜土全磷含量为 0.55～0.66 g/kg，高于黑姜土的 0.54 g/kg。不同土壤类型土壤全磷含量差异也较为明显。山东省石灰性砂姜黑土的全磷含量为 0.67 g/kg，而典型砂姜黑土的全磷含量为 0.52 g/kg；安徽省典型砂姜黑土全磷含量为 0.47 g/kg，而碱化砂姜黑土全磷含量为 0.39 g/kg。

（四）种植与施肥的影响

在成土过程和长期的耕作中，由于易涝易旱、地广人稀、耕作粗放、施肥水平低，磷肥在 20 世纪 70 年代后期才普遍施用，致使土壤磷有减无增、含量很低。土壤全磷含量随着施磷量的增加而增加，施用量越大，增加速度越快。平均每年亩*施磷肥（P_2O_5）5.0 kg、6.9 kg 和 11.4 kg，4 年后土壤全磷含量分别增加了 0.12 g/kg、0.19 g/kg 和 0.30 g/kg（吴文荣 等，1985）。

蔬菜种植与常规农作物比较，磷肥施用量较大。随着种菜年限的增加，砂姜黑土全磷含量明显提高。根据于群英等（2006）研究，菜农普通过磷酸钙的施用量一般为 3 000～4 500 kg/（hm^2·年）[相当于 P_2O_5 360～540 kg/（hm^2·年）]，综合发现种菜年限（x）与砂姜黑土全磷含量（y）呈显著正线性相关关系，其关系式为 $y=0.078x+0.337$（$R^2=0.904$，$n=12$），说明在大量使用磷肥的情况下，土壤全磷含量在 5～10 年内可提高 1 倍以上。

（五）土壤性质的影响

安徽省淮北平原的砂姜黑土全磷含量与黏粒含量和有机质含量呈正相关关系。土壤全磷含量（y，g/kg）随土壤黏粒含量（x，g/kg）增加而增加，其关系式为 $y=0.293\,3+0.007\,4x$（$R^2=0.333\,0$，$n=50$）。土壤有机质含量（x，g/kg）与土壤全磷含量（y，g/kg）有显著相关性，凡是土壤有机质含量高的，全磷含量都比较高，其关系式为 $y=0.306\,9+0.013\,4\,9x$（$R^2=0.340\,1$，$n=75$）。

二、有效磷

土壤有效磷包括土壤溶液中易溶性磷酸盐、土壤胶体上吸附的磷酸根离子和易矿化的有机磷。土壤有效磷是植物磷的直接来源，是衡量土壤养分容量和强度水平的重要指标。

（一）含量

20 世纪 80 年代，由于土壤全磷含量低，以及磷肥使用尚未得到重视，第二次全国土壤普查时砂

---

* 亩为非法定计量单位，1 亩＝1/15 hm^2。下同。——编者注

姜黑土有效磷含量为 1.7～7.9 mg/kg，平均值为 5.0 mg/kg，磷严重缺乏。2019 年，砂姜黑土区的土壤有效磷含量为 1.6～420.0 mg/kg，平均值为 26.4 mg/kg。从 20 世纪 80 年代到 2019 年、砂姜黑土有效磷含量水平提高了 4 倍以上（表 8-2）。

表 8-2　不同年代砂姜黑土有效磷含量

项目	20 世纪 80 年代	2019 年
范围/mg/kg	1.7～7.9	1.6～420.0
平均值/mg/kg	5.0	26.4
样本数/个	36 037	4 038

注：20 世纪 80 年代砂姜黑土有效磷含量为第二次全国土壤普查结果汇总；2019 年的数据为农业农村部耕地质量监测保护中心提供。

（二）含量分布

20 世纪 80 年代第二次全国土壤普查时，安徽省砂姜黑土有效磷含量 5～10 mg/kg 的面积占比为 66.4%，3～5 mg/kg 的面积占比为 19.9%，＜10 mg/kg 的面积占比达到了 94.6%。2020 年农业农村部耕地质量监测保护中心数据表明，安徽省砂姜黑土有效磷含量＜10 mg/kg 的仅占样本数的 1.88%，有效磷含量在 10～30 mg/kg 的样本数达到 90% 以上。砂姜黑土区有效磷含量在 10～30 mg/kg 的样本数也达到 70% 以上，而且含量＞40 mg/kg 的面积占比在 10% 以上（表 8-3）。

表 8-3　砂姜黑土有效磷含量分级分布（农业农村部耕地质量监测保护中心，2020）

单位：%

区域	＜10 mg/kg	10～20 mg/kg	20～30 mg/kg	30～40 mg/kg	＞40 mg/kg
安徽省	1.88	59.24	31.96	6.28	0.65
砂姜黑土区	6.27	47.72	24.76	7.92	13.32

（三）土壤性质与有效磷的关系

1. 土壤全磷　土壤有效磷含量与全磷含量呈一定正相关关系。20 世纪 80 年代安徽省砂姜黑土有效磷含量（y，mg/kg）与全磷含量（x，g/kg）关系式为 $y=2.442+86.18x$，$R^2=0.398\,2$，$n=47$。21 世纪初，种植蔬菜的砂姜黑土，其有效磷含量（y，mg/kg）与全磷含量（x，g/kg）关系式为 $y=-2.364+102.6x$，$R^2=0.882$，$n=12$。

2. 土壤有机质　20 世纪 80 年代，安徽省砂姜黑土有效磷含量（y，mg/kg）与有机质含量（x，g/kg）的关系式为 $y=2.286+1.984x$，$R^2=0.310\,9$，$n=42$。

（四）施肥的影响

在安徽省淮北地区砂姜黑土一年两熟制度下，每年亩施磷肥（P_2O_5）5.0 kg、6.9 kg 和 11.4 kg，有效磷含量平均每年分别增加 2.0 mg/kg、2.6 mg/kg 和 5.1 mg/kg（吴文荣 等，1985）。徐长兴（1999）通过对普通砂姜黑土土类的 4 个土属 8 个土种的土壤进行室内培养试验，得出了施磷（y）与土壤有效磷增量（x）的相关性，关系方程式为 $y=6.81+2.05x$，相关系数为 0.995，说明土壤有效磷增加 1 个单位必须增施水溶性磷肥的数量。35 年的长期定位实验结果显示，在每年施入 P_2O_5

90 kg/hm² （无机磷，形态为过磷酸钙）时，土壤中的有效磷以每年 0.17 mg/kg 的速度累积。增施有机肥（物）料的处理磷累积速率明显高于单施化肥，增施猪粪处理（NPK＋PM）有效磷的年累积速度为 2.94 mg/kg，增施牛粪处理（NPK＋CM）的年累积速度为 2.18 mg/kg（Guo et al.，2018）。

第二节　土壤磷素形态

土壤磷主要分为有机磷和无机磷两大类。对耕地土壤来说，由于化学磷肥的转化结果，其所含磷的化合物种类比非耕地土壤更为复杂。砂姜黑土的供磷能力除了取决于磷和有机质含量以外，还决定于磷的形态组成。对于砂姜黑土来说，不同磷形态含量因其分布区域的差异而不同。

一、无机磷

（一）含量

砂姜黑土无机磷总含量为 237.53～425.98 mg/kg（表 8-4），是土壤磷的主要形态。无机磷可分为非闭蓄态和闭蓄态两个大类。非闭蓄态无机磷包括钙磷酸盐类化合物（Ca-P，包括 Ca_2-P、Ca_8-P 和 Ca_{10}-P）、铁磷酸盐类化合物（Fe-P）和铝磷酸盐类化合物（Al-P）；闭蓄态无机磷（O-P）以铁的磷酸盐为主，也有少量铝和钙的磷酸盐。

表 8-4　砂姜黑土无机磷形态组成（20 世纪 80 年代后期）

土壤类型	含量/mg/kg				相对值/%				总含量/mg/kg	n
	Al-P	Fe-P	Ca-P	O-P	Al-P	Fe-P	Ca-P	O-P		
高肥力	27.91	32.11	214.30	101.74	7.42	8.54	56.99	27.05	376.06	6
中肥力	14.39	18.53	168.08	94.94	4.86	6.26	56.80	32.08	295.94	6
低肥力	8.42	13.31	145.82	69.98	3.55	5.60	61.39	29.46	237.53	14
石灰性	39.11	38.72	200.69	147.46	9.18	9.09	47.11	34.62	425.98	10

（二）形态组成

1. 土壤无机磷　表 8-4 结果表明，在土壤无机磷形态组成中，Al-P、Fe-P、Ca-P 和 O-P 含量分别为 8.42～39.11 mg/kg、13.31～38.72 mg/kg、145.82～214.30 mg/kg 和 69.98～147.46 mg/kg。Ca-P 和 O-P 两者含量之和占土壤无机磷总含量 81.73%～90.85%，其中 Ca-P 占比为 47.11%～61.39%，O-P 占比为 27.05%～34.62%，Ca-P 含量相对值高于 O-P 含量相对值。在不同肥力砂姜黑土中，土壤肥力与土壤无机磷总含量呈密切正相关关系，即土壤肥力高，土壤无机磷总含量高，反之亦然。过兴度等（1991）发现，在土壤无机磷中，Ca_2-P、Al-P、Fe-P 和 Ca_8-P 的含量以肥力高的土壤较多，而 Ca_{10}-P 则以肥力低的土壤较多，O-P 则无规律可循，说明 Ca_2-P、Al-P、Fe-P 和 Ca_8-P 对提高土壤肥力和作物产量有重要作用。

表 8-5 显示，随着土壤肥力的提高，土壤无机磷总含量相应增加，土壤中 Ca-P（Ca_2-P、Ca_8-P、Ca_{10}-P）、Al-P、Fe-P 的含量亦随之明显增加。如低肥力土壤 Al-P 的平均含量为 20.09 mg/kg，

中肥力、高肥力土壤的平均含量分别为 46.51 mg/kg、67.82 mg/kg，分别增加 131.5%、237.6%。而土壤中 O-P、$Ca_{10}-P$ 的平均含量随土壤肥力增加而变化的规律不很明显。砂姜黑土中无机磷以 $Ca_{10}-P$ 和 O-P 为主，分别占无机磷总含量的 27%～48% 和 26%～37%。土壤中 Al-P、Fe-P、Ca_8-P、$Ca_{10}-P$ 的含量占无机磷总含量的百分数随着土壤肥力的提高而有所增加，但 O-P 的相对百分含量的变化无明显变化规律，而 $Ca_{10}-P$ 的相对百分含量则随土壤肥力的提高而有所降低。

表 8-5 砂姜黑土无机磷形态组成（孙华 等，2001）

土壤肥力	含量/mg/kg				相对值/%				总含量/mg/kg
	Al-P	Fe-P	Ca-P	O-P	Al-P	Fe-P	Ca-P	O-P	
低1	22.86	30.96	217.20	116.39	5.90	7.99	56.07	30.04	387.41
低2	17.31	20.83	193.51	137.57	4.7	5.6	52.4	37.3	369.22
中1	54.39	44.57	205.23	162.60	11.7	9.5	44.0	34.8	466.79
中2	38.62	59.33	235.24	122.17	8.5	13.0	51.7	26.8	455.36
高1	73.07	81.62	300.95	158.75	11.9	13.3	49.0	25.8	614.39
高2	62.56	69.17	258.13	176.07	11.1	12.2	45.6	31.1	565.93

注：Ca-P 包括 Ca_2-P、Ca_8-P、$Ca_{10}-P$。

2. 土壤有机-无机复合体无机磷 在同一土壤肥力类型中，有机-无机复合体中无机磷主要分布在 <5 μm 的粒级中，随着复合体粒径的增大，无机磷的总含量相应减少。除个别粒级外，土壤中各种形态的无机磷含量亦呈现出类似的变化规律（表 8-6）。同一粒级的有机-无机复合体，Ca_2-P、Ca_8-P 的相对含量随土壤肥力的提高而增加（除 10～50 μm 粒级外），且粒径越小，增幅越大（表 8-7）。比如，Ca_2-P 在 <1 μm、1～2 μm、2～5 μm、5～10 μm、10～50 μm 粒级中低肥力土壤相对含量平均值为 1.03%、1.64%、1.28%、1.30%、2.53%，而高肥力土壤相对含量平均值为 4.29%、4.06%、2.38%、3.32%、1.42%。同一粒级有机-无机复合体中 Al-P、Fe-P 的相对含量也随土壤肥力的提高而增加。同一粒级有机-无机复合体 O-P 的相对含量随土壤肥力提高而发生的变化无规律可循，而 $Ca_{10}-P$ 的相对含量则随土壤肥力的提高而减少，且在低肥力与高肥力土壤之间表现更为显著。

表 8-6 不同肥力砂姜黑土有机-无机复合体中无机磷的各形态组成含量（武心齐 等，1998）

土壤肥力	粒径/μm	Ca_2-P/μg/g	Ca_8-P/μg/g	Al-P/μg/g	Fe-P/μg/g	O-P/μg/g	$Ca_{10}-P$/μg/g
低	<1	7.42	43.54	33.52	46.01	284.84	307.03
	1～2	13.13	58.95	37.75	51.66	327.19	313.58
	2～5	7.35	38.74	23.45	28.50	199.11	277.86
	5～10	3.71	20.26	10.60	16.92	97.63	136.28
	10～50	4.78	10.08	6.52	7.80	72.13	87.59
中	<1	17.69	84.56	86.79	94.50	292.54	371.34
	1～2	20.90	80.78	80.66	91.75	258.85	362.25
	2～5	10.92	58.08	57.45	62.52	258.37	235.45
	5～10	7.99	38.89	31.04	31.11	137.09	144.62
	10～50	3.64	21.72	11.48	16.05	113.52	111.56

土壤肥力	粒径/μm	Ca₂-P/μg/g	Ca₈-P/μg/g	Al-P/μg/g	Fe-P/μg/g	O-P/μg/g	Ca₁₀-P/μg/g
	<1	54.29	163.69	136.27	138.22	370.02	402.22
	1~2	41.02	128.78	104.60	120.85	319.48	295.41
高	2~5	19.90	110.74	140.79	105.36	194.36	265.98
	5~10	14.69	58.67	59.35	45.15	131.30	132.64
	10~50	3.78	25.79	13.81	26.33	115.92	81.04

注：无机磷含量为各级肥力的1、2土壤样品的平均值。

表8-7　不同肥力砂姜黑土有机-无机复合体中各种形态无机磷的相对含量（武心齐 等，1998）

土壤肥力	粒径/μm	Ca₂-P/%	Ca₈-P/%	Al-P/%	Fe-P/%	O-P/%	Ca₁₀-P/%
	<1	1.03	6.03	4.64	6.37	39.43	42.50
	1~2	1.64	7.35	4.70	6.44	40.78	39.09
低	2~5	1.28	6.74	4.08	4.96	34.62	48.32
	5~10	1.30	7.10	3.71	5.93	34.21	47.75
	10~50	2.53	5.33	3.45	4.13	38.19	46.37
	<1	1.87	8.93	9.16	9.97	30.88	39.19
	1~2	2.33	9.02	9.01	10.25	28.92	40.47
中	2~5	1.60	8.51	8.41	9.16	37.84	34.48
	5~10	2.04	9.95	7.95	7.96	35.09	37.01
	10~50	1.31	7.81	4.13	5.78	40.84	40.13
	<1	4.29	12.94	10.78	10.93	29.26	31.80
	1~2	4.06	12.75	10.36	11.96	31.63	29.24
高	2~5	2.38	13.23	15.82	12.58	23.22	31.77
	5~10	3.32	13.28	13.44	10.22	29.72	30.02
	10~50	1.42	9.67	5.18	9.87	43.47	30.39

注：无机磷相对含量为各级肥力的1、2土壤样品的平均值。

（三）不同形态无机磷组成与土壤性质的相关性

过兴度等（1991）将6种不同形态无机磷的含量分别与有机质、全氮、碱解氮、全磷、有机磷、有效磷的含量进行了相关分析，以进一步阐明砂姜黑土中各种形态无机磷的生物有效性（表8-8）。相关系数表明：① Al-P、Ca₂-P和Ca₈-P含量与有效磷含量达到极显著相关关系，O-P含量与有效磷含量达到显著相关关系；②Al-P、O-P、Ca₂-P和Ca₈-P含量与全磷含量达到极显著相关关系；③有机质含量与Al-P、Fe-P和Ca₂-P含量达到极显著相关关系，全氮含量与Al-P、O-P、Ca₂-P含量达到极显著相关关系；④Ca₁₀-P含量与养分含量无显著相关性。

表 8 - 8　砂姜黑土耕层中无机磷形态与土壤养分含量的相关系数

养分含量	Al - P	Fe - P	O - P	$Ca_2 - P$	$Ca_8 - P$	$Ca_{10} - P$
有机质	0.723**	0.841**	0.257	0.786**	0.688*	0.263
全氮	0.768**	0.378	0.723**	0.742**	0.625*	0.195
碱解氮	0.441	0.641*	0.416	0.022	0.315	−0.109
全磷	0.939**	−0.143	0.752**	0.908**	0.911**	0.507
有机磷	0.006	0.881**	0.239	0.374	0.797**	0.052
有效磷	0.931**	−0.050	0.687*	0.997**	0.769**	0.352

注：* 显著相关关系（$P<0.05$）；** 极显著相关关系（$P<0.01$）；$n=13$。有效磷用 Olsen 法测定。

孙华等（2001）研究结果相关分析表明，$Ca_2 - P$ 含量与全磷含量呈极显著正相关关系（$r=0.9649**$），Al - P、Fe - P、$Ca_8 - P$、O - P 含量与全磷含量呈显著正相关关系（相关系数分别为 $0.8797*$、$0.7996*$、$0.8909*$、$0.8904*$）；$Ca_2 - P$ 含量与有效磷含量呈极显著正相关关系（$r=0.9852**$），说明 $Ca_2 - P$ 对作物磷的有效供给有很大贡献。

王道中（2008）研究结果表明（表 8 - 9），土壤有效磷含量与小麦籽粒含磷量相关性极显著，土壤有效磷含量与 $Ca_2 - P$、$Ca_8 - P$、Al - P、Fe - P 含量之间的相关系数均达极显著水平，$Ca_2 - P$ 和 $Ca_8 - P$ 的相关系数大于 Al - P 和 Fe - P，说明 $Ca_2 - P$ 和 $Ca_8 - P$ 的活性最高，是土壤有效磷的直接来源，而 Al - P 和 Fe - P 可作为缓效磷源。有效磷含量与 $Ca_{10} - P$ 和 O - P 含量的相关系数低于显著水平，$Ca_{10} - P$ 和 O - P 应为迟效性或潜在性磷源。$Ca_2 - P$ 含量与 $Ca_8 - P$、Al - P、Fe - P 含量，$Ca_8 - P$ 含量与 Al - P、Fe - P 含量，Al - P 与 Fe - P 含量相互之间存在着极显著的相关性。小麦籽粒含磷量与 $Ca_2 - P$、$Ca_8 - P$、Al - P、Fe - P 含量之间的相关系数均达极显著水平，而与 $Ca_{10} - P$、O - P 含量之间的相关系数低于显著水平，可进一步说明 $Ca_2 - P$、$Ca_8 - P$、Al - P 和 Fe - P 的活性较高，是植物的有效磷源。

表 8 - 9　小麦籽粒含磷量、土壤有效磷含量和无机磷各组分含量间的相关性

组分	$Ca_2 - P$	$Ca_8 - P$	Al - P	Fe - P	$Ca_{10} - P$	O - P	有效磷
$Ca_8 - P$	0.9772**						
Al - P	0.9906**	0.9572**					
Fe - P	0.9526**	0.9553**	0.9210**				
$Ca_{10} - P$	0.5228	0.4823	0.4369	0.6852			
O - P	0.3534	0.3406	0.2974	0.5363	0.6500		
有效磷	0.9933**	0.9920**	0.9797**	0.9653**	0.5090	0.3930	
籽粒含磷量	0.9786**	0.9666**	0.9177**	0.9750**	0.6695	0.6897	0.9807**

注：* 显著相关关系（$P<0.05$）；** 极显著相关关系（$P<0.01$）；$n=13$。有效磷用 Olsen 法测定。

土壤无机磷各组分与有效磷间的通径分析表明，土壤无机磷各组分对有效磷的重要性依次为 $Ca_8 - P$（0.4327）＞$Ca_2 - P$（0.4262）＞Al - P（0.0823）＞Fe - P（0.0677）＞O - P（0.0647）＞$Ca_{10} - P$（−0.0469），$Ca_2 - P$ 和 $Ca_8 - P$ 对土壤有效磷的含量贡献最大。Al - P 和 Fe - P 对有效磷的含量直接影响很小，是通过影响 $Ca_2 - P$ 和 $Ca_8 - P$ 的含量而间接影响有效磷的含量，因为它们通过 $Ca_2 - P$ 和

$Ca_8 - P$ 都有一个较大的间接通径系数。$Ca_{10} - P$ 和 $O - P$ 含量虽然与有效磷含量的相关性不显著，但它们也可以在不同程度上通过影响 $Ca_2 - P$ 和 $Ca_8 - P$ 的含量而间接影响有效磷的含量。土壤有效磷含量和无机磷组分间多元回归方程为 $Y = 4.792\,8 + 0.474\,0X_{Ca_2-P} + 0.330\,9X_{Ca_8-P} + 0.082\,5X_{Al-P} + 0.092\,6X_{Fe-P} + 0.100\,5X_{Ca_{10}-P} + 0.114\,9X_{O-P}$。

二、有机磷

(一) 含量

砂姜黑土有机磷含量占全磷的比例在 14.0%～24.0%。第二次全国土壤普查结果表明，砂姜黑土（安徽省）有机磷占全磷的比例为 15.3%（$n=5$）。吴文荣等（1985）研究结果显示，不同肥力的砂姜黑土有机磷含量为 45.2～54.5 mg/kg，占全磷的比例为 13.3%～13.9%。而石灰性砂姜黑土（山东省）有机磷含量为 160.2 mg/kg，占土壤全磷（0.67 g/kg）的比例为 23.9%（$n=10$）。过兴度等（1991）研究结果显示，砂姜黑土有机磷含量为 23.15～152.6 mg/kg，平均值为 64.82 mg/kg，占全磷的比例为 16.83%（$n=13$）；砂姜黑土有机磷含量与砂姜黑土有机质含量呈明显的正相关关系（$r=0.909$，$n=26$）。由于砂姜黑土有机质含量不高，因此有机磷的含量也不高。

(二) 形态组成

1. 土壤有机磷　土壤有机磷可分为活性有机磷、中度活性有机磷、中度稳定性有机磷和高度稳定性有机磷 4 组。石灰性砂姜黑土耕层各形态有机磷含量和比例表明（表 8-10），活性有机磷、中度活性有机磷、中度稳定性有机磷和高度稳定性有机磷含量分别为 3.52～7.60 mg/kg、74.41～184.76 mg/kg、39.58～62.29 mg/kg 和 3.37～10.14 mg/kg。中度活性有机磷、中度稳定性有机磷占有机磷总含量的比例分别为 61.04%～75.51% 和 20.00%～32.47%，两者占比总和在 90% 以上。不同种植模式下的土壤有机磷含量存在一定的差异。旱作地的土壤有机磷总含量（121.90 mg/kg）最低，大蒜地的土壤有机磷总含量（244.66 mg/kg）最高，绿肥地的土壤有机磷总含量（215.05 mg/kg）高于旱作地。重视使用有机肥，土壤培肥程度越高，有机磷含量越高，中度活性有机磷占有机磷总含量的比例也高，表明土壤有机磷含量提高，可增强磷的有效性，改善作物的磷营养。

表 8-10　石灰性砂姜黑土（山东省）有机磷形态组成（20 世纪 80 年代）

利用类型	活性有机磷		中度活性有机磷		中度稳定性有机磷		高度稳定性有机磷	
	含量/mg/kg	占比/%	含量/mg/kg	占比/%	含量/mg/kg	占比/%	含量/mg/kg	占比/%
旱作地	3.52	2.89	74.41	61.04	39.58	32.47	4.39	3.60
绿肥地	7.09	3.30	135.53	63.02	62.29	28.96	10.14	4.72
大蒜地	7.60	3.11	184.76	75.51	48.93	20.00	3.37	1.38

孙华等（2001）研究结果表明，土壤有机磷在土壤全磷中所占比例在 40%～50%，随着土壤肥力的提高，土壤有机磷总含量显著增加。除高度稳定性有机磷外，活性有机磷、中度活性有机磷、中度稳定性有机磷均随土壤肥力的提高而有所增加，特别是中度活性有机磷增加较多（表 8-11）。在 3

种肥力水平的土壤有机磷中，中度活性有机磷所占比例最高，均在57％以上，高肥力土壤甚至可达79.1％；中度稳定性有机磷所占比例次之，由低肥力土壤至高肥力土壤的变化范围在15.3％～29.5％；高度稳定性有机磷所占比例由低肥力土壤至高肥力土壤有所降低，其变化范围在2.1％～9.4％；活性有机磷所占比例则没有多大变化，均在3.5％左右。在砂姜黑土有机磷中，中度活性有机磷及中度稳定性有机磷所占比例较高，两者之和均在87％以上。

表8-11　砂姜黑土（山东省）有机磷形态组成（孙华 等，2001）

肥力	有机质/g/kg	有机磷总含量/mg/kg	活性有机磷		中度活性有机磷		中度稳定性有机磷		高度稳定性有机磷	
			含量/mg/kg	占比/％	含量/mg/kg	占比/％	含量/mg/kg	占比/％	含量/mg/kg	占比/％
低肥1	14.0	269.15	9.44	3.5	155.13	57.6	79.31	29.5	25.27	9.4
低肥2	15.7	331.50	12.36	3.6	204.31	61.6	92.29	27.9	22.54	6.8
中肥1	17.8	456.28	16.23	3.6	338.88	74.3	82.72	18.1	18.45	4.0
中肥2	18.6	355.94	11.53	3.2	221.39	62.2	103.21	29.0	19.81	5.6
高肥1	20.9	522.41	18.84	3.6	373.72	71.5	112.09	21.5	17.76	3.4
高肥2	24.5	686.31	24.25	3.5	543.13	79.1	104.58	15.3	14.35	2.1

2. 土壤有机-无机复合体中有机磷　在同一粒级的有机-无机复合体中，随着土壤肥力水平的提高，有机磷总含量增加，其中活性有机磷、中度活性有机磷、中度稳定性有机磷的含量也相应增加（表8-12）。例如，在<1 μm 粒级的复合体中，以上3种形态的有机磷平均含量，低肥力土壤的分别为12.9 mg/kg、235.1 mg/kg、162.0 mg/kg，中肥力土壤的分别为17.3 mg/kg、351.3 mg/kg、202.3 mg/kg，高肥力土壤的分别为34.5 mg/kg、842.3 mg/kg、423.9 mg/kg。在同一粒级的复合体中，高度稳定性有机磷含量随土壤肥力水平的提高而变化的规律则不明显。

表8-12　不同肥力砂姜黑土有机-无机复合体有机磷的活性分级及含量（孙华 等，1998）

土壤肥力	复合体粒级/μm	活性有机磷		中度活性有机磷		中度稳定性有机磷		高度稳定性有机磷		有机磷总含量/mg/kg
		含量/mg/kg	占比/％	含量/mg/kg	占比/％	含量/mg/kg	占比/％	含量/mg/kg	占比/％	
低	<1	12.9	2.9	235.1	52.4	162.0	36.7	35.2	8.1	445.1
	1～2	14.0	3.5	230.3	58.5	116.5	28.9	36.9	9.2	397.7
	2～5	11.9	4.2	167.1	53.9	95.7	30.9	34.2	11.2	308.9
	5～10	6.5	4.9	82.0	59.2	38.7	27.7	11.3	8.3	138.5
	10～50	2.0	2.9	43.1	61.0	19.5	27.7	5.8	8.4	70.5
中	<1	17.3	2.8	351.3	56.5	202.3	32.9	48.8	7.9	619.9
	1～2	14.0	2.9	303.7	62.8	129.5	27.1	35.2	7.3	482.4
	2～5	12.0	2.8	247.0	66.0	89.6	24.3	24.6	6.5	373.2
	5～10	7.3	3.2	150.3	65.6	58.1	25.1	14.0	6.1	229.7
	10～50	2.5	2.8	62.6	69.3	20.2	22.3	5.1	5.7	90.5

（续）

土壤肥力	复合体粒级/μm	活性有机磷		中度活性有机磷		中度稳定性有机磷		高度稳定性有机磷		有机磷总含量/mg/kg
		含量/mg/kg	占比/%	含量/mg/kg	占比/%	含量/mg/kg	占比/%	含量/mg/kg	占比/%	
	<1	34.5	2.6	842.3	62.1	423.9	31.6	49.3	3.8	1 350.3
	1~2	24.0	2.4	685.9	68.5	248.0	24.9	41.7	4.2	999.6
高	2~5	14.5	3.6	262.0	64.1	114.5	28.0	17.8	4.4	408.8
	5~10	11.6	4.1	178.7	63.5	79.7	27.7	13.7	4.8	283.6
	10~50	5.6	3.6	103.6	65.5	39.7	25.2	9.2	5.8	158.1

在同一土壤中，有机-无机复合体的有机磷主要分布在<5 μm 的粒级中，其总含量一般均随粒级的增大而逐渐降低，尤其是在肥力水平较高的土壤中，这一变化趋势更加明显，有机磷也更集中于 <2 μm 黏粒级的复合体中。例如，在低肥力土壤中，<1 μm 粒级有机-无机复合体有机磷的总含量平均为 445.1 mg/kg，1~2 μm、2~5 μm、5~10 μm 和 10~50 μm 粒级的平均含量为 397.7 mg/kg、308.9 mg/kg、138.5 mg/kg 和 70.5 mg/kg；而在高肥力土壤中，<1 μm 粒级复合体的有机磷总含量平均为 1 350.3 mg/kg，1~2 μm、2~5 μm、5~10 μm 和 10~50 μm 粒级的平均含量为 999.6 mg/kg、408.8 mg/kg、283.6 mg/kg 和 158.1 mg/kg。在同一土壤中，有机-无机复合体的活性有机磷、中度活性有机磷、中度稳定性有机磷、高度稳定性有机磷的含量一般也随粒级的增大而降低。特别是中度活性有机磷及中度稳定性有机磷的含量均呈现出与有机磷总含量相似的变化趋势。如在中肥力土壤中，<1 μm 粒级的有机-无机复合体的中度活性有机磷含量平均为 351.3 mg/kg，1~2 μm、2~5 μm、5~10 μm 和 10~50 μm 粒级为 303.7 mg/kg、247.0 mg/kg、150.3 mg/kg 和 62.6 mg/kg。

还可以看出，土壤各级有机-无机复合体中，活性有机磷、中度活性有机磷、中度稳定性有机磷和高度稳定性有机磷占其相应粒级复合体中有机磷总含量的百分数（即相对百分含量）以中度活性有机磷为最高，占有机磷总含量的 52.4%~69.3%，其次为中度稳定性有机磷，占有机磷总量的 22.3%~36.7%。以上两者之和占有机磷总含量的 84.8%~93.7%，而高度稳定性有机磷及活性有机磷的相对百分含量均较低，分别为 3.8%~11.2% 及 2.4%~4.9%。

3. 土壤有机磷与土壤性质的关系 经过相关分析，土壤各级有机磷之间及其与全磷、有效磷的关系为：①有机磷总含量与活性有机磷含量、中度活性有机磷含量呈极显著正相关关系（相关系数分别为 0.994 5**、0.997 5**）；②土壤全磷含量与有机磷总含量、活性有机磷含量、中度活性有机磷含量呈极显著正相关关系（相关系数分别为 0.986 8**、0.984 0**、0.977 8**）；③有效磷含量与活性有机磷含量、中度活性有机磷含量及有机磷总含量呈极显著正相关关系（相关系数分别为 0.969 5**、0.977 7** 及 0.982 2**），与全磷含量也呈极显著正相关关系（相关系数为 0.962 2**），说明全磷及有机磷含量的增加都会使有效磷含量有所增加，其中活性有机磷及中度活性有机磷的贡献更大；④活性有机磷含量与中度活性有机磷含量呈极显著正相关关系（相关系数为 0.993 0**），说明活性有机磷与中度活性有机磷之间是可以相互转化的（孙华 等，2001）。

表 8-13 表明，土壤有效磷与活性有机磷和中度活性有机磷的相关系数为 0.992 3 和 0.977 8，达极显著相关水平，与中度稳定性有机磷的相关系数为 0.870 6，达显著相关水平，而与高度稳定性有机磷间相关性不显著；表明活性有机磷和中度活性有机磷的活性较大，为有效磷的有效磷源，而中度稳定

性有机磷可作为土壤有效磷的潜在磷源，高度稳定性有机磷为无效磷。土壤有机磷各组分对有效磷的重要性依次为活性有机磷（0.612 8）＞中度活性有机磷（0.482 1）＞高度稳定性有机磷（－0.052 1）＞中度稳定性有机磷（－0.056 8），活性有机磷和中度活性有机磷对有效磷的贡献较大，中度稳定性有机磷和高度稳定性有机磷的间接通径系数大于直接通径系数，主要是通过影响活性有机磷的含量进而影响有效磷的含量。

表 8 - 13　土壤有效磷和有机磷各组分间的相关性（王道中，2008）

组分	活性有机磷	中度活性有机磷	中度稳定性有机磷	高度稳定性有机磷
中度活性有机磷	0.956 2**			
中度稳定性有机磷	0.846 9*	0.936 4*		
高度稳定性有机磷	0.639 0	0.709 8	0.824 0	
有效磷	0.992 3**	0.977 8**	0.870 6*	0.634 8

第三节　土壤磷吸附、解吸与固定

土壤对磷的吸附与解吸过程控制着土壤溶液中磷的浓度，从而影响土壤磷的有效性和对植物的供磷能力。土壤对磷的吸附量和吸附强度主要受土壤质地、有机质含量和磷肥施用水平等因素的影响。

一、磷吸附与固定

砂姜黑土对磷固定能力的增加与起始磷浓度不成比例。由此可以看出，砂姜黑土对磷的吸附固定机制可分为 2 种情况：一是低浓度范围的吸附固定；二是高浓度范围内土壤对磷的吸附量剧增，吸附等温线呈不规则形，说明有沉淀反应发生。

夏海勇等（2009）研究结果表明，砂姜黑土对磷的等温吸附特性，采用 Langmuir 方程能够较好地拟合，拟合度均达到显著或极限著水平。砂姜黑土抛物线上拐点出现在有机碳含量为 42.1 g/kg，土壤磷最大吸附量（X_m）为 1 811.8 mg/kg；有机碳含量为 37.5 g/kg 时，吸附亲和力常数（K）达到最大（0.13），土壤磷最大缓冲容量 MBC（吸持特性值 $K \times X_m$）达到最大值（225.0 mg/kg）。

二、影响因素

（一）土壤肥力水平

施入土壤中的水溶性磷，在 10～30 d 内就迅速被土壤固定，转化为迟效性磷和难溶性磷。吴文荣等（1985）在 2.5 g 砂姜黑土中加入 1 mL 含 P_2O_5 320 mg/kg（含 P 139.52 mg/kg）的溶液，28～30 ℃下培养 30 d 后测定有效磷含量，研究发现磷的固定强度因土壤肥力不同而异，高、中、低 3 种不同肥力水平的砂姜黑土，其固定强度分别为 74.4%、82.2%、85.0%（表 8 - 14）。这说明磷肥施入土壤后，在 30 d 内只有 15.0%～25.6%能被作物利用，其余的将残留在土壤中。

表 8-14　不同肥力水平下砂姜黑土对磷的固定强度（吴文荣 等，1985）

土壤肥力	pH	CaCO₃/g/kg	有机质/g/kg	对磷的固定强度			
				P₂O₅ 加入量/mg/kg	P₂O₅ 浸出量/mg/kg	浸出量/加入量/%	固定率/%
高	7.8	13.8	11.3	320	82	25.6	74.4
中	7.3	8.1	9.6	320	57	17.8	82.2
低	7.2	6.5	8.7	320	48	15.0	85.0

孙华等（2001）利用磷浓度为 60 mg/kg 的溶液进行砂姜黑土对磷的吸附与解吸研究，发现砂姜黑土对磷的吸附量较高，一般在 700 mg/kg 以上，而砂姜黑土对磷的解吸量却较低，一般在 76.5～242.2 mg/kg，解吸率（解吸量占吸附量的百分数）在 7.3%～38.2%；特别是低肥力土壤，吸附量平均为 976.3 mg/kg，解吸量平均为 89.6 mg/kg，解吸率平均为 9.3%，而保持量及其占吸附量的百分数则很大，说明低肥力土壤的固磷能力很大，供磷能力则很小（表 8-15）。随着土壤肥力的提高，土壤对磷的吸附量、保持量下降，解吸量及解吸率相应增大，固磷能力有所减弱，供磷能力则显著增强。例如，中肥力土壤、高肥力土壤的平均解吸量分别为 142.3 mg/kg、216.8 mg/kg，平均解吸率分别为 17.2%、32.7%。

表 8-15　砂姜黑土对磷的吸附、解吸和保持（孙华 等，2001）

土壤肥力	吸附磷/mg/kg	解吸磷		保持磷	
		含量/mg/kg	占吸附磷/%	含量/mg/kg	占吸附磷/%
低肥 1	1 042.3	76.5	7.3	965.8	92.7
低肥 2	910.2	102.6	11.3	807.6	88.7
中肥 1	811.7	175.6	21.6	636.1	78.4
中肥 2	851.1	109.0	12.8	742.1	87.2
高肥 1	634.4	242.2	38.2	392.2	61.8
高肥 2	706.2	191.3	27.1	514.9	72.9

在砂姜黑土中，有机碳含量为 8.80 g/kg 和 43.3 g/kg 下，水土比为 1∶1、2∶1、3∶1、5∶1 时，解吸溶液中磷浓度间存在显著差异；而水土比为 10∶1 和 20∶1 时，解吸溶液中磷浓度间差异不显著。另外，砂姜黑土解吸溶液中磷浓度与土壤磷最大吸附量、吸附亲和力常数、最大缓冲容量间大多存在显著或极显著线性负相关性，与磷吸附饱和度呈显著或极显著线性正相关关系（夏海勇 等，2009）。

（二）不同施肥措施

1. 对土壤磷吸附的影响　王道中（2004）研究了安徽省农业科学院蒙城马店试验站长期定位试验不同施肥措施对砂姜黑土磷吸附与解吸的影响。表 8-16 分析结果表明，不同处理对磷的吸附差异很大，在起始浓度不同时各处理吸磷量表现为不施肥处理＞化肥＞麦秸＞猪粪＞牛粪。随着磷起始浓度逐渐增大，磷的绝对吸附量也在逐渐上升，当起始浓度为 60 mg/kg 时，不施肥处理对磷的吸附量达 1 125.5 mg/kg，比牛粪处理的 697.5 mg/kg 增加了 61.36％。长期不施肥处理，在不同起始浓度，其吸附量均大于化肥处理，说明土壤本身有效磷含量的高低，影响其对外源磷的吸附，有效磷含量高，土壤对磷的吸附能力相应较低。还可以看出，砂姜黑土施用不同有机肥均可显著降低其对磷的吸附性能，按减少吸附量程度的大小，次序为牛粪＞猪粪＞麦秸；可能原因是施入土壤中有机碳量牛粪＞猪粪＞麦秸，因而腐解产物中的碳水化合物以牛粪最多、猪粪次之、麦秸最少，土壤中的碳水化合物和纤维素能够掩蔽磷的吸附位，从而减少对磷的吸附，故表现在减少对磷的吸附上，其次序为牛粪＞猪粪＞麦秸。

表 8-16 不同处理在不同起始浓度下对砂姜黑土磷吸附的影响（王道中，2004）

处理	起始浓度 10 mg/kg 下对磷的吸附		起始浓度 20 mg/kg 下对磷的吸附		起始浓度 40 mg/kg 下对磷的吸附		起始浓度 60 mg/kg 下对磷的吸附	
	吸附量/mg/kg	占加入磷比例/%	吸附量/mg/kg	占加入磷比例/%	吸附量/mg/kg	占加入磷比例/%	吸附量/mg/kg	占加入磷比例/%
不施肥	228	91.2	432	86.4	802	80.2	1 125.5	75.0
化肥	213	85.2	406	81.2	763	76.3	1 026.0	68.4
麦秸	195	78.0	395	79.0	723	72.3	837.0	55.8
猪粪	192	76.8	380	76.0	676	67.6	813.0	54.2
牛粪	179	71.6	342	68.4	587	58.7	697.5	46.5

2. 对土壤磷解吸的影响 随着磷起始浓度的增加，磷的解吸量相应增加，且不同处理间趋势相同，说明磷在较高饱和度下较易解吸。进一步比较各处理间差异可以看出，施有机肥各处理磷的解吸量在不同起始浓度下均大于不施肥、化肥处理，表明随着土壤肥力的提高，土壤对磷的吸附量、保持量下降，解吸量及解吸率相应增大，土壤固磷能力有所减弱，而供磷能力则显著增强。不同有机肥处理间差异较大，其中牛粪处理磷的解吸量显著高于猪粪、麦秸处理，各处理间磷的解吸次序为牛粪＞猪粪＞麦秸＞化肥＞不施肥（表 8-17）。

表 8-17 不同处理在不同起始浓度下砂姜黑土磷解吸的影响（王道中，2004）

处理	起始浓度 10 mg/kg 下对磷的解吸		起始浓度 20 mg/kg 下对磷的解吸		起始浓度 40 mg/kg 下对磷的解吸		起始浓度 60 mg/kg 下对磷的解吸	
	解吸量/mg/kg	占加入磷比例/%	解吸量/mg/kg	占加入磷比例/%	解吸量/mg/kg	占加入磷比例/%	解吸量/mg/kg	占加入磷比例/%
不施肥	21.4	9.4	40.2	9.3	76.2	9.5	108.0	9.6
化肥	26.2	12.3	52.9	13.0	103.0	13.5	123.3	12.0
麦秸	48.8	25.0	99.9	25.3	195.2	27.0	225.3	26.9
猪粪	60.1	31.3	117.8	31.0	216.2	32.0	279.8	34.4
牛粪	73.4	41.0	148.8	43.5	252.4	43.0	307.0	44.0

（三）外源磷浓度

表 8-16 与表 8-17 还表明，随着外源磷浓度的增加，砂姜黑土对磷的绝对吸附量逐渐增大，但其

吸磷量占加入磷的百分比却逐渐降低，其下降幅度均以施入有机肥的为大，进一步表明施用有机肥可减少砂姜黑土对磷的吸附。与之相反，随着磷起始浓度的增加，磷的解吸量占吸附量的百分数变化不大。

第四节　土壤磷素转化

磷肥施入土壤后，很快就与土壤发生物理和化学反应，形成新的磷酸盐产物，这些产物的有效性和形态组成，取决于土壤的性质。在石灰性土壤上，磷肥施入土壤后，主要转化为磷酸钙盐，其中比较稳定的主要是二水磷酸二钙、无水磷酸二钙、磷酸八钙、羟基磷灰石和氟磷灰石。前两者是水溶性磷与土壤反应的初期产物，磷酸八钙是由无水磷酸二钙进一步转化的产物，磷灰石是石灰性土壤中磷酸盐转化的最终产物。

一、无机磷

（一）旱作土壤

吴文荣等（1985）研究发现，五年中随着施磷量的增加，全磷有明显的增加，其增加量与每年施用量呈正相关关系。无机磷组分中，Al-P、Fe-P、Ca-P 的增加量也随着施用量的增加而增加，O-P 的增加量随施用量的增加先增加后有所降低。与五年中只施 37.5 kg P_2O_5 相比，五年共施 375 kg、525 kg 和 825 kg P_2O_5 磷增加量的次序是：Al-P＞Fe-P＞Ca-P＞O-P。五年共施 375 kg、525 kg 和 825 kg P_2O_5 中，Al-P 含量分别是只施 37.5 kg 处理的 2.14 倍、3.57 倍和 3.93 倍，Fe-P 含量分别是 1.87 倍、2.25 倍和 3.12 倍，Ca-P 含量分别是 1.47 倍、1.52 倍和 1.55 倍，O-P 含量分别是 1.40 倍、1.28 倍和 1.37 倍。但从绝对量来看，则以 Ca-P 增加最多，五年共施 112.5 kg、375 kg、525 kg 和 825 kg P_2O_5 处理分别比五年中只施 37.5 kg P_2O_5 处理的高 89.7 mg/kg、135.0 mg/kg、150.0 mg/kg 和 160.0 mg/kg。可见，Ca-P 是主要积累产物（表 8-18）。

表 8-18　磷肥在土壤中转化积累情况（1979—1984 年）（吴文荣 等，1985）

五年共施 P_2O_5/ kg/hm²	全磷/ mg/kg	Al-P		Fe-P		Ca-P		O-P	
		含量/ mg/kg	占全磷比例/ %	含量/ mg/kg	占全磷比例/ %	含量/ mg/kg	占全磷比例/ %	含量/ mg/kg	占全磷比例/ %
37.5	600	7.0	1.17	26.7	4.45	290.0	48.33	163.8	27.3
112.5	740	7.0	0.95	28.3	3.82	379.7	51.31	200.0	27.03
375	840	15.0	1.79	50.0	5.95	425.0	50.60	230.0	27.38
525	860	25.0	2.91	60.0	6.98	440.0	51.16	210.0	24.42
825	920	27.5	2.99	83.3	9.05	450.0	48.91	224.2	24.37

（二）设施土壤

土壤中磷的转化受土壤性质、种植方式、磷肥种类及施用量等众多因素所影响。设施农业高频率耕种加速了土壤的熟化，加快了其土壤物质的转化与迁移。吴鹏飞等（2010）研究了施磷浓度对起源于砂姜黑土的设施土壤中无机磷转化的影响。采用指数曲线拟合各无机磷转化情况，参与拟合的数据为增施外源磷肥前后的各形态无机磷含量的差值，得到下述方程：

$$Ca_2 - P: y = 6.591\,8e^{0.703\,7x}, \quad R^2 = 0.984\,5$$

$$Ca_8 - P: y = 2.226\,8e^{0.813\,5x}, \quad R^2 = 0.986\,0$$

$$Ca_{10} - P: y = 5.822\,2e^{0.551\,9x}, \quad R^2 = 0.970\,8$$

$$Al - P: y = 7.053\,8e^{0.551\,6x}, \quad R^2 = 0.995\,0$$

$$Fe - P: y = 6.818\,4e^{0.568\,4x}, \quad R^2 = 0.963\,4$$

$$O - P: y = 0.301\,8e^{0.503\,4x}, \quad R^2 = 0.795\,7$$

指数曲线都能较好地反映砂姜黑土中这几种无机磷组分随施入磷浓度变化的转化情况。其中，$Ca_2 - P$、$Ca_8 - P$、$Al - P$是极显著增加，决定系数依次为0.984 5、0.986 0、0.995 0；$Ca_{10} - P$、$Fe - P$的拟合曲线也很好。随着施入磷浓度升高，砂姜黑土设施土壤中$Ca_2 - P$、$O - P$转化率在达到峰值后出现恒定状态，$Ca_8 - P$转化率递增，$Ca_{10} - P$转化率递减；$Fe - P$和$Al - P$在低浓度（50～200 mg/kg）时，两者总比例在45%左右，在高浓度培肥时呈下降趋势。

(三) 施肥措施

1. 含量变化 王道中（2008）利用长期定位试验研究了不同施肥处理无机磷的变化，结果表明长期不施肥处理$Ca_2 - P$和$Ca_8 - P$相对含量下降得最多，说明在砂姜黑土上这两种无机磷组分的活性最大，其次为$Al - P$、$Fe - P$，$Ca_{10} - P$和$O - P$的有效性最低。长期施用化肥或化肥与有机肥配施都能显著提高$Ca_2 - P$、$Fe - P$、$O - P$和$Ca_{10} - P$的含量。增施有机肥处理的$Ca_2 - P$、$Fe - P$和$Al - P$上升幅度大于单施化肥处理；牛粪＋化肥和猪粪＋化肥处理$Al - P$含量较高，与麦秸＋化肥处理间差异达极显著水平；牛粪＋化肥处理$Fe - P$含量最高，猪粪＋化肥处理次之；$Ca_{10} - P$含量增幅最大的是低量麦秸＋化肥与麦秸＋化肥处理，与牛粪＋化肥处理间的差异达显著水平。牛粪＋化肥和猪粪＋化肥处理，$Ca_2 - P$和$Ca_8 - P$的增量较大。

2. 无机磷增量分配比例 不同施肥处理对无机磷增量分配比例不同，长期单施化肥处理分配至$Ca_2 - P$、$Ca_8 - P$和$Al - P$的比例较低，分别只有7.11%、8.60%和0.85%，$Fe - P$和$Ca_{10} - P$分配比例相当，$O - P$的分配比例最高，达54.86%；低量麦秸＋化肥和麦秸＋化肥处理无机磷增量分配比例相似，均以$Ca_2 - P$和$Al - P$分配比例较低，$Fe - P$、$Ca_8 - P$和$O - P$分配比例较高，$Ca_{10} - P$的分配比例最高；而长期施用厩肥的处理，其无机磷增量分配比例则有明显的不同，活性较高的$Ca_2 - P$、$Ca_8 - P$、$Al - P$和$Fe - P$的分配比例高于$Ca_{10} - P$和$O - P$，且两者均以$Ca_8 - P$分配比例最高（表8-19）。化肥和低量麦秸＋化肥、麦秸＋化肥处理增加的无机磷以$Ca_{10} - P$和$O - P$为主，而猪粪＋化肥、牛粪＋化肥处理由于施入土壤中的有机酸量增多，可以很大程度上减缓有效性较高的$Ca_2 - P$、$Ca_8 - P$向$Ca_{10} - P$和$O - P$转化，从而提高土壤磷的有效性。

表8-19 不同处理对无机磷增量分配比例的影响（王道中，2008）

单位：%

处理	$Ca_2 - P$	$Ca_8 - P$	$Al - P$	$Fe - P$	$Ca_{10} - P$	$O - P$
化肥	7.11	8.60	0.85	13.05	15.53	54.86
低量麦秸＋化肥	13.10	16.44	2.96	14.73	29.45	23.32
麦秸＋化肥	12.69	16.09	6.71	17.32	25.03	22.16
猪粪＋化肥	21.24	24.01	22.73	14.18	8.66	9.19
牛粪＋化肥	19.14	30.92	18.62	16.15	6.71	8.46

二、有机磷

表8-20显示，与休闲处理相比，长期不施肥处理活性有机磷、中度活性有机磷含量均有明显下降，活性有机磷下降幅度最大，达61.13%；其次为中度活性有机磷，下降了25.25%，中度稳定性有机磷下降了7.30%，高度稳定性有机磷的含量几乎没有变化。

表8-20 长期施肥不同有机磷组分含量和占比（王道中 等，2009）

处理	活性有机磷		中度活性有机磷		中度稳定性有机磷		高度稳定性有机磷	
	含量/mg/kg	占比/%	含量/mg/kg	占比/%	含量/mg/kg	占比/%	含量/mg/kg	占比/%
CK1	3.91	4.11	57.34	60.28	20.15	21.18	13.72	14.42
CK2	1.52	1.98	42.86	55.89	18.68	24.36	13.62	17.76
化肥	9.06	7.08	75.45	58.95	27.95	21.84	15.54	12.14
低量麦秸+化肥	11.08	7.14	86.03	55.47	42.78	27.59	15.19	9.79
麦秸+化肥	14.87	9.01	86.49	52.43	45.83	27.78	17.77	10.77
猪粪+化肥	35.67	15.06	131.34	55.43	53.91	22.75	16.01	6.76
牛粪+化肥	55.35	20.41	142.97	52.73	55.78	20.57	17.05	6.29

注：CK1为休闲处理；CK2为不施肥处理。

长期施用化肥或有机肥与化肥配施均可显著提高砂姜黑土的活性有机磷、中度活性有机磷和中度稳定性有机磷含量，其中活性有机磷和中度活性有机磷的含量与不施肥和休闲处理间的差异均达到了显著或极显著水平。有机肥与化肥配施以上3种有机磷增量较大，其中牛粪+化肥、猪粪+化肥和麦秸+化肥处理与单施化肥处理间的活性有机磷和中度活性有机磷的含量差异均达到了显著水平。不同有机肥对不同有机磷组分的影响不一，化肥与麦秸配施下中度活性有机磷和中度稳定性有机磷增幅较大，化肥加猪粪或牛粪处理主要是提高活性有机磷和中度活性有机磷含量。所有施肥处理高度稳定性有机磷含量也有所增加。

不施肥处理由于土壤磷处于长期耗竭状态，有效性较高的活性有机磷和中度活性有机磷含量下降幅度较大，而中度稳定性有机磷和高度稳定性有机磷含量下降幅度相对较小，故表现在相对含量上，与休闲处理相比活性有机磷和中度活性有机磷相对含量下降，而中度稳定性有机磷和高度稳定性有机磷相对含量上升。长期施用化肥或化肥与有机肥配施均可提高活性有机磷的相对含量，牛粪+化肥处理相对含量最高，较休闲处理增加了16.30个百分点，较单施化肥处理增加了13.33个百分点。施用化肥或化肥与有机肥配施，中度活性有机磷的相对含量较休闲和不施肥处理均有所下降。中度稳定性有机磷的相对含量以麦秸+化肥处理增幅最大，其次为低量麦秸+化肥处理。所有施肥处理都可以降低高度稳定性有机磷的相对含量，特别是在化学磷肥的基础上增施有机物料，高度稳定性有机磷的相对含量下降幅度更大，与休闲和不施肥处理相比，差异均达极显著水平。长期不施肥，有机磷的老化程度增高，土壤的供磷能力降低；而长期施有机肥使土壤有机磷的活性加强，土壤具有较高的供磷能力。

三、砂姜黑土磷含量演变与有效性影响因素

土壤有效磷含量是土壤磷养分供应水平的标志之一，一般理解为能被当季作物吸收利用的磷。土壤有效磷含量除受土壤中各种磷化合物本身的组成、性质和数量的影响外，还受土壤水湿条件、温度、酸碱度（pH）等的影响，特别是受耕作施肥等人为活动的影响，故其含量变幅很大，可以从低于 1 mg/kg 至 1 001 mg/kg 以上，其含量并不严格与土壤全磷相平行，且区域分布不明显。

（一）演变

磷肥施用能够提高土壤磷的有效性。长期不施肥的土壤有效磷含量下降（图 8 - 1）。连续处理 31

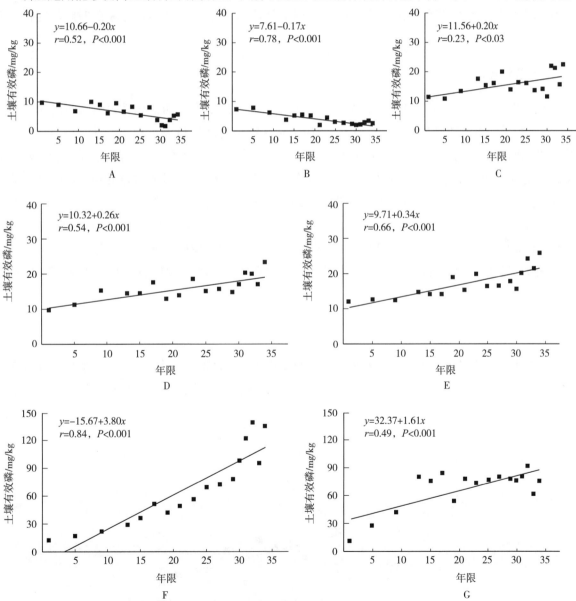

图 8 - 1　长期施肥砂姜黑土有效磷含量的变化（1983—2016 年）

A. CK0　B. CK　C. NPK　D. NPK＋LS　E. NPK＋S　F. NPK＋PM　G. NPK＋CM

年后，不施肥（CK）处理的有效磷含量降至 1.99 mg/kg。农田撂荒（CK0）处理土壤有效磷含量同样呈下降趋势，其与土壤中的有效磷被固定有关。长期施用化学无机肥（NPK）处理，土壤有效磷含量略有上升，由试验开始时的 9.8 mg/kg 上升到 31 年后的 22.02 mg/kg。在化肥的基础上增施有机肥（物）料，土壤有效磷含量表现出随时间逐渐上升趋势，增施麦秸（NPK＋S）、猪粪（NPK＋PM）和牛粪（NPK＋CM）的处理有效磷含量由试验开始时的 9.8 mg/kg 分别上升到 31 年后的 20.1 mg/kg、122.1 mg/kg 和 81.0 mg/kg，增幅分别为 105.1％、1 145.9％和 726.5％，年增长速率分别为 0.33 mg/kg、3.62 mg/kg 和 2.30 mg/kg，年增幅为 3.37％、36.94％和 23.47％。增施猪粪和牛粪处理的土壤有效磷含量较高，超过了磷的环境临界浓度水平。

与氮不同，施入土壤中的磷移动性较小，除作物吸收利用外，基本保存在土壤中，当投入土壤中的磷含量大于作物吸收量时，表现为土壤磷的积累，反之磷处于耗竭状态，土壤磷含量下降。长期不施磷肥，土壤中有效磷含量下降，年下降速率为 0.17 mg/kg；长期施用磷肥，过多剩余的磷会引起有效磷含量的提高。在砂姜黑土区长期施用磷肥的条件下，土壤磷累积随时间的变化有显著差异。

（二）磷活化系数

磷活化系数（PAC）表示土壤磷活化能力，长期施肥下砂姜黑土磷活化系数随时间的演变规律如图 8-2 所示。不施磷肥处理（CK）中土壤磷活化系数与时间呈显著负相关关系（$P<0.000\ 1$），从实验开始时（1982 年）的 3.50％下降到 2013 年的 0.69％，低于 2％，表明全磷各形态很难转化为有效磷。施用无机肥配施猪粪（NPK＋PM）、牛粪（NPK＋CM）后，土壤磷活化系数与时间呈显著正相关关系（$P<0.05$）或极显著正相关关系（$P<0.01$），磷活化系数随施肥时间延长均呈上升趋势，且磷活化系数在整个试验期间均大于 2％，说明土壤全磷容易转化为有效磷。单施无机肥（NPK）和无机肥配施秸秆还田（NPK＋LS 和 NPK＋S）处理土壤磷活化系数均随种植时间延长而呈先上升后下降的趋势，其值显著低于无机肥配施猪粪和牛粪处理，说明有机肥的长期施用能够有效提高土壤磷的活性。

（三）生物累积

在土壤形成过程中，生物对土壤磷的累积有重要作用。磷是植物从土壤中选择吸收的主要营养元素之一，植物残留物又将磷返归土壤，在植物-土壤循环体系中磷富集。不同植物磷的生物归还率不

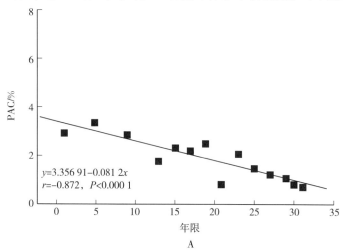

$$y=3.356\ 91-0.081\ 2x$$
$$r=-0.872,\ P<0.000\ 1$$

A

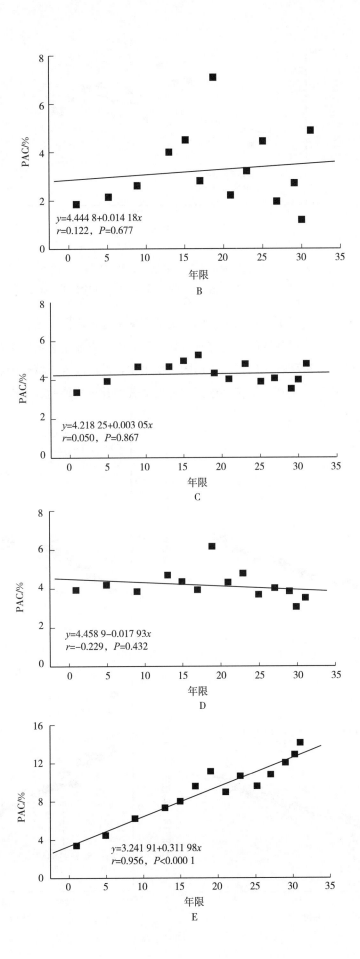

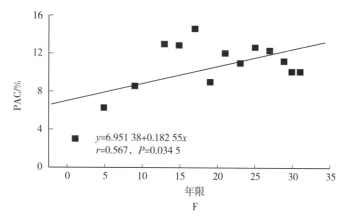

图 8-2　长期施肥对砂姜黑土磷活化系数（PAC）的影响

A. CK　B. NPK　C. NPK+LS　D. NPK+S　E. NPK+PM　F. NPK+CM

同，所以在其他条件相同的情况下，不同植被的土壤磷富集程度也不同。就磷的生物归还率而言，小麦（369.7%）＞玉米（288.9%）＞针阔叶混交林（182.6%）。在农业生态系统中，作物秸秆还田是土壤生物累积的主要方式。连续秸秆还田提高农田的生物累积，进而改善土壤磷的有效性。在砂姜黑土区的长期定位试验中，长期半量和全量秸秆还田均可以显著提升土壤磷的有效性（图 8-3）。

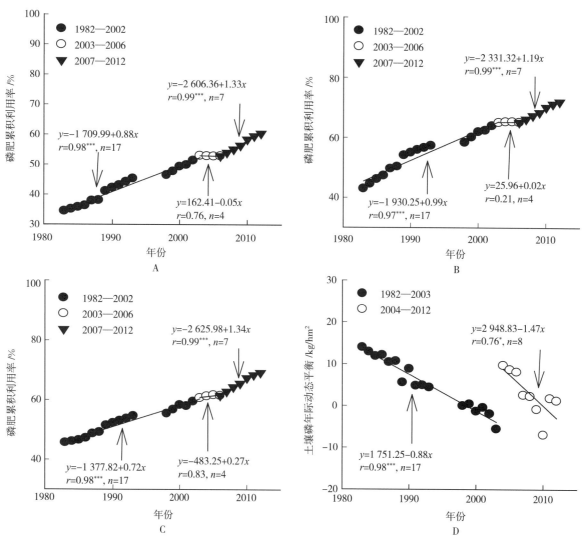

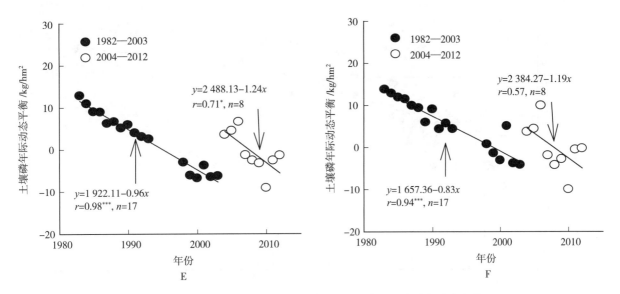

图 8-3 长期（1982—2012 年）不同施肥模式下磷肥的累积利用率和土壤磷年动态变化（Guo et al.，2018）

注：A 和 D 为无机肥，B 和 E 为无机肥配施半量秸秆，C 和 F 为无机肥配施全量秸秆。

第五节 磷肥合理施用

砂姜黑土养分含量的特点是缺磷、少氮、富钾，特别是有效养分低而失调，是限制农业生产水平迅速提高的重要原因之一。相关研究表明，砂姜黑土合理施用化肥的增产效果十分显著。

一、磷肥的增产及用量

砂姜黑土磷的有效性低，磷肥施用可提高作物产量。基于无机肥长期定位试验的研究发现（王道中，2008），磷肥对小麦的增产效果逐年上升。其中，在磷肥施用的前 3 年，小麦平均增产 5.9%，每千克 P_2O_5 平均增产小麦 3.7 kg；到了第 4 年，磷肥对小麦的增产效果达到显著水平，NPK 处理与 NK 处理相比小麦产量差异达到 5% 显著水平；随着年限的延长，磷肥对小麦的增产效果进一步提高，第 4～11 年平均增产率为 44.0%，每千克 P_2O_5 平均增产 24.39 kg。在后茬作物玉米上，磷肥的增产效果也很明显，3 年间磷肥分别增产 8.3%、24.2%、26.5%。对于大豆作物，磷肥的增产效果同样稳定而显著，其中 1995—1998 年大豆平均增产 14.8%，1999—2005 年大豆平均增产 69.3%。

土壤磷有效性与作物产量呈极显著正相关关系，其关系式为 $y=26.803\ln x-2.6435$（$R^2=0.7489$，$n=60$），以相对产量 50%、50%～65%、65%～75%、75%～95% 和 95% 为标准，根据方程计算土壤有效磷的临界指标，可知"极低"指标为 <7 mg/L，"低"指标为 7～12 mg/L，"中"指标为 12～18 mg/L，"较高"指标为 18～38 mg/L，"高"指标为 >38 mg/L（图 8-4）。

对于砂姜黑土区域小麦生产来说，其磷肥施用量与土壤基础肥力紧密相关，而基础肥力又影响作物产量（表 8-21）。在极低肥力水平下，小麦产量实现 6 000 kg/hm² 的磷肥用量为 135 kg/hm²；中肥力水平下，小麦预期产量 7 000 kg/hm² 的磷肥用量为 90 kg/hm²。这表明随着土壤肥力水平的提高，不仅小麦的预期产量升高，而且推荐磷肥用量也降低（图 8-5）。

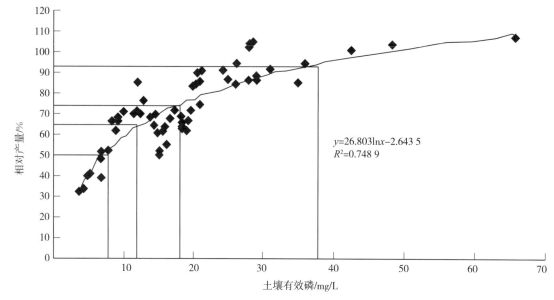

图 8-4　砂姜黑土区土壤有效磷测定值与小麦相对产量曲线（孙克刚 等，2010）

表 8-21　不同肥力土壤的推荐施磷肥指标（孙克刚 等，2010）

肥力等级	土壤磷测定值/ mg/L	各等级平均值/ mg/L	目标产量/ kg/hm²	推荐施磷量/ kg/hm²
极低	<7	5.2	6 000	135
低	7~12	8.9	6 500	105
中	12~18	15.6	7 000	90
较高	18~38	25.8	7 500	60
高	>38	52.3	7 500	0

注：表中土壤有效磷含量采用土壤养分状况系统研究法（ASI）测定，本章中其他部分的磷含量测定采用常规分析方法，参考《土壤农业化学常规分析方法》。

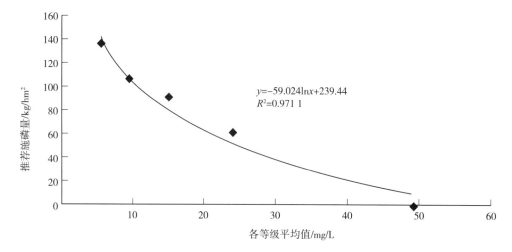

图 8-5　推荐磷肥施用量与土壤磷有效性等级回归曲线（孙克刚 等，2010）

磷肥施用能够提高玉米植株和产量。在磷肥品种选择上，施用量相同的情况下钙镁磷肥对玉米地上部和总产量提升效果最佳（表 8-22）。玉米是高温、高肥需求作物。在玉米生产磷肥用量选择上，依据田间试验结果，磷肥用量为 90 kg/hm² 时，玉米地上部干重和产量均高于磷肥施用量为 45 kg/hm² 和 180 kg/hm² 处理。在保证砂姜黑土区夏季玉米亩产 6 000 kg/hm² 以上，磷肥的用量需要在 60 kg/hm² 以上。

表 8-22　钙镁磷肥用量和磷肥品种对玉米生长的影响（朱宏斌 等，2014）

处理		株高/cm	每株地上部干重/g	产量/kg/hm²	增产/%
P_2O_5 用量 （钙镁磷肥）	0 kg/hm²	235	208.5	5 533.5b	—
	45 kg/hm²	242	275.3	6 333.0ab	14.5
	90 kg/hm²	242	275.8	6 683.5ab	20.8
	180 kg/hm²	239	257.6	6 183.5ab	11.7
磷肥品种	不施磷肥	235	208.5	5 533.5c	—
	钙镁磷肥	242	275.8	6 683.5a	20.8
	过磷酸钙	240	236.3	5 800.0bc	4.8
	磷酸二铵	239	245.8	5 850.0bc	5.7
	磷酸二铵＋钙镁磷肥	241	274.2	6 533.0ab	18.1

注：表中不同字母表示显著性差异水平（$P<0.05$）。

二、磷肥与氮钾肥配施

建立高产稳产的农田，必须积极提高土壤磷肥力，而提高土壤磷肥力的根本措施就是磷肥的投入必须大于支出。砂姜黑土对磷肥的固定能力较强，因此，构建合理的磷肥管理措施、提高作物对磷肥的利用率非常必要。王永华等（2017）在 2012—2014 年对砂姜黑土区小麦-玉米轮作体系下的施肥模式进行田间试验，发现在作物高产和磷肥高效双结合的情况下，砂姜黑土小麦-玉米轮作体系的全年最佳施 P_2O_5 量为 210 kg/hm²，同时配施 N 540 kg/hm² 和 P_2O_5 180 kg/hm²，小麦、玉米均获得高产且磷肥利用率较高。其中，P_2O_5 在小麦季、玉米季的配施比例为 135∶75（表 8-23）。

表 8-23　氮磷钾肥料配施与磷肥利用率和作物产量（王永华 等，2017）

处理	N∶P_2O_5∶K_2O/kg/hm²		小麦季				玉米季			
	冬小麦	夏玉米	2013 年 产量/ kg/hm²	2013 年 PUE/ kg/kg	2014 年 产量/ kg/hm²	2014 年 PUE/ kg/kg	2013 年 产量/ kg/hm²	2013 年 PUE/ kg/kg	2014 年 产量/ kg/hm²	2014 年 PUE/ kg/kg
P1	150∶210∶0	210∶0∶180	9 265.7c	128.6cd	8 051.0b	126.2c	9 037.5e	169.9b	9 230.1d	186.4b
P2	150∶210∶75	210∶0∶105	9 673.5bc	139.7c	9 079.1b	138.9c	9 281.2d	151.3c	9 320.0d	159.9e
P3	150∶135∶0	210∶75∶180	9 072.1c	200.6a	8 288.6b	174.2a	9 787.5b	184.7a	9 870.6b	216.2a
P4	150∶135∶75	210∶75∶105	9 537.3bc	114.8d	8 409.4b	124.9c	9 637.5c	129.1e	9 602.1c	164.8d
P5	240∶210∶0	300∶0∶180	9 936.0ab	138.5c	9 336.9b	134.1c	9 300.0d	137.6d	9 720.0b	136.6f
P6	240∶210∶75	300∶0∶105	10 381.0a	121.8cd	10 614.0a	150.9c	9 550.0c	166.9b	9 540.3c	173.7c
P7	240∶135∶0	300∶75∶180	9 561.9bc	169.8b	9 023.4b	133.3c	9 873.7b	167.8b	9 885.7b	173.9c
P8	240∶135∶75	300∶75∶105	10 000.3a	195.8a	11 128.9a	181.8a	10 218.7a	136.6d	10 145.2a	185.1b

注：不同字母表示在 $P<0.05$ 的水平上处理之间差异显著；PUE 指磷肥利用率。

三、磷肥施用的环境风险

土壤有效磷含量是影响作物产量的重要因素。土壤有效磷含量较低时，不能满足作物的生长需求，造成作物明显减产；但当土壤有效磷含量过高时，则对作物的增产效果不明显，甚至可能由于淋溶或者地表径流造成环境污染（吕家珑，2002；颜晓 等，2013）。因而确定保证土壤有效磷含量的适宜水平对作物产量与环境保护具有非常重要意义。

基于不同施肥管理方式的长期定位试验，计算出了砂姜黑土有效磷的环境风险值（图 8-6）。在使用无机有机肥混施的情况下，当土壤中的全磷含量超过 400 mg/kg 时，随着土壤全磷每增加 100 mg/kg，有效磷含量的增加速率是之前的 6～7 倍，其从农田流失进入水体的风险大大加强，造成磷污染。

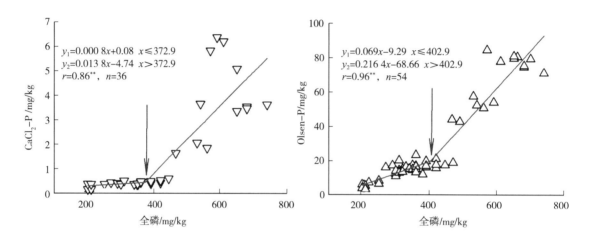

图 8-6 不同施肥模式下土壤全磷增加对有效磷及 $CaCl_2$-P 含量的影响（Hua et al.，2016）

不过，研究结果是基于已有的长期定位试验数据的预测结果，并未考虑作物生长过程中对磷的吸收和自然条件下土壤理化性质对磷有效性的影响，因此其研究结果是基于模型预测，对生产具有指导意义。

第九章 砂姜黑土钾素 >>>

钾是土壤肥力的重要物质基础，是作物生长所必需的营养元素之一，其对保障作物的高产稳产有重要作用。但是，耕地缺钾依然是制约农业可持续生产的重要因素。近几十年来，由于作物产量的提高及土壤钾素产出与投入不平衡的加剧，农田土壤缺钾面积有不断扩大的趋势。影响农田土壤钾素利用的因素诸多，如气候、土壤类型和管理措施等。施肥作为重要的农田管理措施之一，是影响土壤钾素利用的重要因素。因此，加强农田土壤钾素利用及其调控因素的研究，分析砂姜黑土钾素区域分布、土壤钾形态与利用特征和长期施肥下砂姜黑土钾素演变特征，提高土壤钾素有效性，对实现钾肥的高效利用有重要的理论和现实意义。

第一节 土壤钾含量与分布

第二次全国土壤普查数据显示，安徽省砂姜黑土全钾含量平均值为 16.7 g/kg（标准差为 2.1 g/kg，变异系数为 12.48%，$n=75$），速效钾含量为 153.0 mg/kg（标准差为 41.17 mg/kg，变异系数为 26.91%，$n=9\ 104$）。河南省砂姜黑土速效钾含量为 150.4 mg/kg（标准差为 52.9 mg/kg，变异系数为 35.17%，$n=13\ 501$）。山东省砂姜黑土（$n=1\ 148$）全钾含量为 17.1～21.1 g/kg，平均值为 20.3 g/kg；缓效钾含量为 356～706 mg/kg，平均值为 583 mg/kg；速效钾含量为 98.0 mg/kg（标准差为 32.0 mg/kg，变异系数为 32.80%）。山东省石灰性砂姜黑土（$n=27$）全钾含量为 15.2～18.8 g/kg，平均值为 17.0 g/kg；缓效钾含量为 543～1 012 mg/kg，平均值为 753 mg/kg；速效钾含量为 97 mg/kg（标准差为 34.0 mg/kg，变异系数为 34.99%）。江苏省砂姜黑土全钾含量为 14.82 g/kg（标准差为 1.91 g/kg，变异系数为 12.89%，$n=7$），缓效钾含量为 472.0 mg/kg（标准差为 127 mg/kg，变异系数为 26.92%，$n=89$），速效钾含量为 131.0 mg/kg（标准差为 49.0 mg/kg，变异系数为 37.40%，$n=144$）。

1994 年，河南省驻马店、周口和南阳 3 个市 290 个砂姜黑土土样速效钾的分析有效数据表明，速效钾含量平均值为 87.5 mg/kg（表 9-1），比 1984 年第二次全国土壤普查时的 136.6 mg/kg 下降了 49.1 mg/kg，平均每年下降 4.9 mg/kg。从砂姜黑土速效钾含量各级所占比例来看，>150 mg/kg 的从 29.9% 下降到 8.9%，下降了 70.2%；100～150 mg/kg 的从 53.1% 下降到 25.0%，下降了 52.9%；相反，50～100 mg/kg 的从 15.6% 上升到 58.3%，上升了 273.7%；<50 mg/kg 的亦从 1.4% 上升到 7.8%，上升了 457.1%。由此可见，土壤钾的不足已成为限制砂姜黑土区农业由中低产向高产迈进的重要障碍因素之一。

耕地质量监测数据表明（农业农村部耕地质量监测保护中心，2020），砂姜黑土缓效钾含量为

$114.0 \sim 1\,471.0$ mg/kg，平均值为 587.3 mg/kg（$n=3\,271$）；速效钾含量为 $30.0 \sim 806.0$ mg/kg，平均值为 153.2 mg/kg（$n=4\,032$）。安徽、河南、山东和江苏砂姜黑土速效钾含量平均值分别为 148.5 mg/kg、143.8 mg/kg、187.1 mg/kg 和 164.9 mg/kg。与第二次全国土壤普查结果比较，安徽、河南两省的砂姜黑土速效钾含量略有降低，而山东、江苏两省的砂姜黑土速效钾含量则明显提高。

表9-1　砂姜黑土钾含量变化情况（李贵宝 等，1998）

取土年份	速效钾/mg/kg		各级所占比例/%			
	幅度	平均值	>150 mg/kg	100~150 mg/kg	50~100 mg/kg	<50 mg/kg
1994	65.4~167.3	87.5	8.9	25.0	58.3	7.8
1984	99.1~299.6	136.6	29.9	53.1	15.6	1.4
增减	−33.7~−132.3	−49.1	−21.0	−28.1	+42.7	+6.4

第二节　钾肥效应与施用

一、钾肥效应的演变

早在 20 世纪 80 年代前期，砂姜黑土单施钾肥小麦可增产 8.8%，氮磷钾配施小麦产量比不施肥增产 61.5%，氮磷配合的增产幅度为 56.9%，钾肥增产效果不显著（何静安 等，1986）。20 世纪 90 年代，每千克 K_2O 增产小麦 5.7 kg，平均增产 12.5%（李贵宝 等，1996）。不同基础产量水平下，钾肥增产效率有所差异，基础产量水平低的田块，增产效率高；基础产量水平高的田块，增产效率低（表9-2）。

表9-2　冬小麦不同地力条件的施钾模式（李贵宝 等，1998）

无肥区产量水平/kg/hm²	试验点数	施钾回归效应方程
<3 000	3	$y=2\,560+27.36K-0.108\,1K^2$
3 000~4 500	5	$y=2\,560+14.71K-0.058\,8K^2$
>4 500	3	$y=5\,585+5.92K-0.016\,9K^2$

注：y 为冬小麦产量（kg/hm²），K 指钾肥施用量（K_2O，kg/hm²）。

含钾量较为丰富的淮北平原砂姜黑土，近些年由于农民偏施氮磷肥，不施或很少施用钾肥，氮磷钾施用比例严重失调，钾投入小于产出，钾出现亏损，导致土壤速效钾含量迅速下降，增施钾肥具有极显著的增产效果。

李录久等（2003）研究结果表明，2000—2001 年度小麦施钾的增产幅度为 $15.56\% \sim 23.50\%$，平均增产率为 18.37%，达极显著水平；2001—2002 年度小麦施钾的增产幅度为 $9.12\% \sim 17.31\%$，平均增产率为 13.21%，同样达显著或极显著水平；2 年小麦平均增产 $501.8 \sim 839.3$ kg/hm²，增产率为 $12.00\% \sim 20.07\%$，平均增产为 16.03%。施钾量在 210 kg/hm² 以下时，小麦产量随钾肥用量的增加而提高，高钾与低钾处理间产量差异达到了显著水平（$P<0.05$）。

王道中等（2007）的长期定位试验结果显示，施钾小麦平均增产 12.4%，每千克 K_2O 小麦增产 4.4 kg。施用钾肥在最初的 6 年并未表现出显著的增产效果，钾肥对小麦出现明显的增产效应在第

7 年，第 7～10 年每千克 K_2O 增产小麦 7.4 kg，表明砂姜黑土连续种植 6 年以后即表现出缺钾，施用钾肥可获得显著的增产效果。钾肥的增产贡献率为 7.3%，小于氮肥（69.4%）和磷肥（23.3%）。结果还显示，不施钾处理的土壤速效钾含量下降幅度较大。施钾处理中，PK 处理和 NK 处理速效钾含量有所提高，而 NPK 处理速效钾含量则下降了 9.6 mg/kg，说明每年每公顷施 135 kg K_2O 尚不能满足一年两季作物的高产需求。因此，从维持和提高土壤钾素肥力角度出发，应适当提高钾肥用量。

二、氮、钾交互作用

氮、钾是影响小麦产量和品质的两个关键因子，小麦主产区土壤氮、钾供应不足已成为小麦持续高产稳产的主要限制因子之一。在不施氮肥的情况下，钾肥的增产幅度为 5.89%～11.00%，且低钾（75 kg/hm^2）与不施钾处理差异不显著。配施氮肥后，钾肥的增产效应表现出升高的趋势。氮肥用量为 180 kg/hm^2、210 kg/hm^2 和 240 kg/hm^2 时，钾肥的增产幅度分别达到了 17.87%～26.62%、19.18%～27.10% 和 20.12%～28.18%，处理间产量差异均达到显著水平，即钾肥的增产效应随着氮肥用量的增加越来越显著。不施钾肥时，氮肥的增产幅度为 9.41%～11.67%，配施钾肥后氮肥的增产幅度分别提高到 72.54%～84.42%（钾肥用量 75 kg/hm^2）和 76.81%～87.61%（钾肥用量 150 kg/hm^2）。随着钾肥用量的增加，氮肥的产量效应也越来越明显。氮、钾对小麦产量的正交互作用达到了极显著水平（武际 等，2009）。

三、小麦-玉米轮作

在小麦-玉米轮作体系中，砂姜黑土玉米产量随着钾肥用量的增加而增加，玉米增产幅度为 7.3%～17.5%，小麦增产幅度为 10.7%～13.8%，每千克 K_2O 玉米增产 3.3～5.7 kg，每千克 K_2O 小麦增产 3.2～4.5 kg，玉米施钾增产效果高于小麦。砂姜黑土区年钾（K_2O）统筹适宜用量为 262.5 kg/hm^2，玉米、小麦两季按 1∶0.75 比例分配较好（易玉林 等，2012）。

四、经济作物

（一）甘蓝

甘蓝生长过程中对钾的需求量大。施钾肥与不施钾肥处理间第一季冬甘蓝产量无明显差异；第二季的春甘蓝中，与不施钾肥处理相比较，施钾肥处理生物产量和经济产量分别增产 30.31%～36.9% 和 28.2%～43.2%，表现出极显著的增产效果。连续两季不施钾肥的，春甘蓝出现叶片枯黄、萎缩、个体发育明显不良。高钾增产的幅度明显高于低钾（徐长兴，1999）。钾对冬甘蓝的生长有促进作用，在低氮情况下增施 K_2O 300 kg/hm^2，每千克 K_2O 增加产量 2.0～32.5 kg，在此基础上再增施 K_2O 150 kg/hm^2，每千克 K_2O 能增产 12.33～24.73 kg；每千克 K_2O 增加春甘蓝产量 7.25～17.13 kg，钾肥增产效率低于冬甘蓝。在高氮情况下，随着钾肥用量的增加，每千克钾肥冬甘蓝和春甘蓝产量都呈增加的趋势。在春甘蓝套玉米-冬甘蓝轮作方式中，玉米是粮食作物，施钾肥处理有显著增加玉米产量的作用；不施钾肥处理第二年明显表现出典型的缺钾症状，施高钾处理与对照相比增产的幅度都达 100% 以上，其中高钾处理高达 115.6%，低钾处理也达 85%～93%。在砂姜黑土上连续 3 年不施钾肥，玉米产量明显下降；增施氮肥，在低钾时有一定的增产作用，但高钾时增产的效果不明显；在同氮情况下，随着钾肥用量的增加，每千克 K_2O 玉米产量呈增加的趋势（张祥明 等，2004）。

（二）甘薯

不施钾肥处理甘薯产量最低，随着钾肥用量的增加，产量逐步提高，当钾肥用量达 225 kg/hm² 时，甘薯产量最高，与不施钾肥处理间的差异达到极显著水平，但与施钾 150 kg/hm² 处理间产量差异并不明显。继续增加钾肥用量，甘薯产量下降，施钾 150 kg/hm² 和施钾 450 kg/hm² 处理间产量差异达显著水平，表明过高的供钾水平不利于甘薯高产。回归分析得出，钾肥施用量与甘薯产量方程为 $y = -0.060\,4x^2 + 32.038x + 26\,648$，$R^2 = 0.961\,3**$（王道中 等，2014）。

（三）生姜

在相同氮肥用量条件下，施用钾肥 375～525 kg/hm² 时，生姜植株高度、分枝数、茎粗明显增加，地上部茎叶干重和地下部根茎重也大幅度提高；两种氮肥水平下根茎产量平均增加 16.7% 和 21.8%，达显著水平。低氮条件下，3 种钾肥用量间生姜根茎产量差异不显著；高氮条件下，不同施钾水平间的生姜根茎产量差异显著。随施氮水平的提高，钾对生姜产量及其构成因素表现出明显的促进作用，钾氮间存在明显的正交互作用（李录久 等，2009）。

五、钾肥用量

安徽省淮北平原砂姜黑土地区小麦施用钾肥具有较好的增产效果，施钾量在 210 kg/hm² 以下时，小麦产量随钾肥施用量的增加而提高。然而，由于小麦价格不高，施肥的效益偏低，增产不增收的现象时有发生。钾肥用量 210 kg/hm² 处理较 90 kg/hm² 处理小麦产量增加 296.4～378.5 kg/hm²，平均增产 337.5 kg/hm²，增产率为 7.21%，产量差异达到了显著水平。施钾量越大，小麦产量越高，但是钾肥用量 210 kg/hm² 处理的产投比却低于 90 kg/hm² 处理，只有 1.67，施肥效益低于 2.0 的施肥效益下限。因此，综合小麦产量和施肥经济效益，在当前生产水平下，安徽省淮北平原小麦钾肥的适宜施用量为 90 kg/hm² 左右（李录久 等，2003）。淮北平原砂姜黑土地区小麦施钾田间试验的增产效应结果表明，增施适量钾肥具有显著的增产效果，小麦籽粒产量提高 9.6%～25.0%，平均增产 15.5%。小麦钾肥的增产效应与土壤有效钾含量和施钾量有极大关系。当前生产水平下，淮北平原砂姜黑土地区小麦钾肥适宜施用量为 K_2O 130 kg/hm² 左右（李录久 等，2006）。

根据作物钾肥效应方程计算，河南省砂姜黑土上追求小麦高产时的最大施钾量为 124.5～174.0 kg/hm²，地力条件高的需钾量亦高，这与高产条件下小麦吸钾较多需增施钾肥是一致的。但高地力条件下，最佳施钾量与最大施钾量相差甚大；而低地力条件下，两种施钾量相差仅 13.5 kg/hm²。追求经济收益最优时的最佳施钾量，高地力条件下需钾量最低为 94.5 kg/hm²，低地力条件下需钾量最高为 112.5 kg/hm²（表 9-3）。

表 9-3　冬小麦不同地力条件的施钾推荐（李贵宝 等，1998）

无肥区产量/ kg/hm²	施钾量/kg/hm²		产量/kg/hm²		增产/kg/kg（以 K_2O 计）	
	最佳	最大	最佳	最大	最佳	最大
<3 000	112.5	126.0	4 271	4 290	15.2	13.7

（续）

无肥区产量/ kg/hm²	施钾量/kg/hm²		产量/kg/hm²		增产/kg/kg（以 K₂O 计）	
	最佳	最大	最佳	最大	最佳	最大
3 000～4 500	102.0	124.5	4 716	4 747	8.7	7.4
>4 500	94.5	174.0	5 992	6 103	4.3	3.0

王道中等（2014）研究表明，砂姜黑土甘薯作物最高产量施钾量为 266.98 kg/hm²，最佳经济施钾量为 161.75 kg/hm²。甘薯钾素生理效率、钾素利用效率、钾肥农学利用率、钾肥效率和钾肥利用效率均随钾肥用量的增加而下降。施钾量为 K_2O 75 kg/hm² 时，甘薯的钾肥利用效率最高。综合产量水平、经济效益、土壤钾素含量状况，在砂姜黑土区甘薯栽培上 K_2O 用量为 75～150 kg/hm² 是较为适宜的。

第三节　土壤钾形态与钾素利用

一、钾形态

土壤水溶性钾、非特殊吸附钾和特殊吸附钾是作物从土壤中吸收的最有效的形态。砂姜黑土 3 种钾形态占速效钾的百分比分别约为 10%、30% 和 60%，特殊吸附钾所占比例高于潮土、褐土、黄褐土和红黏土，而水溶性钾所占比例较小，说明其固钾能力强，但供钾能力较低（表 9-4）。不施钾情况下，由于连续种植的玉米幼苗对土壤钾的不断吸收，致使土壤速效钾逐渐耗损下降，当降低到某一水平时，就不再连续下降而趋于"最低水平值"。遂平县砂姜黑土前 3 茬下降最多（61 mg/kg），占其总下降量的 80%，土壤速效钾"最低水平值"为 43 mg/kg（孙克刚 等，1999）。

表 9-4　砂姜黑土速效钾形态（孙克刚 等，1999）

质地	地点	水溶性钾		非特殊吸附钾		特殊吸附钾		速效钾含量/ mg/kg
		含量/ mg/kg	占比/ %	含量/ mg/kg	占比/ %	含量/ mg/kg	占比/ %	
黏质	河南遂平	11.2	9.3	38.2	31.6	71.5	59.1	121.0
黏质	河南汝南	11.6	10.1	35.6	30.8	68.3	59.1	115.5

二、砂姜黑土固钾能力

李贵宝等（1998）选取一种典型砂姜黑土和一种非典型砂姜黑土进行砂姜黑土固钾特性研究，以潮土作为对比。结果显示，在施钾量 0.4～4.0 g/L 范围内，土壤固钾量随施钾量的增加，呈曲线上升，当施钾量达到一定水平后趋于平缓而基本稳定。典型砂姜黑土的固钾量和最大固钾量大于非典型砂姜黑土，远大于对照土壤潮土（表 9-5）。

表 9-5　砂姜黑土的固钾能力（李贵宝 等，1998）

土壤类型		不同钾加入量下固钾量/g/L						不同钾加入量下固钾率/%					
		0.4g/L	0.8g/L	1.6g/L	2.4g/L	3.2g/L	4.0g/L	0.4g/L	0.8g/L	1.6g/L	2.4g/L	3.2g/L	4.0g/L
砂姜黑土	典型	0.29	0.58	1.13	1.55	1.86	2.05	73	72	71	65	58	51
	非典型	0.27	0.54	1.10	1.38	1.58	1.94	68	68	69	58	49	48
潮土	两合土	0.23	0.48	0.80	0.97	1.08	1.07	58	60	50	40	34	27

　　一般用加入的外源钾被土壤所固定的百分比表示固钾率，用以表示土壤固钾的能力。固钾率随着加入钾量的增加而逐渐下降，且稳定在某一固定数值。砂姜黑土固钾率明显高于其他土类，且随着加入钾量的增多，高出得越多。当加入钾量为 0.4 g/L 时，比其他土类高出 7.4%～108.6%；而加入钾量为 4.0 g/L 时，高出 10.8%～183.3%。砂姜黑土是在平原且微洼及排水不畅的潜育化条件下形成的，黏粒含量较高（30%左右），非交换性钾含量低，另外土壤黏粒中主导的黏粒矿物是有一定固钾能力的蒙脱石（孙克刚 等，1999）。因此，砂姜黑土固钾能力强，与其土壤质地和黏土矿物组成有关。

三、钾的形态含量变化

　　马友华等（1995）研究表明，不施钾情况下，种植烟草后土壤钾解吸量 EUF - $K_{0\sim10}$［下标为电超滤时间（min）］、EUF - $K_{10\sim35}$、EUF - $K_{30\sim35}$ 均有下降，以 EUF - $K_{30\sim35}$ 下降最为明显，可见不施钾情况下，种植烟草后砂姜黑土的土壤溶液钾浓度、土壤交换性钾和供钾潜力均有下降，而以土壤供钾潜力下降程度较高。施钾情况下，种植烟草后土壤钾解吸量均高于原始土壤，其中低钾处理的比原土壤平均高 10%左右，高钾处理的高出 50%～60%，即施钾的砂姜黑土在种植烟草后其土壤钾强度、数量和供钾潜力均高于种植前原始土壤相应钾水平。砂姜黑土尽管有较高的供钾潜力，为保持土壤对作物特别是喜钾作物具有较高的供钾能力，应合理使用钾肥。

四、供钾缓冲能力

　　Beckett（1964）提出，把数量因素（Q）和强度因素（I）联系起来综合评价土壤钾素的供应状况，并用 Q/I 表示，称为土壤供钾的缓冲能力（PBC）。刘春生等（1997）利用 Q/I 法对山东省主要土壤钾素供应的强度因素、容量因素及其关系进行研究，结果表明四大土类供钾缓冲能力顺序为砂姜黑土＞褐土＞棕壤＞潮土。潮土虽然供钾的强度因素好，但缓冲能力差，也就是保持土壤溶液中钾素强度不变的能力较低；而砂姜黑土供钾的强度因素差，但缓冲容量好，即土壤供钾的稳定性好，当作物大量吸收时，具有较高的维持土壤溶液钾浓度不下降的能力。

五、钾素利用能力

　　砂姜黑土钾素利用能力与耕作和施肥方式密切相关。在秸秆全量还田基础上，深松-旋耕和深松-免耕能够改善土壤速效钾状况，显著提高周年作物产量（谢迎新 等，2016）。韩上等（2020）研究表明，砂姜黑土地区，深耕结合秸秆还田提高作物产量并改善耕层薄化土壤钾状况。与旋耕处理相比，在 0～10 cm 土层，深耕处理明显降低了土壤速效钾含量，配合秸秆还田后土壤速效钾含量均有不同程度的升高；0～10 cm 土层，旋耕＋秸秆还田处理土壤速效钾含量最高，显著高于 RT 处理（表 9 - 6）。除耕作措施外，调整钾肥用量也可显著改善土壤钾素状况，提高钾素利用率。

表 9 - 6 不同耕作方式和秸秆还田处理土壤速效钾含量（韩上 等，2020）

土层/cm	土壤速效钾含量/mg/kg			
	旋耕（RT）	深耕（DT）	旋耕＋秸秆还田（RTS）	深耕＋秸秆还田（DTS）
0～10	235.35	200.86	290.63	281.09
10～20	158.32	153.28	155.09	157.56

第四节 长期施肥下土壤钾素演变规律

长期施肥试验平台砂姜黑土冬小麦-夏大豆轮作系统下作物钾素吸收量、钾素回收率、土壤钾盈亏量和速效钾含量的年际变化特征，能较为深入地反映土壤速效钾与外源钾投入、土壤累积钾盈亏的响应关系，科学阐明施肥方式对土壤钾素利用及盈亏的影响，合理确定砂姜黑土区高产高效的施钾方式。

一、施肥方式对土壤肥力的影响

长期施肥可显著影响土壤肥力状况（表 9 - 7），与 CK（不施肥）处理相比，CF（常规化肥）处理土壤有机质、全氮、全磷、碱解氮、有效磷和速效钾含量分别增加 44.1％、25.0％、45.5％、29.5％、254.8％和 13.9％，差异均达到显著水平（$P < 0.05$）。与 CF 处理相比，长期增施有机肥［PCF（猪粪＋化肥）和 CCF（牛粪＋化肥）］土壤全量养分（有机质、全氮、全磷）及有效养分（碱解氮、有效磷、速效钾和缓效钾）含量均有显著提高，SCF（秸秆＋化肥）处理的土壤有机质、全氮、速效钾和缓效钾的提升幅度也达到显著水平。土壤肥力指标提升的幅度因有机物料类型的不同有所差别。与 CF 处理相比，SCF、PCF 和 CCF 处理土壤有机质提升的幅度分别为 30.6％、44.2％和 109.5％，CCF 处理显著高于 SCF 和 PCF 处理（$P < 0.05$），SCF 和 PCF 处理间无显著差异。与 CK 处理相比，CF 和 SCF 处理土壤 pH 分别降低 10.1％和 13.0％，差异显著（$P < 0.05$），而 PCF 和 CCF 处理对土壤 pH 无显著影响（花可可 等，2017）。

表 9 - 7 不同施肥处理表层（0～20 cm）土壤理化性质（花可可 等，2017）

处理	有机质/g/kg	全氮/g/kg	全磷/g/kg	碱解氮/mg/kg	有效磷/mg/kg	速效钾/mg/kg	缓效钾/mg/kg	pH
CK	10.2d	0.8d	0.22c	70.9d	4.2d	72.3d	222.4c	6.9a
CF	14.7c	1.0c	0.32b	91.8c	14.9c	82.4c	224.3c	6.2b
SCF	19.2b	1.2b	0.38b	105.5c	15.9c	128.4b	281.6b	6.0b
PCF	21.2b	1.3b	0.54a	123.9b	50.6b	133.0b	302.3b	6.7a
CCF	30.8a	1.7a	0.59a	151.5a	63.8a	289.5a	380.9a	7.0a

注：CK 指不施肥，CF 指常规化肥，SCF 指秸秆＋化肥，PCF 指猪粪＋化肥，CCF 指牛粪＋化肥，下同。不同小写字母表示处理间差异显著（$P < 0.05$）。

二、施肥方式对植株钾含量及钾动态吸收的影响

各施肥处理小麦籽粒和秸秆钾含量分别在 $3.2 \sim 4.4$ g/kg 和 $5.5 \sim 14.4$ g/kg（表 9-8）。与 CK 处理相比，CF 处理可显著增加小麦秸秆中钾含量（$P<0.05$），而对籽粒钾含量无显著影响（$P \geqslant 0.05$）；增施有机物料（SCF、PCF 和 CCF）处理可显著增加小麦籽粒和秸秆中钾含量（$P<0.05$），其中 CCF 处理增幅最大。施肥方式对大豆籽粒和秸秆中钾含量的影响与小麦相似。小麦和大豆地上部分吸钾量动态变化如图 9-1 所示。CK 处理作物吸钾量逐年下降，而各施肥处理作物吸钾量均随产量的增加呈稳步上升的态势。整个试验期，小麦和大豆地上部分多年平均吸钾量在 $8.3 \sim 104.4$ kg/hm² 和 $13.8 \sim 59.6$ kg/hm²，CK、CF、SCF、PCF 和 CCF 处理作物年吸钾量（小麦与大豆之和）分别为 22.0 kg/hm²、83.7 kg/hm²、117.6 kg/hm²、121.7 kg/hm² 和 164.0 kg/hm²。与 CK 处理相比，CF 处理作物年均吸钾量增加了 280.5%；SCF、PCF 和 CCF 处理分别较 CF 处理提升 40.5%、45.4% 和 95.9%，差异显著（$P<0.05$）；SCF 与 PCF 处理间无显著差异，CCF 处理显著高于 SCF 与 PCF 处理（$P<0.05$）。

表 9-8　不同施肥处理作物籽粒和秸秆钾含量（花可可 等，2017）

单位：g/kg

处理	小麦		大豆	
	籽粒	秸秆	籽粒	秸秆
CK	3.2±0.1c	5.5±0.2d	16.4±0.7b	3.5±0.4c
CF	3.2±0.5c	7.5±0.1c	18.1±0.6a	5.4±1.3b
SCF	3.8±0.2b	11.1±0.1b	19.1±0.4a	6.9±1.0a
PCF	4.4±0.6a	9.8±0.9b	19.2±0.7a	7.6±1.6a
CCF	4.4±0.5a	14.4±0.3a	20.9±0.2a	7.9±1.2a

注：平均值±标准偏差（2013 年测定），同一列不同小写字母表示处理间差异显著（$P<0.05$）。

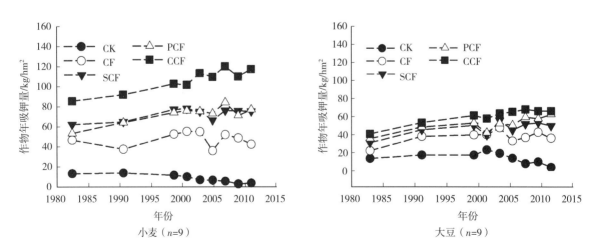

图 9-1　不同施肥处理小麦和大豆吸钾量动态变化（花可可 等，2017）

注：CK 指不施肥，CF 指常规化肥，SCF 指秸秆+化肥，PCF 指猪粪+化肥，CCF 指牛粪+化肥。下同。

三、施肥方式对作物钾回收率的影响

根据施肥处理每年作物地上部分的吸钾量，并以 CK 处理为对照，计算出不同施肥方式下作物钾回收率（图 9-2）。总体而言，各施肥处理作物钾回收率随施肥年限的增加而逐渐升高，大豆回收率的增长幅度高于小麦。CF、SCF、PCF、CCF 处理小麦和大豆钾回收率多年平均值分别在 19.8%～23.0% 和 34.4%～44.8%，4 种施肥处理钾总回收率（小麦与大豆回收率之和）分别为 55.1%、58.2%、62.2%、66.1%，以 CCF 处理最高，CF 处理最低，呈现突出的 CCF＞PCF＞SCF＞CF，说明长期增施猪粪或牛粪等农家厩肥可显著提升作物钾回收率。

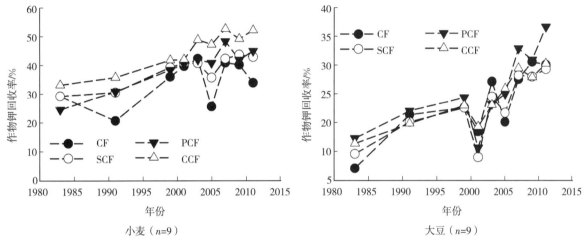

图 9-2　不同施肥处理小麦和大豆钾回收率动态变化（花可可 等，2017）

四、不同施肥方式下土壤速效钾演变及其对钾投入的响应

除 CK 处理土壤速效钾含量逐年下降外，其余各施肥处理均有增加的趋势（图 9-3），土壤速效钾含量变化范围为 70.1～397.3 mg/kg，其中 CCF 处理土壤速效钾含量增加速率最大，CF 处理最

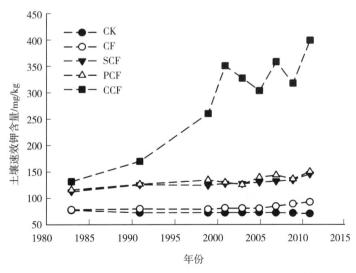

图 9-3　不同施肥处理土壤速效钾含量的动态变化（花可可 等，2017）

小。CK、CF、SCF、PCF 和 CCF 这 5 种施肥处理土壤速效钾含量多年平均值分别为 72.3 mg/kg、82.4 mg/kg、128.4 mg/kg、133.0 mg/kg 和 289.5 mg/kg。与 CK 处理相比，CF 处理土壤速效钾含量显著提高（$P<0.05$），提高比例为 13.9%，SCF、PCF 和 CCF 处理土壤速效钾含量分别较 CF 处理提高 55.8%、61.4% 和 251.3%，差异显著（$P<0.05$）；而 SCF 与 PCF 处理间无显著差异。土壤速效钾与外源钾累积投入之间的线性回归分析表明，4 种施肥处理（CF、SCF、PCF 和 CCF）土壤速效钾含量均随着外源钾投入量的增加而增大，但增长幅度有一定差异（图 9-4）。每投入外源钾 100 kg/hm²，CF、SCF、PCF 和 CCF 处理土壤速效钾含量分别增加 0.37 mg/kg、0.54 mg/kg、0.62 mg/kg 和 4.27 mg/kg，增加幅度的顺序为 CCF>PCF>SCF>CF；其中，增施秸秆和猪粪处理（SCF 和 PCF）分别较 CF 处理提高 46.0% 和 67.6%，而增施牛粪（CCF）处理增加幅度约为 CF 处理的 10 倍。

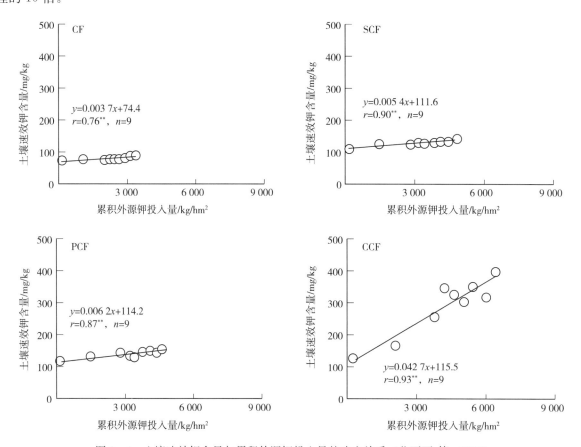

图 9-4 土壤速效钾含量与累积外源钾投入量的响应关系（花可可 等，2017）

五、不同施肥方式下土壤钾累积盈亏量与速效钾含量的关系

土壤速效钾的含量与土壤钾累积盈亏量的响应关系如图 9-5 所示，各处理土壤速效钾含量与土壤钾累积盈亏量均呈极显著的直线正相关关系，这表明土壤速效钾的消长与钾盈亏呈正相关关系。CK 处理，土壤中钾每耗竭 100 kg/hm²，土壤速效钾含量减少 0.64 mg/kg。而其余 4 种施肥处理，土壤钾素每盈余 100 kg/hm²，CF、SCF、PCF 和 CCF 处理土壤速效钾含量分别增加 1.4 mg/kg、1.8 mg/kg、2.3 mg/kg 和 15.8 mg/kg，增加幅度为 CCF>PCF>SCF>CF；其中，增施秸秆和猪粪（SCF 和 PCF）处理分别较 CF 处理提高 28.6% 和 64.3%，而增施牛粪（CCF）处理增加幅度约为

CF 处理的 10 倍，这与土壤速效钾含量和外源钾累积投入量的响应关系相似。

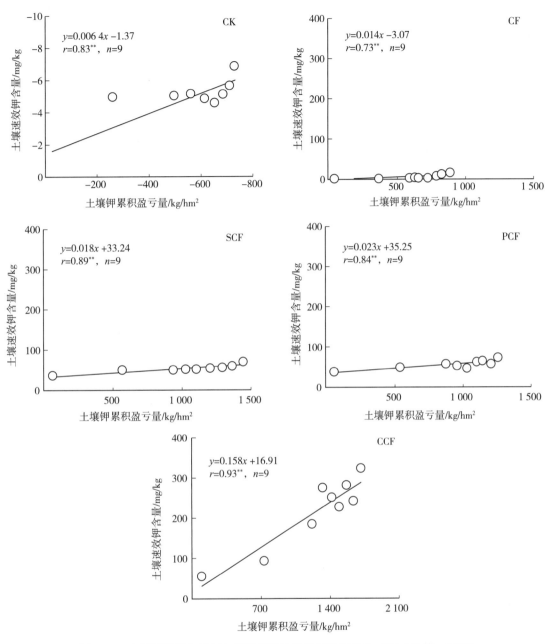

图 9-5　土壤速效钾含量与土壤钾累积盈亏量的响应关系（花可可 等，2017）

六、施肥方式影响砂姜黑土作物钾回收率的机理

砂姜黑土 29 年长期定位试验研究表明，小麦-大豆轮作制度下长期施肥处理作物钾回收率多年平均值为 55％～66％，高于全国钾肥平均利用率 35％～50％，这主要与本试验点大豆生长期不施用钾肥有关。由于本试验年限较长和人员更替频繁等因素，无法获取每一年度植株钾及有机物料（秸秆、猪粪和牛粪）钾的含量。为估算不同施肥方式下作物钾吸收量和外源钾投入量，本文用某一年所测定的植株钾或有机肥养分提供的有机物料钾含量进行计算，会对年度土壤钾收支平衡及作物钾回收率的计算产生一定误差；肥料的施用对作物钾利用率的影响会因肥料的种类、施肥量的不同而差异显著，

因施肥方式会直接影响养分的输入量，从而影响作物产量和养分吸收量。该研究中，长期增施有机肥（秸秆、猪粪和牛粪）对作物钾回收率有显著的提升作用，这与前人的研究结果基本一致，主要因长期增施秸秆、猪粪和牛粪等物料增加了土壤外源氮、磷、钾养分的投入，尤其是氮投入量的增加显著提高了作物产量和土壤肥力，因而，长期增施有机肥处理作物钾吸收量和钾回收率高于常规化肥处理。此外，增施牛粪、猪粪和秸秆处理间作物钾回收率也有一定差异，且牛粪的效果优于猪粪和秸秆，这主要与牛粪处理外源钾投入量及作物产量较高有关。施肥方式还可通过影响土壤有机质含量，影响肥料利用率。鲁艳红等研究表明，土壤有机质利于作物产量和养分吸收量的提升，降低作物对肥料的依赖，提高肥料利用率，主要因为有机质可加强土壤对养分的固持固定能力，提高其缓冲性能和持久性。有机质可通过酸化、配位交换及还原作用溶解和转化一些难溶性矿物，促进水溶性钾和交换性钾的形成，促进土壤钾活化和增强钾的有效性。因此，长期增施有机肥提高土壤有机质含量，进而增加作物对钾的吸收，可能是该研究作物钾回收率显著高于常规化肥处理的另一重要原因。研究仅从有机质对土壤钾活化和增强钾保持能力的角度阐释增施有机肥对作物钾肥回收率的影响，具有一定的局限性，今后应加强不同施肥方式下土壤供钾特性（如容量、强度、形态）与作物钾回收率的定量耦合关系研究，进而明确外源有机物料对作物钾肥利用率的作用机制。

七、施肥方式影响砂姜黑土钾盈亏及速效钾变化的机理

施肥方式通过影响外源钾的输入状况（数量和质量）和土壤-作物系统钾的收支平衡，进而影响土壤钾的盈亏状况与有效性，长期定位试验各施肥处理外源钾累积投入量、钾累积盈亏量与土壤速效钾含量的线性关系进一步例证了这一现象。常规化肥处理每投入外源钾 100 kg/hm²，土壤速效钾含量增加 0.4 kg/hm²；土壤累积钾每盈余 100 kg/hm²，土壤速效钾增量为 1.4 mg/kg，而增施秸秆、猪粪和牛粪处理土壤速效钾含量的变化幅度均显著高于常规化肥处理，这说明增施有机肥（秸秆、猪粪和牛粪）在提升土壤速效钾的供应能力方面较常规化肥处理更有优势，其原因可能是长期增施有机物料增加了外源钾的投入量，同时增强了土壤中钾的有效性，使得土壤中其他形态的钾更易向土壤速效钾转化。相关研究表明，长期施用有机肥可提高土壤矿物各吸附点位钾的含量与有效性，增加土壤中有机复合体中的交换性钾、非交换性钾含量及非交换性钾的释放能力，促进钾的释放和其他形态的钾向土壤速效钾的转化。长期施用有机肥还可通过提高作物吸钾量促进土壤非交换性钾向速效钾的释放。进一步分析表明，长期增施牛粪、猪粪和秸秆处理土壤盈余的钾向速效钾的转化能力有显著差异，且增施牛粪的效果显著优于猪粪和秸秆，这与投入有机物料中钾含量和作物吸钾量有关，还与投入外源有机物料的数量和有机物料本身的特性有关。本试验点前期研究表明，增施牛粪处理的外源有机物料养分投入量较高，使其土壤肥力水平相对较高，同时微生物性状（酶活性、微生物群落结构多样性）均得以大幅提升，从而促进土壤钾等营养物质的循环过程。

总之，施肥方式能显著改变土壤中盈余的钾向速效钾转化，长期增施有机肥可提高这种转化能力，利于土壤钾养分的保持和利用。在本节的试验条件下，增施牛粪效果最好，猪粪和秸秆次之，说明投入有机物料是影响砂姜黑土农田钾高效利用的重要措施。在外源钾投入量和土壤钾累积盈亏量相同的情况下，适量增施牛粪、猪粪和秸秆等有机物料可提高土壤速效钾含量并实现钾肥的高效利用，其中以秸秆过腹还田加牛粪效果最好，是砂姜黑土区小麦-大豆轮作体系下实现土壤钾高效利用的一种优化施钾方式。

第十章 | 砂姜黑土中微量元素 >>>

相对于含量较高的大量元素（氮、磷、钾），中微量元素为土壤和植物中含量较低的营养元素。土壤是作物中量元素（钙、镁、硫）和有益元素硅的主要来源，农作物对中量元素的需要量仅次于氮、磷、钾，其供应状况直接影响作物的生长发育、产量及品质。微量元素含量很少，却是植物体内酶、维生素和生长激素等的重要组成成分，缺乏或过多均会对植物生长和动物生活产生不良影响，甚至威胁到人类健康。

第一节 中量元素

一、钙、镁

土壤中钙、镁、硫受成土母质、土壤理化性质、肥料施用等影响，有效态含量变异性较大。砂姜黑土发育于富含碳酸盐的黄土性沉积物，钙、镁元素含量丰富。第二次全国土壤普查数据显示，典型砂姜黑土表层的钙（CaO）和镁（MgO）含量（灼烧土基）分别为 13.7～22.3 g/kg 和 13.2～16.9 g/kg，石灰性砂姜黑土的钙（CaO）和镁（MgO）含量更为丰富，分别为 24.3～59.1 g/kg 和 15.2～31.5 g/kg。应用美国农化公司的 ASI 综合分析法，测得安徽省淮北平原蒙城县监测村土壤（$n=178$）有效钙含量在 2 798.9～6 104.6 mg/L，平均值为 4 271.0 mg/L，标准差为 566.1 mg/L，变异系数为 13.3%；有效镁含量在 389.1～1 019.0 mg/L，平均值为 674.2 mg/L，标准差为 112.0 mg/L，变异系数为 16.6%。土壤有效态钙、镁含量极为丰富，几乎全部属于高含量级别（钙含量大于 1 600 mg/L、镁含量大于 500 mg/L）（李录久 等，2006）。

土壤 Ca/Mg 和 N/Ca 值均能影响植物对钙的吸收，苹果果实因缺钙诱发苦痘病等而影响果实的商品率。山东省栽培红富士果园土壤交换性 Ca/Mg 在 8～16，N/Ca 在 9～18 较为适宜。果园砂姜黑土总钙含量为 13.43 g/kg，交换性钙含量为 6.93 g/kg，Ca/Mg 为 16.12，N/Ca 为 9.59。砂姜黑土上的红富士果实含钙量为 156.83 mg/kg（鲜重），极显著高于其他类型的土壤，砂姜黑土地区较适宜栽培红富士（郑伟尉 等，2005）。

二、硫

（一）含量与丰缺

1. 2000 年左右 土壤中有效硫是作物硫营养的主要来源。影响土壤有效硫含量高低的因素有土壤 pH、土壤结构与质地，以及微域地形、土壤硫的投入与输出（章力干 等，1999）。安徽省砂姜黑土有效硫含量为（25.8±1.9）mg/kg（$n=95$），有效硫<8 mg/kg 的频率为 5.3%，8～16 mg/kg 的频率为 28.4%，16～30 mg/kg 的频率为 34.7%，>30 mg/kg 的频率为 31.6%。缺硫（<16 mg/kg）面积为 55.50 万 hm²，潜在缺硫面积为 57.15 万 hm²，两者综合占安徽省砂姜黑土面积（164.74 万 hm²）的 68.38%（张继榛 等，1996）。沿淮地区砂姜黑土有效硫含量为（46.7±35.0）mg/kg，有效硫<8 mg/kg 的频率为 6.7%，8～16 mg/kg 的频率为 20.0%，16～30 mg/kg 的频率为 33.3%，>30 mg/kg 的频率为 40.0%（於忠祥 等，2001）。安徽省蒙城县监测村 178 个土壤调查结果表明（李录久 等，2006），土壤有效硫含量为 6.3～57.8 mg/L，平均值为 24.3 mg/L，属中等水平，缺硫土壤很少。

2. 近期耕地质量监测数据

（1）主要省份。耕地质量监测数据显示（表 10-1），砂姜黑土有效硫平均含量为 32.49 mg/kg，含量频率分布除>50 mg/kg 的频率最低外，其他级别均在 18%～30%，缺硫比例较大。不同省份土壤有效硫含量以河南省的最高，其次是山东省，较低的是江苏省和安徽省；从各省土壤有效硫含量分布频率看，<30 mg/kg 的频率分布，山东省在 60%以上，硫含量水平都较低。与 2000 年左右数据比较，安徽省的土壤有效硫平均含量从（25.8±1.9）mg/kg 提高到 29.79 mg/kg，<30 mg/kg 的分布频率从 68.4%降至 49.6%，但整体仍处于较低水平。

表 10-1 主要省份砂姜黑土有效硫含量与分布（农业农村部耕地质量监测保护中心，2020）

区域	平均值/mg/kg	各级含量分布频率/%				
		<20 mg/kg	20～30 mg/kg	30～40 mg/kg	40～50 mg/kg	>50 mg/kg
安徽省	29.79	18.30	31.32	27.74	22.46	0.18
河南省	48.59	13.41	17.03	25.36	24.64	19.57
山东省	35.05	32.71	31.78	14.02	8.41	13.08
江苏省	31.42	31.00	29.00	21.00	8.00	11.00
砂姜黑土区	32.49	18.93	29.38	26.60	21.35	3.74

（2）主要土属。不同土属有效硫含量水平存在一定的差异（表 10-2）。黑姜土有效硫平均含量最高为 33.94 mg/kg，其次为黄姜土，覆泥黑姜土和灰黑姜土含量低，且处在较低水平范围之内。从亚类土壤水平来看，典型砂姜黑土（黑姜土、黄姜土、覆泥黑姜土）的有效硫含量高于石灰性砂姜黑土（灰黑姜土）。从土壤有效硫各级含量频率分布可以看出，黑姜土、黄姜土<30 mg/kg 的分布频率在 50%以下，覆泥黑姜土约为 64%，而灰黑姜土则高达 78%以上（表 10-3）。应重视覆泥黑姜土和灰黑姜土有效硫含量水平低的现象。

表 10-2 砂姜黑土主要土属有效硫含量（农业农村部耕地质量监测保护中心，2020）

单位：mg/kg

土属	样本数/个	最小值	最大值	平均值
黑姜土	1 104	0.23	313.40	33.94
黄姜土	1 015	2.22	198.30	31.31
覆泥黑姜土	28	4.60	70.16	25.62
灰黑姜土	37	4.35	129.40	26.62

表 10 - 3　砂姜黑土主要土属有效硫含量分布（农业农村部耕地质量监测保护中心，2020）

土属	各级含量分布频率/%				
	<20 mg/kg	20～30 mg/kg	30～40 mg/kg	40～50 mg/kg	>50 mg/kg
黑姜土	21.92	25.09	26.18	21.29	5.53
黄姜土	14.19	34.09	27.98	22.17	1.58
覆泥黑姜土	46.43	17.86	17.86	14.29	3.57
灰黑姜土	37.84	40.54	10.81	5.41	5.41

（二）硫形态组分

表 10 - 4 显示，砂姜黑土水溶态无机硫含量为 0。土壤吸附态无机硫含量为 22.4 mg/kg，高于潮土，与黄褐土相当，低于黄红壤。土壤吸附态无机硫与土壤 pH、矿物类型、水化氧化铁铝含量及土壤有机质等因素有关。砂姜黑土难溶态无机硫含量为 14.0 mg/kg，相对较低。石灰性土壤难溶性硫主要是 $CaSO_4$ 和 $CaCO_3$ 形成共沉淀物。非石灰性土壤难溶性硫可能是施过磷酸钙带入的 $CaSO_4$。土壤硫以有机硫为主。砂姜黑土 C - O - S 形态硫含量为 48.3 mg/kg。能被 HI 还原的有机硫化物，较易转化为 SO_4^{2-} 供植物利用，是植物利用土壤有机硫的主要来源。C - S 形态硫，是不被 HI 还原，但能为 Raney - Ni 还原的一类有机硫化物，主要是含硫氨基酸，也较易为植物所利用。砂姜黑土 C—S 形态硫含量很低，只有 15.2 mg/kg。惰性硫指既不为 HI 也不为 Raney - Ni 还原的含硫有机化合物，作物较难利用。砂姜黑土惰性硫含量为 40.6 mg/kg，仅高于黄红壤。综合各种形态硫来看，砂姜黑土的总硫含量中等，潜在供硫能力大且有效硫含量较高（胡正义 等，1996）。

表 10 - 4　砂姜黑土硫形态组分（胡正义 等，1996）

参数	无机硫				有机硫			
	难溶态	吸附态	水溶态	总量	C - O - S	C - S	惰性硫	总量
含量/mg/kg	14.0	22.4	0	36.4	48.3	15.2	40.6	104.1
占总硫的比例/%	10.0	15.9	0	25.9	34.4	10.8	28.9	74.1

（三）硫素平衡

调查结果显示，目前缺硫土壤大都分布于高产田，潜在缺硫土壤大都分布于中产田，凡是有效硫含量丰富的土壤大都分布于低产田，表明收获量越大，带走的硫越多。表 10 - 5 中硫的输入与输出可发现，如果取输出的下限，即粮食产量在 6 000 kg/hm² 左右，土壤硫会出现盈余；随着农业向集约经营的目标发展，粮食产量达到现在的高产水平，即 9 000 kg/hm²，那么土壤硫均趋于亏缺。因此，施硫不仅是提高农作物品质，更是提高农作物产量、实现土壤平衡施肥的重要途径之一（於忠祥 等，2001）。

表 10 - 5　安徽省蚌埠市郊县土壤硫平衡（於忠祥 等，2001）

单位：kg/(hm²·年)

输入				输出		
化肥	人畜粪尿	降雨	灌溉水	作物收获	秸秆（燃料、饲料）	渗漏
9.4	2.6	7.4	9.5	9.0～13.5	6.5～13.0	3.5～5.5

(四)施用量与施用效应

根据模拟田间条件下土壤由饱和到风干的吸附实验结果,采用多项式回归逼近的方法拟合加入硫量(x)与提取硫量(y)的关系,土壤对硫的吸附特性回归方程为 $y=22.07+0.703x-0.001\ 15x^2$,砂姜黑土硫肥的推荐施用量为 39~61 kg/hm² (焦有 等,1999)。

砂姜黑土施用硫肥可以促进小麦生长发育,施硫 30 kg/hm² 处理小麦株高最高,达 80.1 cm,较对照增加 4.1 cm;施硫各处理穗长也较对照有所增加,增量在 0.2~0.7 cm。施用硫肥可以促进小麦穗粒数和千粒重的增加,每穗粒数以施硫 45 kg/hm² 处理最高,达 34.2 粒/穗,较对照处理增加 3.8 粒/穗;施硫各处理千粒重也较对照有所增加,以施硫 30 kg/hm² 处理增加最多。在施硫 0~45 kg/hm² 范围内随着硫肥施用量的提高,小麦产量增加也越多。当硫肥用量为 45 kg/hm²,小麦产量最高,较对照增产 13.8%,增产效果显著。安徽省淮北砂姜黑土区小麦硫肥适宜用量在 45 kg/hm² 左右(王道中 等,2002)。基施加硫尿素,可促进小麦的生长及生育期的优化,改善小麦的农艺性状,进而增加小麦产量和改善籽粒品质,小麦产量分别比普通尿素处理和无氮基肥处理增加 8.0%~16.1% 和 23.7%~39.8%,籽粒蛋白质分别提高 1.2%~1.8% 和 0.6%~2.2%(胡芹远,2008)。硫肥对杂交夏玉米的生长有良好的促进作用,通过促进穗部发育和干物质的积累,使得穗大、粒大,最终则表现为提高玉米产量。施硫处理与对照区相比,株高增加 5.2~7.9 cm,叶片数增加 0.6~1.3 片,第 9 叶面积提高 22.5%~25.1%;穗长增加 1.1~2.7 cm,秃顶减少 0.9~1.1 cm,穗粗增加 0.6 cm,穗粒数增加 49.9~92.0 粒,千粒重提高 11~18 g;增产 6.4%~7.2%(张多姝 等,2006)。大豆施用硫肥可增产 7.8%,增加收益 863.8 元/hm²,产投比为 9.0(焦有 等,1999)。

第二节 微量元素

土壤中的微量元素(硼、锌、锰、铁、铜、钼)主要来源于成土母质,全量取决于成土母质微量元素的含量,有效态含量则受土壤酸碱反应、氧化还原电位、有机质含量等条件的影响。

一、硼

(一)含量

1. 20 世纪 80 年代 安徽省砂姜黑土全硼含量为 55 mg/kg,低于全国平均含量 64 mg/kg,但高于世界平均含量 10~20 mg/kg。土壤有效硼含量范围在 0.14~0.65 mg/kg,平均值为 0.39 mg/kg($n=14$)。土壤有效硼含量分布频率分别为 <0.25 mg/kg 的占 9.1%、0.25~0.50 mg/kg 的占 70.5%、0.50~1.00 mg/kg 的占 20.4%。土壤有效硼呈现表层富集现象,含量随着土层深度增加而减少。

河南省砂姜黑土全硼含量在 21.2~69.9 mg/kg,平均值为 42.8 mg/kg,标准差为 14.8 mg/kg。土壤有效硼含量为 0.33 mg/kg,标准差为 0.14 mg/kg,变异系数为 42.42%($n=307$)。

山东省砂姜黑土全硼含量在 16~20 mg/kg,平均值为 19 mg/kg。典型砂姜黑土有效硼含量在 0.17~0.76 mg/kg,平均值为 0.43 mg/kg,标准差为 0.14 mg/kg,变异系数为 31.53%($n=94$);石灰性砂姜黑土有效硼含量在 0.18~1.14 mg/kg,平均值为 0.51 mg/kg,标准差为 0.19 mg/kg,变异系数为 36.36%($n=171$)。

江苏省砂姜黑土有效硼含量在 $0.02\sim0.57$ mg/kg，平均值为 0.28 mg/kg，标准差为 0.15 mg/kg，变异系数为 51.96%（$n=25$）。土壤有效硼含量分布频率分别为 <0.12 mg/kg 的占 11.40%、$0.12\sim$ 0.25 mg/kg 的占 31.96%、$0.25\sim0.50$ mg/kg 的占 44.20%、$0.50\sim1.00$ mg/kg 的占 12.44%。

2. 耕地质量监测数据

（1）主要省份。砂姜黑土全区有效硼平均含量在 $0.51\sim0.65$ mg/kg，各省份之间差异不大，但江苏省有效硼平均含量稍低。有效硼含量 <0.5 mg/kg 分布频率，河南和山东两省均在 50% 以上，安徽和江苏两省均在 47% 左右，较低和低含量水平占较高比例（表 10-6）。

表 10-6 主要省份砂姜黑土有效硼含量分布频率（农业农村部耕地质量监测保护中心，2020）

区域	平均值/ mg/kg	各级含量分布频率/%				
		<0.2 mg/kg	$0.2\sim0.5$ mg/kg	$0.5\sim1.0$ mg/kg	$1.0\sim2.0$ mg/kg	>2.0 mg/kg
安徽省	0.60	1.47	45.28	44.75	7.98	0.53
河南省	0.61	12.31	38.14	24.62	24.92	0.00
山东省	0.65	14.41	40.54	29.73	11.71	3.60
江苏省	0.51	11.88	35.64	51.49	0.99	0.00
砂姜黑土区	0.60	4.17	43.48	41.44	10.34	0.58

（2）主要土属。砂姜黑土主要土属有效硼平均含量在 $0.49\sim0.64$ mg/kg，黄姜土有效硼平均含量最高，覆泥黑姜土有效硼平均含量最低。有效含量 <0.5 mg/kg 分布频率，以覆泥黑姜土最高，达到了 80% 以上，有效硼含量属于较低水平；其次为黑姜土，灰黑姜土和覆淤黑姜土在 43% 左右，有效硼含量属于中低水平。黄姜土有效硼含量 >0.5 mg/kg 分布频率在 60% 以上，有效硼含量属中高水平（表 10-7）。

表 10-7 砂姜黑土主要土属有效硼含量与分布（农业农村部耕地质量监测保护中心，2020）

土属	n	最小值/ mg/kg	最大值/ mg/kg	平均值/ mg/kg	各级含量分布频率/%				
					<0.2 mg/kg	$0.2\sim0.5$ mg/kg	$0.5\sim1.0$ mg/kg	$1.0\sim2.0$ mg/kg	>2.0 mg/kg
黑姜土	1 112	0.08	8.29	0.58	2.70	52.70	31.21	12.68	0.72
黄姜土	1 053	0.03	6.07	0.64	4.94	33.81	52.42	8.45	0.38
覆泥黑姜土	31	0.18	2.01	0.49	6.45	74.19	16.13	0.00	3.23
灰黑姜土	37	0.04	1.81	0.57	18.92	24.32	54.05	2.70	0.00
覆淤黑姜土	16	0.47	0.83	0.52	18.75	25.00	56.25	0.00	0.00

（二）作物硼营养与施肥效应

1. 作物对硼的吸收 硼是大豆重要的营养元素，可降低大豆呼吸，降低琥珀酸脱氢酶和淀粉酶活性，提高固氮酶及硝酸还原酶活性，对碳水化合物运输、生长发育和产量等均有促进作用。在一定浓度范围内，大豆植株高度及干物重随介质中硼浓度增加而增高。在大田施硼条件下，大豆各器官全硼含量明显增加（表 10-8）。玉米产量 $7\,739.25$ kg/hm²、大豆产量 $2\,934$ kg/hm² 时，可吸收硼 122.55 g/hm²、426 g/hm²（房运喜 等，1997）。

表 10-8　施硼下大豆各器官全硼含量

单位：mg/kg

处理	根	茎	顶部1～3叶	叶柄	荚皮
喷清水	4.8	12.5	35.1	24.9	32.2
施硼肥3次	6.8	17.1	42.4	26.3	43.1

数据来源：大豆施硼等综合丰产技术协作组，1985。

2. 作物施硼效应　黄淮地区是我国大豆主产区之一。砂姜黑土大豆施用硼肥增产幅度为11.8%～17.3%（$n=45$）（表10-9）。砂姜黑土有效硼含量低，施硼的增产效果显著，应重视施用硼肥（大豆施硼等综合丰产技术协作组，1985）。

表 10-9　大豆施硼的增产效果

试验地点	土壤类型	增产点次	减产点次	增产幅度/%	平均增产/%
安徽	砂姜黑（潮）土	22	1	2.2～19.9	11.8
河南	砂姜黑（潮）土	23	0	4.7～44.3	17.3

油菜对于缺硼较为敏感，砂姜黑土上进行的油菜施硼试验表明（表10-10），油菜施硼肥能提高单株结角率，增加角粒数。与对照相比，叶面喷施和蘸根处理的株角数分别增加11.48%和4.64%，角粒数增加4.67%和3.33%，增产14.25%和9.25%。在施N 112.5 kg/hm²、P_2O_5 60 kg/hm²的基础上施用1.5 kg硼砂作基肥，能使油菜籽增产432.3 kg/hm²，增产率22.7%（房运喜 等，1997）。

表 10-10　砂姜黑土油菜施硼群体产量结构（周保元 等，1989）

处理	株高/cm	单株第一分枝/个	第二分枝/个	株角数/个	角粒数/粒	千粒重/g	增产/%
叶面喷施	91.2	7.7	4.8	233.0	15.7	4.00	14.25
蘸根	90.2	7.0	3.7	218.7	15.5	3.95	9.25
对照	87.5	6.8	3.2	209.0	15.0	3.90	—

在小麦播种和生长期间，对小麦进行拌种、浸种和叶面喷施，分别比对照增产3.95%、9.16%和9.68%，叶面喷施的穗粒数比对照增加6.72%（周保元 等，1989）。安徽省淮北地区砂姜黑土棉花施硼可增产9.4%（赵大贤 等，1996）。山东省砂姜黑土上小麦、玉米、水稻、花生、大豆5种作物施硼的增产幅度为2.1%～14.8%（张俊海 等，1982）。

二、锌

(一)含量

1. 20世纪80年代　土壤中锌主要由含锌矿物风化分解而来，锌在不同酸碱度土壤上以不同状态存在，土壤缺锌导致作物发生病害和减产。

安徽省砂姜黑土有效锌含量范围在0.16～0.54 mg/kg，平均值为0.29 mg/kg（$n=22$）。有效锌各级含量的分布频率为<0.5 mg/kg占95.5%、0.5～1.0 mg/kg仅占4.5%，砂姜黑土是安徽省土壤有效锌含量最低、缺锌面积最大的土壤类型。河南省砂姜黑土全锌含量为27.8～194.0 mg/kg，平

均值为 94.3 mg/kg。土壤有效锌含量为 0.63 mg/kg，标准差为 0.36 mg/kg，变异系数为 57.14%（$n=$ 332）。山东省砂姜黑土全锌含量为 49.0～60.0 mg/kg，平均值为 55.0 mg/kg。典型砂姜黑土有效锌含量为 0.14～1.66 mg/kg，平均值为 0.44 mg/kg，标准差为 0.25 mg/kg，变异系数为 56.05% （$n=97$）；石灰性砂姜黑土有效锌含量为 0.12～2.79 mg/kg，平均值为 0.41 mg/kg，标准差为 0.33 mg/kg，变异系数为 81.18%（$n=173$）。江苏省湖黑土（黑姜土土属）有效锌含量平均值为 0.45 mg/kg，标准差为 0.27 mg/kg，变异系数为 61.05%（$n=35$）；岗黑土（黄姜土土属）有效锌含量平均值为 0.60 mg/kg，标准差为 0.56 mg/kg，变异系数为 93.33%（$n=7$）。

2. 耕地质量监测数据

（1）主要省份。砂姜黑土区土壤有效锌平均含量在 1.07～2.54 mg/kg，全区平均值为 1.18 mg/kg。山东省砂姜黑土的有效锌含量达到 2.54 mg/kg，高出其他省份 1 倍左右。砂姜黑土区土壤有效锌平均含量<1.0 mg/kg 的分布频率在 60% 以上，属较低水平等级。山东省土壤有效锌含量为中低水平等级，其他省份的为较低水平等级（表 10-11）。

表 10-11　主要省份砂姜黑土有效锌含量与分布（农业农村部耕地质量监测保护中心，2020）

区域	平均值/ mg/kg	各级有效锌含量分布频率/%				
		<0.5 mg/kg	0.5～1.0 mg/kg	1.0～2.0 mg/kg	2.0～3.0 mg/kg	>3.0 mg/kg
安徽省	1.10	8.69	57.24	24.54	5.32	4.20
河南省	1.07	11.72	47.96	30.25	7.90	2.18
山东省	2.54	3.54	23.89	47.79	7.96	16.81
江苏省	1.31	14.43	36.08	27.84	13.40	8.25
砂姜黑土区	1.18	9.15	53.08	26.89	6.21	4.67

（2）主要土属。砂姜黑土有效锌平均含量以覆泥黑姜土和覆淤黑姜土为高；黑姜土和黄姜土为低，含量为 1.15 mg/kg 和 1.17 mg/kg。石灰性砂姜黑土的有效锌含量高于典型砂姜黑土。黑姜土和黄姜土的有效锌平均含量<1.0 mg/kg 的分布频率在 60% 以上，属较低水平等级；其他土属在 40% 以下，为中等较低水平等级（表 10-12）。

表 10-12　砂姜黑土主要土属有效锌含量与分布（农业农村部耕地质量监测保护中心，2020）

土属	n	最小值/ mg/kg	最大值/ mg/kg	平均值/ mg/kg	有效锌含量分布频率/%				
					<0.5 mg/kg	0.5～1.0 mg/kg	1.0～2.0 mg/kg	2.0～3.0 mg/kg	>3.0 mg/kg
黑姜土	1 119	0.02	18.00	1.15	12.42	48.61	26.09	7.33	5.54
黄姜土	1 047	0.11	15.90	1.17	5.44	60.36	26.36	4.49	3.34
覆泥黑姜土	31	0.25	17.20	1.88	12.90	25.81	35.48	16.13	9.68
灰黑姜土	53	0.23	14.18	1.44	11.32	28.30	52.83	3.77	3.77
覆淤黑姜土	17	0.05	3.11	1.69	11.76	17.65	17.65	29.41	23.53

砂姜黑土锌含量均随着土壤深度增加而呈现先下降后上升的趋势。0～20 cm 土层土壤锌含量与 20～40 cm、40～60 cm 土层的差异显著，可能的原因是砂姜黑土土体深厚，质地偏重，透水能力弱，锌随着降水进入土壤深层较为困难，因此，重金属锌集聚在表层（宋晓蓝 等，2020）。

（二）土壤中锌形态与转化

1. 形态　砂姜黑土中锌的赋存形态按量的大小呈如下规律：残留态＞晶形铁结合态＞无定形铁结合态＞有机结合态＞代换态，而氧化锰结合态和碳酸盐结合态未测出。土壤有效锌和各形态锌的相关分析结果表明（表 10 - 13），有效锌的含量不仅与代换态锌和无定形铁结合态锌间存在着极显著的相关性，而且与有机态锌和晶形铁结合态锌之间也存在显著的关系。有效锌主要来自代换态，无定形铁结合态锌略有贡献（表 10 - 13）。

表 10 - 13　砂姜黑土中有效锌与各形态锌之间的关系（丁维新 等，2000）

形态	有效锌	代换态	有机结合态	无定形铁结合态	晶形铁结合态	残留态	全锌
有效锌	1						
代换态	0.929 4**	1					
有机结合态	0.664 8*	0.756 8**	1				
无定形铁结合态	0.825 7**	0.846 9**	0.888 7**	1			
晶形铁结合态	0.688 6*	0.821 1**	0.723 3*	0.853 4**	1		
残留态	−0.426 6	−0.583 3	−0.374	−0.331 6	−0.514 3	1	
全锌	−0.408 4	−0.583 9	−0.352 3	−0.306 3	−0.490 4	0.999 6**	1

注：* 和 ** 分别表示相关性达到显著和极显著水平。

2. 转化　锌肥施入土壤后迅速发生形态转化，主要转化为代换态锌和有机结合态锌，也有部分氧化锰结合态锌和无定形铁结合态锌。随着时间的推移，代换态锌含量逐渐下降；有机结合态锌含量开始有所提高，然后 5 d 后开始下降。氧化锰结合态锌和无定形铁结合态锌前 50 d 逐渐上升，以后下降；晶形铁结合态锌、矿物态锌从无到有，含量逐渐提高，但到第 200 天也只占到外源锌总量的 5%～30%，表明锌肥有较长的后效（朱宏斌 等，1999）。

旱改水后砂姜黑土中锌的形态发生了变化，代换态锌和晶形铁结合态锌的含量和比例下降，有机态锌和无定形铁结合态锌含量和比例增加。有效锌含量较低是因为锌与其他微量元素不同，从植物有效性较低的形态释放后，主要与有机质结合形成有机结合态锌，有机结合态锌必须经微生物分解才能被植物吸收利用（丁维新 等，2000）。

（三）施肥等措施的影响

1. 磷水平　砂姜黑土无论培养 15 d 或 30 d，其有效锌含量都呈现随磷水平提高而递增的趋势，15 d 时低于本底值，30 d 时高于本底值（程素贞 等，1991）。

2. 秸秆还田　施用粉碎的秸秆对有效锌含量影响较小，但秸秆配施化肥，锌含量有一定程度的增加，增幅为 21%（汪金舫 等，2006）。

3. 有机肥　施牛粪的土壤有机质含量提高了 1 倍，而土壤有效锌含量提高了 2 倍，施麦秸的土壤有机质含量有较大的提高，从 3.19 g/kg 提高到 17.29 g/kg，但土壤有效锌含量提高较小，从 0.40 mg/kg 提高到 0.48 mg/kg。由此可见，长期施用有机肥提高土壤有效锌含量，有机肥种类的影响是第一位的。施牛粪大大地提高了无定形铁结合态锌的含量，牛粪可以活化土壤锌，从而使土壤有效锌含量大幅度提高（朱宏斌 等，1999）。

4. 旱作改水旱轮作　旱作改水旱轮作，耕层土壤中微量元素呈向下淋溶转移态势，锌表现最为强烈。旱作时，砂姜黑土中有效态微量元素的含量偏少，锌处于缺乏状态；旱作改水旱轮作后，锌的有效性则降低了 10.42%，缺锌现象更趋严重（丁维新 等，2000）。

5. 土壤性质　砂姜黑土有效锌含量随着黏粒含量增加而增加，其关系式为 $y=0.123x+0.0583$ （$n=6$，$r=0.931$）。砂姜黑土有效锌含量随 pH 升高而降低，其关系式为 $y=1.32-0.144x$（$n=7$，$r=-0.808$）。

（四）植物锌营养

低磷背景下，施锌肥能促进小麦根系的生长；高磷背景下，施适量锌肥能促进小麦根系生长，但高锌时出现磷、锌拮抗。苗期磷、锌呈协同关系，抽穗期高磷处理出现磷、锌拮抗，成熟期 2 个磷水平都表现出磷、锌拮抗；总生物量数据表明，苗期和抽穗期磷、锌呈协同关系，成熟期明显出现磷、锌拮抗。这说明磷、锌拮抗作用发生在成熟期，磷、锌呈协同作用发生在苗期，抽穗期为磷、锌关系过渡期，高磷高锌易出现磷、锌拮抗，磷、锌比例适当可以避免发生磷、锌拮抗。适当的磷、锌配比有利于小麦籽粒产量的提高和经济效益的增加。磷用量适当，锌水平过高，易造成磷营养不足，导致增产幅度降低；高磷水平，导致锌营养缺乏，施锌增产效果显著（尹恩 等，2009）。

低磷水平下，施锌促进了小麦对磷的吸收累积，高磷水平下施锌效应则相反。施磷减少了小麦锌的累积量。低磷水平下，适量施锌能够提高小麦的锌积累量，高锌肥用量则降低了籽粒锌积累量。高磷水平下，施锌提高了分蘖期和抽穗期的小麦根部及分蘖期小麦茎秆锌积累量，高锌肥用量降低了成熟期小麦根部锌积累量。

表 10-14 可以看出，两种施磷水平下，小麦分蘖期和抽穗期总吸磷量均随着施锌量的增加而提高。分蘖期和抽穗期低磷水平 $P_{0.3}$ 时的小麦植株总吸磷量的平均增幅分别为 87.60% 和 24.65%，高磷水平 $P_{0.9}$ 时的平均增幅分别为 26.60% 和 11.98%，低磷水平下小麦植株分蘖期、抽穗期的磷吸收总量增幅明显大于高磷水平，说明低磷水平下施锌对小麦植株磷吸收有显著的促进作用，高磷水平下施锌不利于小麦植株在分蘖期和抽穗期磷的积累。小麦成熟期磷吸收总量因锌肥用量的施用而提高，低磷水平时增幅为 7.8%~21.85%，高磷水平时增幅达到了 40.17%~41.19%。高磷水平下的小麦植株磷吸收总量增幅显著高于低磷水平，与分蘖期、抽穗期时的趋势相反。成熟期，施锌对高磷水平下小麦植株磷吸收的促进作用更为明显；另外，低磷水平下锌肥用量过高对小麦磷的吸收累积会产生不利影响。还可以看出，增施磷肥可显著提高分蘖期小麦植株磷的积累，但 $P_{0.9}Zn_{0.4}$ 处理的磷吸收量和增幅低于 $P_{0.3}Zn_{0.4}$ 处理，高磷高锌组合对磷的吸收有不利影响。施锌水平相同时，$P_{0.9}$ 处理成熟期小麦总吸磷量明显低于 $P_{0.3}$ 处理。由此可见，高磷水平不利于小麦成熟期磷吸收累积，施锌可减轻高磷肥用量对磷素吸收的不利影响。

表 10-14　不同磷锌组合对各生育时期小麦植株磷吸收总量的影响（武际 等，2010）

处理		分蘖期			抽穗期			成熟期		
		总量/ mg/盆	增加/%		总量/ mg/盆	增加/%		总量/ mg/盆	增加/%	
			锌肥效应	磷肥效应		锌肥效应	磷肥效应		锌肥效应	磷肥效应
$P_{0.3}$	Zn_0	18.87	—		87.02	—		158.78	—	
	$Zn_{0.2}$	28.03	48.54		104.50	20.09		193.47	21.85	
	$Zn_{0.4}$	42.77	126.66		112.42	29.19		171.16	7.80	

（续）

处理		分蘖期			抽穗期			成熟期		
		总量/mg/盆	增加/%		总量/mg/盆	增加/%		总量/mg/盆	增加/%	
			锌肥效应	磷肥效应		锌肥效应	磷肥效应		锌肥效应	磷肥效应
$P_{0.9}$	Zn_0	29.53	—	56.49	87.95	—	1.07	108.94	—	−31.39
	$Zn_{0.2}$	34.21	15.85	22.05	98.47	11.96	−5.77	152.70	40.17	−21.07
	$Zn_{0.4}$	40.56	37.35	−5.17	98.50	12.00	−12.38	153.80	41.18	−10.14

注：$P_{0.3}$、$P_{0.9}$ 分别表示磷水平为 0.3 g/kg（土）、0.9 g/kg（土），$Zn_{0.2}$、$Zn_{0.4}$ 分别表示锌水平为 0.2 g/kg（土）、0.4 g/kg（土）。

表 10-15 显示，不同生育时期小麦植株锌吸收总量大体上随锌肥用量的增加而提高。但是小麦的锌肥营养效应在不同生育时期有所变化，锌肥用量过高在小麦生长后期会影响小麦植株对锌的累积吸收。成熟期，低磷水平（$P_{0.3}$）下高锌处理 $Zn_{0.4}$ 的增幅低于处理 $Zn_{0.2}$。高磷水平（$P_{0.9}$）下，从抽穗期开始，高锌处理 $Zn_{0.4}$ 的增幅就明显低于 $Zn_{0.2}$ 处理。锌肥用量过高对小麦锌累积产生不利影响，这可能与磷肥的用量有着密切的关系。比较低磷和高磷水平各处理结果可以看出，增加磷肥用量可明显提高分蘖期和抽穗期 Zn_0 和 $Zn_{0.2}$ 处理小麦植株锌的吸收累积，降低成熟期小麦植株锌的吸收累积。对于高锌处理 $Zn_{0.4}$，增加磷肥用量可提高分蘖期小麦锌的累积，明显降低抽穗期和成熟期小麦植株锌的累积。增加磷肥用量可加大高量锌肥对小麦锌累积吸收的不利影响，而且还会使拮抗作用出现的时间提前（武际 等，2010）。

表 10-15　不同磷锌组合对各生育时期小麦植株锌吸收总量的影响（武际 等，2010）

处理		分蘖期			抽穗期			成熟期		
		总量/mg/盆	增加/%		总量/mg/盆	增加/%		总量/mg/盆	增加/%	
			锌肥效应	磷肥效应		锌肥效应	磷肥效应		锌肥效应	磷肥效应
$P_{0.3}$	Zn_0	414.38	—		991.06	—		1 592.32	—	
	$Zn_{0.2}$	611.78	47.64		1 582.64	59.69		2 512.73	57.80	
	$Zn_{0.4}$	1 089.11	162.83		1 927.15	94.45		2 481.11	55.82	
$P_{0.9}$	Zn_0	573.07	—	38.30	1 145.24	—	15.56	1 361.95	—	−14.47
	$Zn_{0.2}$	843.70	47.22	103.61	1 877.45	63.94	89.44	2 388.37	75.36	−49.99
	$Zn_{0.4}$	1 198.31	109.10	189.18	1 789.90	56.29	80.60	2 134.97	56.76	−34.08

（五）作物锌肥效应

1. 小麦　施锌对小麦生长发育具有一定的促进作用。3 年试验与对照相比，单纯土壤基施 15 kg/hm²（锌 15）、30 kg/hm²（锌 30）和 60 kg/hm²（锌 60）$ZnSO_4 \cdot 7H_2O$ 处理的增产率分别为 0.43%～3.50%、4.38%～9.85% 和 4.25%～10.04%，平均增产 2.26%、7.13% 和 6.81%。施锌增收 508～1 086 元/hm²，施锌产投比达 2.82～22.74。在淮北平原砂姜黑土地区当前生产水平下，小麦适宜施锌方式为土壤基施 $ZnSO_4 \cdot 7H_2O$ 15～30 kg/hm²（表 10-16）。

表 10-16　施锌对小麦产量结构性状和经济效益的影响（汪明云 等，2019）

| 处理 | 株高/cm | 穗长/cm | 小穗数/个 | | | 穗粒数/粒 | 千粒重/g | 增收/元/hm² | 锌投入/元/hm² | 产投比 |
			结实	不孕	合计					
锌 0	69.8	8.15	17.3	1.9	19.2	30.0	37.58	—	0	—
锌 15（土壤基施）	65.9	8.05	17.5	1.8	19.3	29.1	39.10	1 024	45	22.74
锌 30（土壤基施）	69.4	7.95	18.8	1.3	20.1	29.7	39.30	1 086	90	12.06
锌 60（土壤基施）	72.3	8.20	18.5	1.2	19.7	29.4	39.12	508	180	2.82
锌 0（喷施）	67.2	8.80	18.3	1.3	19.6	30.2	38.12	—	0	—
锌 15（喷施）	72.3	8.80	18.5	1.3	19.8	30.7	38.16	685	45	15.23
锌 30（喷施）	72.6	8.50	18.6	1.3	19.9	29.6	39.10	336	90	3.73

淮北地区砂姜黑土小麦施用锌肥具有显著的增产效果。施用锌肥的处理较相应的对照增产 9.6%，达显著水平；单施磷肥仅增产 7.35%；磷锌配施效果显著，增产 16.80%，达极显著水平（李义龙 等，2007）。在小麦播种和生育期内，进行拌种、浸种和根外喷肥，能增加各器官的含锌量，其产量分别比对照增加 4.28%、9.47% 和 11.25%，根外喷肥可提高千粒重 3.8%，浸种的每亩穗数比对照增加 8.86%（周保元 等，1989）。河南省砂姜黑土上 3 年试验结果，以拌种和基施效果最好，较对照分别增产 0.6%～13.6% 和 2.6%～12.0%。施锌肥增产主要是由于增加单株有效分蘖数 0.14～0.36 个，每亩有效穗数增加 1 万～4.6 万穗，提高千粒重 0.17～1.17 g（张鸿程 等，1987）。

2. 玉米　玉米施锌肥处理比不施锌肥对照增产 5.7%～9.9%，每公顷增产玉米籽粒 463.5～814.5 kg。其中以每公顷施 262.5 kg N、97.5 kg P_2O_5、15 kg $ZnSO_4$ 的处理增产效果最佳（房运喜 等，1997）。玉米进行根外喷施锌肥，能防治白叶病，提高穗粒数 14.4%，比对照增产 16.38%（周保元 等，1989）。

在严重渍涝高温时，锌有显著增强玉米耐涝抗渍的作用。经严重渍涝和高温灾害后的玉米，如排除锌的作用，死亡率高低与是否施用氮肥有关，凡施有氮肥处理与无氮肥（PK 和 CK）处理死亡率要增加 1 倍左右。从成活苗的株高和茎粗来看，配施锌肥处理比其他处理几乎要高出 1 倍，说明施用锌肥可明显地促进玉米的生长发育，大大增强玉米的耐涝抗渍作用。配施锌肥处理的玉米秸秆含氮量较其他施氮处理下降 30% 左右，含磷量下降 60%～100%，而含钾量增加 16%～64%。玉米施用锌肥后，大大降低植株体内含氮量，增强抗渍耐涝能力，是减少死亡率的原因之一。统计分析显示，玉米秸秆中氮磷的含量占整株氮磷的百分数与严重涝渍和高温灾害死亡率也呈显著正相关关系，玉米秸秆钾含量与死亡率有一定的负相关关系。锌对增强玉米的耐涝抗渍作用，其机理可能与锌能明显降低植株体内氮磷含量，提高钾含量，从而增强玉米的抗渍涝和高温能力有关（刘元昌 等，1994）。

3. 大豆　砂姜黑土上大豆施用锌肥有明显的增产作用。每亩基施 1 kg 硫酸锌，增产 14.5%，投入产出比为 1∶4.12。于苗期、初花期各喷 1 次 0.2% 硫酸锌，增产 20.4%，投入产出比为 1∶68.40（阎晓明 等，1992）。但随着砂姜黑土有效锌含量的不断提高，锌肥的增产效果逐渐降低，两者呈极显著的负相关关系（$y = -2.86 - 16.87 \lg x$，$r = -0.986^{**}$，$n = 4$），并且当有效态锌含量

＞0.68 mg/kg时，锌肥在大豆上的增产效果很弱（丁维新，1999）。

4. 锌氮配合   锌氮肥配合施用对小麦生长发育有明显的促进作用，能有效增加小麦体内干物质的积累量，显著提高小麦植株含锌、含氮水平，积累更多的锌和氮，改善经济性状，具有显著的增产效果；盆栽小麦增产 9.26％～16.8％，大田小麦平均增产率为 7.15％～13.8％；土壤有效锌含量提高 65.4％～96.2％，碱解氮含量升高 8.45％～38.90％，对后作大豆具有明显的残效作用；盆栽大豆增产 9.73％～25.7％，田间试验增产 6.72％～16.6％（李录久 等，2000）。

淮北地区砂姜黑土有效锌缺乏，但全锌含量仅仅略低于全国土壤平均值。因此，除了施用锌肥这一措施外，更应该采用增加土壤有机质、降低土壤 pH 的方法，提高锌对作物的有效性。增加土壤有机质能改善砂姜黑土的物理性质，提高土壤肥力。而过多地施用锌肥可能引起环境污染（沈思渊，1992）。

三、铁

（一）含量

1. 20 世纪 80 年代   安徽省砂姜黑土有效铁含量在 3.4～17.3 mg/kg，平均值为 8.3 mg/kg（$n=26$），低于本省其他所有土壤类型。有效铁含量 2.0～4.5 mg/kg 的分布频率为 11.6％，4.5～10.0 mg/kg 的分布频率为 61.4％，10.0～16.0 mg/kg 的分布频率为 23.2％，＞16.0 mg/kg 的分布频率仅为 3.9％。土壤有效铁含量与 pH 关系式为 $y=42.08-4.34x$（$n=6$，$R=-0.898$）。河南省的砂姜黑土有效铁含量平均值为 9.02 mg/kg，标准差为 8.86 mg/kg，变异系数为 98.23％（$n=308$）。山东省典型砂姜黑土有效铁含量为 4.37～57.05 mg/kg，平均值为 11.98 mg/kg，标准差为 9.26 mg/kg，变异系数为 77.29％（$n=94$）；石灰性砂姜黑土有效铁含量为 2.54～22.81 mg/kg，平均值为 6.56 mg/kg，标准差为 2.47 mg/kg，变异系数为 37.75％（$n=173$）。

2. 耕地质量监测   农业农村部耕地质量监测保护中心（2020）监测数据表明，安徽省、河南省和山东省的砂姜黑土有效铁含量分别为 43.33 mg/kg、52.70 mg/kg 和 45.26 mg/kg，砂姜黑土区的有效铁含量 49.47 mg/kg，为 20 世纪 80 年代土壤有效铁含量的 5 倍以上。与第二次全国土壤普查时的结果相比，砂姜黑土 pH 平均值也从 7.9 降到 6.7，pH 7.5～8.5 碱性土壤占比从 55.54％降至 19.00％。砂姜黑土的酸碱性有了非常明显的变化，整体上从原来的中性偏碱性土壤演变成为中性偏酸性土壤。这可能是土壤有效铁含量增加的一个主要原因。

（二）土壤转化与合理施用

土壤有效铁含量随磷水平的提高而减少，呈极显著的线性负相关关系，施磷 30 d 时下降幅度较小，对于含铁不高的砂姜黑土，应低于 50 mg/kg 的施磷水平，以防作物出现缺铁失绿症，必要时可配合铁肥施用（程素贞 等，1991）。小麦产量随着硫酸亚铁施用量的增加而增加，施用硫酸亚铁 60 kg/hm² 处理小麦产量较不施用硫酸亚铁的空白对照处理提高了 14.7％（沈新磊 等，2016）。

四、锰

（一）含量

1. 20 世纪 80 年代   安徽省砂姜黑土有效锰含量在 7.1～36.5 mg/kg，平均值为 11.9 mg/kg（$n=24$），

与潮土有效锰含量一样，含量水平最低。有效锰含量 7.1～9.0 mg/kg 的分布频率为 92.7％、9.0～15.0 mg/kg 的分布频率为 8.3％。土壤有效锰含量与 pH 关系式为 $y=202.6-26.22x$（$n=6$，$R=-0.925$）。河南省砂姜黑土全锰含量为 243～1 219 mg/kg，平均值为 573 mg/kg，标准差为 203 mg/kg，高于河南省其他各类土壤的全锰含量；土壤有效锰含量平均值为 14.58 mg/kg，标准差为 13.92 mg/kg，变异系数为 95.47％（$n=308$）。山东省砂姜黑土全锰含量为 530～1 860 mg/kg，平均值为 1 082 mg/kg。典型砂姜黑土有效锰含量为 3.19～24.06 mg/kg，平均值为 11.28 mg/kg，标准差为 5.27 mg/kg，变异系数为 46.75％（$n=58$）；石灰性砂姜黑土有效锰含量 2.19～23.35 mg/kg，平均值为 6.07 mg/kg，标准差为 3.92 mg/kg，变异系数为 64.60％（$n=88$）。江苏省湖黑土有效锰含量为 14.6～41.2 mg/kg，平均值为 27.9 mg/kg；岗黑土有效锰含量为 9.8～34.6 mg/kg，平均值为 19.55 mg/kg。

2. 耕地质量监测 农业农村部耕地质量监测保护中心（2020）监测数据表明，安徽省、河南省、山东省和江苏省的砂姜黑土有效锰含量分别为 27.49 mg/kg、46.57 mg/kg、53.17 mg/kg 和 119.66 mg/kg，砂姜黑土区的有效锰含量为 36.00 mg/kg。与第二次全国土壤普查的数据比较，砂姜黑土有效锰含量提高 2～5 倍。有效锰含量提高的原因，与有效铁的含量一样，和土壤酸碱性的改变有密切关系。

（二）形态与转化

砂姜黑土耕层中各形态锰含量依次为残留态＞有机结合态＞氧化锰态＞晶形铁结合态＞碳酸盐结合态＞无定形铁结合态＞代换态。旱改水后砂姜黑土中锰形态发生明显变化，旱作土壤代换态、碳酸盐结合态、氧化锰态、有机结合态、无定形铁结合态、晶形铁结合态和残留态锰相对含量分别为 0.47％、8.35％、11.64％、23.93％、2.85％、21.65％ 和 31.10％，水旱轮作土壤分别为 0.34％、4.68％、15.29％、26.53％、5.22％、12.83％ 和 35.11％，晶形铁结合态锰和碳酸盐结合态锰含量明显减少，降幅分别为 40.74％ 和 43.95％；有机结合态锰、无定形铁结合态锰和氧化锰则呈增加态势，增幅分别为 10.87％、83.16％ 和 31.36％，即晶形铁结合态锰和碳酸盐结合态锰向活性较高的其他形态锰转化，但代换态锰未发生明显变化（表 10-17）。

表 10-17 耕作制度对砂姜黑土锰形态的影响（陈冬峰 等，2006）

耕种方式	相对含量/％						
	代换态	碳酸盐结合态	氧化锰态	有机结合态	无定形铁结合态	晶形铁结合态	残留态
旱作	0.47	8.35	11.64	23.93	2.85	21.65	31.10
水旱轮作	0.34	4.68	15.29	26.53	5.22	12.83	35.11

旱改水后砂姜黑土中全锰含量显著降低，而有效态锰含量极显著增加，其原因是砂姜黑土中锰形态发生了变化，晶形铁结合态锰和碳酸盐结合态锰含量降低，有机结合态、无定形铁结合态和氧化锰态锰含量提高，即锰从晶形铁结合态和碳酸盐结合态向有机结合态、无定形铁结合态和氧化锰态转化，提高了土壤中锰的活性和可移动性（陈冬峰 等，2006）。

秸秆还田培育 90 d 后，土壤有效锰含量从初始 9.46 mg/kg 增至 11.44 mg/kg，增加 21％。施用秸秆+化肥处理土壤代换态锰含量有一定程度增加，增幅为 11％，有机结合态锰增加 19％（汪金舫 等，2006）。

（三）锰肥施用效应

锰可促进作物的光合作用，参与一些酶的活动以及体内的氧化还原过程。砂姜黑土的锰肥肥效较好。有效锰含量在 14.2 mg/kg 以下时，施锰肥有明显效果。施锰肥甘薯、大豆、花生增产效果明显，增产率分别为 13.0％、24.0％、12.2％（张俊海 等，1983）。小麦施锰肥试验结果表明，叶面喷施、浸种、拌种分别比对照增产 9.56％、8.86％、4.04％，叶面喷施的穗粒数、千粒重分别增加 5.02％、3.78％，浸种的每亩穗数比对照增加 8.49％（表 10 - 18）。在缺锰的土壤上基施锰肥 15 kg/hm²，可增产小麦 14.63％（丁维新，1999）。

表 10 - 18　小麦施锰肥群体产量结构（周保元 等，1989）

处理	每亩基本苗/万株	每亩穗数/万穗	穗粒数/粒	千粒重/g	亩产量/kg		增产/％
					理论	实际	
叶面喷施	25.8	27.2	31.4	46.7	398.9	363.3	9.56
浸种	25.8	29.4	30.0	45.0	396.9	361.1	8.86
拌种	25.8	28.7	29.8	45.1	379.0	345.1	4.04
对照	25.8	27.1	29.9	45.0	364.0	331.7	—

五、铜

（一）含量

1. 20 世纪 80 年代　安徽省砂姜黑土有效铜含量在 0.62～2.02 mg/kg，平均值为 1.20 mg/kg。有效铜含量 0.21～1.00 mg/kg 的分布频率为 21.2％，1.00～1.80 mg/kg 的为 70.3％，＞1.80 mg/kg 的为 8.5％。由于心底土较黏，黑姜土的心土层、底土层有效铜都有不同程度的淀积现象。河南省砂姜黑土全铜平均含量为 8.6～43.8 mg/kg，平均值为 25.5 mg/kg，高于河南省其他各类土壤的含量。土壤有效铜含量为 1.25 mg/kg，标准差为 0.44 mg/kg，变异系数为 35.20％（$n=308$）。山东省砂姜黑土全铜平均含量为 20.0～25.5 mg/kg，平均值为 21.6 mg/kg。典型砂姜黑土有效铜含量为 0.35～2.89 mg/kg，平均值为 1.07 mg/kg，标准差为 0.38 g/kg，变异系数为 35.94％（$n=94$）；石灰性砂姜黑土有效铜含量为 0.45～2.99 mg/kg，平均值为 0.98 mg/kg，标准差为 0.30 mg/kg，变异系数为 31.04％（$n=174$）。江苏省湖黑土有效铜含量为 0.22～4.50 mg/kg，平均值为 1.91 mg/kg，标准差为 0.96 g/kg，变异系数为 50.43％（$n=34$）；岗黑土有效铜含量为 0.06～2.28 mg/kg，平均值为 1.30 mg/kg，标准差为 0.52 mg/kg，变异系数为 40.23％（$n=11$）。

2. 耕地质量监测　农业农村部耕地质量监测保护中心（2020）监测数据表明，安徽省、河南省、山东省和江苏省的砂姜黑土有效铜含量分别为 1.59 mg/kg、1.72 mg/kg、2.15 mg/kg 和 2.64 mg/kg，砂姜黑土区的有效铜含量为 36.00 mg/kg，与第二次全国土壤普查的数据比较有明显提高。

（二）形态与转化

1. 水旱轮作　土壤中铜赋存形态相对含量大致依次为残留态铜＞晶形铁结合态铜＞无定形铁结合态铜＞有机结合态铜＞代换态铜＞碳酸盐结合态铜＞氧化锰结合态铜。土壤 pH 与代换态铜呈显著负相关关系，与氧化锰结合态铜则呈正相关关系。砂姜黑土旱改水后土壤铜赋存形态发生剧烈变化，由植物无效的晶形铁结合态铜特别是残留态铜向有效性相对较高的无定形铁结合态铜、有机结合态铜和代换态铜转化，从而使土壤中活性较高的铜形态占全铜的比例由旱作土壤的 13% 升至水旱轮作土壤的 25.51%，这些形态铜尤其是有机结合态铜较残留态铜和晶形铁结合态铜更易遭受淋溶损失。土壤铜赋存形态转化清晰地阐明了水旱轮作土壤有效态铜含量高及旱改水后耕层土壤全铜含量降低的原因（丁维新 等，2004）。

2. 秸秆还田　秸秆还田培育 90 d 后，土壤有效铜含量从初始 0.51 mg/kg 增至 0.65 mg/kg，增加 27%。施用秸秆＋化肥处理土壤交换态铜含量增加，增幅 41%，有机结合态铜含量增加 103%。秸秆配施化肥对提高铜生物有效性效果更明显（汪金舫 等，2006）。

3. 铜肥施用　在施入磷的早期，磷对铜表现抑制作用，可使铜的含量下降到某一缺乏水平，导致作物苗期缺铜。因此，施磷时要重视铜作种肥和基肥的配合施用，或将磷作基肥在播种前 10～15 d 早施（程素贞 等，1991）。适量施用硫酸铜 15 kg/hm² 有助于小麦产量显著提高，但是当硫酸铜施用量过大（30 kg/hm²）时会导致小麦明显减产（沈新磊 等，2016）。

六、钼

（一）含量

1. 20 世纪 80 年代　安徽省砂姜黑土有效钼含量范围为痕迹～0.119 mg/kg，平均值为 0.054 mg/kg（$n=20$），全省土壤类型中含量最低。有效钼含量<0.10 mg/kg 的分布频率占 80%，0.10～0.15 mg/kg 的分布频率为 20%。河南省砂姜黑土有效钼含量平均值为 0.054 mg/kg，标准差为 0.030 mg/kg，变异系数为 55.56%（$n=307$）。山东省砂姜黑土全钼含量为 0.90～4.60 mg/kg，平均值为 2.62 mg/kg。典型砂姜黑土有效钼含量为 0.05～0.11 mg/kg，平均值为 0.08 mg/kg；石灰性砂姜黑土的有效钼含量为 0.05 mg/kg。江苏省砂姜黑土有效钼含量为 0.05～0.19 mg/kg，平均值为 0.09 mg/kg，标准差为 0.04 mg/kg，变异系数为 45.81%（$n=8$）。

2. 耕地质量监测　农业农村部耕地质量监测保护中心（2020）监测数据表明，安徽省、河南省、山东省和江苏省的砂姜黑土有效钼含量分别为 0.19 mg/kg、0.12 mg/kg、0.23 mg/kg 和 0.10 mg/kg，全区的有效钼含量为 0.19 mg/kg。与第二次全国土壤普查的数据比较，有效钼含量提高 2～3 倍，江苏省的砂姜黑土有效钼含量增幅明显。

（二）土壤转化

在施磷水平 30 mg/kg 以下时，最初的 15 d，土壤有效钼就表现出随磷水平提高而增加的趋势；当磷水平接近 30 mg/kg 时，有效钼含量的峰值为 0.355 mg/kg。培养到 30 d，水平在 30 mg/kg 以下（或经 15 d，磷水平在 30～70 mg/kg 范围内）时，土壤有效钼虽有所增加，但增加值随磷水平的提高而递减。在高磷水平处理中，无论经过 15 d 或 30 d，土壤有效钼含量降低，但下降值在 15 d 内随磷水平提高而迅速增大（程素贞 等，1989）。旱作改水旱轮作后，砂姜黑土中微量元素钼总量基本持平，钼有效性提高 20% 左右（丁维新 等，2000）。

（三）施肥效应

钼参与作物的代谢过程，豆科作物对钼的反应敏感，因为钼参与固氮过程。花生钼肥拌种（2 g/kg），示范面积 35 hm²，增产 261.0～423.8 kg/hm²，增产率为 9.6%～14.0%。小麦追钼肥（3 kg/hm²），示范面积 0.33 hm²，平均增产 328.5 kg/hm²，增产率为 13.9%（张俊海 等，1983）。大豆施钼荚粒数增加 5.62%，增产 13.01%（表 10-19）。大豆用钼酸铵拌种（1 g 钼酸铵拌 1 kg 种子）比对照增产 213 kg/hm²，增产率为 7.7%，地上部（茎、叶、荚）生物量亦较对照增加 1 155 kg（房运喜 等，1997）。

表 10-19　大豆根外施钼肥群体产量结构（周保元 等，1989）

处理	每亩株数/万株	株荚数/个	荚粒数/粒	百粒重/g	亩产量/kg		增产/%
					理论	实际	
根外施	1.873	14.67	25.00	14.33	196.9	175.5	13.01
对照	1.857	14.67	23.67	14.30	171.8	155.3	—

第十一章 砂姜黑土肥力演变 >>>

第一节 土壤肥力概念与构成因素

一、土壤肥力概念

土壤肥力是反映土壤肥沃性的一个重要指标，是衡量土壤能够提供作物生长所需的各种养分的能力，是土壤各种基本性质的综合表现。

土壤肥力的概念是土壤学中古老而又非常基础的概念。自 1840 年李比希创立植物矿质营养学说以来，欧美土壤学家关于土壤肥力的概念主要侧重于土壤的植物营养，并以养分多少衡量土壤肥力高低。1987 年，美国土壤学会出版的《土壤学名词词汇》对土壤肥力的定义：土壤供给植物所必需养分的能力。这一概念长期以来广泛地被国际土壤学界所接受。

我国土壤学界对土壤肥力概念描述中引入水、肥、气、热等因素，并注意到土壤物理的、化学的和生物学的诸多因素对土壤肥力的影响。熊毅在 20 世纪 60 年代提出："土壤肥力是从环境条件和营养条件两方面供应和协调作物生长的能力，是土壤理化生物学特性的综合反映。"1982 年出版的《中国农业土壤概论》中，侯光炯对土壤肥力下的定义："所谓肥力，扼要地说，就是在一定自然环境条件下，土壤稳、匀、足、适地对植物供给水分和养分的能力"。

随着科学研究手段和认识水平的不断提高，土壤肥力概念的外延不断扩大，有学者倾向于将地貌、水文、气候、植物等环境因子以及人类活动等社会因子作为土壤肥力系统组分。

从上述对土壤肥力概念的不同叙述，可以将它们区分为狭义的土壤肥力和广义的土壤肥力，前者抓住"养分"这个主导因子，重点强调植物营养元素的含量、形态、运转及保证满足植物生长周期的供应能力，并进一步发展了土壤养分生物有效性的概念。后者强调营养因子与环境条件供应和协调植物生长的能力，它不仅受土壤本身物质组成、结构功能的制约，并且与构成土壤系统的外部环境条件密切相关，是土壤物理、化学、生物学性质和土壤生态系统功能的综合反映，几乎涉及土壤科学的各个分支领域。

二、土壤肥力构成因素

由于土壤肥力概念的不统一性及内涵的不确定性，土壤肥力构成因素在选取过程中就存在着很大的差异。目前，国内外尚没有一个反映土壤本质特征的、综合的土壤肥力指标的理论体系。

（一）单一土壤养分指标法

将土壤肥力与土壤养分等同起来，认为土壤养分含量水平可以反映土壤肥力的高低，因而在评价土壤肥力时，就选取单一的土壤养分氮、磷、钾、有机质等指标进行评价，特别是一些土壤培肥的研究中把土壤肥力完全等同于土壤养分，并把养分的提高作为培肥的目标。

（二）土壤肥力综合指标法

随着土壤肥力概念外延的扩展，肥力指标也由单一土壤养分发展到包括土壤物理性质、化学性质、生物学性质及环境条件等的综合性指标，但不同的研究者对这些综合性指标的选取有明显的差异（表11-1）。不同的研究者在进行土壤肥力评价时选取的指标不同，但在这些相对综合的评价指标中，仍然多集中在土壤肥力的养分指标；其次，土壤物理性质指标、土壤生物学指标和环境指标相对较少，这可能是由于对土壤肥力内涵的理解的差异。

表 11-1　土壤肥力综合指标构成

化学指标	物理性质指标	生物学指标	环境指标
有机质	质地（机械组成）	微生物碳	地形
营养元素	容重	微生物氮	坡度
阳离子交换量	孔隙度	微生物多样性	地下水位
pH	持水性能	土壤动物	林网化水平
碳氮比	团聚体	土壤酶活性（脲酶、蛋白酶、过氧化氢酶、转化酶、磷酸酶等）	
	土壤温度		
	耕层厚度		

第二节　肥力特征与演变

评价土壤肥力的因素很多，本节以砂姜黑土养分状况和物理性质为讨论重点，以砂姜黑土区超过14年的养分监测点为研究对象，探讨土壤肥力要素中主要植物营养元素和作物产量的变化特征。

一、养分监测点概况

砂姜黑土区14年以上的肥力监测点分布在安徽省（6个）、河南省（4个）、山东省（2个），共12个。其中，6个监测点1998年建点，另6个监测点2004年建点（表11-2）。每个监测点设空白区（不施肥）、常规施肥区两个处理，监测点种植的作物主要为小麦，其次为玉米和大豆，还有少量的水稻、棉花、花生等作物，种植制度为一年两熟制，以冬小麦-夏玉米、冬小麦-夏大豆等轮作方式为主。在数据分析处理中，为消除点位及取样测试年度间差异对土壤肥力指标演变规律的影响，另将12个监测点数据分1998—2003年、2004—2008年、2009—2013年、2014—2018年4个时间段进行分析。

表 11 - 2　砂姜黑土监测点基本情况

地区	监测点代码	监测年限	土壤类型	种植作物
安徽凤台	340111	2004—2018	黄姜土	小麦、水稻
安徽颍上	340112	2004—2018	黄姜土	小麦、玉米
安徽怀远	340113	2004—2018	黄姜土	小麦、玉米
安徽临泉	340114	2004—2018	黄姜土	小麦、玉米
安徽涡阳	340129	1998—2018	黄姜土	小麦、大豆
安徽蒙城	340130	1998—2018	黄姜土	小麦、大豆、玉米
山东莱西	370170	1998—2018	黄姜土	小麦、玉米
山东莱西	370171	1998—2018	覆泥黑姜土	小麦、玉米
河南汝南	410184	2004—2018	黑姜土	小麦、玉米
河南商水	410185	2004—2018	黑姜土	小麦、玉米
河南新野	410206	1998—2018	青黑土	小麦、棉花、玉米
河南商水	410207	1998—2018	灰覆黑姜土	小麦、大豆、玉米

二、土壤有机质演变

土壤有机质是土壤肥力的核心，土壤有机质的变化是作为反映土壤肥力演变的重要指标。第二次全国土壤普查数据表明，安徽省砂姜黑土耕层有机质平均含量为 11.5 g/kg、河南省为 12.6 g/kg、山东省为 12.8 g/kg、江苏省为 13.5 g/kg，4 个省的平均值为 12.6 g/kg。1998—2003 年、2004—2008 年、2009—2013 年、2014—2018 年所有点位有机质含量平均值分别为 15.7 g/kg、16.1 g/kg、16.3 g/kg、18.7 g/kg，可以看出砂姜黑土区有机质含量总体呈上升趋势。2018 年（其中 1 个点为 2016 年）有机质含量较监测起始年份增加 1.70%～95.8%，年均增幅为 0.1%～5.5%，12 个监测点平均增幅为 39.1%，年均增幅为 2.4%（图 11 - 1）。不同土种间有机质含量变幅差异较大，河南省、山东省监测点土壤有机质含量上升幅度较小，可能与耕层土壤质地、秸秆管理方式等有关。

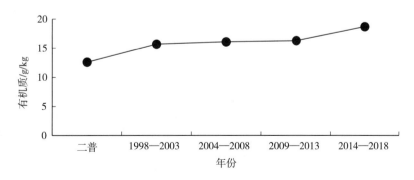

图 11 - 1　长期监测常规施肥下砂姜黑土有机质变化趋势

注：二普指第二次全国土壤普查数据，下同。

按第二次全国土壤普查土壤养分分级标准，2018 年 6 个监测点有机质含量达三级（中上水平），6 个监测点有机质含量为四级（中下水平）。因年度间数值差异较大，取 2014—2018 年所有点位平均值 18.7 g/kg 为砂姜黑土有机质含量的平均值，可能会较准确地反映目前砂姜黑土有机质含量水平，属四级（中下水平）。

三、土壤养分演变

（一）土壤全氮

氮是植物生长和发育所需的大量营养元素之一，施用氮肥是提高农作物产量的重要措施。第二次全国土壤普查数据显示，安徽省砂姜黑土耕层全氮平均含量为 0.82 g/kg、河南省为 0.83 g/kg、山东省为 0.47 g/kg、江苏省为 0.82 g/kg，4 个省的平均值为 0.74 g/kg。1998—2003 年、2004—2008 年、2009—2013 年、2014—2018 年所有监测点位全氮含量平均值分别为 1.12 g/kg、1.13 g/kg、1.13 g/kg、1.18 g/kg，可以看出砂姜黑土区全氮含量总体呈上升趋势（图 11-2）。

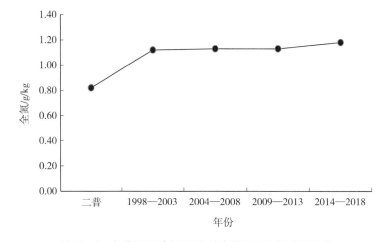

图 11-2　长期监测常规施肥下砂姜黑土全氮变化趋势

按第二次全国土壤普查土壤养分分级标准，2018 年 10 个监测点全氮含量达三级（中上水平），2 个监测点全氮含量属四级（中下水平）。2014—2018 年所有点位平均值为 1.18 g/kg，砂姜黑土全氮含量为四级（中下水平）。

（二）土壤有效磷

磷是植物生长发育的必需营养元素之一，参与组成植物体内许多重要化合物，是植物体生长代谢过程不可缺少的。第二次全国土壤普查数据显示，安徽省砂姜黑土耕层有效磷平均含量为 6.06 mg/kg、河南省为 4.80 g/kg、山东省为 4.10 mg/kg、江苏省为 3.60 mg/kg，4 个省的平均值为 4.64 mg/kg。1998—2003 年、2004—2008 年、2009—2013 年、2014—2018 年所有监测点位有效磷含量平均值分别为 23.7 mg/kg、25.8 mg/kg、29.2 mg/kg、30.9 mg/kg，有效磷含量呈明显上升趋势（图 11-3）。2014—2018 年所有监测点位有效磷含量平均值较第二次全国土壤普查增加 26.26 mg/kg，增幅为 565.9%。土壤磷不参与大气循环，土壤中的磷盈亏主要由磷投入量与作物收获磷携出量之间的差值决定，磷投入量高于作物收获磷携出量，土壤磷就会积累盈余，反之则为消耗亏损。化学磷肥连年大量施用是砂姜黑土有效磷含量升高的主要原因。

按第二次全国土壤普查土壤养分分级标准，2018 年 4 个监测点有效磷含量为三级（中上水平），5 个监测点有效磷含量为二级（高水平），3 个监测点有效磷含量为二级（很高水平）。2014—2018 年

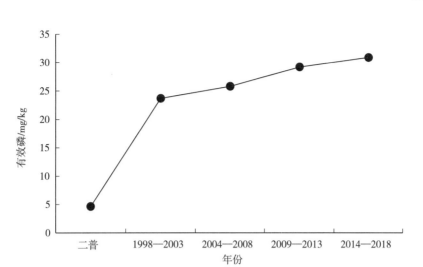

图 11-3 长期监测常规施肥下砂姜黑土有效磷变化趋势

所有点位有效磷含量平均值为 30.9 mg/kg，砂姜黑土有效磷含量为二级（高水平）。

（三）土壤速效钾

砂姜黑土由于富含水云母等原生矿物及蒙脱石等次生矿物，钾含量比较丰富。据第二次全国土壤普查数据显示，安徽省砂姜黑土耕层速效钾平均含量为 150.0 mg/kg、河南省为 139.1 mg/kg、山东省为 111.0 mg/kg、江苏省为 150.0 mg/kg，4 个省的平均值为 137.5 mg/kg。1998—2003 年、2004—2008 年、2009—2013 年、2014—2018 年所有监测点位速效钾含量平均值分别为 116.2 mg/kg、126.0 mg/kg、142.0 mg/kg、156.4 mg/kg。可以看出，第二次全国土壤普查至 1998—2003 年，砂姜黑土速效钾含量呈明显下降趋势，与钾肥投入较少有关（图 11-4）。2003 年以后，由于平衡施肥的推广、含钾复合肥的施用，土壤速效钾含量呈上升趋势；特别是由于秸秆还田的普及，土壤速效钾含量持续上升。2014—2018 年所有监测点位速效钾含量平均值较第二次全国土壤普查增加 18.9 mg/kg，增幅为 13.7%。

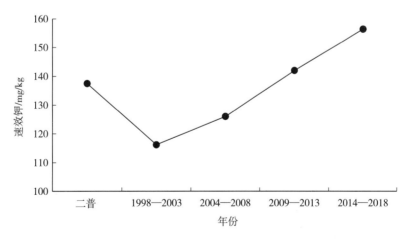

图 11-4 长期监测常规施肥下砂姜黑土速效钾变化趋势

按第二次全国土壤普查土壤养分分级标准，2018 年 2 个监测点速效钾含量为三级（高水平），7 个监测点速效钾含量为二级（很高水平），3 个监测点速效钾含量为一级（极高水平）。2014—2018 年所有点位速效钾含量平均值为 156.4 mg/kg，砂姜黑土速效钾含量为二级（很高水平）。

（四）土壤 pH 变化特征

作物生长需要一个适宜 pH 范围，土壤 pH 过高或过低都会影响作物的正常生长。由于化学肥料的大量施用，特别是化肥氮的施用，可能导致土壤 pH 降低。砂姜黑土监测结果显示，土壤 pH 平均值由起始年度的 7.0 下降至 2018 年的 6.5（表 11 - 3）。1998—2003 年所有点位 pH 平均值为 7.20，2004—2008 年、2009—2013 年和 2014—2018 年分别为 6.80、6.65 和 6.49，土壤 pH 呈下降趋势。

表 11 - 3　长期监测常规施肥下砂姜黑土 pH 变化趋势

监测点位	初始年度	2018 年度	下降
安徽凤台	7.7	6.5*	1.2
安徽颍上	7.0	6.0	1.0
安徽怀远	7.2	6.4	0.8
安徽临泉	7.3	8.1	−0.8
安徽涡阳	7.4	5.9	1.5
安徽蒙城	7.9	7.8	0.1
山东莱西	7.0	6.3	0.7
山东莱西	6.2	6.4	−0.2
河南汝南	7.0	6.4	0.6
河南商水	6.3	5.8	0.5
河南新野	5.9	6.6	−0.7
河南商水	6.5	6.2	0.3
平均值	7.0	6.5	0.5

* 6.5 为 2016 年数据。

（五）土壤中量、微量及重金属元素的含量

植物体除需要钾、磷、氮等元素作为养料外，还需要吸收极少量的铁、硼、锰、铜、钼等元素作为养料，这些需要量少，但又是生命活动所必需的元素，他们与生物分子蛋白质、多糖、核酸、维生素等密切相关，对植物的各种生理代谢过程的关键步骤起调控作用。砂姜黑土监测点 2016 年常规施肥下中量和微量元素含量详见表 11 - 4，各元素的含量差异较大，最大含量是最小含量的数倍至数十倍。

表 11 - 4　砂姜黑土监测点 2016 年常规施肥下中量和微量元素含量

元素	样本数/个	平均值	标准误	中位数	标准差	最小值	最大值	背景值
钙/cmol/kg	12	17.65	2.22	15.55	7.68	6.31	31.30	—
镁/cmol/kg	12	5.34	0.66	4.56	2.29	1.56	9.60	—
硫/mg/kg	12	15.58	3.70	9.60	12.81	3.62	49.82	—
硅/mg/kg	12	264.84	40.07	229.20	138.81	46.48	523.87	—

（续）

元素	样本数/个	平均值	标准误	中位数	标准差	最小值	最大值	背景值
铁/mg/kg	12	72.35	19.67	47.00	68.13	1.20	223.00	5.80
锰/mg/kg	12	34.65	6.56	22.25	22.74	4.50	74.70	5.40
铜/mg/kg	12	1.78	0.23	1.35	0.79	0.94	3.28	0.46
锌/mg/kg	12	1.88	0.74	0.70	2.56	0.40	8.88	0.11
硼/mg/kg	12	0.61	0.09	0.53	0.30	0.23	1.18	0.12
钼/mg/kg	12	0.13	0.01	0.12	0.04	0.06	0.19	0.08

根据土壤环境质量标准（GB 15618—2018），砂姜黑土重金属总铬、总镉、总铅、总砷和总汞的平均含量和污染程度分别为 78.22 mg/kg、0.17 mg/kg、32.00 mg/kg、9.83 mg/kg 和 0.05 mg/kg（表 11-5）。

表 11-5 砂姜黑土监测点 2016 年常规施肥下重金属元素含量

元素	样本数/个	最小值/mg/kg	最大值/mg/kg	平均值/mg/kg	中位数/mg/kg	标准误/mg/kg	标准差/mg/kg
铬	12	55.59	116.00	78.22	77.93	5.11	17.70
镉	12	0.04	0.50	0.17	0.15	0.03	0.12
铅	12	22.30	41.30	32.00	32.35	1.74	6.02
砷	12	7.08	16.38	9.83	8.52	0.87	3.01
汞	12	0.03	0.13	0.05	0.04	0.01	0.03

（六）耕层厚度和容重

砂姜黑土耕层厚度为 17.00～25.00 cm，平均值为 19.75 cm，较前些年调查结果有明显增加。土壤容重在 1.15～1.55 g/cm³，平均值为 1.34 g/cm³（表 11-6）。监测结果还发现，土壤容重与耕层厚度呈显著正相关关系，相关系数为 0.625 8。

表 11-6 砂姜黑土监测点 2016 年常规施肥下耕层厚度和容重

元素	样本数/个	最小值	最大值	平均值	中位数	标准差	标准误
耕层厚度/cm	12	17.00	25.00	19.75	19.50	2.24	5.11
容重/g/cm³	12	1.15	1.55	1.34	1.32	0.11	0.03

四、砂姜黑土生产力变化特征与影响因素

（一）作物产量变化特征

合理施肥是农作物高产稳产的基础。长期不施肥措施下，砂姜黑土小麦产量随种植年限呈先降低后逐渐升高的趋势；不施肥处理玉米产量呈先升高再下降最后趋于稳定的趋势。常规施肥下小麦、玉米产量较不施肥处理均有大幅度提升，且随种植年限增长呈上升趋势，2014—2018 年小麦、玉米产

量平均值分别达 7 044.9 kg/hm²、7 998.1 kg/hm²，较监测初期（1998—2002 年）的 6 215.7 kg/hm²、6 408.5 kg/hm²，分别升高了 13.3％和 24.8％（图 11-5）。还可以看出，小麦、玉米产量年际波动幅度较高，表明气候因素对作物产量影响较大。

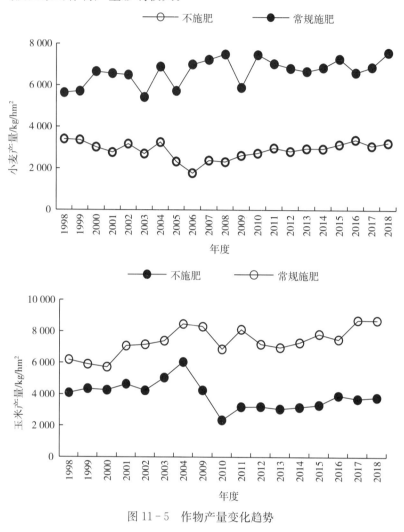

图 11-5　作物产量变化趋势

（二）作物增产率变化

增产率是反映施肥对作物的增产效应，其受到土壤质地、施肥量、气候条件和作物种类的影响。砂姜黑土小麦产量监测结果表明，施肥处理较不施肥增产 65.8％～294.5％，平均增产 137.9％；玉米产量监测结果表明，施肥处理较不施肥增产 34.0％～193.0％，平均增产 96.9％；施肥仍是砂姜黑土小麦、玉米高产的关键。小麦、玉米增产率变化趋势与地力系数相反，监测起始年增产率最低，随着种植年限的增加，土壤中速效养分耗竭，施肥效果越来越明显，增产率越来越高，当土壤养分积累至一定水平后，增产率趋于稳定（图 11-6）。

（三）农学效率变化

作物的农学效率是单位养分量所增加的作物经济产量。它是施肥增产效应的综合体现，施肥量、作物种类和管理措施都会影响肥料的农学效率。作物产量变化是肥料效益最好的评价指标，通过对肥料农学效率分析，可以更加直观反映肥料的生物效应。砂姜黑土区长期监测结果表明，小麦的农学效

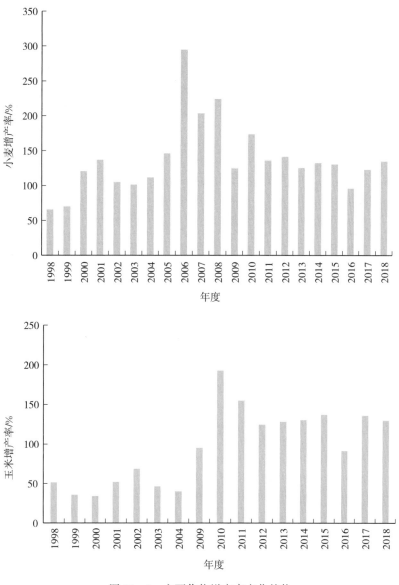

图 11-6 主要作物增产率变化趋势

率在 5.6~16.8 kg/kg，多年平均值为 11.6 kg/kg；玉米农学效率在 3.5~14.8 kg/kg，多年平均值为 9.8 kg/kg。玉米多年平均农学效率较低，与砂姜黑土区土壤、气候条件有关。图 11-7 结果还可以看出，砂姜黑土上小麦的农学效率波动明显，表明除施肥量影响外，气候、品种、栽培管理方式等也是影响农学效率的重要因素。

(四) 地力贡献率

土壤地力贡献率是指不施肥区的作物产量与常规施肥区的作物产量之比。通常来说，地力贡献率越高，说明土壤越肥沃。砂姜黑土区长期监测数据结果（图 11-8）显示，小麦生产上地力贡献率多年平均值为 43.6%。监测起始年地力贡献率最高，达 60.3%；随着种植年限的增加，土壤中速效养分耗竭，土壤肥力不断降低，地力贡献率越来越低，2006 年最低至 25.3%；其后，地力贡献率逐渐提高并稳定在 45% 左右。砂姜黑土对玉米的地力贡献率与小麦相似，达到一定的种植年限后趋于稳定。

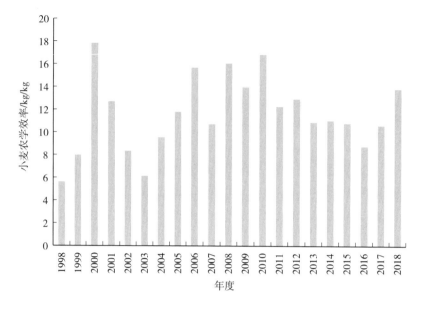

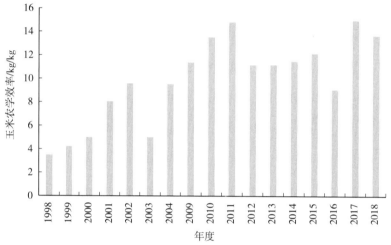

图 11-7　农学效率变化趋势

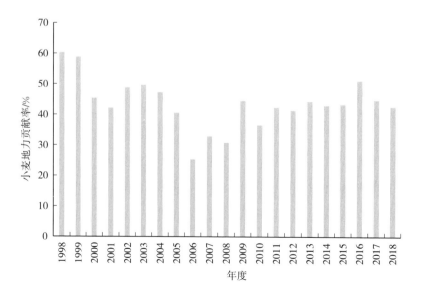

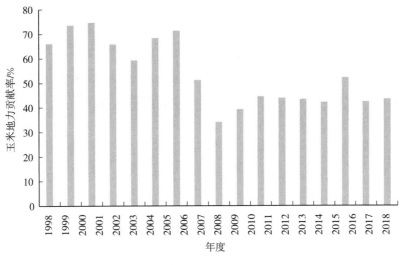

图 11-8　地力贡献变化趋势

（五）生产力与施肥量及土壤养分含量的关系

作物产量的高低是土壤肥力和农业管理措施（如施肥量、作物品种）和气候条件等多因素作用下的综合结果。砂姜黑土区域监测数据分析表明，小麦产量与无机养分施用量、氮养分施用量及土壤有机质含量、有效磷含量、速效钾含量均呈显著正相关关系，与总施肥量、有机养分施用量、磷养分施用量、钾养分施用量、土壤全氮含量无显著相关关系。玉米产量与总施肥量、无机养分施用量、氮养分施用量、磷养分施用量、钾养分施用量及土壤有机质含量、有效磷含量、速效钾含量均呈显著正相关关系，与有机养分施用量无显著相关关系（表 11-7）。

表 11-7　砂姜黑土生产力与施肥量及土壤养分含量的关系

项目	小麦			玉米		
	截距	斜率	R^2	截距	斜率	R^2
总施肥量	6 584	0.24	0.002	5 813	3.91	0.138
有机养分施用量	6 999	−0.56	0.006	7 173	1.12	0.002
无机养分施用量	5 690	3.40	0.066	5 683	4.44	0.149
氮养分施用量	5 970	4.75	0.057	6 440	3.35	0.028
磷养分施用量	6 964	0.045	0.001	6 717	7.82	0.091
钾养分施用量	−0.564	7 021	0.002	6 472	10.46	0.161
有机质	5 656	76.48	0.050	5 985	70.30	0.036
全氮	6 449	448.23	0.005	5 650	1 342.9	0.031
有效磷	6 473	19.85	0.048	32.96	6 375	0.109
速效钾	6 207	5.01	0.029	6 194	5.09	0.029

（六）区域施肥结构分析

砂姜黑土区小麦-玉米轮作制下，全年施肥总量为 792 kg/hm²，有机养分和无机养分施用量分别为 708 kg/hm² 和 84 kg/hm²，小麦、玉米作物季施肥量分别为 442 kg/hm²、350 kg/hm²，其中无机养分施用量分别为 371 kg/hm²、337 kg/hm²，有机养分施用量分别为 71 kg/hm²、13 kg/hm²。总体来说，砂姜黑土年总养分施用量和年有机养分施用量均呈显著降低趋势，年无机养分施用量呈上升趋势（图 11-9）。氮、磷、钾养分年用量变化趋势不同，磷、钾养分年用量呈显著下降趋势，而氮养分年用量呈上升趋势。

从肥料种类配比来看，砂姜黑土年总养分：有机养分=1：0.11、总养分：无机养分=1：0.89，有机肥：化肥=1：8.4。总体而言，化肥占总施肥量的比例明显高于有机肥占总施肥量的比例，且有机肥所占比例呈逐渐降低趋势，而化肥所占比例呈逐渐增加趋势。

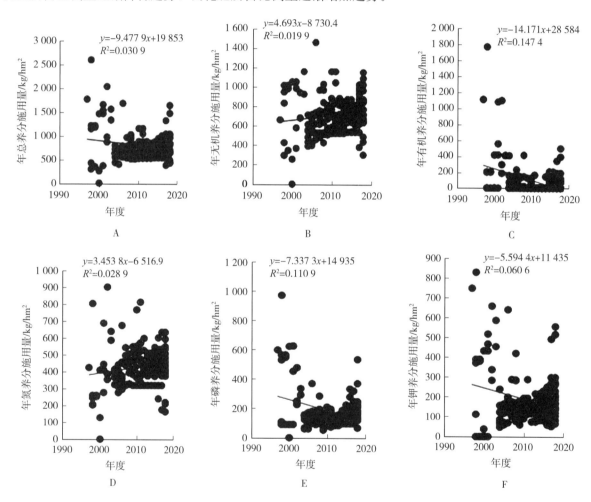

图 11-9　砂姜黑土长期监测点施肥量与施肥结构的变化趋势
A. 有机养分＋无机养分　B. 无机养分　C. 有机养分　D. 氮养分　E. 磷养分　F. 钾养分

五、肥力变化评价

砂姜黑土长期监测点数据分析结果，在多年常规施肥措施下，土壤有机质含量由 15.7 g/kg

（1998—2003 年）上升至 18.7 g/kg（2014—2018 年），增幅为 19.1%，有机质含量呈上升趋势；土壤全氮含量由 1.12 g/kg（1998—2003 年）上升至 1.18 g/kg（2014—2018 年），增幅为 5.4%，全氮含量稳中有升；有效磷含量由 23.7 mg/kg（1998—2003 年）上升至 30.9 mg/kg（2014—2018 年），增幅为 30.3%，有效磷含量明显提高，土壤有效磷含量增长较快，如果超过土壤磷淋溶的临界点，是否会引起磷通过淋洗进入地下水层，是目前需要注意的问题；速效钾含量由 116.2 mg/kg（1998—2003 年）上升至 156.4 mg/kg（2014—2018 年），增幅为 34.6%，速效钾含量明显提高。按第二次全国土壤普查土壤养分含量分级标准，土壤有机质、全氮含量属四级水平，有效磷、速效钾含量达二级水平，相较于第二次全国土壤普查时的"缺磷少氮"，砂姜黑土养分含量状况得到极大改善。需要引起关注的是长期过量施用化肥，特别是化学氮肥，造成土壤 pH 下降，砂姜黑土的 pH 向酸性发展，有进一步降低的趋势。

就砂姜黑土生产力而言，长期不施肥下小麦产量维持在较低水平，常规施肥大幅度提升了小麦产量，施肥仍是砂姜黑土作物高产稳产的关键措施；随着施肥和种植年限的增加，小麦的增产率和农学效率趋于稳定，表明当土壤肥力达到某一水平时，同一种植管理模式下，施肥量及土壤养分含量不再是作物产量决定性因子。

第三节　长期不同施肥下典型砂姜黑土肥力演变规律

长期定位试验具有常规试验不可比拟的优点，它能系统地研究土壤肥力演变和肥效变化规律，克服因气候年际变化对肥效的影响，能对土壤中养分的平衡、作物对肥料的反应、施肥对土壤肥力的影响等土壤和合理施肥问题进行长期、系统的定位研究，为农作物合理施肥和提高土壤肥力提供依据。长期定位试验的研究结果对世界化肥工业的兴起和发展、科学施肥制度的建立、耕地保育、农业生态和环境保护、农业生产的发展均起到重要决策和推动作用。

砂姜黑土区不同有机肥（物）料长期培肥定位试验位于国家土壤质量太和观测实验站内（116°37′E，33°13′N）。该站属暖温带半湿润季风气候，常年平均气温 14.8 ℃，≥0 ℃积温 5 438.1 ℃，≥10 ℃积温 4 831.0 ℃；无霜期 212 d，最长 234 d，最短 188 d。日照时数 2 351.5 h，日照率 53%。年均降水量 872.4 mm，最高年降水量 1 444 mm，最低年降水量 505 mm，年均蒸发量 1 026.6 mm。

试验于 1982 年开始。试验地土壤为暖温带南部半湿润区草甸潜育土上发育而成的具有脱潜特征的砂姜黑土（类），典型砂姜黑土亚类。试验开始时耕层土壤（0~20 cm）基本性质：有机质含量 10.4 g/kg，全氮含量 0.96 g/kg，全磷含量 0.28 g/kg，碱解氮含量 84.5 mg/kg，有效磷含量 9.8 mg/kg，速效钾含量 125 mg/kg。

试验共设 6 个处理：①不施肥（CK）；②施氮磷钾化肥（NPK）；③NPK＋低量麦秸（NPK＋LS）；④NPK＋全量麦秸（NPK＋S）；⑤NPK＋猪粪（NPK＋PM）；⑥NPK＋牛粪（NPK＋CM）。化肥用量为 N 180 kg/hm²、P_2O_5 90 kg/hm²、K_2O 135 kg/hm²。有机肥（物）料用量：全量麦秸为 7 500 kg/hm²，低量麦秸为 3 750 kg/hm²，猪粪（湿）为 15 000 kg/hm²，牛粪（湿）为 30 000 kg/hm²。有机物料中带入的氮、磷、钾养分不计入总量。麦秸含氮 5.5 g/kg、碳 482 g/kg，猪粪（干基）含氮 17.0 g/kg、碳 367 g/kg，牛粪（干基）含氮 7.9 g/kg、碳 370 g/kg。氮肥用尿素（含 N 46%），磷肥用普通过磷酸钙（含 P_2O_5 12%），钾肥用氯化钾（含 K_2O 60%），全部肥料于秋季小麦种植前一次性施入，后茬作物不施肥。每个处理 4 次重复，试验小区面积 66.7 m²，完全随机区组排列。1994—1997 年为小麦-玉米轮作，其余均为小麦-大豆轮作。

一、长期不同施肥下土壤有机质演变

砂姜黑土长期试验不同施肥 34 年后，不施肥处理土壤有机质含量不是单一递增或递减，而是随时间的推移围绕其平均值上下波动，此时土壤有机质含量处于较低水平的平衡（图 11-10）。比较而言，NPK 处理土壤有机质含量随施肥时间增加而稳步增加，年增加 0.11 g/kg，主要由于土壤腐殖化量大于矿化量，有机质呈现缓慢上升。

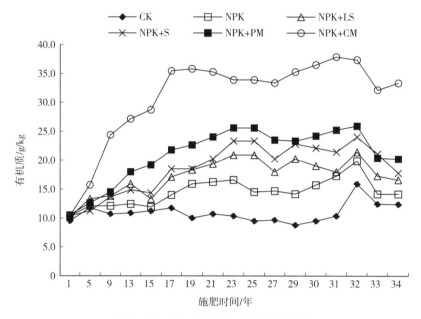

图 11-10　不同施肥下土壤有机质演变

注：CK 为不施肥，NPK 为施氮磷钾化肥，NPK+LS 为 NPK+低量麦秸，NPK+S 为 NPK+全量麦秸，NPK+PM 为 NPK+猪粪，NPK+CM 为 NPK+牛粪。下同。

施用秸秆或农家肥处理的土壤有机质含量均呈显著上升的趋势，施用秸秆各处理土壤有机质年增加速率分别为 NPK+LS 0.18 g/kg、NPK+S 0.21 g/kg，施用农家肥处理土壤有机质年增加速率分别为 NPK+PM 0.28 g/kg、NPK+CM 0.68 g/kg，增施农家肥对提升土壤有机质的效果好于化肥。不同施肥措施下土壤有机质的变化呈现出阶段性，施用化肥处理土壤有机质整体表现为前期缓慢上升（1983—2003 年），后期平稳，可能达到平衡态。经过 34 年施肥，增施秸秆处理的土壤有机质含量（2014—2016 年平均值）分别为 NPK+LS 18.5 g/kg、NPK+S 21.0 g/kg，分别较 NPK 处理（16.0 g/kg）上升 15.6% 和 31.3%。施用农家肥各处理的土壤有机质含量（2014—2016 年平均值）分别为 NPK+PM 22.2 g/kg、NPK+CM 34.3 g/kg，分别较 NPK 处理上升 38.8% 和 114.4%。增施秸秆或农家肥是有效增加土壤有机质含量的重要措施。

二、长期不同施肥下土壤养分演变

（一）土壤全氮演变

土壤全氮是标志土壤氮总量和供应植物碱解氮的源和库，综合反映土壤的氮元素状况。图 11-11 显示，长期不同施肥对土壤全氮含量有明显影响。长期不施肥（CK）的土壤氮耗竭导致土壤全氮含量下降。长期单施化肥（NPK）处理土壤全氮含量年际波动幅度较大，但基本维持在一个平衡点，变化幅度较小。在化肥的基础上增施有机肥（物）料，土壤全氮含量均呈上升趋势，增施低量麦秸、全量麦秸、猪粪和牛粪处理的全氮含量较试验前分别增加了 0.20 g/kg、0.34 g/kg、0.44 g/kg 和 1.09 g/kg，增幅分别为 22.0%、35.0%、64.0% 和 121.3%，年增长速率分别为 0.006 g/kg、0.010 g/kg、0.013 g/kg和0.033 g/kg，年增幅分别为 0.65%、1.03%、1.88% 和 3.57%。全氮含量的增幅为 NPK+CM>NPK+PM>NPK+S>NPK+LS。

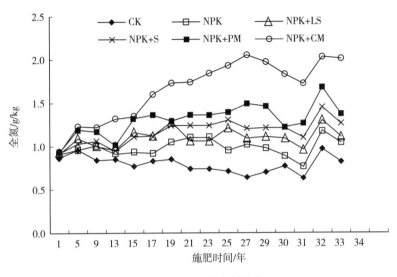

图 11-11　土壤全氮演变

（二）土壤有效磷演变

长期不施肥土壤的有效磷含量下降，至 2016 年，CK 处理的有效磷含量降至极低水平，仅有 3.87 mg/kg，年平均下降 0.17 mg/kg，年平均降幅为 1.78%。长期单施化肥的处理，土壤有效磷含量上升，由试验开始（1982 年）时的 9.8 mg/kg 上升到 2016 年的 15.7 mg/kg，年平均增加 0.17 mg/kg，年平均增幅为 1.74%。在化肥的基础上增施有机肥（物）料，土壤有效磷含量表现出随施肥增高，增施低量麦秸、全量麦秸、猪粪、牛粪的处理有效磷含量分别上升至 2016 年的 16.5 mg/kg、17.5 mg/kg、109.4 mg/kg、63.5 mg/kg，增幅分别为 68.4%、78.6%、1 016.3%、548.0%，年增长速率分别为 0.20 mg/kg、0.23 mg/kg、2.93 mg/kg、1.58 mg/kg，年增幅分别为 2.04%、2.35%、29.90%、16.12%（图 11-12）。还可以看出，增施猪粪处理 2011 年后土壤有效磷含量快速上升，与猪粪的磷含量有关，2011 年前猪粪来源于农户养殖，其后为养殖场。

（三）土壤速效钾演变

农田生态系统中钾的投入主要有施用的钾肥和有机肥、灌溉和降水所带入的钾，钾的支出主要是作物携出、淋洗和径流带走的钾，当投入量大于支出量时土壤钾积累，反之钾亏缺。长期不施肥（CK）处理，土壤速效钾含量明显呈下降趋势，年平均降低为 1.43 mg/kg，年平均降幅为 1.41%。长期单施化肥（NPK）处理，土壤速效钾含量呈下降趋势，与钾投入量有关。在化肥的基础上增施有机肥（物）料，增加钾的投入量，供钾量大于作物吸收量，土壤钾盈余，速效钾含量上升。土壤速效钾含量上升幅度与钾投入量呈正相关关系，增施牛粪（NPK+CM）处理的钾投入量最多，土壤中

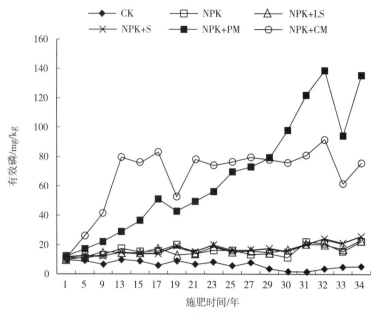

图 11-12　土壤有效磷演变

积累的钾也最多，速效钾含量最高，年平均增加 10.10 mg/kg，年平均增幅为 8.08%（图 11-13）。

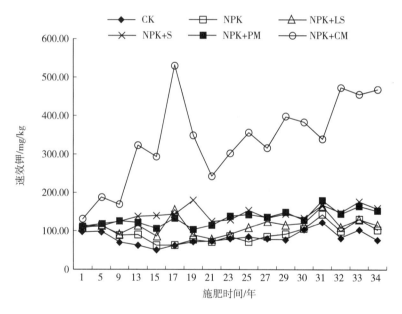

图 11-13　土壤速效钾演变

三、长期不同施肥下土壤 pH 演变

统计数据显示，近 30 年来，由于施肥不合理、耕种不科学等原因，我国土壤酸化现象较为严重，已影响耕地质量的提升和粮食的高产稳产，并威胁农产品的质量安全。我国南方、东北和东部地区土壤酸化面积逐年扩大，土壤酸化加剧。延缓和防止土壤酸化在今后相当长的时间内是土壤肥料工作者的一项重要任务。

砂姜黑土长期定位试验结果（图 11 - 14）显示，不施肥处理（CK）土壤的 pH 基本稳定在 6.5～7.0，施肥外的因素对砂姜黑土 pH 影响较小。单施化肥（NPK）处理土壤的 pH 呈下降趋势，1994—2016 年 pH 下降 1.04。在化肥的基础上增施麦秸（NPK＋LS 和 NPK＋S），土壤 pH 也呈下降趋势，甚至低于 NPK 处理，从防止土壤酸化的角度，在砂姜黑土地区麦秸最好采用腐熟还田的方式。增施猪粪、牛粪的处理，1994—2016 年土壤 pH 维持在 6.5～7.0，可见施用猪粪和牛粪可以防止土壤 pH 下降。

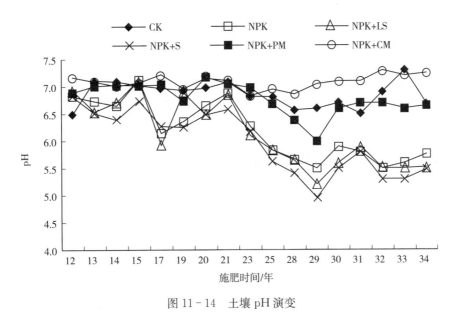

图 11 - 14　土壤 pH 演变

四、长期不同施肥下土壤微量元素及重金属演变

不同有机肥长期施用对土壤铅、铬、镉和镍含量影响不明显；同其他处理相比，长期施用牛粪和猪粪虽然提高了土壤和小麦籽粒中的铜、锌含量，但并没有对粮食品质安全造成威胁（表 11 - 8、表 11 - 9）。

表 11 - 8　土壤微量元素及重金属演变

处理	Cu/mg/kg	Zn/mg/kg	Pb/mg/kg	Ni/mg/kg	Cr/mg/kg	Cd/mg/kg
CK_0	18.63c	16.31c	0.25a	23.38c	47.50a	0.25a
CK	21.63bc	14.73c	0.11c	23.63abc	46.38b	0.12c
NPK	20.44bc	26.03d	0.19b	24.38a	49.88a	0.19bc
NPK＋LS	20.23bc	27.54d	0.11c	22.88c	49.38a	0.11c
NPK＋S	19.39c	27.88d	0.16bc	24.01ab	48.38a	0.16bc
NPK＋PM	25.13b	52.49a	0.15bc	23.63abc	49.63a	0.14c
NPK＋CM	32.73a	39.66b	0.28a	24.38a	48.75a	0.28a

注：不同字母表示处理间差异显著。CK_0 为撂荒处理，不种作物不施肥。下同。

表 11-9　小麦秸秆及籽粒中铜、锌含量

处理	Cu/mg/kg		Zn/mg/kg	
	秸秆	籽粒	秸秆	籽粒
CK	0.68d	3.70ab	2.97c	20.42b
NPK	1.51c	2.86b	3.05c	19.82b
NPK+LS	2.04b	4.25ab	9.87b	21.68b
NPK+S	1.29c	4.08ab	3.32c	20.46b
NPK+PM	1.92b	4.84a	19.27a	28.51a
NPK+CM	3.97a	3.40b	7.10bc	19.11b

注：不同字母表示处理的差异显著。

五、长期不同施肥下土壤物理性质演变

(一) 长期施肥对土壤容重的影响

　　土壤容重反映土壤的紧实情况。一般来说，作物生长需要一个合适的土壤容重范围，土壤容重过大和过小都不利于作物生长。砂姜黑土质地黏重，土壤容重较大，通气孔隙度、总孔隙度较低，严重影响作物的生长。表 11-10 表明，1995—2012 年，不施肥 (CK) 和单施化肥 (NPK) 处理的土壤容重均有不同程度的降低，表明多年种植作物，耕翻土壤，可以降低砂姜黑土的坚实度，改善其质地黏重的不良物理属性。与单施化肥处理相比，长期增施有机肥 (物) 料均可以降低土壤容重，以增施牛粪 (NPK+CM) 处理下降最多，增施猪粪 (NPK+PM) 处理次之，增施低量麦秸 (NPK+LS) 处理最少。可见长期施用有机肥 (物) 料能降低砂姜黑土的容重，对改善其不良性状有重要作用。

表 11-10　长期施肥砂姜黑土耕层土壤容重

处理	土壤容重/g/cm³						较 NPK 增加/ g/cm³	变化率/ %
	1995 年	2000 年	2005 年	2010 年	2012 年	平均值		
CK$_0$	1.42	1.37	1.40	1.43	1.35	1.394	0.054	4.03
CK	1.38	1.41	1.38	1.34	1.37	1.376	0.036	2.69
NPK	1.36	1.27	1.36	1.38	1.33	1.340	0.000	0.00
NPK+LS	1.24	1.25	1.24	1.21	1.29	1.246	−0.094	−7.01
NPK+S	1.26	1.22	1.20	1.19	1.27	1.228	−0.112	−8.36
NPK+PM	1.23	1.17	1.23	1.18	1.29	1.220	−0.120	−8.96
NPK+CM	1.10	1.16	1.13	1.25	1.20	1.172	−0.172	−12.83

(二) 长期施肥对土壤孔隙度的影响

　　土壤孔隙度也是土壤主要物理性质指标之一，土壤孔隙性质决定着土壤的持水性能、物质运移的形式及速率等。从表 11-11 可以看出，长期不施肥或单施化肥处理土壤总孔隙度低于 50%，而增施秸秆、猪粪或牛粪等有机物料均能提高总孔隙度，差异均达到显著水平。增施牛粪与单施化肥处理间

毛管孔隙度的差异也达到显著水平。

表 11-11 长期施肥对土壤孔隙度的影响

单位：%

处理	总孔隙度	毛管孔隙度	非毛管孔隙度
CK_0	48.98b	34.91a	14.07c
CK	49.70b	29.65b	20.05ab
NPK	49.29b	31.52b	17.77bc
NPK+LS	53.59a	31.17b	22.42ab
NPK+S	53.40a	31.57b	22.71a
NPK+PM	54.34a	31.53b	22.15ab
NPK+CM	56.07a	37.40a	18.67abc

注：不同字母表示处理的差异显著。

（三）长期施肥对土壤田间持水量的影响

水分是促进植物生长和调节体内外生理生态变化的关键因素，是土壤微生物、植物最主要的水源，是土壤肥力重要的因素之一。图 11-15 显示，2000 年、2010 年、2015 年 3 次测定结果，田间持水量均以不施肥处理最低，其次为单施化肥处理，化肥的基础上增牛粪、猪粪或秸秆还田均能提高田间持水量，2000 年、2010 年、2015 年化肥与有机肥配施较单施化肥处理田间持水量分别提高 7.4%～23.7%、13.9%～37.5%、8.1%～37.1%。不同有机物料处理间以牛粪处理田间持水量最高。

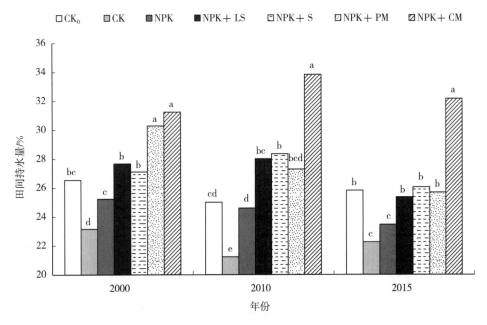

图 11-15 长期施肥砂姜黑土耕层田间持水量

注：不同小写字母表示不同处理在 $P<0.05$ 水平上呈显著差异。

土壤水吸力的大小与土壤中所含水量的多少有关，非饱和土壤水的基质势是土壤含水量的函数，其关系曲线称为土壤水分特征曲线或土壤持水曲线。该曲线反映了土壤水吸力与土壤含水量之间的关系，通过它可以了解土壤的持水性、土壤水分有效性，对于研究土壤水的储存、保持、运动及土壤-植物-大气连续体中水流等的机理和状况都具有十分重要的意义。

研究结果表明，不同处理间持水性能差异很大，长期单施化肥和不施肥处理土壤持水性能最差，化肥与秸秆、猪粪、牛粪等有机物料配施均能提高土壤持水能力。在低吸力阶段，化肥与秸秆、猪粪、牛粪等有机物料配施处理的比水容量大于长期单施化肥和不施肥处理，表明有机肥无机肥配施不仅能增加土壤持水性能，而且可以提高水分有效性（图11-16）。

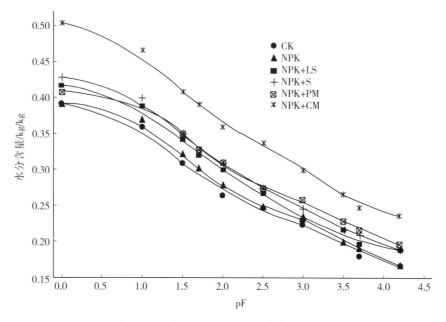

图 11-16   长期不同施肥土壤水分特征曲线

六、长期不同施肥下作物产量演变

（一）作物年平均产量

作物产量与施肥关系极大，在不同的肥料投入条件下，各处理小麦和大豆产量发生了明显变化（表11-12）。施肥处理的小麦、大豆及两季年平均产量较CK均有大幅提升，表明施肥是砂姜黑土作物产量提高的重要保障。有机肥和化肥配施的处理与NPK处理相比均表现出增产效果，年平均增产率在5%以上，增施有机物料是砂姜黑土区作物高产的保障。不同有机肥（物）料处理间的增产效果是NPK+CM处理优于NPK+PM处理，而NPK+PM处理优于NPK+S处理。表11-12还可以看出，与NPK处理相比有机肥无机肥配施对大豆的年平均增产率高于小麦，其原因是大豆季不施肥，大豆生长发育主要利用土壤中的养分，大豆生育期正值砂姜黑土区高温多雨时段，有机质矿化分解快，长年施用有机肥处理的土壤有机质累积量高，矿化分解的养分多于NPK处理，而小麦生长季节有机质矿化分解速率较低，加上肥料的投入，土壤养分含量不是小麦生长的主要限制因子，因此表现出大豆的增产效果优于小麦。有机肥与化肥配施处理间小麦、大豆和两季年平均产量均以NPK+CM最高，其次为NPK+PM，NPK+S和NPK+LS处理较低，秸秆过腹还田增产效果优于秸秆直接还田。

表 11 - 12   长期施肥作物年平均产量

处理	小麦年平均产量			大豆年平均产量			小麦-大豆两季年平均产量		
	产量/kg/hm²	较CK年平均增产/%	较NPK年平均增产/%	产量/kg/hm²	较CK年平均增产/%	较NPK年平均增产/%	产量/kg/hm²	较CK年平均增产/%	较NPK年平均增产/%
CK	959	—	—	680	—	—	1 432	—	—
NPK	4 642	384.1	—	1 782	162.0	—	6 726	369.7	—
NPK+LS	4 933	414.4	6.3	1 937	184.8	8.7	7 149	399.2	6.3
NPK+S	5 031	424.7	8.4	2 032	198.9	14.0	7 419	418.1	10.3
NPK+PM	5 306	453.3	14.3	2 157	217.2	21.0	7 757	441.7	15.3
NPK+CM	5 627	486.8	21.2	2 403	253.4	34.8	8 364	484.1	24.4

注：小麦产量为1983—2014年平均产量，大豆产量为1998—2014年平均产量，小麦-大豆产量为1998—2014年两季年平均产量。

（二）作物产量变化趋势

图 11 - 17 显示，CK 处理小麦产量总体上呈下降趋势，年平均降低 39.0 kg/hm²，25 年后产量在极低水平波动，与土壤养分长期得不到有效补充有关。单施无机肥和无机肥与有机肥配施处理小麦产量虽然年际有所波动，但总体上呈上升趋势。从产量趋势线斜率 k（产量年变化量，kg/hm²）也可以看出，CK 处理 k 为负值，其余处均为正值。试验进行 31 年后，施肥处理产量呈逐年提高的趋势，除与优良品种选用、栽培措施改进等有关外，还与施肥有关。2005—2012 年，种植小麦为同一品种，不同处理间栽培管理措施相同，NPK、NPK+LS、NPK+S、NPK+PM 和 NPK+CM 各处理后 4 年平均产量较前 4 年平均产量分别提高 15.0%、12.0%、13.9%、5.9%和5.2%，说明长期平衡施用化肥及在化肥的基础上增施有机肥，均可以培肥土壤，提高土地生产力，促进作物产量的提高。从产量趋势线斜率 k 还可以看出，化肥与有机肥配施处理的 k 均高于单施化肥处理，表明化肥与有机肥配施培肥改良土壤效果更佳。

长期不施肥处理大豆产量变化趋势与小麦相同（图 11 - 17），呈逐年下降趋势，年平均降低 70.9 kg/hm²，同样约在试验进行 25 年后，产量在较低水平波动。施肥处理大豆产量变化趋势与小麦

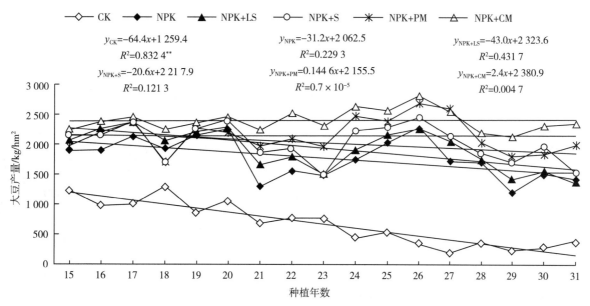

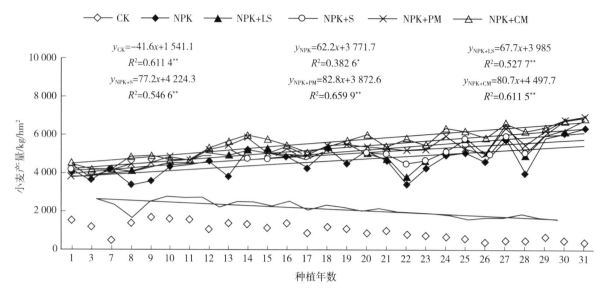

图 11-17　作物产量演变趋势（王道中 等，2015）

不同，总体上并没有明显的上升或下降趋势。从产量趋势线拟合的方程式也可以看出，不施肥处理 k 绝对值最大，$R^2=0.823\,4$，达极显著水平，而施肥处理 R^2 检验均没有达显著水平。施肥处理大豆产量没有呈明显的上升趋势，可能的原因是大豆生长季节正值砂姜黑土区降雨集中阶段，涝灾频发，由于试验小区间有水泥隔埂，经常因管理不善致使田间积水，大豆死苗、缺苗现象较为严重，从而导致大豆产量没有随土壤肥力的提高而提高。

（三）小麦、大豆产量稳定性

安徽省砂姜黑土区属暖温带半湿润季风气候区，年际降水量差异较大，年度内降水量分配不均，季节性旱灾和涝灾常交替发生，严重影响作物的生长发育，导致作物产量常常随降水量的波动而波动，降水量过大或过小，波动幅度就越大，作物产量的稳定性就越差。除气候因素外，施肥也影响作物产量的稳定性。由小麦、大豆产量变异系数（表 11-13）可以看出，不同处理间小麦、大豆产量的变异系数均以不施肥处理最大，单施无机肥或有机肥与无机肥配施均能降低变异系数，表明增施肥料可以减轻因气候条件引起的产量波动。而增施有机肥料，小麦、大豆产量的变异系数均低于单施化肥处理，说明有机肥无机肥配施，可以改善土壤理化性质，增强作物的抗逆能力，不仅有利于高产，还能保障作物稳产。

表 11-13　长期施肥小麦、大豆产量变异

处理	小麦产量		大豆产量	
	标准差/kg/hm²	变异系数/%	标准差/kg/hm²	变异系数/%
CK	421.52	44.74	356.42	52.43
NPK	797.96	17.19	329.01	18.47
NPK+LS	739.72	15.00	330.46	17.06
NPK+S	808.83	16.08	298.94	14.71
NPK+PM	783.22	14.93	274.71	12.72
NPK+CM	767.31	13.70	178.83	7.44

第四节　肥力提升技术

20世纪60年代以前,砂姜黑土大部分属于低产土壤;20世纪80年代,砂姜黑土大部分被定性为中低产土壤。其中,低产因素可以概括为:农田基本建设差,农业生产管理不善以及生态条件不良,水灾(明涝与暗渍)和旱灾(春旱、秋旱和冬旱)危害频繁;土壤用养失调,有机质含量低,缺磷少氮,并缺少锌、硼、钼等微量元素;土壤黏粒含量高、结构不良和胀缩能力较强等。不考虑砂姜黑土区生态条件,土壤自身物理、化学性质及生产管理方式是导致砂姜黑土中低产的重要因素。

20世纪80年代以来,随着化学肥料的连年施用及秸秆还田技术的推广应用,砂姜黑土耕作层有机质及养分含量与第二次全国土壤普查相比发生了较大变化。耕作层土壤有机质含量由12.6 g/kg提高至18.7 g/kg(2014—2018年平均值),增幅为48.4%;耕作层土壤全氮含量由0.74 g/kg提高至1.18 g/kg(2014—2018年平均值),增幅为39.5%;耕作层土壤有效磷含量由4.64 mg/kg提高至30.9 mg/kg(2014—2018年平均值),增幅为65.9%。耕作层土壤速效钾含量初期略有下降,由137.5 mg/kg降至116.2 mg/kg(1998—2003年),降幅为15.5%;2014—2018年耕作层土壤速效钾平均值为156.4 mg/kg。主要原因是20世纪末至21世纪初,化肥施用以氮磷化肥为主,钾肥用量很少或不施用,耕作层土壤速效钾含量呈下降趋势,随着平衡施肥及秸秆还田技术的推广,速效钾含量逐步回升。

按第二次全国土壤普查土壤养分含量分级标准,土壤有机质、全氮含量属四级水平,有效磷、速效钾含量达二级水平,锌、硼等微量元素含量也有所提高。相较于第二次全国土壤普查时的"缺磷少氮",砂姜黑土养分含量状况得到极大改善。长期定位试验、土壤养分监测点监测数据,以及最近几年文献中报道的测试结果显示,砂姜黑土容重较高,总孔隙度、通气孔隙度较低,持水供水性能较差,胀缩能力较强等不良物理属性还没有得到本质上的改善,旱、涝、僵已成为砂姜黑土区作物肥力进一步提升的主要障碍因素,土壤物理性质改良是砂姜黑土肥力进一步提升的关键。

一、完善排灌功能

(一)进一步改善排水

砂姜黑土区农田排水工程建设,经过多年来的调整、改造和利用已开挖的河网以及按地形、水系统一规划实施后,排水系统的骨架已基本形成。例如,安徽省淮北平原地区从1979年开始实施的以大沟为单元的除涝配套工程建设,至2000年,淮北平原大沟总数为1 411条,总长度12 331 km,总集水面积26 237 km²,占全区总面积的70%。除涝面积达150万hm²,占易涝面积的88.0%,除涝标准为3~5年一遇以上。由于忽视面上工程配套,加上近年来灌溉的发展,水资源短缺、农田排水系统缺乏控制工程等因素的综合影响,而且农田排水不再为人们所重视,这就形成了农田排水的诸多隐患,涝渍灾害仍常常发生。据此,该区农田排水规划最基本的要求是建立健全大、中、小、毛四级排水系统。骨干排水沟沟深、沟距可介于大中级排水沟之间。田间沟依据地理位置和地形条件,可采用浅密式或浅疏式(表11-14)。

表 11-14　淮北平原各分区各级排水沟规格标准（王友贞 等，2007）

单位：m

分区	排水沟	间距	沟深	边坡	底宽
南部分区 （河灌区）	大沟	1 500~2 000	3.5~5.0	2.0~2.5	5.0
	中沟	600~800	2.5~3.0	2.0	3.0
	小沟	100~200	1.0~1.5	1.0~1.5	0.8
	毛沟	60~100	0.6~1.2	1.0	0.5
北部分区 （井灌区）	大沟	2 000~3 000	3.0	2.0~2.5	5.0
	中沟	600~800	2.0	1.5~2.0	2.0
	小沟	200~250	1.0~1.5	1.0~1.5	0.5
	毛沟	100~150	0.5~0.8	1.0	0.3
中部分区 （河井混合灌区）	大沟	1 000~2 000	3.0~4.0	2.5	5.0
	中沟	600~800	2.0~2.5	2.0	2.0
	小沟	150~250	1.0~1.5	1.0~1.5	0.5
	毛沟	80~120	0.5~1.0	1.0	0.3

（二）因地制宜发展灌溉

砂姜黑土区耕地率和人口密度均较高，人均水资源量较少，且时空分布不平衡，属水资源较紧缺地区。特别是近年来，受气候变化影响，淮北地区旱灾发生愈发频繁，农业缺水形势日益严峻；加之工业化进程的加快，工业用水呈持续增长态势，工农业争水现象普遍存在，水资源供需矛盾日益突出。水资源短缺已成为制约粮食增产、农民增收和经济社会发展的重要因素之一。发展高效节水灌溉是科学应对水资源短缺、提高水土资源承载力、满足粮食安全战略需求、实现可持续发展的根本出路。

在节水灌溉技术模式选型时，应因地制宜，综合考虑多种因素，将工程措施与非工程措施结合起来、灌溉与排水矛盾统一起来、近期发展与远景规划结合起来。

二、注重有机物料施用

增施有机物料不仅可降低土壤容重，改善土壤结构，提高土壤持水供水能力，而且能提高土壤养分含量，使土壤肥力水平得到提升。

（一）有机肥无机肥配合

有机肥无机肥配合施用保证作物高产稳产又培肥土壤，才能更好地提高经济效益。至于有机肥和无机肥的比例，根据当地有机肥源和土壤肥力状况情况而定。安徽省农业科学院土壤肥料研究所 7 年定位试验结果，在砂姜黑土的中等肥力土壤上，有机替代的初期，小麦和玉米季适宜的有机氮替代化肥的比例分别为 20% 和 40%，产量提高 1.6%~4.5%，土壤有机质含量提高 15.6%~45.8%，有机替代比例过高，小麦、玉米产量下降。随着替代时间的延长，土壤肥力水平提高，有机替代优势逐渐显现，第 5 年 100% 有机替代处理与全量化肥玉米产量相当。考虑有机替代当年作物产量效应，小麦上有机氮替代比例为 20%，玉米为 40%。

（二）秸秆直接还田

秸秆直接还田对改善土壤的理化性质有明显效果，秸秆还田通过促进土壤有机质积累，提高土壤速效氮、磷、钾等含量，促进微生物的代谢和繁育，降低容重，改善土壤结构，从而可协调土壤水、肥、气、热等生态条件，为根系生长创造良好的土壤环境。经过多年的探索和实践，砂姜黑土区主要农作物小麦、玉米、水稻秸秆全量还田技术已成熟。需要引起注意的是，秸秆还田有加速砂姜黑土酸化的可能，因此，在秸秆还田的同时可配施适量石灰性物质延缓土壤酸化趋势。

（三）扩大绿肥等有机肥源，发展畜牧业

除大力推广秸秆还田外，需适当扩大绿肥种植面积，也可发展畜牧业，增加畜禽有机肥源。砂姜黑土区可种植高产豆科绿肥和饲料作物，既可作为绿肥养地，又可发展养殖业，同时家畜粪便还可返还农田，培肥地力。在绿肥种植品种上，要扩大推广苜蓿、紫穗槐及沙打旺等牧草的种植面积，达到牧草绿肥相结合，促进农业牧业共同发展。

三、优化肥料结构，提高肥料利用率

长期监测结果显示，施用化肥仍是砂姜黑土区作物高产的关键，因此，在重视有机物料施用的同时，依据土壤养分含量现状，优化化肥结构，均衡调控土壤养分，确保土壤养分含量均衡提升与养分资源高效利用的双赢。

（一）根据土壤养分含量调整氮磷钾比例

砂姜黑土长期监测点养分含量结果（2014—2018 年平均值）显示，全氮含量平均值为 1.18 g/kg，有效磷含量平均值为 30.9 mg/kg，速效钾含量平均值为 156.4 mg/kg，磷、钾含量较为丰富，而 2017—2018 年施肥情况平均为 N 431 kg/hm²、P_2O_5 197 kg/hm²、K_2O 206 kg/hm²，N：P_2O_5：K_2O=1：0.46：0.48，砂姜黑土区氮养分施用量并不是很高。另据施肥量与作物产量的相关性，小麦产量与磷钾肥用量无显著相关。因此，在目前秸秆普遍还田的耕作模式下，砂姜黑土区氮、磷、钾肥总的施用原则为"合理施氮，适量减磷减钾"。此外，小麦季的氮磷钾肥料（化肥＋有机肥）用量占全年的 56%、玉米占 44%，而产量结果分析，玉米季磷钾肥效明显好于小麦季，说明可适当调减小麦季磷钾肥用量，增加玉米季磷钾肥用量，以获得更大的肥料增产效益，这与传统的周年小麦-玉米轮作制下小麦重施磷肥的观点不同。有必要应继续研究该轮作制施肥技术的科学性，并提出小麦-玉米轮作体系的科学施肥制度。

（二）合理施用中、微量元素肥料

锌、硼、钼、锰的含量较低，且部分砂姜黑土有石灰反应，它往往减弱了锌、钼、锰等微量元素的有效性。因此，要充分注意微量元素肥料的合理应用。另外，20 多年来监测结果表明，土壤 pH 有一定的下降趋势，可能对微量元素有效性有一定的促进作用。

（三）推广测土配方施肥成果

砂姜黑土长期监测点养分含量结果（2014—2018 年平均值）显示，全氮含量平均值为 1.18 g/kg，

最低值为 0.95 g/kg，最高值为 1.79 g/kg，最高值为最低值的 1.88 倍；有效磷含量平均值为 30.9 mg/kg，最低值为 15.0 mg/kg，最高值为 73.6 mg/kg，最高值为最低值的 4.91 倍；速效钾含量平均值为 156.4 mg/kg，最低值为 106.0 mg/kg，最高值为 241.0 mg/kg，最高值为最低值的 2.27 倍。以上数据说明，区域内田块间养分非均衡化现象较为明显，必须有针对性地进行均衡调控，策略是搞好区域推荐施肥，全面做好"测土""配方""供肥""施肥""指导"一条龙服务，提高配方施肥水平。

第十二章

砂姜黑土区农业资源与生态环境 >>>

保护农业资源和生态环境可促进农产品质量安全和数量提升，提供良好的多功能农业生态服务，保障社会和经济的健康可持续发展。但化肥、农药、地膜等超量投入使用，大量畜禽粪液、秸秆等资源利用率水平低，不仅直接损害农业生态系统，而且对区域的水环境和人类健康产生了严重危害，最终威胁农业的可持续发展和粮食安全。农业面源污染和土壤重金属污染防治是一项世界性的难题，也是砂姜黑土区进入新时代所面临的农业资源保护和生态环境建设的重要问题。

第一节 农业面源污染特征

农业面源污染是指农业生产和农村居民生活排放的溶于水中或悬浮于水中的污染物，以广域的、低浓度、分散的形式，在降雨或灌溉过程中借助地表径流、农田排水和土壤渗漏，从农田生态系统向水体迁移扩散的污染形式。农业面源污染主要来自种植业生产过程中化学投入品（化肥和农药）的不合理施用、畜禽和水产养殖过程中的残饵及产生的排泄物、未经处理的农村生活污水的排放、水土流失等。

一、农业面源污染定量分析和评价

农业面源污染的发生具有广域性、复杂性、间歇性、滞后性及分散性等特点，分析和厘清农业面源污染物、污染源、污染强度，准确估算污染负荷量，确定农业面源污染的主要污染源、污染物及污染区，是面源污染控制治理的关键，也可为采取有效防治措施提供科学依据。

据 2010 年国家三部委联合发布的第一次全国污染源普查公报，我国主要污染源排放量中，农业生产（含畜禽养殖业、水产养殖业、种植业）排放的化学需氧量（COD）、氮、磷等主要污染物量，已远超过工业与生活源，成为污染源之首，其中化学需氧量已占总量的 46% 以上，氮、磷占 50% 以上。

淮河流域地跨河南、安徽、江苏、山东及湖北 5 省，是砂姜黑土分布最为广泛的区域。淮河流域的小麦产量占全国小麦总产量的 50% 以上，薯类、水稻、玉米、畜禽肉类等重要农产品产量常年占全国的 10% 以上。粮食的增产需求和增产压力进一步加剧流域农业水资源开发利用及农业面源污染，给流域生态环境和污染防治带来新的挑战。

2009 年淮河流域农业面源污染化学需氧量、总氮（TN）和总磷（TP）的排放量分别为 206.74 万 t、66.49 万 t、8.74 万 t。排放量高值区主要分布在上游的驻马店、周口、商丘和临沂等地区；低值区主要分布在淮河干流的淮北、淮南、合肥等地区；淄博、洛阳和南阳等地，只有部分县（区）位于淮河流域内，因此排放量也较少。

在流域 COD 排放中，比例最大的是畜禽养殖，贡献率为 34.54%；其次是农村生活和农田种植，贡献率分别为 32.41% 和 29.57%；水产养殖最少，贡献率不足 4%。在流域 TN 排放中，畜禽养殖和农田种植两者贡献率合计达到 73.38%，而农村生活与水产养殖贡献较少，分别为 18.77% 和 7.85%。TP 排放与 COD 比例相似，畜禽养殖贡献率最高，达到 43.12%，农村生活与农田种植贡献率各占 25% 左右，水产养殖贡献率仅为 6.36%。COD 与 TP 排放对流域地表水体环境压力中：畜禽养殖＞农村生活＞农田种植＞水产养殖；TN 对水环境压力中：畜禽养殖＞农田种植＞农村生活＞水产养殖。流域畜禽养殖、农村生活、农田种植、水产养殖 4 类污染源总污染物排放量分别为 102.02 万 t、81.70 万 t、85.29 万 t、12.96 万 t，贡献率分别为 36%、29%、30%、5%。周亮等（2013）研究认为，流域治理的重点应是畜禽养殖与农田种植。

淮河流域 4 类污染源 COD、TN、TP 排放强度分别为 7.69 t/hm²、2.47 t/hm²、0.32 t/hm²。流域内各市辖区面积相对小于县域，生产生活密度较高，市郊畜禽养殖、果蔬业发达，因此污物排放强度普遍高于周围地县。畜禽养殖污染物排放强度的高度敏感区主要分布在流域西北的沙河、颍河、北汝河地区；农村生活污染物排放强度的高度敏感区分布在淮河最大支流沙颍河流域；农田种植污染物排放强度的高度敏感区分布在流域西北的沙河、汝河及洪河地区；水产养殖污染物排放强度的高度敏感区和中度敏感区高度集中，主要分布在流域东南的洪泽湖、高邮湖及微山湖等湖区（周亮 等，2013）。

二、畜禽粪便污染

畜禽养殖废弃物直接排放对水环境、大气环境和土壤环境质量的影响明显。未经处理的畜禽养殖废弃物通过雨淋漫溢、土壤渗透等方式进入地表水和地下水，其中携带大量的氮、磷污染物是造成水体富营养化和地下水污染的原因之一。畜禽粪便未经处理直接还田，所携带的抗生素、激素、重金属等物质在土壤中长期积累，超过土地的消纳能力，可间接导致农产品质量下降。

（一）安徽省

单位耕地面积上畜禽粪便氮、磷营养元素的负荷反映了畜禽粪便对耕地土壤的污染风险。2008—2009 年，安徽省砂姜黑土地区的单位面积耕地负荷的畜禽粪便纯氮（N）养分含量为 59.2~104.3 kg/hm²，纯磷（P）养分含量为 21.7~39.2 kg/hm²。耕地粪便氮养分负荷都未超过 150 kg/hm²，而宿州市和蚌埠市超过了磷养分量极限值 35.0 kg/hm²。畜禽粪尿进入水体流失率采用 30% 计算，则安徽省砂姜黑土地区畜禽粪便污染物流失量达到了 50.13 万 t（表 12 - 1）。

表 12 - 1　安徽省砂姜黑土区畜禽污染物负荷与流失量（宋大平 等，2012）

地区	耕地污染负荷/kg/hm²			流失量/万 t
	COD	TN	TP	
淮北	205.8	59.2	23.9	2.04
亳州	228.7	58.1	21.7	8.00
宿州	376.9	104.3	39.2	13.13
阜阳	399.9	86.7	32.8	15.81

（续）

地区	耕地污染负荷/kg/hm²			流失量/万 t
	COD	TN	TP	
淮南	322.8	69.4	29.1	2.52
蚌埠	436.3	96.5	38.2	8.62

耿维等（2018）研究指出，砂姜黑土分布的主要县（市、区），是耕地畜禽粪便氮负荷热点区域。安徽省北部地区（砂姜黑土主要分布区）以平原为主，地理条件优越，具有发展畜牧业的有利条件。2016 年安徽省畜牧业粪便资源总量以淮北平原地区最多，粪便量为 3 550 万 t，占总量的 61%；该地区超 70%的县（区）粪便资源超过 100 万 t，其中临泉县、固镇县、怀远县和阜阳市辖区超过 200 万 t。砀山县、界首市、临泉县、阜阳市辖区、固镇县农用地氮负荷风险系数>1，污染风险高；萧县、泗县、太和县、阜南县、颍上县、利辛县、五河县和怀远县农用地氮负荷风险系数在 0.75～1，污染风险较高；埇桥区、灵璧县、涡阳县、蒙城县、凤台县及蚌埠市辖区农用地氮负荷风险系数在 0.50～0.75，污染风险中等。固镇县农用地磷负荷风险系数在 0.75～1，污染风险较高；淮北市辖区、界首市、临泉县和阜阳市辖区农用地磷负荷风险系数在 0.50～0.75，污染风险中等。

（二）河南省

河南省是我国的养殖大省，2016 年河南省猪、牛、羊出栏量分别占全国的 8.77%、10.77%、7.06%。2016 年河南省畜禽粪尿排放总量为 13 101.5 万 t。猪的粪尿产生量最高，为 5 290.6 万 t，占畜禽粪尿排放总量的 40.4%。砂姜黑土区的畜禽粪尿产生量较大，污染风险较高。从空间分布来看，南阳市畜禽粪尿产生量最大，为 1 970.5 万 t，占河南省畜禽粪尿排放总量的 15.0%。畜禽粪尿产生量前五名的地区有 4 个在砂姜黑土区，南阳市、驻马店市、周口市、商丘市、开封市（非砂姜黑土区）5 个地区畜禽粪尿产生量总和占河南省畜禽粪尿排放总量的 54.0%。砂姜黑土区畜禽粪尿污染程度警报值级别达到Ⅲ级的为平顶山市、漯河市，对环境构成污染威胁；警报值级别到Ⅱ级的有许昌市、南阳市、商丘市、周口市、驻马店市，对环境稍构成污染威胁。

河南省 COD、TN 和 TP 流失量总计达 78.14 万 t，其中 COD 流失量较多，占流失总量的 68.0%；其次是 TN 流失量，占 27.7%；TP 流失量最少，仅占 4.3%。砂姜黑土区的 COD、TN 和 TP 流失总量为 52.67 万 t，占河南全省总量的 67.3%，其中 COD、TN 和 TP 流失量分别占全省 COD、TN 和 TP 流失总量的 68.5%、65.0%和 65.1%。平均扩散浓度为 25.2～286.6 mg/L，平均值为 184.4 mg/L，已属于严重污染（表 12 - 2）。TN、TP、COD 3 种污染物的等标排放量总计为 41.1×10¹⁰ m³，TN 的等标排放量最高，占 52.8%，其次是 TP 占 40.7%，COD 的等标排放量最低仅占 6.5%，说明水体的主要污染物是 TN 和 TP，而 COD 相对较少。许昌市、漯河市的等标污染负荷指数大于 20 mg/L，对环境造成了严重的污染；平顶山市、南阳市、商丘市、周口市、驻马店市的等标污染负荷指数在 15～20 mg/L，对环境也将造成了较严重的污染。

表 12 - 2 河南省砂姜黑土区畜禽粪尿水体污染情况（张英 等，2019）

区域	年畜禽粪尿产生量/万 t	负荷量/kg/hm²	流失量/kt			扩散浓度/mg/L
			TN	TP	COD	
驻马店	1 769.5	16.7	30.7	4.3	71.4	149.9

（续）

区域	年畜禽粪尿产生量/万 t	负荷量/kg/hm²	流失量/kt			扩散浓度/mg/L
			TN	TP	COD	
南阳	1 970.5	17.5	32.1	4.2	68.1	171.1
周口	1 241.3	13.8	19.6	3.3	51.5	187.0
信阳	749.2	9.0	12.0	2.3	51.5	25.2
漯河	443.1	19.8	8.3	1.5	24.0	286.6
许昌	541.8	13.7	9.9	1.7	27.3	264.7
平顶山	698.2	19.8	11.7	1.8	29.2	193.6
商丘	1 089.0	15.2	16.6	2.7	41.0	197.3
合计	8 502.6		140.9	21.8	364.0	

（三）山东省

山东省砂姜黑土区养殖业发展快、人口密度大，是畜禽养殖污染高风险地区。2015 年山东省总存栏合计 9 490 万个标准猪单位，每平方千米土地负荷 604.7 个标准猪单位，是全国平均水平的 6.4 倍，每公顷耕地负荷 12.6 个标准猪单位，是全国平均水平的 1.9 倍。砂姜黑土区的蛋鸡、肉鸡养殖数量占全省总量的 60% 以上，肉牛、奶牛占 50% 左右，生猪占 68% 以上，养殖总量（以生猪单位计）占全省总量的 62.38%（表 12-3）。全省畜禽养殖 COD、氨氮排放总量分别达 190.58 万 t、6.04 万 t。生猪、肉牛的 COD 排放量分别占总量的 29.99%、29.71%；生猪的氨氮排放量占总量的 63.84%。砂姜黑土区畜禽粪尿污染物产生量为 6 365.21 万 t（猪粪当量），COD 排放量为 150.90 万 t，占全省的 79.18%。耕地 TN 负荷为 69.82～104.22 kg/hm²，尚未超过限量值。耕地 TP 负荷为 24.82～36.71 kg/hm²，潍坊耕地 TP 负荷超过了 35.0 kg/hm²，东营市和烟台市的耕地 TP 负荷接近极限值（表 12-4）。

表 12-3　山东省砂姜黑土区畜禽养殖分布占比情况（孙晨曦 等，2017）

单位：%

地市	蛋鸡存栏量	肉鸡出栏量	肉牛出栏量	奶牛存栏量	生猪出栏量	养殖总量（以生猪单位计）
东营	1.71	4.77	12.38	11.22	3.03	5.58
济宁	8.33	1.62	4.47	4.38	10.77	6.98
临沂	6.31	3.79	7.47	4.04	13.32	8.86
青岛	15.62	15.72	2.96	11.83	10.02	10.61
泰安	3.83	6.08	3.50	9.77	4.01	4.74
潍坊	2.94	16.84	3.58	2.30	10.54	9.19
烟台	20.19	14.61	9.54	3.03	11.62	12.12
枣庄	1.90	1.37	3.25	0.91	2.78	2.35
淄博	1.53	1.19	2.56	2.87	2.00	1.95
合计	62.36	65.99	49.71	50.35	68.09	62.38

表 12-4　山东省砂姜黑土区畜禽粪尿污染物产生量（张羽飞 等，2020）

地市	猪粪当量/ 万 t	COD/ 万 t	耕地 TN 负荷/ kg/hm²	耕地 TP 负荷/ kg/hm²
东营	404.10	8.38	104.22	32.95
济宁	894.22	20.58	86.88	28.22
临沂	1 249.02	30.04	86.01	29.84
青岛	640.32	16.13	69.82	25.17
泰安	564.88	13.02	90.23	30.04
潍坊	1 302.70	31.69	90.20	36.71
烟台	710.26	17.53	88.83	34.36
枣庄	287.79	6.15	70.48	24.82
淄博	311.92	7.38	88.23	26.67

据调查，山东省规模化畜禽养殖场（区）多采用垫草垫料、干清粪和水冲粪方式收集粪便。全省对畜禽粪便的综合利用方式以就地还田、生产沼气和送往有机肥企业为主，其中就地还田所占比例最大；有机肥生产企业加工处理较少；仍有少量畜禽粪便未做任何处理。对畜禽养殖污水的利用以浇灌农田为主，生产沼气所占比例仅为 7%，其余的畜禽养殖污水未做任何处理直接排放。大量规模化畜禽养殖企业的沼气池、沤粪池、污水池不满足防渗、防雨、防溢流的要求。

三、农田种植养分投入

化肥既是重要的农业生产要素，又是导致农业面源污染的主要因素之一。过量的化肥投入及盲目施用不仅增加了农业生产的经济成本，还带来了农产品品质降低和严重的生态环境负担。

（一）华北平原

砂姜黑土区处于华北平原，属以旱作为主的农业区，多一年两熟。华北地区农民冬小麦季的习惯施氮（N）量为 325 kg/hm² 左右，远远超过了高产条件下小麦对氮的需求。在习惯施肥情况下，氮肥利用率仅为 28.7% 左右，磷肥当季利用率为 13.1%，钾肥当季利用率也只有 27.3%，导致大量的养分通过不同途径损失。

（二）安徽省主要作物化肥投入

安徽省 2012 年化肥施用量为 333.53 万 t，比 2000 年净增加了 80.15 万 t，平均每公顷耕地施用化肥约为 580 kg，而同期全国农业耕地单位施用化肥量为 480 kg/hm²，比全国平均水平高 100 kg/hm²，即比全国单位施用化肥量高出 20%。小麦、玉米、蔬菜等作物的化肥用量呈过快增长态势，2012 年化肥用量前 4 位的是：小麦（占 31.09%）、水稻（占 24.36%）、蔬菜（占 11.18%）、玉米（占 10.98%）。农户的小麦、玉米氮肥施用量分别为 221 kg/hm²、266 kg/hm²。蔬菜、棉花、玉米、小麦等作物种植中化肥过量施用表现突出，其中小麦、玉米化肥超量施用的农户比例占 31.45%、41.2%。辣椒、番茄、黄瓜、大白菜、花椰菜、茄子 6 种蔬菜施用有机肥的比例仅为 30.4%，化学氮肥投入量均在 300 kg/hm² 以上。

（三）河南省小麦、玉米氮肥投入

河南省小麦产量从 1990 年的 16 309 万 t 到 2015 年的 35 010 万 t，化肥的施用量（折纯）从 1990 年的 213.2 万 t 到 2015 年的 716.1 万 t，粮食产量和化肥施用量整体呈现出增加的相同趋势。2015 年农业氮肥（单质氮肥＋复混氮肥）消费量为 370.4 万 t，是 1979 年的 5.6 倍。其中，单质氮肥消费量从 1979 年的 42.6 万 t 增加到 2015 年的 238.7 万 t。小麦、玉米氮肥消费总量呈增加趋势，2015 年分别消费 133.0 万 t、60.9 万 t，两种作物氮肥消费 193.9 万 t，占河南省农用氮肥消费总量的 52.3%。河南省农户小麦、玉米氮肥用量高，且不同农户之间变异非常大，小麦平均氮肥用量为 234.6 kg/hm²，用量范围在 3.9～861 kg/hm²，总用量大于 225 kg/hm² 的占 35.5%；玉米氮肥用量平均为 293.3 kg/hm²，范围为 3.1～667.4 kg/hm²。而采用肥料效应函数法估算河南省小麦最高产量施肥量和经济最佳施肥量平均值为 171.0 kg/hm² 和 155.1 kg/hm²，玉米为 202.5 kg/hm² 和 172.8 kg/hm²。由于缺乏科学施肥指导，生产中过量施肥、肥料用量不足等现象时有发生，严重影响了小麦产量的提高，也给生态环境带来了巨大压力。

（四）山东省设施蔬菜养分投入

2014 年调查显示，山东省设施番茄化肥用量 903.75 kg/hm²，位居全国第六位；设施黄瓜化肥用量 1 458.6 kg/hm²，位居全国第二位。山东省设施蔬菜施肥量也是远大于需求量（表 12 - 5）。不同茬口番茄氮养分（N）投入量均超过需求量，冬春茬、夏秋茬、越冬长茬投入量分别超出需求量 18.53%、48.87%、72.18%，最大投入量分别是最小投入量的 4.12 倍、2.60 倍、4.11 倍。不同茬口番茄磷养分（P_2O_5）投入量均超过需求量，冬春茬、夏秋茬、越冬长茬投入量分别超出需求量 2.33 倍、2.81 倍、3.65 倍，最大投入量分别是最小投入量的 6.34 倍、6.47 倍、6.23 倍。过量施肥（尤其是氮磷肥）和不合理施用，不仅对蔬菜生长造成一系列的负面影响，还导致养分流失、土壤和地下水环境的污染。

表 12 - 5　山东省设施蔬菜氮磷养分投入情况（江丽华 等，2020）

品种	茬口	最小值/kg/hm²		最大值/kg/hm²		平均值/kg/hm²		投入量/需求量	
		N	P_2O_5	N	P_2O_5	N	P_2O_5	N	P_2O_5
番茄	冬春茬	151.9	90.3	627.0	572.5	414.3	347.0	1.19	3.33
	夏秋茬	274.5	101.8	712.5	658.5	441.2	336.9	1.49	3.81
	越冬长茬	324.0	153.0	1 331.0	953.9	580.0	467.4	1.72	4.65
黄瓜	春茬	345.5	202.5	1 175.9	1 100.3	565.6	496.6	0.80	2.00
	秋冬茬	234.8	191.0	1 866.0	1 770.0	769.2	701.2	1.84	4.79
	越冬长茬	276.0	282.0	3 765.0	2 901.0	1 277.0	1 187.9	2.11	5.62
茄子	春茬	319.5	256.5	1 561.5	1 495.5	920.8	867.0	3.05	8.62
	越冬长茬	687.0	651.0	2 423.9	2 192.3	1 854.2	1 714.4	2.30	6.37
芹菜	秋茬	120.4	72.0	521.3	369.0	301.0	1 714.4	1.32	1.79

四、农田养分流失

农业面源污染物的形成，作为一个连续的动态过程，主要由以下几个过程组成，即降雨径流、土壤侵蚀、地表溶质溶出和土壤溶质渗漏。这4个过程相互联系、相互作用，成为农业面源污染的核心内容。农田面源污染本质上是营养物质的扩散过程，主要包括土壤溶质随地表径流的流失过程以及土壤溶质的渗漏过程。氮施入土壤中，氨态氮（$NH_4^+ - N$）呈球形扩散，硝态氮（$NO_3^- - N$）主要以质流方式迁移；一般来说，$NO_3^- - N$ 比较稳定，而 $NH_4^+ - N$ 的迁移转化相当复杂。磷的流失以吸附作用为主，主要是因为磷与土壤胶粒间亲和力的存在，多数土壤可溶态磷流失随土壤侵蚀、径流、排水、渗漏进行。

（一）土壤侵蚀的养分流失

土壤侵蚀及其造成的土壤养分大量流失，不仅对农业生产发展造成较大的经济损失，同时会引起一系列生态环境问题。赵明松等（2016）基于修正的通用土壤流失方程（RUSLE）和GIS空间分析技术发现，2010年安徽省土壤侵蚀导致的土壤养分（N、P_2O_5、K_2O）流失总量占全省2010年施肥总量（农用化肥，N、P_2O_5、K_2O）的18.36%，砂姜黑土主要分布区域的淮北与沿淮平原土壤侵蚀模数平均为26.55 t/（km^2·年），年侵蚀总量为 $126.0×10^4$ t，仅占全省侵蚀总量的3.65%。淮北与沿淮平原土壤侵蚀引起的土壤总氮、总磷和总钾养分年均流失量为30 kg/km^2、10 kg/km^2 和39 kg/km^2，年流失总量分别为 $0.132×10^4$ t、$0.063×10^4$ t 和 $1.842×10^4$ t，均不足安徽全省养分流失总量的5%。

（二）农田养分地表径流损失

降雨径流是农田土壤侵蚀和养分流失的主要驱动力和重要载体。淮北平原砂姜黑土区典型的自然降雨过程，降雨入渗阶段的降水被土壤吸收并通过下渗作用补充土壤水分和地下水位，此阶段土壤含水量逐渐增加，使得径流时间较降雨时间滞后。径流阶段产流后，随着降雨强度逐渐增大，径流量快速增大。径流量和降雨强度的变化趋势基本一致，但两者变化速度有所不同，径流量较降雨强度变化速度有一定滞后效应。杨继伟等（2018）研究发现，占地面积约 3.4 hm^2 的试验研究区内，降雨过程中总氮（TN）、颗粒态氮（PN）、$NH_4^+ - N$ 和 $NO_3^- - N$ 平均质量浓度分别为 11.50 mg/L、6.58 mg/L、2.11 mg/L 和 2.88 mg/L，浓度远超出水体富营养化氮临界值（0.20 mg/L）的水平，均超出了地表水V类水（2.00 mg/L）的标准，TN则是地表水V类水标准的5.75倍，其峰值浓度甚至达到22.33 mg/L，超过地表水V类水标准的10倍。自然降雨条件下，TN、PN、$NH_4^+ - N$ 和 $NO_3^- - N$ 均有明显的峰谷起伏变化特征。其中，TN、PN 和 $NH_4^+ - N$ 的质量浓度随着径流量的增大而增大，三者达到浓度峰值时间较径流量峰值时间提前2 h，峰值过后浓度快速下降；$NO_3^- - N$ 表现出不同的变化特征，随着径流量增大其质量浓度减小，反之其质量浓度增大。

砂姜黑土区由于地处暖温带季风气候区，多年平均降水量750~980 mm，6—9月降水占全年的60%~70%。常规耕作条件下，降雨的产流系数在0.12~0.39。随着产流系数提高，产流量增加，呈直线关系。典型小麦-玉米轮作周期内，农田的累计土壤侵蚀量为 1 200 kg/hm^2 左右，玉米季降水量大且较为集中，产沙量是小麦季的8倍左右。径流总氮浓度范围是 2.87~13.32 mg/L，均已超过地表水环境质量标准，每次地表径流氮素养分浓度都有可能会对附近水体的质量产生威胁。氮素随地表径流累积流失量为 16.5 kg/hm² 左右，占作物施氮量 5.0%。小麦-玉米轮作周期内，农田 NH_4^+-N 流失量为 2.6 kg/hm² 左右，占总氮流失总量的 15.6%。轮作周期总磷年流失负荷为 0.6 kg/hm²（P_2O_5 1.37 kg/hm²）左右，占当年作物施磷量［磷肥（P_2O_5）165 kg/hm²］的 0.83%。

（三）土壤氮淋溶损失

1. 土壤氮淋溶损失　常规耕作条件下，砂姜黑土淋溶液总氮的浓度范围为 8.5～83.8 mg/L，总氮淋失年累积量为 56.5 kg/hm²，追肥对土壤淋溶液的总氮浓度影响大。氮淋溶损失以硝态氮为主，硝态氮淋失累积量占总氮淋失总量的 72.0% 左右。土壤淋溶液氮淋失量远远高于地表径流造成的氮损失。

2. 地下水氮浓度变化　地下水中硝酸盐污染是当今世界许多国家或地区普遍关注的问题，研究其分布特征和影响对其有效防治意义重大。近年来，淮北平原的地下水受到了不同程度的污染，其中包括硝酸盐污染。

王晓明等（2013）在水文地质调查基础上，通过取样分析，研究了安徽省淮北平原浅层地下水硝酸盐分布状况和污染来源。总面积为 3.84×10^4 km² 的研究区浅层地下水中硝酸盐的含量变化范围较大，为 0.33～432.56 mg/L。52 个采样点中，超过地下水饮用标准（NO_3^--N≤20 mg/L，约 NO_3^-≤88 mg/L）的有 9 个样点（约 17%）。研究区东北部硝酸盐污染较为严重，含量在 88 mg/L 以上的区域占一定比例，其中最高达 432.56 mg/L，峰值的分布与重度污染的奎河河流分布具一致性。城镇的位置，也是地下水硝酸盐含量偏高的地带，研究区内浅层地下水水质受到人类活动的影响。NO_3^- 与 Cl^- 的同步增长关系表明：其主要来源为生活污物和人畜排泄物，且该地区的农田肥料和污水灌溉很可能是另一主要来源；分析发现研究区内浅层地下水水质主要受到三方面的影响，即自然作用、自然与人为的混合作用和人为作用，且贡献率分别为 39%、28% 和 15%。人类活动因素中硝酸盐的相关度最大，因此，加强研究区内人类活动中硝酸盐污染的控制，可以有效提高研究区内浅层地下水水质。

高旺盛等（1999）研究发现，黄淮海平原粮田地下水硝酸盐含量（y）随氮肥投入量（x）增加而明显增加。相关性方程为 $y=0.101\,1x-33.742$（$r=0.796\,4$，$n=26$）。在常年小麦-玉米两熟农作制度下，当氮肥年投入量达 715.19 kg/hm² 时，易造成地下水 NO_3^- 含量超标。

皖北蔬菜产区地下水硝酸盐污染研究结果表明，2005 年 1 月、3 月、5 月、8 月、9 月、11 月农田灌溉井水 NO_3^--N 含量（10 眼井），变幅为 10.6～93.1 mg/L、26.5～116.2 mg/L、31.1～117.1 mg/L、1.3～43.0 mg/L、11.1～99.2 mg/L、8.6～100.1 mg/L，平均含量分别为 47.0 mg/L、62.3 mg/L、66.1 mg/L、17.2 mg/L、38.9 mg/L、57.4 mg/L。饮用井水和灌溉井水 NO_3^--N 含量存在着明显的正相关关系，饮用井水的 NO_3^--N 含量随着灌溉井水 NO_3^--N 含量的上升而上升。蔬菜产区饮用井水 NO_3^--N 含量较高，5 眼水井 6 次调查结果显示 4 次的超标率达 60%。12 月调查的 14 眼水井，超标率为 64.29%。20～40 cm 土层中的土壤 NO_3^--N 和有效氮含量随着 0～20 cm 土层中的 NO_3^--N 和有效氮含量上升而上升，表明 0～20 cm 土层中的有效氮可经雨水或灌溉水淋洗到 20～40 cm 的土层中，施入表层的肥料越多，向下淋洗的量也就越大（图 12-1）。蔬菜产区地下水 NO_3^--N 含量高，污染较为严重，主要与氮肥的用量有关。据调查，菜地氮肥施用量多在 600 kg/hm² 以上，由于肥料利用率低，加上灌水量大，土体中的 NO_3^--N 更易渗滤进入地下水，导致地下水 NO_3^--N 含量上升。

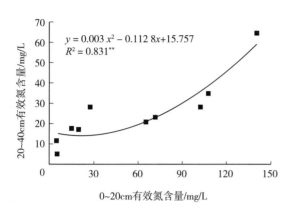 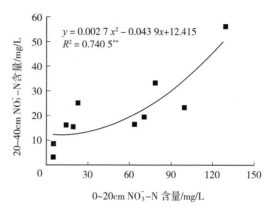

图 12-1 0～20 cm 与 20～40 cm 土层有效氮、$NO_3^- - N$ 含量关系（王道中 等，2007）

林海涛等（2011）对山东省地下水硝酸盐含量状况及影响因素研究发现，受施肥制度、水文、地质等的影响，山东省不同地区间地下水硝酸盐含量差异较大，平均含量为 0.8～10.6 mg/L。从超标情况来看，临沂最高为 11.1%，其次为淄博、枣庄、潍坊，分别为 6.3%、5.0%、1.4%。从地域上看，鲁东、鲁南、鲁中水质较差，以Ⅲ类水质为主，可能与鲁东、鲁南、鲁中经济较发达，施肥量较高及地形起伏有关。

3. 地下水硝酸盐溯源 李玉中等（2013）以山东省农村地区为研究区域整体单位，发现有 35.45% 地下水样品的 $NO_3^- - N$ 来自粪肥污染，有 27.10% 的地下水样品是受化肥污染，还有 37.45% 的地下水样品的 $NO_3^- - N$ 污染来自化肥、粪肥及生活污水的混合污染。如以地下水中 $NO_3^- - N$ 平均质量浓度高于 20 mg/L 的烟台和潍坊为研究单位，则烟台地区的地下水 $NO_3^- - N$ 污染有 55.56% 来自粪肥污染，有 5.56% 来自化肥污染，有 38.88% 来自化肥、粪肥及生活污水的混合污染；潍坊地区的地下水 $NO_3^- - N$ 污染有 16.13% 来自粪肥污染，有 48.39% 来自化肥污染，还有 35.48% 来自化肥、粪肥及生活污水的混合污染。

第二节 农业面源污染防控策略与方法

一、农业面源污染的防控策略

农业面源污染作为流域内影响水质的主要过程之一，其污染控制应从整个农业生态系统或流域出发，才能从根本上达到治理面源污染的目的。事实上，农业生态系统的各种物质循环，如水分和养分，以及各个生态要素之间是相互作用的。因此，要维持和提高农业生态系统内在消纳农业面源污染的能力，需要从生态系统的全局出发，构建一个生态系统要素与物质交换、能流与物流联动、信息流互换的综合防控策略。农业面源污染的治理要取得实效，必须要因地制宜，从污染物的排放—迁移、污染成灾等过程入手，实行从"源头减量—过程阻断—末端治理"的全过程控制，同时兼顾污染中养分的农田回用。就众多的防治方法来看，大体可以分为两大类，即"源"（source）防治和"汇"（sink）防治。"源"防治方法，即从污染源头控制和减少氮、磷流失，主要通过产业结构、施肥措施、养殖业控制、饲养方式等，控制氮、磷的排放量、流失量来减少、控制面源污染。"汇"防治方法着重于对污染物的去除和削减，应用较多的方法有湿地去除、水生植物去除、生物技术等。

二、农业面源污染的防控技术

（一）优化施肥技术，控制与降低农用化学品用量

控制与降低农用化学品用量是解决农业面源污染的重要途径，发展农用化学品替代和提高农用化学品利用率是解决目前农业面源污染的主要手段。基于增效原理的优化施肥技术是以保证作物产量为核心，以作物养分需求为指导，并考虑土壤的养分供应能力进行施肥，使得施入的肥料尽量能被作物完全吸收利用。如对肥料的控制，通过土壤养分测试和田间预测预报，制定分级施肥规范，推荐有机肥和化肥的合理用量，降低了肥料养分投入的盈余，降低了面源污染的负荷；推广应用常规化学肥料替代及配套施用技术和新型施用器械，提高农用化学品利用效率；制定政策、法规，划定农业环境风险等级区域，不同区域、不同作物采用不同的限量、限期施肥规范，对于环境脆弱区域，严格禁止农业生产和农用化学品使用等。

（二）优化区域施肥方案与配肥技术

在"种—养—加"一体化循环利用的基础上，以土壤养分含量指标为基础，系统分析作物布局、土壤养分空间分布与供肥特征、作物需肥规律、目标产量等影响因素，对流域农田养分进行"分区、分期、分类"管理。以保证粮食增产和环境安全为前提，针对区域种植的主要农作物，确定分区各种作物的氮磷投入阈值，采用区域控制、田块微调、氮肥总量控制、磷钾恒定调节策略，结合实时实地氮素管理技术，优化有机肥与化肥的使用配比，优化控释肥料与常规肥料施用配比，形成配肥方案，达到降低化肥施用量与提高有机肥利用率的效果。

砂姜黑土地区的成土母质、地形、土壤类型等结构因素并非引起区域内土壤有机质和大量元素空间变异的主要因素，而耕作活动、种植制度、管理方式等人为活动的干扰是引起空间异质性的主要因素，因此，为了实现更为精确的养分管理，就要在区域大配方的基础上通过"小调整"以实现田块的精确调控，精确调控依据有产量水平、作物生长、营养诊断、土壤质地、土壤测试、添加缓控释氮肥等。

（三）有机肥替代化肥减量技术，提高肥料利用率

重化肥、轻有机肥现象的普遍存在，导致大量有机肥因得不到有效利用和妥善处理，使得有机肥这一重要养分资源转变为重要污染源。充分利用有机废弃物资源作为有机肥替代化肥，是减少化学肥料用量、提高肥料利用率、减少农田氮磷流失污染的有效途径。砂姜黑土有机质含量较低，保肥供肥能力较差，因此，增施有机肥、提高土壤有机质含量是提高化肥利用率的有效途径。有机无机肥配施可提高作物产量，提高土壤肥力水平和肥料利用率，促进农业废弃物资源化利用等。在当前化肥施用量条件下，安徽省畜牧业粪便养分的化肥替代潜力为21.83%。在等氮量条件下，5年施用期限内有机肥替代50%化肥氮用量及单施有机肥条件下，作物表现出整体增产趋势。但实现有机肥对化肥的有效且充分替代，还应考虑农民的用肥习惯和经济效益。

（四）水肥综合管理技术

农田氮磷的径流和淋溶损失是以水为载体的，对于旱地，水分还是影响肥料有效性的重要因素，因此，优化水肥管理措施，合理灌排水，使水肥投入与作物生理需求同步，是防控氮磷流失和提高其

利用率的有效手段。通过灌溉系统为植物提供营养物质的过程，即按照作物生长发育不同阶段对养分的需求，结合土壤和气候等条件，将适量肥料在灌溉过程中溶于水施用，从而准确地将肥料均匀施在根系附近，供植物根系直接吸收利用。随灌水所用的肥料应全是水溶性化合物或液体肥料，微量元素肥料应是水溶态或螯合态化合物。在条件具备的情况下，可结合滴灌、喷灌、渗灌等灌溉技术，节约灌溉用水和肥料用量，减少氮磷流失，实现水肥一体化管理，提高肥效。

（五）种植和轮作制度优化技术

种植制度和轮作制度不同，化肥的投入量和水分管理方式也会不同，从而造成农田氮磷的损失也存在差异。合理调整和优化农业种植结构，是从源头控制区域农田面源污染的一项重要措施。农业面源污染控制下种植业结构优化的实质就是在既定的农业面源污染总量和农业经济发展的双重约束下，探求不同农作物种植面积的优化组合及清洁生产面积的调整。在沿淮平原八里河流域，当地常规种植模式下，小麦-甘薯轮作区比小麦-玉米轮作区的总氮和氨氮流失负荷分别减少了 26.5% 和 6.7%，清洁生产模式下分别减少了 24.2% 和 11.8%。因此，在该区域保证粮食生产稳定的前提下，可以适当缩减玉米的种植面积，适当增加甘薯的种植面积，以减少农田养分的流失。

（六）秸秆还田与保护性耕作技术，减少农田养分流失

保护性耕作技术主要是通过保护土壤的表面来减轻土壤侵蚀，提高作物对营养元素和农业化学物质的利用率，减少它们向环境的输入，从而可以有效地防止农业面源污染的形成。保护性耕作主要包括秸秆还田、少免耕、覆盖、深松耕、垄作、等高耕作等。在砂姜黑土区，针对农田有机质含量低、土壤物理性质差、水肥保蓄能力弱等因素造成农田养分流失率高的问题，在小麦深松、深翻、施足有机肥的基础上，通过优化作物生产布局和种植模式，实现夏茬作物的秸秆覆盖和少耕免耕种植模式。通过不同茬口作物深翻与免耕相结合，提高土壤有机质含量、实现土壤耕层扩汇增容，达到保土、保水、保肥，减少夏季雨水季节土壤养分流失的效果。与翻耕处理相比，翻耕＋秸秆还田、免耕＋秸秆还田和玉免麦翻＋秸秆还田处理的氮径流损失量分别降低了 31.8%、21.4% 和 37.3%，磷径流损失量分别降低了 29.1%、21.4% 和 34.3%。

（七）农田水资源调控与协同控制灌排技术

统筹地表水、地下水、其他水源，适度增加地表水蓄、引、提水能力，全面加强蓄、引、提、调水工程及地下水井供水量的联合调度。因地制宜，开展大中沟建闸蓄水，实施沟口建闸、沟河连通，增加灌溉水源，补充地下水；开挖疏浚现有沟塘，新建部分蓄水闸，维修扩建现有节制闸，有效汇集利用雨水和灌溉回归水，提高沟塘蓄水能力，减少降雨和灌溉弃水。增加雨水在农田、农沟中的滞留时间，充分发挥沟、田的湿地效应，减少排水量和排水中的氮磷污染物，控制面源污染。沟田协同控制灌排模式将农田控制排水与沟道控制排水相结合，降雨经过农田和农沟的 2 次拦截，可使农田和农沟排水量减少 60.6% 和 55.9%，具有更好的节水减排效果。旱作物适宜的地下水埋藏深度为 1.0 m，生长初期为 0.4～0.6 m，生长中期为 0.6～0.8 m，生长后期为 0.8～1.2 m。沟深一般为 1 m 左右，除涝排水沟的农沟间距一般为 100～400 m。当农沟深度 1.5～2 m 时，间距一般为 150～250 m。采用畦灌或沟灌时，应精细平整土地，畦宽宜为 2～4 m，沟距宜为 0.5～0.8 m。灌水方向宜和地面坡度方向一致。

（八）构建立体化消减体系

通过调整土地利用方式、提高化学品的利用率、改变灌溉方式，实现种植型农业面源污染的控制等，如农田养分投入的减量化技术、农田地表径流渗漏养分的生态拦截技术、小流域面源污染控制的前置库技术等。在采用以合理利用土地及限制化肥施用为核心的"最佳管理措施"来控制农田面源污染的同时，也通过湿地、生态拦截带对流失氮磷进行控制，形成从"源头控制—过程阻断—末端治理"的成套技术体系。

第三节　土壤重金属污染特征

土壤是生态环境的一个重要组成部分，也是人类活动的重要自然资源。土壤中重金属不断富集超标污染，会导致表层和深层土壤质量发生变化，影响土壤肥力，对农作物等植被生长产生毒害作用，引起农产品产量和质量安全性降低，同时还能通过食物链进入人和动物体内，危害人体健康，以及通过淋失等途径进入水体进而危害水环境质量，将成为制约农业可持续发展的重大障碍。

一、土壤重金属污染来源

土壤重金属污染主要是受自然来源（环境背景值）和人为来源（人类工农业生产活动）等多重因素叠加共同影响所致。土壤重金属的自然来源主要是岩石风化和火山喷发等自然地质活动，人为来源主要为矿产开采、金属冶炼、化工、煤燃烧、汽车尾气排放、生活废水排放、污泥使用、污水灌溉、农药和化肥施用、大气沉降等。

（一）不同母质来源和土壤类型砂姜黑土重金属含量

晚更新世末期，地壳继续下沉，堆积了以灰黄色、黄灰色或土黄色为主的黄土性冲积物（亦称黄土性古河流沉积物），从而成为砂姜黑土发育的物质基础。靠近黄泛平原处，出现黄泛沉积物这种异源物质覆盖在砂姜黑土上的情况，上层为厚薄不同的近代洪冲积物，下层为湖相沉积物，发育形成了覆泥黑姜土和覆淤黑姜土2个土属，占砂姜黑土总面积的31.00%。土壤地球化学基准值指未受人类影响的反映土壤原始沉积环境的地球化学元素含量。土壤重金属地球化学基准值可较好反映不同母质来源的砂姜黑土重金属含量差异（表12-6）。由于安徽省沿淮淮北地区黄土母质土壤基准值中，铬、铅、砷含量高于黄河流域河南段土壤基准值，镉和汞含量则明显低于黄河流域河南段土壤的基准值。无覆盖层砂姜黑土和有覆盖层砂姜黑土铅、砷、汞含量趋势与两种不同母质基准值趋势一致。土壤环境背景值指不受或少受人类活动影响或现代工业污染的情况下，土壤化学组成或元素含量水平。黄河流域河南段潮土重金属背景含量与有覆盖层砂姜黑土的含量基本相当，没有明显差异。

表12-6　不同类型成土母质与砂姜黑土重金属含量（农业农村部耕地质量监测保护中心，2020）

项目		铬	镉	铅	砷	汞
无覆盖层砂姜黑土	含量/mg/kg	61.09	0.15	27.18	9.21	0.066
	样本数/个	171	173	176	169	173

（续）

项目		铬	镉	铅	砷	汞
有覆盖层砂姜黑土	含量/mg/kg	65.34	0.15	25.88	8.91	0.074
	样本数/个	61	61	62	62	62
安徽省沿淮淮北地区黄土母质土壤基准值/mg/kg		85.90	0.066	24.90	11.80	0.015
黄河流域河南段土壤基准值/mg/kg		67.03	0.11	20.19	10.86	0.024
黄河流域河南段潮土背景含量/mg/kg		68.00	0.17	24.13	10.72	0.065

注：安徽省沿淮淮北地区黄土母质土壤基准值引自陈兴仁等（2012）；黄河流域河南段土壤基准值与黄河流域河南段潮土背景含量引自盛奇等（2009）。

典型砂姜黑土亚类和石灰性砂姜黑土亚类面积占砂姜黑土总面积的99%以上。石灰性砂姜黑土亚类，除汞含量外，其他重金属元素含量都高于典型砂姜黑土亚类（表12-7）。

表12-7　不同亚类砂姜黑土重金属含量（农业农村部耕地质量监测保护中心，2020）

项目		铬	镉	铅	砷	汞
典型砂姜黑土亚类	含量/mg/kg	61.10	0.14	26.89	9.06	0.067
	样本数/个	186	188	192	185	189
石灰性砂姜黑土亚类	含量/mg/kg	66.65	0.19	29.01	9.22	0.048
	样本数/个	36	35	36	36	36

（二）土壤重金属地球化学特征

砂姜黑土表层元素背景值与深层元素基准值计算得到的元素比值系数，可以在一定程度上反映出区域地球化学景观条件下元素相对富集或亏损的程度，即成土作用过程中元素的次生富集与贫化特征（表12-8）。

表12-8　砂姜黑土重金属地球化学特征

项目		铬	镉	铅	砷	汞
无覆盖层砂姜黑土	含量/mg/kg	61.09	0.15	27.18	9.21	0.066
	样本数/个	171	173	176	169	173
地球化学基准值/mg/kg		85.90	0.066	24.90	11.80	0.015
背景值/基准值		0.71	2.27	1.09	0.78	4.40

注：无覆盖层砂姜黑土重金属含量引自农业农村部耕地质量监测保护中心（2020）；地球化学基准值为安徽沿淮淮北地区黄土母质土壤基准值，引自陈兴仁等（2012）。

铬和砷元素的比值系数≤0.8，反映了经成土作用表层土壤中铬和砷元素被迁移带出或淋溶流失，造成其贫化或亏损。铅元素比值系数在0.8~1.2，说明表层土壤中铅元素保持了成土母质的原始状况，即成土作用和人为活动影响较小或基本未受影响。砂姜黑土背景值和中国元素背景值的镉和汞元素比值系数都≥1.2，表明镉和汞元素在成土母质和人为活动的双重影响下得到较明显的富集；其中，施肥等农业生产活动和植株残枝落叶等生物地球化学循环过程促使发生表层富集，工业生产及生活排污加剧了表层土壤中的累积。人类工农业生产活动是土壤重金属污染的主要来源。重金属矿山开采、冶炼的重金属废气沉降、废水灌溉，以及废渣、尾矿和矿渣等固体废料，在长期露天堆放过程中，重金属向周围土壤扩散，会导致周边区域土壤重金属含量超标。工矿企业排放的烟尘、废气中含有的重金属通过大气沉降和降雨等方式进入水体和土壤，也可造成局部地区重金属严重污染。化肥中重金属含量最多的过磷酸盐类含有铅、镉、砷等，部分农药含有铅、汞、砷、镉等；塑料大棚和地膜等农用薄膜中使用的热稳定剂含有镉、铅等；在畜禽养殖过程中，除了使用含铜和锌的饲料添加剂，有时还用含砷、镉、铬、铅和汞的添加剂等。农药、化肥、地膜、畜禽粪便和污泥堆肥产品等农用物质的不合理施用，可导致农田土壤重金属污染。

（三）农用地土壤重金属污染风险

砂姜黑土重金属铬、镉、铅、砷、汞平均含量分别为 62.17 mg/kg、0.15 mg/kg、26.88 mg/kg、9.10 mg/kg、0.066 mg/kg（表 12-9）。砂姜黑土重金属铬、镉、铅、砷和汞分别是中国元素背景值的 1.02 倍、1.55 倍、1.03 倍、0.81 倍和 1.02 倍。土壤中重金属镉有一定程度的累积趋势。耕地质量监测结果表明（农业农村部耕地质量监测保护中心，2020）（$n=4\,042$），砂姜黑土区的土壤 pH 为 4.0～8.9，平均值为 6.7，pH 5.0～6.5 酸性土壤面积占比达到 40.33%，pH 6.5～7.5 中性土壤占比为 35.82%。依据《土壤环境质量　农用地土壤污染风险管控标准（试行）》，农用地土壤铬、镉、铅、砷、汞污染风险筛选值分别为 150～200 mg/kg、0.3 mg/kg、70～120 mg/kg、30～40 mg/kg、1.3～2.4 mg/kg。砂姜黑土重金属含量低于污染风险筛选值，对农产品质量安全、农作物生长或土壤生态环境风险低。但仍有个别点位的铬、砷及小部分镉超过了污染风险筛选值，这些点位的土壤重金属污染对农产品质量安全、农作物生长或土壤生态环境可能产生威胁，应当加强土壤环境监测和农产品协同监测，原则上应当采取安全利用措施。

表 12-9　砂姜黑土重金属含量与污染风险

项目		铬	镉	铅	砷	汞
砂姜黑土	含量/mg/kg	62.17	0.15	26.88	9.10	0.066
	样本数/个	216	217	222	215	219
中国元素背景值/mg/kg		61.0	0.097	26.0	11.2	0.065
农用地土壤污染风险筛选值/mg/kg	pH 5.0～6.5	150	0.3	70～90	40	1.3～1.8
	pH 6.5～7.5	200	0.3	120	30	2.4

注：土壤重金属含量引自农业农村部耕地质量监测保护中心（2019）；农用地土壤污染风险筛选值引自 GB 15618—2018；中国元素背景值引自魏复盛等（1991）。

二、土壤重金属含量

（一）安徽省砂姜黑土区

1. 淮河流域安徽省段　安徽省淮河流域为安徽省砂姜黑土主要分布的区域，覆盖淮南、蚌埠、淮北、阜阳、宿州、亳州、滁州、六安和合肥 9 个市的 47 个县（市、区），境内流域面积 6.7 万 km²。淮河流域安徽省段总体土壤重金属污染较低。镉、汞、砷、铅、铜、锌、镍的超标率分别为 1.6%、0.9%、2.6%、1.6%、2.1%、2.2%、2.9%，砷和锌各有 2 个中度超标，铜和锌分别有 1 个和 2 个轻度超标，其余都是轻微超标。基本农田区的超标率为 3.6%，有 4 个点位超标，且都为轻微污染，超标项目为铜和镍；蔬菜种植基地的超标率为 4.3%，有 5 个点位超标，其中有 1 个点位为轻度污染，其他均为轻微污染，超标项目为镉、汞、铅、锌（钱贞兵 等，2018）。

焦岗湖流域地处沙颍河与淮河干流交汇处的东北部，南临淮河干流、西接沙颍河，涉及安徽省阜阳、淮南两市，总流域面积 479.0 km²，其中阜阳市境内 375.3 km²，淮南市境内 103.7 km²，是皖北地区重要的农业生产区，流域内砂姜黑土和潮土占优势。除砷外，土壤重金属镉、铬、铜、铅和锌含量最大值均未超过《土壤环境质量 农用地土壤污染风险管控标准》（GB 15618—1995）二级标准限定值，其中砷、镉、铬平均含量高于研究区土壤背景值，分别是对应背景值的 3.61 倍、4.39 倍、1.48 倍。重金属元素的污染程度依次为砷>镉>铬>铜>锌>铅。流域内重金属的空间分布，地表径流未产生显著影响，但与不同区域农业生产中化肥和农药的使用所排放的重金属数量和强度有关（韦绪好 等，2015）。

2. 淮北地区农田土壤 常规模型和分值模型评价结果显示，淮北地区的砂姜黑土很少或几乎没有受到污染（徐鸿志 等，2008）。淮北地区菜地土壤综合污染指数平均为 0.64，整体环境质量良好，少数蔬菜种植时间较长的日光温室土壤受到重金属污染，主要是镉和汞（于群英 等，2006）。

3. 矿区与农田土壤 王长垒等（2019）认为，淮南地区矿区农田的砷和镉平均含量均未超过淮南市砷背景值（10.50 mg/kg）和镉背景值（0.06 mg/kg），采煤活动未给土壤环境造成重大影响，土壤重金属富集区域少。由于生态修复区中煤矸石堆通过水、大气等途径进入土壤，以及修复区填充基质（煤矸石或粉煤灰）释放所致（邢雅珍 等，2018），煤矸石堆放点周围的农田土壤存在重金属砷和镉的污染，矿区生态修复区土壤中重金属锌、铅和镉含量分别高出周边矿区农田的 10.9 倍、3.4 倍和 35.8 倍。

淮北矿区土壤中 6 种重金属镉、铬、铜、镍、铅和锌的平均值均未超过国家土壤环境质量二级标准，铅、镉和锌是淮北矿区土壤重金属污染的主要污染物；重金属锌的变异系数达到 77.35%，表明锌含量受当地采矿活动的影响最大（孙立强 等，2019）。淮北市周边 3 个主要蔬菜种植区的土壤镉、汞、砷、铅、铬、铜、锌、镍、锰、钴、银和锑污染指数均在 0.7 以下，属于清洁（安全）等级，符合无公害蔬菜种植基地要求（李刚 等，2015）。

（二）河南省砂姜黑土区

河南省砂姜黑土区，单因子污染指数评价法中土壤汞、砷含量超标，超标率分别为 50.0%、18.2%，镉、铬、铜、镍、铅、锌均达标，重金属污染等级排序为铅（0.070）<铜（0.130）<铬（0.328）<锌（0.392）<镉（0.401）<镍（0.520）<砷（0.806）<汞（1.743）。Hakanson 潜在生态风险评价法中 1 个样本属于强风险等级，4 个样本属于中等风险等级，其余均为轻微风险等级，且其单因子潜在生态危害系数为铅（0.350）<锌（0.393）<铜（0.650）<铬（0.656）<镍（2.601）<砷（8.059）<镉（12.018）≪汞（69.707）。地积累指数评价法 8 种重金属污染程度排序为铅（−0.97）<镍（−0.75）<铜（−0.62）=铬（−0.62）<锌（−0.25）<镉（0.04）<砷（0.21）<汞（1.99）。汞污染最严重，90.9% 的样本均受到污染，大部分污染等级属于中度至强污染等级；其次是砷污染严重，50.0% 属于轻度至中度污染，10.0% 以上属于中度至强污染；镉有 59.1% 的样本属于轻度至中度污染；铅未污染，其余元素的轻度至中度污染频率在 20% 以下。由单因子污染指数评价法、内梅罗污染指数法、Hakanson 潜在生态风险评价法和地积累指数评价法综合研究可知，河南省砂姜黑土重金属为轻微风险等级（表 12 - 10）。

表 12 - 10　河南省砂姜黑土重金属污染评价（李少丛 等，2015）

项目		砷	镉	铬	铜	镍	铅	锌	汞
单项污染指数		0.806	0.401	0.328	0.130	0.520	0.070	0.392	1.743
单因子污染评价超标率/%		18.2	0.0	0.0	0.0	0.0	0.0	0.0	50.0
地积累指数		0.21	0.04	−0.62	−0.62	−0.75	−0.97	−0.25	1.99
各地积累指数等级占比/%	0	36.4	40.9	95.5	86.4	90.9	100.0	81.8	9.1
	1	50.0	59.1	4.5	13.6	9.1	0.0	18.2	9.1
	2	9.1	0.0	0.0	0.0	0.0	0.0	0.0	40.9
	3	4.5	0.0	0.0	0.0	0.0	0.0	0.0	36.4
	4	0.0	0.0	0.0	0.0	0.0	0.0	0.0	4.5

（三）山东省砂姜黑土区

山东省东部地区（青岛、烟台、威海、潍坊、日照、临沂等），其中青岛、烟台、潍坊、临沂等为砂姜黑土分布区，土壤受到汞、镉、铅、铜、锌等一定程度的重金属污染，其潜在生态风险为强和很强的土壤占 13.75%，且这些元素对土壤的污染程度不同，土壤重金属元素污染程度为汞＞镉＞铜＞铅＞锌＞铬＞砷。而重金属潜在生态风险大小则依次为汞＞镉＞砷＞铅＞铜＞铬＞锌。其中，汞（污染指数平均值为 3.38）元素对土壤的污染最严重，其次是镉（污染指数平均值为 1.89），而砷、铬污染程度最轻（表 12 - 11）。

表 12 - 11　山东省东部地区土壤重金属含量与评价（崔元俊 等，2012）

单位：mg/kg

项目	砷	镉	铬	铜	汞	铅	锌
最小值	0.80	0.01	3.70	1.10	0.003	8.90	3.40
最大值	162.00	10.51	118.00	514.00	22.40	935.00	690.00
平均值	6.60	0.12	60.80	22.80	0.05	27.70	58.40
中位值	6.20	0.11	55.50	19.20	0.028	25.10	54.70
标准偏差	3.61	0.16	32.3	15.6	0.23	19.6	23.3
污染指数平均值	1.03	1.89	1.06	1.31	3.38	1.23	1.16

注：$n = 13\,674$。

三、土壤重金属形态与影响因素

重金属的生物毒性不仅与其总量有关，更大程度上取决于它们的化学形态，重金属元素与复杂多样的土壤组分相互作用和反应，形成了不同赋存形态的重金属。以不同的方式与各组分相联系，土壤重金属元素存在形态决定了重金属的迁移率和生物利用率，从而表现出不同的生物活性与毒性。

（一）土壤重金属形态

土壤重金属形态可分为代换态、有机结合态、铁锰结合态、碳酸盐结合态和残留态。砂姜黑土中铜、镉、锌 3 种重金属元素的各化学形态较为一致，变化趋势表现为代换态＜有机结合态＜铁锰结合态＜碳酸盐结合态＜残留态。代换态比例最小，残留态占据总量的绝大部分。但铜、镉两元素化学形态，受土壤 pH 的影响，碳酸盐结合态、铁锰结合态、有机结合态三者含量存在一定的差异（杨红飞等，2006）。

（二）影响因素

1. 土壤 pH 随着土壤 pH 的增加，土壤中铜、镉、锌的代换态含量减少，两者之间呈现出部分负相关关系（表 12-12）。土壤体系 pH 升高，土壤中的黏土矿物、氧化物胶体和有机质表面的负电荷增加，对重金属离子的吸附力加强，土壤中有机结合态、铁锰结合态重金属含量增加，代换态含量降低。在 pH 7.5 以上的条件下，碳酸盐、磷酸盐等可与铜、镉、锌结合，其化合物的溶解度降低发生沉淀，碳酸盐结合态重金属离子含量增加，使重金属由代换态急剧向稳定的结合态转化，生物有效性也随之降低。

表 12-12　砂姜黑土不同形态重金属含量与土壤 pH 的相关性

形态	R		
	铜	镉	锌
代换态	−0.887*	−0.830	−0.755
碳酸盐结合态	−0.310	0.742	0.875
铁锰结合态	0.041	−0.554	0.036
有机结合态	−0.674	−0.500	−0.600
残留态	−0.909*	0.167	−0.376

注：* 表示达到 95% 及以上显著水平（$n=8$）。

2. 土壤有机质 土壤中有机物通过与重金属进行整合或结合作用，对重金属元素产生专性吸附，从而改变土壤重金属赋存形态，影响土壤重金属的迁移特性及其生物可利用性。有机结合态的各重金属与有机质含量均呈正相关关系或显著正相关关系，土壤有机质含量的增加，能引起重金属有机结合态含量增加。镉的碳酸盐结合态和铁锰结合态与土壤有机质含量呈负相关关系，与铜、锌均呈正相关关系（表 12-13）。

表 12-13　砂姜黑土不同形态重金属含量与土壤有机质含量的相关性

形态	R		
	铜	镉	锌
代换态	0.364	0.298	0.018
碳酸盐结合态	0.530	−0.249	0.839
铁锰结合态	0.509	−0.148	0.609
有机结合态	0.924*	0.608	0.614
残留态	0.638	0.159	0.878

注：* 表示达到 95% 及以上显著水平（$n=8$）。

3. 长期施肥的影响 不同重金属的累积及形态分配有其自身的规律，除受土壤特性影响外，还受施肥及作物吸收的影响。31 年定位试验显示，不同施肥处理耕层土壤残留态铅含量占土壤总铅含量的 80% 左右，铜、锌和镉的形态分布也是以残留态最多。土壤重金属铜、锌与铅的化学形态的分布趋势有着明显的差异。土壤铜和锌各化学形态基本分布趋势为代换态＜有机结合态＜铁锰结合态＜碳酸盐结合态＜残留态；而铅则是铁锰结合态占比较小，代换态和有机结合态占比较大，基本分布趋势为铁锰结合态＜碳酸盐结合态＜代换态＜有机结合态＜残留态。镉的分配顺序受施肥影响较大。施肥不仅影响到重金属镉的形态分配，甚至使得形态分配的顺序发生明显的变化（赵婷 等，2013）。虽然不同施肥处理的土壤镉形态分配仍是以代换态占比最低，残留态占比最高，但碳酸盐结合态、铁锰结合态和有机结合态的分布趋势明显变化。如单施氮磷化肥及有机肥＋氮磷化肥处理各形态镉的分布趋势为代换态＜碳酸盐结合态＜铁锰结合态＜有机结合态＜残留态，而其他处理各形态分布趋势则为代换态＜铁锰结合态＜有机结合态＜碳酸盐结合态＜残留态。

（三）土壤重金属与土壤酶活性的关系

土壤酶的活性较稳定、敏感地反映重金属对土壤的污染程度。土壤中重金属不同的化学存在形态，对土壤酶活性产生的影响也不一样。代换态铜、镉、锌对土壤酶活性的抑制作用最大，铁锰结合态铜、锌对土壤酶活性也有很大的抑制作用，残留态一般对土壤酶活性影响相对较小。代换态重金属含量高，土壤的污染程度就高（杨红飞 等，2007）。

当土壤重金属总量与土壤酶活性相关性显著时，肯定有几个形态与其相关性也显著，有的相关系数甚至达到极显著水平。而当重金属总量（如镉）对土壤酶活性影响不显著时，但有的形态的镉却已显著抑制土壤酶的活性。由于应用重金属的形态分析重金属对土壤酶活性的关系比用总量更准确，杨红飞等（2007）认为，把砂姜黑土中代换态铜、镉、锌和脲酶及中性磷酸酶的活性共同作为评价土壤铜、镉、锌污染程度的主要生化指标是可行的。

四、作物对土壤重金属吸收情况

（一）作物不同器官对重金属的吸收积累

王小纯等（2002）研究发现，在典型砂姜黑土上，冬小麦各器官中镉的分布表现为根系、叶片＞茎秆＞叶鞘＞籽粒；镉在根、叶中的含量显著大于其他器官，也高于土壤中镉的含量，小麦对镉具有富集作用，根系吸收的镉除积累在根系外，主要分配到叶片中，其他器官相对较少。铬的分布为叶片＞根系＞茎秆＞籽粒叶鞘。铅的分布为根系＞叶片＞茎秆＞叶鞘＞籽粒，根系铅的含量是叶片的 2 倍、叶鞘的 6 倍，是其他器官的 10 倍以上，根系是铅吸收与积累的主要器官，其次铅分布在叶片中。汞含量的大小顺序为根系＞叶片＞叶鞘＞籽粒＞茎秆，根系中汞含量是叶片的 3.7 倍，是叶鞘的 4.3 倍，且根系汞含量高于土壤，根系对汞具有富集作用。砷在各器官的分布为根系＞叶片＞茎秆＞叶鞘＞籽粒，且根系与叶片砷的含量比较接近，分别是茎秆的 5 倍多，是叶鞘等的 10 倍以上。

（二）作物对不同重金属的吸收累积

刘旭等（2019）在重金属镉污染潜在生态风险问题的矿区土壤上研究指出，小麦不同部位重金属含量平均值为锌＞铜＞铅＞砷＞镉；小麦地上部分富集系数平均值为镉＞铜＞锌＞铅＞砷；地下部分富集系数平均值为镉＞锌＞铜＞铅＞砷。小麦地上部分铜、锌含量高于地下部分，同时地上部分富集系数基本大于地下部分，小麦体内铜、锌的转运系数平均值大于 1，铜、锌在小麦体内易于由地下部分转移至地上部分。小麦属于根部囤积型植物，可将有害重金属大量囤积于根部，减少对生命活动的不利影响。小麦地上部分铅、镉、砷含量低于地下部分，同时地上部分富集系数小于地下部分，并且转运系数平均值小于 1，小麦对铅、镉、砷的迁运能力较弱。

（三）作物吸收与土壤重金属形态的关系

由于 Cr 有两种价态 Cr（Ⅲ）和 Cr（Ⅵ），因而在农田生态系统中的迁移转换机制受多种因素的影响。土壤与小麦中的 Cr 含量并不是简单的响应关系。小麦籽实中 Cr 含量与土壤 Cr 全量线性关系不明显，但与碳酸盐结合态、弱有机结合态、强有机结合态呈正相关关系，且碳酸盐结合态和弱有机结合态达到显著水平；而与水溶态、代换态、铁锰结合态、残留态呈负相关关系（表 12-14）。土壤中的 N、SiO_2 促进小麦对 Cr 的吸收，而 P、K_2O、CaO、MgO、S、Mn、Mo 等对 Cr 的吸收有抑制作用（何凤 等，2008）。

表 12-14 小麦籽粒中 Cr 含量与不同形态 Cr 含量相关性（何凤 等，2008）

形态	小麦	水溶态	代换态	碳酸盐结合态	弱有机结合态	铁锰结合态	强有机结合态
水溶态	−0.28						
代换态	−0.25	0.13					
碳酸盐结合态	0.33*	0.04	−0.14				
弱有机结合态	0.30*	−0.13	0.22	−0.08			
铁锰结合态	−0.15	0.23	−0.04	0.19	−0.34*		
强有机结合态	0.11	0.02	−0.26	0.40**	−0.05	−0.04	
残留态	−0.01	0.11	−0.29	0.30*	−0.58**	0.06	0.51**

注：$n=46$。* 表示在 $P<0.05$ 水平上相关性显著；** 表示在 $P<0.01$ 水平上相关性极显著。

（四）作物可食部分的重金属含量

山东省东部地区（砂姜黑土分布区）土壤中，重金属综合潜在生态风险评价级别为强和很强的土壤面积占比达 13.75%。小麦籽粒中镉含量为 0.02～2.39 mg/kg，平均值为 0.071 mg/kg；铬含量为 0.14～2.44 mg/kg，平均值为 0.89 mg/kg。小麦籽粒重金属污染按照国家标准镉限量值为 0.1 mg/kg、铬为 1.0 mg/kg 计算，平均值均未达到污染水平，但潍坊和临沂个别地块小麦存在镉为中度污染，潍坊、临沂、泰安和烟台个别采样地块小麦存在铬为中度污染（张丙春 等，2016）。

重金属污染是造成我国中药材质量下降的重要因素，并在一定程度上制约着中药材走向国际市场。亳州砂姜黑土区不同地点菊花药材中重金属元素铅含量为 1.33～2.46 mg/kg，平均值为 1.89 mg/kg；镉含量为 0.09～0.176 mg/kg，平均值为 0.117 mg/kg；砷含量为 0.121～0.283 mg/kg，平均值为 0.182 mg/kg；汞含量为 0.002 6～0.024 1 mg/kg，平均值为 0.005 9 mg/kg；铜含量为 15.27～19.04 mg/kg，平均值为 16.74 mg/kg（权春梅 等，2014）。亳白芍中铅平均含量为 0.107 mg/kg，镉平均含量为 0.009 mg/kg，砷平均含量为 0.085 mg/kg，汞平均含量为 0.002 9 mg/kg，铜平均含量为 4.08 mg/kg（权春梅 等，2014），均符合我国《药用植物及制剂进出口绿色行业标准》中有关重金属限量指标和《中华人民共和国药典》（2010 年版）标准。

第四节　土壤重金属污染治理与修复

土壤重金属污染具有隐蔽性、长期性、不可降解性和不可逆转性的特点，不仅导致耕地质量退化、作物产量下降、品质安全性减低，还易引发地下水污染，并通过食物链途径在植物、动物和人体内累积，威胁生态环境安全，危害人类健康和社会经济的可持续发展。砂姜黑土区虽然整体上处于很少或几乎没有土壤重金属污染，但也有少部分农田土壤存在风险，特别是工业生产的迅猛发展和各种化学产品及农药、化肥的广泛使用，农田土壤重金属污染风险日益严重，对砂姜黑土区的粮食安全和农产品的质量安全造成严重威胁。因此，降低土壤重金属的生物有效性，减少重金属从土壤向作物的转移，减轻重金属污染的危害，可实现控制区域土壤环境风险的目标，促进土壤生态的健康发展。

一、土壤重金属污染源头控制

了解砂姜黑土区农业生产环境中重金属污染来源，采取有效措施进行污染源头控制，降低农田生态系统中重金属转移至农产品的风险。分析重金属时空变异及来源变化，从源头上监控主要污染源和高敏感区，进而降低农产品健康风险；控制农田重金属输入量，确保农田重金属总量不再继续增加或在可控范围内；最大限度地降低农业生产投入品本身的重金属含量，合理施用化肥、农药等投入品，调控土壤中重金属的环境行为。

二、重金属污染土壤的修复

重金属污染土壤的修复指利用物理、化学和生物的方法将土壤中的重金属清除出土体或将其固定在土壤中降低其迁移性和生物有效性，降低重金属的健康风险和环境风险。化学固定法是向污染土壤添加一种或多种活性物质（钝化修复剂、改良剂），如黏土矿物、磷酸盐、有机物料和微生物等，通过调节土壤理化性质以及沉淀、吸附、络合、氧化还原等一系列反应，改变重金属元素在土壤中的化学形态和赋存状态，降低其在土壤中的可移动性和生物有效性，从而降低这些重金属污染物对环境受体（如动植物、微生物、水体和人类等）的毒性，达到修复污染土壤的目的。原位钝化修复技术是一种经济高效的面源污染治理技术，符合我国可持续农业发展的需要，是目前中轻度污染土壤修复的较好选择。结合原位固定/钝化技术等土壤修复与改良技术，针对砂姜黑土特点，研发和筛选具有高效、廉价、可持续、环境友好的土壤重金属钝化改良剂。

三、重金属污染土壤修复的农艺措施

农艺调控技术如水分管理、种植季节、施肥管理，可显著降低农作物对土壤中重金属的吸收和富集能力，进而提高农作物的产量和品质。与其他重金属治理方法比较，具有成本低、无二次污染等优点。因此，越来越多的农艺调控技术被用于减少土壤重金属有效性和植物重金属吸收中。

（一）提高土壤 pH

降低土壤酸度，提高土壤 pH。土壤 pH 每下降 1 个单位值，土壤中重金属活性就会增加 10 倍。

石灰能够在提高土壤 pH 的同时明显降低土壤中有效态镉含量，是治理镉污染土壤最经济有效的措施之一。

（二）重金属低积累品种的筛选

不同作物及同一作物不同品种对重金属的吸收、转运能力存在较大差异，这种差异为重金属低积累品种的选育提供了可能性和良好前景。选育重金属低积累的作物和品种，在重金属中轻度超标农田土壤，不需要调整耕作制度、不中断生产的情况下，种植重金属低积累品种是比较经济的办法。

（三）耕作制度调整

改变耕作制度和调整作物种类是降低重金属污染风险的有效措施，在污染土壤中种植对金属具有抗性且不进入食物链的植物品种可以明显地降低重金属的环境风险和健康风险。在轻污染的地区，种植重金属耐性植物，减少重金属在植物可食器官的累积，从而保障农产品的质量安全。

四、组合修复技术

重金属污染农田的修复治理以及农产品中重金属吸收和积累的降低，需要形成以重金属原位钝化/固定技术、低积累作物品种的筛选和农艺调控技术的优化为核心的组合修复技术。

<table>
<tr><td></td><td colspan="2" rowspan="2"></td></tr>
</table>

第十三章 | 砂姜黑土耕地质量等级 >>>

第一节　砂姜黑土耕地的农业区分布

一、耕地的农业区分布

依据《耕地质量等级》（GB/T 33469—2016）附录 A "耕地质量等级划分区域范围"，砂姜黑土耕地分布在黄淮海区、长江中下游区、黄土高原区、华南区 4 个一级农业区，包含黄淮平原农业区、山东丘陵农林区、燕山太行山山麓平原农业区、冀鲁豫低洼平原农业区、鄂豫皖平原山地农林区、长江下游平原丘陵农畜水产区、南岭丘陵山地林农区、晋东豫西丘陵山地农林牧区、粤西桂南农林区 9 个二级农业区；主要分布在黄淮海区的黄淮平原农业区、山东丘陵农林区、燕山太行山山麓平原农业区、冀鲁豫低洼平原农业区长江中下游区的鄂豫皖平原山地农林区、长江下游平原丘陵农畜水产区的 6 个二级农业区。其中，黄淮海区砂姜黑土耕地面积 279.71 万 hm²，占全国砂姜黑土耕地面积的 84.25%；长江中下游区砂姜黑土耕地面积 51.25 万 hm²，占全国砂姜黑土耕地面积的 15.44%；黄土高原区砂姜黑土耕地面积 0.53 万 hm²，占全国砂姜黑土耕地面积的 0.16%；华南区砂姜黑土耕地面积 0.50 万 hm²，占全国砂姜黑土耕地面积的 0.15%（表 13-1）。

表 13-1　全国砂姜黑土耕地面积分布

农业区	省（自治区、直辖市）砂姜黑土耕地面积/万 hm²								总计	
	安徽	河南	山东	江苏	河北	广西	湖北	天津	面积/万 hm²	占比/%
黄淮海区	144.32	88.83	40.37	0.00	6.18	0.00	0.00	0.01	279.71	84.25
黄淮平原农业区	144.33	87.14	0.68	0.00	0.00	0.00	0.00	0.00	232.15	69.92
山东丘陵农林区	0.00	0.00	38.41	0.00	0.00	0.00	0.00	0.00	38.41	11.57
燕山太行山山麓平原农业区	0.00	1.69	0.00	0.00	5.43	0.00	0.00	0.00	7.12	2.15
冀鲁豫低洼平原农业区	0.00	0.00	1.27	0.00	0.74	0.00	0.00	0.01	2.02	0.61
长江中下游区	1.70	29.67	0.00	19.69	0.00	0.01	0.18	0.00	51.25	15.44
鄂豫皖平原山地农林区	0.00	29.66	0.00	0.00	0.00	0.00	0.18	0.00	29.85	8.99
长江下游平原丘陵农畜水产区	1.70	0.00	0.00	19.69	0.00	0.00	0.00	0.00	21.39	6.45
南岭丘陵山地林农区	0.00	0.00	0.00	0.00	0.00	0.01	0.00	0.00	0.01	0.00

274

（续）

农业区	省（自治区、直辖市)砂姜黑土耕地面积/万 hm²								总计	
	安徽	河南	山东	江苏	河北	广西	湖北	天津	面积/万 hm²	占比/%
黄土高原区	0.00	0.53	0.00	0.00	0.00	0.00	0.00	0.00	0.53	0.16
晋东豫西丘陵山地农林牧区	0.00	0.53	0.00	0.00	0.00	0.00	0.00	0.00	0.53	0.16
华南区	0.00	0.00	0.00	0.00	0.00	0.50	0.00	0.00	0.50	0.15
粤西桂南农林区	0.00	0.00	0.00	0.00	0.00	0.50	0.00	0.00	0.50	0.15
总计	146.03	119.02	40.37	19.69	6.18	0.52	0.18	0.01	332.00	100.00

二、黄淮海区

黄淮海区包括黄淮平原农业区、冀鲁豫低洼平原农业区、燕山太行山山麓平原农业区和山东丘陵农林区 4 个二级区，各区均有砂姜黑土耕地，面积 2 797 112.47hm²，占黄淮海区总耕地面积的 13.08%（表 13-2）。

表 13-2　黄淮海区砂姜黑土耕地分布

单位：hm²

二级农业区和省辖市	安徽	河南	山东	河北	天津	总计
黄淮平原农业区	1 443 286.33	871 387.92	6 838.16			2 321 512.40
蚌埠市	200 932.55					200 932.55
亳州市	441 961.70					441 961.70
阜阳市	422 474.62					422 474.62
淮北市	105 127.48					105 127.48
淮南市	47 095.35					47 095.35
宿州市	225 694.62					225 694.62
济宁市			6 838.16			6 838.16
漯河市		74 286.19				74 286.19
平顶山市		15 556.88				15 556.88
商丘市		29 697.55				29 697.55
信阳市		116 969.94				116 969.94
许昌市		52 385.05				52 385.05
周口市		195 108.71				195 108.71
驻马店市		387 383.60				387 383.60
山东丘陵农林区			384 141.69			384 141.69
济南市			5 223.26			5 223.26
济宁市			51 611.54			51 611.54

（续）

二级农业区和省辖市	安徽	河南	山东	河北	天津	总计
临沂市			74 198.04			74 198.04
青岛市			102 898.84			102 898.84
日照市			6 305.41			6 305.41
泰安市			16 142.16			16 142.16
潍坊市			74 898.73			74 898.73
烟台市			2 636.47			2 636.47
枣庄市			24 495.03			24 495.03
淄博市			25 732.21			25 732.21
燕山太行山山麓平原农业区		16 900.90		54 346.76		71 247.67
新乡市		7 978.02				7 978.02
安阳市		4 560.38				4 560.38
焦作市		4 362.50				4 362.50
保定市				6 707.28		6 707.28
唐山市				38 613.83		38 613.83
廊坊市				6 059.93		6 059.93
邢台市				2 965.72		2 965.72
冀鲁豫低洼平原农业区			12 703.92	7 439.41	67.38	20 210.71
滨州市			10 865.43			10 865.43
东营市			1 838.49			1 838.49
保定市				248.96		248.96
唐山市				7 190.45		7 190.45
天津市					67.38	67.38
总计	1 443 286.33	888 288.82	403 683.77	61 786.17	67.38	2 797 112.47

其中，以黄淮平原农业区砂姜黑土耕地面积最大，达 2 321 512.40 hm²，占黄淮海区砂姜黑土耕地面积的 83.00%，占黄淮平原农业区耕地面积的 77.58%；山东丘陵农林区砂姜黑土耕地面积 384 141.69 hm²，占黄淮海区砂姜黑土耕地面积的 13.73%，占山东丘陵农林区耕地面积的 8.71%；燕山太行山山麓平原农业区砂姜黑土耕地面积 71 247.67 hm²，占黄淮海区砂姜黑土耕地面积的 2.55%，占燕山太行山山麓平原农业区耕地面积的 2.13%；冀鲁豫低洼平原农业区砂姜黑土耕地面积 20 210.71 hm²，占黄淮海区砂姜黑土耕地面积的 0.72%，占冀鲁豫低洼平原农业区耕地面积的 0.34%。

黄淮平原农业区的砂姜黑土耕地整体在黄淮海平原的南部，基本在伏牛山-桐柏山以东，淮河以北，陇海铁路以南，东到安徽省泗县、五河一带；从行政区域上看，主要分布在河南省的平顶山市、许昌市、漯河市、驻马店市、周口市、信阳市和商丘市，安徽省的蚌埠市、亳州市、阜阳市、淮北市、淮南市和宿州市，以及山东省的济宁市。山东丘陵农林区砂姜黑土耕地处在黄淮海平原的东部、鲁西南山地丘陵区的山前平原和丘陵间洼地；在行政区域上，主要分布在山东省的济南市、济宁市、临沂市、青岛市、日照市、泰安市、潍坊市、烟台市、枣庄市和淄博市。燕山太行山山麓平原农业区砂姜黑土耕地处在燕山南麓、太行山南麓的山前平原洼地；从行政区域上，主要分布在河北省的保定市、唐山市、廊坊市和邢台市，以及河南省的新乡市、安阳市和焦作市。冀鲁豫低洼平原农业区砂姜黑土耕地处在黄淮海区的东北部，主要分布在天津市、山东省的滨州市和东营市、河北省的保定市和唐山市。

三、长江中下游区

长江中下游区包括长江下游平原丘陵农畜水产区、鄂豫皖平原山地农林区、长江中游平原农业水产区、江南丘陵山地农林区、浙闽丘陵山地林农区、南岭丘陵山地林农区6个二级区。砂姜黑土耕地分布在鄂豫皖平原山地农林区、南岭丘陵山地林农区、长江下游平原丘陵农畜水产区3个二级区，面积512 484.64 hm²，占长江中下游区耕地面积的6.42%（表13-3）。

表13-3 长江中下游区砂姜黑土耕地分布

单位：hm²

二级农业区和省辖市	河南	江苏	安徽	湖北	广西	总计
鄂豫皖平原山地农林区	296 616.15			1 835.97		298 452.12
南阳市	295 434.86					295 434.86
信阳市	1 181.29					1 181.29
襄阳市				1 835.97		1 835.97
南岭丘陵山地林农区					113.22	113.22
柳州市					113.22	113.22
长江下游平原丘陵农畜水产区		196 921.30	16 998.00			213 919.30
滁州市			15 364.02			15 364.02
合肥市			1 015.52			1 015.52
淮南市			618.46			618.46
淮安市		3 760.31				3 760.31
连云港市		66 026.54				66 026.54
宿迁市		84 219.00				84 219.00
徐州市		42 915.45				42 915.45
总计	296 616.15	196 921.30	16 998.00	1 835.97	113.22	512 484.64

鄂豫皖平原山地农林区砂姜黑土耕地面积298 452.12 hm²，占长江中下游区砂姜黑土耕地面积的58.24%，占鄂豫皖平原山地农林区耕地面积的9.97%；长江下游平原丘陵农畜水产区砂姜黑土耕地面积213 919.30 hm²，占长江中下游区砂姜黑土耕地面积的41.74%，占长江下游平原丘陵农畜水产区耕地面积的4.31%；南岭丘陵山地林农区砂姜黑土耕地面积113.22 hm²。

鄂豫皖平原山地农林区砂姜黑土耕地主要分布在河南省的南阳市、信阳市和湖北省的襄阳市。长江下游平原丘陵农畜水产区砂姜黑土耕地主要分布在江苏省的淮安市、连云港市、宿迁市和徐州市，以及安徽省的滁州市、合肥市和淮南市。

四、黄土高原区

黄土高原区有晋东豫西丘陵山地农林牧区、汾渭谷地农业区、晋陕甘黄土丘陵沟壑牧林农区和陇中青东丘陵农牧区 4 个二级区。砂姜黑土分布在晋东豫西丘陵山地农林牧区二级农业区，耕地面积 5 307.33 hm²，分布在河南省西部的平顶山市和洛阳市。平顶山市的汝州市 4 030.26 hm²，洛阳市的汝阳县 1 161.77 hm²、宜阳县 115.31 hm²。

五、华南区

华南区有闽南粤中农林水产区、粤西桂南农林区、滇南农林区、琼雷及南海诸岛农林区 4 个二级区。砂姜黑土耕地只分布在粤西桂南农林区，即广西壮族自治区的百色市田东县，耕地面积 5 047.62 hm²。

第二节　耕地质量评价指标体系

耕地质量是影响耕地生产能力的自然环境要素、土壤理化性质要素、农田基础设施的综合反映。自然环境要素、土壤理化性质要素、农田基础设施诸多方面的差异，造成了耕地质量高低的差别。自然环境要素指耕地所处的气候条件、地形地貌条件、水文地质条件、成土母质条件等；土壤理化性质指耕地土壤的本质与性质、状态，主要包括土壤剖面特性、物理性质、化学性质、生物性质等；农田基础设施与管理包括农田灌溉与排水、土地利用状态。

2016 年，全国农业技术推广服务中心在全国县域、省域耕地地力评价工作基础上，制定了国家标准《耕地质量等级》（GB/T 33469—2016），该标准规定了耕地质量等级划分的区域范围。农业部农办农〔2017〕18 号《农业部办公厅关于做好耕地质量等级调查评价工作的通知》规定，辽宁、内蒙古、山东、陕西、江苏、四川、广东、甘肃、青海 9 个省（自治区）农业部门分别牵头制定东北区、内蒙古及长城沿线区、黄淮海区、黄土高原区、长江中下游区、西南区、华南区、甘新区、青藏区 9 个一级区所辖二级区的耕地质量评价指标体系，包括评价指标、指标权重和指标隶属度。2019 年《农业农村部耕地质量监测保护中心关于印发〈全国耕地质量等级评价指标体系〉的通知》（耕地评价函〔2019〕87 号）将后文所述的 4 个一级区的 9 个二级区的耕地质量等评价指标体系纳入了全国耕地质量评价指标体系。

一、耕地质量评价原则

（一）评价指标确定原则

《耕地质量等级》（GB/T 33469—2016）将全国划分为 9 个一级农业区，按照一级农业区确定评价指标。在确定评价指标时，综合考虑评价指标的科学性、综合性、主导性、可比性和可操作性。

科学性要求指标能够客观地反映耕地综合质量的本质及其复杂性、系统性，指标与评价尺度、区域特点等密切相关。综合性要求指标应反映评价区域的自然地理特点、当前社会经济状况和长远发展方向。主导性要求把握影响耕地质量的基本特征，确定起主导作用的影响指标。可比性要求指标在空间上具有明显差异，时间序列上则具有相对的稳定性。可操作性要求评价指标具有可获得性，在现阶段的经济条件和技术条件下较易获得。

（二）评价指标权重与隶属函数

农业部农办农〔2017〕18 号《农业部办公厅关于做好耕地质量等级调查评价工作的通知》规定，9 个省（自治区）牵头单位所辖省份制定所辖二级区的耕地质量评价指标体系。《耕地质量等级》（GB/T 33469—2016）规定全国耕地质量等级划分区域范围，将全国划分为 9 个一级农业区、37 个二级农业区。标准确定每个大区耕地质量评价指标，采用层次分析法划分二级区，确定评价指标权重。

耕地质量等级评价分级以一级农业区、二级农业区为基础，统分结合制定耕地质量评价指标体系。从一级农业区范围考虑确定评价指标、确定指标隶属函数，在二级农业区内确定评价指标的权重。即相同一级农业区内，评价指标与指标隶属函数相同，但在不同二级农业区间的指标权重不同，兼顾相同一级农业区内不同二级农业区间的差异性。

评价指标分为概念型指标和数值型指标两类，采用特尔斐法按照一级农业区确定每个指标的隶属函数。

砂姜黑土耕地分布在黄淮海区、长江中下游区、黄土高原区和华南区 4 个一级农业区的黄淮平原农业区、燕山太行山山麓平原农业区、冀鲁豫低洼平原农业区、山东丘陵农林区、晋东豫西丘陵山地农林牧区、长江下游平原丘陵农畜水产区、鄂豫皖平原山地农林区、南岭丘陵山地林农区、粤西桂南农林区 9 个二级农业区。

二、黄淮海区评价指标体系

（一）评价指标与权重

黄淮海区的 4 个二级农业区耕地质量评价指标相同，均有 18 个指标（表 13 - 4），包括：土壤剖面特性的指标，如质地构型、障碍因素、有效土层厚度、土壤容重、耕层质地、耕层厚度；耕地土壤立地条件的指标，如地形部位、地下水埋深；耕层理化指标，如有效磷含量、有机质含量、盐渍化程度、速效钾含量、pH；耕地农田设施条件指标，如排水能力、农田林网化程度、灌溉能力；以及耕地土壤健康状态的指标，如生物多样性、清洁程度。

4 个二级农业区中，燕山太行山山麓平原农业区权重最高的 5 个指标为灌溉能力、耕层质地、地形部位、有效土层厚度和质地构型，合计权重为 0.606 0；冀鲁豫低洼平原农业区权重最高的 5 个指标为灌溉能力、耕层质地、质地构型、有机质含量和地形部位，合计权重为 0.577 0；黄淮平原农业区权重最高的 5 个指标为灌溉能力、耕层质地、质地构型、有机质含量和地形部位，合计权重为 0.572 5；山东丘陵农林区权重最高的 5 个指标为灌溉能力、有效土层厚度、地形部位、耕层质地和有机质含量，合计权重为 0.635 0。有效土层厚度是燕山太行山山麓平原农业区、山东丘陵农林区权重较高的指标，在冀鲁豫低洼平原农业区、黄淮平原农业区权重较低，反映出一级农业区中二级农业区间耕地土壤剖面特性间存在比较大的差异。

表 13-4　黄淮海区耕地质量评价指标与权重

燕山太行山山麓平原农业区		冀鲁豫低洼平原农业区		黄淮平原农业区		山东丘陵农林区	
指标名称	指标权重	指标名称	指标权重	指标名称	指标权重	指标名称	指标权重
灌溉能力	0.172 0	灌溉能力	0.155 0	灌溉能力	0.150 5	灌溉能力	0.167 0
耕层质地	0.128 0	耕层质地	0.130 0	耕层质地	0.130 0	有效土层厚度	0.156 0
地形部位	0.120 0	质地构型	0.111 0	质地构型	0.111 0	地形部位	0.123 0
有效土层厚度	0.105 0	有机质含量	0.104 0	有机质含量	0.104 0	耕层质地	0.103 0
质地构型	0.081 0	地形部位	0.077 0	地形部位	0.077 0	有机质含量	0.086 0
有机质含量	0.080 0	盐渍化程度	0.076 0	盐渍化程度	0.076 0	质地构型	0.070 0
有效磷含量	0.056 0	排水能力	0.057 0	排水能力	0.057 0	有效磷含量	0.053 0
速效钾含量	0.048 0	有效磷含量	0.056 0	有效磷含量	0.056 0	速效钾含量	0.042 0
排水能力	0.040 0	速效钾含量	0.048 0	速效钾含量	0.048 0	pH	0.040 0
pH	0.030 0	pH	0.036 0	pH	0.036 0	排水能力	0.040 0
土壤容重	0.030 0	有效土层厚度	0.030 0	有效土层厚度	0.030 0	土壤容重	0.030 0
盐渍化程度	0.020 0	土壤容重	0.030 0	土壤容重	0.030 0	障碍因素	0.020 0
地下水埋深	0.020 0	地下水埋深	0.020 0	地下水埋深	0.020 0	耕层厚度	0.020 0
障碍因素	0.020 0	障碍因素	0.020 0	障碍因素	0.020 0	地下水埋深	0.010 0
耕层厚度	0.020 0	耕层厚度	0.020 0	耕层厚度	0.020 0	农田林网化程度	0.010 0
农田林网化程度	0.010 0	农田林网化程度	0.010 0	农田林网化程度	0.010 0	盐渍化程度	0.010 0
生物多样性	0.010 0	生物多样性	0.010 0	生物多样性	0.010 0	生物多样性	0.010 0
清洁程度	0.010 0	清洁程度	0.010 0	清洁程度	0.010 0	清洁程度	0.010 0

（二）指标隶属度

同一指标在同一个一级农业区的不同二级农业区中的隶属函数完全相同。表 13-5 为黄淮海区耕地质量评价地形部位隶属度，表 13-6 为黄淮海区耕地质量评价有效土层厚度、耕层质地、耕层厚度、土壤容重、质地构型、障碍因素、地下水埋深、灌溉能力、排水能力、清洁程度、生物多样性、盐渍化程度、pH 和农田林网化程度等指标隶属度，表 13-7 为黄淮海区耕地质量评价有机质含量、有效磷含量、速效钾含量等指标隶属函数。

表 13-5　黄淮海区耕地质量评价地形部位隶属度

地形部位	隶属度	地形部位	隶属度	地形部位	隶属度
低海拔冲积平原	1.00	低海拔冲积海积洼地	0.80	低海拔侵蚀堆积黄土斜梁	0.70
低海拔河谷平原	1.00	低海拔海积冲积平原	0.80	低海拔侵蚀堆积黄土梁塬	0.70
低海拔湖积平原	1.00	低海拔海积冲积三角洲平原	0.80	低海拔侵蚀冲积黄土台塬	0.70
低海拔湖积冲积平原	1.00	中海拔干燥剥蚀高平原	0.80	低海拔侵蚀堆积黄土岗地	0.70
低海拔冲积湖积平原	1.00	中海拔干燥洪积平原	0.80	低海拔侵蚀堆积黄土塬	0.70
低海拔冲积湖积三角洲平原	1.00	中海拔侵蚀冲积平原	0.80	低海拔洪积高台地	0.70
低海拔洪积平原	1.00	中海拔河谷平原	0.80	低海拔冲积洪积高台地	0.70

（续）

地形部位	隶属度	地形部位	隶属度	地形部位	隶属度
低海拔冲积洪积平原	1.00	中海拔冲积平原	0.80	低海拔侵蚀冲积黄土河流高阶地	0.70
低海拔冲积扇平原	1.00	中海拔洪积平原	0.80	低海拔河流高阶地	0.70
低海拔洪积扇平原	1.00	中海拔冲积洪积平原	0.80	低海拔海蚀高台地	0.70
低海拔冲积洪积扇平原	1.00	中海拔洪积扇平原	0.80	低海拔海积洼地	0.70
低海拔侵蚀冲积黄土河谷平原	0.95	中海拔湖积平原	0.80	低海拔海积平原	0.70
低海拔侵蚀剥蚀平原	0.95	中海拔冲积湖积平原	0.80	侵蚀剥蚀低海拔低丘陵	0.65
低海拔泄湖洼地	0.90	中海拔湖积冲积平原	0.80	喀斯特侵蚀低海拔低丘陵	0.65
低海拔冲积洼地	0.90	低海拔熔岩低台地	0.80	侵蚀剥蚀低海拔熔岩低丘陵	0.65
低海拔冲积洪积洼地	0.90	低海拔海蚀	0.75	中海拔侵蚀堆积黄土塬	0.65
低海拔侵蚀剥蚀低台地	0.85	低海拔海滩	0.75	中海拔侵蚀堆积黄土梁塬	0.65
低海拔喀斯特侵蚀低台地	0.85	低海拔冲积海积微高地	0.75	中海拔侵蚀堆积黄土残塬	0.65
低海拔冲积洪积低台地	0.85	低海拔海积冲积微高地	0.75	中海拔干燥洪积高台地	0.65
低海拔洪积低台地	0.85	低海拔冲积海积三角洲平原	0.75	中海拔洪积高台地	0.65
低海拔海蚀低台地	0.85	中海拔干燥剥蚀低台地	0.70	中海拔侵蚀冲积黄土台塬	0.65
低海拔半固定缓起伏沙地	0.85	中海拔侵蚀剥蚀低台地	0.70	黄土覆盖中起伏低山	0.50
低海拔固定缓起伏沙地	0.85	中海拔半固定缓起伏沙地	0.70	侵蚀剥蚀中海拔低丘陵	0.50
低海拔冲积高地	0.85	中海拔固定缓起伏沙地	0.70	侵蚀剥蚀小起伏低山	0.50
低海拔冲积决口扇	0.85	中海拔冲积洪积低台地	0.70	喀斯特侵蚀小起伏低山	0.50
低海拔河流低阶地	0.85	中海拔洪积低台地	0.70	喀斯特小起伏低山	0.50
低海拔冲积河漫滩	0.85	中海拔河流低阶地	0.70	侵蚀剥蚀小起伏熔岩低山	0.50
低海拔湖积低阶地	0.85	中海拔冲积河漫滩	0.70	黄土覆盖小起伏低山	0.50
低海拔湖积冲积洼地	0.85	中海拔湖滩	0.70	中海拔侵蚀剥蚀高台地	0.50
低海拔湖滩	0.85	中海拔湖积低阶地	0.70	中海拔熔岩高台地	0.50
低海拔湖积微高地	0.85	低海拔侵蚀剥蚀高台地	0.70	中海拔干燥剥蚀高台地	0.50
低海拔熔岩平原	0.85	低海拔喀斯特侵蚀离台地	0.70	低海拔陡深河谷	0.50
低海拔冲积海积平原	0.85	低海拔侵蚀堆积黄土峁梁	0.70	侵蚀剥蚀低海拔高丘陵	0.50
喀斯特侵蚀低海拔高丘陵	0.50	侵蚀剥蚀中起伏低山	0.40	黄土覆盖中起伏中山	0.35
侵蚀剥蚀低海拔熔岩高丘陵	0.50	喀斯特侵蚀中起伏低山	0.40	侵蚀剥蚀小起伏中山	0.35
喀斯特低海拔高丘陵	0.50	侵蚀剥蚀中起伏熔岩低山	0.40	喀斯特侵蚀小起伏中山	0.35
黄土覆盖小起伏中山	0.40	侵蚀剥蚀中起伏中山	0.35	侵蚀剥蚀大起伏中山	0.20
侵蚀剥蚀中海拔高丘陵	0.40	喀斯特侵蚀中起伏中山	0.35	喀斯特侵蚀大起伏中山	0.20

表 13-6 黄淮海区耕地质量评价概念型指标隶属度

有效土层厚度/cm	≥100	60～100	30～60	<30	
隶属度	1.00	0.80	0.60	0.40	
耕层质地	中壤	轻壤	重壤	黏土	沙壤
隶属度	1.00	0.94	0.92	0.88	0.80

（续）

耕层质地	砾质壤土	沙土	砾质沙土	壤质砾石土	沙质砾石土	
隶属度	0.55	0.50	0.45	0.45	0.40	
土壤容重	适中	偏轻	偏重			
隶属度	1.00	0.80	0.80			
质地构型	夹黏型	上松下紧型	通体壤	紧实型	夹层型	海绵型
隶属度	0.95	0.93	0.90	0.85	0.80	0.75
质地构型	上紧下松型	松散型	通体沙	薄层型	裸露岩石	
隶属度	0.75	0.65	0.60	0.40	0.20	
生物多样性	丰富	一般	不丰富			
隶属度	1.00	0.80	0.60			
清洁程度	清洁	尚清洁				
隶属度	1.00	0.80				
障碍因素	无	夹沙层	砂姜层	砾质层		
隶属度	1.00	0.80	0.70	0.50		
灌溉能力	充分满足	满足	基本满足	不满足		
隶属度	1.00	0.85	0.70	0.50		
排水能力	充分满足	满足	基本满足	不满足		
隶属度	1.00	0.85	0.70	0.50		
农田林网化程度	高	出	低			
隶属度	1.00	0.80	0.60			
pH	≥8.5	8~8.5	7.5~8	6.5~7.5	6~6.5	
隶属度	0.50	0.80	0.90	1.00	0.90	
pH	5.5~6	4.5~5.5	<4.5			
隶属度	0.85	0.75	0.50			
耕层厚度/cm	≥20	15~20	<15			
隶属度	1.00	0.80	0.60			
盐渍化程度	无	轻度	中度	重度		
隶属度	1.00	0.80	0.60	0.35		
地下水埋深/m	≥3	2~3	<2			
隶属度	1.00	0.80	0.60			

表 13 - 7　黄淮海区耕地质量评价数值型指标隶属函数

指标名称	函数类型	函数公式	a	c	u 的下限值	u 的上限值	备注
有机质含量	戒上型	$y=1/[1+a\ (u-c)^2]$	0.005 431	18.219 012	0	18.2	
速效钾含量	戒上型	$y=1/[1+a\ (u-c)^2]$	0.000 01	277.304 96	0	277	
有效磷含量	戒上型	$y=1/[1+a\ (u-c)^2]$	0.000 102	79.043 468	0	79	有效磷<110 mg/kg
有效磷含量	戒下型	$y=1/[1+a\ (u-c)^2]$	0.000 007	148.611 679	148.6	500	有效磷≥110 mg/kg

注：y 为隶属度；a 为系数；u 为实测值；c 为标准指标。当函数类型为戒上型，u 小于等于下限值时 y 为 0，u 大于等于上限值时 y 为 1；当函数类型为戒下型，u 小于等于下限值时 y 为 1，u 大于等于上限值时 y 为 0。

(三) 耕地质量等级划分

耕地质量等级采用耕地质量综合指数（P）划分。全国耕地质量划分为 10 个等级，一等质量最高，十等质量最低。黄淮海区耕地质量整体上划分为 10 个等级（表 13 - 8）。

$$P = \sum (C_i \times F_i)$$

式中：P 为耕地质量综合指数；C_i 为第 i 个评价指标的组合权重；F_i 为第 i 个评价指标的隶属度。

表 13 - 8　黄淮海区耕地质量等级划分指数

耕地质量等级	综合指数范围	耕地质量等级	综合指数范围
一等	≥0.964 0	六等	0.809 0～0.840 0
二等	0.933 0～0.964 0	七等	0.778 0～0.809 0
三等	0.902 0～0.933 0	八等	0.747 0～0.778 0
四等	0.871 0～0.902 0	九等	0.716 0～0.747 0
五等	0.840 0～0.871 0	十等	<0.716 0

三、长江中下游区评价指标体系

在长江中下游区 6 个二级农业区中，鄂豫皖平原山地农林区、南岭丘陵山地林农区、长江下游平原丘陵农畜水产区 3 个二级农业区分布有砂姜黑土耕地。

(一) 评价指标与权重

长江中下游区耕地质量评价指标有 15 个（表 13 - 9）。长江下游平原丘陵农畜水产区权重最高的 5 个指标依次为有机质含量、排水能力、灌溉能力、地形部位和耕层质地，权重合计为 0.523 8；鄂豫皖平原山地农林区权重最高的 5 个指标依次为地形部位、灌溉能力、有机质含量、排水能力、耕层质地，权重合计为 0.519 2；南岭丘陵山地林农区权重最高的 5 个指标依次为地形部位、灌溉能力、排水能力、有机质含量、耕层质地，权重合计为 0.535 2。3 个二级农业区权重最高的 5 个指标相同，但 5 个指标的权重有差异，反映了不同二级农业区间影响耕地质量的主导因素。

表 13 - 9　长江中下游区耕地质量评价指标与权重

长江下游平原丘陵农畜水产区		鄂豫皖平原山地农林区		南岭丘陵山地林农区	
指标名称	指标权重	指标名称	指标权重	指标名称	指标权重
有机质含量	0.122 0	地形部位	0.137 5	地形部位	0.135 8
排水能力	0.114 5	灌溉能力	0.126 6	灌溉能力	0.128 6
灌溉能力	0.108 8	有机质含量	0.093 0	排水能力	0.100 5
地形部位	0.098 8	排水能力	0.091 8	有机质含量	0.091 7
耕层质地	0.079 7	耕层质地	0.070 3	耕层质地	0.078 6
速效钾含量	0.059 3	质地构型	0.058 9	pH	0.064 4
有效磷含量	0.056 5	土壤容重	0.056 1	有效土层厚度	0.057 4
土壤容重	0.055 8	有效土层厚度	0.055 4	质地构型	0.054 6
障碍因素	0.053 6	障碍因素	0.054 2	速效钾含量	0.050 3
质地构型	0.051 8	有效磷含量	0.052 0	有效磷含量	0.048 8
pH	0.049 1	速效钾含量	0.052 0	土壤容重	0.042 9
有效土层厚度	0.041 3	pH	0.045 1	障碍因素	0.041 9
农田林网化程度	0.040 8	农田林网化程度	0.038 4	农田林网化程度	0.038 3
生物多样性	0.034 5	生物多样性	0.037 2	生物多样性	0.037 8
清洁程度	0.033 5	清洁程度	0.031 5	清洁程度	0.028 5

（二）评价指标隶属函数

概念型指标包括地形部位、耕层质地、质地构型、生物多样性、清洁程度、障碍因素、灌溉能力、排水能力和农田林网化程度 9 个指标（表 13 - 10）。

表 13 - 10　长江中下游区耕地质量评价概念型指标隶属度

地形部位	山间盆地	宽谷盆地	平原低阶	平原中阶	平原高阶	丘陵上部
隶属度	0.80	0.95	1.00	0.95	0.90	0.60
地形部位	丘陵中部	丘陵下部	山地坡上	山地坡中	山地坡下	
隶属度	0.70	0.80	0.30	0.45	0.68	
耕层质地	沙土	沙壤	轻壤	中壤	重壤	黏土
隶属度	0.60	0.85	0.90	1.00	0.95	0.70
质地构型	薄层型	松散型	紧实型	夹层型		
隶属度	0.55	0.30	0.75	0.85		
质地构型	上紧下松型	上松下紧型	海绵型			
隶属度	0.40	1.00	0.95			
生物多样性	丰富	一般	不丰富			
隶属度	1.00	0.80	0.60			

（续）

清洁程度	清洁	尚清洁			
隶属度	1.00	0.80			
障碍因素	盐碱	瘠薄	酸化	渍潜	障碍层次	无
隶属度	0.50	0.65	0.70	0.55	0.60	1.00
灌溉能力	充分满足	满足	基本满足	不满足	
隶属度	1.00	0.80	0.60	0.30	
排水能力	充分满足	满足	基本满足	不满足	
隶属度	1.00	0.80	0.60	0.30	
农田林网化程度	高	中	低		
隶属度	1.00	0.85	0.70		

数值型指标包括 pH、有机质含量、有效磷含量、速效钾含量、有效土层厚度、土壤容重 6 个指标。pH 和土壤容重指标为峰型函数，有机质含量、有效磷含量、速效钾含量、有效土层厚度为戒上型函数（表 13 - 11）。

表 13 - 11　长江中下游区耕地质量评价数值型指标隶属函数

指标名称	函数类型	函数公式	a	c	u 的下限值	u 的上限值
pH	峰型	$y=1/[1+a\ (u-c)^2]$	0.221 129	6.811 204	3	10
有机质含量	戒上型	$y=1/[1+a\ (u-c)^2]$	0.001 842	33.656 446	0	33.7
有效磷含量	戒上型	$y=1/[1+a\ (u-c)^2]$	0.002 025	33.346 824	0	33.3
速效钾含量	戒上型	$y=1/[1+a\ (u-c)^2]$	0.000 081	181.622 535	0	182
有效土层厚度	戒上型	$y=1/[1+a\ (u-c)^2]$	0.000 205	99.092 342	10	99
土壤容重	峰型	$y=1/[1+a\ (u-c)^2]$	2.236 726	1.211 674	0.5	3.21

（三）等级划分指数

长江中下游区耕地质量等级划分为 10 个等级，各等级综合指数见表 13 - 12。

表 13 - 12　长江中下游区耕地质量等级划分综合指数

耕地质量等级	综合指数范围	耕地质量等级	综合指数范围
一等	≥0.917 0	六等	0.793 9～0.818 5
二等	0.892 4～0.917 0	七等	0.769 3～0.793 9
三等	0.867 8～0.892 4	八等	0.744 6～0.769 3
四等	0.843 1～0.867 8	九等	0.720 0～0.744 6
五等	0.818 5～0.843 1	十等	<0.720 0

四、黄土高原区评价指标体系

黄土高原区砂姜黑土耕地在晋东豫西丘陵山地农林牧区二级农业区有分布，评价指标与权重见表 13 - 13，共有 16 个评价指标。

表 13-13　黄土高原区晋东豫西丘陵山地农林牧区耕地质量评价指标与权重

指标名称	指标权重	指标名称	指标权重
地形部位	0.130 3	海拔	0.071 2
灌溉能力	0.116 5	质地构型	0.069 4
有机质含量	0.089 4	有效磷含量	0.062 6
耕层质地	0.079 0	有效土层厚度	0.061 0
速效钾含量	0.055 6	pH	0.039 6
排水能力	0.045 0	农田林网化程度	0.038 4
土壤容重	0.044 0	生物多样性	0.030 3
障碍因素	0.042 6	清洁程度	0.025 1

概念型指标包括地形部位、耕层质地、质地构型、生物多样性、清洁程度、障碍因素、灌溉能力、排水能力、农田林网化程度 9 个。数值型指标包括 pH、有机质含量、速效钾含量、有效磷含量、土壤容重、有效土层厚度、海拔 7 个。指标隶属度和隶属函数见表 13-14 和表 13-15。

表 13-14　黄土高原区晋东豫西丘陵山地农林牧区耕地质量评价概念型指标隶属度

地形部位	冲积平原	河谷平原	河谷阶地	洪积平原	黄土塬	黄土台塬
隶属度	1.00	1.00	0.90	0.85	0.80	0.70
地形部位	河漫滩	低台地	黄土残塬	低丘陵	黄土坪	高台地
隶属度	0.70	0.70	0.65	0.65	0.65	0.65
地形部位	黄土墹	黄土梁	高丘陵	低山	黄土峁	固定沙地
隶属度	0.65	0.60	0.60	0.50	0.50	0.40
地形部位	风蚀地	中山	半固定沙地	流动沙地	高山	极高山
隶属度	0.40	0.40	0.30	0.20	0.20	0.20
耕层质地	沙土	沙壤	轻壤	中壤	重壤	黏土
隶属度	0.40	0.60	0.85	1.00	0.80	0.60
质地构型	薄层型	松散型	紧实型	夹层型		
隶属度	0.40	0.40	0.60	0.50		
质地构型	上紧下松型	上松下紧型	海绵型			
隶属度	0.70	1.00	0.90			
生物多样性	丰富	一般	不丰富			
隶属度	1.00	0.70	0.40			
清洁程度	清洁	尚清洁	轻度污染	中度污染	重度污染	
隶属度	1.00	0.70	0.50	0.30	0.00	
障碍因素	盐碱	瘠薄	酸化	渍潜	障碍层次	无
隶属度	0.40	0.60	0.70	0.50	0.50	1.00
灌溉能力	充分满足	满足	基本满足	不满足		
隶属度	1.00	0.70	0.50	0.30		
排水能力	充分满足	满足	基本满足	不满足		
隶属度	1.00	0.70	0.50	0.30		
农田林网化程度	高	中	低			
隶属度	1.00	0.70	0.40			

表 13-15　黄土高原区晋东豫西丘陵山地农林牧区耕地质量评价数值型指标隶属函数

指标名称	函数类型	函数公式	a	c	u 的下限值	u 的上限值
pH	峰型	$y=1/[1+a\ (u-c)^2]$	0.225 097	6.685 037	0.4	13
有机质含量	戒上型	$y=1/[1+a\ (u-c)^2]$	0.006 107	27.680 348	0	27.7
速效钾含量	戒上型	$y=1/[1+a\ (u-c)^2]$	0.000 026	293.758 384	0	294
有效磷含量	戒上型	$y=1/[1+a\ (u-c)^2]$	0.001 821	38.076 968	0	38.1
土壤容重	峰型	$y=1/[1+a\ (u-c)^2]$	13.854 674	1.250 789	0.44	2.05
有效土层厚度	戒上型	$y=1/[1+a\ (u-c)^2]$	0.000 232	131.349 274	0	131
海拔	戒下型	$y=1/[1+a\ (u-c)^2]$	0.000 001	649.407 006	649.4	3 649.4

黄土高原区耕地质量等级划分为 10 个等级，各级耕地质量综合指数见表 13-16。

表 13-16　黄土高原区耕地质量等级划分综合指数

耕地质量等级	综合指数范围	耕地质量等级	综合指数范围
一等	≥0.904 0	六等	0.714 0～0.752 0
二等	0.866 0～0.904 0	七等	0.676 0～0.714 0
三等	0.828 0～0.866 0	八等	0.638 0～0.676 0
四等	0.790 0～0.828 0	九等	0.600 0～0.638 0
五等	0.752 0～0.790 0	十等	＜0.600 0

五、华南区评价指标体系

华南区砂姜黑土耕地分布在粤西桂南农林区，耕地质量评价指标有 15 个。其中，地形部位、耕层质地、质地构型、生物多样性、清洁程度、障碍因素、灌溉能力、排水能力、农田林网化程度 9 个为概念型指标，pH、有机质含量、速效钾含量、有效磷含量、土壤容重、有效土层厚度 6 个为数值型指标。耕地质量等级划分为 10 个等级（表 13-17～表 13-20）。

表 13-17　华南区粤西桂南农林区耕地质量评价指标权重

指标名称	指标权重	指标名称	指标权重	指标名称	指标权重
灌溉能力	0.109 4	耕层质地	0.071 4	障碍因素	0.051 7
地形部位	0.108 0	速效钾含量	0.069 3	土壤容重	0.050 5
有机质含量	0.087 6	质地构型	0.064 6	生物多样性	0.044 1
排水能力	0.078 8	有效磷含量	0.059 8	农田林网化程度	0.044 1
pH	0.072 0	有效土层厚度	0.052 9	清洁程度	0.035 8

表 13-18 华南区粤西桂南农林区耕地质量评价概念型指标隶属度

地形部位	山间盆地	宽谷盆地	平原低阶	平原中阶	平原高阶	丘陵上部
隶属度	0.70	0.90	1.00	0.90	0.80	0.40
地形部位	丘陵中部	丘陵下部	山地坡上	山地坡中	山地坡下	
隶属度	0.50	0.60	0.20	0.30	0.50	
耕层质地	沙土	沙壤	轻壤	中壤	重壤	黏土
隶属度	0.40	0.70	0.90	1.00	0.80	0.60
质地构型	海绵型	紧实型	夹层型	上紧下松型	上松下紧型	
隶属度	0.80	0.50	0.70	0.40	1.00	
质地构型	薄层型	松散型				
隶属度	0.30	0.20				
生物多样性	丰富	一般	不丰富			
隶属度	1.00	0.85	0.75			
清洁程度	清洁					
隶属度	1.00					
障碍因素	盐碱	瘠薄	酸化	渍潜	障碍层次	无
隶属度	0.50	0.50	0.50	0.40	0.60	1.00
灌溉能力	充分满足	满足	基本满足	不满足		
隶属度	1.00	0.80	0.60	0.30		
排水能力	充分满足	满足	基本满足	不满足		
隶属度	1.00	0.80	0.60	0.30		
农田林网化程度	高	中	低			
隶属度	1.00	0.85	0.75			

表 13-19 华南区粤西桂南农林区耕地质量评价数值型指标隶属函数

指标名称	函数类型	函数公式	a	c	u 的下限值	u 的上限值
pH	峰型	$y=1/[1+a\ (u-c)^2]$	0.256 941	6.7	4	9.5
有机质含量	戒上型	$y=1/[1+a\ (u-c)^2]$	0.002 163	38	6	38
速效钾含量	戒上型	$y=1/[1+a\ (u-c)^2]$	0.000 068	205	30	205
有效磷含量	戒上型	$y=1/[1+a\ (u-c)^2]$	0.003 8	40	5	40
土壤容重	峰型	$y=1/[1+a\ (u-c)^2]$	2.786 523	1.35	0.9	2.1
有效土层厚度	戒上型	$y=1/[1+a\ (u-c)^2]$	0.000 23	100	10	100

表 13-20　华南区粤西桂南农林区耕地质量等级划分综合指数

耕地质量等级	综合指数范围	耕地质量等级	综合指数范围
一等	≥0.885 0	六等	0.769 5～0.792 6
二等	0.861 9～0.885 0	七等	0.746 4～0.769 5
三等	0.838 8～0.861 9	八等	0.723 3～0.746 4
四等	0.815 7～0.838 8	九等	0.700 2～0.723 3
五等	0.792 6～0.815 7	十等	＜0.700 2

第三节　黄淮海区砂姜黑土耕地质量等级

一、黄淮海区砂姜黑土耕地质量概况

黄淮海区砂姜黑土耕地面积 279.71 万 hm²。其中，黄淮平原农业区砂姜黑土耕地面积 232.15 万 hm²，占黄淮海区砂姜黑土耕地面积的 83.00%；山东丘陵农林区砂姜黑土耕地面积 38.41 万 hm²，占黄淮海区砂姜黑土耕地面积的 13.73%；燕山太行山山麓平原农业区砂姜黑土耕地面积 7.12 万 hm²，占黄淮海区砂姜黑土耕地面积的 2.55%；冀鲁豫低洼平原农业区砂姜黑土耕地面积 2.02 万 hm²，占黄淮海区砂姜黑土耕地面积的 0.72%。黄淮海区砂姜黑土耕地主要集中分布在黄淮平原农业区和山东丘陵农林区。

黄淮海区砂姜黑土耕地质量为一等至九等，主要为三等和四等耕地。黄淮海区砂姜黑土耕地质量一等至九等的耕地面积分别为 15.89 万 hm²、34.83 万 hm²、105.47 万 hm²、70.49 万 hm²、45.33 万 hm²、7.10 万 hm²、0.36 万 hm²、0.11 万 hm²、0.13 万 hm²。

黄淮平原农业区砂姜黑土质量等级为一等至七等，主要为三等和四等耕地，分别占 41.69% 和 29.25%；山东丘陵农林区砂姜黑土耕地质量等级为一等至九等，主要为一等、二等和三等耕地；燕山太行山山麓平原农业区砂姜黑土耕地质量为二等、三等和六等；冀鲁豫低洼平原农业区砂姜黑土耕地质量为一等至五等（表 13-21）。

表 13-21　黄淮海区砂姜黑土耕地质量等级

耕地质量等级	黄淮平原农业区面积/万 hm²	山东丘陵农林区面积/万 hm²	燕山太行山山麓平原农业区面积/万 hm²	冀鲁豫低洼平原农业区面积/万 hm²	总计面积/万 hm²
一等	0.04	15.38	0.07	0.40	15.89
二等	22.40	10.67	1.10	0.66	34.83
三等	96.78	6.36	2.05	0.28	105.47
四等	67.91	1.50	0.60	0.48	70.49
五等	41.54	3.02	0.55	0.22	45.33
六等	3.46	0.93	2.71		7.10
七等	0.02	0.30	0.04		0.36
八等		0.11			0.11
九等		0.13			0.13

黄淮海区砂姜黑土耕地分布在安徽、河南、山东、河北和天津 5 个省份。黄淮海区内安徽省砂姜黑土耕地面积 144.33 万 hm²，质量等级为二等至六等，耕地质量主要为三等；黄淮海区内河南省砂姜黑土耕地面积 88.83 万 hm²，质量等级在一等至七等，以四等和五等为主，合计占 77.46%；黄淮海区内山东省砂姜黑土耕地面积 40.37 万 hm²，质量等级一等至九等，主要为一等、二等和三等；黄淮海区内河北省砂姜黑土耕地面积 6.18 万 hm²，质量等级一等至七等，三等、四等、五等和六等占比较高；黄淮海区内天津市砂姜黑土耕地面积不足 0.01 万 hm²，质量等级全为二等（表 13 - 22）。

表 13 - 22　黄淮海区五个省份砂姜黑土耕地质量等级

耕地质量等级	安徽面积/万 hm²	河南面积/万 hm²	山东面积/万 hm²	河北面积/万 hm²	天津面积/万 hm²	全区面积/万 hm²
一等		0.07	15.81	0.01		15.89
二等	21.32	1.86	11.43	0.21	0.01	34.83
三等	82.21	14.84	7.04	1.38		105.47
四等	34.71	33.10	1.60	1.08		70.49
五等	5.84	35.70	3.02	0.77		45.33
六等	0.23	3.23	0.93	2.71		7.10
七等		0.02	0.30	0.04		0.36
八等			0.11			0.11
九等			0.13			0.13

二、黄淮平原农业区砂姜黑土耕地质量等级

（一）耕地质量等级分布

黄淮平原农业区是黄淮海区的二级农业区，包括安徽、河南和山东三省，砂姜黑土耕地面积 232.15 万 hm²，占黄淮平原农业区耕地面积的 77.58%。黄淮平原农业区内砂姜黑土耕地面积安徽省 144.32 万 hm²，河南省 87.14 万 hm²，山东省 0.69 万 hm²。黄淮平原农业区砂姜黑土耕地质量等级为一等至七等（表 13 - 23）。黄淮平原所有耕地也以三等、四等和五等为主。

表 13 - 23　黄淮平原农业区鲁、豫、皖三省砂姜黑土耕地质量等级分布

省份	各质量等级耕地面积/万 hm²						
	一等	二等	三等	四等	五等	六等	七等
安徽		21.33	82.21	34.71	5.84	0.23	
河南	0.01	0.96	14.12	33.10	35.70	3.23	0.02
山东	0.03	0.10	0.45	0.10			
总计	0.04	22.40	96.77	67.91	41.55	3.46	0.02

黄淮平原农业区内安徽省砂姜黑土耕地质量等级为二等至六等，以三等为主；黄淮平原农业区内河南省砂姜黑土耕地质量等级为一等至七等，但以三等、四等和五等为主；黄淮平原农业区内山东省砂姜黑土耕地质量等级以二等、三等和四等为主。

黄淮平原农业区砂姜黑土耕地分布有安徽省的蚌埠、亳州、阜阳、淮北、淮南、宿州6个市，河南省的漯河、平顶山、商丘、信阳、许昌、周口、驻马店7个市，以及山东省的济宁市。区内14个市中只有河南省的信阳、驻马店、周口3个市五等耕地比例较高。黄淮平原农业区砂姜黑土耕地中六等和七等占比较低。因此，该区砂姜黑土耕地质量等级总体上在中上等（表13-24）。

表13-24　黄淮平原农业区鲁、豫、皖三省各市砂姜黑土耕地质量等级比例

单位：%

省份	市辖市	各质量等级耕地比例						
		一等	二等	三等	四等	五等	六等	七等
安徽省		0.00	14.78	56.96	24.05	4.05	0.16	0.00
	蚌埠市	0.00	11.05	43.63	25.27	18.91	1.14	0.00
	亳州市	0.00	13.20	66.03	20.74	0.02	0.01	0.00
	阜阳市	0.00	0.30	68.69	26.20	4.81	0.00	0.00
	淮北市	0.00	0.13	17.54	82.32	0.01	0.00	0.00
	淮南市	0.00	18.11	69.08	12.81	0.00	0.00	0.00
	宿州市	0.00	54.43	44.95	0.61	0.01	0.00	0.00
河南省		0.01	1.10	16.20	37.98	40.97	3.71	0.02
	漯河市	0.00	1.71	43.26	53.23	1.79	0.00	0.00
	平顶山市	0.00	0.00	10.58	65.08	24.34	0.00	0.00
	商丘市	0.00	0.00	13.88	85.73	0.39	0.00	0.00
	信阳市	0.00	0.00	0.00	10.60	86.56	2.71	0.13
	许昌市	0.13	14.73	63.33	21.35	0.46	0.00	0.00
	周口市	0.00	0.33	24.89	43.03	31.09	0.66	0.00
	驻马店市	0.00	0.00	5.56	38.30	48.95	7.19	0.00
山东省	济宁市	4.72	14.71	66.18	14.71	0.00	0.00	0.00
黄淮平原农业区		0.02	9.65	41.69	29.25	17.90	1.49	0.01

（二）耕地质量属性特征分析

1. 有机质、有效磷、速效钾与pH　黄淮平原农业区内砂姜黑土耕地质量评价图斑共有7 231个，但一等和七等的图斑各有2个。因此，在进行耕地质量等级属性分析时，只对二等、三等、四等、五等和六等耕地进行属性分析（图13-1、表13-25）。耕地质量二等、三等、四等、五等、六等分别有571个、2 778个、2 316个、1 430个、132个图斑。

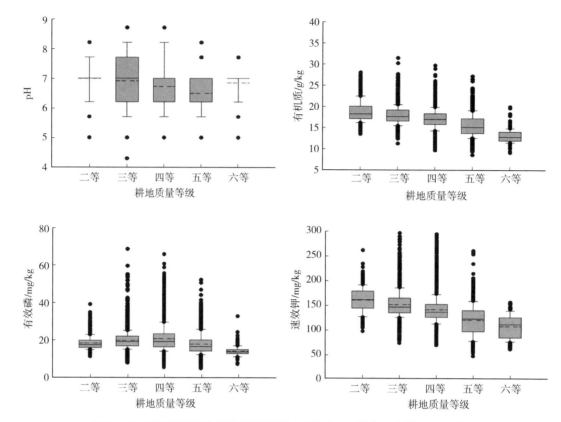

图 13-1 黄淮平原农业区耕地质量等级有机质、有效磷、速效钾、pH 分布

表 13-25 黄淮平原农业区砂姜黑土各质量等级耕地有机质、有效磷、速效钾含量及 pH 分布

项目		各质量等级耕地属性分布				
		二等	三等	四等	五等	六等
有机质/ g/kg	平均值	18.82	17.85	17.05	15.46	13.05
	标准差	2.71	2.18	2.3	2.59	1.71
	变异系数	0.14	0.12	0.13	0.17	0.13
有效磷/ mg/kg	平均值	18.31	19.85	20.67	17.89	14.12
	标准差	3.78	5.5	6.92	5.94	2.98
	变异系数	0.21	0.28	0.33	0.33	0.21
速效钾/ mg/kg	平均值	162.12	153.09	142.91	121.06	108.51
	标准差	25.4	28.02	30.79	31.07	24.11
	变异系数	0.16	0.18	0.22	0.26	0.22
pH	平均值	6.99	6.91	6.72	6.49	6.85
	标准差	0.63	0.84	0.90	0.69	0.40
	变异系数	0.09	0.12	0.13	0.11	0.06

（1）有机质含量。从二等至六等，耕地土壤有机质平均含量呈下降趋势，平均值自 18.82 g/kg 下降到 13.05 g/kg。结果表明，耕地质量等级越高，有机质含量越高。土壤有机质含量的高低可以反映耕地质量的高低。

（2）有效磷含量。从二等至五等，耕地土壤有效磷含量平均值在 17.89～20.67 mg/kg，有效磷平均含量基本一致；六等与一等至四等相比，土壤有效磷含量下降比较明显。

（3）速效钾含量。从二等至六等，耕地土壤速效钾含量呈明显的下降趋势，从二等的 162.12 mg/kg 下降到六等的 108.51 mg/kg。

（4）pH。各等级耕地土壤的 pH 从其平均值、标准差来看基本一致。与第二次全国土壤普查结果相比，耕地土壤 pH 有所下降，在耕作管理上应采取相应措施，避免持续下降，造成明显酸化。

2. 质地与质地构型 表 13-26 显示，黄淮平原农业区砂姜黑土耕地耕层质地有黏土、重壤、轻壤、中壤、沙壤 5 种类型，面积分别有 87.79 万 hm²、67.40 万 hm²、50.39 万 hm²、26.05 万 hm²、0.52 万 hm²。

表 13-26 黄淮平原农业区砂姜黑土耕地耕层质地与耕地质量等级

	项目	一等	二等	三等	四等	五等	六等	七等
耕地质量等级在质地类型的分布/%	黄淮平原农业区	100.00	100.00	100.00	100.00	100.00	100.00	100.00
	轻壤	0.00	43.86	14.32	20.63	29.13	16.97	0.00
	沙壤	0.00	0.00	0.02	0.19	0.61	3.04	100.00
	黏土	0.00	37.97	54.13	31.70	10.67	27.21	0.00
	中壤	100.00	4.47	9.31	13.92	14.25	18.27	0.00
	重壤	0.00	13.70	22.22	33.56	45.35	34.51	0.00
质地类型在质量等级的分布/%	黄淮平原农业区	0.02	9.65	41.69	29.25	17.90	1.49	0.01
	轻壤	0.00	19.50	27.51	27.81	24.02	1.17	0.00
	沙壤	0.00	0.00	2.88	25.07	48.75	20.38	2.92
	黏土	0.00	9.69	59.67	24.52	5.05	1.07	0.00
	中壤	0.15	3.84	34.58	36.28	22.72	2.43	0.00
	重壤	0.00	4.55	31.91	33.81	27.95	1.77	0.00

质地构型有紧实型、上松下紧型、上紧下松型、夹层型、松散型、夹黏型、通体壤 7 种类型，以紧实型、上松下紧型两种为主，耕地面积分别有 164.87 万 hm²、44.59 万 hm²。上紧下松型、夹层型、松散型、夹黏型、通体壤 5 种耕地面积分别为 9.91 万 hm²、8.78 万 hm²、3.31 万 hm²、0.49 万 hm²、0.19 万 hm²。从整体上看，该区质地构型比较差。

从各质量等级的耕层质地比例看，一等地的质地类型为中壤，二等耕地的质地类型主要为轻壤和黏土，三等耕地的质地类型主要为黏土和重壤，四等耕地质地类型主要为黏土、重壤、轻壤，五等耕地质地类型主要为重壤、轻壤和中壤，六等耕地质地类型主要为重壤、黏土和中壤、轻壤，七等耕地质地类型为沙壤。

区域内的耕层质地主要为黏土、重壤、轻壤、中壤。黏土的耕地质量等级主要为三等、四等，其次在二等和五等；重壤的耕地质量等级主要为三等、四等和五等，少量为二等和六等；轻壤的耕地质量等级主要为三等、四等、五等和二等；中壤的耕地质量等级主要为三等、四等、五等。分布的比例与不同质地类型的面积有关。各质量等级的耕层质地隶属度平均值没有明显差异。

从耕地质量等级上分析（表 13-27），一等耕地质地构型只有夹黏型和上松下紧型两种，以夹黏型为主，占 82.82%。二等耕地质地构型以紧实型和上松下紧型为主，分别占 54.98%、43.94%。三等耕地质地构型以紧实型为主，其次为上松下紧型。四等耕地质地构型以紧实型为主，其次为上松下紧型。五等耕地质地构型以紧实型为主，其次为上松下紧型、上紧下松型、夹层型。六等耕地质地构型以上紧下松型为主，然后依次为夹层型、紧实型。七等耕地质构型全为松散型。

表 13-27　黄淮平原农业区砂姜黑土耕地质地构型与耕地质量等级

项目		一等	二等	三等	四等	五等	六等	七等
不同质量等级的质地构型比例/%	黄淮平原农业区	100.00	100.00	100.00	100.00	100.00	100.00	100.00
	紧实型	0.00	54.98	82.55	68.33	61.96	14.86	0.00
	上松下紧型	17.18	43.94	15.51	21.51	11.96	4.61	0.00
	上紧下松型	0.00	0.00	0.37	4.35	11.25	55.73	0.00
	夹层型	0.00	0.62	1.11	4.44	9.38	19.11	0.00
	松散型	0.00	0.00	0.00	1.23	5.44	5.69	100.00
	夹黏型	82.82	0.00	0.38	0.14	0.00	0.00	0.00
	通体壤	0.00	0.46	0.09	0.00	0.00	0.00	0.00
质地构型在不同等级的分布/%	黄淮平原农业区	0.02	9.65	41.69	29.25	17.90	1.49	0.01
	紧实型	0.00	7.47	48.46	28.14	15.61	0.31	0.00
	上松下紧型	0.02	22.07	33.66	32.75	11.15	0.36	0.00
	上紧下松型	0.00	0.00	3.57	29.80	47.17	19.47	0.00
	夹层型	0.00	1.58	12.18	34.34	44.37	7.53	0.00
	松散型	0.00	0.00	0.00	25.32	68.26	5.96	0.46
	夹黏型	6.53	0.00	74.09	19.37	0.00	0.00	0.00
	通体壤	0.00	53.78	46.22	0.00	0.00	0.00	0.00

不同质地构型在不同耕地质量等级中的分布，比较能说明质地构型对耕地质量的影响。紧实型主要集中三等，然后是四等、五等、二等。上松下紧型集中在二等、三等、四等。夹层型以四等和五等为主。松散型耕地质量等级集中在五等，其次为四等。夹黏型集中在三等耕地质量等级，其次为四等。通体壤集中在耕地质量二等和三等。

3. 灌溉能力与排水能力　黄淮平原农业区内砂姜黑土耕地灌溉能力充分满足、满足、基本满足、不满足分别占 40.77%、27.17%、29.92%、2.14%，排水能力充分满足、满足、基本满足、不满足分别占 16.73%、14.10%、69.01%、0.16%。整体上，灌溉能力高于排水能力（表 13-28、表 13-29）。

表 13-28　黄淮平原农业区砂姜黑土耕地不同耕地质量等级下灌溉能力占比

单位：%

项目	充分满足	满足	基本满足	不满足	总计
黄淮平原农业区	40.77	27.17	29.92	2.14	100.00
一等	100.00	0.00	0.00	0.00	100.00
二等	99.58	0.42	0.00	0.00	100.00
三等	73.79	24.99	1.22	0.00	100.00
四等	1.32	56.54	40.81	1.33	100.00
五等	0.00	0.97	89.83	9.20	100.00
六等	0.00	0.00	93.11	6.89	100.00
七等	0.00	0.00	100.00	0.00	100.00

表 13 - 29　黄淮平原农业区砂姜黑土耕地不同耕地质量等级下排水能力占比

单位：%

项目	充分满足	满足	基本满足	不满足	总计
黄淮平原农业区	16.73	14.10	69.01	0.16	100.00
一等	100.00	0.00	0.00	0.00	100.00
二等	76.19	6.45	17.36	0.00	100.00
三等	15.96	24.05	59.76	0.23	100.00
四等	3.75	9.95	86.11	0.19	100.00
五等	8.99	3.03	87.93	0.05	100.00
六等	0.00	0.00	100.00	0.00	100.00
七等	0.00	0.00	100.00	0.00	100.00

灌溉能力是耕地质量的重要影响因素。耕地质量等级一等、二等的灌溉能力均在充分满足水平上；三等的灌溉能力 73.79% 为充分满足，24.99% 为满足；四等的灌溉能力基本上在满足和基本满足上，分别占 56.54% 和 40.81%；五等、六等、七等的灌溉能力基本上为基本满足，分别为占 89.83%、93.11%、100.00%。

耕地质量等级与排水能力间的关系和质量等级与灌溉能力的关系非常一致。排水能力强则耕地质量等级高，排水能力低则耕地质量等级低。

4. 地形部位　黄淮海区地形部位划分为 115 种，黄淮平原农业区占有 18 种，隶属度从 1.00 到 0.50。低海拔冲积平原、低海拔冲积高地、低海拔冲积洼地、低海拔冲积河漫滩、低海拔河流低阶地、低海拔冲积扇平原 6 种地形部位面积占黄淮平原农业区砂姜黑土耕地面积的 96.60%。其中，低海拔冲积平原占比 62.51%，低海拔冲积高地占比 13.54%，低海拔冲积洼地占比 13.26%，低海拔冲积河漫滩占比 4.05%（表 13 - 30）。低海拔冲积洪积平原、低海拔冲积平原、低海拔冲积扇平原隶属度为 1.00，低海拔冲积洼地隶属度为 0.90，低海拔冲积高地、低海拔冲积河漫滩、低海拔河流低阶地隶属度为 0.85。

表 13 - 30　黄淮平原农业区砂姜黑土耕地地形部位与隶属度

序号	地形部位	隶属度	序号	地形部位	隶属度
1	低海拔冲积洪积平原	1.00	10	低海拔冲积河漫滩	0.85
2	低海拔冲积湖积平原	1.00	11	低海拔冲积洪积低台地	0.85
3	低海拔冲积平原	1.00	12	低海拔河流低阶地	0.85
4	低海拔冲积扇平原	1.00	13	低海拔洪积低台地	0.85
5	低海拔洪积平原	1.00	14	低海拔河流高阶地	0.70
6	低海拔湖积冲积平原	1.00	15	低海拔侵蚀堆积黄土岗地	0.70
7	低海拔侵蚀剥蚀平原	1.00	16	侵蚀剥蚀低海拔低丘陵	0.65
8	低海拔冲积洼地	0.90	17	侵蚀剥蚀低海拔高丘陵	0.65
9	低海拔冲积高地	0.85	18	侵蚀剥蚀小起伏低山	0.50

黄淮平原农业区内砂姜黑土二等耕地占 9.65%，其中 82.96% 的地形部位是低海拔冲积平原，

10.24%的地形部位是低海拔冲积洼地；三等耕地占 41.69%，主要分布在低海拔冲积平原、低海拔冲积洼地、低海拔冲积高地 3 种地形部位中，分别占 66.47%、12.09%、14.67%；四等、五等、六等耕地的地形部位分布特点与三等耕地相似；七等耕地的地形部位主要是低海拔河流低阶地和低海拔河流高阶地（表 13－31）。

表 13－31　黄淮平原农业区砂姜黑土地形部位与耕地质量等级

	项目	一等	二等	三等	四等	五等	六等	七等	总计
同一等级中不同地形部位占比/%	黄淮平原农业区	100.00	100.00	100.00	100.00	100.00	100.00	100.00	100.00
	低海拔冲积平原	100.00	82.96	66.47	64.78	39.99	45.08	0.00	62.51
	低海拔冲积高地	0.00	1.95	14.67	11.19	19.06	18.24	0.00	13.26
	低海拔冲积河漫滩	0.00	1.52	3.72	4.62	5.10	6.03	0.00	4.05
	低海拔冲积洪积低台地	0.00	0.00	0.06	0.43	3.03	3.33	0.00	0.74
	低海拔冲积洪积平原	0.00	0.00	0.89	2.01	3.33	0.00	0.00	1.56
	低海拔冲积湖积平原	0.00	0.00	0.00	0.04	0.44	0.00	0.00	0.09
	低海拔冲积扇平原	0.00	0.24	0.93	1.87	0.09	0.00	0.00	0.97
	低海拔冲积洼地	0.00	10.24	12.09	12.50	21.08	5.76	0.00	13.54
	低海拔河流低阶地	0.00	0.05	0.61	1.71	4.92	2.50	41.63	1.68
	低海拔河流高阶地	0.00	0.00	0.00	0.00	2.30	19.07	58.37	0.70
	低海拔洪积低台地	0.00	0.00	0.00	0.39	0.43	0.00	0.00	0.19
	低海拔洪积平原	0.00	0.00	0.04	0.10	0.17	0.00	0.00	0.08
	低海拔湖积冲积平原	0.00	3.03	0.21	0.05	0.00	0.00	0.00	0.39
	低海拔侵蚀剥蚀平原	0.00	0.00	0.00	0.09	0.00	0.00	0.00	0.03
	低海拔侵蚀堆积黄土岗地	0.00	0.00	0.22	0.02	0.06	0.00	0.00	0.11
	侵蚀剥蚀低海拔低丘陵	0.00	0.00	0.09	0.06	0.00	0.00	0.00	0.05
	侵蚀剥蚀低海拔高丘陵	0.00	0.00	0.00	0.12	0.00	0.00	0.00	0.03
	侵蚀剥蚀小起伏低山	0.00	0.00	0.00	0.02	0.00	0.00	0.00	0.00
同一地形部位在不同等级中的占比/%	黄淮平原农业区	0.02	9.65	41.69	29.25	17.90	1.49	0.01	100.00
	低海拔冲积高地	0.00	1.42	46.12	24.69	25.72	2.05		100.00
	低海拔冲积河漫滩	0.00	3.62	38.28	33.36	22.53	2.22	0.00	100.00
	低海拔冲积洪积低台地	0.00	0.00	3.30	16.97	73.04	6.68		100.00
	低海拔冲积洪积平原	0.00	0.00	23.94	37.79	38.27			100.00
	低海拔冲积湖积平原	0.00	0.00	0.00	14.17	85.83	0.00		100.00
	低海拔冲积平原	0.03	12.80	44.33	30.32	11.45	1.08		100.00
	低海拔冲积扇平原	0.00	2.43	39.71	56.17	1.69	0.00		100.00
	低海拔冲积洼地	0.00	7.30	37.22	26.99	27.86	0.63		100.00
	低海拔河流低阶地	0.00	0.29	15.15	29.77	52.41	2.22	0.16	100.00
	低海拔河流高阶地	0.00	0.00	0.00	0.00	58.86	40.60	0.54	100.00
	低海拔洪积低台地	0.00	0.00	0.00	59.32	40.68	0.00	0.00	100.00

（续）

项目		一等	二等	三等	四等	五等	六等	七等	总计
同一地形部位在不同等级中的占比/%	低海拔洪积平原	0.00	0.00	22.21	38.37	39.41	0.00	0.00	100.00
	低海拔湖积冲积平原	0.00	74.13	22.17	3.70	0.00	0.00	0.00	100.00
	低海拔侵蚀剥蚀平原	0.00	0.00	3.09	96.91	0.00	0.00	0.00	100.00
	低海拔侵蚀堆积黄土岗地	0.00	0.00	83.95	6.46	9.59	0.00	0.00	100.00
	侵蚀剥蚀低海拔低丘陵	0.00	0.00	70.20	29.80	0.00	0.00	0.00	100.00
	侵蚀剥蚀低海拔高丘陵	0.00	0.00	0.00	98.97	1.03	0.00	0.00	100.00
	侵蚀剥蚀小起伏低山	0.00	0.00	0.00	100.00	0.00	0.00	0.00	100.00

低海拔冲积平原的耕地质量等级主要为三等、四等、二等和五等；低海拔冲积洼地、低海拔冲积高地、低海拔冲积河漫滩、低海拔河流低阶地、低海拔冲积洪积平原的耕地质量等级主要分布在三等、四和五等。

三、山东丘陵农林区砂姜黑土耕地质量等级

（一）耕地质量等级分布

山东丘陵农林区砂姜黑土耕地面积 38.41 万 hm^2，分布在山东省的青岛、潍坊、临沂、济宁、淄博、枣庄、泰安、日照、济南、烟台 10 个市，砂姜黑土耕地面积分别为 10.29 万 hm^2、7.49 万 hm^2、7.42 万 hm^2、5.16 万 hm^2、2.57 万 hm^2、2.45 万 hm^2、1.61 万 hm^2、0.63 万 hm^2、0.52 万 hm^2、0.26 万 hm^2（表 13-32）。

表 13-32　山东丘陵农林区砂姜黑土耕地质量各等级比例

项目	平均等级	各等级比例/%								
		一等	二等	三等	四等	五等	六等	七等	八等	九等
青岛市	1.98	49.57	28.62	9.19	3.57	6.90	1.16	0.26	0.00	0.73
潍坊市	2.40	23.56	31.84	31.37	9.27	1.88	2.08	0.00	0.00	0.00
临沂市	3.29	18.44	21.80	22.51	3.46	22.89	6.99	2.40	0.77	0.74
济宁市	1.20	82.35	15.79	1.86	0.00	0.00	0.00	0.00	0.00	0.00
淄博市	1.31	71.81	25.40	2.79	0.00	0.00	0.00	0.00	0.00	0.00
枣庄市	2.42	12.04	50.95	26.65	3.75	6.61	0.00	0.00	0.00	0.00
泰安市	2.35	45.35	31.89	3.43	4.21	2.75	4.76	4.22	3.39	0.00
日照市	3.03	0.00	45.32	35.26	0.00	10.18	9.24	0.00	0.00	0.00
济南市	2.78	0.34	36.75	55.03	0.00	7.88	0.00	0.00	0.00	0.00
烟台市	4.55	9.33	6.50	2.98	9.23	58.64	0.00	13.32	0.00	0.00

山东丘陵农林区砂姜黑土地耕地质量等级较高，加权平均等级 2.26 等，耕地质量等级为一等至九等，以一等、二等和三等耕地为主。区域内砂姜黑土耕地加权平均质量等级济宁、淄博、青岛 3 个

市最高，分别为 1.20 等、1.31 等、1.98 等；烟台最低，加权平均质量等级为 4.55 等。

（二）耕地质量属性特征分析

1. 有机质、有效磷、速效钾与 pH 山东丘陵农林区砂姜黑土有机质、有效磷与速效钾含量均比较高。751 个评价图斑，有机质平均含量 19.09 g/kg、有效磷平均含量 51.36 mg/kg、速效钾平均含量 193.23 mg/kg（表 13 - 33、图 13 - 2）。

表 13 - 33　山东丘陵农林区砂姜黑土耕地各质量等级有机质、有效磷、速效钾与 pH

	项目	区域	一等	二等	三等	四等	五等	六等	七等	八等	九等
	图斑数	751	274	229	125	28	65	15	10	2	3
有机质	平均值/g/kg	19.09	19.27	19.30	18.43	18.37	20.28	16.61	15.93	21.42	17.20
	标准差/g/kg	4.09	3.58	4.39	3.64	4.38	5.35	3.22	3.63	3.99	0.66
	变异系数	0.21	0.19	0.23	0.20	0.24	0.26	0.19	0.23	0.19	0.04
	隶属度	0.98	0.99	0.98	0.98	0.97	0.98	0.95	0.93	1.00	0.99
有效磷	平均值/mg/kg	51.36	47.87	55.44	46.97	56.38	57.09	56.81	46.93	66.18	48.97
	标准差/mg/kg	26.37	24.64	30.78	22.91	25.00	18.88	36.71	13.88	27.21	11.41
	变异系数	0.51	0.51	0.56	0.49	0.44	0.33	0.65	0.30	0.41	0.23
	隶属度	0.89	0.88	0.90	0.88	0.91	0.93	0.89	0.90	0.95	0.91
速效钾	平均值/mg/kg	193.23	238.89	188.28	153.18	162.29	142.94	121.07	106.70	129.00	139.00
	标准差/mg/kg	79.81	94.87	60.34	36.73	33.87	44.81	35.12	21.53	12.73	39.23
	变异系数	0.41	0.40	0.32	0.24	0.21	0.31	0.29	0.20	0.10	0.28
	隶属度	0.90	0.94	0.91	0.86	0.88	0.84	0.80	0.77	0.82	0.84
pH	平均值	6.76	7.08	6.73	6.85	6.39	5.89	5.85	5.85	5.95	5.63
	标准差	0.88	0.60	0.86	1.03	1.14	0.64	0.72	0.75	0.35	0.60
	变异系数	0.13	0.08	0.13	0.15	0.18	0.11	0.12	0.13	0.06	0.11
	隶属度	0.91	0.94	0.91	0.87	0.85	0.86	0.85	0.86	0.88	0.83

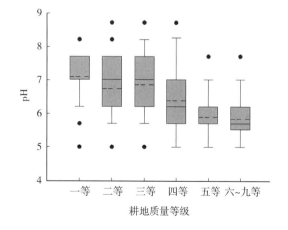

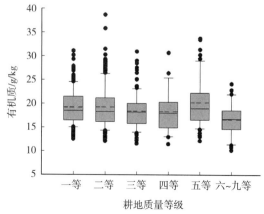

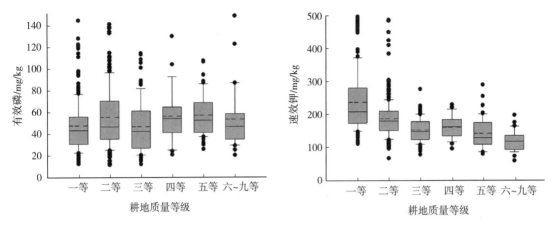

图 13-2　山东丘陵农林区砂姜黑土耕地质量等级与有机质、有效磷、速效钾、pH

（1）有机质。区域内耕地土壤有机质含量在 10.25～38.73 g/kg，平均值为 19.09 g/kg。各个耕地质量等级的平均值都处于较高水平，随耕地质量等级下降有机质含量有不明显的降低趋势。

（2）有效磷。区域内耕地有效磷含量在 12.14～194.96 mg/kg，平均值为 51.36 mg/kg。有效磷含量各个耕地质量等级的平均值都很高，等级间基本上没有差异，在整个区域内和各等级中的离散程度都较高。

（3）速效钾。区域内耕地土壤速效钾含量在 60～500 mg/kg，平均值为 193.23 mg/kg。与有机质、有效磷含量相比，随耕地质量等级下降，速效钾含量降低的趋势明显。现阶段该区域内，有机质、有效磷和速效钾相比，速效钾含量与耕地质量等级相关程度更高。

（4）pH。区域内耕地土壤 pH 在 5～8.7，平均值为 6.76。五等、六等、七等、八等和九等耕地pH 较一等、二等、三等、四等低，pH 随耕地质量等级降低有不明显的下降趋势。

2. 质地与质地构型　山东丘陵农林区砂姜黑土耕层质地类型有中壤、轻壤、重壤、沙壤、砾质壤土、沙土 6 种。质地构型有夹黏型、通体壤、紧实型、上松下紧型、薄层型、夹层型、通体沙 7 种类型（表 13-34）。

表 13-34　山东丘陵农林区砂姜黑土耕地耕层质地、质地构型与耕地质量等级

单位：%

项目	一等	二等	三等	四等	五等	六等	七等	八等	九等
山东丘陵农林区	40.05	27.79	16.55	3.91	7.86	2.42	0.81	0.29	0.34
中壤	47.61	29.19	14.70	3.14	3.50	1.86	0.00	0.00	0.00
夹黏型	48.58	28.50	14.88	3.43	3.30	1.31	0.00	0.00	0.00
通体壤	46.27	34.55	14.64	0.00	4.50	0.04	0.00	0.00	0.00
上松下紧型	29.50	19.08	14.36	9.74	5.03	22.29	0.00	0.00	0.00
夹层型	99.50	0.50	0.00	0.00	0.00	0.00	0.00	0.00	0.00
通体沙	0.00	100.00	0.00	0.00	0.00	0.00	0.00	0.00	0.00
紧实型	0.00	100.00	0.00	0.00	0.00	0.00	0.00	0.00	0.00
轻壤	39.05	22.02	14.50	5.62	11.36	4.24	1.78	0.44	0.99

（续）

项目	一等	二等	三等	四等	五等	六等	七等	八等	九等
夹黏型	49.15	21.29	13.36	3.19	9.57	2.86	0.58	0.00	0.00
通体壤	31.09	24.27	19.47	12.28	10.13	0.97	1.79	0.00	0.00
紧实型	27.22	41.90	4.92	0.00	9.28	0.00	16.68	0.00	0.00
薄层型	0.00	0.00	0.00	5.43	9.88	46.47	4.69	10.28	23.25
上松下紧型	11.05	29.93	11.77	0.00	37.17	10.08	0.00	0.00	0.00
夹层型	0.00	0.00	34.28	0.00	62.05	3.67	0.00	0.00	0.00
重壤	17.50	35.28	29.57	0.00	17.65	0.00	0.00	0.00	0.00
夹黏型	29.27	32.13	14.39	0.00	24.21	0.00	0.00	0.00	0.00
通体壤	10.50	32.49	47.58	0.00	9.43	0.00	0.00	0.00	0.00
紧实型	0.00	48.92	32.99	0.00	18.09	0.00	0.00	0.00	0.00
上松下紧型	100.00	0.00	0.00	0.00	0.00	0.00	0.00	0.00	0.00
沙壤	0.00	64.90	29.57	0.00	0.00	0.00	5.53	0.00	0.00
紧实型	0.00	50.29	49.71	0.00	0.00	0.00	0.00	0.00	0.00
通体壤	0.00	60.85	39.15	0.00	0.00	0.00	0.00	0.00	0.00
夹黏型	0.00	100.00	0.00	0.00	0.00	0.00	0.00	0.00	0.00
夹层型	0.00	100.00	0.00	0.00	0.00	0.00	0.00	0.00	0.00
薄层型	0.00	0.00	0.00	0.00	0.00	0.00	100.00	0.00	0.00
砾质壤土	0.00	0.00	0.00	100.00	0.00	0.00	0.00	0.00	0.00
紧实型	0.00	0.00	0.00	100.00	0.00	0.00	0.00	0.00	0.00
沙土	0.00	0.00	0.00	0.00	0.00	0.00	44.02	55.98	0.00
通体壤	0.00	0.00	0.00	0.00	0.00	0.00	44.02	55.98	0.00

中壤质地中，质地构型有上松下紧型、夹层型、夹黏型、紧实型、通体壤、通体沙6种，主要为夹黏型、通体壤、上松下紧型。轻壤质地中，质地构型有上松下紧型、薄层型、夹层型、夹黏型、紧实型、通体壤6种，主要为夹黏型、通体壤。重壤质地中，质地构型有夹黏型、通体壤、紧实型、上松下紧型4种类型。沙壤质地中，质地构型有紧实型、通体壤、夹黏型、夹层型、薄层型。砾质壤土全为薄层型，沙土全为通体壤。

中壤：质地为中壤的耕地质量等级较高，主要为一等、二等和三等。质地构型中，夹黏型耕地质量主要为一等、二等、三等；通体壤耕地质量主要为一等、二等、三等；上松下紧型耕地质量主要为一等、二等、三等、六等；夹层型耕地质量基本全为一等；通体沙、紧实型耕地质量全为二等。上松下紧型六等地占比为22.29%，主要原因为灌溉能力和排水能力比较低，平均隶属度均为0.5，属不满足情况。

轻壤：质地为轻壤的耕地质量等级也较高，主要为一等、二等和三等。质地构型中，夹黏型耕地质量主要为一等、二等、三等；通体壤耕地质量主要为一等、二等、三等；紧实型耕地质量主要为一等、二等、七等；上松下紧型耕地质量主要为一等、二等、三等、五等；薄层型耕地质量等级较低，以六等为主；夹层型耕地质量以五等为主。

重壤：夹黏型耕地质量主要为一等、二等、三等、五等；通体壤耕地质量主要为一等、二等、三等、五等；紧实型耕地质量主要为二等、三等；上松下紧型耕地质量全为一等。

沙壤：耕地质量等级以二等、三等为主。质地构型中，夹黏型、夹层型全为二等耕地；紧实型、通体壤均全为二等、三等耕地；薄层型均为七等耕地。

砾质壤土：耕地质量全为四等，且仅有紧实型一种质地构型。

沙土：耕地质量全为七等和八等，且只有通体壤一种质地构型。

3. 灌溉能力与排水能力 山东丘陵农林区砂姜黑土耕地灌溉能力与排水能力非常一致，灌溉能力高则排水能力高，灌溉能力低则排水能力低；灌溉能力与排水能力充分满足占 56.91%，灌溉能力与排水能力满足占 28.72%，灌溉能力与排水能力基本满足占 3.09%，灌溉能力与排水能力不满足占 11.28%。在灌溉能力与排水能力均能充分满足的情况下，耕地质量等级最高为一等，最低为五等，平均为 1.39 等；在灌溉能力与排水能力均能满足的情况下，耕地质量等级最高为二等，最低为七等，平均为 2.67 等；在灌溉能力与排水能力均基本满足的情况下，耕地质量等级最高为三等，最低为七等，平均为 3.70 等；在灌溉能力与排水能力均不满足的情况下，耕地质量等级最高为四等，最低为九等，平均为 5.43 等（表 13-35）。

表 13-35 山东丘陵农林区砂姜黑土耕地灌溉、排水能力与耕地质量等级比例

单位：%

项目		一等	二等	三等	四等	五等	六等	七等	八等	九等
灌溉能力	充分满足	70.37	28.28	0.80	0.29	0.25	0.00	0.00	0.00	0.00
	满足	0.00	40.71	50.55	6.11	0.00	2.35	0.27	0.00	0.00
	基本满足	0.00	0.00	51.10	32.39	14.31	0.00	2.21	0.00	0.00
	不满足	0.00	0.00	0.00	8.78	64.40	15.43	5.80	2.59	3.00
	总计	40.05	27.79	16.55	3.91	7.85	2.42	0.80	0.29	0.34
排水能力	充分满足	70.37	28.28	0.80	0.29	0.25	0.00	0.00	0.00	0.00
	满足	0.00	40.71	50.55	6.11	0.00	2.35	0.27	0.00	0.00
	基本满足	0.00	0.00	51.10	32.39	14.31	0.00	2.21	0.00	0.00
	不满足	0.00	0.00	0.00	8.78	64.40	15.43	5.80	2.59	3.00
	总计	40.05	27.79	16.55	3.91	7.85	2.42	0.80	0.29	0.34

灌溉能力满足下，耕地质量等级主要为二等和三等。灌溉能力基本满足下，耕地质量等级为三等、四等和五等。灌溉能力不满足下，耕地质量等级主要为五等；灌溉能力不满足下，耕地质量等级最高为四等。排水能力对耕地质量等级影响与灌溉能力一致。

4. 地形部位 山东丘陵农林区砂姜黑土耕地地形部位有 22 种，耕地面积在 1 万 hm² 以上的地形部位有 8 种。低海拔冲积平原、低海拔冲积洪积平原是两种主要地形部位类型，面积分别为 19.91 万 hm²、6.59 万 hm²。地形部位隶属度在 1.00~0.50（表 13-36）。

表13-36　山东丘陵农林区砂姜黑土耕地地形部位隶属度、面积

地形部位	隶属度	面积/万 hm²	地形部位	隶属度	面积/万 hm²
低海拔冲积平原	1.00	19.91	低海拔侵蚀剥蚀低台地	0.85	1.27
低海拔冲积洪积平原	1.00	6.59	低海拔洪积低台地	0.85	1.25
低海拔洪积平原	1.00	1.33	低海拔河流低阶地	0.85	0.63
低海拔冲积洪积扇平原	1.00	0.44	低海拔湖积冲积洼地	0.85	0.51
低海拔冲积扇平原	1.00	0.35	低海拔冲积洪积低台地	0.85	0.14
低海拔湖积冲积平原	1.00	0.04	低海拔冲积高地	0.85	0.12
低海拔湖积冲积三角洲平原	1.00	0.04	低海拔侵蚀剥蚀高台地	0.70	0.18
低海拔侵蚀剥蚀平原	0.95	1.75	侵蚀剥蚀低海拔低丘陵	0.65	0.32
低海拔冲积洼地	0.90	1.47	喀斯特侵蚀小起伏低山	0.50	0.10
低海拔冲积洪积洼地	0.90	0.26	侵蚀剥蚀低海拔高丘陵	0.50	0.05
低海拔冲积河漫滩	0.85	1.64	侵蚀剥蚀小起伏低山	0.50	0.03

山东丘陵农林区砂姜黑土耕地质量等级分为9个等级，将一等、二等、三等耕地划分为高质量等级，四等、五等、六等耕地划分中质量等级，七等、八等、九等划分为低质量等级，区域内耕地质量等级整体较高（表13-37）。

表13-37　山东丘陵农林区砂姜黑土不同地形部位耕地各质量等级占比

单位：%

序号	地形部位	高质量等级	中质量等级	低质量等级
	山东丘陵农林区	84.39	14.18	1.43
1	低海拔冲积平原	89.33	10.16	0.51
2	低海拔冲积洪积平原	92.93	6.54	0.53
3	低海拔侵蚀剥蚀平原	67.94	27.24	4.82
4	低海拔冲积河漫滩	86.67	13.33	0.00
5	低海拔冲积洼地	69.19	30.81	0.00
6	低海拔洪积平原	53.63	46.37	0.00
7	低海拔侵蚀剥蚀低台地	54.73	37.29	7.98
8	低海拔洪积低台地	70.71	29.29	0.00
9	低海拔河流低阶地	100.00	0.00	0.00
10	低海拔湖积冲积洼地	100.00	0.00	0.00
11	低海拔冲积洪积扇平原	100.00	0.00	0.00
12	低海拔冲积扇平原	100.00	0.00	0.00
13	侵蚀剥蚀低海拔低丘陵	47.33	49.85	2.82
14	低海拔冲积洪积洼地	100.00	0.00	0.00
15	低海拔侵蚀剥蚀高台地	0.00	42.98	57.02
16	低海拔冲积洪积低台地	100.00	0.00	0.00
17	低海拔冲积高地	0.00	100.00	0.00

（续）

序号	地形部位	高质量等级	中质量等级	低质量等级
18	喀斯特侵蚀小起伏低山	0.00	0.00	100.00
19	侵蚀剥蚀低海拔高丘陵	56.88	0.00	43.12
20	低海拔湖积冲积平原	100.00	0.00	0.00
21	低海拔湖积冲积三角洲平原	100.00	0.00	0.00
22	侵蚀剥蚀小起伏低山	0.00	100.00	0.00

低海拔河流低阶地、低海拔湖积冲积洼地、低海拔冲积洪积扇平原、低海拔冲积扇平原、低海拔冲积洪积洼地、低海拔冲积洪积低台地、低海拔湖积冲积平原、低海拔湖积冲积三角洲平原8种地形部位上的砂姜黑土耕地全部为高质量等级；砂姜黑土耕地面积最大的低海拔冲积平原高质量等级占89.33%，高质量等级占比超过85%的还有低海拔冲积洪积平原92.93%、低海拔冲积河漫滩86.67%。

低海拔冲积高地、侵蚀剥蚀小起伏低山上的砂姜黑土耕地质量全部为中质量等级。中质量等级占比较高的地形部位还有侵蚀剥蚀低海拔低丘陵（49.86%）、低海拔洪积平原（46.37%）、低海拔侵蚀剥蚀高台地（42.98%）、低海拔侵蚀剥蚀低台地（37.29%）、低海拔冲积洼地（30.81%）、低海拔洪积低台地（29.29%）、低海拔侵蚀剥蚀平原（27.24%）。

低质量等级砂姜黑土耕地集中在喀斯特侵蚀小起伏低山（100%）、低海拔侵蚀剥蚀高台地（57.02%）、侵蚀剥蚀低海拔高丘陵（43.12%）3种地形部位上。

5. 有效土层厚度　山东丘陵农林区砂姜黑土耕地有效土层厚度分为≥80 cm、45～80 cm、20～45 cm、≤20 cm 4种状态。有效土层厚度对耕地质量等级的影响是十分明显的，有效土层深厚，则耕地质量等级较高（表13-38）。

表13-38　山东丘陵农林区砂姜黑土有效土层厚度与耕地质量等级分布

单位：%

项目	≥80 cm	45～80 cm	20～45 cm	≤20 cm
山东丘陵农林区	95.51	2.96	1.31	0.22
一等	100.00	0.00	0.00	0.00
二等	97.94	2.06	0.00	0.00
三等	95.16	4.84	0.00	0.00
四等	82.32	15.67	2.02	0.00
五等	92.14	6.03	1.83	0.00
六等	55.15	16.88	27.97	0.00
七等	70.46	11.43	8.52	9.58
八等	48.81	0.00	51.19	0.00
九等	0.00	0.00	57.84	42.16

有效土层厚度≥80 cm的耕地质量等级高。

有效土层厚度45～80 cm的砂姜黑土耕地质量等级主要为二等、三等、四等、五等、六等。

有效土层厚度 20～45 cm 的砂姜黑土耕地质量等级主要在四等以下。

有效土层厚度≤20 cm 的耕地质量等级是最低的。

四、燕山太行山山麓平原农业区砂姜黑土耕地质量等级

(一) 耕地质量等级分布

燕山太行山山麓平原农业区包括河南省的安阳、新乡、焦作 3 个市，以及河北省的保定、廊坊、唐山、邢台 4 个市。全区砂姜黑土耕地面积 7.12 万 hm²，其中唐山市 3.86 万 hm²、保定市 0.67 万 hm²、廊坊市 0.61 万 hm²、邢台市 0.30 万 hm²、新乡市 0.80 万 hm²、安阳市 0.46 万 hm²、焦作市 0.44 万 hm²。

区域内砂姜黑土耕地质量等级分为一等至七等 7 个等级，以六等耕地和三等耕地为主。耕地质量等级加权平均全区域 4.22 等，河北省 4.80 等，河南省 2.39 等（表 13-39）。

表 13-39 燕山太行山山麓平原农业区砂姜黑土耕地质量等级分布

单位：%

地区	一等	二等	三等	四等	五等	六等	七等
河北省	0.07	3.78	24.47	11.08	10.10	49.84	0.66
保定市	0.00	5.65	72.82	21.53	0.00	0.00	0.00
廊坊市	0.65	27.60	57.96	13.79	0.00	0.00	0.00
唐山市	0.00	0.00	8.28	7.19	13.46	70.14	0.93
邢台市	0.00	0.00	57.47	32.64	9.89	0.00	0.00
河南省	4.03	53.13	42.84	0.00	0.00	0.00	0.00
安阳市	14.94	48.93	36.13	0.00	0.00	0.00	0.00
焦作市	0.00	38.60	61.40	0.00	0.00	0.00	0.00
新乡市	0.00	63.47	36.53	0.00	0.00	0.00	0.00

(二) 耕地质量属性特征分析

1. 有机质、有效磷、速效钾 燕山太行山山麓平原农业区砂姜黑土耕地有机质含量平均值为 20.32 g/kg，变异系数为 0.17；有效磷含量平均值为 34.88 mg/kg，变异系数为 0.65；速效钾含量平均值为 174.10 mg/kg，变异系数为 0.24。耕地质量等级从二等到六等，有机质、有效磷与速效钾的平均含量没有明显差异（表 13-40、图 13-3）。

表 13-40 燕山太行山山麓平原农业区砂姜黑土耕地有机质、有效磷与速效钾

	项目	二等	三等	四等	五等	六等	全区
有机质	平均值/g/kg	20.12	20.49	19.65	20.25	20.60	20.32
	标准差/g/kg	4.01	4.46	2.82	2.70	2.00	3.40
	变异系数	0.20	0.22	0.14	0.13	0.10	0.17

（续）

项目		二等	三等	四等	五等	六等	全区
有效磷	平均值/mg/kg	21.30	39.84	43.21	41.44	33.37	34.88
	标准差/mg/kg	12.83	34.00	23.30	13.12	9.82	22.68
	变异系数	0.60	0.85	0.54	0.32	0.29	0.65
速效钾	平均值/mg/kg	153.33	172.32	170.56	174.21	188.89	174.10
	标准差/mg/kg	39.58	55.01	47.23	30.69	23.78	42.26
	变异系数	0.26	0.32	0.28	0.18	0.13	0.24

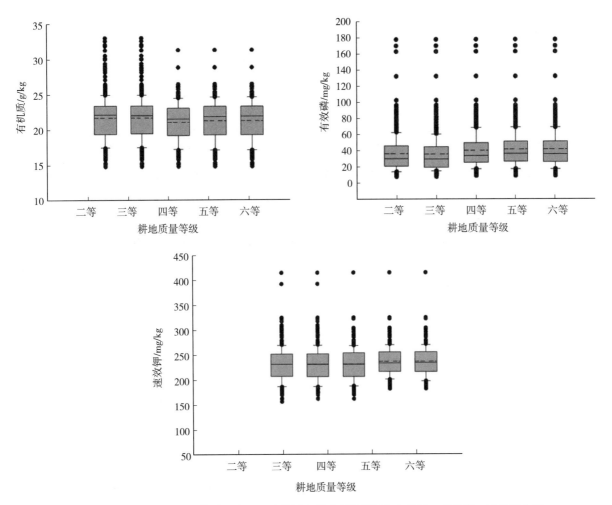

图 13-3 燕山太行山山麓平原农业区砂姜黑土耕地质量等级与有机质、有效磷、速效钾含量

2. 质地与质地构型 燕山太行山山麓平原农业区砂姜黑土耕地耕层质地有轻壤、中壤、重壤、黏土 4 种，面积分别为 28 518.85 hm²、21 559.56 hm²、20 888.90 hm²、280.36 hm²（表 13-41）。

表 13-41 燕山太行山山麓平原农业区砂姜黑土质地与质地构型

单位：%

项目	紧实型	夹层型	上松下紧型	海绵型	上紧下松型	通体壤	松散型
燕山太行山山麓平原农业区	41.11	29.30	13.50	6.77	3.53	3.06	2.73

（续）

项目		紧实型	夹层型	上松下紧型	海绵型	上紧下松型	通体壤	松散型
质地构型 占比	轻壤	8.22	21.52	5.04	2.27	1.85	0.00	1.13
	中壤	6.92	6.70	8.21	4.21	1.51	1.87	0.84
	重壤	25.98	1.08	0.24	0.29	0.17	1.00	0.56
	黏土	0.00	0.00	0.00	0.00	0.00	0.19	0.20
耕地质地 占质地构 型的比例	轻壤	19.99	73.45	37.34	33.47	52.56	0.00	41.35
	中壤	16.82	22.87	60.85	62.22	42.68	61.16	30.72
	重壤	63.19	3.68	1.80	4.31	4.75	32.55	20.57
	黏土	0.00	0.00	0.00	0.00	0.00	6.29	7.36

质地构型有紧实型、夹层型、上松下紧型、海绵型、上紧下松型、通体壤、松散型 7 种类型，面积分别有 29 293.21 hm²、20 873.73 hm²、9 614.98 hm²、4 825.43 hm²、2 513.58 hm²、2 179.27 hm²、1 947.46 hm²。

重壤质地中的紧实型、轻壤质地中的夹层型是区域内的主要质地构型。

耕地质量等级最高的质地构型有耕层质地为中壤的上松下紧型和紧实型，耕地质量等级最低的是耕层质地为重壤的紧实型。从平均耕地质量等级看，上松下紧型的质量等级最高，3 种耕层质地（轻壤、中壤、重壤）质量等级为 2.00～2.35 等；夹层型的质量等级最低，但是耕层质地为重壤的夹层型质量等级较高。从耕层质地类型分析，重壤的平均质量等级最低，为 4.94 等，但上松下紧型的质量等级为 2.00 等。质地构型与质地是反映耕地土壤剖面质地类型与容重、孔隙性等物理性质的概念，影响土壤的水、肥的通透性能和作物根系的生长；同时，质地与质地构型 2 个指标反映的是剖面的局部与整体，内涵有交叉，从质地构型概念上看，可以用质地构型 1 个指标替代质地、质地构型 2 个指标。

3. 灌溉能力与排水能力 燕山太行山山麓平原农业区砂姜黑土耕地灌溉能力与排水能力水平不高。灌溉能力充分满足、满足、基本满足和不满足分别占 17.53%、27.64%、9.40% 和 45.43%；排水能力充分满足、满足、基本满足和不满足分别占 8.09%、21.99%、42.26% 和 27.66%。灌溉能力与排水能力都能充分满足的耕地只占 7.84%，灌溉能力与排水能力都不满足的耕地占 27.10%（表 13 - 42）。

表 13 - 42 燕山太行山山麓平原农业区砂姜黑土耕地灌溉与排水能力

单位：%

灌溉能力	排水能力				总计
	充分满足	满足	基本满足	不满足	
充分满足	7.84	7.71	1.97	0.00	17.53
满足	0.25	14.28	13.11	0.00	27.64
基本满足	0.00	0.00	8.84	0.56	9.40
不满足	0.00	0.00	18.34	27.10	45.43
总计	8.09	21.99	42.26	27.66	100.00

灌溉能力充分满足、满足下，耕地质量等级分别以二等、三等为主；灌溉能力基本满足下，耕地

质量等级主要为三等和四等；灌溉能力不满足下，耕地质量等级主要为六等（表 13-43）。

表 13-43　燕山太行山山麓平原农业区砂姜黑土耕地灌溉、排水能力与耕地质量

单位：%

项目		各等级比例						
		一等	二等	三等	四等	五等	六等	七等
区域砂姜黑土		1.01	15.48	28.82	8.45	7.71	38.01	0.52
灌溉能力	充分满足	5.77	79.32	14.91	0.00	0.00	0.00	0.00
	满足	0.00	5.71	78.60	15.69	0.00	0.00	0.00
	基本满足	0.00	0.00	47.73	43.82	8.45	0.00	0.00
	不满足	0.00	0.00	0.00	0.00	15.22	83.67	1.11
排水能力	充分满足	12.49	73.33	14.18	0.00	0.00	0.00	0.00
	满足	0.00	34.43	60.37	5.20	0.00	0.00	0.00
	基本满足	0.00	4.68	34.07	16.89	12.98	31.38	0.00
	不满足	0.00	0.00	0.00	0.63	8.03	89.51	1.83

排水能力充分满足下，耕地质量等级主要是二等；排水能力满足下，耕地质量等级主要是三等，二等占 1/3；排水能力基本满足下，耕地质量等级涵盖二等至六等，但三等和六等占比高；排水能力不满足下，耕地质量等级涵盖四等至七等，但六等占主要（表 13-43）。

比较灌溉和排水不同保证程度下耕地质量等级的分布情况，区域内灌溉保证程度对耕地质量的影响高于排水保证程度（表 13-44）。

表 13-44　燕山太行山山麓平原农业区砂姜黑土耕地灌溉、排水能力与耕地质量平均等级及面积占比

灌溉能力		排水能力				总计
		充分满足	满足	基本满足	不满足	
充分满足	质量平均等级	2.08	2.22	2.00		2.14
	面积占比/%	44.74	44.00	11.26	0.00	100.00
满足	质量平均等级	3.00	2.92	3.28		3.09
	面积占比/%	0.91	51.67	47.42	0.00	100.00
基本满足	质量平均等级			3.88	4.50	3.95
	面积占比/%	0.00	0.00	94.08	5.92	100.00
不满足	质量平均等级			5.61	5.93	5.80
	面积占比/%	0.00	0.00	40.36	59.64	100.00
总计	质量平均等级	2.10	2.65	4.33	5.87	4.10
	面积占比/%	8.09	21.99	42.26	27.65	100.00

燕山太行山山麓平原农业区耕地质量加权平均等级 4.10 等。耕地灌溉能力与排水能力均高的耕地质量等级明显高于灌溉能力与排水能力均低的；灌溉能力不满足下排水能力基本满足和排水能力不满足的耕地质量平均等级分别为 5.61 等和 5.93 等。

4. 有效土层厚度与地形部位　燕山太行山山麓平原农业区砂姜黑土耕地有 13 种地形部位，有效土层厚度分为≤80 cm、80～120 cm 两类。区内砂姜黑土耕地有效土层厚度以 80～120 cm 为主，占

97.56%。区内砂姜黑土耕地地形部位以低海拔海积冲积平原、低海拔冲积洪积平原、低海拔冲积扇平原、低海拔海积洼地、低海拔冲积洼地、低海拔冲积洪积扇平原、低海拔冲积河漫滩为主，合计占91.79%。有效土层厚度≤80 cm 的只有低海拔冲积平原、低海拔冲积扇平原、低海拔冲积洼地 3 种地形部位的部分耕地，只占2.44%（表 13-45）。

表 13-45　燕山太行山山麓平原农业区砂姜黑土耕地地形部位与耕地质量等级

单位:%

项目	有效土层厚度 80 cm 及以下			有效土层厚度 80 cm 以上								总计
	三等	四等	合计	一等	二等	三等	四等	五等	六等	七等	合计	
各地形部位在不同有效土层厚度及耕地质量等级下的占比												
燕山太行山山麓平原农业区	1.35	1.09	2.44	1.01	15.48	27.48	7.36	7.71	38.01	0.51	97.56	100.00
低海拔冲积河漫滩	0.00	0.00	0.00	0.00	0.00	6.53	5.32	22.08	66.08	0.00	100.00	100.00
低海拔冲积洪积平原	0.00	0.00	0.00	0.00	39.77	51.06	0.94	8.22	0.00	0.00	100.00	100.00
低海拔冲积洪积扇平原	0.00	0.00	0.00	0.00	0.00	93.17	3.56	3.27	0.00	0.00	100.00	100.00
低海拔冲积洪积洼地	0.00	0.00	0.00	0.00	0.00	24.68	75.32	0.00	0.00	0.00	100.00	100.00
低海拔冲积平原	0.00	10.47	10.47	0.00	0.00	37.45	0.00	52.08	0.00	0.00	89.53	100.00
低海拔冲积扇平原	9.54	6.07	15.61	7.87	19.81	44.13	9.37	3.20	0.00	0.00	84.39	100.00
低海拔冲积洼地	1.98	0.00	1.98	0.00	47.96	4.38	2.84	15.60	27.24	0.00	98.02	100.00
低海拔海积冲积平原	0.00	0.00	0.00	0.00	0.00	0.00	12.54	5.78	81.68	0.00	100.00	100.00
低海拔海积洼地	0.00	0.00	0.00	0.00	0.00	0.00	0.76	0.69	94.41	4.14	100.00	100.00
低海拔洪积低台地	0.00	0.00	0.00	0.00	0.00	64.08	35.92	0.00	0.00	0.00	100.00	100.00
低海拔洪积平原	0.00	0.00	0.00	0.00	47.79	52.21	0.00	0.00	0.00	0.00	100.00	100.00
低海拔湖积冲积平原	0.00	0.00	0.00	0.00	0.00	100.00	0.00	0.00	0.00	0.00	100.00	100.00
低海拔湖积平原	0.00	0.00	0.00	0.00	0.00	100.00	0.00	0.00	0.00	0.00	100.00	100.00
有效土层厚度及耕地质量等级下的各地形部位占比												
燕山太行山山麓平原农业区	100.00	100.00	100.00	100.00	100.00	100.00	100.00	100.00	100.00	100.00	100.00	100.00
低海拔冲积河漫滩	0.00	0.00	0.00	0.00	0.00	1.06	3.22	12.79	7.76	0.00	4.58	4.46
低海拔冲积洪积平原	0.00	0.00	0.00	0.00	63.10	45.64	3.14	26.21	0.00	0.00	25.17	24.56
低海拔冲积洪积扇平原	0.00	0.00	0.00	0.00	0.00	16.32	2.33	2.04	0.00	0.00	4.93	4.81
低海拔冲积洪积洼地	0.00	0.00	0.00	0.00	0.00	1.36	15.53	0.00	0.00	0.00	1.56	1.52
低海拔冲积平原	0.00	28.51	12.76	0.00	0.00	4.05	0.00	20.07	0.00	0.00	2.73	2.97
低海拔冲积扇平原	91.02	71.49	82.28	100.00	16.43	20.62	16.35	5.34	0.00	0.00	11.11	12.84
低海拔冲积洼地	8.98	0.00	4.96	0.00	18.96	0.98	2.36	12.39	4.39	0.00	6.15	6.12
低海拔海积冲积平原	0.00	0.00	0.00	0.00	0.00	0.00	45.59	20.07	57.51	0.00	27.44	26.77
低海拔海积洼地	0.00	0.00	0.00	0.00	0.00	0.00	1.25	1.10	30.34	100.00	12.52	12.22
低海拔洪积低台地	0.00	0.00	0.00	0.00	0.00	4.89	10.23	0.00	0.00	0.00	2.15	2.10
低海拔洪积平原	0.00	0.00	0.00	0.00	1.51	0.93	0.00	0.00	0.00	0.00	0.50	0.49
低海拔湖积冲积平原	0.00	0.00	0.00	0.00	0.00	3.55	0.00	0.00	0.00	0.00	1.00	0.98
低海拔湖积平原	0.00	0.00	0.00	0.00	0.00	0.60	0.00	0.00	0.00	0.00	0.17	0.16

区域内砂姜黑土耕地 13 种地形部位隶属度分为 1.00、0.95、0.85、0.80、0.70，面积分别占 46.82%、7.64%、6.56%、26.77%、12.22%。低海拔冲积洪积平原、低海拔冲积洪积扇平原、低海拔冲积平原、低海拔冲积扇平原、低海拔洪积平原、低海拔湖积冲积平原、低海拔湖积平原 7 种地形部位的隶属度为 1.00，低海拔冲积洪积洼地、低海拔冲积洼地的隶属度为 0.95，低海拔冲积河漫滩、低海拔洪积低台地的隶属度为 0.85，低海拔海积冲积平原的隶属度为 0.80，低海拔海积洼地的隶属度为 0.70。

低海拔海积冲积平原耕地质量等级主要为六等，低海拔冲积洪积平原耕地质量等级主要为二等和三等，低海拔海积洼地耕地质量等级主要是六等，低海拔冲积扇平原耕地质量等级以二等、三等为主。低海拔海积冲积平原、低海拔冲积洪积平原、低海拔海积洼地、低海拔冲积扇平原 4 种地形部位上耕地质量等级的明显差异，与 4 种地形部位上的耕地灌溉能力差异有明显的一致性。

五、冀鲁豫低洼平原农业区砂姜黑土耕地质量等级

(一) 耕地质量等级分布

冀鲁豫低洼平原农业区砂姜黑土耕地面积 2.02 万 hm²，包括山东省的滨州市和东营市、河北省的保定市和唐山市、天津市，主要集中分布在山东省滨州市、河北省唐山市（表 13 - 46）。

表 13 - 46　冀鲁豫低洼平原农业区砂姜黑土耕地质量等级

单位：%

区域	耕地各质量等级比例				
	一等	二等	三等	四等	五等
冀鲁豫低洼平原农业区	13.04	21.74	13.04	36.23	15.94
山东省	33.33	51.85	14.81	0.00	0.00
滨州市	25.00	56.25	18.75	0.00	0.00
东营市	45.45	45.45	9.09	0.00	0.00
河北省	0.00	0.00	12.20	60.98	26.83
保定市	0.00	0.00	100.00	0.00	0.00
唐山市	0.00	0.00	7.69	64.10	28.21
天津市	0.00	100.00	0.00	0.00	0.00

区域内砂姜黑土耕地质量等级整体较高，耕地质量等级分为一等至五等，加权平均质量等级为 4.02 等。

山东省滨州市、东营市砂姜黑土耕地质量等级为一等、二等、三等；河北省砂姜黑土耕地质量为三等、四等和五等，以四等最多；天津市砂姜黑土耕地质量等级为二等。

(二)、耕地质量属性特征分析

1. 有机质、有效磷、速效钾与 pH　与黄淮海区内的黄淮平原农业区、山东丘陵农林区、燕山太行山山麓平原农业区相比，冀鲁豫低洼平原农业区砂姜黑土耕地面积最小，质量评价图斑较少。区域内有机质含量较低，有效磷含量明显低于山东丘陵农林区，但速效钾含量较高，pH 处于正常区间（图 13 - 4、表 13 - 47）。

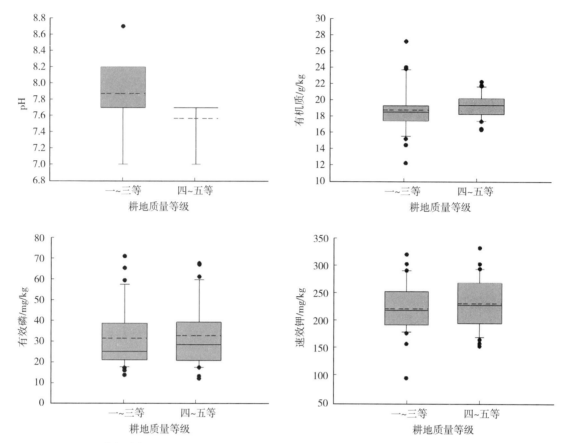

图 13-4　冀鲁豫低洼平原农业区砂姜黑土耕地各质量等级有机质、有效磷、速效钾、pH 分布

表 13-47　冀鲁豫低洼平原农业区砂姜黑土耕地质量与有机质、有效磷、速效钾、pH

项目		耕地各质量等级属性分布					总计
		一等	二等	三等	四等	五等	
图斑数/个		9	15	9	25	11	69
有机质/ g/kg	平均值	20.78	18.54	18.26	20.21	18.49	19.39
	最高值	27.32	24.21	19.87	22.46	20.42	27.32
	最低值	17.63	12.69	14.86	18.20	16.69	12.69
有效磷/ mg/kg	平均值	37.56	23.92	38.38	36.06	25.37	32.22
	最高值	59.35	35.70	70.89	67.53	39.45	70.89
	最低值	21.75	17.30	13.89	17.55	12.26	12.26
速效钾/ mg/kg	平均值	235.00	209.20	218.67	221.60	242.45	223.59
	最高值	289.00	319.00	301.00	331.00	291.00	331.00
	最低值	186.00	173.00	90.00	149.00	204.00	90.00
pH	平均值	7.71	7.89	8.01	7.50	7.70	7.71
	最高值	8.20	8.20	8.70	7.70	7.70	8.70
	最低值	7.00	7.00	7.00	7.00	7.70	7.00

2. 质地与质地构型　冀鲁豫低洼平原农业区砂姜黑土耕地耕层质地有中壤、重壤、黏土、轻壤 4 种类型，耕层质地以中壤为主。质地构型有通体壤、紧实型、上松下紧型、夹黏型、夹层型、海绵

型 6 种类型，以通体壤为主（表 13 - 48）。

表 13 - 48　冀鲁豫低洼平原农业区砂姜黑土耕地质地与质地构型关系

单位：%

项目	质地	质地构型					
		通体壤	紧实型	上松下紧型	夹黏型	夹层型	海绵型
不同质地的质地构型比例	全区	51.93	19.66	14.69	12.57	0.93	0.23
	中壤	65.03	0.00	22.17	12.45	0.00	0.35
	重壤	12.54	71.90	0.00	13.90	1.65	0.00
	黏土	0.00	100.00	0.00	0.00	0.00	0.00
	轻壤	68.20	0.00	0.00	25.02	6.78	0.00
不同质地构型的耕层质地比例	全区	100.00	100.00	100.00	100.00	100.00	100.00
	中壤	82.95	0.00	100.00	65.56	0.00	100.00
	重壤	2.81	42.61	0.00	12.88	20.69	0.00
	黏土	0.00	57.39	0.00	0.00	0.00	0.00
	轻壤	14.23	0.00	0.00	21.56	79.31	0.00

中壤质地中的质地构型主要是通体壤，部分上松下紧型和夹黏型，少量海绵型；重壤质地中的质地构型主要为紧实型，部分通体壤和夹黏型，少量夹层型；黏土质地中的质地构型全为紧实型；轻壤质地中的质地构型主要是通体壤，部分夹黏型，少量夹层型。

从不同质地类型在各质量等级中的分布看，中壤耕地质量等级较高，主要是一等、二等和三等；黏土和重壤耕地质量等级较低，主要是四等和五等。轻壤耕地质量等级总体居中，主要是二等、三等、四等（表 13 - 49）。

表 13 - 49　冀鲁豫低洼平原农业区砂姜黑土不同耕地质量等级的耕地质地、质地构型分布

单位：%

项目		一等	二等	三等	四等	五等
全区		19.57	32.50	13.43	23.43	11.07
耕层质地	中壤	29.55	41.94	18.49	10.02	0.00
	重壤	0.00	13.90	0.00	37.21	48.89
	黏土	0.00	0.00	0.00	55.67	44.33
	轻壤	0.00	28.62	10.90	57.00	3.48
质地构型	通体壤	1.00	54.25	24.53	20.22	0.00
	紧实型	0.00	0.00	0.00	46.56	53.44
	上松下紧型	73.61	0.00	2.25	24.14	0.00
	夹黏型	65.56	34.44	0.00	0.00	0.00
	夹层型	0.00	0.00	38.67	0.00	61.33
	海绵型	0.00	0.00	0.00	100.00	0.00

从质地构型上看，上松下紧型、夹黏型、通体壤耕地质量等级较高，夹黏型耕地质量等级全为一等和二等；上松下紧型主要为一等地；通体壤耕地质量等级主要为二等和三等。海绵型和紧实型耕地质量等级较低，紧实型耕地质量等级全为四等和五等，海绵型耕地质量等级全为四等。

耕地质地为中壤、轻壤的夹黏型及耕层质地为中壤的上松下紧型耕地质量等级较高，平均质量等级为一等和二等；耕层质地为重壤、轻壤的夹层型和紧实型、通体壤及耕层质地为黏土的紧实型，耕地质量等级低，平均质量等级为四等及以下。

3. 灌溉能力、排水能力、地形部位　冀鲁豫低洼平原农业区砂姜黑土耕地的灌溉能力、排水能力与地形部位有着非常密切的相关性，耕地质量等级也与三者密切关联。地势低洼者，灌溉能力与排水能力均低，耕地质量等级也低，基本为四等和五等（表 13-50）。

表 13-50　冀鲁豫低洼平原农业区砂姜黑土不同地形部位的灌溉、排水能力与耕地质量分布

单位：%

地形部位	灌溉能力			排水能力			质量等级				
	充分满足	满足	基本满足	充分满足	满足	基本满足	一等	二等	三等	四等	五等
低海拔冲积扇平原	100			100			20	80			
低海拔冲积洪积扇平原	52		48	52		48	52		5	43	
低海拔海积冲积平原			100			100				42	58
低海拔冲积洪积平原	100			100			27	73			
低海拔海积洼地			100			100				77	23
低海拔冲积河漫滩	5	95		5	95			5	95		
低海拔冲积洼地	30	70		30	70			25	75		
低海拔冲积平原	100			100			100				
低海拔冲积高地		100			100				100		
低海拔冲积洪积洼地	100			100					100		

区域内的地形部位有低海拔冲积扇平原、低海拔冲积洪积扇平原、低海拔海积冲积平原、低海拔冲积洪积平原、低海拔海积洼地、低海拔冲积河漫滩、低海拔冲积洼地、低海拔冲积平原、低海拔冲积高地、低海拔冲积洪积洼地 10 种。灌溉能力和排水能力均为充分满足、满足和基本满足 3 种。灌溉能力充分满足、满足和基本满足分别占 52.72%、11.70%和 35.58%，排水能力充分满足、满足和基本满足分占 52.36%、12.06%和 35.58%，耕地灌溉能力和排水能力基本一致。灌溉能力高则排水能力强，灌溉能力低则排水能力弱。

低海拔冲积扇平原、低海拔冲积洪积平原、低海拔冲积平原上的砂姜黑土耕地灌溉能力与排水能力均为充分满足，耕地质量等级也均为一等和二等；低海拔海积冲积平原、低海拔海积洼地的砂姜黑土耕地灌溉能力与排水能力均为基本满足，耕地质量等级均为四等和五等；低海拔冲积洼地、低海拔冲积河漫滩、低海拔冲积高地上的砂姜黑土耕地灌溉能力与排水能力居中，耕地质量等级均为二等和三等。

第四节　长江中下游区砂姜黑土耕地质量等级

一、长江中下游区砂姜黑土耕地质量概况

长江中下游区砂姜黑土耕地面积 51.25 万 hm²。其中，鄂豫皖平原山地农林区耕地面积 29.85 万 hm²；长江下游平原丘陵农畜水产区耕地面积 21.39 万 hm²；南岭丘陵山地林农区耕地面积 113.22 hm²

(表 13-51)。

表 13-51　长江中下游区砂姜黑土耕地质量概况

质量等级	全区面积/ 万 hm²	鄂豫皖平原山地农林区 面积/万 hm²	长江下游平原丘陵农畜 水产区面积/万 hm²	南岭丘陵山地林农区 面积/万 hm²
一等	9.78	9.54	0.24	
二等	5.14	0.73	4.41	
三等	7.07	4.90	2.17	
四等	12.37	9.11	3.26	
五等	9.66	3.23	6.43	
六等	1.79	0.65	1.14	
七等	2.88	0.33	2.55	
八等	1.39	0.37	1.01	0.01
九等	0.06	0.01	0.05	
十等	1.11	0.98	0.13	
总计	51.25	29.85	21.39	0.01

长江中下游区砂姜黑土质量等级为一等至十等，将一等、二等和三等作为高质量等级（高等），四等、五等和六等作为中质量等级（中等），七等至十等作为低质量等级（低等）。从整体上看，砂姜黑土耕地质量鄂豫皖平原山地农林区优于长江下游平原丘陵农畜水产区。南岭丘陵山地林农区砂姜黑土耕地面积很小，耕地质量全为八等。

二、鄂豫皖平原山地农林区砂姜黑土耕地质量

（一）耕地质量等级分布

鄂豫皖平原山地农林区砂姜黑土耕地面积 29.85 万 hm²，质量加权平均 3.26 等，南阳市加权平均 3.24 等，襄阳市加权平均 4.88 等，信阳市加权平均 5.41 等。按前文耕地质量高、中、低划分，南阳市砂姜黑土耕地质量总体优于信阳市。鄂豫皖平原山地农林区砂姜黑土各区域耕地质量等级划分见表 13-52。

表 13-52　鄂豫皖平原山地农林区砂姜黑土各区域耕地质量等级划分

单位：%

区域	耕地各质量等级比例									
	一等	二等	三等	四等	五等	六等	七等	八等	九等	十等
二级农业区	31.97	2.44	16.42	30.53	10.81	2.16	1.10	1.23	0.05	3.29
南阳市	32.30	2.42	16.59	30.43	10.80	1.91	0.94	1.24	0.04	3.33
邓州	14.16	0.59	14.63	48.66	18.95	2.83	0.18			
方城			8.64	32.33	19.04	23.19	6.40	9.13	1.27	0.00
内乡			100.00							
社旗	23.53		21.23	41.60		1.10	4.52	2.08		5.94

（续）

区域	耕地各质量等级比例									
	一等	二等	三等	四等	五等	六等	七等	八等	九等	十等
唐河		10.78	52.33	33.35	3.43	0.11				
宛城	96.72		1.25	1.74	0.29					
卧龙		16.26		82.58			1.16			
淅川			100.00							
新野	83.99			6.84	9.17					
镇平		1.02	4.27	13.83	43.16	1.73	1.24	7.20		27.55
信阳市		9.90		15.76	31.11		43.23			
固始					36.61		63.39			
潢川					100.00					
平桥	100.00			0.00						
浉河			100.00							
襄阳市				55.90	44.10					
枣阳市				55.90	44.10					

以县域范围统计，砂姜黑土耕地质量高的是宛城区、新野县、平桥区、淅川县和内乡县，其次为唐河县、社旗县、邓州市、枣阳市、浉河区、卧龙区、方城县，镇平县、固始县砂姜黑土耕地质量最低。

（二）耕地质量属性特征分析

1. 有机质、有效磷、速效钾与 pH　鄂豫皖平原山地农林区砂姜黑土耕地质量评价图斑 264 个，三等、四等和五等的图斑分别为 65 个、87 个和 34 个，其余均少于 30 个。因此，将耕地质量分为高等、中等、低等对砂姜黑土有机质、有效磷、速效钾与 pH 进行统计（图 13-5、表 13-53）。高等地、中等地、低等地分别有 87 个、143 个、34 个图斑。耕地质量等级高的土壤有机质、有效磷和速效钾含量明显高于耕地质量等级低的土壤。

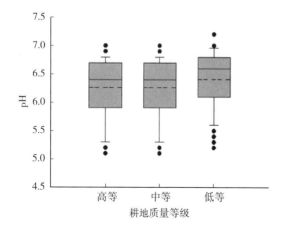
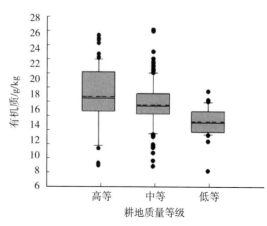

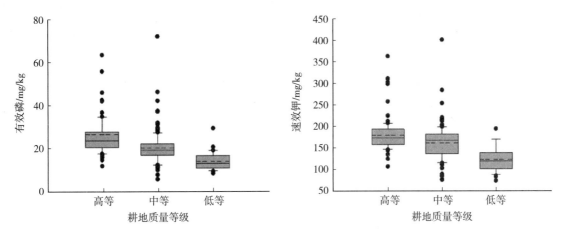

图 13-5　鄂豫皖平原山地农林区砂姜黑土耕地质量等级与有机质、有效磷、速效钾和 pH

耕地 pH 在耕地质量等级间没有明显差异（表 13-54）。按照《中国土壤》中我国土壤的酸碱度分级标准，pH<5.0 的为强酸性土壤，pH 5.0～6.5 的为酸性土壤，pH 6.5～7.5 的为中性土壤，pH 7.5～8.5 的为碱性土壤，pH>8.5 的为强碱性土壤。鄂豫皖平原山地农林区砂姜黑土耕地 2.24% 呈碱性，58.86% 呈酸性，38.90% 为中性。第二次全国土壤普查时，砂姜黑土 pH 在 6.7～9.9，平均值为 7.9，砂姜黑土整体上属于中性和碱性土壤。与第二次全国土壤普查结果相比，砂姜黑土耕层 pH 展示出大范围下降，且 pH 下降明显。应采取相应措施遏止耕层 pH 下降趋势，否则将成为耕地质量的限制因子。

表 13-53　鄂豫皖平原山地农林区砂姜黑土耕地有机质、有效磷、速效钾、pH 与质量等级

项目		耕地各质量等级属性分布			合计
		高等	中等	低等	
有机质/ g/kg	平均值	17.92	16.88	14.76	16.95
	标准偏差	4.04	3.02	1.91	3.41
有效磷/ mg/kg	平均值	26.47	20.07	13.98	21.39
	标准偏差	16.42	7.36	4.22	11.67
速效钾/ mg/kg	平均值	175.00	156.85	117.65	157.78
	标准偏差	39.47	39.99	29.35	42.28
pH	平均值	6.26	6.41	6.54	6.38
	标准偏差	0.53	0.51	0.63	0.54

表 13-54　鄂豫皖平原山地农林区砂姜黑土耕地各质量等级的酸碱性比例

单位：%

酸碱性	耕地各质量等级的酸碱性占比										总计
	一等	二等	三等	四等	五等	六等	七等	八等	九等	十等	
碱性	0.00	0.00	0.00	0.00	0.00	0.00	0.00	0.00	0.00	67.88	2.24
酸性	83.58	20.33	70.48	53.70	7.53	37.39	68.19	47.62	100.00	20.48	58.86
中性	16.42	79.67	29.52	46.30	92.47	62.61	31.81	52.38	0.00	11.64	38.90

2. 质地、质地构型　鄂豫皖平原农林区砂姜黑土耕层质地有中壤、重壤、黏土、轻壤、沙壤、沙土6种类型。质地构型有紧实型、上松下紧型、夹层型、松散型、薄层型、海绵型、上紧下松型7种类型（表13-55）。

表 13-55　鄂豫皖平原山地农林区砂姜黑土耕地质地与质地构型概况

单位：%

质地构型	不同质地的质地构型比例					
	中壤	重壤	黏土	轻壤	沙壤	沙土
全区	53.06	33.70	11.09	1.22	0.83	0.08
紧实型	20.05	26.44	8.88			
上松下紧型	30.19	6.37		0.35		
夹层型		0.40	1.84		0.83	
松散型	1.20	0.38				0.04
薄层型	0.18	0.11	0.37	0.87		
海绵型	1.44					
上紧下松型						0.04

紧实型、上松下紧型是主要的质地构型。紧实型的耕层质地主要是中壤、重壤和黏土，上松下紧型的耕层质地主要是中壤和重壤。

从耕层质地而言，中壤平均等级为3.53等，质量最优，依次是重壤4.18等、轻壤6.30等、沙壤6.14等、黏土6.54等、沙土7.50等，沙土耕地质量最劣。从质地构型而言，海绵型平均等级2.83等，质量最优，依次是上松下紧型3.53等、紧实型4.30等、松散型5.46等、薄层型7.08等（表13-56）。

表 13-56　鄂豫皖平原山地农林区砂姜黑土耕地质地、质地构型与质量等级

质地构型	有效土层厚度/cm	质量等级						总计
		中壤	重壤	黏土	轻壤	沙壤	沙土	
海绵型	93	2.83						2.83
上松下紧型	97	3.30	4.07		3.50			3.53
紧实型	93	3.08	4.19	5.68				4.30
松散型	82	5.55	4.00				6.00	5.46
薄层型	60	7.50	5.50	10.00	7.00			7.08
夹层型	61		4.00	10.00		6.14		7.40
上紧下松型							9.00	9.00
总计		3.53	4.18	6.54	6.30	6.14	7.50	4.38

海绵型的耕层质地为中壤，平均质量等级 2.83 等，最优；夹层型平均质量等级 7.40 等，耕层质地为重壤者等级最高 4.00 等，耕层质地为黏土者等级最低 10.00 等，耕层质地为沙壤者居中。

薄层型与夹层型的有效土层厚度在 60 cm 左右，有效土层浅是影响耕地质量的重要因素之一。

3. 地形部位、有效土层厚度与障碍因素　鄂豫皖平原山地农林区砂姜黑土地形部位有 7 种，主要是平原低阶、平原中阶（表 13 - 57）。耕地存在瘠薄、障碍层次和渍潜 3 种障碍因素。有效土层厚度在 30～100 cm（大于 100 cm 者，按 100 cm 计）。

表 13 - 57　鄂豫皖平原山地农林区砂姜黑土耕地地形部位与质量等级

地形部位		平均等级	耕地质量等级占比/%									
类型	面积占比/%		一等	二等	三等	四等	五等	六等	七等	八等	九等	十等
平原低阶	57.45	2.36	48.64	3.88	18.92	23.97	2.42	0.79	1.14	0.25		
平原中阶	34.16	3.88	11.78	0.61	13.68	43.44	25.50	3.59	0.36	0.92	0.13	
丘陵中部	3.00	9.40						10.68	5.70			83.63
宽谷盆地	2.31	3.81			38.14	43.18	18.68	0.00	0.00			0.00
丘陵下部	1.33	5.97				60.35	1.84	1.25	8.87			27.69
丘陵上部	1.14	8.70							3.16	60.27		36.57
平原高阶	0.61	5.49				19.40	41.79	24.23	0.00	14.57		
总计	100.00	3.26	31.97	2.44	16.42	30.53	10.81	2.16	1.10	1.23	0.04	3.29

平原低阶平均质量等级 2.36 等，耕地质量最高，耕地质量等级主要为一等、三等和四等；丘陵中部平均质量等级 9.40 等，耕地质量最低，耕地质量等级主要为十等；丘陵上部平均质量等级 8.70 等，质量等级主要为八等和十等；平原中阶平均质量等级 3.88 等，耕地质量等级从一等至九等，主要为四等和五等；丘陵下部耕地质量等级主要为四等和十等，差别很大，主要是丘陵下部有效土层厚度差异大，有效土层厚度在 30～110 cm（表 13 - 58、表 13 - 59）。

表 13 - 58　鄂豫皖平原山地农林区砂姜黑土耕地地形部位与有效土层厚度、障碍因素

地形部位	有效土层厚度/cm			不同障碍因素占比/%			
	平均	最大	最小	瘠薄	无	障碍层次	渍潜
宽谷盆地	100	100	100		100.00	0.00	0.00
平原低阶	93	110	40	0.53	94.49	4.98	
平原中阶	91	120	30	1.35	96.05	2.61	
丘陵下部	89	110	30		72.31	27.69	
平原高阶	77	100	60	21.00	64.43	14.57	
丘陵中部	76	120	40		14.05	83.63	2.33
丘陵上部	61	80	30	60.27	3.16	36.57	
总计	90	120	30	1.58	91.22	7.14	0.07

注：无表示不存在障碍因素。

表 13-59　鄂豫皖平原山地农林区砂姜黑土耕地地形部位与有效土层厚度

单位：%

地形部位	厚（>80 cm）	中（60~80 cm）	薄（≤60 cm）
宽谷盆地	100.00	0.00	0.00
平原低阶	93.74	1.24	5.02
平原高阶	48.62	15.81	35.57
平原中阶	94.43	1.42	4.16
丘陵上部	0.00	63.43	36.57
丘陵下部	70.47	0.00	29.53
丘陵中部	16.37	22.47	61.16
总计	90.15	2.69	7.17

4. 灌溉能力与排水能力　鄂豫皖平原山地农林区砂姜黑土耕地灌溉能力充分满足占 35.51%，满足占 59.79%，基本满足占 4.70%；排水能力充分满足占 32.85%，满足占 5.39%，基本满足占 61.76%。相对于灌溉能力，农田排水能力是限制因素。灌溉能力充分满足下，有 43.87% 的耕地排水能力仅为基本满足；灌溉能力满足和基本满足下，分别有 71.60% 和 71.76% 的耕地排水能力仅为基本满足。

丘陵中部、丘陵上部、丘陵下部的灌溉能力和排水能力都较低，宽谷盆地、平原低阶、平原高阶、平原中阶的耕地灌溉能力较强，但排水能力较低（表 13-60、表 13-61）。

表 13-60　鄂豫皖平原山地农林区砂姜黑土耕地质量与灌溉能力、排水能力

项目	灌溉能力	排水能力			总计
		充分满足	满足	基本满足	
平均质量等级	充分满足	1.50	3.44	3.44	3.13
	满足	4.00	5.92	4.41	4.50
	基本满足	6.57	7.25	8.29	7.71
	总计	3.45	5.24	4.42	4.38
最高质量等级	充分满足	一等	一等	二等	一等
	满足	一等	三等	二等	一等
	基本满足	四等	六等	四等	四等
	总计	一等	一等	二等	一等
最低质量等级	充分满足	四等	五等	六等	六等
	满足	六等	八等	八等	八等
	基本满足	十等	十等	十等	十等
	总计	十等	十等	十等	十等

表 13-61　鄂豫皖平原山地农林区砂姜黑土各地形部位的耕地灌溉能力、排水能力分布

单位：%

项目	地形部位	充分满足	满足	基本满足
灌溉能力 占比	宽谷盆地	44.88	55.12	0.00
	平原低阶	28.60	70.49	0.90
	平原高阶	9.94	74.26	15.81
	平原中阶	52.64	45.65	1.71
	丘陵上部	0.00	60.27	39.73
	丘陵下部	0.00	63.44	36.56
	丘陵中部	0.00	14.73	85.27
	总计	35.51	59.79	4.70
排水能力 占比	宽谷盆地	0.00	0.00	100.00
	平原低阶	47.63	5.10	47.27
	平原高阶	36.81	0.00	63.19
	平原中阶	14.03	2.58	83.39
	丘陵上部	36.57	63.43	0.00
	丘陵下部	3.72	27.69	68.59
	丘陵中部	0.00	16.37	83.63
	总计	32.85	5.39	61.76

三、长江下游平原丘陵农畜水产区砂姜黑土耕地质量

（一）耕地质量等级分布

长江下游平原丘陵农畜水产区砂姜黑土耕地分布在江苏省的宿迁、连云港、徐州、淮安 4 个市及安徽省的滁州、合肥、淮南 3 个市，面积 21.39 万 hm²。全区砂姜黑土耕地质量分为一等至十等 10 个等级，耕地质量等级加权平均 4.45 等（表 13-62）。

表 13-62　长江下游平原丘陵农畜水产区砂姜黑土耕地质量

区域	平均等级	耕地质量等级占比/%									
		一等	二等	三等	四等	五等	六等	七等	八等	九等	十等
全区	4.45	1.11	20.61	10.16	15.25	30.07	5.33	11.92	4.72	0.23	0.61
江苏省	4.45	1.21	22.39	10.87	11.99	29.50	5.26	12.81	5.07	0.25	0.65
宿迁市	4.84	1.92	0.91	9.81	10.41	63.48	2.56	10.73	0.18		
沭阳县	4.21	0.00	2.00	24.43	23.92	49.39	0.26				
泗洪县	5.17	4.64	0.58	2.80	2.44	64.04	5.98	19.10	0.42		

（续）

区域	平均等级	耕地质量等级占比/%									
		一等	二等	三等	四等	五等	六等	七等	八等	九等	十等
泗阳县	6.57				3.17	16.66	0.00	80.17			
宿城区	5.00					100.00					
宿豫区	4.89			2.35	6.49	91.16					
连云港市	3.18	1.14	65.61	6.84	7.09	1.72	2.57	7.93	6.77	0.33	
东海县	3.00	0.00	75.23	5.63	2.41	1.40	1.89	3.24	9.65	0.55	
赣榆区	3.43	3.59	37.98	8.24	36.83	3.62	0.00	4.16	5.58		
灌云县	6.01			18.84		3.52	16.28	61.36			
海州区	1.99	4.03	92.54	3.43							
徐州市	5.44			20.11	22.64	8.16	13.34	20.39	11.73	0.61	3.02
贾汪区	8.59					2.60	6.89		50.22		40.30
邳州市	3.59			44.98	51.50	3.52					
睢宁县	3.00			100.00							
铜山区	8.14								85.84	14.16	
新沂市	6.61				0.00	13.73	27.43	43.61	14.37	0.87	
淮安市	6.53				11.85		20.52	58.53	9.10		
盱眙县	6.53				11.85		20.52	58.53	9.10		
安徽省	4.55			1.87	53.00	36.64	6.17	1.68	0.64		
滁州市	4.45			2.07	56.87	36.25	4.11		0.70		
定远县	4.97			1.33	13.57	74.71	8.89		1.50		
凤阳县	4.00			2.72	94.14	3.14					
合肥市	5.97					30.82	41.01	28.17			
长丰县	5.97					30.82	41.01	28.17			
淮南市	4.56				44.06	55.94					
大通区	5.00					100.00					
寿县	4.00				100.00						

（二）耕地质量属性特征分析

1. 有机质、有效磷、速效钾与pH 长江下游平原丘陵农畜水产区砂姜黑土耕地共有205个评价图斑，只有四等、五等和七等耕地的图斑数在30个以上。结果表明，随耕地质量上升，耕地土壤有机质含量、速效钾含量增高；低等耕地pH呈现弱酸性。耕地土壤有效磷含量平均30.48 mg/kg，最高125.5 mg/kg，最低3.30 mg/kg，变异系数0.72，不同等级中的平均含量没有一致性变化，但高等耕地的土壤有效磷含量变异系数低于中等、低等耕地（图13-6、表13-63）。

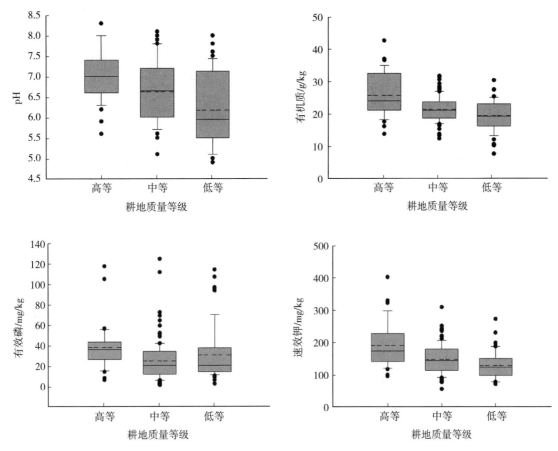

图 13-6　长江下游平原丘陵农畜水产区砂姜黑土耕地有机质、有效磷、速效钾、pH

表 13-63　长江下游平原丘陵农畜水产区砂姜黑土耕地质量与有机质、有效磷、速效钾、pH

项目		耕地各质量等级分布		
		高等	中等	低等
图斑数/个		39	110	56
有机质	平均值/g/kg	26.80	22.52	20.54
	标准偏差/g/kg	6.38	3.77	4.69
	变异系数	0.24	0.17	0.23
有效磷	平均值/mg/kg	39.43	26.47	32.13
	标准偏差/mg/kg	20.88	19.73	25.30
	变异系数	0.53	0.75	0.79
速效钾	平均值/mg/kg	186.74	144.33	125.25
	标准偏差/mg/kg	68.89	44.75	40.06
	变异系数	0.37	0.31	0.32
pH	平均值	7.01	6.63	6.17
	标准偏差	0.62	0.74	0.90
	变异系数	0.09	0.11	0.15

2. 质地与质地构型　长江下游平原丘陵农畜水产区砂姜黑土耕地耕层质地有 4 种类型：黏土、重壤、中壤、沙壤；质地构型也有 4 种类型：上松下紧型、紧实型、薄层型、海绵型。

长江下游平原丘陵农畜水产区砂姜黑土耕地质量评价共有 205 个图斑，耕层质地黏土的上松下紧型 177 个图斑，耕层质地重壤的上松下紧型 16 个图斑。耕层质地黏土的上松下紧型平均质量等级 5.17 等，最高质量等级一等，最低质量等级十等；耕层质地重壤的上松下紧型平均质量等级 4.13 等，最高质量等级三等，最低质量等级五等。平均质量等级最低的是耕层质地中壤的薄层型。

耕层质地为黏土的上松下紧型耕地质量 10 个等级都有，主要为二等至八等，相对集中；耕层质地为重壤的上松下紧型耕地质量等级以四等和五等为主，紧实型耕地质量等级则是五等、六等和七等（表 13 - 64）。

表 13 - 64　长江下游平原丘陵农畜水产区砂姜黑土耕地主要质地、质地构型与质量等级

单位：%

质地与质地构型	耕地质量等级（占比）									
	一等	二等	三等	四等	五等	六等	七等	八等	九等	十等
全区	1.12	20.76	10.23	15.02	30.25	5.07	12.01	4.71	0.23	0.60
黏土	1.21	22.39	10.87	11.99	29.50	5.26	12.81	5.08	0.25	0.64
上松下紧型	1.21	22.39	10.87	11.99	29.50	5.26	12.81	5.08	0.25	0.64
重壤			2.06	53.65	39.74	2.69	1.86			
上松下紧型			2.27	59.17	38.56					
紧实型					51.23	28.91	19.86			

3. 障碍因素、有效土层厚度与地形部位　长江下游平原丘陵农畜水产区砂姜黑土耕地有效土层厚度在 40～120 cm。耕地存在的障碍因素有酸化、瘠薄、障碍层次、盐碱和渍潜 5 种（表 13 - 65）。

表 13 - 65　长江下游平原丘陵农畜水产区砂姜黑土耕地有效土层厚度、障碍因素与地形部位

单位：%

有效土层厚度与障碍因素	地形部位（占比）					
	宽谷盆地	平原低阶	平原中阶	丘陵上部	丘陵下部	丘陵中部
厚（>80 cm）	100.00	100.00	100.00	67.56	100.00	99.06
无		74.96	100.00	67.56	100.00	77.40
酸化		11.93				11.75
瘠薄		9.23				6.13
障碍层次		2.34				3.60
盐碱		1.45				
渍潜	100.00	0.10				0.19
中（60～80 cm）				32.44		
无				32.44		
薄（≤60 cm）						0.94
无						0.94
总计	100.00	100.00	100.00	100.00	100.00	100.00

第十三章
砂姜黑土耕地质量等级

区域内地形部位分为丘陵中部、平原低阶、丘陵上部、宽谷盆地、丘陵下部、平原中阶 6 种。

有效土层薄的耕地处于丘陵中部，且无障碍因素；有效土层中的耕地位于丘陵上部；宽谷盆地、平原低阶、平原中阶、丘陵下部、丘陵中部的耕地有效土层都较厚，丘陵上部的耕地有效土层较厚。

渍潜全部处于宽谷盆地，耕地土层厚；平原低阶、丘陵中部的耕地障碍因素较多，酸化、瘠薄、障碍层次和渍潜均有，少量平原低阶耕地还有盐碱。

丘陵下部和平原低阶的耕地平均质量等级较高，丘陵中部耕地平均质量等级最低；平原低阶无障碍因素的耕地质量等级最高，为一等；丘陵中部存在瘠薄障碍的质量等级最低，为十等。有效土层深厚且无障碍因素，耕地质量等级最高一等，最低八等（表 13-66）。

表 13-66 长江下游平原丘陵农畜水产区砂姜黑土耕地有效土层厚度、地形部位、障碍因素与质量等级

单位：%

质量等级	土层与障碍因素	宽谷盆地	平原低阶	平原中阶	丘陵上部	丘陵下部	丘陵中部
平均质量等级	厚（>80 cm）	4.00	3.87	4.00	4.50	3.67	6.41
	无		3.72	4.00	4.50	3.67	5.81
	酸化		4.71				7.45
	瘠薄		4.00				8.78
	障碍层次		5.17				7.00
	盐碱		3.00				
	渍潜	4.00	3.00				4.50
	中（60~80 cm）				4.00		
	无				4.00		
	薄（≤60 cm）						6.00
	无						6.00
	总计	4.00	3.87	4.00	4.22	3.67	6.40
最高质量等级	厚（>80 cm）	四等	一等	四等	四等	三等	三等
	无		一等	四等	四等	三等	三等
	酸化		三等				六等
	瘠薄		四等				六等
	障碍层次		三等				五等
	盐碱		三等				
	渍潜	四等	三等				四等
	中（60~80 cm）				三等		
	无				三等		
	薄（≤60 cm）						五等
	无						五等
	总计	四等	一等	四等	三等	三等	三等

(续)

质量等级	土层与障碍因素	宽谷盆地	平原低阶	平原中阶	丘陵上部	丘陵下部	丘陵中部
最低质量等级	厚（>80 cm）	四等	八等	四等	五等	四等	十等
	无		八等	四等	五等	四等	八等
	酸化		七等				九等
	瘠薄		四等				十等
	障碍层次		六等				九等
	盐碱		三等				
	渍潜	四等	三等				五等
	中（60~80 cm）				五等		
	无				五等		
	薄（≤60 cm）						七等
	无						七等
	总计	四等	八等	四等	五等	四等	十等

4. 灌溉能力与排水能力　长江下游平原丘陵农畜水产区砂姜黑土耕地排水能力充分满足占7.24%，满足占37.56%，基本满足占54.43%，不满足占0.76%；灌溉能力充分满足占6.10%，满足占70.41%，基本满足占19.94%，不满足占3.55%。总体上，灌溉能力与排水能力不足，尤其是耕地排水能力较低。灌溉能力与排水能力均满足占30.38%，灌溉能力满足且排水能力基本满足的占37.88%，合计68.26%；灌溉能力与排水能力均充分满足的只占5.09%。长江下游平原丘陵农畜水产区砂姜黑土耕地50.37%处于丘陵中部，45.46%处于平原低阶，但灌溉能力与排水能力均低于丘陵上部、宽谷盆地、丘陵下部和中平原中阶的耕地；丘陵中部、平原低阶的耕地灌溉能力、排水能力均以满足占比较高，充分满足占比很低（表13-67）。

表13-67　长江下游平原丘陵农畜水产区砂姜黑土耕地灌溉能力、排水能力与地形部位

单位：%

项目	灌溉与排水能力	地形部位					
		丘陵中部	平原低阶	丘陵上部	宽谷盆地	丘陵下部	平原中阶
灌溉能力占比	充分满足	2.04	2.27	100.00	100.00	100.00	
	满足	63.80	83.91				100.00
	基本满足	28.40	12.41				
	不满足	5.77	1.41				
	总计	100.00	100.00	100.00	100.00	100.00	100.00
排水能力占比	充分满足	0.48	6.73	100.00	100.00	38.78	
	满足	40.12	37.68			61.22	100.00
	基本满足	57.89	55.59				
	不满足	1.52					
	总计	100.00	100.00	100.00	100.00	100.00	100.00

耕地质量：一等地，灌溉能力与排水能力均充分满足、灌溉能力满足及排水能力充分满足和满足；十等地，灌溉能力不满足及排水能力基本满足和不满足；灌溉能力不满足的平均质量等级为7.73

等，排水能力不满足的平均质量等级为 9.00 等（表 13 - 68）。

表 13 - 68　长江下游平原丘陵农畜水产区砂姜黑土耕地灌溉能力、排水能力与质量等级

项目	灌溉能力	排水能力			
		充分满足	满足	基本满足	不满足
面积占比/%	充分满足	5.09	0.76	0.25	
	满足	2.16	30.38	37.88	
	基本满足		3.91	16.03	
	不满足		2.51	0.27	0.76
	总计	7.24	37.56	54.43	0.76
平均质量等级	充分满足	3.82	4.20	4.00	
	满足	2.00	4.34	4.15	
	基本满足		5.21	6.42	
	不满足		6.93	7.67	9.00
	总计	3.55	4.85	5.61	9.00
最高质量等级	充分满足	一等	三等	三等	
	满足	一等	一等	二等	
	基本满足		三等	四等	
	不满足		五等	五等	八等
	总计	一等	一等	二等	八等
最低质量等级	充分满足	五等	五等	五等	
	满足	三等	七等	七等	
	基本满足		八等	九等	
	不满足		九等	十等	十等
	总计	五等	九等	十等	十等

　　丘陵中部耕地，灌溉能力充分满足下的耕地质量主要为五等、部分为四等，灌溉能力满足下的耕地质量主要为五等，基本满足下的耕地质量主要为六等至八等，不满足下的耕地质量为七等至十等。平原低阶耕地，灌溉能力充分满足下的耕地质量主要为一等，部分三等；灌溉能力满足下的耕地质量主要为二等，部分三等和四等；灌溉能力基本满足下的耕地质量主要为四等至六等，五等占 61.45%；灌溉能力不满足下的耕地质量主要五等至八等（表 13 - 69）。

表 13 - 69　长江下游平原丘陵农畜水产区丘陵中部、平原低阶耕地灌溉能力各等级占比

单位：%

地形部位及灌溉能力	耕地各质量等级占比									
	一等	二等	三等	四等	五等	六等	七等	八等	九等	十等
丘陵中部			0.66	6.52	50.67	8.09	23.17	9.24	0.45	1.20
充分满足				10.27	89.73					
满足			1.03	9.90	74.70	3.96	10.41			
基本满足				4.19	19.57	55.70	19.97	0.57		
不满足							12.33	61.83	4.97	20.87

（续）

地形部位及灌溉能力	耕地各质量等级占比									
	一等	二等	三等	四等	五等	六等	七等	八等	九等	十等
平原低阶	2.44	45.33	21.39	17.89	9.48	2.76	0.56	0.15		
充分满足	83.32		16.68							
满足	0.66	54.02	24.47	19.18	1.67					
基本满足			3.80	14.50	61.45	18.88	1.37			
不满足					32.10	29.70	27.55	10.65		

第五节　其他砂姜黑土耕地质量

砂姜黑土耕地除了在黄淮海区的黄淮平原农业区、山东丘陵农林区、冀鲁豫低洼平原农业区、燕山太行山山麓平原农业区及长江中下游区的鄂豫皖平原山地农林区、长江下游平原丘陵农畜水产区 6 个二级农业区分布比较集中外，在长江中下游区的黄土高原区的晋东豫西丘陵山地农林牧区、华南区的粤西桂南农林区、南岭丘陵山地林农区 3 个二级农业区也有面积较小的集中分布区。长江中下游区的南岭丘陵山地林农区的砂姜黑土在广西壮族自治区柳州市柳城县，耕地面积只有 113.22 hm²；黄土高原区的晋东豫西丘陵山地农林牧区砂姜黑土分布在河南省西部的平顶山和洛阳两市的 3 个县（市），耕地面积 5 307.33 hm²；华南区的粤西桂南农林区砂姜黑土集中分布在广西壮族自治区百色市田东县，耕地面积 5 047.62 hm²。

一、晋东豫西丘陵山地农林牧区砂姜黑土耕地质量

（一）耕地质量等级分布

晋东豫西丘陵山地农林牧区是黄土高原区的二级农业区，砂姜黑土耕地分布在河南省西部的洛阳、平顶山两市，面积 5 307.33 hm²。其中，平顶山市 4 030.26 hm²，洛阳市 1 277.08 hm²。

晋东豫西丘陵山地农林牧区砂姜黑土耕地质量三等至六等，加权平均等级 3.37 等。平顶山市加权平均等级 3.24 等；洛阳市加权平均等级 3.78 等（表 13-70）。

表 13-70　晋东豫西丘陵山地农林牧区砂姜黑土耕地质量

市、县	加权平均等级	耕地质量等级（占比）/%			
		三等	四等	五等	六等
平顶山市	3.24	76.82	22.50	0.05	0.63
汝州市	3.24	76.82	22.50	0.05	0.63
洛阳市	3.78	59.70	21.29	0.00	19.01
汝阳县	3.82	59.35	19.75	0.00	20.90
宜阳县	3.37	63.24	36.76	0.00	0.00
总计	3.37	72.70	22.21	0.04	5.05

（二）耕地质量属性特征分析

黄土高原区耕地质量评价指标为16个，按指标权重高低依次为地形部位、灌溉能力、有机质含量、耕层质地、海拔、质地构型、有效磷含量、有效土层厚度、速效钾含量、排水能力、土壤容重、障碍因素、pH、农田林网化程度、生物多样性、清洁程度。评价图斑共有28个，其中三等地13个，四等地6个，五等地1个，六等地8个。

1. 有机质、有效磷、速效钾与pH　耕地质量三等至五等、六等，有机质、有效磷和速效钾没有表现出随耕地质量降低含量下降的趋势，pH在不同耕地质量等级中没有明显的差别（表13-71）。

表13-71　晋东豫西丘陵山地农林牧区砂姜黑土耕地各质量等级的有机质、有效磷、速效钾含量与pH

项目		耕地各质量等级属性分布		
		三等	四等	五等、六等
有机质	平均值/g/kg	20.54	19.23	19.21
	标准偏差/g/kg	0.74	0.96	0.94
	变异系数/%	3.60	4.99	4.89
	最大值/g/kg	21.28	20.90	20.84
	最小值/g/kg	18.97	18.22	18.22
有效磷	平均值/mg/kg	14.31	13.08	13.70
	标准偏差/mg/kg	0.96	0.93	1.49
	变异系数/%	6.71	7.11	10.88
	最大值/mg/kg	15.43	14.26	16.06
	最小值/mg/kg	12.43	12.13	10.80
速效钾	平均值/mg/kg	128.65	139.40	138.69
	标准偏差/mg/kg	11.76	12.62	11.10
	变异系数/%	9.14	9.05	8.00
	最大值/mg/kg	166.20	164.20	155.70
	最小值/mg/kg	120.70	129.50	122.30
pH	平均值	7.22	7.55	7.47
	标准偏差	0.26	0.29	0.33
	变异系数/%	3.60	3.84	4.42
	最大值	8.00	8.00	7.90
	最小值	7.00	7.10	6.90

2. 地形部位、灌溉能力与排水能力　晋东豫西丘陵山地农林牧区砂姜黑土耕地的地形部位有河谷阶地、洪积平原、黄土梁与黄土台塬4种类型，黄土梁与黄土台塬上的砂姜黑土分布在这两类地形部位中的地势低洼之处，河谷阶地的砂姜黑土耕地占晋东豫西丘陵山地农林牧区砂姜黑土面积的71.70%，黄土台塬的砂姜黑土耕地占晋东豫西丘陵山地农林牧区砂姜黑土面积的26.46%。在豫西丘陵山地，砂姜黑土地势平坦，因而灌溉能力高、排水能力稍弱。黄土台塬的砂姜黑土耕地灌溉能力80.92%充分满足、19.08%基本满足，排水能力100%满足（表13-72）。

表 13-72　晋东豫西丘陵山地农林牧区砂姜黑土各地形部位灌溉能力、排水能力与耕地质量等级

单位：%

地形部位	灌溉能力	排水能力	耕地质量等级占比				
			三等	四等	五等	六等	总计
河谷阶地	合计		71.70				71.70
	充分满足		71.70				71.70
		满足	71.70				71.70
洪积平原	合计		1.00				1.04
	充分满足		1.00				1.00
		满足	1.00				1.00
	基本满足					0.04	0.04
		基本满足				0.04	0.04
黄土梁	合计			0.80			0.80
	充分满足			0.80			0.80
		满足		0.80			0.80
黄土台塬	合计			21.41		5.05	26.46
	充分满足			21.41			21.41
		满足		21.41			21.41
	基本满足			0.00		5.05	5.05
		满足		0.00		5.05	5.05
总计			72.70	22.21	0.04	5.05	100.00

二、粤西桂南农林区砂姜黑土耕地质量

粤西桂南农林区砂姜黑土分布在广西壮族自治区百色市田东县，面积 5 047.62 hm²，耕地质量等级均为五等。

粤西桂南农林区砂姜黑土耕地质量评价共有 5 个图斑，15 个评价指标平均值均一致。灌溉能力低、土壤有效磷含量低、耕层弱酸性是造成耕地质量等级低的主要原因（表 13-73）。

表 13-73　粤西桂南农林区砂姜黑土耕地质量评价指标取值

评价指标	指标值	指标值范围	评价指标	指标值	指标值范围
灌溉能力	不满足		有效磷/mg/kg	13.38	5~14
地形部位	平原中阶		有效土层厚度/cm	100	100
有机质/g/kg	26.55	25.70~27.20	障碍因素	无	
排水能力	充分满足		土壤容重/g/cm³	1.22	1.22
pH	5.87	5.7~6	生物多样性	一般	
耕层质地	中壤		农田林网化程度	高	
速效钾/mg/kg	124	115~131	清洁程度	清洁	
质地构型	上松下紧型				

三、南岭丘陵山地林农区砂姜黑土耕地质量

长江中下游区南岭丘陵山地林农区砂姜黑土只分布在广西壮族自治区柳州市柳城县，耕地面积113.22 hm²，只有 1 个评价图斑，耕地质量等级为八等（表 13-74）。

表 13-74　南岭丘陵山地林农区砂姜黑土耕地质量评价指标取值

评价指标	指标值	评价指标	指标值	评价指标	指标值
地形部位	丘陵中部	排水能力	满足	耕层质地	黏土
灌溉能力	满足	有机质/g/kg	21.1	pH	5.4
有效土层厚度/cm	100	有效磷/mg/kg	1.5	农田林网化程度	一般
质地构型	紧实型	土壤容重/g/cm³	1.13	生物多样性	中
速效钾/mg/kg	18	障碍因素	无	清洁程度	清洁

第六节　耕地障碍类型

张立江等（2017）在东北典型黑土区耕地地力评价中引用障碍度模型，定量化研究影响耕地地力的障碍因素。模型主要变量包括因子贡献率、指标偏离度和障碍度。

其中，因子贡献率（V_{ij}）表示准则层 i 中单项指标 j 对评价体系的作用程度，即评价体系中指标 j 的权重；指标偏离度（B_{ij}）表示准则层 i 中单项指标 j 与该指标理想值的差距，即评价体系中指标隶属度（A_{ij}）与 1（100%）之差；障碍度（M_{ij}）表示第 i 项准则层中第 j 项指标对耕地地力的障碍作用程度，即障碍因素诊断的目标与结果。指标障碍度分为无障碍（0）、轻度障碍（0~10%）、中度障碍（10%~20%）和重度障碍（>20%）4 个等级。

指标偏离度 B_{ij}：

$$B_{ij} = 1 - A_{ij}$$

障碍度 M_{ij}：

$$M_{ij} = \frac{B_{ij} V_{ij}}{\sum_{j=1}^{n} B_{ij} V_{ij}} \times 100\%$$

$$\sum_{j=1}^{n} B_{ij} V_{ij} = \sum_{j=1}^{n} (1-A_{ij}) V_{ij} = \sum_{j=1}^{n} V_{ij} - \sum_{j=1}^{n} A_{ij} V_{ij} = 1 - IFI$$

显然，$\sum_{j=1}^{n} V_{ij}$ 为评价指标权重之和，等于 1；$\sum_{j=1}^{n} A_{ij} V_{ij}$ 为耕地质量评价的综合质量指数（IFI）。B_{ij} 称为指标偏离度，那么可以称 $\sum_{j=1}^{n} B_{ij} V_{ij}$ 为耕地质量偏离度，指标的障碍度可以称为指标的偏离度占质量偏离度的百分数。

一、黄淮平原农业区砂姜黑土耕地质量障碍

黄淮平原农业区砂姜黑土耕地质量评价有 18 个指标，但只有有机质含量、有效磷含量、速效钾

含量、pH、耕层质地、质地构型、灌溉能力、排水能力、盐渍化程度、地形部位 10 个指标存在差异，故对这 10 个指标进行障碍程度分析。

（一）理化性质

该区砂姜黑土有机质主要表现为轻度障碍（表 13 - 75），有机质中度障碍主要分布在宿州、蚌埠、亳州、阜阳、淮北、漯河、信阳、许昌、周口、驻马店 10 个市。

有效磷重度障碍主要分布在宿州、亳州、蚌埠、阜阳 4 个市；有效磷中度障碍分布在黄淮平原农业区蚌埠、亳州、阜阳、淮北、淮南、济宁、漯河、平顶山、商丘、信阳、宿州、许昌、周口、驻马店 14 个市。

速效钾主要表现为中度障碍和轻度障碍。速效钾中度障碍主要分布在淮南、济宁、信阳、宿州、许昌 5 个市，占各市黄淮平原农业区砂姜黑土耕地面积的 20% 以上；速效钾轻度障碍分布在黄淮平原农业区的蚌埠、亳州、阜阳、淮北、淮南、宿州、济宁、漯河、平顶山、商丘、信阳、许昌、周口、驻马店 14 个市，占各市砂姜黑土耕地面积的 65% 以上。

表 13 - 75　黄淮平原农业区砂姜黑土耕地各质量等级理化性状障碍程度占比

单位：%

评价指标	障碍程度	耕地质量等级占比						
		一等	二等	三等	四等	五等	六等	七等
有机质	重度	0.00	0.02	0.02	0.02	0.07	0.00	0.00
	中度	0.00	0.27	0.87	1.02	1.92	0.56	0.00
	轻度	0.00	4.63	27.34	21.25	13.01	0.83	0.00
	无	0.01	4.72	13.46	6.96	2.89	0.10	0.00
有效磷	重度	0.00	9.37	10.20	0.00	0.00	0.00	0.00
	中度	0.01	0.27	31.02	26.43	15.28	0.84	0.00
	轻度	0.00	0.00	0.41	2.82	2.62	0.65	0.01
	无	0.00	0.00	0.06	0.00	0.00	0.00	0.00
速效钾	重度	0.01	0.00	0.00	0.00	0.00	0.00	0.00
	中度	0.00	3.21	5.04	0.59	1.19	0.00	0.00
	轻度	0.00	6.43	36.51	28.40	16.71	1.49	0.01
	无	0.00	0.00	0.14	0.26	0.00	0.00	0.00
盐渍化程度	重度							
	中度	0.00	0.00	0.00	0.00	0.30	0.00	0.00
	轻度	0.00	0.00	0.00	0.00	0.39	0.87	0.00
	无	0.02	9.65	41.69	29.25	17.21	0.62	0.01
pH	重度	0.00	0.00	0.02	0.00	0.00	0.00	0.00
	中度	0.02	0.68	1.80	0.08	0.00	0.00	0.00
	轻度	0.00	3.44	20.57	18.12	8.94	0.38	0.00
	无	0.00	5.52	19.30	11.05	8.96	1.11	0.01

土壤 pH 轻度障碍主要分布在济宁、阜阳、淮北、漯河、平顶山、商丘、宿州、许昌、周口、驻马店 10 个市，占各市黄淮平原农业区砂姜黑土耕地面积的 45% 以上。黄淮平原农业区砂姜黑土耕地的盐渍化障碍面积较小。

（二）土壤物理性质与管理

1. 灌溉能力和排水能力 黄淮平原农业区砂姜黑土耕地的灌溉能力障碍程度为重度和中度。平顶山、信阳、漯河、驻马店、商丘、淮北、周口、许昌、济宁 9 个市的灌溉能力重度障碍占各市黄淮平原农业区砂姜黑土耕地面积的 60% 以上（表 13-76）。

表 13-76 黄淮平原农业区砂姜黑土耕地各质量等级管理障碍程度占比

单位：%

评价指标	障碍程度	耕地质量等级占比						
		一等	二等	三等	四等	五等	六等	七等
灌溉能力	重度	0.00	0.04	10.93	26.61	17.72	1.49	0.01
	中度	0.00	0.00	0.00	2.25	0.18	0.00	0.00
	无	0.02	9.61	30.76	0.39	0.00	0.00	0.00
排水能力	重度	0.00	1.67	14.92	0.06	0.01	0.00	0.00
	中度	0.00	0.62	14.96	25.19	15.74	1.12	0.00
	轻度	0.00	0.00	5.15	2.91	0.54	0.37	0.01
	无	0.02	7.35	6.65	1.10	1.61	0.00	0.00

排水能力重度障碍主要在蚌埠、亳州和阜阳 3 个市；排水能力中度障碍主要在亳州、阜阳、淮北、济宁、漯河、平顶山、商丘、信阳、周口、驻马店 10 个市，占各市黄淮平原农业区砂姜黑土耕地面积的 40%~99%。

2. 土壤剖面与立地条件 地形部位、耕层质地、质地构型 3 个因素中，质地构型上存在障碍依次为中度障碍、重度障碍和轻度障碍；耕层质地上存在的障碍依次为中度障碍、轻度障碍和重度障碍，分别占该区砂姜黑土耕地面积的 10.20%、47.00%、31.58%；地形部位上存在的障碍依次为轻度障碍、中度障碍和重度障碍。相比较，砂姜黑土耕地在质地构型上存在的障碍程度更高一些（表 13-77）。

表 13-77 黄淮平原农业区砂姜黑土耕地各质量等级剖面与立地条件障碍程度占比

单位：%

评价指标	障碍程度	耕地质量等级占比						
		一等	二等	三等	四等	五等	六等	七等	总计
耕层质地	重度	0.00	3.67	6.47	0.06	0.00	0.00	0.00	10.20
	中度	0.00	5.55	27.56	11.88	1.96	0.05	0.01	47.00
	轻度	0.00	0.00	3.78	13.25	13.39	1.17	0.00	31.58
	无	0.02	0.43	3.88	4.07	2.55	0.27	0.00	11.22

(续)

评价指标	障碍程度	耕地质量等级占比							
		一等	二等	三等	四等	五等	六等	七等	总计
质地构型	重度	0.00	5.41	18.99	2.17	1.79	0.08	0.00	28.45
	中度	0.01	4.24	18.73	20.75	13.96	1.29	0.01	58.99
	轻度	0.00	0.00	3.96	6.33	2.14	0.13	0.00	12.56
地形部位	重度	0.00	0.02	0.13	0.06	0.00	0.00	0.00	0.21
	中度	0.00	1.31	9.70	3.46	0.42	0.28	0.00	15.18
	轻度	0.00	0.00	3.29	5.59	9.60	0.53	0.00	19.02
	无	0.02	8.32	28.57	20.14	7.88	0.67	0.00	65.60

二、山东丘陵山地农林区砂姜黑土耕地质量障碍

山东丘陵农林区砂姜黑土耕地质量评价有机质含量、有效磷含量、速效钾含量、pH、耕层质地、质地构型、灌溉能力、排水能力、地形部位、有效土层厚度 10 个指标存在差异。障碍程度分析只对以上 10 个指标。

(一)理化性质

山东丘陵农林区砂姜黑土耕地有机质障碍依次为轻度障碍、中度障碍和重度障碍（表 13-78）。有机质重度障碍主要分布在潍坊、济宁、枣庄和青岛 4 个市，中度障碍主要分布在潍坊、济宁、青岛、临沂、烟台 5 个市，轻度障碍主要分布在青岛、临沂、淄博、济宁、枣庄、潍坊、泰安、济南 8 个市。

表 13-78 山东丘陵农林区砂姜黑土耕地各质量等级理化性质障碍程度占比

单位：%

评价指标	障碍程度	耕地质量等级占比								
		一等	二等	三等	四等	五等	六等	七等	八等	九等
有机质	重度	1.81	1.49	0.00	0.00	0.00	0.00	0.00	0.00	0.00
	中度	4.32	2.24	1.32	0.63	0.00	0.00	0.09	0.00	0.00
	轻度	10.24	9.45	5.72	1.44	2.89	1.91	0.38	0.00	0.34
	无	23.68	14.60	9.52	1.84	4.96	0.51	0.33	0.29	0.00
有效磷	重度	20.44	4.84	1.38	0.00	0.00	0.00	0.00	0.00	0.00
	中度	10.75	8.00	5.03	0.78	0.00	0.00	0.00	0.00	0.00
	轻度	5.97	9.86	8.14	2.34	6.66	1.49	0.80	0.14	0.34
	无	2.89	5.07	2.01	0.80	1.19	0.93	0.00	0.15	0.00

（续）

评价指标	障碍程度	耕地质量等级占比								
		一等	二等	三等	四等	五等	六等	七等	八等	九等
速效钾	重度	4.07	0.47	0.00	0.00	0.00	0.00	0.00	0.00	0.00
	中度	14.01	7.81	4.57	0.00	0.00	0.00	0.00	0.00	0.00
	轻度	11.45	18.38	11.91	3.91	7.55	2.42	0.80	0.29	0.34
	无	10.52	1.12	0.08	0.00	0.30	0.00	0.00	0.00	0.00
pH	重度	4.06	1.76	0.94	0.16	0.00	0.00	0.00	0.00	0.00
	中度	16.11	6.17	3.72	0.46	0.00	0.00	0.00	0.00	0.00
	轻度	0.00	11.84	9.42	2.16	7.07	2.41	0.74	0.29	0.34
	无	19.88	8.01	2.47	1.15	0.78	0.00	0.06	0.00	0.00

有效磷轻度障碍主要分布在临沂、青岛、潍坊、枣庄、济宁和泰安6个市，有效磷中度障碍主要分布在潍坊、济宁、青岛、枣庄、泰安、临沂和淄博7个市，有效磷重度障碍主要分在青岛、济宁、淄博、潍坊、济南和临沂6个市。

速效钾重度障碍主要分布在青岛、济宁、临沂3个市，中度障碍主要分布在青岛、临沂、潍坊、济宁、泰安、枣庄6个市，轻度障碍主要分布在潍坊、临沂、青岛、枣庄、淄博、济宁、泰安、日照8个市。

pH重度障碍分布在潍坊、淄博、济宁、青岛、枣庄、临沂6个市，中度障碍主要分布在潍坊、济宁、青岛、临沂、淄博和枣庄6个市，轻度障碍在区域内各市存在，依次为临沂、青岛、潍坊、枣庄、日照、淄博、济南、泰安、济宁、烟台。

（二）土壤物理性质与管理

1. 灌溉能力和排水能力　比较而言，山东丘陵农林区砂姜黑土耕地在灌溉能力方面的障碍程度高于排水能力方面。灌溉能力重度障碍占该区砂姜黑土耕地面积的42.34%（表13-79），主要分布在临沂、潍坊、青岛、枣庄、日照、泰安和淄博7个市。排水能力中度障碍、轻度障碍分别占该区砂姜黑土耕地面积的19.23%、23.86%。排水能力中度障碍主要分布在青岛、临沂、潍坊和日照4个市，轻度障碍主要分布在潍坊、临沂、青岛和枣庄4个市。

表13-79　山东丘陵农林区砂姜黑土耕地各质量等级灌溉能力与排水能力障碍程度占比

单位：%

评价指标	障碍程度	耕地质量等级占比									
		一等	二等	三等	四等	五等	六等	七等	八等	九等	总计
灌溉能力	重度	0.00	11.69	16.10	3.75	7.71	1.74	0.72	0.29	0.34	42.34
	中度	0.00	0.00	0.00	0.00	0.00	0.68	0.08	0.00	0.00	0.75
	无	40.05	16.09	0.46	0.17	0.14	0.00	0.00	0.00	0.00	56.91

（续）

评价指标	障碍程度	耕地质量等级占比								
		一等	二等	三等	四等	五等	六等	七等	八等	九等	总计
排水能力	中度	0.00	6.40	1.58	1.90	7.26	1.74	0.35	0.00	0.00	19.23
	轻度	0.00	5.29	14.52	1.85	0.44	0.68	0.45	0.29	0.34	23.86
	无	40.05	16.09	0.46	0.17	0.14	0.00	0.00	0.00	0.00	56.91

2. 土壤剖面与立地条件　土壤剖面与立地条件方面有地形部位、有效土层厚度、耕层质地、质地构型和耕层厚度 5 个指标。山东丘陵农林区砂姜黑土耕地有效土层厚度存在的障碍程度较轻（表 13 - 80）。有效土层厚度的重度障碍主要分布在潍坊和临沂 2 个市，中度障碍主要分布在潍坊和济南 2 个市。

表 13 - 80　山东丘陵农林区砂姜黑土耕地各质量等级剖面与立地条件障碍程度占比

单位：%

评价指标	障碍程度	耕地质量等级占比								
		一等	二等	三等	四等	五等	六等	七等	八等	九等
有效土层厚度	重度	0.00	0.58	0.80	0.69	0.42	0.68	0.15	0.15	0.34
	中度	0.00	0.00	0.00	0.00	0.20	0.41	0.09	0.00	0.00
	无	40.05	27.21	15.75	3.22	7.23	1.33	0.56	0.14	0.00
地形部位	重度	0.84	9.00	2.86	0.09	0.17	0.35	0.33	0.00	0.00
	中度	0.77	1.93	2.10	1.81	0.76	0.96	0.12	0.14	0.00
	轻度	0.00	0.00	0.52	0.08	1.27	0.70	0.14	0.00	0.34
	无	38.44	16.86	11.07	1.94	5.65	0.41	0.20	0.15	0.00
耕层质地	重度	12.12	2.28	0.41	0.36	0.00	0.00	0.11	0.14	0.00
	中度	3.42	9.51	3.60	0.00	0.00	0.00	0.00	0.00	0.00
	轻度	0.00	0.97	4.97	1.93	6.05	1.46	0.69	0.15	0.34
	无	24.51	15.03	7.57	1.62	1.80	0.96	0.00	0.00	0.00
质地构型	重度	9.54	1.67	0.00	0.08	0.14	0.68	0.00	0.00	0.00
	中度	29.21	7.56	2.57	0.00	0.00	0.00	0.14	0.15	0.34
	轻度	1.30	18.56	13.98	3.84	7.71	1.74	0.65	0.14	0.00
耕层厚度	重度	4.35	0.00	0.00	0.00	0.00	0.00	0.00	0.00	0.00
	中度	35.70	4.66	0.00	0.00	0.00	0.00	0.00	0.00	0.00
	轻度	0.00	23.12	16.55	3.91	7.85	2.42	0.80	0.29	0.34

三、燕山太行山山麓平原农业区砂姜黑土耕地质量障碍

（一）理化性质

燕山太行山山麓平原农业区砂姜黑土耕地有机质障碍主要为轻度（表 13 - 81），主要分布在唐

山、保定和廊坊 3 个市。有效磷重度障碍主要分布在新乡、安阳、焦作、廊坊 4 个市，中度障碍主要分布在保定、邢台、新乡、焦作 4 个市，轻度障碍主要分布在唐山、廊坊 2 个市。速效钾中度障碍主要分布在保定、新乡、安阳、廊坊 4 个市，轻度障碍 7 个市均有，主要分布在唐山、廊坊、焦作、新乡、邢台 5 个市。

表 13-81　燕山太行山山麓平原农业区砂姜黑土耕地各质量等级理化性质障碍程度占比

单位：%

评价指标	障碍程度	耕地质量等级占比						
		一等	二等	三等	四等	五等	六等	七等
有机质	中度	0.00	0.16	0.40	0.08	0.00	0.00	0.00
	轻度	0.06	2.28	8.61	3.43	1.56	5.38	0.51
	无	0.96	13.04	19.82	4.94	6.14	32.63	0.00
有效磷	重度	0.96	13.53	4.27	0.00	0.00	0.00	0.00
	中度	0.06	1.19	14.50	3.49	0.41	0.00	0.00
	轻度	0.00	0.76	8.12	4.11	7.30	38.01	0.51
	无	0.00	0.00	1.94	0.85	0.00	0.00	0.00
速效钾	重度	1.00	0.19	0.00	0.00	0.00	0.00	0.00
	中度	0.01	10.46	8.89	0.50	0.00	0.00	0.00
	轻度	0.00	4.06	17.42	7.96	7.71	38.01	0.51
	无	0.00	0.77	2.52	0.00	0.00	0.00	0.00

（二）灌溉能力与排水能力

燕山太行山山麓平原农业区砂姜黑土耕地灌溉能力较差，灌溉能力存在的重度障碍占该区砂姜黑土耕地面积的 82.47%（表 13-82），尤其是唐山的砂姜黑土耕地灌溉能力全部为重度障碍，然后依次为保定、廊坊、焦作、邢台。排水能力基本为中度障碍和轻度障碍，分别占该区砂姜黑土耕地面积的 56.00%、35.35%，唐山市砂姜黑土耕地排水能力最弱。

表 13-82　燕山太行山山麓平原农业区砂姜黑土耕地各质量等级灌溉能力与排水能力障碍程度占比

单位：%

评价指标	障碍程度	耕地质量等级占比							
		一等	二等	三等	四等	五等	六等	七等	总计
灌溉能力	重度	0.00	1.58	26.21	8.45	7.71	38.01	0.51	82.47
	无	1.01	13.91	2.61	0.00	0.00	0.00	0.00	17.53
排水能力	重度	0.00	0.55	0.00	0.00	0.00	0.00	0.00	0.55
	中度	0.00	7.49	14.40	6.64	2.22	24.75	0.51	56.00
	轻度	0.00	1.51	13.28	1.82	5.49	13.26	0.00	35.35
	无	1.01	5.94	1.15	0.00	0.00	0.00	0.00	8.09

（三）土壤剖面与立地条件

从表13-83可以看出，影响燕山太行山山麓平原农业区砂姜黑土耕地质量的土壤剖面与立地条件的5个因素中，地形部位和质地构型障碍限制比较明显（表13-83）。

表13-83 燕山太行山山麓平原农业区砂姜黑土耕地各质量等级土壤剖面与立地条件障碍程度占比

单位：%

评价指标	障碍程度	耕地质量等级占比						
		一等	二等	三等	四等	五等	六等	七等
地形部位	重度	0.00	2.87	1.34	3.09	0.08	2.95	0.00
	中度	0.00	0.06	1.06	2.49	2.53	33.39	0.51
	轻度	0.00	0.00	0.00	0.17	0.95	1.67	0.00
	无	1.01	12.55	26.43	2.70	4.14	0.00	0.00
有效土层厚度	重度	0.00	0.00	1.35	0.94	0.00	0.00	0.00
	中度	0.00	0.00	0.00	0.15	0.00	0.00	0.00
	无	1.01	15.48	27.48	7.36	7.71	38.01	0.51
耕层质地	重度	0.00	1.26	0.00	0.00	0.00	0.00	0.00
	中度	0.00	8.21	6.25	0.71	0.00	0.00	0.00
	轻度	0.00	0.00	11.82	4.56	5.29	31.15	0.51
	无	1.01	6.02	10.76	3.19	2.42	6.86	0.00
质地构型	重度	0.06	6.81	9.39	1.37	0.41	0.00	0.00
	中度	0.96	6.79	13.68	5.62	5.05	4.79	0.00
	轻度	0.00	1.88	5.75	1.47	2.25	33.22	0.51
耕层厚度	中度	1.01	0.38	0.00	0.00	0.00	0.00	0.00
	轻度	0.00	15.10	28.82	8.45	7.71	38.01	0.51

四、冀鲁豫低洼平原农业区砂姜黑土耕地质量障碍

（一）理化性质

冀鲁豫低洼平原农业区砂姜黑土耕地理化性质的障碍以有效磷障碍最重，其次为速效钾、pH和有机质。有效磷的障碍依次为重度障碍、轻度障碍和中度障碍（表13-84）。

表13-84 冀鲁豫低洼平原农业区砂姜黑土耕地各质量等级理化性质障碍程度占比

单位：%

评价指标	障碍程度	耕地质量等级占比				
		一等	二等	三等	四等	五等
有机质	重度	0.00	1.29	0.00	0.00	0.00
	轻度	3.76	10.04	0.65	0.00	8.08
	无	15.81	21.18	12.78	23.43	2.99

（续）

评价指标	障碍程度	耕地质量等级占比				
		一等	二等	三等	四等	五等
有效磷	重度	18.04	32.17	0.29	0.00	0.00
	中度	0.01	0.33	12.03	7.61	0.69
	轻度	1.52	0.00	1.11	15.82	10.39
速效钾	中度	6.72	0.00	0.36	0.00	0.00
	轻度	2.91	32.25	12.20	21.60	10.53
	无	9.94	0.25	0.87	1.83	0.55
pH	重度	1.57	0.00	0.00	0.00	0.00
	中度	14.24	20.98	1.16	0.00	0.00
	轻度	0.00	11.18	11.73	18.43	11.07
	无	3.76	0.33	0.53	5.00	0.00

（二）灌溉能力与排水能力

冀鲁豫低洼平原农业区砂姜黑土耕地有近一半存在灌溉能力重度障碍（表13-85），主要分布在唐山和滨州2个市。排水能力主要为中度障碍，主要分布在唐山和滨州2个市。

表 13-85　冀鲁豫低洼平原农业区砂姜黑土耕地各质量等级灌溉能力与排水能力障碍程度占比

单位：%

评价指标	障碍程度	耕地质量等级占比				
		一等	二等	三等	四等	五等
灌溉能力	重度	0.00	0.00	12.78	23.43	11.07
	无	19.57	32.50	0.65	0.00	0.00
排水能力	重度	0.00	0.00	0.33	0.00	0.00
	中度	0.00	0.00	11.58	23.43	11.07
	轻度	0.00	0.00	1.23	0.00	0.00
	无	19.57	32.50	0.29	0.00	0.00

（三）土壤剖面与立地条件

冀鲁豫低洼平原农业区砂姜黑土耕地地形部位存在重度障碍、中度障碍和轻度障碍（表13-86），重度障碍分布在唐山，中度障碍主要分布在唐山、滨州，轻度障碍分布在滨州。

表 13-86　冀鲁豫低洼平原农业区砂姜黑土耕地各质量等级的剖面与立地条件障碍程度占比

单位：%

评价指标	障碍程度	耕地质量等级占比				
		一等	二等	三等	四等	五等
地形部位	重度	0.00	0.33	0.00	4.54	0.00
	中度	0.00	1.58	7.54	9.73	11.07

（续）

评价指标	障碍程度	耕地质量等级占比				
		一等	二等	三等	四等	五等
地形部位	轻度	0.00	0.00	4.81	0.00	0.00
	无	19.57	30.59	1.08	9.15	0.00
耕层厚度	中度	19.57	10.89	0.00	0.00	0.00
	轻度	0.00	21.61	13.43	23.43	11.07
耕层质地	重度	0.00	0.33	0.00	0.00	0.00
	中度	0.00	4.39	0.29	6.28	5.00
	轻度	0.00	0.00	0.89	10.51	6.07
	无	19.57	27.78	12.25	6.64	0.00
质地构型	重度	16.61	28.14	0.36	0.23	0.00
	中度	2.96	3.08	12.74	11.82	11.07
	轻度	0.00	1.29	0.33	11.38	0.00

五、鄂豫皖平原山地农林区砂姜黑土耕地质量障碍

（一）耕地理化性质

鄂豫皖平原山地农林区在有机质、有效磷、速效钾和 pH 4 个指标中，有机质存在的障碍程度最重（表 13-87）。该区砂姜黑土耕地的 99% 分布在河南省南阳市，有机质重度障碍和中度障碍也主要分布在南阳市。

表 13-87　鄂豫皖平原山地农林区砂姜黑土耕地各质量等级理化性质障碍程度占比

单位：%

评价指标	障碍程度	耕地质量等级占比									
		一等	二等	三等	四等	五等	六等	七等	八等	九等	十等
有机质	重度	31.97	0.81	8.29	21.22	5.15	0.77	0.07	0.00	0.00	0.00
	中度	0.00	1.63	7.86	9.08	5.63	1.35	1.03	1.23	0.04	3.29
	轻度	0.00	0.00	0.28	0.23	0.02	0.05	0.00	0.00	0.00	0.00
有效磷	重度	1.23	0.00	0.26	0.21	0.00	0.00	0.00	0.00	0.00	0.00
	中度	5.53	0.30	8.16	12.16	3.29	1.15	0.46	0.29	0.04	0.00
	轻度	11.47	2.04	7.44	17.76	7.52	1.01	0.64	0.94	0.00	3.29
	无	13.74	0.10	0.57	0.39	0.00	0.00	0.00	0.00	0.00	0.00
速效钾	中度	8.10	0.00	0.57	0.67	0.59	0.10	0.19	0.00	0.00	0.00
	轻度	15.14	0.71	12.45	23.99	5.64	2.05	0.80	1.23	0.05	3.29
	无	8.73	1.73	3.41	5.86	4.57	0.02	0.11	0.00	0.00	0.00

（续）

评价指标	障碍程度	耕地质量等级占比									
		一等	二等	三等	四等	五等	六等	七等	八等	九等	十等
pH	重度	13.11	0.00	0.00	0.00	0.00	0.00	0.00	0.00	0.00	0.00
	中度	10.30	0.05	6.13	3.07	0.00	0.00	0.00	0.00	0.00	0.00
	轻度	4.82	2.40	8.92	23.93	10.42	2.10	1.10	1.23	0.04	3.29
	无	3.73	0.00	1.38	3.52	0.39	0.06	0.00	0.00	0.00	0.00

（二）灌溉能力与排水能力

灌溉能力重度障碍、中度障碍分别占该区砂姜黑土耕地面积的19.23%、45.26%，排水能力重度障碍、中度障碍和轻度障碍分别占该区砂姜黑土耕地面积的59.34%、6.07%、1.74%（表13-88）。灌溉能力与排水能力的障碍程度相比，农田排水的问题更突出一些。

表13-88 鄂豫皖平原山地农林区砂姜黑土耕地各质量等级灌溉能力与排水能力障碍程度占比

单位：%

评价指标	障碍程度	耕地质量等级占比									
		一等	二等	三等	四等	五等	六等	七等	八等	九等	十等
灌溉能力	重度	13.11	1.63	3.13	0.23	0.03	0.37	0.34	0.38	0.00	0.00
	中度	0.00	0.00	8.16	19.83	10.68	1.63	0.77	0.85	0.05	3.29
	无	18.86	0.81	5.13	10.46	0.08	0.17	0.00	0.00	0.00	0.00
排水能力	重度	2.68	1.79	15.43	28.91	10.53	0.00	0.00	0.00	0.00	0.00
	中度	0.00	0.04	0.18	0.55	0.21	1.14	0.90	0.54	0.00	2.51
	轻度	0.00	0.00	0.00	0.00	0.00	0.49	0.21	0.67	0.00	0.37
	无	29.30	0.60	0.82	1.07	0.06	0.54	0.00	0.00	0.04	0.42

（三）土壤剖面与立地条件

鄂豫皖平原山地农林区砂姜黑土耕地在地形部位、有效土层厚度、障碍因素、容重上的障碍程度都比较低，障碍主要为轻度（表13-89）。

表13-89 鄂豫皖平原山地农林区砂姜黑土耕地各质量等级的剖面与立地条件障碍程度占比

单位：%

评价指标	障碍程度	耕地质量等级占比									
		一等	二等	三等	四等	五等	六等	七等	八等	九等	十等
地形部位	重度	0.00	0.00	0.00	0.03	0.00	0.32	0.04	0.69	0.00	0.00
	中度	1.17	0.00	0.00	0.77	0.02	0.02	0.29	0.00	0.00	2.93
	轻度	2.86	0.21	5.56	15.96	9.40	1.37	0.12	0.40	0.04	0.37
	无	27.95	2.23	10.87	13.77	1.39	0.45	0.66	0.14	0.00	0.00

(续)

评价指标	障碍程度	一等	二等	三等	四等	五等	六等	七等	八等	九等	十等
有效土层厚度	中度	0.00	0.00	0.00	0.30	0.14	0.00	0.13	0.00	0.00	0.00
	轻度	0.00	0.00	1.17	3.52	1.06	0.98	0.68	1.23	0.04	3.29
	无	31.97	2.44	15.26	26.71	9.61	1.19	0.29	0.00	0.00	0.00
耕层质地	中度	0.00	0.00	0.00	6.20	0.58	0.98	0.00	0.00	0.04	0.00
	轻度	4.20	0.51	5.84	14.83	7.61	0.98	0.88	1.00	0.00	3.29
	无	27.78	1.93	10.59	9.50	2.62	0.21	0.22	0.23	0.00	0.00
质地构型	重度	14.36	0.00	0.00	0.70	0.63	0.25	0.00	0.00	0.00	0.00
	中度	4.07	0.60	2.86	8.24	0.06	0.06	0.17	0.16	0.04	0.00
	轻度	0.43	0.00	0.95	12.89	9.59	1.80	0.87	1.07	0.00	3.29
	无	13.11	1.83	12.61	8.70	0.53	0.05	0.07	0.00	0.00	0.00
土壤容重	中度	7.10	0.07	1.37	0.00	0.00	0.00	0.00	0.00	0.00	0.00
	轻度	24.87	2.37	15.06	30.53	10.81	2.16	1.10	1.10	0.04	3.29
	无	0.00	0.00	0.00	0.00	0.00	0.00	0.13	0.00	0.00	0.00
障碍因素	重度	0.00	0.20	0.00	0.00	0.00	0.00	0.00	0.00	0.00	0.00
	中度	0.00	0.00	0.08	1.87	0.38	0.81	0.54	0.00	0.00	0.00
	轻度	0.00	0.00	0.00	0.00	0.00	0.14	0.20	1.21	0.04	3.29
	无	31.97	2.23	16.34	28.66	10.43	1.21	0.36	0.02	0.00	0.00

六、长江下游平原丘陵农畜水产区砂姜黑土耕地质量障碍

(一) 理化性质

长江下游平原丘陵农畜水产区砂姜黑土耕地在有机质、有效磷、速效钾和pH 4个指标中，有机质存在的障碍程度最重（表13-90）。有机质重度障碍主要分布在宿迁、徐州、滁州3个市，中度障碍主要分布在宿迁、连云港、徐州、滁州4个市。有效磷重度障碍主要分布在滁州、连云港2个市，中度障碍主要分布在宿迁、徐州、淮安3个市，轻度障碍主要分布在宿迁、徐州、连云港、滁州4个市。速效钾中度障碍主要分布在宿迁、滁州2个市，轻度障碍主要分布在宿迁、徐州、连云港3个市。pH轻度障碍主要分布在连云港、宿迁、徐州、滁州、淮安5个市。

表13-90 长江下游平原丘陵农畜水产区砂姜黑土耕地各质量等级理化性质障碍占比

单位：%

评价指标	障碍程度	一等	二等	三等	四等	五等	六等	七等	八等	九等	十等
有机质	重度	0.86	0.00	7.37	6.87	8.23	0.63	3.52	0.26	0.00	0.00
	中度	0.00	1.78	1.16	7.79	13.33	2.14	5.19	3.36	0.18	0.15
	轻度	0.00	0.73	0.51	0.59	8.51	2.56	3.21	1.10	0.05	0.46
	无	0.26	18.09	1.11	0.00	0.00	0.00	0.00	0.00	0.00	0.00

（续）

评价指标	障碍程度	耕地质量等级占比									
		一等	二等	三等	四等	五等	六等	七等	八等	九等	十等
有效磷	重度	0.76	1.78	0.10	4.13	0.85	0.00	0.00	0.00	0.00	0.00
	中度	0.00	0.00	0.17	1.43	3.49	1.91	2.17	0.46	0.00	0.00
	轻度	0.29	0.09	0.33	4.83	17.52	2.61	5.54	2.33	0.14	0.61
	无	0.07	18.72	9.55	4.86	8.21	0.81	4.22	1.94	0.08	0.00
速效钾	重度	0.00	0.00	0.00	0.00	0.49	0.00	0.00	0.00	0.00	0.00
	中度	0.00	0.00	1.07	4.97	9.64	0.40	1.27	1.00	0.08	0.00
	轻度	0.17	2.05	3.22	9.71	17.97	4.01	8.65	3.58	0.14	0.61
	无	0.94	18.56	5.87	0.56	1.98	0.92	2.01	0.13	0.00	0.00
pH	中度	0.00	0.33	0.33	0.00	0.00	0.06	0.00	0.00	0.00	0.00
	轻度	1.01	20.27	9.69	14.33	21.45	5.27	10.86	4.72	0.23	0.61
	无	0.10	0.00	0.14	0.92	8.62	0.00	1.06	0.00	0.00	0.00

（二）灌溉能力与排水能力

长江下游平原丘陵农畜水产区砂姜黑土耕地灌溉能力与排水能力都存在较大比例的重度障碍和中度障碍。灌溉能力重度障碍、中度障碍分别占区域内砂姜黑土耕地面积的 36.77%、57.13%，排水能力重度障碍、中度障碍和轻度障碍分别占区域内砂姜黑土耕地面积的 51.96%、38.60%、2.19%（表 13-91）。

表 13-91　长江下游平原丘陵农畜水产区砂姜黑土耕地各质量等级灌溉能力与排水能力障碍占比

单位：%

评价指标	障碍程度	耕地质量等级占比										
		一等	二等	三等	四等	五等	六等	七等	八等	九等	十等	总计
灌溉能力	重度	0.25	20.61	0.21	0.82	4.27	4.06	3.94	1.87	0.14	0.61	36.77
	中度	0.00	0.00	9.67	10.62	24.64	1.27	7.99	2.86	0.08	0.00	57.13
	无	0.86	0.00	0.27	3.80	1.16	0.00	0.00	0.00	0.00	0.00	6.10
排水能力	重度	0.18	18.82	0.89	1.16	18.87	4.29	6.98	0.26	0.04	0.46	51.96
	中度	0.00	0.00	8.86	10.39	10.77	1.04	4.94	2.37	0.08	0.15	38.60
	轻度	0.00	0.00	0.00	0.00	0.00	0.00	0.00	2.20	0.10	0.00	2.20
	无	0.93	1.78	0.41	3.69	0.43	0.00	0.00	0.00	0.00	0.00	7.24

灌溉能力重度障碍主要分布在连云港、徐州、滁州 3 个市，中度障碍主要分布在宿迁、徐州、连云港、淮安 4 个市。排水能力重度障碍主要分布在连云港、宿迁、徐州、滁州、淮安 5 个市，中度障碍主要分布在宿迁、徐州、连云港 3 个市。

（三）土壤剖面与立地条件

长江下游平原丘陵农畜水产区砂姜黑土耕地质地构型、有效土层厚度基本不存在障碍。土壤容重以轻度障碍为主，地形部位以中度障碍为主，耕层质地以重度障碍和中度障碍为主（表13-92）。

表13-92　长江下游平原丘陵农畜水产区砂姜黑土耕地各质量等级立地条件与土壤剖面障碍占比

单位：%

评价指标	障碍程度	耕地质量等级占比									
		一等	二等	三等	四等	五等	六等	七等	八等	九等	十等
地形部位	重度	0.00	0.00	0.39	2.99	0.25	0.00	0.00	0.00	0.00	0.00
	中度	0.00	0.00	0.04	3.34	25.52	4.07	11.67	4.65	0.23	0.03
	轻度	0.00	0.00	0.00	0.77	0.00	0.00	0.00	0.00	0.00	0.59
	无	1.11	20.61	9.72	8.13	4.31	1.26	0.25	0.07	0.00	0.00
障碍因素	重度	0.00	0.00	0.66	0.00	0.00	0.00	0.00	0.00	0.00	0.00
	中度	0.00	0.00	4.93	5.31	0.95	0.48	0.12	0.00	0.00	0.00
	轻度	0.00	0.00	0.00	0.00	0.15	0.49	5.03	3.98	0.23	0.61
	无	1.11	20.61	4.57	9.93	28.97	4.36	6.77	0.74	0.00	0.00
耕层质地	重度	1.11	20.61	0.40	0.00	0.00	0.00	0.00	0.00	0.00	0.00
	中度	0.00	0.00	9.60	11.04	27.16	4.84	11.79	1.40	0.00	0.00
	轻度	0.00	0.00	0.15	3.92	2.87	0.19	0.13	3.27	0.23	0.61
	无	0.00	0.00	0.00	0.29	0.04	0.30	0.00	0.05	0.00	0.00
质地构型	中度	0.00	0.00	0.00	0.06	0.00	0.00	0.00	0.00	0.00	0.00
	轻度	0.00	0.00	0.00	0.17	0.38	0.19	0.13	0.05	0.00	0.00
	无	1.11	20.61	10.16	15.02	29.69	5.13	11.79	4.67	0.23	0.61
有效土层厚度	轻度	0.00	0.00	0.06	3.14	0.39	0.19	0.13	0.00	0.00	0.00
	无	1.11	20.61	10.10	12.11	29.68	5.13	11.79	4.72	0.23	0.61
土壤容重	轻度	1.11	20.61	10.16	15.25	30.06	5.33	11.92	4.72	0.23	0.61

七、晋东豫西丘陵山地农林牧区砂姜黑土耕地质量障碍

晋东豫西丘陵山地农林牧区砂姜黑土耕地有机质以重度障碍和中度障碍为主，分别占区域内砂姜黑土耕地面积22.21%、77.37%；有效磷全为中度障碍，占区域内砂姜黑土耕地面积100.00%；速效钾以中度障碍和轻度障碍为主（表13-93、表13-94）。

表 13-93 晋东豫西丘陵山地农林牧区砂姜黑土耕地各质量等级理化性质障碍占比

单位：%

评价指标	障碍程度	耕地质量等级占比			
		三等	四等	五等	六等
有机质	重度	0.00	22.21	0.00	0.00
	中度	72.70	0.00	0.04	4.63
	轻度	0.00	0.00	0.00	0.42
有效磷	中度	72.70	22.21	0.04	5.05
速效钾	重度	0.25	0.00	0.00	0.00
	中度	71.08	1.54	0.00	0.00
	轻度	1.37	20.67	0.04	5.05

表 13-94 晋东豫西丘陵山地农林牧砂姜黑土耕地理化性质分布占比

单位：%

县（市）	有机质占比			有效磷占比	速效钾占比		
	重度	中度	轻度	中度	重度	中度	轻度
汝阳县	4.32	17.14	0.42	21.89	0.00	13.30	8.59
汝州市	17.09	58.85	0.00	75.94	0.24	59.32	16.37
宜阳县	0.80	1.37	0.00	2.17	0.00	0.00	2.18

区域内砂姜黑土灌溉能力较好，排水能力全为轻度障碍（表 13-95）。

表 13-95 晋东豫西丘陵山地农林牧区砂姜黑土耕地各质量等级灌溉能力与排水能力障碍占比

单位：%

评价指标	障碍程度	耕地质量等级占比				
		三等	四等	五等	六等	总计
灌溉能力	中度	0.00	0.00	0.04	5.05	5.09
	无	72.70	22.21	0.00	0.00	94.91
排水能力	轻度	72.70	22.21	0.04	5.05	100.00

耕层质地不存在障碍，有效土层厚度主要为中度障碍，地形部位主要为中度障碍和轻度障碍（表 13-96）。

表 13-96 晋东豫西丘陵山地农林牧区砂姜黑土耕地各质量等级立地条件与剖面障碍占比

单位：%

评价指标	障碍程度	耕地质量等级占比			
		三等	四等	五等	六等
地形部位	中度	1.00	22.21	0.00	5.05
	轻度	71.70	0.00	0.04	0.00

（续）

评价指标	障碍程度	耕地质量等级占比			
		三等	四等	五等	六等
质地构型	中度	72.70	22.21	0.00	0.00
	轻度	0.00	0.00	0.04	5.05
耕层质地	无	72.70	22.21	0.04	5.05
有效土层厚度	中度	72.70	21.41	0.04	4.11
	轻度	0.00	0.80	0.00	0.94

第十四章

砂姜黑土施肥技术及应用 >>>

第一节　背景及实施概况

粮食安全关系人类福祉、国家富强和社会稳定。化肥是作物的粮食，为作物生长发育提供必需的养分。大量研究结果表明，化肥在粮食增产中的贡献率高达40%～50%（张福锁，2006）。长期以来，我国农民都是凭经验施肥，难以准确掌握施肥量和施肥比例，造成化肥利用率低，成本高、收入低。

一、化肥施肥现状

在《到2020年化肥使用量零增长行动方案》实施（2016年）之前，我国在农业生产中肥料的投入占总投入的50%，总量和单位面积施用量均逐年增加（张卫峰 等，2013）。江苏省化肥使用总量由1980年的118.2万t增长到2008年的340.8万t，年平均增长7.7万t。化肥消费结构以氮肥和复合肥为主。20世纪90年代后，化肥的用量增长相对缓慢（马立珩，2011）。山东省每年因过量施肥浪费化肥42万t，纯养分量超过正常需求1～3倍，其中氮肥过量30%～100%，磷肥用量平均超过需求量1倍。河南省2015年农业氮肥消费量为370.4万t，是1979年的5.6倍。其中，单质氮肥消费量从42.6万t增加到238.7万t。但从2006年到2015年单质氮肥消费量变化不大，维持在235万～245万t，2012年后甚至有所下降。这与复合肥消费量急剧增加有关，1980年复合肥消费量仅1.4万t，而2015年达296.3万t（彭雪松，2012；赵亚南 等，2018）。安徽省自2005年在全国范围开展大规模的测土配方行动开始至2013年，全省化肥用量从285.7万t增长至338.4万t，单质氮肥消费量变化很小，维持在111.1万～113.5万t，但复合肥从105.0万t增加至157.9万t（邬刚等，2015）。近些年，单质肥料尤其是氮肥消费量变化较小，复合肥用量大幅增加，与测土配方施肥技术在全国的推广应用密切相关。

二、测土配方施肥技术

测土配方施肥技术是以土壤测试和肥料田间试验为基础，根据作物对土壤养分的需求规律、土壤养分的供应能力和供给效应，在合理施用有机肥料的基础上，提出氮、磷、钾及中量、微量元素肥料的施用数量、施用时期和施用方法的一套技术体系。该技术是现代施肥技术的基础，也是最早研究的施肥技术。

充分考虑作物养分需求和土壤、环境养分供应，建立养分资源综合管理技术指标，通过区域作物专用肥的设计与施用，使土壤（环境）养分供应和外源养分投入与作物的养分需求在时间上同步、数量上匹配、空间上耦合。长期以来，通过化学分析的方法，从最开始的土壤养分的快速提取到建立土壤化学组成与植物生长的关系，再到构建植物最佳产量模型等，国内外学者对测土配方施肥技术的理论方法进行了研究探索，如土壤信息分析的精准检测技术、基于 GPS 的土壤养分信息的网格取样和 GIS 地统计插值技术、施肥量及肥料配比确定的专家决策模型、基于 3S 技术的精准养分管理技术等。总之，目前测土配方施肥技术是现代施肥技术最基础、最成熟的技术。世界各国纷纷把测土配方施肥技术作为国家策略推广应用（白由路 等，2006；白由路，2018；高祥照，2008；贾良良 等，2008；USDA，1993）。

我国的测土配方施肥工作开展较早，从 20 世纪 70 年代末开始组织"土壤养分丰缺指标"研究，到 2005 年在全国范围开展大规模的测土配方行动，至今测土配方施肥技术已为全国作物产量的增加、农业成本的降低、农民收入的增加、资源的节约、生态环境的保护作出了巨大贡献。在测土配方施肥行动全国实施初期，中国农业科学院在全国的测土配方施肥试验示范结果表明，平均增产水稻 15.0%、小麦 12.6%、玉米 11.4%、大豆 11.2%、蔬菜 15.3%、水果 16.2%。到 2010 年，小麦的化肥偏生产力从 10.6 kg/kg 增加到 11.9 kg/kg，水稻的化肥偏生产力从 13.9 kg/kg 增加到 15.7 kg/kg，玉米的化肥偏生产力从 13.8 kg/kg 下降到 11.5 kg/kg（白由路 等，2006）。到 2013 年，测土配方施肥技术节约氮（N）肥（27.2 ± 7.4）kg/hm^2，总计减排量达到了 2 500.4 万 t 二氧化碳当量（CO_2-e），其中由于氮肥田间施用量的减少导致农田总共减排 1 171.8 万 t CO_2-e，由于工业生产氮肥量的减少而节约标准煤 583.5 万 t，减排 1 328.52 万 t CO_2-e（张卫红 等，2015）。最近评估应用测土配方施肥技术后，全国总体农业产值平均增长 7%，粮食主产省平均增长 17.3%，化肥施用强度降低 13.5%，其中氮肥施用强度降低 15.4%（沈晓燕 等，2017）。

作物生长发育需要多种营养元素，测土配方施肥技术发展至今，不仅完成了作物氮、磷、钾的配方施肥，也可以对作物钙、镁、铁、锌、锰、硼、铜、钼、氯等元素配伍。

研究土壤供氮能力已有相当长的历史，其研究方法不断得到改进，每种方法都试图准确、有效地评价土壤供氮能力，但每种方法都有其适用性和局限性。在土壤测试尚不能有效解决氮肥推荐的现实条件下，氮肥推荐用量采用总量控制、分区调控的方法，即根据区域氮肥用量与产量关系的大数据，确定获得高产的最佳氮肥用量，再根据当地农民习惯氮肥施用方式调整施肥用量、施肥次数和比例。

长期研究表明，土壤的有效磷和速效钾能很好地评价土壤磷的生物有效性，所以一直是科学家作为磷、钾肥推荐的主要方法。本节以土壤测定的有效磷和速效钾为基础，根据目标产量确定各级别的施磷量、施钾量，以此作为施肥建议，并在一定的时空范围内保持用量的相对稳定。即采用磷、钾肥恒量监控技术以培肥和维持适宜土壤有效磷、速效钾为目标，以达到既保证作物高产又降低环境污染风险。

砂姜黑土区域测土配方施肥技术覆盖率达 90% 以上，相应的测土配方肥使用率达 60% 以上。由于砂姜黑土质地黏重，易旱易涝，适耕期短，相对其他类型土壤，该区仍存在施肥量过高、养分不平衡、肥料效率低等问题，仍需开展更深入系统的研究、试验、示范和推广工作，提高砂姜黑土测土配方施肥技术应用效果。

三、主要作物施肥强度和生产水平

砂姜黑土区域种植的主要农作物有小麦、玉米、水稻、大豆、花生、蔬菜、果树等，冬小麦-夏玉米轮作为本地区主要的种植方式。

从全国测土配方施肥工作开展至 2020 年化肥施用量零增长行动方案的这段时间，砂姜黑土区域覆盖的主要省如江苏省、安徽省、山东省、河南省等，水稻、小麦和玉米这些主要粮食作物的施肥强度和生产效率有所不同。

《全国农产品成本收益资料汇编（2011—2015）》数据显示，2010—2014 年江苏省粳稻平均单产水平、施肥强度和生产效率最高，与小麦和玉米相比，单产水平分别提高了 3.0 t/hm² 和 2.3 t/hm²，施肥强度分别高 124.4 kg/hm² 和 127.1 kg/hm²，生产效率分别高 2.2 kg/kg 和 0.3 kg/kg，但生产效率出现报酬递减趋势；小麦和玉米施肥强度在 400 kg/hm² 左右，小麦施肥强度比玉米高了 2.7 kg/hm²，单产比玉米低 0.7 kg/hm²，生产效率比玉米低 1.9 kg/kg（郭永召 等，2020）。

2010—2014 年，安徽省小麦平均施肥强度为 350～400 kg/hm²，较粳稻和玉米分别高 42.2 kg/hm² 和 46.3 kg/hm²；单产水平和生产效率分别为 5.8～7.2 t/hm² 和 15.0～17.5 kg/kg，是三种作物中最低的，与粳稻和玉米相比，单产水平分别降低 1.1 t/hm² 和 633.8 kg/hm²，生产效率分别低 5.4 kg/kg 和 4.1 kg/kg。从 2016 年开始，安徽省小麦和玉米施肥强度逐步下降。2019 年安徽省砂姜黑土区小麦和玉米施肥强度为 388.8 kg/hm² 和 342.0 kg/hm²（表 14-1），分别比 2018 年减少了 5.1 kg/hm² 和 6.3 kg/hm²。

表 14-1 安徽省 2019 年砂姜黑土区小麦和玉米施肥情况

| 作物 | 化肥施用量/kg/hm² | | | | N：P₂O₅：K₂O |
	N	P₂O₅	K₂O	总计	
小麦	219.6	91.7	77.6	388.8	1：0.42：0.35
玉米	224.3	59.6	58.2	342.0	1：0.27：0.26

2010—2014 年，山东省粳稻平均单产水平和施肥强度最高，与小麦和玉米相比，单产水平分别高 1.9 t/hm² 和 1.1 t/hm²，施肥强度分别高 81.2 kg/hm² 和 120.6 kg/hm²；生产效率比小麦高 1.4 kg/hm²，比玉米低 2.3 kg/hm²。小麦施肥强度比玉米高 39.5 kg/hm²，单产水平较玉米低 0.8 t/hm²，生产效率较玉米低 3.6 kg/kg（郭永召 等，2020）。

2010—2014 年，河南省粳稻单产水平和施肥强度最高，与小麦和玉米相比，单产水平分别高 1.5 t/hm² 和 1.1 t/hm²，施肥强度分别高 61.6 kg/hm² 和 151.9 kg/hm²；生产效率比小麦高 1.14 kg/hm²，比玉米低 4.70 kg/hm²。小麦施肥强度比玉米高 90.6 kg/hm²，单产水平比玉米低 0.4 t/hm²，生产效率较玉米低 5.9 kg/kg（郭永召 等，2020）。

"十三五"期间，随着化肥零增长行动实施，在应用测土配方施肥技术的同时，秸秆还田、商品有机肥施用及农业机械化、规模化、精准化迅速发展。这些技术的综合利用，促进了砂姜黑土的培肥，实现了化肥用量的减少和效率的提高。

第二节 田间试验与区域施肥建议

一、田间"3414"试验

自 2005 年起，全国范围内广泛开展测土配方施肥工作，以推动粮食增产、农民增收和保护环境。国家先后出台一系列政策推进测土配方施肥技术在全国落实，全国农业技术推广服务中心通过田间

"3414"试验建立了基于传统土壤测试方法的土壤养分丰缺指标和推荐施肥指标。

"3414"试验方案是二次回归 D-最优设计的一种完全实施试验，即氮、磷、钾 3 个因素，每个因素 4 个用量水平，共 14 个处理的肥料试验设计方案。该试验方案设计吸收了回归最优设计处理少、效率高的优点。4 个用量水平：0 水平用量指不施肥，2 水平用量指当地最佳施肥量的近似值，1 水平用量＝2 水平用量×0.5，3 水平用量＝2 水平用量×1.5（该水平为过量施肥水平），14 个处理分别为：①N0P0K0、②N0P2K2、③N1P2K2、④N2P0K2、⑤N2P1K2、⑥N2P2K2、⑦N2P3K2、⑧N2P2K0、⑨N2P2K1、⑩N2P2K3、⑪N3P2K2、⑫N1P1K2、⑬N1P2K1、⑭N2P1K1（陈新平等，2006）。

该方案除可应用 14 个处理，进行氮、磷、钾三元二次肥料效应函数的拟合以外，还可分别进行氮、磷、钾中任意二元或一元肥料效应函数的拟合。例如：进行氮、磷二元肥料效应函数拟合时，可选用处理②～⑦、⑪、⑫，可求得以 K2 水平为基础的氮、磷二元二次肥料效应函数；选用处理②、③、⑥、⑪可求得以 P2K2 水平为基础的氮肥效应函数；选用处理④、⑤、⑥、⑦可求得以 N2K2 水平为基础的磷肥效应函数；选用处理⑥、⑧、⑨、⑩可求得以 N2P2 水平为基础的钾肥效函数。

二、区域施肥建议

自测土配方施肥技术在全国推广应用以来，不断有研究者根据"3414"田间试验数据建立土壤养分丰缺指标和推荐施肥指标。作者基于 2005 年山东省的 178 个"3414"田间试验建立了冬小麦施肥体系（表 14-2）。孙克刚等（2010）基于 2004—2008 年河南省砂姜黑土区 60 个简化的"3414"田间试验建立了冬小麦施肥体系（表 14-3），以指导河南省小麦平衡施肥。毛伟等（2014）基于 2005—2011 年江苏省江都区的精确氮施肥试验、无氮基础地力试验、"3414"部分试验，共 266 个试验，建立了县级水稻施肥体系（表 14-4），这里面包括了 37 个土种，砂姜黑土占了 27.0%。

表 14-2　山东省冬小麦推荐施肥体系

土壤指标	肥力等级	土壤测定/mg/kg	目标相对产量/%	推荐施肥量/kg/hm²
有效磷	低	<10	<75	100～130
	中	10～30	75～90	80～100
	高	30～50	90～95	60～80
	极高	>50	>95	0
速效钾	低	<50	<75	120～150
	中	50～100	75～90	100～120
	高	100～140	90～95	60～80
	极高	>140	>95	0

注：根据孙义祥等（2009）数据。

表 14-3　河南省砂姜黑土区冬小麦推荐施肥体系

土壤指标	肥力等级	土壤测定/mg/kg	各等级平均值/mg/kg	目标产量/t/hm²	推荐施肥量/kg/hm²
有效磷	极低	<7	5.2	6.0	135
	低	7～12	8.9	6.5	105

（续）

土壤指标	肥力等级	土壤测定/ mg/kg	各等级平均值/ mg/kg	目标产量/ t/hm²	推荐施肥量/ kg/hm²
有效磷	中	12～18	15.6	7.0	90
	较高	18～38	25.6	7.5	60
	高	＞38	52.3	7.5	0
速效钾	极低	＜67.4	52.8	6.0	150
	低	67.4～97.1	78.2	6.5	120
	中	97.1～130.0	104.5	7.0	90
	高	＞130.0	274.0	7.5	45

注：根据孙克刚等（2010）数据。

表 14-4 江都区水稻推荐施肥体系

土壤指标	肥力等级	土壤测定/mg/kg	目标相对产量/%	推荐施肥量/kg/hm²
有效磷	低	＜10	＜75	64.5
	中	10～17	75～90	48.0
	高	17～21	90～95	40.5
	极高	＞21	＞95	0
速效钾	低	＜60	＜75	82.5
	中	60～115	75～90	40.5
	高	115～140	90～95	22.5
	极高	＞140	＞95	0

注：根据毛伟等（2014）数据。

这些测土施肥指标体系，为当时测土配方施肥技术推广应用提供科学依据。然而现阶段作物的品种特性、产量水平、栽培制度、农民施肥方式和土壤肥料等要素均发生了很大变化，原有指标体系已不能适应当前的生产需求，需要建立新的测土配方施肥指标体系。

三、数据来源及统计方法

（一）数据来源

砂姜黑土测土配方施肥技术数据源于2016—2019年农业农村部测土配方施肥数据库的"3414"田间试验，覆盖85%以上的砂姜黑土耕地面积，具体包括江苏省徐州市、连云港市、宿迁市，安徽省滁州市、蚌埠市、宿州市、阜阳市，山东省济南市、淄博市、烟台市、潍坊市、青岛市、临沂市、日照市、枣庄市，以及河南省许昌市、漯河市、平顶山市、驻马店市、信阳市、周口市、洛阳市、南阳市等的县（市、区），共计629个试验。

（二）数据统计方法

1. 建立土壤磷钾肥力分级指标 通过明确作物缺素处理的相对产量水平，运用对数转换统一相对产量，分析此时的产量与对应测试土壤养分含量的数学关系，明确相对产量75%、90%和95%时

349

计算的对应土壤养分含量，将土壤养分丰缺指标划分为低、中、高和极高 4 个水平。

以小麦为例，籽粒缺素区相对产量具体计算方法如下：

设施用磷肥的 4 个水平用量分别为 P0、P1、P2、P3（氮、钾均为 2 水平用量），对应小麦产量分别为 YP0、YP1、YP2、YP3。

如果 YP0 最大，缺磷相对产量为 100％；如果 YP1、YP2 或 YP3 中之一最大，缺磷相对产量为 YP0 与最高产量比值。

用同样的方法计算小麦籽粒缺钾区相对产量。

本文定义：冬小麦缺素区相对产量小于 75％对应的养分值为低、介于 75％～90％的为中、介于 90％～95％的为高、大于 95％的为极高。

2. 作物 100 kg 籽粒养分吸收量计算　作物 100 kg 籽粒养分吸收量按照以下公式进行计算：

$$100\text{ kg 籽粒 N 吸收量}=\frac{\text{籽粒产量}\times\text{籽粒 N 养分含量}+\text{茎叶产量}\times\text{茎叶 N 养分含量}}{\text{籽粒产量}}\times100。$$

$$100\text{ kg 籽粒 P 吸收量}=\frac{\text{籽粒产量}\times\text{籽粒 P 养分含量}+\text{茎叶产量}\times\text{茎叶 P 养分含量}}{\text{籽粒产量}}\times100。$$

$$100\text{ kg 籽粒 K 吸收量}=\frac{\text{籽粒产量}\times\text{籽粒 K 养分含量}+\text{茎叶产量}\times\text{茎叶 K 养分含量}}{\text{籽粒产量}}\times100。$$

根据公式，首先分别计算各试验点的 100 kg 籽粒 N、P、K 吸收量，再统计不同区域的 100 kg 籽粒 N、P、K 吸收量。

3. 推荐施肥量的计算方法　采用一元二次模型对砂姜黑土区域的 629 个"3414"试验数据模拟，分析确定每个试验点的最佳磷肥、钾肥施用量，再采用线性加平台模型直接计算最佳施肥量。

一元二次模型进行拟合的方程为

$$y=a+bx+cx^2$$

式中：y 为籽粒产量（kg/hm²），x 为肥料用量（kg/hm²），a 为截距，b 为一次回归系数，c 为二次回归系数。

选用处理 N2P0K2、N2P1K2、N2P2K2、N2P3K2 的产量结果模拟磷肥的推荐用量，选用处理 N2P2K2、N2P2K0、N2P2K1、N2P2K3 的产量结果模拟钾肥的推荐用量，根据边际收益等于边际成本，即 $\mathrm{d}y\cdot P_y=\mathrm{d}x\cdot P_x$ 计算经济最佳施肥量，式中 P_y 为籽粒价格，P_x 为肥料价格。

计算时磷肥和钾肥以 P_2O_5 和 K_2O 计，价格分别为 4.09 元/kg 和 4.72 元/kg，小麦和玉米的价格分别以 1.60 元/kg 和 1.56 元/kg 计。当试验结果表明施肥增产效果不显著时，则推荐施肥量为 0；如果推荐施肥量高于试验的最高施肥量，则以试验的最高施肥量为推荐施肥量。

将每个试验点的最佳施肥量与土壤养分含量对应进行统计（磷肥用量对应土壤有效磷含量、钾肥用量对应土壤速效钾含量），按上述建立的土壤肥力分级指标进行分类（低、中、高、极高）汇总统计，确定在不同养分水平下作物适宜的磷、钾施肥推荐用量。

四、磷钾丰缺指标

（一）有效磷分级指标

基于砂姜黑土区域的 629 个"3414"试验数据，可作小麦试验缺磷处理的相对产量与土壤有效磷含量散点图（图 14-1），对数回归方程为 $y=15.35\ln x+37.64$（$R^2=0.445^{**}$）。相关性分析表明，土壤有效磷含量与缺磷处理小麦相对产量的相关性达到极显著水平，将相对产量 75％、90％和 95％

分别代入对数方程，求出对应的土壤有效磷含量数值分别为 11.4 mg/kg、30.3 mg/kg 和 42.0 mg/kg，即为土壤有效磷的丰缺指标值。

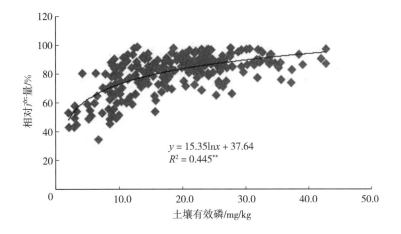

图 14-1　砂姜黑土有效磷含量与缺磷处理小麦相对产量的关系（$n=629$）

砂姜黑土有效磷的丰缺指标分为 4 级，即小麦相对产量小于 75%时，土壤有效磷含量小于 11.4 mg/kg 为低等级；小麦相对产量在 75%～90%时，土壤有效磷含量 11.4～30.3 mg/kg 为中等级；小麦相对产量在 90%～95%时，土壤有效磷含量 30.3～42.0 mg/kg 为高等级；小麦相对产量大于 95%时，土壤有效磷含量大于 42.0 mg/kg 为极高等级。考虑到实际操作的方便性，可将土壤有效磷丰缺指标值进行简化，即土壤有效磷含量小于 11 mg/kg 的土壤为低等级磷肥力土壤，11～30 mg/kg 的土壤为中等级磷肥力土壤，30～42 mg/kg 的土壤为高等级磷肥力土壤，大于 42 mg/kg 的土壤为极高等级磷肥力土壤。

根据砂姜黑土区"3414"玉米试验缺磷处理的相对产量与土壤有效磷含量作散点图（图 14-2），对数回归方程为 $y=14.00 \ln x+43.68$（$R^2=0.235^{**}$）。相关性分析表明，土壤有效磷含量与缺磷处理玉米相对产量的相关性达到极显著水平，将相对产量 75%、90% 和 95% 代入对数方程，求出对应的土壤有效磷含量数值分别为 9.4 mg/kg、27.4 mg/kg 和 39.1 mg/kg，即为土壤有效磷的丰缺指标值。

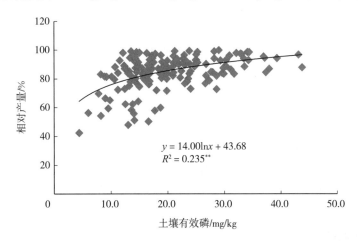

图 14-2　砂姜黑土有效磷含量与缺磷处理玉米相对产量的关系（$n=629$）

砂姜黑土区玉米土壤有效磷的丰缺指标分为 4 级，即玉米相对产量小于 75%时，土壤有效磷含量小于 9.4 mg/kg 为低等级；玉米相对产量在 75%～90%时，土壤有效磷含量 9.4～27.4 mg/kg 为中等级；玉米相对产量在90%～95%时，土壤有效磷含量27.4～39.1 mg/kg为高等级；玉米相对产量大于95%时，土壤有效磷含量大于39.1 mg/kg为极高等级。考虑到实际操作的方便性，可将玉米土壤有效磷丰缺指标值进行简化，即土壤有效磷含量小于9 mg/kg的土壤为低等级磷肥力土壤，9～27 mg/kg的土壤为中等级磷肥力土壤，27～39 mg/kg的土壤为高等级磷肥力土壤，大于39 mg/kg的土壤为极高等级磷肥力土壤。

（二）速效钾分级指标

根据砂姜黑土区"3414"小麦试验缺钾处理的相对产量与土壤速效钾含量作散点图（图14-3），对数回归方程为$y=16.90\ln x+7.116$（$R^2=0.249^{**}$）。相关性分析表明，缺钾处理小麦相对产量与土壤速效钾含量的相关性达到极显著水平，根据方程计算，获得缺钾区小麦相对产量75%、90%和95%对应的土壤速效钾含量分别为55.5 mg/kg、134.9 mg/kg和181.3 mg/kg，这组数值即为土壤速效钾的丰缺指标值。

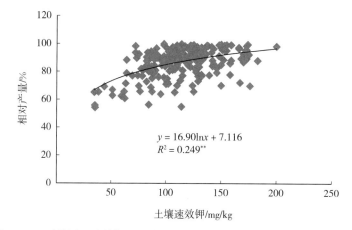

图14-3　砂姜黑土速效钾含量与缺钾处理小麦相对产量的关系（$n=629$）

考虑到实际操作的方便性和土壤速效钾含量现状，将砂姜黑土的钾肥力指标分为4级，土壤速效钾含量小于56 mg/kg的土壤为低等级钾肥力土壤，56～135 mg/kg的土壤为中等级钾肥力土壤，135～181 mg/kg的土壤为高等级钾肥力土壤，速效钾含量大于181 mg/kg的土壤为极高等级钾肥力土壤。

砂姜黑土区"3414"玉米试验缺钾处理的相对产量与土壤速效钾含量的对数回归方程为$y=33.82\ln x-73.25$（$R^2=0.514^{**}$）（图14-4），缺钾处理玉米相对产量与土壤速效钾含量的相关性达到极显著水平。根据方程计算，获得缺钾区玉米相对产量75%、90%和95%对应的土壤速效钾含量分别为80.1 mg/kg、124.8 mg/kg和144.7 mg/kg，即为玉米土壤速效钾的丰缺指标值。

考虑到实际操作的方便性和土壤速效钾含量现状，将砂姜黑土的钾肥力指标分为4级，土壤速效钾含量小于80 mg/kg的土壤为低等级钾肥力土壤，80～125 mg/kg的土壤为中等级钾肥力土壤，125～145 mg/kg的土壤为高等级钾肥力土壤，速效钾含量大于145 mg/kg的土壤为极高等级钾肥力土壤。

五、推荐施肥量

（一）主要作物100 kg籽粒养分吸收量

根据砂姜黑土区629个"3414"小麦和玉米试验，分别分析了52 836个籽粒和秸秆的氮、磷、

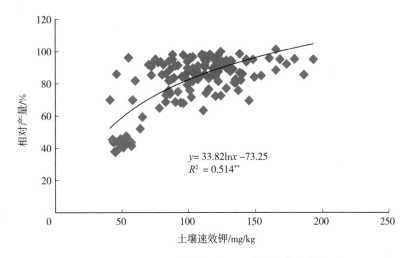

图 14-4　砂姜黑土速效钾含量与缺钾处理玉米相对产量的关系（$n=629$）

钾含量，得到该区域生产 100 kg 小麦和玉米籽粒的养分吸收量（表 14-5）。小麦平均生产 100 kg 籽粒需要吸收氮、磷、钾分别为 2.452 kg、0.540 kg、2.074 kg，与之对应，玉米分别需要 2.336 kg、0.583 kg、2.369 kg。

表 14-5　砂姜黑土区主要作物 100 kg 籽粒养分吸收量

单位：kg

作物	参数	100 kg 籽粒养分吸收量		
		N	P	K
小麦	平均值	2.452	0.540	2.074
	最大值	3.978	1.055	3.322
	最小值	1.240	0.230	1.057
	标准差	0.543	0.211	0.515
玉米	平均值	2.336	0.583	2.369
	最大值	3.708	1.394	3.934
	最小值	1.234	0.250	1.220
	标准差	0.456	0.232	0.515

（二）小麦和玉米的推荐施肥量

在砂姜黑土区 629 个小麦和玉米"3414"试验，选择 N0P2K2、N1P2K2、N2P2K2、N3P2K2 处理下的小麦和玉米产量，采用三元二次、一元二次方程进行模拟，将冬小麦和玉米价格、氮肥价格代入方程，由此得到，小麦和玉米最佳施氮量范围分别为 61.81～299.78 kg/hm² 和 48.42～336.93 kg/hm²，符合正态分布曲线，小麦和玉米最佳施氮量的平均值分别为 186.84 kg/hm² 和 192.48 kg/hm²。考虑到实际操作的方便性，将砂姜黑土区小麦和玉米最佳施氮量的平均值作为推荐施肥量（表 14-6）。

表 14 - 6　砂姜黑土区小麦和玉米的推荐施肥量

单位：kg/hm²

作物	参数	推荐施肥量		
		N	P₂O₅	K₂O
		N	P_2O_5	K_2O
小麦	平均值	186.84	82.54	65.14
	最大值	299.78	210.58	248.66
	最小值	61.81	0.00	0.00
	标准差	58.34	50.52	48.65
玉米	平均值	192.48	64.50	72.84
	最大值	336.93	167.83	208.12
	最小值	48.42	0.00	0.00
	标准差	62.66	42.53	42.47

根据砂姜黑土磷钾丰缺指标和目标产量下生产 100 kg 籽粒磷、钾养分需求量，得出砂姜黑土区小麦和玉米 P_2O_5 最佳推荐施用量范围分别为 0～210.6 kg/hm² 和 0～167.8 kg/hm²，K_2O 最佳推荐施用量范围分别为 0～248.7 kg/hm² 和 0～208.1 kg/hm²，符合正态分布曲线，小麦和玉米最佳施磷量的平均值分别为 82.5 kg/hm² 和 64.5 kg/hm²，最佳施钾量的平均值分别为 65.1 kg/hm² 和 72.8 kg/hm²。考虑到实际操作的方便性，将砂姜黑土区小麦和玉米的磷、钾肥最佳施用量平均值作为推荐施肥量。

第三节　县域测土配方施肥系统建立与应用

我国的砂姜黑土主要分布在淮河以北的黄淮海平原上，具体分布在安徽、河南、江苏、山东、湖北和河北等省份，气候特征有所不同，不同行政区域的农民种植方式也有所差异，因此，测土配方施肥技术尽管可以提出针对砂姜黑土区域的推荐施肥量，但难以精准指导农民因地施肥。针对我国以县为单位主导农业生产现状，以及我国农户分散经营、区域尺度土壤养分时空变异复杂、养分现状难于掌握，复合肥市场混乱，作物专用肥适应区域不明确的问题，在县域尺度上，作者曾成功地指导制定了水稻测土施肥配方、淮北小麦测土施肥配方等（孙义祥，2010；陈明桂 等，2015）。这表明县域尺度的测土配方施肥，在行政、空间和时间等方面都具有最迅速的执行力、最有效的落实度及最好的生态效益、社会效益、经济效益。因此，本节以安徽省砂姜黑土面积最大的县——蒙城县为例，运用 GIS 技术对区域土壤养分空间变异性进行一体化评价，根据土壤养分状况结合土壤类型进行施肥分区，结合不同作物对养分的需求规律，制定区域肥料配方。

一、材料与方法

（一）数据来源

本节数据来源于安徽省蒙城县测土配方施肥的 52 个 "3414" 完全实施试验，其中小麦试验 33

个，2 水平的施肥量为 N 210 kg/hm²、P₂O₅ 120 kg/hm² 和 K₂O 150 kg/hm²，分布在岳坊镇、马集镇、漆园镇、白杨林场、坛城镇、辛集乡、许坛镇、板桥镇、范集镇、立仓镇、庄周乡、王集乡、乐土镇和楚村镇；玉米试验 19 个，2 水平的施肥量为 N 300 kg/hm²、P₂O₅ 90 kg/hm² 和 K₂O 150 kg/hm²，分布在白杨林场、板桥镇、楚村镇、范集镇、乐土镇、漆园镇、篱笆镇、坛城镇、王集乡、小涧镇、辛集乡、许坛镇和岳坊镇。

（二）样品采集与分析

为了了解土壤性状在空间上的变异性，按照"随机""等量""多点混合"的原则，于 2006—2007 年对蒙城县土壤样品进行了系统采样，为便于田间示范追踪和施肥分区需要，采样集中在每个采样单元相对中心位置的典型地块，采样地块面积为 1～10 亩。采用 GPS 定位，记录经纬度。两年合计采集土壤样品 4 790 个，样点涵盖城关镇、双涧镇、小涧镇、坛城镇、许疃镇、板桥集镇、马集镇、岳坊镇、立仓镇、楚村镇、乐土镇、三义镇、篱笆镇、王集乡、小辛集乡、庄周办事处、漆园办事处和白杨林场。

（三）土壤养分丰缺指标建立方法

按照区域测土施肥体系建立的方法确定蒙城县砂姜黑土小麦和玉米的磷、钾丰缺指标。作物缺素区相对产量小于 75% 的养分值为低、75%～90% 的养分值为中、90%～95% 的养分值为高、大于95% 的养分值为极高，将土壤养分丰缺指标划为 4 个水平。

二、区域肥料用量的确定

（一）区域氮肥用量的确定

根据蒙城县冬小麦和夏玉米"3414"试验，模拟出每个试验点的最佳施氮量，根据多点试验平均确定氮肥用量。分期调控：氮肥 40% 于播前作为基肥施入，冬小麦追肥 60% 于返青期追施，夏玉米追肥 60% 于大喇叭口期追施。

（二）区域磷钾肥用量的确定

对于磷肥管理来说，当土壤有效磷处于低肥力水平时，磷肥管理的目标是通过增施磷肥提高作物产量和土壤有效磷含量，磷肥用量为作物带走量的 1.5 倍；当土壤有效磷含量处于中肥力水平时，磷肥管理的目标是维持现有土壤有效磷水平，磷肥用量等于作物的带走量；当土壤有效磷处于高肥力水平时，施用磷肥的增产潜力不大，不推荐施用磷肥或施用作物带走量的 0.5 倍。对于钾来说，管理策略和磷相似，但作物吸收钾的 80% 储存在秸秆中，故在钾肥管理中应首先强调秸秆还田。

三、基于 GIS 技术的区域配肥技术

在土壤养分分级图和目标产量图的基础上，制定研究区域内主要栽培作物的氮磷钾肥推荐用量分区图，通过施肥量图层的叠加确定肥料配方图。对于一个地区来说，为了生产和推广的方便，区域肥料配方不宜过多，配方过多不仅操作困难，还容易造成地区间混乱，效果不好。因此，可以根据区域施肥推荐技术，为一个地区提供几种主流施肥配方，不足部分通过追肥或其他措施弥补。

软件：ArcGis9.2（美国 ESRI 公司的空间制图与管理软件，操作界面见图 14-5）。

区域配方设计步骤：用 ArcMap（ArcGIS9.2）对研究区域图件资料的准备和矢量化；把目标产量和养分吸收量作为字段添加图层属性中；将土壤养分测定值录入与转换为 DBF4（.dbf）格式并添加到图层；对添加到图层的数据进行坐标投影；对投影的数据进行统计学插值，根据土壤养分丰缺指标制定养分分区图；通过 "Analysis" 目录下的 "Map Calculator" 功能确定养分分区内氮肥、磷肥、钾肥推荐用量，氮磷钾肥推荐用量图叠加形成区域配方图。基于 GIS 的区域配方的制作过程可用图 14-6 表示。

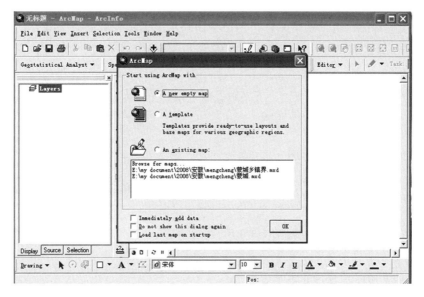

图 14-5　ArcGis9.2 操作界面

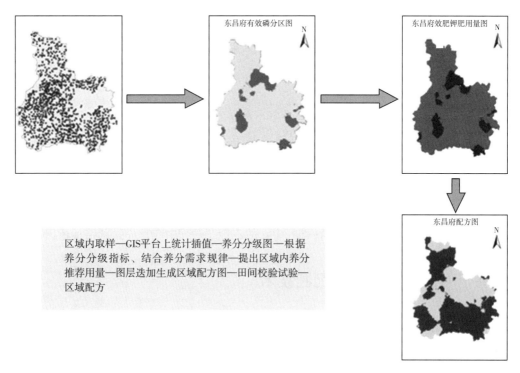

图 14-6　基于 GIS 的区域配方的制定过程

四、土壤养分丰缺指标的建立

(一) 土壤有效磷丰缺指标的建立

试验缺磷处理的相对产量与土壤有效磷含量作散点图 (图 14-7),并做对数回归方程: $y=$ $13.20\ln x+46.29$ ($R^2=0.312^{**}$)。土壤有效磷含量与缺磷处理冬小麦相对产量的相关性达到极显著水平,将相对产量 75% 和 90% 代入对数方程,求出对应的土壤有效磷含量数值分别约为 11 mg/kg 和 31 mg/kg,此值即为土壤有效磷的丰缺指标值。考虑到实际操作的方便性,可将土壤有效磷丰缺指标值进一步简化,即有效磷含量小于 10 mg/kg 的土壤为低等级磷肥力土壤,有效磷含量大于 30 mg/kg 的土壤为高等级磷肥力土壤,有效磷含量 10～30 mg/kg 的土壤为中等级磷肥力土壤。

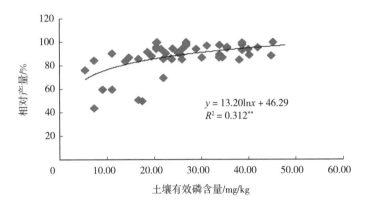

图 14-7 土壤有效磷含量与缺磷处理相对产量的关系

(二) 土壤速效钾丰缺指标的建立

试验缺钾处理的相对产量与土壤速效钾含量的对数回归方程为 $y=24.98\ln x-27.87$ ($R^2=$ 0.405^{**}) (图 14-8)。缺钾处理作物相对产量与土壤速效钾含量的相关性达到极显著水平,根据方程计算,获得缺钾区作物相对产量 75% 和 90% 对应的土壤速效钾含量分别约为 66 mg/kg 和 117 mg/kg,这组数值即为土壤速效钾的丰缺指标值。考虑到实际操作的方便性,将土壤速效钾丰缺指标值进一步简化,即速效钾含量小于 70 mg/kg 的土壤为低等级钾肥力土壤,速效钾含量大于 120 mg/kg 的土壤为高等级钾肥力土壤,速效钾含量介于 70～120 mg/kg 的土壤为中等级钾肥力土壤。

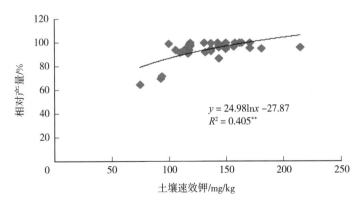

图 14-8 土壤速效钾含量与缺钾处理相对产量的关系

五、施肥量的确定

(一) 小麦施肥量的确定

根据蒙城县小麦的"3414"试验结果,该地区氮肥平均用量为 210 kg/hm²,氮肥中有 40% 作为基肥施入,则基肥施氮量为 84 kg/hm²。磷肥和钾肥的用量根据土壤养分丰缺指标确定,全部作为基肥施入,具体施用量见表 14-7 和表 14-8。

表 14-7　蒙城县土壤有效磷丰缺指标及小麦磷肥推荐用量(目标产量 7.7 t/hm²)

土壤有效磷 等级	相对产量/ %	土壤有效磷/ mg/kg	养分吸收量/ g/kg	施肥量换算 系数	磷肥推荐用量 P_2O_5/kg/hm²
高	>90	>30	10.6	0.5	45
中	75~90	10~30	10.6	1.0	90
低	<75	<10	10.6	1.5	135

表 14-8　蒙城县土壤速效钾丰缺指标及小麦钾肥推荐用量(目标产量 7.7 t/hm²)

土壤速效钾 等级	相对产量/ %	土壤速效钾/ mg/kg	养分吸收量/ g/kg	施肥量换算 系数	钾肥推荐用量 K_2O/kg/hm²
高	>90	>120	26.9	0.5	60
中	75~90	70~120	26.9	1.0	120
低	<75	<70	26.9	1.5	180

(二) 夏玉米施肥量的确定

根据蒙城县夏玉米的"3414"试验结果,该地区氮肥平均用量为 180 kg/hm²,氮肥中有 40% 作为基肥施入,则基肥施氮量为 72 kg/hm²。磷肥和钾肥的用量根据土壤养分丰缺指标确定,全部作为基肥施入,具体施用量见表 14-9 和表 14-10。

表 14-9　蒙城县土壤有效磷丰缺指标及夏玉米磷肥推荐用量(目标产量 7 t/hm²)

土壤有效磷 等级	相对产量/ %	土壤有效磷/ mg/kg	养分吸收量/ g/kg	施肥量换算 系数	磷肥推荐用量 P_2O_5/kg/hm²
高	>90	30	7.4	0.5	30
中	75~90	10~30	7.4	1.0	60
低	<75	<10	7.4	1.5	90

表 14-10　蒙城县土壤速效钾丰缺指标及夏玉米钾肥推荐用量(目标产量 7t/hm²)

土壤速效钾 等级	相对产量/ %	土壤速效钾/ mg/kg	养分吸收量/ g/kg	施肥量换算 系数	钾肥推荐用量 K_2O/kg/hm²
高	>90	>120	19.9	0.5	45
中	75~90	70~120	19.9	1.0	90
低	<75	<70	19.9	1.5	135

六、小麦区域配方的制定

（一）蒙城县小麦磷、钾肥用量分区图的制定

将蒙城县的土壤有效磷进行地统计学插值，按照有效磷含量小于 10 mg/kg 为低水平、10～30 mg/kg 为中水平、大于 30 mg/kg 为高水平的分级标准，得到蒙城县的土壤有效磷分区图。从图斑面积看，蒙城县土壤有效磷含量多分布在 10～30 mg/kg。当目标产量为 7.7 t/hm² 时，根据每生产 100 kg 小麦籽粒吸磷量 1.06 kg 计算，按照磷、钾肥恒量监控原理，当土壤有效磷含量大于 30 mg/kg 时，磷肥推荐用量为 45 kg/hm²；当土壤有效磷含量介于 10～30 mg/kg 时，磷肥推荐用量为 90 kg/hm²；当土壤有效磷含量小于 10 mg/kg 时，磷肥推荐用量为 135 kg/hm²。推荐用量图斑与土壤有效磷分布图斑对应。

按照速效钾含量小于 70 mg/kg 为低水平、70～120 mg/kg 为中水平、大于 120 mg/kg 为高水平的分级标准，制定蒙城县土壤速效钾分区图。目标产量为 7.7 t/hm² 时，根据每生产 100 kg 小麦籽粒吸钾量 2.69 kg 计算，按照磷、钾肥恒量监控原理，当土壤速效钾含量大于 120 mg/kg 时，钾肥推荐用量为 60 kg/hm²；当土壤速效钾含量介于 70～120 mg/kg 时，钾肥推荐用量为 120 kg/hm²；当土壤速效钾含量小于 70 mg/kg 时，钾肥推荐用量为 180 kg/hm²。推荐用量图斑与土壤速效钾分布图斑对应。

（二）蒙城县小麦区域配方图的制定

在蒙城县，小麦氮肥基肥推荐用量有 1 个，为 84 kg/hm²。磷肥推荐用量有 3 个，分别为 45 kg/hm²、90 kg/hm² 和 135 kg/hm²，但 45 kg/hm² 用量的图斑面积非常小，可以忽略不计，因此，磷肥实际推荐用量有 2 个，分别为 90 kg/hm² 和 135 kg/hm²。根据土壤速效钾含量，钾肥推荐用量也有 3 个，分别为 60 kg/hm²、120 kg/hm² 和 180 kg/hm²，但钾肥推荐用量图中没有 180 kg/hm² 用量的分布，钾肥实际推荐用量也只有 2 个，分别为 60 kg/hm² 和 120 kg/hm²。图层叠加后应有 4 个基肥配方，N-P_2O_5-K_2O（%）分别是 A：16-17-12，B：13-22-10，C：13-14-18，D：11-18-16。从图斑面积看，安徽省蒙城县小麦的主流配方应为 A 配方和 C 配方，A 配方肥施用量为 520 kg/hm²，在返青期追施尿素 250～300 kg/hm²；C 配方肥施用量为 650 kg/hm²，在返青期追施尿素 250～300 kg/hm²。

七、夏玉米区域配方的制定

（一）蒙城县夏玉米磷、钾肥用量分区图的制定

将蒙城县的土壤有效磷进行地统计学插值，按照有效磷含量＜10 mg/kg 为低水平、10～30 mg/kg 为中水平、＞30 mg/kg 为高水平的分级标准，得到蒙城县的土壤有效磷分区图。当目标产量为 7 t/hm² 时，根据每生产 100 kg 玉米籽粒吸磷量 0.74 kg 计算，按照磷、钾肥恒量监控原理，当土壤有效磷含量＞30 mg/kg 时，磷肥推荐用量为 30 kg/hm²；当土壤有效磷含量介于 10～30 mg/kg 时，磷肥推荐用量为 60 kg/hm²；当土壤有效磷含量＜10 mg/kg 时，磷肥推荐用量为 90 kg/hm²。推荐用量图斑与土壤有效磷分布图斑对应。

按照速效钾含量＜70 mg/kg 为低水平、70～120 mg/kg 为中水平、＞120 mg/kg 为高水平的分级标准，制定蒙城县土壤速效钾分区图。目标产量为 7 t/hm² 时，根据每生产 100 kg 玉米籽粒吸钾量

1.99 kg 计算，按照磷、钾肥恒量监控原理，当土壤速效钾含量＞120 mg/kg 时，钾肥推荐用量为 45 kg/hm²；当土壤速效钾含量介于 70～120 mg/kg 时，钾肥推荐用量为 90 kg/hm²；当土壤速效钾含量＜70 mg/kg 时，钾肥推荐用量为 135 kg/hm²。推荐用量图斑与土壤速效钾分布图斑对应。

（二）蒙城县夏玉米区域配方图的制定

在蒙城县夏玉米氮肥基肥推荐用量有 1 个，为 72 kg/hm²。磷肥推荐用量有 3 个，分别为 30 kg/hm²、60 kg/hm² 和 90 kg/hm²，但 30 kg/hm² 用量的图斑面积非常小，可以忽略不计，因此，磷肥实际推荐用量有 2 个，分别为 60 kg/hm² 和 90 kg/hm²。根据土壤速效钾含量，钾肥推荐用量也有 3 个，分别为 45 kg/hm²、90 kg/hm² 和 135 kg/hm²，但钾肥推荐用量图中没有 135 kg/hm² 用量的分布，钾肥实际推荐用量也只有 2 个，分别为 45 kg/hm² 和 90 kg/hm²。图层叠加后应有 4 个基肥配方，$N-P_2O_5-K_2O$（%）分别是 A：18-15-12，B：16-19-10，C：15-12-18，D：13-16-16。从图斑面积看，安徽省蒙城县夏玉米的主流配方应为 A 配方和 C 配方，A 配方肥施用量为 400 kg/hm²，在大喇叭口期追施尿素 200～250 kg/hm²；C 配方肥施用量为 500 kg/hm²，在大喇叭口期追施尿素 200～250 kg/hm²。

基于 GIS 平台，应用地统计学方法，利用有限点的土壤养分测定数据对未测点进行插值，得到研究区域内任何位置的养分含量，再根据土壤养分丰缺指标制定土壤养分分级图，提高了对土壤供肥能力的评价精度；根据土壤养分含量划分施肥分区，结合施肥模型制定肥料配方，避免了土壤养分空间变异性所造成的施肥推荐偏差，使肥料配方的制定趋于更加合理，蒙城县冬小麦的主导配方 $N-P_2O_5-K_2O$（%）为 16-17-12 和 13-14-18，夏玉米的主导配方 $N-P_2O_5-K_2O$（%）为 18-15-12 和 15-12-18。

第十五章 | 砂姜黑土耕地主要障碍因子与改良 >>>

第一节 低产砂姜黑土耕地主要障碍因子

砂姜黑土主要分布的淮北平原是黄淮海平原的重要组成部分，同时也是我国重要的商品粮、油、棉生产基地之一。淮北平原旱涝灾害发生频繁，而土壤的抗自然灾害能力较弱，粮食产量总体水平较低，土地生产潜能无法全部发挥出来。砂姜黑土具有干缩湿胀、易旱易涝、耕性差及肥力水平低的不良性状，概括起来是旱涝、僵和瘠，这些因素导致农业生产活动中具有多种不同的障碍。长期以来，砂姜黑土的改造都受到了国家特别重视，采取了许多改良措施，投入了巨大的人力物力。

砂姜黑土的主要障碍因子为物理性能差，结构性差，质地黏重，有效蓄水量少，有效孔隙少，对水分的调节库容小。通常砂姜黑土一般处于地势低洼区，地下水位较高，表现出易旱易涝的特点，这是导致耕地低产的主要原因之一；同时，常年降水量及分配不均特别容易导致旱涝灾害，这也是导致耕地低产的重要因素之一。

随着农田复种指数的不断提高，土壤遭到碾压，土壤犁底层不断被夯实，长久之后，犁底层越来越厚，越来越硬，不断上移；而通常旋耕机旋耕深度有限，耕层深度一般达不到犁底层，多方面因素下，耕层便会不断变浅薄（高旺盛，2011）。同时，长期使用化肥的土壤容易板结、酸化，降低土壤养分的有效性，降低有机质的含量，降低微生物和酶的活性；同时，土壤孔隙度的减少、容重的提高，不利于团粒结构的形成和土壤结构的长期稳定（杨志臣 等，2008）。此外，旱涝灾害等自然因素，更进一步破坏土壤结构、加剧耕层浅薄化。当前，我国保护性耕作技术推广过程中存在不规范、设备不成熟和科学技术性较差的现象，部分农业生产者甚至将保护性耕作理解为"懒耕"或者"不耕"，从而进一步容易造成土壤耕层不断变浅、犁底层不断上移的现象。最后，城镇化进程的加快造成农村青壮年劳动力常年外出务工，农村劳动力极度缺乏，从而使得农田常年得不到有效的翻耕。此外，农业废弃物的不当处理导致土壤内部水、肥、气、热不协调，结构性变差。这些因素均可造成土壤耕层浅薄、犁底层不断上移、结构不断变差，导致农作物常年产量低。因此，明确砂姜黑土耕地质量较差的内在原因，才能找出解决砂姜黑土耕地农作物产量较低的根本障碍因子。

砂姜黑土浅薄的耕层富含黏土矿物，结构不佳，包括孔隙度较低、容重较大、通水透气性差、团聚程度差等因素。疏松的耕层结构有利于土壤水、气、热的循环，对外界环境的变化有较好的缓冲性。而土壤容重的增加使得疏松的土壤不断变得紧实，犁底层的变厚也造成了土壤疏松层的变薄（夏伟光，2015）。这都会降低土壤的孔隙度，尤其是会减少那些对农业生产起主要作用的通气孔隙和毛管孔隙。孔隙度的降低会造成土壤内部水气比例不协调，导致毛管孔隙中透气性和水的运动性变差，直接影响土壤水分的蒸发量和渗入量、土壤与大气之间的空气对流等。土壤颗粒通过复杂的联系胶结在一起，胶结能力差的团聚体结构体小，易受到破坏；团聚体结构体大则胶结能力强，更趋于稳定。而容重的不断增加则大团聚体不易形成。土壤中微团聚体含量上升，大团聚体比例下降，土壤颗粒胶结能力较差，不利于土壤在蓄水、耐旱、降渍等方面保持一定的稳定性。

一、土体构型不良、质地黏重，结构性差

第二次全国土壤普查，砂姜黑土耕层厚度范围在 10～30 cm，平均为 19.5 cm，耕层厚度≥25 cm 的面积占 9.4%，<20 cm 的面积占 68.7%，属中等偏低水平。农业农村部耕地监测保护中心（2020）提供的数据统计显示，耕层厚度≥25 cm 的样本数占总样本数 2.5%，20～25 cm 的占 54.9%，<20 cm 的占 42.5%，属中低等水平。总体上看，砂姜黑土耕层浅薄，一般只有 12～15 cm，为屑状结构，水稳性差，尤其经冬冻后，土壤被冻成带棱角的粒状，土层更为松散。遇水土壤膨胀呈糊状，干时坚硬，耙不碎，砸不烂。砂姜黑土犁底层为坚实的板状结构，厚 8～10 cm，透水性差。犁底层以下为残余黑土层，棱柱状结构，土壤干旱时变成棱块状。砂姜黑土质地黏重，全剖面多为重壤土，少数如青白土耕层为中壤土，黏粒含量较高，一般在 30% 左右，粉沙含量也高，所以遇水虽泥泞，但黏性不如江淮地区黄泥土大。砂姜黑土除耕层稍松外，犁底层和心土层（黑土层）均较坚实，容重大于 1.5 g/cm³，影响作物根系生长。

二、抗御旱涝危害的能力弱

砂姜黑土易受旱涝（渍）害，这除与土壤本身所在区域地势低洼、地下水位高、降水时空分布不均等因素有关外，还与砂姜黑土蓄水、保水、供水及通气性能有密切关系。砂姜黑土区降水强度大，阴雨持续时间长，且降水不均。涝灾造成了粮食单产不稳定，粮食产量年际变幅较大。据蒙城县 40 年平均值，春、秋、冬三季的降水量，分别只占全年降水量（872.4 mm）的 20.8%、18.1% 和 7.9%，多数年份不能满足作物需水要求。据蒙城县气象资料分析：干旱一年四季都可发生，有春旱、初夏旱、伏旱、夹秋旱、秋旱、冬旱和秋冬连旱，其中以冬旱、秋冬连旱、秋旱和初夏旱最多，分别占 1949 年以来的 62.5%、33.3%、20.9% 和 16.7%。

由于砂姜黑土毛管性能较弱，制约了土壤的供水强度和速度，使水分上升速度较慢并且上升高度较小，且其具有强烈的膨胀收缩性能，土壤失水后土体迅速收缩开裂，从而使耕层以下土壤水分的蒸发损失加快，土壤开裂会破坏本来就很微弱的毛管孔隙，使水分得不到有效的补充，这样使得干旱季节土壤水分在强烈蒸发蒸腾作用下损失较快，从而极易出现作物生理性缺水现象；由于砂姜黑土有效蓄水能力相对较小，降水稍大时，很容易使土壤含水量超过田间持水量，甚至达到饱和，而造成涝渍危害；再者，由于土壤的膨胀性，会使毛管孔隙堵塞水分不容易渗漏从而造成洪涝灾害，使砂姜黑土抗御旱、涝、渍害的能力较弱（詹其厚，2011；薛豫宛 等，2013）。

总体来看，造成涝渍的主要原因：一是降水强度大，阴雨持续时间长，淮北地区全年降水量（872.4 mm）的 60%～70% 集中在 6—9 月，且多以暴雨形式降落；二是地势低平，地表和地下径流滞缓，水利工程不配套，排水标准偏低；三是土壤蓄水量小，不能容蓄较多的雨水，在排水不畅的情况下，容易造成涝渍；四是土壤吸水膨胀，裂缝闭合，雨水很难下渗。上述诸多因素共同作用下，极易造成土壤的明涝暗渍。

而致使砂姜黑土干旱的原因也是多方面的：一是降水不均，多数年份不能满足作物需水要求，干旱一年四季都可发生，其中以冬旱、秋冬连旱、秋旱和初夏旱最多；二是耕层浅，土壤结构差，蒸发强度大，加之下层棱柱结构发达，干时产生裂缝，切断结构单位之间的毛管联系，使地下水不能补充上层土壤水分的亏缺，致使作物受旱；三是灌溉条件差，多数地方农田水利工程配套不全，无法灌溉或灌溉不及时。

三、土壤有机质含量低，养分贫乏，阳离子交换量较大

农业农村部耕地保护监测中心 2020 年数据统计结果表明，全国砂姜黑土有机质含量 4.8～51.0 mg/kg，平均值为 19.1 mg/kg；全氮含量 0.44～10.90 g/kg，平均值为 1.23 g/kg；速效磷含量 1.6～420.0 mg/kg，平均值为 26.4 mg/kg；速效钾含量 30.0～806.0 mg/kg，平均值为 153.2 mg/kg。有机质、全氮、有效磷平均含量处于中等水平，速效钾含量属于较高水平。砂姜黑土铁、锰、铜、锌、钼和硼的含量平均值分别为 49.48 mg/kg、35.99 mg/kg、1.69 mg/kg、1.18 mg/kg、0.19 mg/kg、0.60 mg/kg。锌和硼平均含量处于中等水平，其他微量元素处于较高或高含量水平。

第二次全国土壤普查结果显示，全国砂姜黑土阳离子交换量平均值为 21.5 cmol(+)/kg。黑姜土土属的土壤阳离子交换量最高，平均值为 26.3 cmol(+)/kg，面积最大的黄姜土土属的土壤阳离子交换量也达到了 19.3 cmol(+)/kg。砂姜黑土区内除山东省外，其他省份砂姜黑土阳离子交换量 ＞20 cmol(+)/kg 的面积占总样本面积的比例在68.0%以上，说明砂姜黑土区土壤阳离子交换量处于上等水平，为保肥力强的土壤。

第二节　理化性质障碍与改良途径

砂姜黑土主要分布在我国的黄淮海平原，面积约为 400 万 hm²，地处暖温带向亚热带过渡的季风气候区，是我国重要的粮食产区。但由于砂姜黑土的不良性状，土壤的生产力水平比较低，也导致该地区成为我国最大的中低产区之一。砂姜黑土质地黏重，黏土矿物以蒙脱石为主，而蒙脱石遇水会膨胀，这样会导致毛管孔隙的堵塞，进而阻止水分下渗，容易造成该地区排水不畅，大量雨水的汇集引起洪涝灾害。

砂姜黑土的治理与开发利用要因地制宜和因时制宜，应根据砂姜黑土的特性及其所在区域的实际情况，制订详细的计划和采用有效的方法。砂姜黑土的改良和治理措施主要有以下几个方面。

一、调控土壤水分状况

水分是砂姜黑土治理的重要因素。而砂姜黑土保水性能差：一方面，砂姜黑土耕层和犁底层的质地黏重，结构性差，水分以液态运行的含水量范围大，加速土壤水分的蒸发损失量；另一方面，砂姜黑土富含膨胀黏土矿物，湿时膨胀，干时收缩开裂。从田间持水量开始，随着土壤含水量的降低，土体会急剧收缩而产生大量裂缝，一般宽度在 1～2 cm，深可达 50～60 cm，从而使水分直接从裂缝表面向大气中散失，加快了耕层以下土壤水分的蒸发损失量，砂姜黑土的排水能力是解决明涝和暗渍问题的关键（张义丰 等，2001）。砂姜黑土的地下水位降低 1 m 时，潜水蒸发量接近于零，说明此时地下水对耕层的补给接近停止，因此，对砂姜黑土的排水不宜过甚，一般控制在 1～1.5 m 为宜，做到

排蓄结合。

砂姜黑土的抗旱排涝能力与其的排灌体系的建立具有密切的关系。在改良砂姜黑土的过程中完善排灌体系是极其重要的一环。针对砂姜黑土易涝易旱的特点，首先必须要建立和完善健全的干沟、小沟、中沟、大沟、田间沟五级排水体系，尤其需要特别重视的就是完善田间沟和小沟的建设，从而才能保证砂姜黑土表面的积水能够被及时排除。此外，在完善排灌体系过程中一定要注意搞好田间沟和小沟的配套，关键点是要着重加强农村水利体系的规划，以每个乡镇或村为单位，进行区域性的治理，搞好田间排水系统和生产道路的统一规划，保证砂姜黑土的完善排水体系，能顺利排出水分，同时也要保证农业生产中能够正常地下地进行农事操作。也要非常注意减少交叉，从而可以减少小沟桥涵。

其次，特别需要注意的是，在建立完善的排水体系后，砂姜黑土地表水将会被迅速排走，从而浅层地下水随之也将会被排走一部分，那么可供生产利用的地表水及农作物生长过程中根系对地下水的利用率均将大大减少，最终的结局将会是进一步加重旱情。因此，砂姜黑土在解决农作物生产过程中的排水问题，逐步建立完善的排水体系的同时，也应充分兼顾蓄水的问题。因为在改良砂姜黑土的过程中，处理好排与蓄的关系尤为重要，要两手抓。在兼顾蓄水时，可以在沟口、河道等地方适当建闸，改造地势较为低洼的地区为蓄水塘，这样一方面能有效防止因地表水和地下水过多流失进一步加重的砂姜黑土的旱情，相对地稳定或提高砂姜黑土的地下水位；另一方面则能充分地保证农作物整个生育期根系在土壤中有源源不断的水分补给。

此外，要根据每个地区的地理条件、人力、物力及农作物的种类等情况，着力发展河灌，推广发展井灌，大力加强不破坏砂姜黑土团粒结构的适宜灌溉模式，比如滴灌、渗灌、喷灌，特别是在一些作物上要逐步大力实行沟灌，减少畦灌，同时要特别注意不要进行大水漫灌。小口井和流动喷灌是非常适宜在砂姜黑土地区进行的一种特别简单、成本低、方便操作、高效的灌溉措施。固定式地下低压管道输水的灌溉方式是一种较为先进的灌溉技术，它是通过普通的浅井泵提供低压，将水送到埋设且固定在砂姜黑土地下的管道系统，输水到各个出水口进行轮流灌溉。它具有输水速度快、蒸发渗漏损失小、单井灌溉面积大、灌水质量高、不要求大面积平整土地的优点，管理方便，是适应砂姜黑土特性的一种较好的灌水方式。控水既能防治砂姜黑土渍、涝、旱，又能防止干燥过程引起的土壤僵硬、土壤收缩开裂、作物根系穿透强度高等问题。

砂姜黑土在灌排条件改善后，低产因素中主要矛盾是瘠薄而不是干旱。针对砂姜黑土地区土壤水分物理特性、区域气候特点及不同作物需求特征，沟灌与喷灌应是砂姜黑土分布地区灌溉技术的发展方向，能提高土壤水分的利用率。砂姜黑土具有强烈的膨胀收缩特性，干旱时土壤龟裂现象非常严重，如果采用传统的灌溉方式，会使灌溉水入渗速度过大，漏水损失严重。砂姜黑土耕层较薄，且犁底层土体坚硬，这些因素会严重制约作物根系的生长空间及土壤蓄水库容。因此，应适当深耕深松土壤，打破坚硬的犁底层，从而增加耕层厚度，扩大土壤蓄水库容和作物根系吸收水分与养分的物理空间。

针对砂姜黑土自身水分调节水分弱、水分利用率低等特点，应该采取一系列耕作与栽培措施达到蓄水增墒、提高水分利用率的效果。

二、增加耕层厚度

砂姜黑土耕层浅且犁底层非常坚硬，同时下面的黑土层棱柱状结构很发达，对作物的生长会产生不利的影响：干旱时棱柱状结构之间会形成大缝隙从而导致漏水漏肥，毛细管断裂影响地下水补给，棱柱状结构一般都很紧实，作物根系不易向下延伸，减少作物的营养吸收面积。鉴于此，应当对砂姜黑土进行有计划的深耕，使上述不良耕性得到明显改善。传统耕作中常年施用化肥，导致土壤容易发生板结；常年机械作业使得土层受压迫，耕作深度有限，导致耕层浅薄，犁底层上移。深耕可以轻易破坏原有土壤结构，使得土壤变得疏松，有效解决土壤板结的问题。同时，有效的耕作深度足以打破犁底层，上下土层混合加速土壤的熟化，增加耕层的厚度。但是单纯的深耕如果不结合施肥，田间会产生大量的大土块和大裂缝，土壤和肥料无法融合，土壤熟化进程受到影响，会导致土壤质量的下降（宗玉统，2013）。

适宜的深耕有助于降低土壤的容重，且效果与土壤质地有关，黏重土壤的容重降低幅度较大，而质地较轻的土壤则相对不明显。深耕使容重下降的同时，土壤的孔隙度相应增加，使得土壤的通水透气性得到改善。一方面，非毛管孔隙增加的水分较容易渗入土壤，水分渗透率增加，改善了土壤的透水能力，有效防止雨量过多导致表层过湿；另一方面，土壤中的三相比例发生变化，土壤和大气的气体交换性能得到改善。

土壤结构的形成是一个漫长的理化生物学过程，深耕仅仅能分散大的土壤结构体，没有触及其本质，因此，无法改变土壤中团聚体的含量，也无法影响团聚体的水稳性。但是深耕结合有机肥可以有效改善这个状况。这是由于有机肥与土壤融合，一方面可以加速土壤熟化，改善了土壤的结构；另一方面有机肥增加了土壤中有机质的含量，有机质中的腐殖酸是团聚体有效的结合胶剂。另外，根部的分泌物和微生物活动对活化周围土壤养分有一定的作用，因此，根系分布深度的增加和根量的增加都会对团聚体的含量和结构产生影响。

总体而言，"僵、瘦、薄、漏"是砂姜黑土的基本属性，加之近年来旋耕机械的普及应用，翻耕越来越少，甚至多年不翻耕，由此带来的是土壤耕层越来越浅，犁底层往上加厚抬高，从而阻碍了肥料的深施和作物根系的下扎及对养分水分的吸收。因此，今后要逐渐深翻，加厚耕层。先打破现有的犁底层，再通过合理的蓄水灌溉、增施有机肥等农业措施使活土层逐步加深加厚，使土壤有一个适宜的通透性，增强其保水保肥的能力，提高砂姜黑土区耕地的质量（靳海洋，2016）。

三、改善土壤理化性质

砂姜黑土易受旱涝灾害的影响很大程度上与其水分物理性质有关，而改良土壤结构性和孔隙性是提高土壤肥力、改善土壤生产性能的重要措施之一。

在土壤理化性质上，砂姜黑土有机质含量并不高，耕层有机质含量为 $10\sim15$ g/kg，黑土层有机质含量仅 10 g/kg 左右，往下层有机质含量逐渐减少。除特殊情况外，剖面上部游离碳酸钙的含量甚低，一般在 10 g/kg 以下，甚至小于 5 g/kg，剖面下部夹面砂姜的土层其含量可达 $40\sim70$ g/kg 或更高，有硬砂姜的土层则可大于 100 g/kg。钾养分（K_2O）的含量多数在 $26\%\sim30\%$。增加土壤有机质含量能改善土壤结构性，增强土壤蓄水、保水和供水能力，而且能提高土壤养分及其有效性。随着土壤有机质含量增加，土壤容重显著降低，孔隙度显著升高。

土壤孔隙是土壤颗粒或团聚体之间及团聚体内部的空隙，但土壤孔隙不是孤立存在，而是大小不同的孔隙相互连通，具有极其复杂性与异质性，其数量、大小和空间结构决定了土壤中物质运移的形式和速率。土壤的孔隙特征直接影响土壤的通气性能和持水、保水性能，决定作物根系在土壤空间的伸展状况；间接影响土壤肥力状况和作物产量，在农业生产中起着重要的作用。一方面，土壤孔隙是土壤水分和土壤溶质的主要储存空间和运移通道；另一方面，土壤孔隙的存在提高了土壤的通气性，增加了根系的伸展空间，提高作物产量。因此，土壤孔隙的大小分配、分布和连通状况及空间相关性等对水分和溶质运移、土壤肥力和植物根系伸展等有着极其重要的影响（李敬王，2019）。国内外学者研究发现，土壤有机质主要通过两个方面影响土壤孔隙状况：一方面，疏松多孔的有机质进入土壤后，其本身就能提高土壤的孔隙度；另一方面，具有较强胶结作用的土壤有机质有利于土壤团聚体的形成，而土壤团聚体本身的疏松多孔结构又增加了土壤孔隙度，改善土壤孔隙状况。

土壤入渗指降水、灌溉等的水分通过地表向下流动进入土壤中，在土壤中运动和存储，形成土壤水的过程。它是大气降水、地表水、土壤水和地下水相互转化的一个重要环节。土壤入渗不仅是调控土壤水分、预防季节性干旱的关键和基础，同时也是制约土壤侵蚀的重要因子。有机质主要通过三个方面影响土壤水分入渗：首先，土壤有机质中的腐殖质具有巨大的比表面积和较多的亲水基团，其吸水能力远远高于黏土矿物；其次，随着土壤有机质含量的提高，土壤孔隙稳定性增大，导致在入渗的过程中，因而在入渗过程中通过的水量也增大；最后，由于有机质较强的胶结能力和含有较多的多糖等成分，使得土壤的黏结力增强而有利于土壤团粒结构的形成，而土壤团聚体的数量和大小又决定了土壤孔隙的状况，良好的土壤孔隙性有利于土壤入渗，并且团粒结构使土壤变得比较疏松而不再结成硬块，使土壤的结构得到改善，进而影响土壤入渗能力。简言之，疏松多孔的有机质进入土壤后，其本身就能提高土壤的入渗性能；另外，其较强的胶结作用促使土壤团聚体的形成，而大量的土壤团聚体促使土壤稳定性增加，进而通气透水性得到改善，进一步提高了土壤的稳定入渗能力。

综上，有机质能明显改善土壤理化性质：首先，有机质能够使容重降低，田间饱和持水量增加，改善土壤的通透性及僵硬的性状；其次，添加有机质能提高土壤总孔隙度和保水性能；同时，能够改善土壤的透水性能，有机质施入土壤后有利于土壤团粒结构的形成，如稻秆直接还田使土壤有较大裂隙，甚至空洞，造成渗漏，从而改善透性。土壤有机质含量与土壤有效含水量之间呈显著的正相关关系，随着土壤有机质含量升高，其有效含水量也升高。因此，增加土壤有机质含量能够改善土壤保水、蓄水功能，提高土壤抗旱防涝的性能。目前，提高土壤有机质含量常用的方法有增施有机肥、秸秆还田、堆沤还田、过腹还田，这些方法能有效增加土壤有机质含量，建立良好的土壤结构。

四、合理种植结构

合理轮作、互相换茬可明显提高土壤养分、改善土壤理化性质，提高作物产量，使农业资源得到更合理的利用，能够更好地实现农业可持续发展。未来，我国种植业结构调整总体方向应该是以提高质量和效益为中心，以增加农民收入为基本目标，以增强农产品市场竞争力和促进农业升级为重点，面向国内外市场，依靠科技进步和机制创新，进一步优化品种结构、产业结构和区域布局，构建与市场需求相适应、产业升级相匹配、资源环境相协调"粮、经、饲"三元种植结构、"稻、麦、薯、杂（粮）、豆"多元并举粮食供给结构，积极恢复油料种植，稳定棉、糖供应，均衡发展蔬菜等经济作物，推广生态友好型、资源节约型耕作模式，提升种植效益、农产品质量和市场竞争力，促进种植业持续稳定发展。

淮北地区作为安徽省乃至全国重要的小麦生产基地，在广袤的砂姜黑土的治理上，积极调整种植结构，要满足砂姜黑土持续生产，进而在稳定粮食综合生产能力的基础上，坚决保住小麦等口粮生产，优化布局，强化基础，主攻单产，增加总产。稳定增加油料供给，重点抓好油菜、花生、大豆等油料作物生产。巩固发展蔬菜等园艺作物生产，促进蔬菜生产发展方式由规模扩张向提高单产、提升质量效益转变。充分挖掘饲草料生产潜力，积极发展饲料粮食种植。拓展优质绿肥发展空间，合理利用"四荒地"、退耕地、冬闲田种植优质绿肥，加快建设绿肥收割机械。种植绿肥不仅能合理地利用冬闲田，同时也能对砂姜黑土进行培肥，改善土壤的结构。适度调减普通食用小麦品种，大力发展优质专用小麦；因地制宜加快发展饲用玉米、青贮玉米和加工专用玉米；加快推广专用花生、高油大豆等新品种，合理增加种植密度，提高土地产出率；积极扩大杂粮、薯类等其他作物生产面积，推进马铃薯主食开发和产业化。加快推进农业标准化，保障农产品质量安全，支持发展无公害农产品、绿色食品和有机农产品，加大农产品地理标志保护力度。加强节水灌溉设施建设和节水技术推广，与水库和灌渠建设相配套，改井灌为渠灌，保护地下水资源；要稳定粮食生产能力，适度调减地下水严重超采地区的小麦种植，选育推广耐旱节水作物。要稳定粮油生产能力；发展优质品种作物和豆科绿肥等培肥地力作物种植。加快推广环境友好型、资源节约型种植方式，逐步建立起与资源环境相适应的轮作、套（间）作及保护性生产模式。控制玉米等禾本科粮食作物规模，扩大大豆、花生、杂豆等豆科作物面积，稳定小麦等作物生产，建立合理轮作的耕作制度，发挥豆科作物的养地功能。

总的来说，砂姜黑土所在的黄淮海平原是我国重要的粮食产区，砂姜黑土除了可以种植小麦、玉米、甘薯等粮食作物以外，还可以种植大豆、花生、棉花等经济作物，在灌溉水源充足的地方还可以种植水稻，同时这些作物都表现出高产优质的特点，可以根据土壤和水利条件确定最优的种植结构和种植方式，因地制宜、因时制宜，充分发挥出砂姜黑土的生产潜能。

第三节　养分障碍与改良途径

砂姜黑土质地黏重、盐基交换量高，储藏营养离子的容量大，保肥能力强，但供肥性能较差。砂姜黑土营养元素含量较低、养分供给能力较弱，补充施肥一直是农业生产实践中提高作物产量的一项重要举措。砂姜黑土严重缺磷少氮，应增施磷肥和氮肥，要氮磷结合，提高效益。砂姜黑土地区氮肥投入不断提高，但肥料利用效率却呈下降趋势。施用氮肥的同时，也应当加大磷肥、钾肥的施用，可以促进土壤中养分平衡，改善土壤养分结构。农田基本生产力的高低是土壤肥力水平的综合反映，也是指导合理施肥的依据，施肥不同对土壤速效养分含量有影响，长期单施有机肥处理可明显增加土壤有效氮、磷、钾含量，提高土壤供肥能力；凡施用有机肥处理其碱解氮和有效磷含量均高于单施化肥处理，钾尽管不能满足需要，但也能够延缓土壤钾的耗竭速度。不同施肥对土壤全量养分也有影响，长期施用有机肥、化肥或有机与无机肥配施均可提高砂姜黑土全氮、全磷含量，不同施肥组合间变化存在一定差异；长期施肥对土壤有机质含量的增加均起到不同作用。长期有机物料还田不仅能增加土壤对碳的固定作用、减少温室气体的排放、提高土壤有机质含量，而且对氮、磷、钾养分的积累有正向作用，其中对耕层速效钾含量的提高作用尤其明显。根据砂姜黑土自身的特点，一次性施肥量不宜过大，科学选择施肥时机与施肥方式是保证肥效充分发挥的最关键因素。增加土壤有机质含量，可改善土壤理化性质。

一、优化耕作，改善土体结构

适宜的耕作是改良土壤的重要措施，在砂姜黑土地区尤为重要。针对砂姜黑土板结、耕层浅薄等特性，通过合理的有机物料投入，且配合一定合理的耕作，能有效改善土壤物理结构，促成团粒结构的生成，提高土体的蓄水保墒能力。土壤耕作的实质是通过机械作用调整土壤耕层结构，以调节土壤水分、养分、空气、温度的关系，为作物生长提供适宜土壤环境，为产量形成奠定基础，是农业生产劳动和生产资金投入的重要方面。筛选推广适宜的耕作方式，对砂姜黑土培肥、作物产量提高、能源节约和效益提高具有重要意义。

土壤耕作措施包括初级耕作措施和次级耕作措施，初级耕作措施主要是旋耕、深耕等，次级耕作措施包括耙地、中耕、起垄、作畦等，农业生产中把初级耕作措施和次级耕作措施两种耕作措施进行组合，就建立了各具特色的耕作方式。其中，铧式犁翻耕是历史延续时间最长、采用面积最广的传统耕作方式，具有增加耕层厚度、增加土壤通透性、促进养分矿化等积极作用，同时由于耕作强度较大，水分蒸发加剧、土壤退化加快等问题凸显。随着农村劳动力向城市的转移，从事农业劳动的人数大幅度下降，加之多熟制地区农时紧迫，而旋耕机旋耕作业省工省时，作业成本低，逐渐受到种植者青睐而推广开来，旋耕已成为当前生产上实施面积最大的耕作方式。近年来，人们对农田生态系统的保护意识不断增强，以免耕、少耕为核心的保护性耕作成为研究和推广的热门课题。保护性耕作以减少农田土壤侵蚀、保护农田生态环境为目的，以尽量减少对土壤的扰动为基本原则，用较低的能量投入，保持相对较高的作物产量，从而提高农业生产的经济效益和生态效益。

总体来说，通过有机物料如秸秆、粪肥等投入，配合深耕等耕作方式在一定程度上可减小土壤容重，提高土壤有机质含量，促成土壤团粒结构生成。安徽省农业科学院土壤肥料研究所在淮北濉溪的定位试验研究结果表明，针对耕层薄化土壤，深耕虽能有效打破过厚的犁底层，直接增加土壤耕层厚度，但不能提高玉米-小麦轮作体系作物产量（韩上 等，2018）。同时，深耕显著降低了＞0.25 mm团聚体在各土层的比例（图15-1），在0～10 cm土层显著降低了总有机碳、水溶性有机碳、胡敏酸、富里酸和胡敏素含量，在10～20 cm土层显著降低胡富比（胡敏酸/富里酸）。由此可见，单独深耕虽然增加了耕层厚度，但降低了土壤质量，不是构建淮北平原砂姜黑土良好耕层结构的有效措施。而深耕＋秸秆还田降低了单独深耕带来的一系列负效应，与单独旋耕相比土壤有机碳各指标均无显著下降（表15-1），土壤养分各指标还有一定提升（表15-2）。在10～20 cm土层，旋耕＋秸秆还田不能提高土壤养分含量，并显著降低了胡敏素含量，导致土壤总有机碳含量有降低的趋势；而深耕＋秸秆还田显著提高了土壤胡敏酸含量，并有增加总有机碳含量的趋势，同时土壤全氮和有效磷含量也显著提升。与旋耕＋秸秆还田相比，深耕＋秸秆还田在改善10～20 cm土层有机碳组成和土壤养分状况方面效果更好。

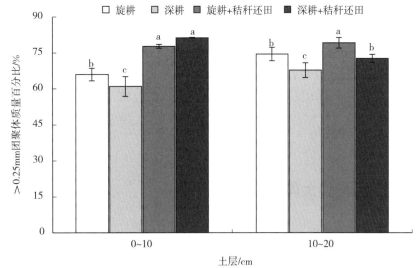

图15-1　不同耕作方式和秸秆还田处理＞0.25 mm水稳性团聚体的质量百分比（韩上 等，2020）

注：不同小写字母表示在0.05水平上差异显著。

表 15-1　不同耕作方式和秸秆还田下土壤有机碳组分及其含量（韩上 等，2020）

土层/cm	处理	总有机碳/g/kg	水溶性有机碳/g/kg	胡敏酸/g/kg	富里酸/g/kg	胡敏素/g/kg	胡敏酸/富里酸
0～10	旋耕	9.494	0.009	1.220	2.484	5.782	0.49
	深耕	8.538	0.001	0.980	2.103	5.453	0.47
	旋耕+秸秆还田	10.769	0.032	1.446	2.649	6.642	0.55
	深耕+秸秆还田	9.967	0.022	1.252	2.442	6.250	0.51
10～20	旋耕	8.502	0.005	1.049	1.796	5.652	0.58
	深耕	8.284	0.004	0.999	1.850	5.431	0.54
	旋耕+秸秆还田	8.320	0.008	1.197	1.885	5.230	0.63
	深耕+秸秆还田	8.729	0.010	1.166	1.815	5.738	0.64

表 15-2　耕作方式和秸秆还田对土壤养分含量的影响（韩上 等，2020）

土层/cm	处理	全氮/g/kg	有效磷/mg/kg	速效钾/mg/kg	pH
0～10	旋耕	1.06	10.63	235.35	7.88
	深耕	1.01	10.71	200.86	7.93
	旋耕+秸秆还田	1.21	11.50	290.63	7.88
	深耕+秸秆还田	1.11	10.96	281.09	7.98
10～20	旋耕	0.83	4.61	158.32	7.95
	深耕	0.84	7.73	153.28	8.01
	旋耕+秸秆还田	0.84	4.81	155.09	7.94
	深耕+秸秆还田	1.00	7.90	157.56	8.04

合理的耕层结构有利于作物的生长发育，是作物持续高产稳产的重要保证。华北平原土壤耕层厚度减少，作物产量、氮磷钾养分积累量和土壤有机质含量均出现下降，并在短期内难以恢复。综合安徽省农业科学院土壤肥料研究所定位试验研究结果，在玉米季免耕直播、小麦秸秆覆盖还田的条件下，小麦播种前深耕秸秆不还田的措施不能提高作物产量，还会降低耕层土壤质量；常规旋耕+秸秆还田，在提高作物产量的基础上能培肥 0～10 cm 土壤，但对下层土壤肥力改善有限；深耕+秸秆还田在提高作物产量的同时，还能有效增加耕层厚度，改善土壤团粒结构，提高 10～20 cm 土层主要养分含量。综上所述，深耕+秸秆还田的组合是当前平原南端砂姜黑土区玉米-小麦轮作下小麦季适宜的耕作措施。

二、种养结合，合理轮作休耕

土壤 pH 的下降与产量越来越高、生理酸性肥料施用量越来越大有直接的关系。砂姜黑土的改良利用应种地和养地相结合，通过休耕、种植绿肥、秸秆深翻还田、配方施肥等措施，提高砂姜黑土的有机质含量和熟化程度，改变碱（土）金属离子入不敷出的局面，遏制土壤 pH 继续下降的趋势。随着国家秸秆禁烧政策和乡村振兴战略的实施，作物秸秆科学处置、还田就成了农业农村工作的一大重点。直接还田省工、省时、投资少，但也引起了一些病虫害加重、出苗不齐、苗瘦苗弱、死苗等问题。多数稻田的水稻秸秆粉碎较难、机收后秸秆较长难以直接还田，玉米人工收获面积大、机械粉碎投入高等，使农民对秸秆直接还田的积极性受到了一定的影响，从而直接影响了秸秆还田的推广普及。

要改良砂姜黑土，提升其水、肥、气、热的协调性和增产潜力，增加有机肥的施用量，关键在于提高土壤的有机质含量。有机质含量的提高，有利于促进土壤中团粒结构的形成。土壤团聚体是有机或无机胶结物质与矿物颗粒复合而成的结构单位，它是土壤的重要组成部分，其特点是具有多孔性和水稳性，可以协调土壤的水、肥、气、热条件，是土壤肥力的保障。土壤团聚体是土壤有机质的储存场所，而土壤有机质是团聚体形成的主要胶结物质，两者相互作用、密不可分。土壤有机质含量不仅是体现土壤肥力的一个重要指标，而且也是土壤团聚体形成的重要胶结物。土壤有机质中的腐殖质、多糖、蛋白质、木质素和许多微生物的分泌物等都具有胶结作用。而土壤水稳性团聚体的形成，必须有赖于土壤中的有机物质，它是土壤团聚体中的重要组分，对团聚体在土壤中的"三大作用"具有重要的影响。土壤中水稳性团聚体的数量和稳定性与土壤有机质含量呈正相关关系，且团聚体的形成离不开土壤有机质的胶结作用。因此，在现行条件下，要着力加强砂姜黑土有机质含量的提高。

而秸秆还田是最为简洁有效的提升土壤有机质的措施，作物秸秆应该通过堆沤、过腹、沼渣等形式使其充分腐熟后再进行还田。但腐熟后还田又势必增加劳动力投入，这又与目前农业劳动力老龄化相悖。为此，建议相关部门按照市场导向、因地制宜、科技进步、可持续发展、尊重农民意愿的原则，提高农业生产的区域化、规模化、标准化、产业化、企业化、市场化水平，使耕地得到合理配置，农业结构在深度和广度上得到调整优化。在稳定发展粮油生产的基础上，调整种植业结构，坚持压劣扩优、压低效益种植、扩高效益种植，压传统种植模式、扩现代种植模式，大力发展高产、优质、无公害农产品。同时，围绕六大特色产业调整结构，大力发展特色农业；因地制宜，着力发展区域规模经济。单独设立该项目资金或利用农业标准良田建设项目资金，以社会化服务或其他形式对秸秆直接还田和堆沤还田给以补贴，推进秸秆还田的科学普及。

绿肥是用绿色植物体制成的肥料。针对砂姜黑土瘠薄，可通过种植绿肥植物来改良土壤。绿肥是一种养分完全的生物肥源，种植绿肥植物不仅是增辟肥源的有效方法，而且对改良土壤也有很大作用。可以用作绿肥的植物有大豆、苜蓿、三叶草、黑麦、黑麦草、草木樨、小麦、荞麦、野豌豆、燕麦、紫草、豇豆、大麦等。将几种绿肥植物配合混在一起栽种，特别是将豆科绿肥和其他绿肥植物一起种植，效果会更好。绿肥和秸秆堆肥合起来用会有更好的肥效。收获后，在田里撒上粪肥、干草、草木灰、矿石粉等肥料，然后在上面撒播绿肥种子；等绿肥长大后，再一起翻耕到土里。这是非常好的增加土壤肥力的方法。

目前，推荐的用养结合的粮肥轮作技术模式主要有小麦绿肥间作-大豆玉米间作方式（绿肥间作面积占麦田面积的1/5，每季轮换地段、绿肥掩青后10～15 d，小麦收割后进行玉米、大豆间作）。小麦绿肥间作-大豆玉米间作方式既培肥又增产，符合人民生活和畜禽养殖的广泛需要。这种用养结合的粮肥轮作方式还符合现代农业发展的方向，应该大力提倡，推广应用。

从多年平均产量来看，以小麦-甘薯为对照，小麦＋绿肥-大豆＋玉米的增产最多，达13.5％。一是施肥水平相对提高，小麦的施肥量各处理均为N 150 kg/hm² 和P₂O₅ 90 kg/hm²。小麦＋绿肥-大豆＋玉米方式，小麦占全田4/5，实际施用N 187.5 kg/hm²。二是每年有占1/5面积的绿肥（苕子和冬黑麦）生长和掩青，它们都具有庞大而密集的根系，且固氮能力（苕子）和鲜草产量较高，每年能活化部分耕层土壤，所以不仅小麦产量高，而且产量随时间延长而递增。三是大豆、玉米间作，都是养地作物，而且腾茬较早，收获后有晒垡的机会，对土壤耕性的改善和养分释放都有好处，是小麦的良好前茬。

三、有机无机肥结合，培肥土壤

砂姜黑土肥力较低，限制其生产性能的主要养分因子为土壤有机质、全氮和有效磷、速效钾等含量。安徽省秸秆资源丰富，秸秆含有丰富的氮、磷、钾和中微量元素等养分。当前，秸秆还田是利用秸秆资源的有效方式。秸秆还田可促进作物增产、增加土壤速效养分含量、提高土壤肥力、改善土壤结构。

（一）秸秆直接还田

1. 留高茬 主要指小麦收割时留高茬，一般留 20 cm 高，这样加上残留在土中的根量，每公顷可增加有机物 1 800～2 400 kg，对下茬水稻或大豆、玉米来说都是比较有利的，其量虽不多，但多年多次积累效果将会显著。另外，在留高茬的基础上仍可适当增加秸秆还田量。

2. 秸秆直接还田 可将麦秸用机械切碎成 5～10 cm 长，结合深耕翻入土中，基本上达到地表不露秸秆。为促进微生物分解，应添加氮肥，调节碳氮比。麦秸碳氮比一般为 110（含 C 48.2%，含 N 0.44%），每 100 kg 麦秸，须加 N 1～1.5 kg，可使碳氮比调到 25～33。秸秆还田在一年内可分次进行，以减少翻埋的困难，可田面盖草防旱，或防治大豆食心虫时结合田面盖草等技术措施进行秸秆还田，亦可与畜粪堆制后施入农田。

3. 绿肥加秸秆 绿肥加麦秸或玉米秸的培肥效果也是很显著的。但由于绿肥占农田一季收成，一时难以恢复。短期绿肥只适于夏季，夏季的光热水条件甚为珍贵，在当前复种指数提高的情况下，田间难以种植。目前，可以利用的绿色资源，唯有生长茂盛的固氮灌木紫穗槐。可于春夏之交，割一茬紫穗槐幼嫩枝叶，与秸秆、畜粪一起堆制，或与秸秆一起还田，可节省部分氮肥，培肥效果会更好。

（二）秸秆还田的技术要领

不同土壤的肥力状况存在差异，因而秸秆还田的数量有适宜的范围。高肥力地块麦秸粉碎翻压还田量为 3 750～5 1250 kg/hm²，覆盖还田量为 3 000～4 500 kg/hm²，高留茬还田量为 3 000～4 500 kg/hm²；中低肥力地块麦秸粉碎翻压还田量为 3 750～4 500 kg/hm²，覆盖还田量为 3 000～4 500 kg/hm²，高留茬还田量为 2 250～3 000 kg/hm²。

1. 玉米田间铺草 玉米苗期在行间铺草，适宜时间为 6 月底至 7 月初。铺草要均匀，铺草量掌握在 3 750～4 500 kg/hm² 为宜。要充分利用夏季高温多雨季节来使其自然腐烂，玉米收获后采取浅耕或旋耕，使之与耕层土混匀后再播小麦。

2. 玉米秸秆掩青 玉米收获后立即用秸秆切碎机或圆盘耙和重耙横垄耙两遍，配施适量化肥后全部翻入土中。因为玉米收获时秸秆含水量为 30%～40%，及时翻压有利于腐解。掩青数量 3 000～6 000 kg/hm²。掩青标准以秸秆不露地面为准，这样有利于土壤保墒，不影响后茬作物播种质量。

3. 土壤水分 在粉碎翻压还田、覆盖还田、高留茬还田时，土壤含水量的适宜范围为 18%～22%。翻压还田、覆盖还田和高留茬还田若需浇水，浇水时间应在麦收前 3～7 d，结合浇灌麦黄水。翻压还田、覆盖还田和高留茬还田浇水量为每次 450～600 m³/hm²。

4. 农业机械 翻压还田深度应大于 20 cm，覆盖玉米（或棉花）行间；高留茬覆盖玉米（或大豆、芝麻）行间，有利于土壤保墒保肥，提高土壤有机质含量。

5. 粉碎程度　翻压还田时秸秆粉碎需小于 10 cm，覆盖还田时需小于 15 cm，高留茬还田一般在 20～40 cm 为宜。

6. 氮肥用量　秸秆还田均需要施入氮肥。翻压还田和覆盖还田时施入氮肥 75～150 kg/hm² 作基肥，高留茬灭茬后一次追氮肥 150～225 kg/hm²。翻压还田、覆盖还田追肥均在 75 kg/hm²。

7. 磷肥用量　翻压还田和高留茬还田时施入磷肥（P₂O₅）75～120 kg/hm² 作基肥为宜。

8. 翻压、覆盖时间　收割后翻压还田时间不迟于 6 月中旬；覆盖还田应于 6 月下旬至 7 月中旬；高留茬应于 7 月上中旬灭茬。

9. 防治病虫　还田时最好使用无严重传播病虫害的秸秆，并采取相应的生物防治、药物防治相结合的方法，以防为主，防治并重，用药剂量及浓度参照农药使用说明。在绿色食品生产基地应用生物方法防治病虫害杂草。

10. 防除杂草　播后苗前用除草剂乙草胺或阿特拉津喷防一次。

11. 适应性　翻压还田和高留茬还田适宜在有机械和灌溉条件区域采用；覆盖还田适应北方干旱和干旱地区。

12. 还田周期　每年至少将麦秸或玉米秸任选一季还田，逐年补充有机质，达到改土培肥的效果。

（三）秸秆过腹还田技术

在诸多有机肥料种类中，牛粪能迅速提高土壤有机质含量及活性有机质的含量；由于牛粪在腐熟过程中已有部分腐殖化，在施入土壤后能较快地与土壤矿质胶体复合成有机-无机复合体，提高了土壤胶体的活性，有利于土壤不良性状的改善。砂姜黑土区农民有饲养黄牛的习惯，目前饲草主要是麦秸和部分玉米秸（青贮）。根据黄牛用料量计算，0.3 hm² 耕地所产麦秸负担 1 头牛的草料（包括燃料在内）。牛粪（半干）施用量 22 500～30 000 kg/hm²，适宜于旱地施用，宜在种麦前结合深耕施入。水田不宜施用牛粪。以 15 000 kg/hm² 以上的有机肥施用量施入农田，将不断提高作物产量，土壤有机质含量维持在 14.5～15.2 g/kg 水平，全氮含量在 1.0 g/kg 以上，畜粪的施用使低肥土壤逐步变成了高肥土壤。

有机无机肥配合施用，可有效地提高土壤有机质和氮素含量，使作物稳产和取得较好产量。以每公顷总施氮量而言，具体应用即在每公顷施 22.5～37.5 t 厩肥的基础上，再施用无机氮（N）和磷（P₂O₅）60～90 kg，就能获得较高产量，同时，土壤有机质含量可提高到 13.5～14.3 g/kg、全氮含量提高到 1.0 g/kg 以上，能较快地培肥地力。

（四）秸秆还田的培肥改土与作物增产效果

1. 腐殖化系数　不同作物秸秆的腐解特征据相关方法测定，砂姜黑土地区土壤有机质年矿化率平均为 4.10%，即耕层土壤有机质年矿化量在 900 kg/hm² 左右。根据不同有机肥所含的碳量和各自的腐殖化系数，计算出为维持每年每公顷消耗 900 kg 有机质所需的施用量：麦秸为 6 000～7 500 kg，牛粪（半干）为 22 500～30 000 kg。

有机物料在土壤分解过程中，同时形成腐殖质。腐殖化系数大，则对土壤有机质的积累贡献大。据测定，分解一年后的腐殖化系数以牛粪最高，猪粪次之。其顺序是牛粪＞猪粪＞稻草＞麦秸＞绿肥，其系数分别为：40.67%～44.00%、28.00%～28.67%、26.67%～31.31%、25.33%～26.00% 和 21.33%～22.00%。

不同作物秸秆类型和轮作方式下，秸秆的矿化特征也不一致。在淮北地区砂姜黑土上，麦秸的分解速率大于稻草，旱作轮作秸秆的分解速率大于水旱轮作。前30 d的分解速率差异明显，90 d后的差异变小。稻草的腐殖化系数大于麦秸，稻草第一年和第二年的腐殖化系数分别为26.7%～31.3%和22.7%～24.0%，麦秸的第一年和第二年腐殖化系数分别为25.3%～26.0%和14.0%～19.3%（表15-3）。第一年旱作的腐殖化系数高于水旱轮作，第二年则相反。

表15-3　不同有机物料分解速率和腐殖质化系数（吴文荣 等，1985）

单位：%

| 处理 | 旱作轮作 | | | | 水旱轮作 | | | |
| | 消失率 | | 腐殖质化系数 | | 消失率 | | 腐殖质化系数 | |
	30 d	90 d	第一年	第二年	30 d	90 d	第一年	第二年
麦秸	42.2	45.7	26.0	14.0	32.8	40.3	25.3	19.3
稻草	26.2	41.0	31.3	22.7	26.7	40.8	26.7	24.0
绿肥＋麦秸	30.5	38.2	28.0	15.3	34.2	44.5	24.7	22.7
绿肥＋稻草	30.8	43.0	28.0	15.3	40.8	43.2	25.3	22.0

2. 不同有机物料还田对土壤有机质含量和性质的影响

（1）土壤有机质含量。土壤有机质是土壤的重要组成部分，也是土壤肥力的重要指标，一般来讲，土壤有机质含量与土壤肥力呈正相关关系。长期不施肥处理土壤有机质含量有所下降。长期定位研究结果表明，增施有机肥（物）料，可显著提高土壤有机质含量，与不施肥处理相比，有机质含量年增加0.46～1.02 g/kg，年增幅为4.43%～9.92%；与单施化肥处理相比，有机质含量年增加0.17～0.75 g/kg，年增幅为1.13%～4.56%。土壤有机质含量随着有机肥（物）料的投入量增加而增加（麦秸＞低量麦秸）。不同有机肥（物）料对有机质的积累有明显的影响，表现为牛粪＞猪粪＞秸秆。

（2）土壤易氧化有机质含量。长期不施肥处理，土壤易氧化有机质含量下降，难氧化有机质的含量上升，土壤有机质老化和品质退化趋势明显。单施化肥处理的土壤易氧化有机质含量与休闲处理相比有明显的提高，增幅为12.88%。有机肥（物）料配施化肥处理的土壤易氧化有机质含量提高53.6%～143.4%。增施有机肥（物）料主要增加易氧化有机质的含量，单施化肥处理积累的有机质以难氧化有机质为主。有机肥（物）料配施常量化肥，不仅能促进有机质的积累，还能使土壤中易氧化有机质含量显著增加，加快有机质的更新。不同有机物料对易氧化有机质含量的累积效应是牛粪＞猪粪＞麦秸＞低量麦秸。

（3）对腐殖质结合形态的影响。不同有机肥料（物）对土壤腐殖质的结合形态影响不同。研究结果显示，低量麦秸＋化肥、高量麦秸＋化肥、猪粪＋化肥和牛粪＋化肥的重组有机碳含量分别比单施化肥处理增加12.56%、23.79%、36.01%和80.07%。新增总碳量中，低量麦秸＋化肥处理松结态、稳结态和紧结态腐殖质分别占77.19%、23.68%和－0.87%，高量麦秸＋化肥处理分别占58.80%、24.07%和17.13%，猪粪＋化肥处理分别占51.38%、27.82%和20.80%，牛粪＋化肥处理分别占39.34%、16.92%和43.74%。长期施用秸秆和猪粪有利于松结态和稳结态腐殖质的形成，长期施用牛粪则对紧结态腐殖质数量的增加的贡献最大。

（4）腐殖质组成。腐殖质中的HA和FA的含量及其比例是衡量腐殖质品质的重要指标。不施肥处理HA和FA的较休闲处理明显下降，差异达极显著水平；所有施肥处理HA和FA的含量都有明显提高，与不施肥、休闲处理间的差异均达到极显著水平，增施有机肥（物）料的处理其HA和FA的含量增幅大于单施化肥处理，其差异达到了极显著水平。不同有机肥（物）料处理间HA和FA的含量增幅整体为牛粪＞猪粪＞高量麦秸＞低量麦秸。

砂姜黑土中松结态腐殖质和稳结态腐殖质的组成有明显的不同。松结态腐殖质以 FA 为主，占松结态总腐殖酸的 59.60%～68.98%，稳结态腐殖质以 HA 为主，占稳结态总腐殖酸的 46.00%～74.10%。长期施用有机肥（物）料对不同结合形态腐殖酸含量的影响不一。对松结态腐殖质而言，新增腐殖酸中 FA 占 56.29%～69.23%，HA 占 30.77%～43.71%；稳结态腐殖质中，新增腐殖酸 FA 和 HA 则分别为 13.72%～51.85% 和 48.15%～86.28%，而总腐殖酸分配比例约各占 50%。与休闲处理相比，不施肥处理下降的腐殖酸中 FA 占 67.69%，HA 占 32.31%。

有机无机肥配合施用后土壤供肥性受有机无机肥结合的比例、有机肥料的类型等因素的影响。化肥配施比例高时，有机无机肥结合体现更多化肥的供肥特性；有机肥比例高时，有机无机肥结合更多体现有机肥的供肥特性。相同比例条件下，有机肥中速效养分多、易矿化时体现更多化肥的供肥特性；反之，则更多体现有机肥的供肥性。因此，在实际生产中不同的有机肥，需要不同的有机无机肥结合比例才能使得土壤维持土壤溶液中养分强度的能力得到提升，同时持续改善砂姜黑土速效养分的供应能力。

第十六章 信息技术在砂姜黑土上的应用 >>>

第一节 土壤信息技术概况

一、信息技术概述

(一) 定义

信息技术是人类在生产斗争和科学实验中认识自然和改造自然过程所积累起来的获取信息、传递信息、存储信息、处理信息及使信息标准化的经验、知识、技能，以及有关信息的收集、识别、提取、变换、存储、传递、处理、检索、检测、分析和利用等的技术；其应用包括但不局限于计算机硬件和软件、网络和通信技术、应用软件开发工具等对信息进行采集、传输、存储、加工、表达的各种技术之和（杨继富 等，2007），具有高速大容量、综合集成、网络化、数字化发展趋势。

(二) 土壤信息技术

1. 土壤信息技术定义 土壤学中涉及、应用的信息技术主要指空间信息技术（spatial information technology）。它是 20 世纪 60 年代兴起的一门新兴技术，70 年代中期以后在我国得到迅速发展，主要包括卫星定位系统、地理信息系统和遥感等的理论与技术。空间信息技术结合计算机技术和通信技术，进行空间数据的采集、量测、分析、存储、管理、显示、传播和应用等。土壤信息技术主要应用于土壤信息系统开发、土壤制图、农田养分管理、土壤质量监测与保护等方向（图 16 - 1）。

2. 3S 技术的应用 3S 技术在土地利用调查、土壤侵蚀监测、自然灾害预防与评估等农业领域得到了广泛应用。近年来，3S 技术在推动环境保护、污染控制、碳固存、气候变化、有机农业和土地利用等方面，以及其他与土壤有关问题的土壤科学发展方面，受到了社会各界的极大关注（苏璐璐 等，2018）。

遥感技术（remote sensing，RS），遥感遥测与制图技术可以应用于研究土壤调查和土壤-作物系统动态变化的监测与制图，通过红外发射光谱法、发射性反射光谱法和光栅分类法等技术不断提高土壤监测的准确性。

GNSS（global navigation satellite system），通常表示空间所有在轨运行的卫星导航系统的总称，是一个综合的星座系统（肖飞 等，2012），为用户提供连续、稳定、可靠的定位、导航、授时服务。GNSS 是对北斗系统、GPS、GLONASS、Galileo 系统等这些单个卫星导航定位系统的统一称谓，也可指代他们的增强型系统，又指代所有这些卫星导航定位系统及其增强型系统的相加混合体，是由多

图 16-1　土壤信息技术论文关键词云

（源于中国知网 2000—2019 年"土壤＋信息技术"关键词的 3 668 篇中文文献分析）

个卫星导航定位及其增强型系统所拼凑组成的大系统。GNSS 是以人造卫星作为导航台的星级无线电导航系统，为全球陆、海、空、天的各类军民载体提供全天候、高精度的位置、速度和时间信息，因为它又称为天基定位、导航和授时系统。

地理信息系统（geographic information systems，GIS），由计算机系统支持进行空间地理数据管理，模拟常规的或专门的地理分析方法，作用于空间数据；计算机系统的支持是 GIS 的重要特征，使得 GIS 能快速、精确、综合地对复杂的地理系统进行空间定位和过程动态分析。

GIS 用于土壤空间数据可视化的查询、分析和综合处理，能够生成不同要素图层，存储管理农田参数、土壤养分含量和施肥量等数据，实现农业信息、农业资源的多要素农业信息管理系统，动态完成农田网格划分、生成施肥配方图，综合管理分析土壤 pH、养分分布与变异等数据，为现代化农业发展提供决策支持。RS 能够大范围获取土壤信息的特征和变化，在智慧农业中，用于作物病虫害防治、植被生长监测和精细施肥等方面。农业遥感图像解译技术也是智慧农业重要的研究对象，根据作物长势、叶色等来判断作物营养状况，结合土壤养分的测定，用于施肥决策。GPS 能够快速定位并获取准确的土壤位置信息。GPS 与农业机械结合，在收获机等各种农具上安装 GPS 终端，可精确显示农机所在位置的坐标信息，对农机作业进行导航管理。GPS 的精确定位功能，可以对作物精确施肥和喷药，降低了肥料和农药的消耗。三者紧密结合为土壤研究提供了新的方法，为智慧土壤的发展提供了重要技术手段。

二、现代信息技术在土壤学中的应用

土壤学中所应用的最新技术与现代信息技术的发展息息相关，目前物联网、大数据、云计算、人工智能等信息技术正在蓬勃发展，但这些科技不是单一存在的，而是各项技术的深度融合和二次创新，这些技术相辅相成、缺一不可，给土壤学的发展带来新的动力。

（一）物联网在土壤中的应用

物联网能够通过传感器和互联网将任何物体联系起来，为实时跟踪监测、管理和研究提供了有效手段，其在土壤生态系统研究领域具有应用前景。物联网技术的监测范围涵盖广义农业的各个方面，包括畜牧业、农副产品加工业及渔业，既可以与土壤生态环境因子监测研究相结合，也可以通过物联网监测土壤的酸碱度和施肥状况，还可以从种子遴选到病虫害防治、从幼苗培育到收割入库等方面进行全流程的监测。应用最普遍的是基于物联网的区域农田土壤墒情监测系统（李颖，2016），利用物联网技术，采用高精度土壤温湿度传感器和智能气象站，建立土壤墒情监测系统，远程在线采集代表性地块土壤墒情、气象信息，实现墒情（旱情）自动预报、灌溉用水量智能决策和远程灌溉设备自动控制等。

（二）大数据在土壤中的应用

土壤农业大数据一般指农业生产环境数据，主要包括与动植物生长密切相关的空气温湿度、土壤温湿度、营养元素、CO_2含量、气压、光照等环境数据。对这些数据进行动态监测、采集，主要依靠农业智能传感器技术、传感网技术等。随着多学科交叉技术的综合应用，光纤传感器、微机电系统（micro - electromechanical system，MEMS）、仿生传感器、电化学传感器等新一代传感器技术，以及光谱、多光谱、高光谱、核磁共振等先进检测方法在植物、土壤、环境信息采集方面广泛应用，农业生产环境数据的精度、广度、频度大幅度提高。与此同时，传感器终端的成本逐渐降低，大范围、分布式、多点部署成为现实，数据量呈指数增长（宋长青 等，2018）。

（三）云计算在土壤中的应用

云计算是面向服务的新型计算模式，为解决当前农田土壤墒情监测和灌溉决策面临的信息服务需求与投入之间的矛盾问题提供了新的思路。例如通过云服务平台，可以有效降低用户使用墒情监测信息指导灌溉决策的服务成本和系统建设投入风险，提高节水灌溉管理信息化建设效率。通过按需服务，快速集成构建应用系统是实现云服务中"软件即服务"（Soft as a Service，SaaS）的关键。以快速高效构建农田土壤墒情监测与智能灌溉系统为例，通过建立土壤墒情监测与智能灌溉决策服务的云服务平台体系架构，发展农田土壤墒情监测云服务粒度优化设计方法，提出基于服务的农田土壤墒情监测与智能灌溉应用系统快速构建技术方法，并对墒情监测和智能灌溉决策中的关键云服务进行设计和实现，为构建高效安全的农田土壤墒情监测与智能灌溉云服务平台提供理论和技术基础（李淑华，2016）。

（四）人工智能在土壤中的应用

人工智能在土壤中主要通过理论和算法得以应用，实现土壤环境要素的动态监测或预测。随着物联网、云计算、大数据、人工智能等技术的成熟，国内农业大数据的发展不会受到农业大数据缺乏的影响，可以利用历史数据和实时的航拍结果给农业提出各种建议。如何时灌溉，何时收割，何时防虫，何时施肥，一切通过人工智能算出来。

第二节　土壤信息技术在砂姜黑土上的综合应用

一、理论研究

空间信息技术在广义上也被称为"地球空间信息科学"，在国外被称为 GeoInformatics。正如前文所述，土壤信息技术是以空间信息技术为基础的信息技术，本质上与空间信息技术研究的问题相同，其涉及的主要理论问题如下。

（一）砂姜黑土本体信息表达的问题

砂姜黑土的母质以石灰性母质为主，富含黏粒，黏土矿物以 2∶1 型蒙脱石类膨胀性次生矿物为主，在低洼的富 Ca/Mg 环境下黏粒表面 Ca、Mg 饱和，从而可能会发育成具有高度的胀缩和扰动特性，旱季土体容易出现裂隙，具有楔形结构和滑擦面等特征的变性土，如图 16‑2 所示。可实现计算机按图特征识别砂姜黑土的类与亚类，或可用模型确定砂姜黑土土类和亚类的几何形态和时空分布，解决土壤发育的动力学问题。

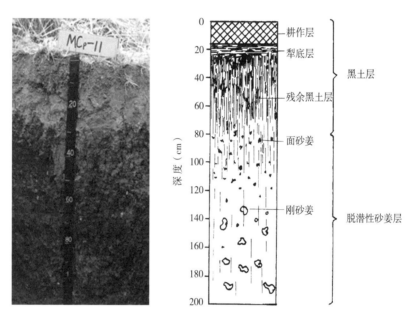

图 16‑2 砂姜黑土剖面示意（李德成）

（二）砂姜黑土信息的标准问题

随着砂姜黑土信息的不断丰富，传统的土壤样品展示方式、共享利用手段已逐渐不能满足现实需要，急需先进的网络信息手段支撑，需要对砂姜黑土样品信息化并进行整合工作。保障数据质量，关键是数据集中的土壤样品编码是否符合标准，主要包括：土壤数据采集、存储与交换格式标准，土壤数据精度和质量标准，土壤信息的分类与代码，以及土壤信息的安全、保密及技术服务标准等，标准问题是推动土壤信息产业发展的根本问题。

砂姜黑土数据集在发布的时候考虑到土壤样品数据的特点，将采样区名称与样品所属县名、市名、省名的对应关系进行存储，从而允许用户根据地区范围快速访问到目标土壤样品数据，确保样品管理人员可以根据样品统一编码快速找到样品所存放的架号、柜号、层号、行号、列号，通过软件进行反向检验，即通过读取样品的统一编码抽查错误率，实现对砂姜黑土的高效管理，促进土壤资源的分发利用，同时也为生态环境变化、土壤肥力演变等相关研究提供支撑，并将推动土壤及环境学科的整体发展。

（三）砂姜黑土信息的不确定性问题

现有砂姜黑土亚类空间分布源于原有土壤图的数字化，是将纸质土壤图以最大可能的分辨率转换为数字格式，但数字化存储的最高精度，不能超过原有纸质土壤图。而这些图件源于第二次全国土壤普查，采用的土壤分类系统是在土壤发生分类的基础上，引进了诊断层和诊断特性的思想，逐渐与世界先进土壤分类系统接轨。同时，此次土壤普查较为广泛地应用了 3S 技术，使资料整理、储存、图件综合编制和土壤理化性质分析等工作都取得了良好效果，获得了大量的土壤科学数据，建立了"五级"制的土壤分类系统。但调查过程中仍然以土壤发生分类为主，土壤分类和使用的土壤分析方法等评判标准并不统一，调研小组对土壤类型认知具有差异，存在砂姜黑土类型的不确定性、空间位置的不确定性、空间关系的不确定性、时域的不确定性、逻辑上的不一致性和数据的不完整性等问题。

（四）砂姜黑土信息的认知问题

不同类型砂姜黑土中各元素成分之间的空间位置、空间形态、空间组织、空间层次、空间排列、空间格局、空间联系及制约关系等均具可识别性。通过静态上的形态分析、发生学上的成因分析、动态上的过程分析、演化上的力学分析及时序上的模拟分析来阐释与推演砂姜黑土形态，揭示和掌握砂姜黑土信息的时空变化特征和规律，并加以形式化描述，形成规范化的理论基础，以达到对砂姜黑土的客观认知。

（五）砂姜黑土信息方法论

1. 砂姜黑土调查技术　土壤调查是土壤属性特征和时空演变信息获取的第一步。传统意义上的土壤调查是在土壤地理学的理论指导下，对土壤剖面形态及其周围地理环境进行观察与描述记载，通过理化性质分析、分类与评价，对土壤的发生演变、分类、分布和功能进行对比分析。土壤抽样调查可简单划分为基于设计的抽样（简单随机抽样、分层随机抽样、系统随机抽样等）和基于模型的抽样（地统计抽样和居中网格采样等），目标是用最少的土壤样品获取最高的土壤测图性能。前者凭经验以某种方式（如简单随机、系统、分区等）抽取一定数量的样本；然后，据此推断总体的数量、平均值；最后，对估值的精度进行检验。后者根据抽样理论，在获得调查对象的离散方差、比率等信息的前提下，计算区域调查所需样本量和估值精度之间的理论关系；据此，当给定精度要求时，估算调查所必需的样本量；当给定样本量后，计算估值精度，从而形成抽样方案，并实施野外抽样；最后，计算得到估值值。经典抽样可以用于空间分布对象的调查，虽然输入简单，较易使用，但效率较低。空间抽样调查考虑样本的空间相关性和空间异质性，它能在外业之前对样本量和估值精度作出初步判断，降低抽样的不确定性，效率较高（张甘霖 等，2018）。

2. 砂姜黑土信息的表达与可视化问题

（1）砂姜黑土剖面土壤制图。近年来，特别是随着计算机断层扫描技术、核磁共振技术、电镜技术和图像分析技术的发展，土壤结构由过去定性描述走向定量化研究，这使打破传统的"土壤黑箱"模式，直接构建土壤孔隙与水肥供应的耦合关系成为可能。如图 16-3 所示，土壤孔隙非常复杂具有大量的互相交织的细小孔隙网络，但可以让土壤水分快速通过的土壤大孔隙非常少，只有较大孔隙喉道才可快速通过土壤溶液，迁移土壤中的溶质。

（2）砂姜黑土三维土壤制图。在过去几十年的时间里，传统土壤调查与制图方法为各行业、各学科提供了大量的、有效的信息支持。三维数字土壤制图可完整地揭示土壤分布模式，近 10 年来也有了较大进展（Malone et al.，2009；Liu et al.，2013；Yang et al.，2017）。样点通过三维克里金插值获取三维视图数据，获得更加直观的土壤氮、磷等元素的垂直分布特点，更好地分析土壤氮、磷流失特征（图 16-4、图 16-5）。

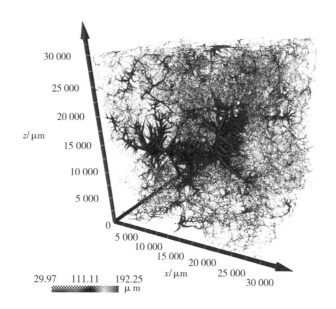

图 16-3　安徽省颍上县砂姜黑土剖面点位孔隙喉道连通性分析（王强）

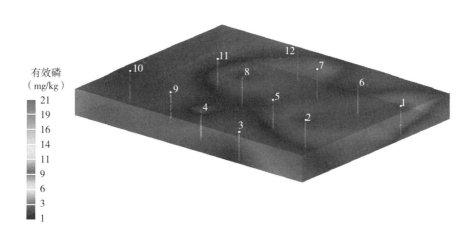

图 16-4　安徽省颍上县王岗镇 12 个样点砂姜黑土 0～80 cm 有效磷含量三维分布图（王强）

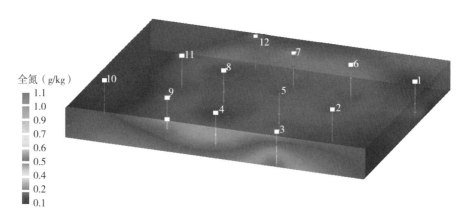

图 16-5　安徽省颍上县王岗镇 12 个样点砂姜黑土 0～80 cm 全氮含量三维分布图（王强）

二、综合应用

土壤信息获取之后可以基于地理信息技术（ArcGIS Server 或 SuperMap Server）及相关 Web 技术，设计开发土壤类型、属性和质量数据服务平台，实现土壤信息技术在砂姜黑土上的综合应用，实现土壤空间数据与属性数据的集成管理和土壤数据服务的在线发布、检索和共享。后台服务器端由 GIS 服务器、Web 服务器和数据服务器组成，通过 Web Adaptor 及 ArcSDE 服务实现服务器间数据的传递集成；前端包含 Web、桌面及移动客户端，可以满足不同使用场景下的用户需要（周晓璐 等，2012）。主要实现功能包括：数据库检索功能，建设空间和属性数据统一检索门户，用户可以通过输入相关关键词，对在线所有数据库进行检索和显示；空间和属性数据在线展示，用户可以通过 Web、移动及桌面客户端浏览所发布的矢量、栅格数据，土壤图通过特定字段与数据库管理系统（DBMS）中的若干张土壤属性表相关联，根据选取的比例尺及相关理化属性，在平台生成土壤专题矢量图供用户浏览；统计分析及数据可视化，根据用户选定的某些属性，进行相关分析、回归分析、时间序列分析、系统聚类分析、主成分分析、自定义模型等，平台根据用户选择的数据及算法，通过直方图、折线图、饼状图可视化展示统计结果；空间数据分析，包括空间插值、用户数据切割、样本布点设计；用户管理，平台提供完整的用户注册流程，用户也可以通过 QQ、微博等社交账号注册登录；平台为不同类型的用户设置不同的访问权限；提供用户调查数据接口，建立用户接口，方便用户上传数据，后台运算，返回用户的功能；数据申请，用户在线提交数据集申请并对该申请进行管理，申请流程包括在线填写相关信息、生成数据使用协议、管理员审批、数据提供等。

（一）基础数据库

1. 土壤类型数据库　中国 1∶100 万砂姜黑土数据库得到中国科学院知识创新工程的资助，在有关单位的大力支持下通过数字化、修边及编辑后完成。数据库根据全国土壤普查办公室 1995 年编制并出版的《1∶100 万中华人民共和国土壤图》，采用了传统的"土壤发生分类"系统，基本制图单元为亚类，共分出 1 个土类、4 个亚类，将土壤调查资料经过数字化和编辑、加工、处理、生成的土壤多要素多边形数据文件，可按指定的比例尺恢复为图形形式，用于土壤系列化制图。该数据库由两部分组成，土壤空间数据——中国 1∶100 万数据化土壤图、土壤属性数据，是目前最为详细的全国性数字化砂姜黑土数据库。利用土壤信息系统来改善土壤性状的描述，更为有效地检索和处理土壤调查资料，并寻找土壤各因子之间的内在联系，为土壤发生、分类及土壤特性研究提供依据。该数据库可用于相关的科学与教育（胡丽娜，2008）。

2. 土壤属性数据库　农业农村部于 2003 年已启动国家测土配方施肥项目，目标是通过对土壤养分的测定、作物的需求情况来推荐合理施肥。目前，测土配方项目实施是以县域为单位，原则上应该一地一方，把纸上的配方变成实实在在的地里的配方肥料。为了得到准确的养分数据，分别在全国采集了大量的土壤样品，分析主要土壤属性，包括大量元素氮、磷、钾及中量元素硫和微量元素锌、铜等，并根据同一空间位置，统一录入各种土壤类型的数据中。该数据库包含耕地土壤类型涵盖的亚类、土属及土种情况，土壤机械组成、质地、容重、土层厚度、耕层厚度、团聚体含量等，矿物组成、pH、氧化还原电位、阳离子交换量、盐基饱和度，以及有机质和大、中、微量元素含量现状及变化趋势，对主要作物生产的影响，主要养分含量丰缺指标分级及应用情况等。该数据库可用于相关的农业生产管理与污染防治。

3. 耕地质量等级数据库　在高强度的土壤利用和经济快速增长的条件下，维持和保护土壤质量变得越来越具挑战性。面对土壤质量的变化，定期调查和连续监测对于评价土壤退化及趋势变得非常必要。土壤质量数据并不仅仅包括土壤肥力，还包括表征和反映环境和人类健康的各项指标。人们必须关注各种不同的土壤退化过程和相应的修复方法，包括土壤营养元素失衡和合理施肥、土壤污染和生物修复、土壤侵蚀和保护、化感作用及防护机理。现代信息技术和世界范围的数据共享将会使土壤质量变化过程的定量和数字描述成为可能。通过各种评价模式，自动实现土壤资源评价过程，包括耕地土壤类型质量红线因素筛选、耕地质量等级划分，各等级耕地分布情况、特点及耕地产能情况，分析该土壤类型耕地生产存在的主要障碍因素，以及提出有针对性的土壤改良与培肥对策措施建议、形成技术模式，并且已经得到实际应用。

（二）测土配方施肥综合服务平台

经过分析不同土壤类型、不同作物、不同地区的田间试验结果，归纳精准施肥指标体系及模型算法，基于3S与SQL数据相结合、人机交互、云计算、互联网与物联网等技术，开发集成测土配方施肥综合服务平台。

1. 测土配方施肥专家决策系统触摸屏研发与应用　安徽农业大学资源环境与信息技术研究所基于GIS插件，采用C♯语言，开发了安徽土壤养分与肥料信息系统和县域测土配方施肥决策系统；内容有近年来野外调查、耕地土壤检测、田间试验示范、专家配方设计、效果评价、第二次全国土壤普查和耕地地力评价等数据成果。系统主要包括区域施肥、精准施肥、土壤养分、地力评价、土壤分布等五大模块。区域施肥模块主要用于查询不同肥力和地力的作物区域施肥配方；精准施肥模块主要用于查询每个采样点的精准施肥配方；土壤养分模块主要用于查询土壤养分分布情况，指定养分类型的养分含量和丰缺度；地力评价模块主要用于查询耕地地力等级分布情况；土壤分布模块主要用于查询土壤类型分布情况。测土配方施肥专家决策系统触摸屏，农民只需点击触摸屏，即可查询自家或相邻田块的养分及不同作物配方（精准施肥），各乡（镇）、村及不同地力地块的施肥需求（区域施肥），以及土壤类型、养分状况和地力等级等相关信息（图16-6）。

图16-6　测土配方施肥专家决策系统触摸屏（马友华）

2. 基于WebGIS配方与精准施肥查询系统　采用Java技术，基于WebGIS技术进行开发，将测土配方成果以数字化的方式直观展示给各级用户。从需求角度分析，本系统面向用户主要是农技推广人员和普通农户，用户可以在电子地图、遥感地图等上直观方便地查找所需的地块并浏览地块的地力等级、土壤养分、土壤属性等情况，针对不同作物获取配方卡；其中技术论坛中能够下载安徽省各县（市）的土壤管理和精准施肥手机和短信平台客户端，交流相关技术与经验。WebGIS 系统有统一的管理后台，可以实时数据更新。

3. 配方与精准施肥移动 GIS 查询系统　本系统为农业应用型软件配方与精准施肥移动 GIS 查询系统，是以智能型移动终端为载体，承载了施肥专家决策系统 App，结合本地数据库技术所开发的便携式测土配方施肥专家咨询决策系统。目前，基于 Android 系统和 iOS 系统的版本均已上线并正常运行。农民站在任何田块中，使用智能手机能够快速定位并查询所在田块和所在村、镇的土壤养分和主要作物施肥配方、建议及相关施肥、栽培技术等。其中，"在线大众版"为广大农户服务，操作更为简单；"离线专业版"为农技人员提供更专业的技术支持，增加了"作物受害图谱""配方计算器"智能查询系统。

4. 基于微信公众平台的土壤养分与作物施肥配方查询系统　微信决策系统是以各县（市、区）土壤养分管理与精准施肥数据库为基础的公益性系统。选择 Windows Server 2008 操作系统作为该公众平台后台程序的软件基础，县（市）农技部门通过该系统，可以向农民群发农业科学与技术短信或者通过微信公众号推送有关农业技术的图文消息，指导农业生产。农民通过下载手机短信客户端、关注测土配方微信公众平台，站在田块中，可以通过自动定位获取所在地块的土壤养分和作物施肥配方信息，也可通过选择县、镇、村查询平均土壤养分和主要作物施肥配方与施肥技术，有自动回复养分查询，即输入关键字系统可以根据用户输入的信息返回关键字对应的信息。同时，系统还增加了获取周边肥料经销商信息的功能，在微信客户端的内置浏览器中可查看该经销商的详细信息（图 16 - 7）。

图 16 - 7　微信服务平台（马友华）

5. 互联网＋智能配肥系统　该系统以安徽省为顶端设计，构建互联网＋智能配肥与精准施肥系统，实现农户可以通过智能手机、计算机等智能终端查询耕地地块土壤属性、土壤养分及其丰缺情况、耕地地力等级、推荐施肥及用量、施肥建议指导等，并可通过智能终端一键下单到附近的配肥站，定制生产精准的配方肥料，配肥站通过管理后台对生产订单的生产、配送等进行管理。充分利用互联网＋智能配肥与精准施肥相结合，实现精准施肥，响应化肥减量化的号召（图 16-8）。

图 16-8　互联网＋智能配肥系统（马友华）

（三）耕地质量等级评价

耕地地力评价，可让人们准确掌握耕地数量及空间分布，摸清生产潜力，为不同尺度的耕地资源管理、农业结构调整及养分资源的综合管理提供科学的理论依据，这为人们提高耕地质量和增强耕地生产能力作出客观决策有着极为重要的意义（黄勤，2013）。以砂姜黑土典型区域亳州市为例予以说明。

1. 数据库建设

（1）基础属性数据库建立。充分利用目前现有资料和数据，以各耕地地力性状要素数据为基本字段，以调查点为基本数据库记录，建立耕地土壤的基础属性数据库。建立研究区耕地资源信息数据库，数据库中包含与耕地分等定级有关的各类自然及社会经济资料，进行资料的分析和相关数据的处理，数据入库。该数据库是耕地地力管理的重要基础数据的来源，应用该数据库可进行耕地地力性状的统计分析。

（2）基础空间数据库建立。在 GIS 软件的支持下，将经过空间插值及矢量化等处理生成的各类专题图件统一到相同的坐标系统下并采用相同的格式，以点、线、面文件的形式进行存储和管理，通过空间数据与属性数据关键字段实现空间数据库与属性数据库的连接。

2. 亳州市土壤养分空间变异　根据亳州市各县（区）提供的土壤采样点化验数据，利用 ArcGIS制图软件进行插值，并结合耕地土壤特点，弄清各种土壤养分在亳州市不同土壤种类上的分布情况，对进行测土配方施肥工作具有重要的参考价值。利用 ArcGIS 中地统计功能，对土壤养分的空间变异进行研究。通过研究可以获得土壤养分的空间分布情况。

3. 评价单元的确定　采用土壤图、土地利用现状图和行政区划图叠置的划分方法划分出的评价单元具有行政区划关系明确，面积可以准确统计，土壤类型、地形部位、耕地利用方式等都较为一致的特点，因此，亳州市耕地质量等级评价单元采用此方法，即"土地利用现状类型-土壤类型-行政区划单位"的格式。土壤类型划分到土属，土地利用现状主要划分到土地利用类型，行政区划划分到乡镇，评价单元的划分区界以由各县（区）土地利用现状图拼接而成的亳州市土地利用现状图为准。在此评价单元的基础上得出的评价结果实用性更强，不仅可应用于农业布局规划等农业决策，还可用于指导实际的农事操作，为实施精准农业奠定良好的基础。

4. 评价指标权重的确定 亳州市耕地质量等级评价选取了 16 个评价指标。不同的指标对耕地地力的影响程度是不同的，因此，必须确定各评价指标对耕地地力所贡献的权重。此次评价指标权重采用层次分析法（AHP）来确定。①建立层次结构：以亳州市耕地地力为目标层（A 层），影响耕地地力的立地条件、理化性质、养分状况、土壤管理、剖面性状等为准则层（B 层），将影响准则层的各因素作为指标层（C 层）。②耕地质量等级评价各因素层次结构构造判断矩阵：根据专家经验，确定指标层对准则层、准则层对目标层的相对重要性。③层次单排序及一致性检验即求取指标层（C）对准则层（B）的权重数值及准则层（B）对目标层（A）的权重数值。利用县域耕地资源管理信息系统软件的层次分析模型，得到各权重数值及一致性检验的结果。

5. 亳州市耕地质量等级划分 将获取的耕地空间分布图、第二次全国土壤普查制作的土壤图及最新行政区划图叠加，生成评价单元，结合该行政区划土壤和农业生产等实际情况，通过本地专家的会商，选取了与该行政区划实际相关系数较高的 15 个物理、化学等因素作为耕地分等定级的评价因子，对该行政区划的耕地进行分等评价，划分出的结果可为当地决策部门为种植业结构调整、合理使用耕地、耕地质量建设作出决策提供科学的理论支持。

（四）土壤农化监测网络体系

加强土壤农化监测网络体系建设，建立土肥数据库系统，开发信息分析处理和管理软件，及时收集、汇总、整理、分析有关数据，定期发布汇总信息，为砂姜黑土农业生产决策和土壤肥料行业发展提供重要的科学依据。

1. 土壤肥力监测 根据砂姜黑土分布区位筹建相关长期综合试验站，依托试验站开展耕地养分的分片轮查，对所在区域的土壤大量元素速效养分每年调查 1 次，中量元素、微量元素、全量养分等每 3～5 年进行 1 次调查；通过砂姜黑土肥料肥效区域试验网，进行联合肥料区域田间试验，明确不同肥料品种的适宜区域，提出不同地区、不同作物需要的肥料种类、肥料用量和最佳的施用技术，指导当地的农业生产。同时，重点监测城郊蔬菜、水果生产基地土壤环境状况，指导优势农产品和无公害农产品生产合理布局。

2. 土壤墒情监测 开发土壤水分传感和在线监测系统，实现农田土壤墒情监测，开展模型的模拟质量、数据需求和模型复杂性特征研究；检验模型的适用性，实现在土壤、气候、作物和前期管理等参数信息可利用情况下，预测区域土壤墒情和旱情，为农作物灌溉方案制订提供依据。

基于 WebGIS 技术研发的土壤墒情监测信息系统，如图 16-9 所示，实时将土壤墒情数据回传到远程土壤墒情数据库。

通过使用土壤墒情测定仪对土壤墒情进行长时间的监测，如图 16-10 所示，可以向有关部门提供所在地区实时的土壤墒情监测服务，对于土壤的干旱程度判断有着显著的作用，方便相关部门对洪涝灾害作出正确、合理的解决方案；此外，还能向农技人员实时提供墒情数据，方便农业生产的进行及科研项目的研发。

3. 砂姜黑土无线定位控水防龟裂系统 利用土壤张力计监测膨胀性砂姜黑土的土壤水势，利用无线图像采集传输装置监测土壤表面形态，当被监测的 0～20 cm 耕层土壤水势小于 -70 kPa 或被监测的土壤表面出现肉眼可见的明显裂隙时，利用 WebGIS 成图的优势，将各种土壤数据和参数以直观、形象的图像表示出来，确定是否需要对土壤进行灌溉；灌水量以 0～50 cm 土层达到田间持水量

图 16-9　土壤墒情监测信息系统界面（马友华）

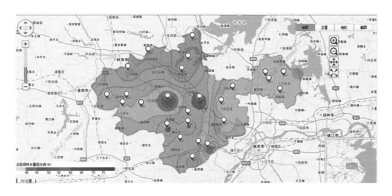

图 16-10　土壤墒情的实时监测图（马友华）

为标准，通过监测耕层（0～20 cm）和耕层以下（20～50 cm）土壤含水量进行确定，利用精量灌溉系统对土壤进行灌溉（李晓鹏 等，2018）。

主 要 参 考 文 献

安徽省土壤普查办公室，1996. 安徽土壤 [M]. 北京：科学出版社.

安徽省土壤普查办公室，1996. 安徽土种 [M]. 北京：科学出版社.

白由路，2018. 高效施肥技术研究的现状与展望 [J]. 中国农业科学，51 (11)：2116-2125.

白由路，杨俐苹，2006. 我国农业中的测土配方施肥 [J]. 土壤肥料 (2)：3-7.

白由路，张景略，王全贵，1993. 河南省砂姜黑土持水性的研究 [J]. 河南农业大学学报，27 (3)：235-239.

蔡太义，张佳宝，张丛志，等，2017. 基于显微 CT 研究施肥方式对砂姜黑土大孔隙结构的影响 [J]. 干旱区资源与环境，31 (12)：143-149.

查理思，吴克宁，曹植，2015. 河南省砂姜黑土土类和土属的数字制图研究 [J]. 江西农业大学学报，37 (2)：376-382.

陈冬峰，丁维新，2006. 耕作改制对砂姜黑土中锰的影响 [J]. 中国生态农业学报，14 (1)：149-151.

陈欢，李玮，张存岭，等，2014. 淮北砂姜黑土酶活性对长期不同施肥模式的响应 [J]. 中国农业科学，47 (3)：495-502.

陈林，2016. 去除结皮与深松对红壤中玉米生长的作用 [D]. 昆明：昆明理工大学.

陈明桂，孙义祥，2015. 安徽省全椒县水稻配方肥配方设计及效果验证 [J]. 园艺与种苗 (8)：89-92.

陈月明，高磊，张中彬，等，2022. 淮北平原砂姜黑土区砂姜的空间分布及其驱动因素 [J]. 土壤学报，59 (1)：148-160.

陈新平，张福锁，2006. 通过"3414"实验建立测土配方施肥技术指标体系 [J]. 中国农技推广，22 (4)：36-38.

陈兴仁，陈富荣，贾十军，等，2012. 安徽省江淮流域土壤地球化学基准值与背景值研究 [J]. 中国地质，39 (2)：302-310.

崔元俊，王红晋，赵西强，等，2012. 山东省东部地区表层土壤重金属污染及生态效应评价 [J]. 科学技术与工程，12 (23)：5841-5846.

程素贞，王秀功，1991. 磷水平对土壤锌铁铜有效性的影响 [J]. 安徽农业科学，50 (3)：346-354.

程素贞，张继榛，1989. 不同磷（P）水平对土壤中钼（Mo）有效性的影响 [J]. 安徽农业科学，39 (1)：37-43.

大豆施硼等综合丰产技术协作组，1985. 大豆硼素营养研究 [J]. 中国油料 (3)：62-65.

丁鼎治，1992. 河北土种志 [M]. 石家庄：河北科学技术出版社.

丁军，马新明，李新平，等，2001. 粉煤灰改良砂姜黑土对冬小麦田生态因子的影响 [J]. 农业环境保护，24 (4)：221-224.

丁维新，1999. 砂姜黑土中微量元素含量及微肥增产效应研究 [J]. 华北农学报，14 (增刊)：135-140.

丁维新，陈冬峰，刘元昌，2004. 旱改水对土壤铜含量及其有效性的影响研究 [J]. 中国生态农业学报，12 (3)：68-71.

丁维新，朱其清，刘元昌，2000. 耕作改制对砂姜黑土微量元素的影响 [J]. 生态农业研究，8 (2)：28-30.

丁维新，朱其清，刘元昌，等，2000. 旱改水对砂姜黑土中锌含量的影响研究 [J]. 土壤学报，37 (1)：102-108.

杜聪阳，杨习文，王勇，等，2017. 不同耕作方式及施氮水平对砂姜黑土物理性状、微生物学特性及小麦产量的影响 [J]. 河南农业科学，46 (8)：13-21.

房运喜，陈玉田，欧阳兆，等，1997. 怀远县土壤微量元素对主要农作物的影响 [J]. 安徽农业科学，25 (1)：71-72，87.

高焕平, 刘世亮, 赵颖, 等, 2018. 猪粪有机肥配施化肥对潮土速效养分及团聚体分布的影响 [J]. 中国农学通报, 34 (14): 99-105.

高旺盛, 2011. 中国保护性耕作制 [M]. 北京: 中国农业大学出版社.

高旺盛, 黄进勇, 吴大付, 等, 1999. 黄淮海平原典型集约农区地下水硝酸盐污染初探 [J]. 生态农业研究, 7 (4): 41-43.

高祥照, 2008. 我国测土配方施肥进展情况与发展方向 [J]. 中国农业资源与区划, 29 (1): 7-10.

谷丰, 2018. 典型砂姜黑土区农田土壤水分养分动态变化特征及模拟 [D]. 北京: 中国农业大学.

谷丰, 陈雪娇, 魏翠兰, 等, 2021. 砂姜黑土钙质结核剖面分布特征及其对土壤持水性的影响 [J]. 农业工程学报, 36 (7): 73-80.

郭熙盛, 刘枫, 1992. 有机物对砂姜黑土培肥作用的研究 [J]. 安徽农业科学, 20 (1): 72-78.

过兴度, 张俊民, 徐强, 1991. 砂姜黑土无机磷的形态与肥力的关系 [J]. 土壤, 23 (2): 92-95.

郭永召, 姚则羊, 郭家宝, 等, 2020. 黄淮海流域粮食生产肥料使用现状分析 [J]. 河北农业科学, 24 (4): 96-100.

耿维, 孙义祥, 袁嫚嫚, 等, 2018. 安徽省畜牧业环境承载力及粪便替代化肥潜力评估 [J]. 农业工程学报, 34 (18): 252-261.

韩上, 武际, 李敏, 等, 2020. 深耕结合秸秆还田提高作物产量并改善耕层薄化土壤理化性质 [J]. 植物营养与肥料学报, 26 (2): 276-284.

韩上, 武际, 夏伟光, 等, 2018. 耕层增减对作物产量、养分吸收和土壤养分状况的影响 [J]. 土壤, 50 (5): 881-887.

韩晓日, 郑国砥, 刘晓燕, 等, 2007. 有机肥与化肥配合施用土壤微生物量氮动态、来源和供氮特征 [J]. 中国农业科学, 40 (4): 765-772.

何传龙, 闫晓明, 吴清鹄, 等, 1997. 砂姜黑土土壤改良技术研究 [J]. 土壤通报, 28 (5): 202-204.

何方, 马成泽, 等, 1994. 水旱轮作对砂姜黑土腐殖质状态和组分的影响 [J]. 安徽农业大学学报, 21 (1): 26-31.

何凤, 李瑞敏, 王轶, 等, 2008. 河南黄淮平原土壤-小麦系统中重金属 Cr 响应关系研究 [J]. 地球与环境, 36 (4): 309-314.

何静安, 刘金义, 1986. 砂姜黑土钾肥肥效试验初报 [J]. 河南农业科学 (4): 15-17.

河南省土壤普查办公室, 2004. 河南土壤 [M]. 北京: 中国农业出版社.

河南省土壤肥料工作站, 河南省土壤普查办公室, 1995. 河南土种志 [M]. 北京: 中国农业出版社.

湖北省土壤肥料工作站, 湖北省土壤普查办公室, 2015. 湖北土壤 [M]. 武汉: 湖北科学技术出版社.

侯晓娜, 李慧, 朱刘兵, 等, 2015. 生物炭与秸秆添加对砂姜黑土团聚体组成和有机碳分布的影响 [J]. 中国农业科学, 48 (4): 705-712.

胡丽娜, 2008. 甘肃省土壤资源空间信息管理系统设计 [D]. 兰州: 甘肃农业大学.

胡芹远, 2008. 加硫尿素对小麦效应的研究 [J]. 安徽农学通报, 14 (21): 114-116.

胡正义, 张继榛, 竺伟民, 1996. 安徽省主要农用土壤中硫形态组分的初步研究 [J]. 土壤 (3): 119-122.

花可可, 王道中, 郭志彬, 等, 2017. 施肥方式对砂姜黑土钾素利用及盈亏的影响 [J]. 土壤学报, 54 (4): 978-988.

黄标, 潘剑君, 2017. 中国土系志·江苏卷 [M]. 北京: 科学出版社.

黄勤, 2013. 基于 GIS 的市级耕地地力评价研究 [D]. 合肥: 安徽农业大学.

贾良良, 张朝春, 江荣风, 等, 2008. 国外测土施肥技术的发展与应用 [J]. 世界农业 (5): 60-63.

江丽华, 李妮, 徐钰, 等, 2020. 山东省设施蔬菜施肥现状调查研究 [J]. 山东农业科学, 52 (2): 90-96.

江苏省土壤普查办公室, 1995. 江苏土壤 [M]. 北京: 中国农业出版社.

江苏省土壤普查办公室, 1996. 江苏土种志 [M]. 南京: 江苏科学技术出版社.

焦有, 孙克刚, 郭中义, 1999. 土壤对硫的吸附特性与田间施硫推荐 [J]. 华北农学报, 14 (3): 82-85.

靳海洋, 2016. 耕作方式对黄淮海区砂姜黑土农田土壤养分转化及供肥供水特性的影响 [D]. 郑州: 河南农业大学.

靳海洋, 谢迎新, 李梦达, 等, 2016. 连续周年耕作对砂姜黑土农田蓄水保墒及作物产量的影响 [J]. 中国农业科学,

49 (16)：3239 - 3250.

金友前，杜保见，郜红建，等，2013. 玉米秸秆还田对砂姜黑土水分动态及冬小麦水分利用效率的影响 [J]. 麦类作物学报，33 (1)：89 - 95.

巨晓棠，谷保静，2017. 氮素管理的指标 [J]. 土壤学报，54 (2)：281 - 296.

巨晓棠，刘学军，张福锁，2004. 长期施肥对土壤有机氮组成的影响 [J]. 中国农业科学，37 (1)：87 - 91.

李道林，何传龙，闫晓明，2000. 不同土壤调理剂在砂姜黑土上应用效果研究 [J]. 土壤，32 (4)：210 - 214.

李德成，张甘霖，龚子同，2011. 我国砂姜黑土土种的系统分类归属研究 [J]. 土壤，43 (4)：623 - 629.

李德成，张甘霖，王华，2017. 中国土系志·安徽卷 [M]. 北京：科学出版社.

李刚，刘旭东，2015. 淮北市蔬菜种植区土壤中重金属污染现状调查及评价 [J]. 绿色科技 (8)：206 - 207，212.

李贵宝，孙克刚，焦有，等，1996. 砂姜黑土的固钾能力和钾肥的增产效应 [J]. 河南农业科学 (6)：30 - 32.

李贵宝，焦有，孙克刚，等，1998. 砂姜黑土的固钾特性和小麦施用钾肥的效应 [J]. 干旱地区农业研究，16 (2)：65 - 68.

李家年，魏荣萍，1999. 安徽省淮北地区水文特性 [J]. 治淮 (4)：21 - 22.

李敬王，2019. 不同耕作方式下秸秆还田对砂姜黑土有机质等养分及物理性质的影响 [D]. 重庆：西南大学.

李敬王，陈林，张佳宝，等，2019. 砂姜黑土有机碳与微生物群落特性之间的关系 [J]. 土壤，51 (3)：488 - 494.

李录久，陈勇，吴长宏，等，2003. 淮北平原小麦钾肥高效施用技术研究 [J]. 安徽农业科学，31 (5)：766 - 767.

李录久，郭熙盛，孙义祥，等，2006. 淮北砂姜黑土小麦施钾的增产效应 [J]. 中国土壤与肥料 (5)：43 - 45.

李录久，郭熙盛，王道中，等，2006. 淮北平原砂姜黑土养分状况及其空间变异 [J]. 安徽农业科学，34 (4)：722 - 723.

李录久，金继运，陈防，等，2009. 钾、氮配施对生姜产量和品质及钾素利用的影响 [J]. 植物营养与肥料学报，15 (3)：643 - 645.

李录久，李文高，殷雄，等，2000. 砂姜黑土小麦锌氮配施效应的研究 [C] //中国土壤学会青年工作委员会，中国植物营养与肥料学会青年工作委员会. 青年学者论土壤与植物营养科学——第七届全国青年土壤暨第二届全国青年植物营养科学工作者学术讨论会论文集. 北京：中国农业科技出版社：390 - 396.

李录久，吴萍萍，蒋友坤，等，2017. 玉米秸秆还田对小麦生长和土壤水分含量的影响 [J]. 安徽农业科学，45 (24)：112 - 113，117.

李少丛，2015. 河南省砂姜黑土基本性质时空变化分析及重金属风险评价 [D]. 郑州：郑州大学.

李淑华，2016. 农田土壤墒情监测与智能灌溉云服务平台构建关键技术研究 [D]. 北京：中国农业科学院研究生院.

李太魁，马政华，寇长林，等，2017. 不同耕作方式对砂姜黑土理化性质和小麦产量的影响 [J]. 中国农学通报，33 (36)：20 - 24.

李玮，陈欢，曹承富，等，2019. 不同施肥模式对砂姜黑土团聚体特征及有机碳的影响 [J]. 中国农学通报，35 (32)：64 - 72.

李玮，乔玉强，陈欢，等，2014. 秸秆还田配施氮肥对砂姜黑土有机质组分与碳库管理指数的影响 [J]. 生态与农村环境学报，30 (4)：475 - 480.

李卫东，王庆云，1993. 砂姜黑土形态特征的观察 [J]. 华中农业大学学报，12 (3)：245 - 249.

李卫东，王庆云，1994. 砂姜黑土的黏土矿物组成和蒙皂石来源的探讨 [J]. 北京农业大学学报，20 (2)：192 - 196.

李卫东，张明亮，逢焕成，等，1996. 中国暖温带黑黏土的腐殖质特性及其与土壤发生的关系 [J]. 土壤学报，4 (33)：433 - 438.

李锡锋，许丽，张守福，等，2020. 砂姜黑土麦玉农田土壤团聚体分布及碳氮含量对不同耕作方式的响应 [J]. 山东农业科学，52 (3)：52 - 59.

李颖，2016. 基于物联网的智慧农业解决方案 [J]. 信息通信，166 (10)：168 - 169.

李玉中，贾小妨，徐春英，等，2013. 山东省地下水硝酸盐溯源研究 [J]. 生态环境学报，22 (8)：1401 - 1407.

林海涛，江丽华，宋效宗，等，2011. 山东省地下水硝酸盐含量状况及影响因素研究 [J]. 农业环境科学学报，30（2）：353 - 357.

刘良梧，茅昂江，1986. 钙质结核放射性碳断代的研究 [J]. 土壤学报，23（2）：106 - 112.

刘淑梅，孙武，等，2018. 小麦季不同耕作方式对砂姜黑土玉米农田土壤微生物特性及酶活性的影响 [J]. 玉米科学，26（1）：103 - 107.

刘秀位，苗文芳，艳哲，等，2012. 冬前不同管理措施对土壤温度和冬小麦早期生长的影响 [J]. 中国生态农业学报，20（9）：1135 - 1141.

刘旭，郑刘根，陈欣悦，等，2019. 淮南潘集矿区农田土壤重金属污染特征及在小麦中累积特征研究 [J]. 环境污染与防治，41（8）：959 - 964，978.

刘元昌，蔡立，1994. 锌对增强玉米耐涝抗渍的作用及其机理初探 [J]. 长江资源与环境，3（1）：29 - 34.

刘哲，韩霁昌，孙增慧，等，2017. δ13C 法研究砂姜黑土添加秸秆后团聚体有机碳变化规律 [J]. 农业工程学报，33（14）：179 - 187.

吕家珑，2002. 农田土壤磷素淋溶及其预测 [J]. 生态学报，23（12）：2689 - 2701.

鲁艳红，廖育林，周兴，等，2015. 长期不同施肥对红壤性水稻土产量及基础地力的影响 [J]. 土壤学报，52（3）：597 - 606.

骆东奇，白洁，谢德体，2002. 论土壤肥力评价指标和方法 [J]. 土壤与环境，11（2）：202 - 205.

马丽，张民，1993. 砂姜黑土的发生过程与成土特征 [J]. 土壤通报，24（1）：1 - 4.

马立珩，2011. 江苏省水稻、小麦施肥现状的分析与评价 [D]. 南京：南京农业大学.

马垒，郭志彬，王道中，等，2018. 长期三水平磷肥施用梯度对砂姜黑土细菌群落结构和酶活性的影响 [J]. 土壤学报，56（6）：1459 - 1470.

马新明，高尔明，杨青华，等，1998. 粉煤灰改良砂姜黑土与玉米生长关系的研究 [J]. 河南农业大学学报，32（4）：303 - 307.

马新明，王小纯，丁军，等，2001. 粉煤灰改良砂姜黑土对麦田生态因子及重金属残留的影响 [J]. 应用生态学报，12（4）：610 - 614.

马友华，罗孝荣，陈郑本，等，1995. 砂姜黑土植烟后土壤钾变化及施钾对烟草的影响 [J]. 土壤通报，26（4）：181 - 182.

毛伟，李文西，唐国宝，等，2014. 县级测土配方施肥指标体系建立研究——以江苏省江都市水稻为例 [J]. 植物营养与肥料学报，20（2）：396 - 406.

孟庆阳，王永华，靳海洋，等，2016. 耕作方式与秸秆还田对砂姜黑土土壤酶活性及冬小麦产量的影响 [J]. 麦类作物学报，36（3）：341 - 346.

聂俊华，王一川，季立声，1991. 山东省主要土壤类型持水性能的研究 [J]. 山东农业大学学报，22（3）：279 - 288.

彭雪松，2012. 河南省小麦玉米化肥使用状况与应用效果研究 [D]. 郑州：河南农业大学.

钱贞兵，孙立剑，徐升，等，2018. 淮河流域安徽段土壤重金属元素分布特征研究 [J]. 岩矿测试，37（2）：193 - 200.

钱晓华，胡荣根，余欢欢，等，2014. 安徽省农作物施肥与化肥用量调查研究 [J]. 安徽农学通报，20（6）：74 - 77.

仇荣亮，熊德祥，黄瑞采，1994. 变性土的膨胀收缩特点及影响因素 [J]. 南京农业大学学报，17（1）：71 - 77.

权春梅，曹帅，刘耀武，2014. 四大产地白芍中重金属含量的测定 [J]. 黑河学院学报（4）：120 - 122.

权春梅，曹帅，夏成凯，2014. 亳州地区菊花中重金属含量的测定 [J]. 皖西学院学报，30（2）：101 - 103.

全国土壤普查办公室，1993. 中国土种志·第一卷 [M]. 北京：中国农业出版社.

全国土壤普查办公室，1994. 中国土种志·第三卷 [M]. 北京：中国农业出版社.

全国土壤普查办公室，1995. 中国土种志·第四卷 [M]. 北京：中国农业出版社.

全国土壤质量标准化技术委员会，2016. 耕地质量等级：GB/T 33469—2016 [S]. 北京：中国标准出版社.

全国信息分类编码标准化技术委员会，2009. 中国土壤分类与代码：GB/T 17296—2009 [S]. 北京：中国标准出版社.

《砂姜黑土综合治理研究》编委会，1988. 砂姜黑土综合治理研究 [M]. 合肥：安徽科学技术出版社.

山东省土壤肥料工作站，1993. 山东土种志 [M]. 北京：中国农业出版社.

山东省土壤肥料工作站，1994. 山东土壤 [M]. 北京：中国农业出版社.

沈思渊，1992. 淮北砂姜黑土微量元素及其有效性的因子分析 [J]. 农村生态环境（1）：36-39.

沈晓燕，黄贤金，钟太洋，2017. 中国测土配方施肥技术应用的环境评估与经济效应评估 [J]. 农林经济管理学报，16（2）：177-183.

沈新磊，承青春，李兰萍，等，2016. 铁、铜微肥对漯河市砂姜黑土区小麦产量的影响 [J]. 农业工程技术综合版（2）：30.

盛奇，王恒旭，胡永华，等，2009. 黄河流域河南段土壤背景值与基准值研究 [J]. 安徽农业科学，37（18）：8647-8650，8668.

史福刚，张佳宝，姚健，2017. 砂姜黑土界限含水率及适耕性研究 [J]. 河南农业科学，46（12）：59-64.

史思伟，2019. 长期施用生物炭对土壤碳库的影响——以山东砂姜黑土为例 [D]. 北京：中国农业科学院研究生院.

宋长青，温孚江，李俊清，等，2018. 农业大数据研究应用进展与展望 [J]. 农业与技术，38（22）：153-156.

宋大平，庄大方，陈巍，2012. 安徽省畜禽粪便污染耕地、水体现状及其风险评价 [J]. 环境科学，33（1）：110-116.

宋晓蓝，李想，郑童月，等，2020. 不同农田土壤类型对土壤中铜和锌含量的影响 [J]. 湖北农业科学，59（16）：26-29.

苏璐璐，薛东剑，2018. 基于3S技术的智慧农业系统研究 [J]. 电脑知识与技术，14（5）：106-108，117.

孙晨曦，彭岩波，谢刚，2017. 山东省畜禽养殖环境污染现状调查研究 [J]. 山东农业科学，49（8）：155-159.

孙华，熊德祥，1998. 鲁南砂姜黑土及其有机无机复合体的有机磷研究 [J]. 土壤通报，29（2）：61-64.

孙华，张桃林，熊德祥，2001. 鲁南砂姜黑土磷的组成及吸附特性的研究 [J]. 江苏农业研究，22（1）：39-42.

孙怀文，1993. 砂姜黑土的水分特性及其与土壤易旱的关系 [J]. 土壤学报，30（4）：423-431.

孙克刚，李丙奇，和爱玲，2010. 砂姜黑土区麦田土壤有效钾施肥指标及小麦施钾研究 [J]. 华北农学报，25（2）：212-215.

孙克刚，李丙奇，和爱玲，等，2010. 砂姜黑土区小麦土壤有效磷丰缺指标及推荐施磷量研究 [J]. 干旱地区农业研究，28（2）：159-161，182.

孙克刚，李贵宝，刘纯敏，等，1999. 河南省主要土类供钾能力与固钾特性 [J]. 华北农学报，14（1）：123-128.

孙立强，孙崇玉，刘飞，等，2019. 淮北煤矿周边土壤重金属生物可给性及人体健康风险 [J]. 环境化学，38（7）：1453-1459.

孙瑞波，2015. 长期不同施肥管理对砂姜黑土微生物群落与功能的影响 [D]. 南京：中国科学院南京土壤研究所.

孙瑞波，郭熙盛，王道中，等，2015. 长期施用化肥及秸秆还田对砂姜黑土细菌群落的影响 [J]. 微生物学通报，42（10）：2049-2057.

孙万里，陶文沂，2010. 木质素与半纤维素对稻草秸秆酶解的影响 [J]. 食品与生物技术学报，29（1）：18-22.

孙义祥，2010. 测土配方施肥中区域配肥关键技术的研究 [D]. 北京：中国农业大学.

孙义祥，郭跃升，于舜章，等，2009. 应用"3414"建立冬小麦测土配方施肥指标体系 [J]. 植物营养与肥料学报，15（1）：197-203.

汪金舫，刘月娟，李本银，2006. 秸秆还田对砂姜黑土理化性质与锰、锌、铜有效性的影响 [J]. 中国生态农业学报，14（3）：49-51.

汪明云，李录久，吴萍萍，等，2019. 淮北砂姜黑土小麦高效锌肥施用效应 [J]. 安徽农业科学，47（2）：138-140.

王长垒，邢雅珍，2019. 煤矿城市表层土壤 As 和 Cd 空间分布与污染评价 [J]. 安徽农业科学，47（12）：94-97，107.

王长荣，顾也萍，1995. 安徽省淮北平原晚更新世以来地质环境与土壤发育 [J]. 安徽师大学报（自然科学版），18（2）：59-65.

王道中，2004. 长期施肥对砂姜黑土磷吸附和解吸特性的影响 [J]. 安徽农业科学，32（4）：701-702.

王道中，2008. 长期定位施肥砂姜黑土土壤肥力演变规律［D］. 合肥：安徽农业大学.

王道中，郭熙盛，2009. 长期施肥对砂姜黑土有机磷组分及其有效性的影响［J］. 土壤，41（1）：79-83.

王道中，郭熙盛，何传龙，等，2007. 砂姜黑土长期定位施肥对小麦生长及土壤养分含量的影响［J］. 土壤通报，38（1）：55-57.

王道中，郭熙盛，刘枫，等，2009. 长期施肥对砂姜黑土无机磷形态的影响［J］. 植物营养与肥料学报，15（3）：601-606.

王道中，郭熙盛，王文军，2007. 皖北蔬菜产区地下水硝酸盐污染研究［J］. 安徽农业科学，35（7）：2069-2070.

王道中，花可可，郭志彬，2015. 长期施肥对砂姜黑土作物产量及土壤物理性质的影响［J］. 中国农业科学，48（23）：4781-4789.

王道中，刘小平，钟昆林，等，2014. 安徽省砂姜黑土地区甘薯钾肥适宜用量研究［J］. 作物杂志（5）：109-112.

王道中，展玉莲，赵彬，2002. 砂姜黑土小麦硫肥效果试验初报［J］. 安徽农学通报，8（5）：50，58.

王伏伟，2015. 施肥及秸秆还田对砂姜黑土细菌群落的影响［J］. 中国生态农业学报，23（10）：1302-1311.

王伏伟，王晓波，李金才，等，2015. 秸秆还田配施化肥对砂姜黑土固碳细菌的影响［J］. 安徽农业大学学报，42（5）：818-824.

王静，郭熙盛，吕国安，等，2016. 农业面源污染研究进展及其发展态势分析［J］. 江苏农业科学，44（9）：21-24.

王敬，程谊，蔡祖聪，等，2016. 长期施肥对农田土壤氮素关键转化过程的影响［J］. 土壤学报，53（2）：293-304.

王擎运，杨远照，徐明岗，等，2019. 长期秸秆还田对砂姜黑土矿质复合态有机质稳定性的影响［J］. 土壤学报，5（56）：1108-1117.

王绍中，马平民，徐林，等，1992. 砂姜黑土的培肥与持续增产研究［J］. 华北农学报，7（4）：78-84.

王世佳，韦本辉，申章佑，等，2019. 粉垄耕作对农田砂姜黑土土壤结构的影响［J］. 安徽农业科学，47（20）：76-79，96.

王小纯，马新明，郑谨，等，2002. 粉煤灰施入砂姜黑土对麦田重金属元素分布影响的研究［J］. 土壤通报，33（3）：226-229.

王晓明，王璐璐，吴泊人，等，2013. 安徽淮北平原浅层地下水硝酸盐分布特征及污染来源分析［J］. 安徽地质23（2）：142-145.

王永华，黄源，辛明华，等，2017. 周年氮磷钾配施模式对砂姜黑土麦玉轮作体系籽粒产量和养分利用效率的影响［J］. 中国农业科学，50（6）：1031-1046.

王友贞，叶乃杰，2007. 安徽省淮北平原农田排水问题［J］. 安徽农业科学，35（14）：4389-4391.

王玥凯，郭自春，张中彬，等，2019. 不同耕作方式对砂姜黑土物理性质和玉米生长的影响［J］. 土壤学报，56（6）：1370-1380.

魏翠兰，2017. 砂姜黑土收缩开裂特征及生物质炭改良效应［D］. 北京：中国农业大学.

魏翠兰，高伟达，李录久，等，2017. 不同初始条件对砂姜黑土开裂性质的影响［J］. 农业机械学报，10（48）：229-236.

魏复盛，杨国治，蒋德珍，等，1997. 中国土壤元素背景值基本统计量及其特征［J］. 中国环境监测，7（1）：1-6.

韦绪好，孙庆业，程建华，等，2015. 焦岗湖流域农田土壤重金属污染及潜在生态风险评价［J］. 农业环境科学学报，34（12）：2304-2311.

邬刚，袁嫚嫚，孙义祥，等，2015. 安徽化肥消费现状和粮食作物节肥潜力分析［J］. 安徽农业科学，43（13）：70-73.

吴发启，范文波，郑子成，等，2003. 坡耕地暴雨结皮对作物生长发育影响的实验研究［J］. 干旱区资源与环境，17（2）：100-105.

吴克宁，李玲，鞠兵，等，2019. 中国土系志·河南卷［M］. 北京：科学出版社.

吴鹏飞，武伟，刘洪斌，等，2010. 不同设施农业土壤中无机磷转化比较——以潮土和砂姜黑土为例［J］. 西南大学学报（自然科学版），32（7）：107-112.

吴文荣，方世经，周恩嘉，1985. 砂姜黑土地区不同有机物的分解速率及腐殖化系数的研究初报 [J]. 安徽农业科学 (3)：63-68.

吴文荣，方世经，周恩嘉，等，1985. 砂姜黑土磷素状况及磷肥施用的研究 [J]. 安徽农业科学，23 (1)：41-47.

武际，郭熙盛，王允青，等，2009. 不同氮钾水平对小麦产量和氮钾养分吸收利用的影响 [J]. 安徽农业科学，37 (24)：11469-11470，11472.

武际，尹恩，郭熙盛，2010. 不同磷锌组合对小麦磷锌含量、积累与分配的影响 [J]. 土壤通报，41 (6)：1444-1448.

武心齐，孙华，熊德祥，1998. 鲁南砂姜黑土及其有机无机复合体中无机磷的组成和分布 [J]. 南京农业大学学报，21 (4)：57-61.

夏海勇，王凯荣，2009. 有机质含量对石灰性黄潮土和砂姜黑土磷吸附-解吸特性的影响 [J]. 植物营养与肥料学报，15 (6)：1303-1310.

夏海勇，王凯荣，赵庆雷，2014. 秸秆添加对土壤有机碳库分解转化和组成的影响 [J]. 中国生态农业学报，22 (4)：386-393.

夏伟光，2015. 淮北地区耕层浅薄的砂姜黑土肥力提升技术研究 [D]. 合肥：安徽农业大学.

谢迎新，靳海洋，李梦达，等，2016. 周年耕作方式对砂姜黑土农田土壤养分及作物产量的影响 [J]. 作物学报，42 (10)：1560-1568.

邢雅珍，陈孝杨，许正刚，等，2018. 基于文献研究的淮南煤矿区土壤重金属空间分布与污染评价 [J]. 安徽农业科学，46 (5)：77-80.

徐长兴，1999. 施肥对砂姜黑土供磷能力的影响及磷肥后效 [J]. 安徽农业科学，27 (1)：38-41，67.

徐鸿志，常江，2008. 安徽省主要土壤重金属污染评价及其评价方法研究 [J]. 土壤通报，39 (2)：411-415.

薛豫宛，李大魁，张玉亭，等，2013. 砂姜黑土农田土壤障碍因子消减技术浅析 [J]. 河南农业科学，42 (10)：66-69.

严磊，张中彬，丁英志，等，2019. 覆盖作物根系对砂姜黑土压实的响应 [J]. 土壤学报，58 (1)：140-150.

阎晓明，晁明亮，1991. 淮北砂姜黑土有效锌含量和锌肥效应研究 [J]. 安徽农业科学，29 (3)：248-252.

阎晓明，张效朴，马新民，等，2000. 砂姜黑土地区农业持续发展研究 [M]. 北京：中国农业出版社.

颜晓元，王德建，张刚，等，2013. 长期施磷稻田土壤磷素累积及其潜在环境风险 [J]. 中国生态农业学报，21 (4)：393-400.

杨红飞，严密，甄泉，等，2006. 皖北砂姜黑土 Cu、Cd、Zn 形态分布特征 [J]. 安徽师范大学学报（自然科学版），29 (4)：372-376.

杨红飞，甄泉，严密，等，2007. 砂姜黑土中重金属 Cu、Cd、Zn 形态分布与土壤酶活性研究 [J]. 土壤通报，38 (1)：111-115.

杨继富，2007. 信息技术的发展趋势及其影响 [J]. 科技广场 (2)：243-244.

杨继伟，袁宏伟，袁先江，等，2018. 自然降雨条件下淮北平原农田氮素流失特征研究 [J]. 安徽农业科学，46 (22)：65-68.

杨志臣，吕贻忠，张凤荣，等，2008. 秸秆还田和腐熟有机肥对水稻土培肥效果对比分析 [J]. 农业工程学报，24 (3)：214-217.

叶世娟，王成志，1997. 增施有机肥料改善土壤物理环境 [J]. 中国农业大学学报，2（增刊）：151-155.

叶新新，王冰清，刘少君，等，2019. 耕作方式和秸秆还田对砂姜黑土碳库及玉米小麦产量的影响 [J]. 农业工程学报，35 (14)：112-118.

易玉林，张翔，郭中义，2012. 驻马店主要土类玉米小麦一体化施用钾肥效应研究 [J]. 园艺与种苗 (7)：23-26.

尹恩，武际，郭熙盛，2009. P、Zn 组合对小麦生长·产量和籽粒含氮量的影响 [J]. 安徽农业科学，37 (15)：6920-6922.

于群英，李孝良，汪建飞，2006. 皖北地区菜地土壤铅镉铬汞污染调查与评价 [J]. 中国农学通报，22 (12)：263-266.

於忠祥，张成林，王士佳，2001. 沿淮地区土壤有效硫状况及对硫的需求 [J]. 应用生态学报，12 (2)：210-212.

袁东海，闫晓明，何传龙，等，1997. 耕作条件下砂姜黑土有机质状态与肥力的关系 [J]. 安徽农业科学，4（25）：
349-351.

詹其厚，2011. 砂姜黑土耕地土壤性状特点与农业综合利用技术研究 [D]. 南京：南京农业大学.

詹其厚，陈杰，2006. 砂姜黑土区开发地下水发展补充灌溉的方式特点及效果研究 [J]. 农业现代化研究，27（5）：
393-396.

詹其厚，陈杰，周峰，等，2006. 淮北变性土性状特点对其生产性能的影响及农业利用对策 [J]. 土壤通报，37（6）：
1041-1047.

詹其厚，袁朝良，张效朴，2003. 有机物料对砂姜黑土的改良效应及其机制 [J]. 土壤学报，40（3）：420-425.

张丙春，范丽霞，赵平娟，等，2016. 山东省主产区小麦镉和铬污染状况及评价 [J]. 麦类作物学报，36（10）：
1396-1401.

张多姝，詹其厚，林长丰，2006. 砂姜黑土区硫肥对玉米产量和品质的影响研究 [J]. 现代农业科技（5）：55.

张福锁，2006. 测土配方施肥技术要览 [M]. 北京：中国农业大学出版社.

张福锁，王激清，张卫峰，等，2008. 中国主要粮食作物肥料利用率现状与提高途径 [J]. 土壤学报，45（5）：
915-924.

张甘霖，朱阿兴，史舟，等，2018. 土壤地理学的进展与展望 [J]. 地理科学进展，37（1）：57-65.

张鸿程，阴世杰，李安智，1987. 砂姜黑土小麦、油菜施微肥效果试验 [J]. 河南农业科学（9）：9-11.

张继榛，竺伟民，章力干，等，1996. 安徽省土壤有效硫现状研究 [J]. 土壤通报，27（5）：222-225.

张俊海，1985. 小麦施用硼、钼肥效应的研究 [J]. 土壤肥料（2）：41-44.

张俊海，鞠维金，1982. 不同土壤类型的微肥肥效研究 [J]. 土壤肥料（4）：29-30.

张俊海，鞠维金，1983. 青岛市土壤微量元素含量及微肥效应的研究 [J]. 山东农业科学（3）：35-38.

张俊海，张大军，李笑明，等，1985. 花生施用硼肥的增产效果 [J]. 花生科技（3）：36-38.

张立江，汪景宽，裴久渤，等，2017. 东北典型黑土区耕地地力评价与障碍因素诊断 [J]. 中国农业资源与区划，38
（1）：110-117.

张丽娟，2010. 砂姜黑土玉米秸秆碳、氮矿化特征研究 [D]. 合肥：安徽农业大学.

张佩佩，张文太，贾宏涛，2017. 新疆北部地区与其他地区变性土壤线性膨胀系数的差异及矿物学机制 [J]. 南京农
业大学学报，40（6）：1074-1080.

张水清，张博，岳克，等，2021. 生物质炭对华北平原4种典型土壤冬小麦生育前期氨挥发的影响 [J]. 农业资源与
环境学报，38（1）：127-134.

张卫红，李玉娥，秦晓波，等，2015. 应用生命周期法评价我国测土配方施肥项目减排效果 [J]. 农业环境科学学报，
34（7）：1422-1428.

张卫峰，马林，黄高强，等，2013. 中国氮肥发展、贡献和挑战 [J]. 中国农业科学，46（1）：3161-3171.

张祥明，郭熙盛，李录久，等，2004. 砂姜黑土上氮钾配施对粮菜轮作中产量与品质的影响 [J]. 土壤通报，35（5）：
574-578.

张秀玲，孙赟，张水清，等，2019. 生物质炭对华北平原4种典型土壤 N_2O 排放的影响 [J]. 环境科学，40（11）：
5174-5181.

张学林，周亚男，李晓立，2019. 氮肥对室内和大田条件下作物秸秆分解和养分释放的影响 [J]. 中国农业科学，52
（10）：1746-1760.

张义丰，王又丰，刘录祥，2001. 淮北平原砂姜黑土旱涝（渍）害与水土关系及作用机理 [J]. 地球科学进展，20
（2）：170-176.

张英，武淑霞，刘宏斌，等，2019. 基于种养平衡的河南省畜禽养殖分析及其环境污染风险研究 [J]. 中国土壤与肥
料（4）：24-52.

张羽飞，王丽霞，庞力豪，等，2020. 畜禽粪尿量概算及污染状况分析——以山东省为例 [J]. 黑龙江畜牧兽医（3）：

60 - 64.

章力干，张继榛，竺伟民，等，1999. 淮北土壤有效硫状况及其影响因素 [J]. 安徽农学通报，5 (3)：16 - 18.

赵大贤，季咏梅，曾广凤，1996. 淮北地区棉花微肥效应研究 [J]. 安徽农学通报，2 (4)：40 - 41.

赵明松，李德成，张甘霖，等，2016. 基于 RUSLE 模型的安徽省土壤侵蚀及其养分流失评估 [J]. 土壤学报，53
　　(1)：28 - 38.

赵婷，束良佐，于红梅，等，2013. 长期施肥对砂姜黑土重金属形态特征的影响 [J]. 安徽农业大学学报，40 (5)：
　　855 - 859.

赵亚南，徐霞，黄玉芳，等，2018. 河南省小麦、玉米氮肥需求及节氮潜力 [J]. 中国农业科学，51 (14)：2747 - 2757.

赵玉国，宋付朋，2019. 中国土系志·山东卷 [M]. 北京：科学出版社．

赵云英，谢永生，郝明德，2009. 施肥对黄土旱塬区黑垆土土壤肥力及硝态氮累积的影响 [J]. 植物营养与肥料学报，
　　15 (6)：1273 - 1279.

郑伟尉，李瑞臣，赵紫香，等，2005. 不同类型土壤的含钙量与苹果的钙素营养 [J]. 落叶果树 (3)：1 - 3.

中华人民共和国生态环境部，2019. 土壤环境质量　农用地土壤污染风险管控标准（试行）：GB 15618—2018 [S].
　　北京：中国环境出版社．

周保元，王玉卿，1989. 砂姜黑土微量元素含量与微肥效应试验 [J]. 安徽农业科学，40 (2)：63 - 69.

周亮，徐建刚，孙东琪，等，2013. 淮河流域农业非点源污染空间特征解析及分类控制 [J]. 环境科学，34 (2)：
　　547 - 554.

周守明，1985. 项城县黄庄试区砂姜黑土水分物理性状的初步探讨 [J]. 河南科学 (3)：83 - 91.

周晓璐，2012. 基于 ArcGIS Server 的空间数据管理 [D]. 北京：中国地质大学．

周芸，李永梅，范茂攀，等，2019. 有机肥等氮替代化肥对红壤团聚体及玉米产量和品质的影响 [J]. 作物杂志 (4)：
　　125 - 132.

朱宏斌，张玉平，叶舒娅，等，1999. 长期施用有机肥对砂姜黑土锌的影响 [J]. 安徽农业科学，27 (1)：33 - 35.

朱宏斌，王晓波，蒋光月，等，2014. 不同品种磷肥运筹对砂姜黑土玉米生长及产量的影响 [J]. 中国农学通报，30
　　(30)：209 - 212.

朱敏，郭志彬，曹承富，等，2014. 不同施肥模式对砂姜黑土微生物群落丰度和土壤酶活性的影响 [J]. 核农学报，
　　28 (9)：1693 - 1700.

宗玉统，2013. 砂姜黑土的物理障碍因子及其改良 [D]. 杭州：浙江大学．

BECKETT P H T，1964. Studies on soil potassium [J]. Journal of Soil Science，15 (1)：1 - 8.

CHEN C R，PHILLIPS I R，CONDRON L M，et al. 2013，Impacts of greenwaste biochar on ammonia volatilisation
　　from bauxite processing residue sand [J]. Plant and Soil，367：301 - 312.

WEI C L，GAO W D，RICHARD W，et al.，2018. Effect of Biochar on shrinkage characteristics of Lime Concretion
　　Black soil [J]. Pedosphere，28 (5)：713 - 725.

FAN K，DELGADO - BAQUERIZO M，GUO X，et al.，2019. Suppressed N fixation and diazotrophs after four dec-
　　ades of fertilization [J]. Microbiome，7 (1)：1 - 10.

FAN K K，DELGADO - BAQUERIZO M，Guo X S，et al.，2020. Microbial resistance promotes plant production in a
　　four - decade nutrient fertilization experiment [J]. Soil Biology and Biochemistry，141：107679.

GHILDYAL B P，RATHORE T R，1973. Is soybean emergence a problem with you? [J]. Indian Farming，23 (15)：17 - 25.

GUO Z，LIU H，HUA K，et al.，2018. Long - term straw incorporation benefits the elevation of soil phosphorus avail-
　　ability and use efficiency in the agro - ecosystem [J]. Spanish Journal of Agricultural Research，16 (3)：1101.

GUO Z，LIL H，WAN S，et al.，2017. Enhanced yields and soil quality in a wheat - maize rotation using buried straw
　　mulch [J]. Journal of the Science of Food and Agriculture，97 (10)：3333 - 3341.

GUO Z B，WAN S X，HUA K K，et al.，2020. Fertilization regime has a greater effect on soil microbial community structure than crop rotation and growth stage in an agroecosystem [J]. Applied Soil Ecology, 149: 103510.

HUA K, ZHANG W, GUO Z, et al., 2016. Evaluating crop response and environmental impact of the accumulation of phosphorus due to long – term manuring of vertisol soil in northern China [J]. Agriculture, Ecosystems & Environment, 219: 101 – 110.

HUA K K, WANG D Z, GUO Z B, 2017. Soil organic carbon contents as a result of various organic amendments to a vertisol [J]. Nutrient Cycling in Agroecosystems (108): 135 – 148.

HUA K K, WANG D Z, GUO Z B, 2018. Effects of long – term application of various organic amendments on soil particulate organic matter storage and chemical stabilisation of vertisol soil [J]. Acta Agriculturae Scandinavica, Section B — Soil & Plant Science, 68 (6): 505 – 514.

HUYGENS D, BOECKX P, TEMPLER P H, et al., 2008. Mechanisms for retention of bioavailable nitrogen in volcanic rainforest soil [J]. Nature Geoscience (1): 543 – 548.

LIU F, ZHANG G L, SUN Y J, et al., 2013. Mapping the three – dimensional distribution of soil organic matter across a subtropical hilly landscape [J]. Soil Science Society of America Journal, 77 (4): 1241 – 1253.

MALONE B P, MCBRATNEY A B, MINASNY B, et al., 2009. Mapping continuous depth functions of soil carbon storage and available water capacity [J]. Geoderma, 154 (1 – 2): 138 – 152.

MURPHY D V, RECOUS S, STOCKDALE E A, et al., 2003. Gross nitrogen fluxes in soil: Theory, measurement and application of 15N pool dilution techniques [J]. Advances in Agronomy, 79: 69 – 118.

SCHAFER W M, SINGER M J, 1976. A new method of measuring shrink – swell potential using soil pastes [J]. Soil Science Society of America Journal, 40 (5): 805 – 806.

SUN R B, DSOUZA M, GILBERT J A, et al., 2016. Fungal community composition in soils subjected to long – term chemical fertilization is most influenced by the type of organic matter [J]. Environmental Microbiology, 18 (12): 5137 – 5150.

SUN R B, ZHANG X X, GUO X S, et al., 2015. Bacterial diversity in soils subjected to long – term chemical fertilization can be more stably maintained with the addition of livestock manure than wheat straw [J]. Soil Biology and Biochemistry, 88: 9 – 18.

WEI C, GAO W, RICHARD W, et al., 2018. Effect of Biochar on shrinkage characteristics of Lime Concretion Black soil [J]. Pedosphere, 28 (5): 713 – 725.

YANG R M, YANG F, YANG F, et al., 2017. Pedogenic knowledgeaided modelling of soil inorganic carbon stocks in an alpine environment [J]. Science of the Total Environment, 600: 1445 – 1453.

ZHANG X, SUN N, WU L, et al., 2016. Effects of enhancing soil organic carbon sequestration in the topsoil by fertilization on crop productivity and stability: Evidence from long – term experiments with wheat – maize cropping systems in China [J]. Science of The Total Environment (562): 247 – 259.

彩图 1　安徽省黑姜土剖面与景观（李德成 等，2017）

　　注：剖面地点位于安徽省涡阳县丹城镇刘油村北，33°42′48.4″N，116°15′37.7″E，海拔34m，河间平原低洼地段，古黄土性河湖相沉积物母质，旱地，小麦－玉米轮作。土壤系统分类为普通砂姜潮湿雏形土亚类，发生分类为黑姜土。

■	（石灰性）砂姜黑土	〰	通常地下水位
■	漂白砂姜黑土	⌣⋯	雨季地下水位
■	（石灰性）覆盖砂姜黑土	▬	砂姜或砂姜盘
■	（石灰性）青黑土		
■	覆盖物		
■	成土母质		

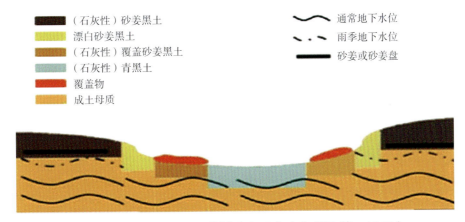

彩图 2　河南省砂姜黑土微域分布示意（查理思 等，2015）

彩图 3　河南省黏质石灰性黑老土剖面与景观（吴克宁 等，2019）

　　注：剖面地点位于河南省许昌市禹州市小吕乡大吕村（编号 41–168），34°1′30″N，113°25′30″E，海拔约 100m，湖积平原缓岗，旱地，小麦–玉米轮作，异源母质，湖积沉积物上覆洪冲积物。土壤系统分类为普通简育干润雏形土亚类，发生分类为黏质石灰性黑老土。

彩图 4　山东省砂姜心石灰性鸭屎土剖面与景观（赵玉国 等，2020）

　　注：剖面地点位于山东省枣庄市台儿庄区泥沟镇红瓦屋屯村西，34°41′46.2″N，117°43′46.7″E，海拔 67m，湖积平原、湖相沉积物母质，旱地，小麦–玉米轮作。土壤系统分类为变性砂姜潮湿雏形土亚类，发生分类为砂姜心石灰性鸭屎土。

彩图 5　江苏省姜底岗黑土剖面与景观（黄标 等，2017）

　　注：剖面地点位于江苏省徐州市新沂市时集镇凤云村（编号 32-211，野外编号 32038105），34°14′6.18″N，118°29′27.6″E，海拔 28m，平原，河湖相沉积物母质，旱地，主要种植小麦、玉米等。土壤系统分类为普通砂姜潮湿雏形土亚类，发生分类为姜底岗黑土。

彩图 6　河北省黏质中位砂姜黑土剖面与景观（龙怀玉 等，2017）

　　注：剖面地点位于河北省唐山市丰润区李钊庄镇李虎庄村，117°49′31.8″E，39°36′52.7″N，海拔 4m，平原，冲积-沉积物母质，旱地，主要种植大豆、玉米等。土壤系统分类为弱盐砂姜潮湿雏形土，发生分类为黏质中位砂姜黑土。

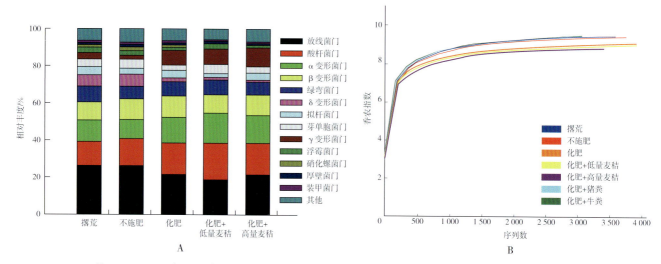

彩图 7　不同处理土壤细菌的群落组成（A）和主坐标分析（B）（孙瑞波 等，2015）

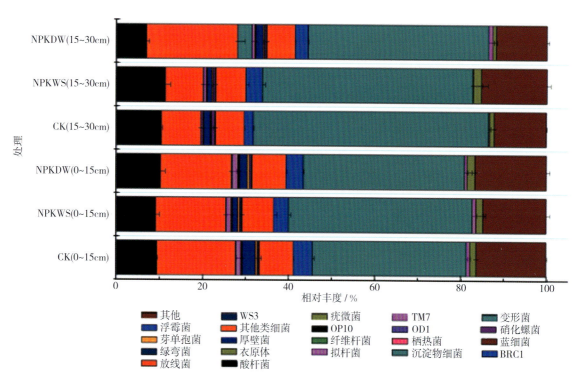

彩图 8　秸秆深施还田后土壤细菌群落组成变化（Guo et al., 2017）

注：CK 为单施无机肥，NPKWS 为常规无机肥＋秸秆表层还田，NPKDW 为常规无机肥＋秸秆深施还田。

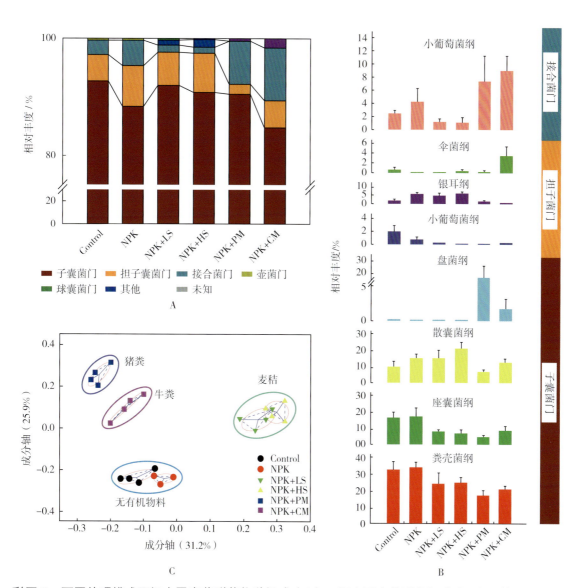

彩图 9　不同处理模式下门水平真菌群落物种组成（A）、纲水平真菌群落组成（B）、基于 Bray-
Curtis 距离的 6 种施肥模式下土壤真菌群落主坐标分析（C）（Sun et al., 2016）

注：C 图中圈代表处理的置信区间为 0.95。图中处理依次为不施肥（Control）、无机肥（NPK）、无机肥 + 低量秸秆（NPK+LS）、
无机肥 + 高量秸秆（NPK+HS）、无机肥 + 猪粪（NPK+PM）、无机肥 + 牛粪（NPK+CM）。

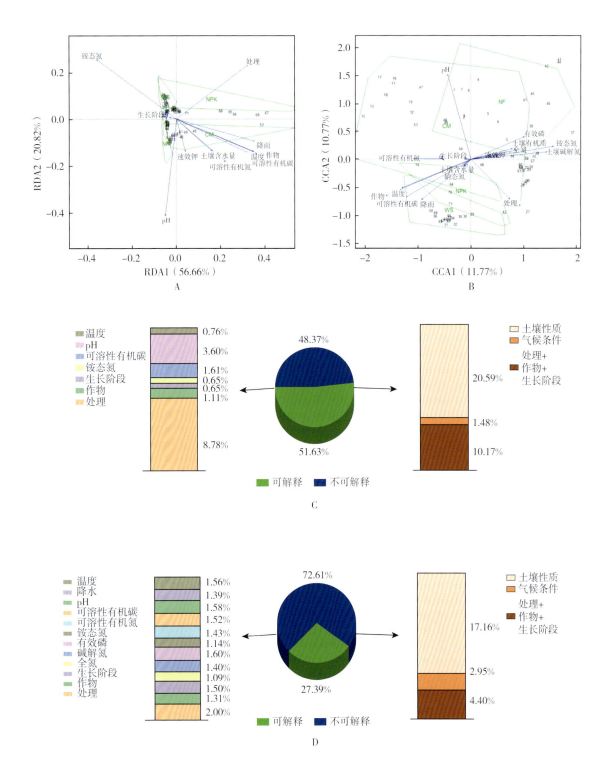

彩图 10　细菌冗余分析（RDA）（A 和 C）和真菌典范相关分析（CCA）（B 和 D）（Guo et al., 2020）

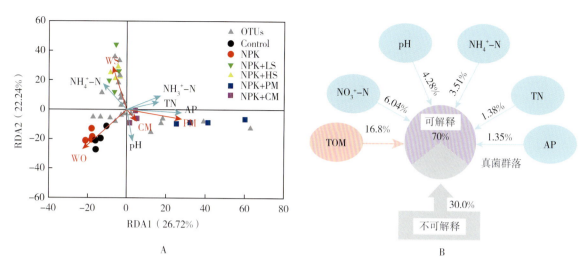

彩图 11　真菌群落与土壤性质关系的冗余分析（A）及各环境因子
对真菌群落结构变异的解释（B）（Sun et al., 2016）

注：TOM 代表有机物料种类，NO₃-N 代表硝酸盐，NH₄⁺-N 代表铵态氮，TN 代表全氮，AP 代表有效磷。图中 OTUs、
Control、NPK、NPK+LS、NPK+HS、NPK+PM 和 NPK+CM 分别代表运算分类单元、不施肥、单施无机肥、无机肥 + 半量秸秆还田、
无机肥 + 全量秸秆还田、无机肥 + 猪粪和无机肥 + 牛粪。

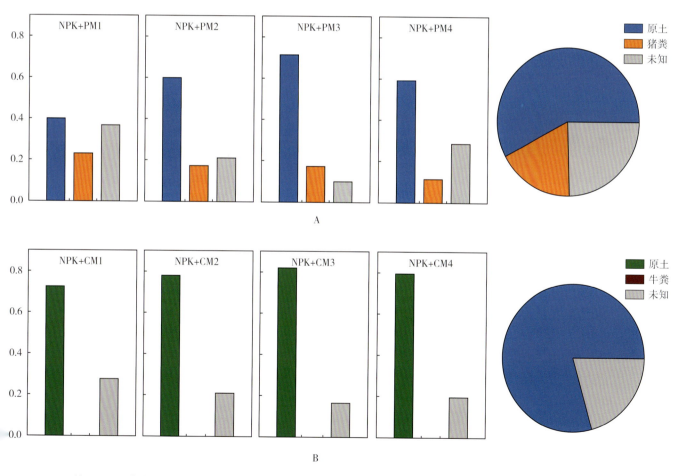

彩图 12　猪粪（A）和牛粪（B）添加后土壤真菌群落组成来源追溯分析（Sun et al., 2016）

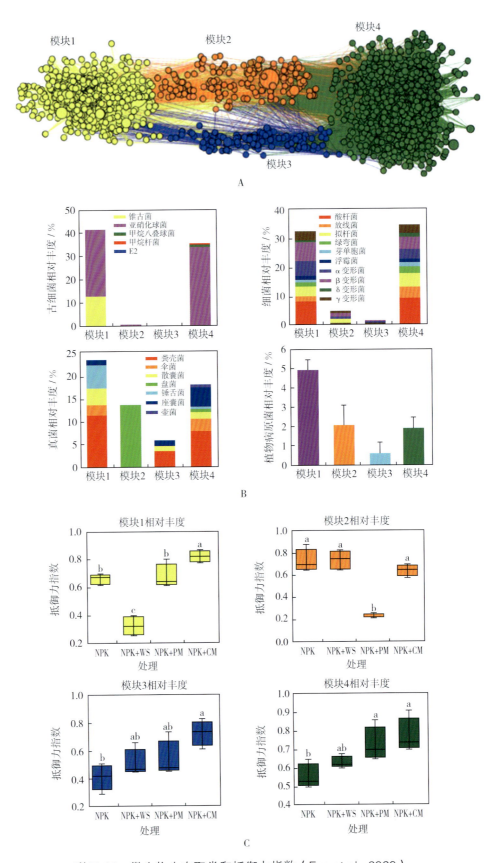

彩图 13　微生物生态聚类和抵御力指数（Fan et al., 2020）

A. 古细菌、细菌和真菌 OTUs 节点生态聚类网络简图　B. 生态聚类中主要微生物种类和潜在植物病原菌的相对丰度　C. 施肥对4 个主要生态聚类相对丰度抵御力指数的影响

注：NPK 代表氮磷钾无机肥，NPK+WS 代表无机肥 + 秸秆还田，NPK+PM 代表无机肥 + 猪粪，NPK+CM 代表无机肥 + 牛粪。